中 国 国 家 标 准 汇 编

407

GB 22956～23110

（2008 年制定）

中国标准出版社　编

中 国 标 准 出 版 社

北　京

图书在版编目（CIP）数据

中国国家标准汇编：2008年制定．407：GB 22956～23110/中国标准出版社编．—北京：中国标准出版社，2009

ISBN 978-7-5066-5396-1

Ⅰ．中… Ⅱ．中… Ⅲ．国家标准-汇编-中国-2008
Ⅳ．T-652.1

中国版本图书馆 CIP 数据核字（2009）第106921号

中国标准出版社出版发行
北京复兴门外三里河北街16号
邮政编码：100045
网址 www.spc.net.cn
电话：68523946 68517548
中国标准出版社秦皇岛印刷厂印刷
各地新华书店经销
*
开本 880×1230 1/16 印张 40 字数 1 170 千字
2009年8月第一版 2009年8月第一次印刷
*
定价 200.00 元

ISBN 978-7-5066-5396-1

出 版 说 明

1.《中国国家标准汇编》是一部大型综合性国家标准全集。自 1983 年起，按国家标准顺序号以精装本、平装本两种装帧形式陆续分册汇编出版。它在一定程度上反映了我国建国以来标准化事业发展的基本情况和主要成就，是各级标准化管理机构，工矿企事业单位，农林牧副渔系统，科研、设计、教学等部门必不可少的工具书。

2.《中国国家标准汇编》收入我国每年正式发布的全部国家标准，分为"制定"卷和"修订"卷两种编辑版本。

"制定"卷收入上一年度我国发布的、新制定的国家标准，顺延前年度标准编号分成若干分册，封面和书脊上注明"20××年制定"字样及分册号，分册号一直连续。各分册中的标准是按照标准编号顺序连续排列的，如有标准顺序号缺号的，除特殊情况注明外，暂为空号。

"修订"卷收入上一年度我国发布的、被修订的国家标准，视篇幅分设若干分册，但与"制定"卷分册号无关联，仅在封面和书脊上注明"20××年修订-1，-2，-3，……"字样。"修订"卷各分册中的标准，仍按标准编号顺序排列(但不连续)；如有遗漏的，均在当年最后一分册中补齐。需提请读者注意的是，个别非顺延前年度标准编号的新制定的国家标准没有收入在"制定"卷中，而是收入在"修订"卷中。

读者配套购买《中国国家标准汇编》"制定"卷和"修订"卷则可收齐上一年度我国制定和修订的全部国家标准。

3. 由于读者需求的变化，自 1996 年起，《中国国家标准汇编》仅出版精装本。

4. 2008 年我国制修订国家标准共 5 946 项。本分册为"2008 年制定"卷第 407 分册，收入国家标准 GB 22956～23110 的最新版本。

中国标准出版社

2009 年 5 月

目　录

ICS 67.050
X 04

中华人民共和国国家标准

GB/T 22956—2008

河豚鱼、鳗鱼和烤鳗中吡喹酮残留量的测定 液相色谱-串联质谱法

Determination of praziquantel residue in fugu, eel and baked eel—LC-MS-MS method

2008-12-31 发布 2009-05-01 实施

中华人民共和国国家质量监督检验检疫总局
中国国家标准化管理委员会 发布

前　言

本标准的附录 A、附录 B 为资料性附录。

本标准由国家质量监督检验检疫总局提出并归口。

本标准起草单位：中华人民共和国秦皇岛出入境检验检疫局、中华人民共和国广东出入境检验检疫局。

本标准主要起草人：林峰、李志勇、吴映璇、欧阳少伦、林海丹、邵琳智、庞国芳。

河豚鱼、鳗鱼和烤鳗中吡喹酮残留量的测定　液相色谱-串联质谱法

1　范围

本标准规定了河豚鱼、鳗鱼和烤鳗中吡喹酮残留量的液相色谱-串联质谱测定方法。

本标准适用于河豚鱼肌肉、鳗鱼肌肉、烤鳗中吡喹酮残留量的测定。

本标准的方法检出限：河豚鱼肌肉、鳗鱼肌肉、烤鳗中吡喹酮残留量的检出限为 5 μg/kg。

2　规范性引用文件

下列文件中的条款通过本标准的引用而成为本标准的条款。凡是注日期的引用文件，其随后所有的修改单（不包括勘误的内容）或修订版均不适用于本标准，然而，鼓励根据本标准达成协议的各方研究是否可使用这些文件的最新版本。凡是不注日期的引用文件，其最新版本适用于本标准。

GB/T 6379.1　测量方法与结果的准确度（正确度与精密度）　第 1 部分：总则与定义（GB/T 6379.1—2004，ISO 5725-1：1994，IDT）

GB/T 6379.2　测量方法与结果的准确度（正确度与精密度）　第 2 部分：确定标准测量方法重复性与再现性的基本方法（GB/T 6379.2—2004，ISO 5725-2：1994，IDT）

GB/T 6682　分析实验室用水规格和试验方法（GB/T 6682—2008，ISO 3696：1987，MOD）

3　原理

采用乙酸乙酯提取样品中的吡喹酮残留，提取液经碱性氧化铝小柱净化，样品溶液供液相色谱-串联质谱仪检测，外标峰面积法定量。

4　试剂和材料

除特别规定外，所用试剂均为分析纯，水为 GB/T 6682 规定的一级水。

4.1　乙腈：色谱纯。

4.2　甲醇：色谱纯。

4.3　乙酸乙酯。

4.4　冰乙酸。

4.5　0.1%乙酸溶液：准确移取 1.0 mL 冰乙酸（4.4）至 1 L 容量瓶中，加水至刻度，摇匀备用。

4.6　碱性氧化铝柱或性能相当者：1 g，6 mL。

4.7　标准品：吡喹酮（praziquantel，CAS：55268-74-1），纯度≥98%。

4.8　100 mg/L 标准储备液：准确称取吡喹酮标准品 10.0 mg（准确至 0.01 mg），用甲醇溶解并定容至 100 mL。该标准储备液避光置于−18 ℃冰箱中保存。

4.9　标准工作液：根据需要，吸取一定量的 100 mg/L 吡喹酮标准储备液（4.8）用乙腈-水（2+3）溶液稀释成适当浓度的标准工作液，使用前配制。

4.10　基质混合标准工作溶液：根据需要，吸取不同体积的标准工作液（4.9），用空白样品提取液配制成不同浓度的基质混合标准工作溶液，使用前配制。

4.11　滤膜：0.2 μm。

5 仪器和设备

5.1 液相色谱-串联质谱联用仪：配有电喷雾(ESI)源。

5.2 离心机：转速大于或等于 4 000 r/min。

5.3 组织捣碎机。

5.4 匀浆机：转速大于或等于 8 000 r/min。

5.5 液体混合器。

5.6 超声波水浴。

5.7 固相萃取装置。

5.8 旋转蒸发仪。

5.9 天平：感量分别为 0.01 mg 和 0.01 g。

6 样品制备与保存

取样品中有代表性的可食部分约 500 g，用组织捣碎机粉碎，装入洁净容器作为试样，密封并做好标识，于−18 ℃冰箱内保存。

制样操作过程中应防止样品受到污染或发生残留物含量的变化。

7 测定步骤

7.1 提取

准确称取 2 g 样品(准确至 0.01 g)至 50 mL 离心管中，加入 10 mL 乙酸乙酯，匀浆机上 8 000 r/min 均质 30 s，4 000 r/min 离心 5 min，上清液转移至 25 mL 比色管中；另取一 50 mL 离心管加入 10 mL 乙酸乙酯，洗涤匀浆刀头 10 s，洗涤液移入前一离心管中，用玻棒捣碎离心管中的沉淀，液体混合器上涡旋混合 2 min，4 000 r/min 离心 5 min，上清液合并至 25 mL 比色管，用乙酸乙酯定容至 25.0 mL，摇匀备用。

7.2 净化

准确移取 2.50 mL 样品提取液至蒸发瓶中，在 40 ℃下旋转蒸发至干，用 2 mL 甲醇溶解，液体混匀器上混旋 2 min，置超声波水浴中超声 5 min，该样液全部转移至碱性氧化铝净化柱(4.6)上，控制流速在 1 mL/min～2 mL/min，用 2 mL 甲醇淋洗净化柱，收集全部流出液并定量转移至浓缩瓶中，40 ℃下真空旋转蒸发至干，用 1.00 mL 乙腈溶解残渣，并置超声波水浴中超声振荡 1 min，加入 1.00 mL 水，置超声波水浴中超声振荡 1 min，0.2 μm 滤膜(4.11)过滤，供液相色谱-串联质谱测定。

7.3 测定条件

7.3.1 液相色谱参考条件

a) 色谱柱：Intersil C_8，5 μm，150 mm×2.1 mm(内径)或相当者；

b) 柱温：40 ℃；

c) 流动相：乙腈-0.1%乙酸(4+6)；

d) 流速：0.30 mL/min；

e) 进样量：10 μL。

7.3.2 质谱参考条件

a) 离子源：电喷雾离子源；

b) 扫描方式：正离子扫描；

c) 检测方式：多反应监测模式(MRM)；

d) 监测离子对、定量离子对见表 1；

表 1 吡喹酮的监测离子对和定量离子对

监测离子对(m/z)	定量离子对(m/z)
313/203,313/83	313/203

e) 雾化气、气帘气、辅助加热气、碰撞气均为高纯氮气或其他合适气体;使用前应调节各气体流量以使质谱灵敏度达到检测要求,喷雾电压、去集簇电压、碰撞能等电压值应优化至最佳灵敏度,参考质谱参数见表 2。

表 2 参考质谱参数

质谱参数	参 数 值
雾化气/kPa	448.2
气帘气/kPa	137.9
辅助加热气/kPa	517.1
碰撞气	中等
辅助加热气温度/℃	500
喷雾电压/V	5 000
去集簇电压/V	70
碰撞能/V	23(m/z 313/203),40(m/z 313/83)

7.3.3 **液相色谱-串联质谱测定**

7.3.3.1 **定性测定**

被测组分选择 1 个母离子,2 个子离子,在相同试验条件下,样品中待测物质的保留时间与标准溶液中对应的保留时间偏差在±2.5%之内;且样品谱图中被测组分监测离子的相对离子丰度与浓度接近的标准溶液谱图中对应的监测离子的相对离子丰度进行比较,偏差不超过表 3 规定的范围,则可判定为样品中存在对应的待测物。

表 3 定性确证时相对离子丰度的最大允许偏差

以%表示

相对离子丰度 K	$K>50$	$20<K<50$	$10<K<20$	$K\leqslant 10$
允许的最大偏差	±20	±25	±30	±50

7.3.3.2 **定量测定**

在仪器最佳工作条件下,对基质混合标准工作溶液(4.10)进样,以峰面积为纵坐标,基质混合标准工作溶液浓度为横坐标绘制标准工作曲线。用标准工作曲线对样品进行定量,样品溶液中待测物的响应值均应在仪器测定的线性范围内。吡喹酮标准溶液的多反应监测(MRM)色谱图参见附录 A 中的图 A.1。吡喹酮的添加浓度及其平均回收率的试验数据参见附录 B 中的表 B.1。

7.4 **平行试验**

按以上步骤,对同一试样进行平行试验测定。

7.5 **空白试验**

除不称取试样外,均按上述步骤进行。

8 结果计算

河豚鱼、鳗鱼和烤鳗中吡喹酮残留量的测定结果按式(1)计算:

$$X = c \times \frac{V}{m} \times \frac{1\ 000}{1\ 000} \qquad \cdots\cdots(1)$$

式中：

X——试样中吡喹酮残留量，单位为微克每千克(μg/kg)；

c——从标准工作曲线得到的吡喹酮溶液浓度，单位为纳克每毫升(ng/mL)；

V——样品溶液最终定容体积，单位为毫升(mL)；

m——样品溶液所代表最终试样的质量，单位为克(g)。

计算结果应扣除空白值。

9 精密度

9.1 一般规定

本标准的精密度数据是按照 GB/T 6379.1 和 GB/T 6379.2 的规定确定的，重复性和再现性的值以 95%的可信度来计算。

9.2 重复性

在重复性试验条件下，获得的两次独立测试结果的绝对差值不超过重复性限 r，被测物的添加浓度范围及重复性方程见表 4。

表 4 添加浓度范围及重复性和再现性方程 单位为微克每千克

样品基质	添加浓度范围	重复性限 r	再现性限 R
河豚鱼肌肉	5～40	$r=0.100\ m-0.379$	$R=0.282\ m-0.175$
鳗鱼肌肉	5～40	$r=0.046\ 5\ m+0.553$	$R=0.218\ m-0.077$
烤鳗	5～40	$r=0.127\ m-0.037$	$R=0.149\ m+2.37$
注：m 为两次测定结果的算术平均值。			

如果差值超过重复性限，应舍弃试验结果并重新完成两次单个试验的测定。

9.3 再现性

在再现性条件下，获得的两次独立测试结果的绝对差值不超过再现性限 R，被测物的添加浓度范围及再现性方程见表 4。

附 录 A
（资料性附录）
标准溶液的多反应监测（MRM）色谱图

吡喹酮标准溶液的多反应监测（MRM）色谱图见图 A.1。

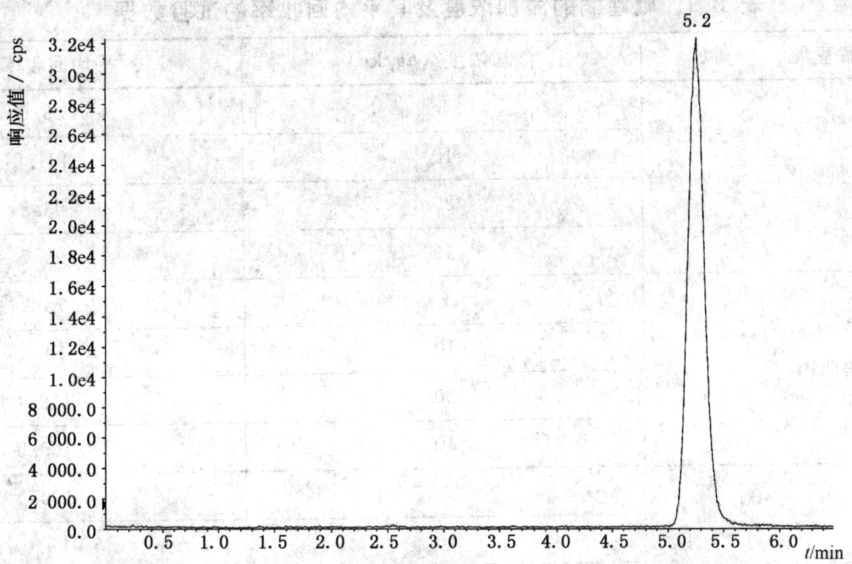

图 A.1 吡喹酮标准溶液的多反应监测（MRM）色谱图

附 录 B
（资料性附录）
回 收 率

吡喹酮的添加浓度及其平均回收率的试验数据见表B.1。

表B.1 吡喹酮的添加浓度及其平均回收率的试验数据

样品基质	添加浓度/(μg/kg)	平均回收率/%
河豚鱼肌肉	5	83.0
	10	101.8
	20	93.8
	40	95.7
鳗鱼肌肉	5	76.2
	10	79.8
	20	112.1
	40	109.5
烤鳗	5	100.0
	10	99.0
	20	101.0
	40	104.0

ICS 67.050
X 04

中华人民共和国国家标准

GB/T 22957—2008

河豚鱼、鳗鱼及烤鳗中九种糖皮质激素残留量的测定 液相色谱-串联质谱法

Determination of nine glucocorticoids residues in fugu, eel and baked eel—LC-MS-MS method

2008-12-31 发布　　2009-05-01 实施

中华人民共和国国家质量监督检验检疫总局
中国国家标准化管理委员会　发布

前　言

本标准的附录 A、附录 B 为资料性附录。

本标准由国家质量监督检验检疫总局提出并归口。

本标准起草单位：中华人民共和国秦皇岛出入境检验检疫局。

本标准主要起草人：刘永明、李金、吴艳萍、冯冠、曹彦忠、庞国芳。

河豚鱼、鳗鱼及烤鳗中九种糖皮质激素残留量的测定 液相色谱-串联质谱法

1 范围

本标准规定了河豚鱼、鳗鱼及烤鳗中泼尼松龙、泼尼松、氢化可的松、可的松、甲基泼尼松龙、倍他米松、地塞米松、倍氯米松、醋酸氟氢可的松九种糖皮质激素残留量的液相色谱-串联质谱测定方法。

本标准适用于河豚鱼、鳗鱼及烤鳗中九种糖皮质激素残留量的测定。

本标准的方法检出限：泼尼松龙、泼尼松、氢化可的松、可的松、甲基泼尼松龙、倍他米松、地塞米松为 0.2 μg/kg；倍氯米松、醋酸氟氢可的松为 1.0 μg/kg。

2 规范性引用文件

下列文件中的条款通过本标准的引用而成为本标准的条款。凡是注日期的引用文件，其随后所有的修改单（不包括勘误的内容）或修订版均不适用于本标准，然而，鼓励根据本标准达成协议的各方研究是否可使用这些文件的最新版本。凡是不注日期的引用文件，其最新版本适用于本标准。

GB/T 6379.1 测量方法与结果的准确度（正确度与精密度） 第1部分：总则与定义（GB/T 6379.1—2004，ISO 5725-1：1994，IDT）

GB/T 6379.2 测量方法与结果的准确度（正确度与精密度） 第2部分：确定标准测量方法重复性与再现性的基本方法（GB/T 6379.2—2004，ISO 5725-2：1994，IDT）

GB/T 6682 分析实验室用水规格和试验方法（GB/T 6682—2008，ISO 3696：1987，MOD）

3 原理

河豚鱼、鳗鱼、烤鳗样品中加入无水硫酸钠，用乙酸乙酯提取，提取液浓缩后，经过硅胶固相萃取柱净化，液相色谱-串联质谱仪测定，外标法定量。

4 试剂和材料

4.1 水：GB/T 6682，一级。

4.2 甲醇：色谱纯。

4.3 乙腈：色谱纯。

4.4 乙酸乙酯：色谱纯。

4.5 甲酸：优级纯。

4.6 正己烷：色谱纯。

4.7 丙酮：色谱纯。

4.8 丙酮-正己烷溶液：丙酮＋正己烷（2＋3）。量取 200 mL 丙酮与 300 mL 正己烷混匀。

4.9 无水硫酸钠：分析纯。在 650 ℃马弗炉中灼烧 6 h，储存于干燥器中。

4.10 泼尼松龙（CAS：50-24-8）、泼尼松（CAS：53-03-2）、氢化可的松（CAS：50-23-7）、可的松（CAS：53-06-5）、甲基泼尼松龙（CAS：83-43-2）、倍他米松（CAS：378-44-9）、地塞米松（CAS：50-02-2）、倍氯米松（CAS：4419-39-0）、醋酸氟氢可的松（CAS：514-36-3）标准物质：纯度≥98%。

4.11 1.0 mg/mL 标准储备溶液：分别准确称取适量的糖皮质激素标准物质，用甲醇溶解，分别配制成

1.0 mg/mL 储备溶液。配成的标准储备液应在温度低于－20 ℃冰箱中保存。

4.12 5.0 μg/mL 标准工作溶液：分别准确吸取适量的糖皮质激素标准储备溶液，用甲醇分别配制成 5.0 μg/mL 标准工作溶液。配成的标准工作溶液应在温度低于 4 ℃冰箱中保存。

4.13 混合标准工作溶液Ⅰ：分别吸取适量的氢化可的松和可的松标准工作溶液，用甲醇配成浓度为 0.05 μg/mL 的混合标准工作溶液。此溶液应在温度低于 4 ℃冰箱中保存。测定样品使用时，用 20% 乙腈溶液将混合标准工作溶液Ⅰ配成不同浓度的的混合标准工作溶液。

4.14 混合标准工作溶液Ⅱ：分别吸取适量的泼尼松龙、泼尼松、甲基泼尼松龙、倍他米松、地塞米松、倍氯米松、醋酸氟氢可的松标准工作溶液，用甲醇配成泼尼松龙、泼尼松、甲基泼尼松龙、倍他米松、地塞米松为 0.05 μg/mL，倍氯米松、醋酸氟氢可的松为 0.25 μg/mL 的混合标准工作溶液。此溶液应在温度低于 4 ℃冰箱中保存。

4.15 基质混合标准工作溶液：用空白样品提取液将混合标准工作溶液Ⅱ配成不同浓度的基质混合标准工作溶液。此溶液应现用现配。

4.16 Cleanert Silica 固相萃取柱[1]或相当者：500 mg，6 mL。使用前用 6 mL 正己烷预处理，保持柱体湿润。

4.17 滤膜：0.2 μm。

5 仪器

5.1 液相色谱-串联质谱仪：配有电喷雾离子源(ESI)。

5.2 分析天平：感量 0.1 mg 和 0.01 g。

5.3 固相萃取真空装置。

5.4 真空泵：真空度应达到 80 kPa。

5.5 均质器。

5.6 振荡器。

5.7 高速冷冻离心机：转速 13 000 r/min。

5.8 旋转蒸发器。

5.9 氮气浓缩仪。

5.10 具塞塑料离心管：50 mL。

5.11 样品管：10 mL。

5.12 梨形瓶：150 mL。

6 试样的制备与保存

6.1 试样的制备

从全部样品中取出有代表性样品约 1 kg，充分搅碎，混匀，均分成两份，分别装入洁净容器内。密封作为试样，注明标记。在抽样和制样的操作过程中，应防止样品受到污染或发生残留物含量的变化。

6.2 试样保存

将试样于－18 ℃冷冻保存。

7 测定步骤

7.1 提取

称取 5 g 试样(精确到 0.01 g)，置于 50 mL 具塞塑料离心管中，加入 10 g 无水硫酸钠，加 25 mL 乙

---

1) Cleanert Silica 固相萃取柱是 Agela 公司产品的商品名称，给出这一信息是为了方便本标准的使用者，并不是表示对该产品的认可。如果其他等效产品具有相同的效果，则可使用这些等效产品。

酸乙酯，用均质器均质 1 min，在振荡器中振荡 20 min，以 10 000 r/min 离心 10 min，取上清液至梨形瓶中。再用 25 mL 乙酸乙酯提取一次，合并上清液，用旋转蒸发器于 45 ℃水浴上减压蒸发至近干，用 1 mL乙酸乙酯和 5 mL 正己烷溶解。

7.2 净化

将提取液移至经预处理的 Cleanert Silica 固相萃取柱中，用 6 mL 正己烷洗涤梨形瓶和萃取柱，弃去全部流出液。减压抽干 1 min，用 6 mL 丙酮＋正己烷(2＋3)洗脱，收集洗脱液于 10 mL 样品管中，用氮气浓缩仪吹干，用 1 mL 20％乙腈溶液溶解残渣，以 4 000 r/min 离心 5 min，上清液过 0.2 μm 滤膜，供液相色谱-串联质谱仪测定。

7.3 测定条件

7.3.1 液相色谱参考条件

a) 色谱柱：Atlantis C_{18}，3 μm，150 mm×2.1 mm(内径)或相当者；

b) 柱温：30 ℃；

c) 进样量：20 μL；

d) 流动相、流速和梯度洗脱条件见表 1。

表 1 流动相、流速和梯度洗脱条件

时间/min	流速/(μL/min)	乙腈/%	0.1%甲酸溶液/%
0.00	200	20	80
10.00	200	70	30
13.00	200	90	10
13.01	200	20	80
20.00	200	20	80

7.3.2 质谱参考条件

a) 离子源：电喷雾离子源(ESI)；

b) 扫描方式：负离子扫描；

c) 检测方式：多反应监测；

d) 气帘气压力：0.138 MPa；

e) 雾化气压力：0.276 MPa；

f) 辅助加热气压力：0.138 MPa；

g) 离子源温度：500 ℃；

h) 定性离子对、定量离子对、去簇电压和碰撞能量见表 2。

表 2 糖皮质激素的定性离子对、定量离子对、去簇电压和碰撞能量

化合物中文名称	化合物英文名称	定性离子对(m/z)	定量离子对(m/z)	去簇电压/V	碰撞能量/V
泼尼松龙	prednisolone	405/329 405/359	405/329	−30 −30	−25 −15
泼尼松	prednisone	403/327 403/357	403/327	−19 −19	−21 −15
氢化可的松	hydrocortisone	407/331 407/361	407/331	−28 −28	−25 −15
可的松	cortisone	405/329 405/359	405/329	−22 −22	−24 −15

表 2（续）

化合物中文名称	化合物英文名称	定性离子对(m/z)	定量离子对(m/z)	去簇电压/V	碰撞能量/V
甲基泼尼松龙	methylprednisolone	419/343 419/373	419/343	−32 −32	−23 −16
倍他米松	betamethasone	437/361 437/391	437/361	−25 −25	−24 −15
地塞米松	dexamethasone	437/361 437/391	437/361	−25 −25	−24 −15
倍氯米松	beclomethasone	453/377 453/407	453/377	−22 −22	−20 −17
醋酸氟氢可的松	fludrocortisone acetate	467/421 467/349	467/421	−28 −28	−17 −32

7.4 液相色谱-串联质谱测定

7.4.1 定性测定

每种被测组分选择 1 个母离子，2 个子离子，在相同试验条件下，样品中待测物质的保留时间与混合标准工作溶液的保留时间偏差在±2.5%之内；且样品谱图中各组分监测离子的相对丰度与浓度接近的混合标准工作溶液谱图中对应的监测离子的相对丰度进行比较，偏差不超过表 3 规定的范围，则可判定为样品中存在对应的待测物。

表 3 定性确证时相对离子丰度的最大允许偏差 以%表示

相对离子丰度 K	$K>50$	$20<K\leq 50$	$10<K<20$	$K\leq 10$
允许最大偏差	±20	±25	±30	±50

7.4.2 定量测定

外标法定量。在仪器最佳工作条件下，对混合标准工作溶液Ⅰ和基质混合标准工作溶液分别进样，以峰面积为纵坐标，浓度为横坐标绘制标准工作曲线，用标准工作曲线对样品进行定量，样品溶液中待测物的响应值均应在仪器测定的线性范围内。在上述色谱条件下，九种糖皮质激素的参考保留时间见表 4，九种糖皮质激素的多反应监测（MRM）色谱图参见附录 A 中的图 A.1。

本方法的添加回收率数据参见附录 B 中的表 B.1。

表 4 九种糖皮质激素的参考保留时间

化合物名称	保留时间/min	化合物名称	保留时间/min
泼尼松龙	11.63	倍他米松	13.00
泼尼松	11.72	地塞米松	13.10
氢化可的松	11.79	倍氯米松	13.43
可的松	11.96	醋酸氟氢可的松	14.58
甲基泼尼松龙	12.71		

7.5 平行试验

按以上步骤，对同一试样进行平行试验测定。

7.6 空白试验

除不称取试样外，均按上述步骤进行。

8 结果计算

九种糖皮质激素残留量的测定结果按式(1)计算：

$$X = c \times \frac{V}{m} \times \frac{1\ 000}{1\ 000} \quad \cdots\cdots (1)$$

式中：

X——试样中被测组分残留量，单位为微克每千克(μg/kg)；

c——从标准工作曲线得到的被测组分溶液浓度，单位为纳克每毫升(ng/mL)；

V——样品溶液最终定容体积，单位为毫升(mL)；

m——样品溶液所代表最终试样的质量，单位为克(g)。

计算结果应扣除空白值。

9 精密度

9.1 一般规定

本标准的精密度数据是按照 GB/T 6379.1 和 GB/T 6379.2 的规定确定的，重复性和再现性的值以 95%的可信度来计算。

9.2 重复性

在重复性试验条件下，获得的两次独立测试结果的绝对差值不超过重复性限 r，糖皮质激素添加浓度范围及重复性方程见表 5。

表 5 添加浓度范围及重复性和再现性方程　　单位为微克每千克

化合物名称	添加浓度范围	重复性限 r	再现性限 R
泼尼松龙	0.2～5.0	$\lg r=0.859\ 4 \lg m-0.778\ 2$	$R=0.170\ 3 m+0.031\ 9$
泼尼松	0.2～5.0	$r=0.210\ 0 m-0.000\ 6$	$\lg R=1.079\ 8 \lg m-0.619\ 6$
氢化可的松	0.2～5.0	$\lg r=1.096\ 2 \lg m-0.722\ 6$	$\lg R=1.114\ 2 \lg m-0.661\ 4$
可的松	0.2～5.0	$\lg r=0.955\ 2 \lg m-0.758\ 4$	$R=0.236\ 6 m-0.004\ 1$
甲基泼尼松龙	0.2～5.0	$\lg r=1.062\ 1 \lg m-0.718\ 7$	$\lg R=0.964\ 3 \lg m-0.642\ 3$
倍他米松	0.2～5.0	$\lg r=1.068\ 6 \lg m-0.689\ 9$	$\lg R=1.158\ 5 \lg m-0.616\ 8$
地塞米松	0.2～5.0	$\lg r=1.121\ 7 \lg m-0.690\ 0$	$\lg R=1.188\ 2 \lg m-0.622\ 9$
倍氯米松	1.0～25	$\lg r=0.999\ 3 \lg m-0.722\ 2$	$\lg R=0.861\ 3 \lg m-0.478\ 3$
醋酸氟氢可的松	1.0～25	$r=0.109\ 2 m+0.127\ 9$	$\lg R=0.929\ 2 \lg m-0.591\ 5$
注：m 为两次测定结果的算术平均值。			

如果差值超过重复性限，应舍弃试验结果并重新完成两次单个试验的测定。

9.3 再现性

在再现性试验条件下，获得的两次独立测试结果的绝对差值不超过再现性限 R，糖皮质激素添加浓度范围及再现性方程见表 5。

附　录　A
（资料性附录）
九种糖皮质激素的多反应监测（MRM）色谱图

九种糖皮质激素的多反应监测（MRM）色谱图见图 A.1。

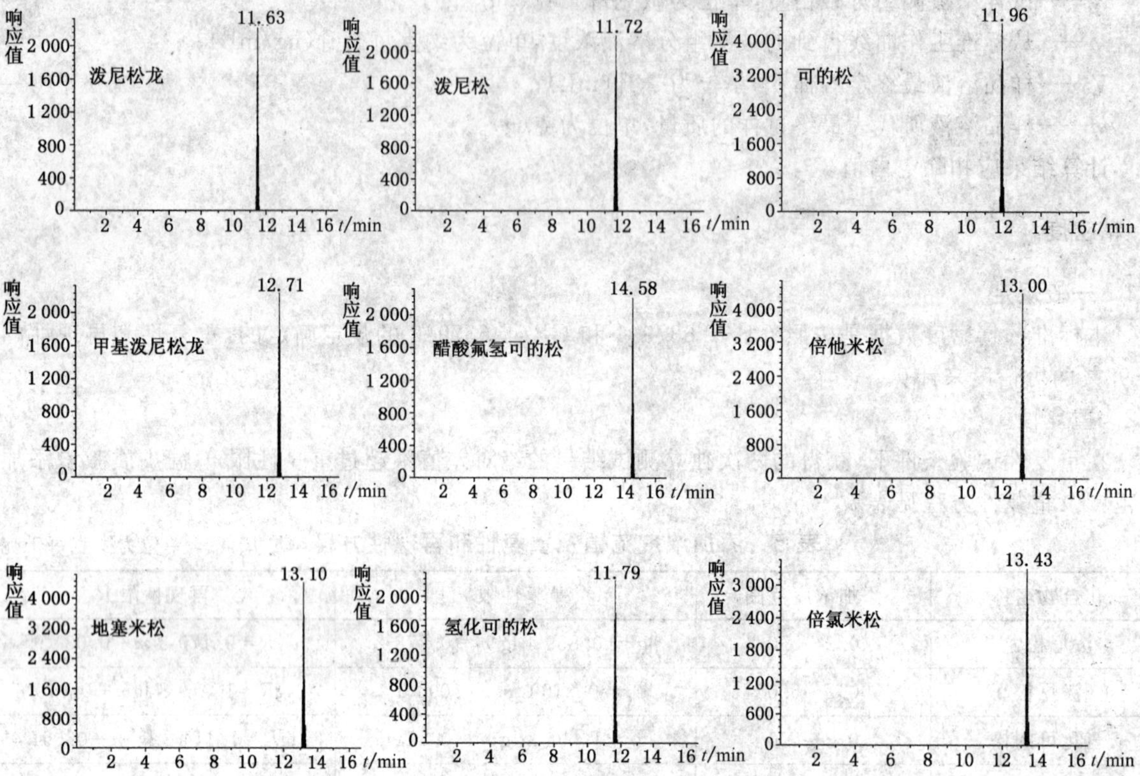

图 A.1　九种糖皮质激素的多反应监测（MRM）色谱图

附 录 B
（资料性附录）
回 收 率

本方法九种糖皮质激素的添加浓度及其平均回收率的试验数据见表B.1。

表B.1 九种糖皮质激素添加浓度及其平均回收率的试验数据

化合物名称	添加浓度/(μg/kg)	平均回收率/%
泼尼松龙	0.2	83.4
	0.4	87.1
	1.0	93.7
	5.0	79.4
泼尼松	0.2	92.5
	0.4	84.5
	1.0	82.0
	5.0	83.7
氢化可的松	0.2	89.0
	0.4	100.1
	1.0	100.4
	5.0	91.0
可的松	0.2	96.0
	0.4	89.4
	1.0	98.5
	5.0	84.4
甲基泼尼松龙	0.2	84.7
	0.4	87.3
	1.0	79.9
	5.0	79.7
倍他米松	0.2	92.5
	0.4	94.5
	1.0	84.9
	5.0	76.6
地塞米松	0.2	89.1
	0.4	91.8
	1.0	82.9
	5.0	78.1
倍氯米松	1.0	89.4
	2.0	86.5
	5.0	81.3
	25	82.0
醋酸氟氢可的松	1.0	78.0
	2.0	77.5
	5.0	80.5
	25	81.4

ICS 67.050
X 04

中华人民共和国国家标准

GB/T 22958—2008

河豚鱼、鳗鱼和烤鳗中角黄素残留量的测定 液相色谱-紫外检测法

Determination of canthaxanthin residues in fugu, eel and baked eel—HPLC-UV method

2008-12-31 发布　　2009-05-01 实施

中华人民共和国国家质量监督检验检疫总局
中国国家标准化管理委员会　发布

前　言

本标准的附录 A、附录 B、附录 C 为资料性附录。

本标准由国家质量监督检验检疫总局提出并归口。

本标准起草单位：中华人民共和国秦皇岛出入境检验检疫局、中华人民共和国青海出入境检验检疫局和中华人民共和国福建出入境检验检疫局。

本标准主要起草人：薄海波、星玉秀、余孔捷、贾光群、曹彦忠、雒丽丽、贾红卫、庞国芳。

河豚鱼、鳗鱼和烤鳗中角黄素残留量的测定 液相色谱-紫外检测法

1 范围

本标准规定了河豚鱼、鳗鱼和烤鳗中角黄素(canthaxanthin)残留量的液相色谱-紫外检测方法和液相色谱-串联质谱确证方法。

本标准适用于河豚鱼、鳗鱼和烤鳗中角黄素残留量的测定和确证。

本方法的检出限为 0.05 mg/kg。

2 规范性引用文件

下列文件中的条款通过本标准的引用而成为本标准的条款。凡是注日期的引用文件,其随后所有的修改单(不包括勘误的内容)或修订版均不适用于本标准,然而,鼓励根据本标准达成协议的各方研究是否可使用这些文件的最新版本。凡是不注日期的引用文件,其最新版本适用于本标准。

GB/T 6379.1 测量方法与结果的准确度(正确度与精密度) 第1部分:总则与定义(GB/T 6379.1—2004,ISO 5725-1:1994,IDT)

GB/T 6379.2 测量方法与结果的准确度(正确度与精密度) 第2部分:确定标准测量方法重复性与再现性的基本方法(GB/T 6379.2—2004,ISO 5725-2:1994,IDT)

GB/T 6682 分析实验室用水规格和试验方法(GB/T 6682—2008,ISO 3696:1987,MOD)

3 原理

试样中的角黄素用乙腈提取,正己烷脱脂净化,高效液相色谱-紫外检测,外标法定量。高效液相色谱-串联质谱法确证。

4 试剂和材料

除另有说明外,所用试剂均为分析纯。

4.1 水:GB/T 6682,一级。

4.2 乙腈:色谱纯。

4.3 正己烷:色谱纯。

4.4 乙腈饱和的正己烷:取少量乙腈(4.2)加入正己烷(4.3)中,充分混匀。静止分层后,取用上层正己烷。

4.5 甲酸:优级纯。

4.6 无水硫酸钠:用前在 650 ℃灼烧 4 h,置于干燥器中冷却后备用。

4.7 焦性没食子酸。

4.8 0.1%甲酸:移取 1 mL 甲酸(4.5),以水定容 1 L。当天配制。

4.9 角黄素标准物质(CAS:514-78-3):纯度≥95%。

4.10 标准储备溶液:准确称取角黄素标准品 5.0 mg(精确到 0.1 mg),用乙腈(4.2)溶解,转移至 50 mL棕色容量瓶中并定容至刻度。该溶液浓度为 100 μg/mL。储备液贮存在−18 ℃冰柜中。

4.11 标准中间溶液:吸取 1.00 mL 标准储备溶液(4.10),移入 10 mL 棕色容量瓶中,用乙腈定容,该

溶液浓度为 10 μg/mL。4 ℃冰箱中保存。

4.12 标准工作溶液:吸取一定量标准中间溶液(4.11),用流动相稀释至所需浓度。使用前配制。

4.13 滤膜:0.2 μm。

5 仪器和设备

5.1 高效液相色谱仪:配有紫外检测器。

5.2 液相色谱-串联质谱仪:配有电喷雾离子源(ESI 源)。

5.3 分析天平:感量 0.1 mg 和 0.01 g 各一台。

5.4 旋涡混匀器。

5.5 离心机:5 000 r/min。

5.6 移液器:1 mL。

5.7 聚丙烯离心管:50 mL。

5.8 旋转蒸发仪。

5.9 均质器。

6 试样制备与保存

6.1 试样制备

抽取河豚鱼、鳗鱼及烤鳗等样品约 500 g,取可食用部分,绞碎,充分混匀,分装入洁净的容器内,密闭并做好标记。在制样的操作过程中,应防止样品受到污染,且尽可能避光操作,尽量减少氧气接触机会并尽快完成。在样品提取时严格控制操作温度,最高不超过 35 ℃,以防止角黄素含量发生变化。

6.2 试样保存

试样于−18 ℃以下冷冻保存。

7 测定步骤

7.1 提取

称取 5 g 试样(精确至 0.01 g)于 50 mL 聚丙烯离心管中,加入 10 g 无水硫酸钠,0.1 g 焦性没食子酸,加乙腈 2×20 mL,均质提取 1 min。以 3 000 r/min 离心 3 min。合并提取液于另一个 50 mL 聚丙烯离心管中。待净化。

7.2 净化

在乙腈提取液中加入 20 mL 乙腈饱和的正己烷(4.3),涡旋混匀后振荡 3 min,以 2 000 r/min 离心 2 min ,弃去上层正己烷,取下层乙腈 20 mL,旋转蒸发近干,用 5 mL 乙腈定容,过 0.2 μm 滤膜,待测定。

7.3 测定条件

7.3.1 液相色谱参考条件

a) 色谱柱:BEH C_{18},1.7 μm ,50 mm×2.1 mm(内径)或相当者;

b) 流动相:乙腈+0.1%甲酸溶液(97+3);

c) 流速:0.30 mL/min;

d) 柱温:30 ℃;

e) 进样量:5.0 μL;

f) 检测波长:470 nm。

7.3.2 色谱测定

根据试样中被测物质的含量情况,选取响应值适宜的标准工作液进行色谱分析。标准工作液和待测样液中角黄素的响应值应在仪器线性响应范围内。标准工作液与待测样液等体积进样。在上述色谱条件下,角黄素反、顺式异构体的保留时间分别为 1.10 min 和 1.26 min。根据标准溶液色谱峰的保留时间和峰面积,对样液的色谱峰进行定性并用外标法定量。角黄素标准溶液的液相色谱图参见附录 A 中的图 A.1。角黄素标准物质的多反应监测(MRM)色谱图参见附录 B 中的图 B.1。角黄素添加浓度及其平均回收率的试验数据参见附录 C 中的表 C.1。

7.4 确证

7.4.1 液相色谱参考条件

a) 色谱柱:BEH C_{18},1.7 μm ,50 mm×2.1 mm(内径)或相当者;

b) 流动相:乙腈(4.2)+0.1%甲酸(4.8)(97+3);

c) 流速:0.40 mL/min;

d) 柱温:35 ℃;

e) 进样量:5.0 μL。

7.4.2 质谱参考条件

a) 离子源:电喷雾源 ESI,正离子模式(ESI+);

b) 扫描方式:多反应监测(MRM);

c) 毛细管电压:3.5 kV;

d) 锥孔电压:38 V;

e) 离子源温度:120 ℃;

f) 去溶剂气温度:400 ℃;

g) 去溶剂气(氮气)流量:800 L/h;

h) 锥孔气(氮气)流量(N_2):50 L/h;

i) 碰撞能量:20 V;

j) 碰撞气流量:0.1 L/h;

k) 检测离子对:定量:565.5/203.1;定性:565.5/203.1,565.5/133.1。

7.4.3 液相色谱-串联质谱确证

将各被测组分分别选择 1 个母离子,2 个以上子离子,在相同的试验条件下,样品中待测物质的保留时间与标准溶液中对应的保留时间偏差±2.5%之内;且样品中各组分定性离子的相对丰度与浓度接近的标准溶液中对应的定性离子的相对丰度进行比较,若偏差不超过表 1 规定的范围,则可判定样品中存在对应的待测物。

表 1 定性确证时相对离子丰度的最大允许偏差　　以%表示

相对离子丰度 K	$K>50$	$20< K< 50$	$10 <K <20$	$K\leqslant 10$
允许最大偏差	±20	±25	±30	±50

7.5 平行试验

按以上步骤对同一试样进行平行试验测定。

7.6 空白试验

除不称取试样外,均按上述步骤进行测定。

8 结果计算

角黄素残留量的测定结果按式(1)计算。

$$X = c \times \frac{V}{m} \times \frac{1\,000}{1\,000} \quad \cdots\cdots(1)$$

式中:

X——试样中被测组分残留量,单位为微克每千克(μg/kg);

c——从标准工作曲线上得到的被测组分溶液浓度，单位为纳克每毫升(ng/mL)；

V——样品溶液定容体积，单位为毫升(mL)；

m——样品溶液所代表试样的质量，单位为克(g)。

计算结果应扣除空白值。

9 精密度

9.1 一般规定

本标准的精密度数据是按照 GB/T 6379.1 和 GB/T 6379.2 规定确定的，其重复性和再现性的值是以 95％的可信度来计算。

9.2 重复性

在重复性试验条件下，获得的两次独立测试结果的绝对差值不超过重复性限 r，试样中角黄素添加浓度范围及重复性方程见表 2。

表 2 角黄素添加浓度及重复性和再现性方程

单位为毫克每千克

化合物名称	添加浓度范围	重复性限 r	再现性限 R
角黄素	0.05～2.0	$\lg r=0.6738\lg m-0.4549$	$\lg R=0.6387\lg m-0.5289$
注：m 为两次测定结果的平均值。			

如果两次测定值的差值超过重复性限 r，应舍弃试验结果并重新完成两次单个试验的测定。

9.3 再现性

在再现性试验条件下，获得的两次独立测试结果的绝对差值不超过再现性限 R，试样中角黄素添加浓度范围及再现性方程见表 2。

附 录 A
（资料性附录）
标准物质液相色谱图

角黄素标准物质液相色谱图见图 A.1。

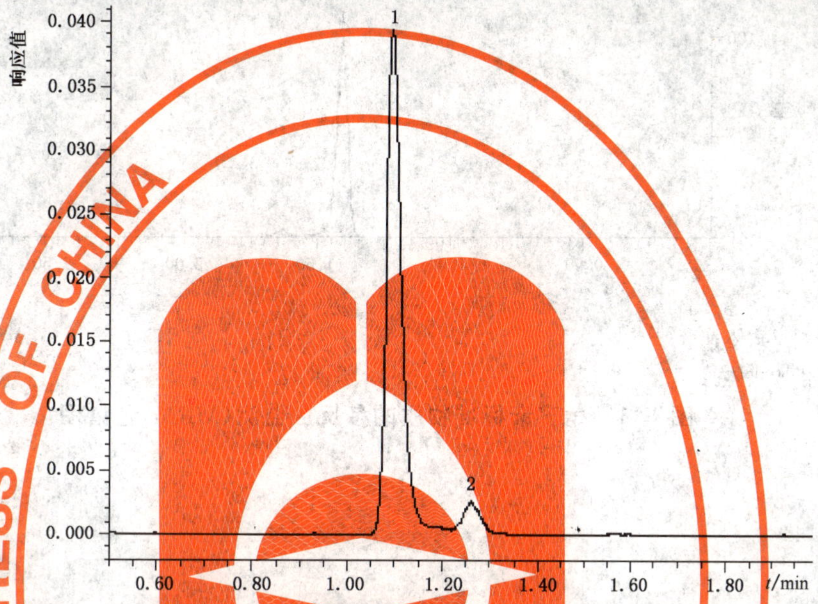

1——角黄素反式体；

2——角黄素顺式体。

图 A.1 角黄素标准物质液相色谱图

附　录　B
（资料性附录）
标准物质的多反应监测（MRM）色谱图

角黄素标准物质的多反应监测（MRM）色谱图见图 B.1。

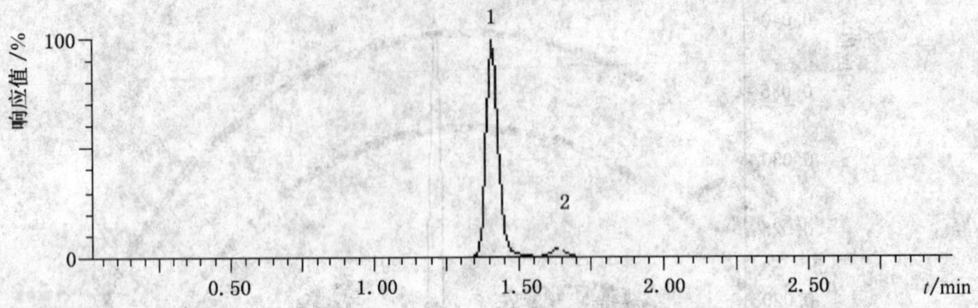

1——角黄素反式体；

2——角黄素顺式体。

图 B.1　角黄素标准物质的多反应监测（MRM）色谱图

附 录 C
（资料性附录）
回 收 率

角黄素添加浓度及其平均回收率的试验数据见表C.1。

表C.1 角黄素添加浓度及其平均回收率的试验数据

样品基质	添加浓度/(mg/kg)	平均回收率/%
河豚鱼	0.05	87.6
	0.10	92.3
	1.00	85.8
	2.00	95.5
鳗鱼	0.05	86.0
	0.10	91.7
	1.00	92.4
	2.00	89.9
烤鳗	0.05	88.3
	0.10	94.4
	1.00	97.0
	2.00	87.5

ICS 67.050
X 04

GB

中华人民共和国国家标准

GB/T 22959—2008

河豚鱼、鳗鱼和烤鳗中氯霉素、甲砜霉素和氟苯尼考残留量的测定 液相色谱-串联质谱法

Determination of chloramphenicol, thiamphenicol and florfenicol residues in fugu, eel and baked eel—LC-MS-MS method

2008-12-31 发布　　2009-05-01 实施

中华人民共和国国家质量监督检验检疫总局
中国国家标准化管理委员会　发布

前　言

本标准的附录 A、附录 B 为资料性附录。

本标准由国家质量监督检验检疫总局提出并归口。

本标准起草单位：中华人民共和国秦皇岛出入境检验检疫局、中华人民共和国广东出入境检验检疫局。

本标准主要起草人：林海丹、李宪华、谢守新、林峰、黄华军、邵琳智、庞国芳。

河豚鱼、鳗鱼和烤鳗中氯霉素、甲砜霉素和氟苯尼考残留量的测定 液相色谱-串联质谱法

1 范围

本标准规定了河豚鱼、鳗鱼和烤鳗中氯霉素(chloramphenicol)、甲砜霉素(thiamphenicol)和氟苯尼考(florfenicol)及其代谢物氟苯尼考胺(florfenicol amine)残留量的液相色谱-串联质谱测定方法。

本标准适用于河豚鱼、鳗鱼和烤鳗中的氯霉素、甲砜霉素、氟苯尼考和氟苯尼考胺残留量的测定。

本标准的方法检出限：河豚鱼、鳗鱼和烤鳗中氯霉素为 0.1 μg/kg，甲砜霉素、氟苯尼考和氟苯尼考胺为 1.0 μg/kg。

2 规范性引用文件

下列文件中的条款通过本标准的引用而成为本标准的条款。凡是注日期的引用文件，其随后所有的修改单(不包括勘误的内容)或修订版均不适用于本标准，然而，鼓励根据本标准达成协议的各方研究是否可使用这些文件的最新版本。凡是不注日期的引用文件，其最新版本适用于本标准。

GB/T 6379.1 测量方法与结果的准确度(正确度与精密度) 第1部分：总则与定义(GB/T 6379.1—2004,ISO 5725-1:1994,IDT)

GB/T 6379.2 测量方法与结果的准确度(正确度与精密度) 第2部分：确定标准测量方法重复性与再现性的基本方法(GB/T 6379.2—2004,ISO 5725-2:1994,IDT)

GB/T 6682 分析实验室用水规格和试验方法(GB/T 6682—2008,ISO 3696:1987,MOD)

3 原理

样品中的氯霉素、甲砜霉素、氟苯尼考和氟苯尼考胺在碱性条件下，用乙酸乙酯提取，提取液旋转蒸发挥干，残渣以水溶解，经正己烷液液分配脱脂。液相色谱-串联质谱仪检测，氯霉素、甲砜霉素和氟苯尼考以内标法峰面积定量，氟苯尼考胺以外标法峰面积定量。

4 试剂

所用试剂除注明外均为分析纯，水为 GB/T 6682 规定的一级水。

4.1 甲醇：色谱纯。

4.2 乙酸乙酯。

4.3 正己烷。

4.4 氨水：25%～28%。

4.5 无水硫酸钠：使用前经 650 ℃灼烧 4 h。

4.6 标准物质：氯霉素(CAS:56-75-7)、甲砜霉素(CAS:15318-45-3)和氟苯尼考(CAS:76639-94-6)，纯度≥99.5%；氟苯尼考胺，纯度≥98.0%。

4.7 内标标准液：氘代氯霉素(d_5-氯霉素)，100 μg/ mL，溶剂为乙腈，氘化度≥98%。

4.8 100 μg/mL 标准储备液：分别准确称取适量的氯霉素、甲砜霉素、氟苯尼考和氟苯尼考胺标准物质(4.6)，用甲醇分别配成 100 μg/mL 的标准储备液。该溶液于－18 ℃保存。

4.9 1 μg/mL 氯霉素、甲砜霉素和氟苯尼考混合标准储备液：分别准确吸取 1.00 mL 氯霉素、甲砜霉

素和氟苯尼考标准储备液(4.8),移至100 mL容量瓶中,用甲醇配成1 μg/ mL的氯霉素、甲砜霉素和氟苯尼考混合标准储备液。该溶液于−18 ℃保存。

4.10 1 μg/mL氟苯尼考胺标准储备液:准确吸取1.00 mL氟苯尼考胺标准储备液(4.8),移至100 mL容量瓶中,用甲醇配成1 μg/ mL的氟苯尼考胺标准储备液。该溶液于−18 ℃保存。

4.11 20 ng/mL氯霉素、甲砜霉素和氟苯尼考混合标准中间液:准确吸取1.00 mL混合标准储备液(4.9),移至50 mL容量瓶中,用水配成20 ng/mL的氯霉素、甲砜霉素和氟苯尼考混合标准中间液。该溶液于4 ℃保存。

4.12 20 ng/mL氟苯尼考胺标准中间液:准确吸取1.00 mL氟苯尼考胺标准储备液(4.10),移至50 mL容量瓶中,用水配成20 ng/mL的氟苯尼考胺标准中间液。该溶液于4 ℃保存。

4.13 1 μg/mL内标标准储备液:准确吸取1.00 μL内标标准液(4.7),移至10 mL容量瓶中,用甲醇配成1 μg/mL内标标准储备液。该溶液于−18 ℃保存。

4.14 20 ng/mL内标标准中间液:准确吸取1.00 mL内标标准储备液(4.13),移至50 mL容量瓶中,用水配成20 ng/mL的内标标准中间液。该溶液于4 ℃保存。

4.15 氯霉素、甲砜霉素和氟苯尼考混合基质标准工作溶液:根据每种标准的灵敏度和仪器线性范围,临用时吸取一定量的混合标准中间液(4.11)和内标标准中间液(4.14),用空白基质溶液配成适当浓度的混合基质标准工作液,每毫升该混合基质标准工作溶液含有0.15 ng氘代氯霉素(d_5-氯霉素)。

4.16 氟苯尼考胺基质标准工作溶液:根据标准的灵敏度和仪器线性范围,临用时吸取一定量的标准中间液(4.12),用空白基质溶液配成适当浓度的氟苯尼考胺基质标准工作液。

4.17 滤膜:0.2 μm。

5 仪器

5.1 液相色谱-串联质谱仪:配有电喷雾离子源。

5.2 分析天平:感量0.1 mg和0.01 g。

5.3 离心机:转速≥4 000 r/min。

5.4 小型台式离心机:转速≥13 000 r/min。

5.5 组织捣碎机。

5.6 匀浆机。

5.7 减压旋转蒸发仪。

5.8 超声波水浴。

5.9 旋涡振荡器。

5.10 聚丙烯离心管:带盖,50 mL,1.5 mL。

5.11 鸡心瓶:25 mL。

5.12 具塞比色管:50 mL。

6 试样制备与保存

6.1 试样的制备

从所取全部样品中取出有代表性样品可食部分约500 g,用组织捣碎机充分捣碎均匀,装入洁净容器,密封,并标明标记。

制样操作过程中应防止样品受到污染或发生残留物含量的变化。

6.2 试样的保存

将试样于−18 ℃冰箱中保存。

7 测定步骤

7.1 提取

称取 5 g 试样，精确至 0.01 g，置于 50 mL 聚丙烯离心管中，加入内标标准中间液(4.14)75.0 μL，加入 25 mL 乙酸乙酯，0.75 mL 氨水(4.4)，3 g 无水硫酸钠，匀浆提取 30 s，4 000 r/min 离心 5 min，上清液转移至 50 mL 比色管中。另取一 50 mL 离心管加入 20 mL 乙酸乙酯，0.60 mL 氨水，洗涤匀浆刀头 10 s，洗涤液移入第一支离心管中，用玻棒搅动残渣，旋涡振荡提取 1 min，超声波振荡提取 5 min，4 000 r/min 离心 5 min，上清液合并至 50 mL 比色管，乙酸乙酯定容至 50.0 mL。摇匀后移取 10.0 mL 乙酸乙酯提取液于 25 mL 鸡心瓶，45 ℃减压旋转浓缩至干。

7.2 净化

鸡心瓶中的残渣用 2.00 mL 水溶解，旋涡振荡混匀，超声 5 min，加入 3 mL 正己烷旋涡振荡混合 30 s，静置分层，弃掉上层的正己烷，再加 3 mL 正己烷旋涡振荡混合 30 s，静置分层，移取部分下层的水相于 1.5 mL 的聚丙烯离心管中，13 000 r/min 离心 5 min，经 0.2 μm 滤膜过滤后，供液相色谱-串联质谱测定氯霉素、甲砜霉素和氟苯尼考。另吸取 100 μL 滤液于液相进样瓶，加入 400 μL 水，混匀，供液相色谱-串联质谱测定氟苯尼考胺。

7.3 空白基质溶液的制备

称取 5 g 空白样品，精确至 0.01 g，除不加入内标标准中间液，其他按 7.1 和 7.2 步骤操作。

7.4 测定条件

7.4.1 液相色谱参考条件

7.4.1.1 氯霉素、甲砜霉素和氟苯尼考测定

a) 色谱柱：SUPELCO Discovery C_{18}，5 μm，150 mm×2.1 mm(内径)或相当者；

b) 柱温：40 ℃；

c) 流动相：甲醇-水(2+3)；

d) 流速：0.30 mL/min；

e) 进样量：20 μL。

7.4.1.2 氟苯尼考胺测定

a) 色谱柱：Intersil C_8-3，5 μm，150 mm×4.6 mm(内径)或相当者；

b) 柱温：40 ℃；

c) 流动相：甲醇-水(4+1)；

d) 流速：0.30 mL/min；

e) 进样量：10 μL。

7.4.2 质谱参考条件

a) 离子源：电喷雾离子源(ESI)；

b) 扫描方式：负离子扫描(氯霉素、甲砜霉素和氟苯尼考测定)，正离子扫描(氟苯尼考胺测定)；

c) 检测方式：多反应选择离子检测(MRM)；

d) 电喷雾电压(IS)：−4 200 V(氯霉素、甲砜霉素和氟苯尼考测定)，4 500 V(氟苯尼考胺测定)；

e) 雾化气、气帘气、辅助加热气、碰撞气均为高纯氮气及其他合适气体，使用前应调节各气体流量以使质谱灵敏度达到检测要求；

f) 辅助气温度(TEM)：600 ℃；

g) 定性离子对、定量离子对、采集时间、去簇电压及碰撞能量见表 1。

表 1 氯霉素、甲砜霉素、氟苯尼考、氘代氯霉素(d_5-氯霉素)和氟苯尼考胺的质谱参数

化合物名称	定性离子对 (m/z)	定量离子对 (m/z)	采集时间/ms	去簇电压/V	碰撞能量/V
氯霉素	320.9/257.0	320.9/152.0	200	−55	−16
	320.9/152.0				−26
甲砜霉素	353.9/290.3	353.9/185.2	200	−55	−17
	353.9/185.2				−27
氟苯尼考	356.0/336.0	356.0/336.0	200	−55	−14
	356.0/185.0				−27
氘代氯霉素(d_5-氯霉素)	326.0/157.0	326.0/157.0	200	−55	−26
氟苯尼考胺	248.3/230.2	248.3/130.2	200	45	18
	248.3/130.2				33

7.4.3 液相色谱-串联质谱测定

7.4.3.1 定性测定

每种被测组分选择 1 个母离子,2 个以上子离子,在相同试验条件下,样品中待检测物质和内标物的保留时间之比,也就是相对保留时间,与标准溶液中对应的相对保留时间偏差在±2.5%之内;且样品谱图中各组分定性离子的相对丰度与浓度接近的标准溶液谱图中对应的定性离子的相对丰度进行比较,偏差不超过表 2 规定的范围,则可判定为样品中存在对应的待测物。

表 2 定性确证时相对离子丰度的最大允许偏差

以%表示

相对离子丰度 K	$K>50$	$20\%<K<50$	$10<K<20$	$K\leqslant 10$
允许的最大偏差	±20	±25	±30	±50

7.4.3.2 定量测定

氯霉素、甲砜霉素和氟苯尼考测定以内标法定量:在仪器最佳工作条件下,对基质标准工作溶液(4.15)进样,以标准溶液中被测组分峰面积和氘代氯霉素(d_5-氯霉素)峰面积的比值为纵坐标,标准溶液中被测组分浓度与氘代氯霉素(d_5-氯霉素)浓度的比值为横坐标绘制标准工作曲线,用标准工作曲线对样品进行定量,样品溶液中待测物的响应值均应在仪器测定的线性范围内。

氟苯尼考胺测定以外标法定量:在仪器最佳工作条件下,对基质标准工作溶液(4.16)进样,以标准溶液中被测组分峰面积为纵坐标,标准溶液中被测组分浓度为横坐标绘制标准工作曲线,用标准工作曲线对样品进行定量,样品溶液中待测物的响应值均应在仪器测定的线性范围内。

氯霉素、甲砜霉素、氟苯尼考、氘代氯霉素(d_5-氯霉素)和氟苯尼考胺标准物质的多反应监测(MRM)色谱图参见附录 A 中的图 A.1～图 A.3。

氯霉素、甲砜霉素、氟苯尼考和氟苯尼考胺的添加浓度及其平均回收率的试验数据参见附录 B 中的表 B.1。

7.5 平行试验

按以上步骤,对同一试样进行平行试验测定。

7.6 空白试验

除不称取样品外,均按上述步骤进行。

8 结果计算

氯霉素、甲砜霉素和氟苯尼考残留量的测定结果按式(1)计算:

$$X = c_s \times \frac{A}{A_s} \times \frac{c_i}{c_{si}} \times \frac{A_{si}}{A_i} \times \frac{V}{m} \times \frac{1\ 000}{1\ 000} \qquad \cdots\cdots(1)$$

式中：

X——试样中被测物残留量，单位为微克每千克(μg/kg)；

c_s——基质标准工作溶液中被测物的浓度，单位为纳克每毫升(ng/mL)；

A——试样溶液中被测物的色谱峰面积；

A_s——基质标准工作溶液中被测物的色谱峰面积；

c_i——试样溶液中内标物的浓度，单位为纳克每毫升(ng/mL)；

c_{si}——基质标准工作溶液中内标物的浓度，单位为纳克每毫升(ng/mL)；

A_{si}——基质标准工作溶液中内标物的色谱峰面积；

A_i——试样溶液中内标物的色谱峰面积；

V——样液最终定容体积，单位为毫升(mL)；

m——试样溶液所代表试样的质量，单位为克(g)。

计算结果应扣除空白值。

氟苯尼考胺残留量的测定结果按式(2)计算：

$$X = c \times \frac{V}{m} \times \frac{1\ 000}{1\ 000} \qquad \cdots\cdots(2)$$

式中：

X——试样中被测组分残留量，单位为微克每千克(μg/kg)；

c——从基质标准工作曲线得到的被测组分溶液浓度，单位为纳克每毫升(ng/mL)；

V——样品溶液最终定容体积，单位为毫升(mL)；

m——样品溶液所代表最终试样的质量，单位为克(g)。

计算结果应扣除空白值。

9 精密度

9.1 一般规定

本标准的精密度数据是按照 GB/T 6379.1 和 GB/T 6379.2 的规定确定的，重复性和再现性的值以 95%的可信度来计算。

9.2 重复性

在重复性试验条件下，获得的两次独立测试结果的绝对差值不超过重复性限 r，被测物的添加浓度范围及重复性方程见表 3。

表 3 添加浓度范围及重复性和再现性方程 单位为微克每千克

化合物名称	添加浓度范围	样品基质	重复性限 r	再现性限 R
氯霉素	0.100～1.00	河豚鱼	$\lg r = 1.13 \lg m + 0.691$	$\lg R = 1.07 \lg m + 0.677$
		鳗鱼	$\lg r = 0.979 \lg m + 0.762$	$\lg R = 1.00 \lg m + 0.762$
		烤鳗	$\lg r = 1.11 \lg m + 0.635$	$\lg R = 1.01 \lg m + 0.632$
甲砜霉素	1.00～10.0	河豚鱼	$\lg r = 0.753 \lg m - 0.033\ 1$	$\lg R = 1.08 \lg m - 0.062\ 2$
		鳗鱼	$\lg r = 0.99 \lg m - 0.170$	$\lg R = 0.996 \lg m - 0.150$
		烤鳗	$\lg r = 0.883 \lg m - 0.096\ 9$	$\lg R = 104 \lg m - 0.111$

表 3（续） 单位为微克每千克

化合物名称	添加浓度范围	样品基质	重复性限 r	再现性限 R
氟苯尼考	1.00～10.0	河豚鱼	$\lg r=0.985\ \lg m-0.146$	$\lg R=0.997\ \lg m-0.127$
		鳗鱼	$\lg r=0.956\ \lg m-0.159$	$\lg R=0.981\ \lg m-0.130$
		烤鳗	$\lg r=0.973\ \lg m-0.115$	$\lg R=1.01\ \lg m-0.148$
氟苯尼考胺	1.00～8.00	河豚鱼	$\lg r=1.09\ \lg m-0.179$	$\lg R=0.974\ \lg m-0.143$
		鳗鱼	$\lg r=1.12\ \lg m-0.190$	$\lg R=0.983\ \lg m-0.170$
		烤鳗	$\lg r=1.17\ \lg m-0.200$	$\lg R=0.969\ \lg m-0.177$
注：m 为两次测定结果的算术平均值。				

如果差值超过重复性限 r，应舍弃试验结果并重新完成两次单个试验的测定。

9.3 再现性

在再现性试验条件下，获得的两次独立测试结果的绝对差值不超过再现性限 R，被测物的添加浓度范围及再现性方程见表 3。

附　录　A
（资料性附录）
标准物质的多反应监测(MRM)色谱图

氯霉素、甲砜霉素和氟苯尼考标准物质的多反应监测色谱图见图 A.1，氘代氯霉素的多反应监测色谱图见图 A.2，氟苯尼考胺标准物质的多反应监测色谱图见图 A.3。

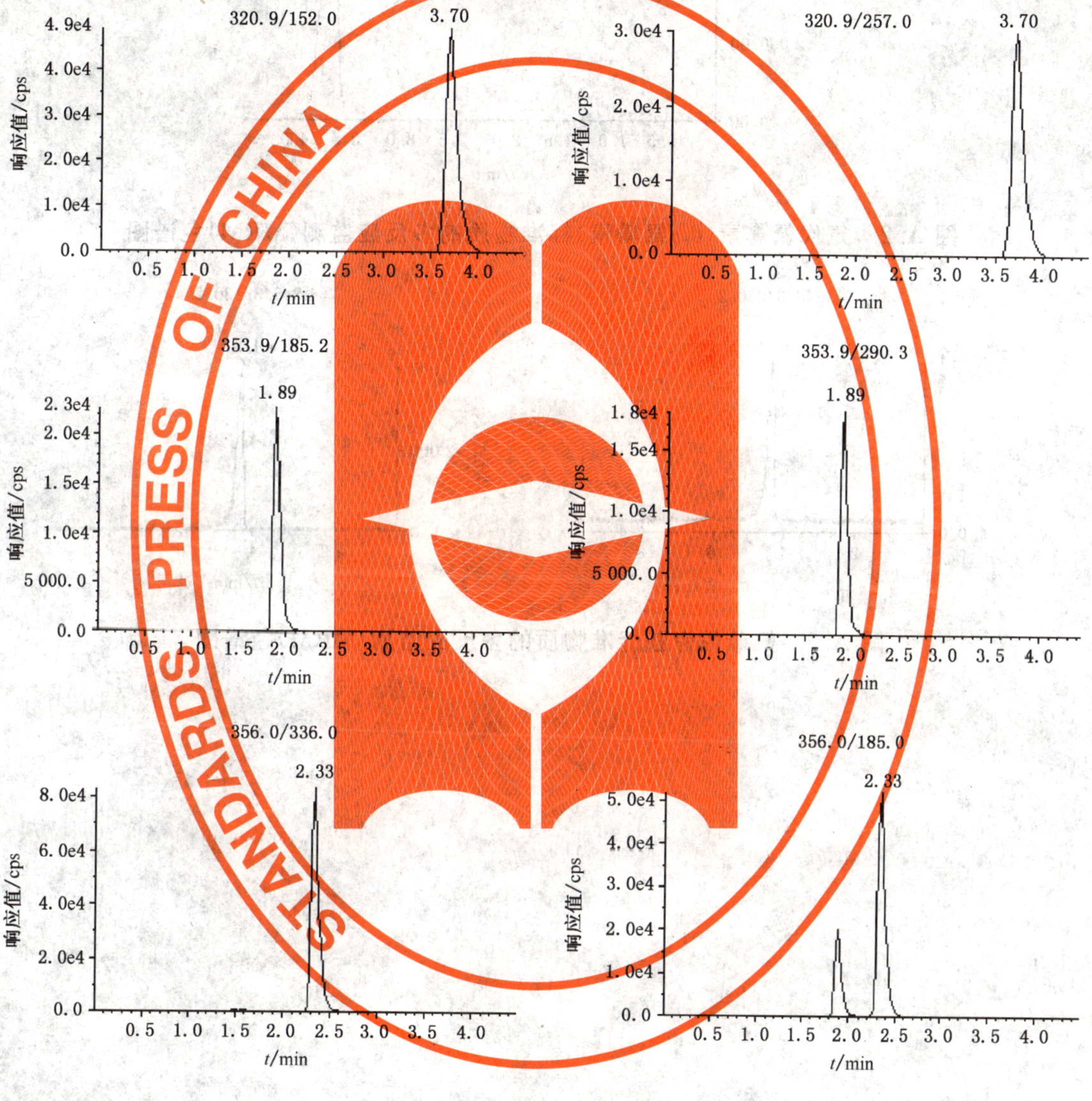

图 A.1　氯霉素、甲砜霉素和氟苯尼考标准物质的多反应监测(MRM)色谱图

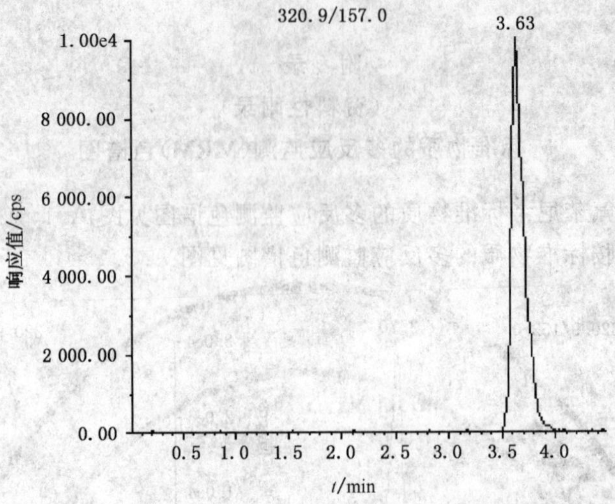

图 A.2 氘代氯霉素(d_5-氯霉素)标准物质的多反应监测(MRM)色谱图

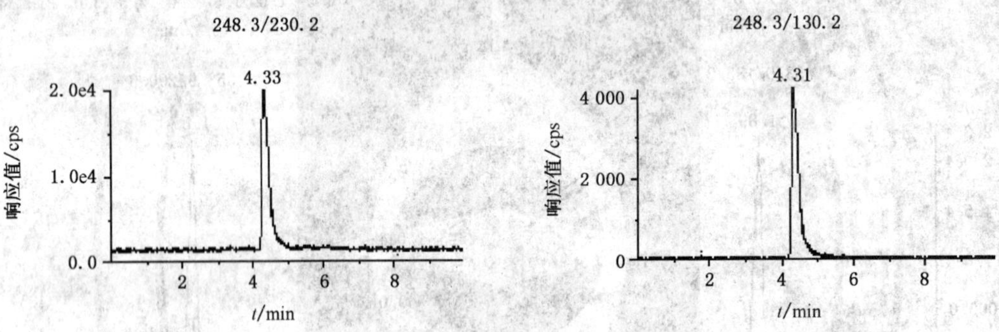

图 A.3 氟苯尼考胺标准物质的多反应监测(MRM)色谱图

附 录 B
（资料性附录）
回 收 率

氯霉素、甲砜霉素、氟苯尼考和氟苯尼考胺的添加浓度及平均回收率的试验数据见表B.1。

表B.1 氯霉素、甲砜霉素、氟苯尼考和氟苯尼考胺的添加浓度及平均回收率的试验数据

样品基质	化合物名称	添加浓度/(μg/kg)	平均回收率/%
鳗鱼	氯霉素	0.100	92.0
		0.200	96.2
		0.500	99.0
		1.00	92.0
	甲砜霉素	1.00	102
		2.00	92.6
		4.00	96.4
		10.0	94.3
	氟苯尼考	1.00	95.0
		2.00	95.2
		4.00	98.0
		10.0	98.0
	氟苯尼考胺	1.00	97.7
		2.00	95.7
		4.00	95.4
		8.00	102
河豚鱼	氯霉素	0.100	93.2
		0.200	96.7
		0.500	95.6
		1.00	95.1
	甲砜霉素	1.00	91.6
		2.00	91.3
		4.00	88.9
		10.0	88.2
	氟苯尼考	1.00	92.6
		2.00	102
		4.00	92.5
		10.0	89.4
	氟苯尼考胺	1.00	96.1
		2.00	91.3
		4.00	94.4
		8.00	93.5

表 B.1（续）

样品基质	化合物名称	添加浓度/(μg/kg)	平均回收率/%
烤鳗	氯霉素	0.100	96.7
		0.200	97.9
		0.500	97.6
		1.00	95.9
	甲砜霉素	1.00	85.7
		2.00	91.2
		4.00	92.1
		10.0	87.8
	氟苯尼考	1.00	97.0
		2.00	97.1
		4.00	95.9
		10.0	91.8
	氟苯尼考胺	1.00	93.7
		2.00	93.4
		4.00	95.7
		8.00	96.3

ICS 67.050
X 04

中华人民共和国国家标准

GB/T 22960—2008

河豚鱼和鳗鱼中头孢唑啉、头孢匹林、头孢氨苄、头孢洛宁、头孢喹肟残留量的测定　液相色谱-串联质谱法

Determination of cefazolin, cefapirin, cephalexin, cefalonium, cefquinome residues in fugu and eel—LC-MS-MS method

2008-12-31 发布　　　　2009-05-01 实施

中华人民共和国国家质量监督检验检疫总局
中国国家标准化管理委员会　发布

前　言

本标准的附录A、附录B为资料性附录。

本标准由国家质量监督检验检疫总局提出并归口。

本标准起草单位：中华人民共和国秦皇岛出入境检验检疫局。

本标准主要起草人：李学民、王贺琴、母健、曹彦忠、刘晓茂、庞国芳。

河豚鱼和鳗鱼中头孢唑啉、头孢匹林、头孢氨苄、头孢洛宁、头孢喹肟残留量的测定 液相色谱-串联质谱法

1 范围

本标准规定了河豚鱼和鳗鱼中头孢唑啉、头孢匹林、头孢氨苄、头孢洛宁、头孢喹肟残留量的液相色谱-串联质谱测定方法。

本标准适用于河豚鱼和鳗鱼中头孢唑啉、头孢匹林、头孢氨苄、头孢洛宁、头孢喹肟残留量的测定。

本标准的方法检出限:头孢唑啉为 10 μg/kg;头孢匹林、头孢氨苄、头孢洛宁、头孢喹肟为 2.0 μg/kg。

2 规范性引用文件

下列文件中的条款通过本标准的引用而成为本标准的条款。凡是注日期的引用文件,其随后所有的修改单(不包括勘误的内容)或修订版均不适用于本标准,然而,鼓励根据本标准达成协议的各方研究是否可使用这些文件的最新版本。凡是不注日期的引用文件,其最新版本适用于本标准。

GB/T 6379.1 测量方法与结果的准确度(正确度与精密度) 第1部分:总则与定义(GB/T 6379.1—2004,ISO 5725-1:1994,IDT)

GB/T 6379.2 测量方法与结果的准确度(正确度与精密度) 第2部分:确定标准测量方法重复性与再现性的基本方法(GB/T 6379.2—2004,ISO 5725-2:1994,IDT)

GB/T 6682 分析实验室用水规格和试验方法(GB/T 6682—2008,ISO 3696:1987,MOD)

3 原理

试样中五种头孢菌素药物残留用乙腈提取,旋转蒸发除去乙腈,用水定容,液相色谱-串联质谱仪测定,外标法定量。

4 试剂和材料

除另有说明外,所用试剂均为分析纯。

4.1 水:GB/T 6682,一级。

4.2 甲醇:色谱纯。

4.3 乙腈:色谱纯。

4.4 乙酸。

4.5 正己烷。

4.6 乙腈饱和的正己烷:取 100 mL 正己烷(4.5)和 50 mL 乙腈(4.3)于 250 mL 分液漏斗中,振摇 1 min,静置分层后,弃掉乙腈。

4.7 标准物质:头孢唑啉(CAS:25953-19-9)、头孢匹林(CAS:24356-60-3)、头孢氨苄(CAS:16549-56-7)、头孢洛宁(CAS:5575-21-3)、头孢喹肟(CAS:118443-89-3),纯度≥99%。

4.8 1.0 mg/mL 五种头孢菌素标准储备溶液:准确称取适量的每种标准物质(4.7),分别用水配制成浓度为 1.0 mg/mL 的标准储备溶液。储备液贮存在-18 ℃冰柜中。

4.9 五种头孢菌素标准混合工作溶液:根据需要吸取适量的每种头孢菌素标准储备溶液(4.8),用水稀释成适当浓度的标准混合工作溶液。

4.10 滤膜:0.2 μm。

5 仪器

5.1 液相色谱-串联四极杆质谱仪:配有电喷雾离子源。
5.2 分析天平:感量 0.1 mg,0.01 g。
5.3 均质器。
5.4 微量注射器:25 μL,100 μL。
5.5 刻度样品管:5 mL,精度为 0.1 mL。
5.6 高速冷冻离心机:带有 50 mL 具塞离心管,转速达到 10 000 r/min 以上。
5.7 氮气浓缩仪。

6 试样制备与保存

6.1 试样的制备

从全部样品中取出有代表性样品约 1 kg,充分搅碎,混匀,均分成两份,分别装入洁净容器内。密封后作为试样,标明标记。在抽样和制样的操作过程中,应防止样品受到污染或发生残留物含量的变化。

6.2 试样的保存

将试样于−18 ℃保存。

7 测定步骤

7.1 试样溶液的制备

称取 5 g 试样(精确到 0.01 g)置于 50 mL 离心管中,加入 20 mL 乙腈(4.3),使用均质器(5.3)均质 1 min,提取液使用高速冷冻离心机(5.6)在 10 ℃,10 000 r/min 离心 10 min,把上层提取液移至另一离心管中。用 15 mL 乙腈重复提取一次,合并两次的提取液,并加入 10 mL 乙腈饱和的正己烷(4.6),振荡 1 min,弃掉正己烷。把提取液移至 100 mL 鸡心瓶中,在 40 ℃旋转蒸发除去乙腈,用 2 mL 水溶解残渣,摇匀后,样液过 0.2 μm 滤膜(4.10),供液相色谱-串联质谱仪测定。

7.2 空白样品添加标准混合工作溶液的制备

分别准确移取适量五种头孢菌素标准混合工作溶液(4.9),添加到 5.0 g 样品中,按照 7.1 步骤操作,制得头孢唑啉浓度分别为 10 μg/kg、20 μg/kg、40 μg/kg、100 μg/kg;头孢匹林、头孢氨苄、头孢洛宁、头孢喹肟浓度分别为 2.0 μg/kg、4.0 μg/kg、8.0 μg/kg、20 μg/kg 四个样品添加标准混合工作溶液,供液相色谱-串联质谱仪测定。

7.3 测定条件

7.3.1 液相色谱参考条件

a) 色谱柱:ZORBAX SB-C_{18},3.5 μm,150 mm×2.1 mm(内径)或相当者;
b) 流动相组成、流速及梯度程序见表 1;
c) 柱温:30 ℃;
d) 进样量:20 μL。

表 1 流动相梯度程序及流速

时间/min	流速/(μL/min)	水(含 0.1%乙酸)/%	乙腈/%
0.00	200	95.0	5.0
2.00	200	95.0	5.0
2.01	200	40.0	60.0

表 1（续）

时间/min	流速/(μL/min)	水(含 0.1%乙酸)/%	乙腈/%
8.00	200	40.0	60.0
8.01	200	95.0	5.0
15.00	200	95.0	5.0

7.3.2 质谱参考条件

a) 离子源:电喷雾离子源;

b) 扫描方式:正离子扫描;

c) 检测方式:多反应监测;

d) 电喷雾电压:5 500 V;

e) 雾化气压力:0.055 MPa;

f) 气帘气压力:0.079 MPa;

g) 辅助气流速:6 L/min;

h) 离子源温度:400 ℃;

i) 定性离子对、定量离子对和去簇电压(DP)、碰撞气能量(CE)见表 2。

表 2 五种头孢菌素的定性离子对、定量离子对、去簇电压和碰撞气能量

化合物中文名称	化合物英文名称	定性离子对(m/z)	定量离子对(m/z)	去簇电压/V	碰撞气能量/V
头孢唑啉	cefazolin	456/324 456/156	456/324	50	17 24
头孢匹林	cephapirin	424/292 424/152	424/292	45	23 34
头孢氨苄	cephalexin	348/158 348/174	348/158	40	14 22
头孢洛宁	cefalonium	459/152 459/123	459/152	35	29 18
头孢喹肟	cefquinome	529/134 529/396	529/134	49	21 19

7.4 液相色谱-串联质谱测定

7.4.1 定性测定

选择每种待测物质的 1 个母离子,2 个以上子离子,在相同试验条件下,样品中待测物质的保留时间与基质标准溶液中对应物质的保留时间偏差在±2.5%之内;样品谱图中各定性离子相对丰度与浓度接近的基质标准溶液的谱图中离子相对丰度相比,偏差不超过表 3 规定的范围,则可判定为样品中存在对应的待测物。

表 3 定性确证时相对离子丰度的最大允许偏差

以%表示

相对离子丰度 K	$K>50$	$20<K<50$	$10<K<20$	$K\leqslant 10$
允许的最大偏差	±20	±25	±30	±50

7.4.2 定量测定

用 7.2 制备的空白样品添加标准混合工作溶液分别进样,以标准工作溶液浓度为横坐标,以峰面积为纵坐标,绘制标准工作曲线。用标准工作曲线对样品进行定量,样品溶液中五种头孢菌素的响应值均

应在仪器测定的线性范围内。在上述色谱条件下，五种头孢菌素标准物质的多反应监测(MRM)色谱图参见附录A中的图A.1。

本方法的添加回收率数据参见附录B中的表B.1。

7.5 平行试验

按上述步骤，对同一试样进行平行试验测定。

7.6 空白试验

除不称取试样外，均按上述分析步骤进行。

8 结果计算

试样中五种头孢菌素残留量利用数据处理系统计算或按式(1)计算：

$$X = c \times \frac{V}{m} \times \frac{1\,000}{1\,000} \quad \cdots\cdots(1)$$

式中：

X——试样中被测组分残留量，单位为微克每千克(μg/kg)；

c——从标准工作曲线得到的试样溶液中被测组分的浓度，单位为纳克每毫升(ng/mL)；

V——试样溶液定容体积，单位为毫升(mL)；

m——最终试样溶液所代表的试样质量，单位为克(g)。

计算结果应扣除空白值。

9 精密度

9.1 一般规定

本标准的精密度数据是按照GB/T 6379.1和GB/T 6379.2规定确定的，其重复性和再现性的值是以95%的可信度来计算。

9.2 重复性

在重复性试验条件下，获得的两次独立测试结果的绝对差值不超过重复性限r，试样中五种头孢菌素添加浓度范围及重复性方程见表4。

表4 五种头孢菌素添加浓度范围及重复性和再现性方程 单位为微克每千克

头孢菌素名称	添加浓度范围	重复性限 r	再现性限 R
头孢唑啉	10～100	$\lg r=0.971\,9\lg m-1.053\,5$	$\lg R=0.890\,8\lg m-0.514\,8$
头孢匹林	2.0～20	$\lg r=1.221\,3\lg m-1.157\,7$	$R=0.194\,7m+0.122\,3$
头孢氨苄	2.0～20	$\lg r=1.050\,4\lg m-1.025\,7$	$\lg R=0.916\,7\lg m-0.605\,5$
头孢洛宁	2.0～20	$\lg r=1.070\,4\lg m-1.117\,3$	$\lg R=0.852\,3\lg m-0.609\,9$
头孢喹肟	2.0～20	$\lg r=0.665\,6\lg m-0.731\,3$	$\lg R=0.926\,1\lg m-0.650\,2$
注：m为两次测定结果的算术平均值。			

如果两次测定值的差值超过重复性限r，应舍弃试验结果并重新完成两次单个试验的测定。

9.3 再现性

在再现性试验条件下，获得的两次独立测试结果的绝对差值不超过再现性限R，试样中五种头孢菌素添加浓度范围及再现性方程见表4。

附　录　A
（资料性附录）
标准物质多反应监测(MRM)色谱图

五种头孢菌素标准物质的多反应监测(MRM)色谱图见图 A.1。

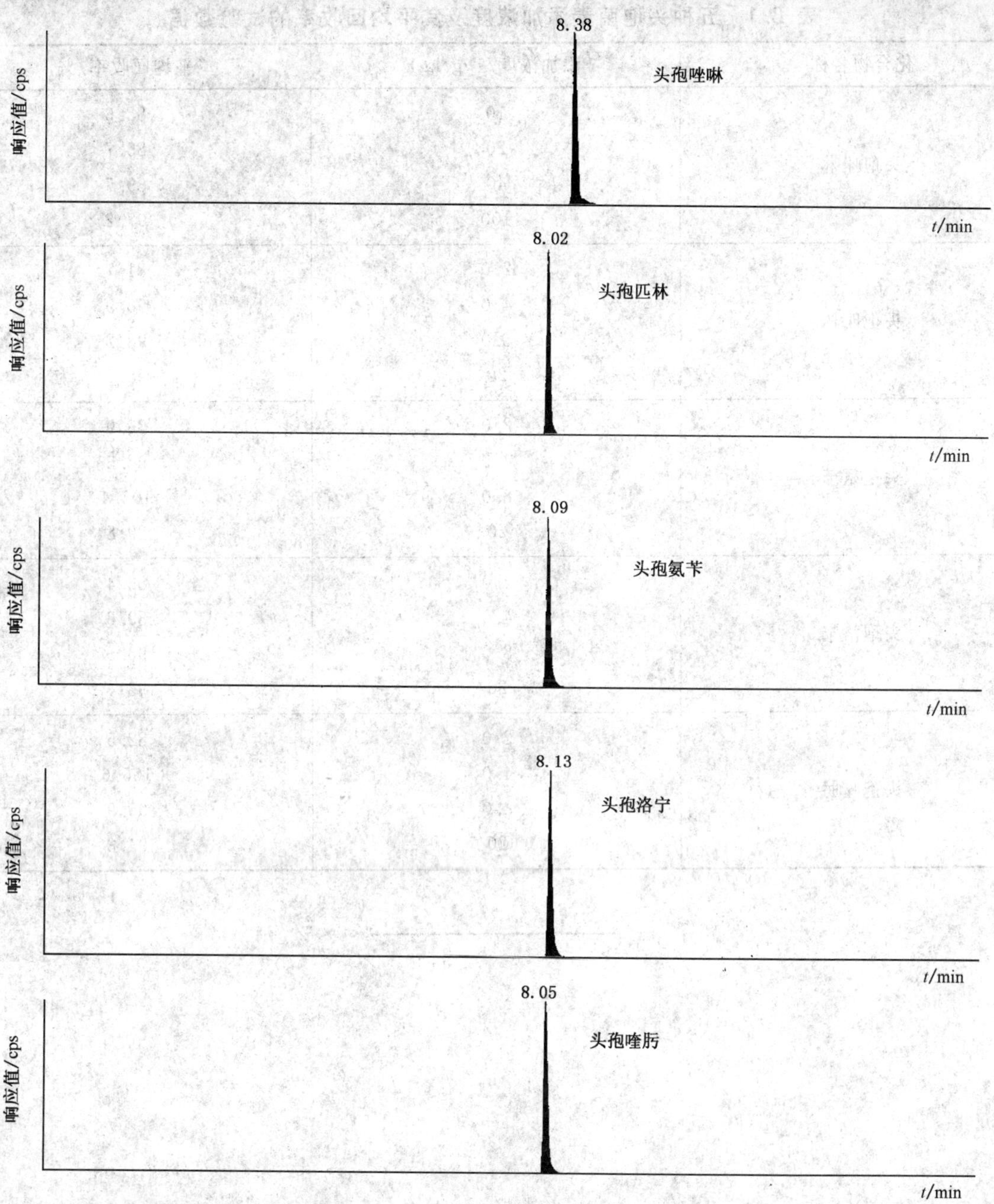

图 A.1　五种头孢菌素标准物质的多反应监测(MRM)色谱图

附 录 B
（资料性附录）
回 收 率

五种头孢菌素添加浓度及其平均回收率的试验数据见表B.1。

表B.1 五种头孢菌素添加浓度及其平均回收率的试验数据

化合物名称	添加浓度/(μg/kg)	平均回收率/%
头孢唑啉	10	82.6
	20	85.7
	40	89.7
	100	97.2
头孢匹林	2.0	81.7
	4.0	90.9
	8.0	98.2
	20	95.7
头孢氨苄	2.0	85.9
	4.0	92.5
	8.0	103.4
	20	89.8
头孢洛宁	2.0	86.4
	4.0	89.6
	8.0	96.5
	20	93.4
头孢喹肟	2.0	82.5
	4.0	105.6
	8.0	95.9
	20	94.3

ICS 67.050
X 04

中华人民共和国国家标准

GB/T 22961—2008

河豚鱼、鳗鱼中土霉素、四环素、金霉素、强力霉素残留量的测定 液相色谱-紫外检测法

Determination of oxytetracycline, tetracycline, chlortetracycline, doxycycline residues in fugu and eel—HPLC-UV method

2008-12-31 发布　　　　2009-05-01 实施

中华人民共和国国家质量监督检验检疫总局
中国国家标准化管理委员会　发布

前言

本标准修改采用 AOAC 标准 995.09《可食动物组织中土霉素、四环素、金霉素残留量的测定 液相色谱法》。

本标准与 AOAC 标准相比主要技术差异如下：

——C_{18} 固相萃取柱改为 Oasis HLB 固相萃取柱。

——淋洗液由甲醇改为乙酸乙酯。

——增加了羧酸型阳离子交换柱净化。

——增加了测定品种。

本标准的附录 A、附录 B 为资料性附录。

本标准由国家质量监督检验检疫总局提出并归口。

本标准起草单位：中华人民共和国秦皇岛出入境检验检疫局。

本标准主要起草人：曹彦忠、石玉秋、贾光群、顾晓鹏、庞国芳。

河豚鱼、鳗鱼中土霉素、四环素、金霉素、强力霉素残留量的测定 液相色谱-紫外检测法

1 范围

本标准规定了河豚鱼、鳗鱼中土霉素、四环素、金霉素、强力霉素残留量液相色谱-紫外检测方法。

本标准适用于河豚鱼、鳗鱼中土霉素、四环素、金霉素、强力霉素残留量的测定。

本标准的方法检出限均为 0.010 mg/kg。

2 规范性引用文件

下列文件中的条款通过本标准的引用而成为本标准的条款。凡是注日期的引用文件，其随后所有的修改单(不包括勘误的内容)或修订版均不适用于本标准，然而，鼓励根据本标准达成协议的各方研究是否可使用这些文件的最新版本。凡是不注日期的引用文件，其最新版本适用于本标准。

GB/T 6379.1 测量方法与结果的准确度(正确度与精密度) 第1部分：总则与定义(GB/T 6379.1—2004，ISO 5725-1：1994，IDT)

GB/T 6379.2 测量方法与结果的准确度(正确度与精密度) 第2部分：确定标准测量方法重复性与再现性的基本方法(GB/T 6379.2—2004，ISO 5725-2：1994，IDT)

GB/T 6682 分析实验室用水规格和试验方法(GB/T 6682—2008，ISO 3696：1987，MOD)

3 原理

用 0.1 mol/L Na_2EDTA-Mcllvaine(pH＝4.0±0.05)缓冲溶液提取河豚鱼、鳗鱼中四环素族抗生素残留，提取液经离心后，上清液用 Oasis HLB[1)]或相当的固相萃取柱和羧酸型阳离子交换柱净化，液相色谱-紫外检测器测定，外标法定量。

4 试剂和材料

除另有说明外，所用试剂均为分析纯。

4.1 水：GB/T 6682，一级。

4.2 甲醇：色谱纯。

4.3 乙腈：色谱纯。

4.4 乙酸乙酯：色谱纯。

4.5 正己烷：色谱纯。

4.6 柠檬酸($C_6H_8O_7 \cdot H_2O$)。

4.7 磷酸氢二钠。

4.8 乙二胺四乙酸二钠($Na_2EDTA \cdot 2H_2O$)。

4.9 草酸。

4.10 甲酸：优级纯。

1) Oasis HLB 固相萃取柱是 Waters 公司产品的商品名称，给出这一信息是为了方便本标准的使用者，并不是表示对该产品的认可。如果其他等效产品具有相同的效果，则可使用这些等效产品。

4.11　0.1 mol/L 柠檬酸溶液：称取 21.01 g 柠檬酸(4.6)，用水溶解，定容至 1 000 mL。

4.12　0.2 mol/L 磷酸氢二钠溶液：称取 28.41 g 磷酸氢二钠(4.7)，用水溶解，定容至 1 000 mL。

4.13　Mcllvaine 缓冲溶液：将 1 000 mL 0.1 mol/L 柠檬酸溶液(4.11)与 625 mL 0.2 mol/L 磷酸氢二钠溶液(4.12)混合，用 NaOH 或 HCl 调 pH=4.0±0.05。

4.14　0.1 mol/L Na_2EDTA-Mcllvaine 缓冲溶液：称取 60.5 g 乙二胺四乙酸二钠(4.8)放入 1 625 mL Mcllvaine 缓冲溶液(4.13)中，使其溶解，摇匀。

4.15　0.01 mol/L 草酸溶液：称取 1.26 g 草酸(4.9)用水溶解，定容至 1000 mL。

4.16　2%甲酸溶液：量取 2 mL 甲酸(4.10)，用水稀释至 1 000 mL。

4.17　甲醇溶液(1+19)：量取 5 mL 甲醇(4.2)和 95 mL 水混合。

4.18　洗脱液：乙腈-甲醇-0.01 mol/L 草酸溶液(2+1+7)。

4.19　土霉素(CAS：2058-46-0)、四环素(CAS：64-75-5)、金霉素(CAS：64-72-2)、强力霉素(CAS：24390-14-5)标准物质：纯度≥95%。

4.20　0.1 mg/mL 标准储备溶液：准确称取适量的土霉素、四环素、金霉素、强力霉素标准物质(4.19)，分别用甲醇配成 0.1 mg/mL 的标准储备液。储备液于－18 ℃贮存。

4.21　6.0 μg/mL 中间浓度混合标准溶液：分别吸取 0.6 mL 标准储备溶液(4.20)移至 10 mL 容量瓶中，用甲醇稀释成 6.0 μg/mL 的标准混合溶液。该溶液于－18 ℃贮存。

4.22　混合标准工作溶液：用洗脱液将中间浓度混合标准溶液(4.21)稀释成 0.005 μg/mL、0.010 μg/mL、0.050 μg/mL、0.100 μg/mL、0.200 μg/mL 不同浓度的混合标准工作溶液，混合标准工作溶液需当天配制。

4.23　Oasis HLB 固相萃取柱或相当者：500 mg，6 mL。使用前分别用 5 mL 甲醇和 10 mL 水预处理，保持柱体湿润。

4.24　阳离子交换柱：羧酸型，500 mg，3 mL。使用前用 5 mL 乙酸乙酯预处理，保持柱体湿润。

4.25　滤膜：0.2 μm。

5　仪器

5.1　液相色谱仪：配有紫外检测器。

5.2　分析天平：感量 0.1 mg，0.01 g。

5.3　液体混匀器。

5.4　固相萃取装置。

5.5　贮液器：50 mL。

5.6　高速冷冻离心机：最大转速 13 000 r/min。

5.7　刻度样品管：5 mL，精度为 0.1 mL。

5.8　真空泵：最大真空度 80 kPa。

5.9　振荡器。

5.10　具塞聚丙烯离心管。

5.11　pH 计：测量精度±0.02。

6　试样的制备与保存

6.1　试样的制备

从全部样品中取出有代表性样品约 1 kg，充分搅碎，混匀，均分成两份，分别装入洁净容器内。密封作为试样，标明标记。在抽样和制样的操作过程中，应防止样品受到污染或发生残留物含量的变化。

6.2　试样保存

将试样于－18 ℃冷冻保存。

7 测定步骤

7.1 提取

称取 6 g 试样，精确到 0.01 g，置于 50 mL 具塞聚丙烯离心管(5.10)中，加入 20 mL Na_2EDTA-Mcllvaine 缓冲溶液(4.14)，于液体混匀器(5.3)上快速混合 1 min，再用振荡器(5.9)振荡 10 min，10 000 r/min 离心 10 min，上层提取液倒入另一具塞离心管中，残渣中再加入 15 mL Na_2EDTA-Mcllvaine 缓冲溶液，重复提取一次，合并提取液。鳗鱼样品的提取液中加入 20 mL 正己烷，振荡5 min，以 4 000 r/min 离心 5 min，弃去正己烷相，水相部分待净化。

7.2 净化

将提取液(7.1)倒入下接 Oasis HLB 固相萃取柱(4.23)的贮液器(5.5)中，提取液以小于 3 mL/min 的流速通过固相萃取柱，待提取液完全流出后，用 5 mL 甲醇溶液(4.17)洗柱，弃去全部流出液。固相萃取柱减压抽干 40 min，然后用 15 mL 乙酸乙酯(4.4)洗脱，下接预先处理好的阳离子交换柱(4.24)，调节流速小于 3 mL/min，待乙酸乙酯全部流出后，取下 Oasis HLB 柱，用 5 mL 甲醇淋洗阳离子交换柱，弃去全部流出液。阳离子交换柱减压抽干 5 min，再用 4 mL 洗脱液(4.18)洗脱，收集洗脱液于 5 mL样品管中，定容至 4 mL，过 0.2 μm 滤膜后，供液相色谱-紫外检测器测定。

7.3 测定条件

7.3.1 液相色谱参考条件

a) 色谱柱：BEH C_{18}，1.7 μm，50 mm×2.1 mm(内径)或相当者；

b) 流速：0.4 mL/min；

c) 柱温：30 ℃；

d) 检测波长：350 nm；

e) 进样量：10 μL；

f) 流动相：A：乙腈，B：2%甲酸溶液，梯度洗脱条件见表 1。

表 1 梯度洗脱条件

时间/min	流速/(mL/min)	A/%	B/%
0.00	0.4	0	100
0.50	0.4	10	90
1.50	0.4	30	70
2.50	0.4	74	26
2.51	0.4	0	100
4.00	0.4	0	100

7.3.2 液相色谱测定

将混合标准工作溶液(4.22)分别进样，以峰面积为纵坐标，浓度为横坐标，绘制标准工作曲线，用标准工作曲线对样品进行定量，样品溶液中土霉素、四环素、金霉素、强力霉素的响应值均应在仪器测定的线性范围内。在上述色谱条件下，土霉素、四环素、金霉素、强力霉素的参考保留时间见表 2。土霉素、四环素、金霉素、强力霉素标准液相色谱图参见附录 A 中的图 A.1。

本方法中土霉素、四环素、金霉素、强力霉素添加浓度及平均回收率的试验数据参见附录 B 中的表 B.1。

表 2 土霉素、四环素、金霉素、强力霉素的参考保留时间

化合物中文名称	化合物英文名称	保留时间/min
土霉素	oxytetracycline	1.25
四环素	tetracycline	1.35
金霉素	chlortetracycline	1.67
强力霉素	doxycycline	1.77

7.4 平行试验

按以上步骤，对同一试样进行平行试验测定。

7.5 空白试验

除不称取试样外，均按上述步骤同时完成空白试验。

8 结果计算

河豚鱼、鳗鱼中土霉素、四环素、金霉素、强力霉素残留量的测定结果按式(1)计算。

$$X = c \times \frac{V}{m} \times \frac{1\,000}{1\,000} \qquad \cdots\cdots(1)$$

式中：

X——试样中被测组分残留量，单位为毫克每千克(mg/kg)；

c——从标准工作曲线上得到的被测组分溶液浓度，单位为微克每毫升(μg/mL)；

V——样品溶液定容体积，单位为毫升(mL)；

m——样品溶液所代表试样的质量，单位为克(g)。

计算结果应扣除空白值。

9 精密度

9.1 一般规定

本标准的精密度数据是按照 GB/T 6379.1 和 GB/T 6379.2 的规定确定的，其重复性和再现性的值是以 95%的可信度来计算。

9.2 重复性

在重复性条件下，获得的两次独立测试结果的绝对差值不超过重复性限 r，河豚鱼、鳗鱼中土霉素、四环素、金霉素、强力霉素添加浓度范围及重复性方程见表 3。

表 3 添加浓度范围及重复性和再现性方程　　单位为毫克每千克

化合物名称	添加浓度范围	重复性限 r	再现性限 R
土霉素	0.010～0.100	$\lg r=0.766\,2\lg m-0.913\,3$	$\lg R=0.747\,1\lg m-0.589\,3$
四环素	0.010～0.100	$\lg r=0.823\,6\lg m-1.000\,7$	$\lg R=0.791\,2\lg m-0.662\,3$
金霉素	0.010～0.100	$\lg r=0.657\,3\lg m-0.736\,1$	$\lg R=0.648\,0\lg m-0.410\,6$
强力霉素	0.010～0.100	$\lg r=1.117\,1\lg m-1.514\,2$	$\lg R=1.009\,6\lg m-1.013\,2$
注：m 为两次测定结果的算术平均值。			

如果差值超过重复性限 r，应舍弃试验结果并重新完成两次单个试验的测定。

9.3 再现性

在再现性条件下，获得的两次独立测试结果的绝对差值不超过再现性限 R，河豚鱼、鳗鱼中土霉素、四环素、金霉素、强力霉素的添加浓度范围及再现性方程见表 3。

附 录 A
（资料性附录）
标准物质液相色谱图

土霉素、四环素、金霉素、强力霉素标准物质液相色谱图见图 A.1。

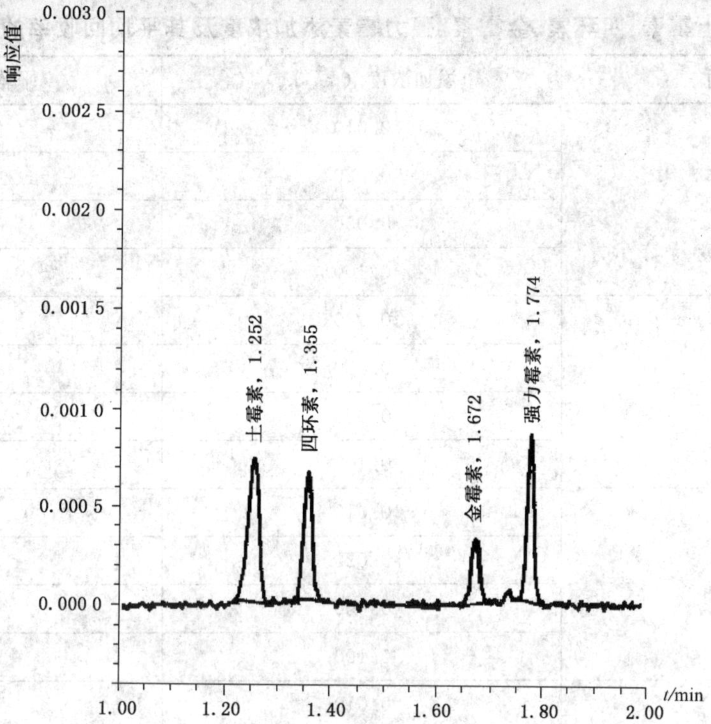

图 A.1 土霉素、四环素、金霉素、强力霉素标准物质液相色谱图

附 录 B
（资料性附录）
回 收 率

本方法中土霉素、四环素、金霉素、强力霉素添加浓度及其平均回收率的试验数据见表B.1。

表B.1 土霉素、四环素、金霉素、强力霉素添加浓度及其平均回收率的试验数据

化合物名称	添加浓度/(mg/kg)	平均回收率/%
土霉素	0.010	81.6
	0.020	82.7
	0.050	81.6
	0.100	85.0
四环素	0.010	89.0
	0.020	84.9
	0.050	85.8
	0.100	81.6
金霉素	0.010	73.2
	0.020	79.8
	0.050	76.1
	0.100	66.4
强力霉素	0.010	67.0
	0.020	69.0
	0.050	68.7
	0.100	65.1

ICS 67.050
X 04

中华人民共和国国家标准

GB/T 22962—2008

河豚鱼、鳗鱼和烤鳗中烯丙孕素、氯地孕酮残留量的测定 液相色谱-串联质谱法

Determination of altrenogest, chlormadinone residues in fugu, eel and baked eel—LC-MS-MS method

2008-12-31 发布　　　　2009-05-01 实施

中华人民共和国国家质量监督检验检疫总局
中国国家标准化管理委员会　发布

前　言

本标准的附录 A、附录 B 为资料性附录。

本标准由国家质量监督检验检疫总局提出并归口。

本标准负责起草单位：中华人民共和国秦皇岛出入境检验检疫局、中华人民共和国深圳出入境检验检疫局。

本标准主要起草人：康海宁、谢丽琪、肖来龙、赵琼晖、张建莹、庞国芳。

河豚鱼、鳗鱼和烤鳗中烯丙孕素、氯地孕酮残留量的测定 液相色谱-串联质谱法

1 范围

本标准规定了河豚鱼、鳗鱼和烤鳗中烯丙孕素(altrenogest)和氯地孕酮(chlormadinone)残留量的液相色谱-串联质谱测定方法。

本标准适用于河豚鱼、鳗鱼和烤鳗中烯丙孕素和氯地孕酮残留量的确证和定量测定。

本标准方法检出限:烯丙孕素和氯地孕酮的检出限均为 0.5 μg/kg。

2 规范性引用文件

下列文件中的条款通过本标准的引用而成为本标准的条款。凡是注日期的引用文件,其随后所有的修改单(不包括勘误的内容)或修订版均不适用于本标准,然而,鼓励根据本标准达成协议的各方研究是否可使用这些文件的最新版本。凡是不注日期的引用文件,其最新版本适用于本标准。

GB/T 6379.1 测量方法与结果的准确度(正确度与精密度) 第 1 部分:总则与定义(GB/T 6379.1—2004,ISO 5725-1:1994,IDT)

GB/T 6379.2 测量方法与结果的准确度(正确度与精密度) 第 2 部分:确定标准测量方法重复性与再现性的基本方法(GB/T 6379.2—2004,ISO 5725-2:1994,IDT)

GB/T 6682 分析实验室用水规格和试验方法(GB/T 6682—2008,ISO 3696:1987,MOD)

3 原理

试样在 37 ℃经过 16 h 酶解后,采用乙腈提取试样中残留的烯丙孕素和氯地孕酮,提取液经乙腈饱和正己烷脱脂、固相萃取柱净化。电喷雾离子化,液相色谱-串联质谱检测和确证,外标法定量。

4 试剂和材料

除另有说明外,所用试剂均为分析纯,水为 GB/T 6682 规定的一级水。

4.1 甲醇:色谱纯。

4.2 乙腈:色谱纯。

4.3 正己烷:色谱纯。

4.4 甲酸:色谱纯。

4.5 乙酸铵:色谱纯。

4.6 氯化钠。

4.7 乙酸钠。

4.8 乙酸。

4.9 β-葡萄糖苷酸/硫酸酯酶:116 300 unit/mL。

4.10 乙酸钠缓冲溶液:0.2 mol/L,pH 5.2。称取 16.4 g 乙酸钠(4.7)溶解于 800 mL 水中,用乙酸(4.8)调节 pH 值至 5.2,用水定容至 1 000 mL。

4.11 乙腈饱和正己烷:取 500 mL 正己烷(4.3),加入适量乙腈(4.2),充分振摇后,待两相分层,上层即为乙腈饱和正己烷溶液。

4.12 20%乙腈水溶液：量取 20 mL 乙腈(4.2)和 80 mL 水，混合均匀。

4.13 样品定容溶液：量取 50 mL 乙腈(4.2)和 50 mL 水，混合均匀，加入 0.1 mL 甲酸(4.4)，混合均匀。

4.14 0.005 mol/L 乙酸铵(含 0.05%甲酸)：准确称取 0.3854 g 乙酸铵(4.5)，用水溶解并转移至 1 000 mL容量瓶中，加入 0.5 mL 甲酸(4.4)，用水定容至刻度线。

4.15 标准物质：烯丙孕素(CAS:850-50-2)、氯地孕酮(CAS:302-22-7)，纯度均大于 99%。

4.16 标准储备溶液：分别称取适量的烯丙孕素和氯地孕酮标准物质(4.15)，用甲醇(4.1)配制成浓度为 100 mg/L 的标准储备溶液，−18 ℃以下避光保存。

4.17 混合中间标准溶液Ⅰ：吸取适量的各标准储备溶液(4.16)，用甲醇(4.1)稀释成浓度为 1.0 mg/L 的混合中间标准溶液Ⅰ，0 ℃～4 ℃避光保存。

4.18 混合中间标准溶液Ⅱ：吸取适量的各标准储备溶液(4.16)，用甲醇(4.1)稀释，配制成烯丙孕素浓度为 1.5 mg/L，氯地孕酮浓度为 1.0 mg/L 的混合中间标准溶液Ⅱ，0 ℃～4 ℃避光保存。

4.19 HLB 固相萃取柱或相当者：60 mg，3 mL。使用前用 5 mL 甲醇，5 mL 水活化，保持柱体湿润。

4.20 滤膜：0.2 μm。

5 仪器和设备

5.1 液相色谱-串联质谱仪：配有电喷雾离子源(ESI)。

5.2 均质器。

5.3 旋涡混匀器。

5.4 恒温空气浴摇床。

5.5 固相萃取装置。

5.6 吹氮浓缩仪。

5.7 分析天平：感量 0.1 mg 和 0.01 g。

5.8 移液器：10 μL～ 100 μL 和 100 μL～ 1 000 μL。

5.9 聚丙烯离心管：15 mL 和 50 mL，具塞。

5.10 容量瓶：100 mL 和 1 000 mL。

5.11 离心机：转速不低于 5 000 r/min。

6 试样制备与保存

6.1 试样制备

河豚鱼、鳗鱼取连皮的鱼肉，将皮、肉分离后取鱼皮置于微波炉中，加热后连同鱼肉、鳗鱼制品取所有可食部分一并放入组织捣碎机均质，充分混匀，装入清洁容器内，并标明标记。

制样操作过程中应防止样品受到污染或发生残留物含量的变化。

6.2 试样保存

试样于−18 ℃以下保存，新鲜或冷冻的组织样品可在 2 ℃～6 ℃贮存 72 h。

7 测定步骤

7.1 样品提取

称取待测样品 5.0 g(精确至 0.01 g)于 50 mL 具塞离心管中，加入 10 mL 乙酸钠缓冲溶液(4.10)，30 μL 葡萄糖苷酸/硫酸酯酶(4.9)，旋涡振荡 2 min，置于 37 ℃恒温空气浴摇床中酶解 16 h。酶解后的样品溶液冷却至室温后，加入 10 mL 乙腈(4.2)，旋涡混匀 1 min，在往复式振荡器上振荡提取 5 min，3 000 r/min离心 5 min，将上清液转移至另一 50 mL 离心管中。在残渣中加入 10 mL 乙腈，重复提取一次,5 000 r/min 离心 5 min,合并乙腈层。在乙腈提取液中加入 5 g 氯化钠(4.6),旋涡混匀 1 min,5 000 r/min离心 3 min。取上层乙腈层 8 mL 于 15 mL 离心管中,加入 4 mL 乙腈饱和正己烷溶液(4.11),充分振摇,5 000 r/min 离心 3 min,弃去上层有机溶液。再加入 4 mL 乙腈饱和正己烷溶液,重复上述操作一次。将经脱脂处理后的乙腈提取液置于 45 ℃水浴下吹氮浓缩至 2 mL,加水定容至 10 mL,待净化。

7.2 净化

将 7.1 中所得溶液转入活化好的 HLB 固相萃取柱(4.19)中,以约 3 mL/min 的流速使样液全部通过固相萃取柱,弃去流出液。再分别用 3 mL 20%乙腈水溶液(4.12)、3 mL 水淋洗,弃去流出液,用真空泵抽干固相萃取柱 15 min。用 3 mL 乙腈洗脱被测物于 15 mL 离心管中,45 ℃水浴下吹氮浓缩至近干,用样品定容溶液(4.13)溶解并定容至 1.0 mL,旋涡混匀后过 0.2 μm 滤膜(4.20),用液相色谱-串联质谱仪测定。

7.3 基质空白液和基质混合标准工作液的制备

称取阴性样品 5.0 g(精确至 0.01 g)于 50 mL 具塞离心管中,按 7.1 和 7.2 操作制备基质空白液;混合标准工作液根据需要于使用前用基质空白液配制。

7.4 测定条件

7.4.1 液相色谱参考条件

a) 色谱柱:C_{18} 色谱柱,1.7 μm,50 mm×2.1 mm(内径)或相当者;

b) 柱温:40 ℃;

c) 进样量:10 μL;

d) 流动相、流速及梯度洗脱条件见表 1。

表 1 流动相、流速及梯度洗脱条件

时间/min	流速/(mL/min)	0.005 mol/L 乙酸铵溶液(含 0.05%甲酸)/%	甲醇/%
0.0	0.30	50	50
5.0	0.30	20	80
6.0	0.30	5	95
6.1	0.30	50	50
7.5	0.30	50	50

7.4.2 质谱参考条件

a) 离子化模式:电喷雾离子源;

b) 扫描方式:正离子扫描;

c) 检测方式:多反应监测(MRM);

d) 分辨率:单位分辨率;

e) 电喷雾电压:3 000 V;

f) 辅助气流速:700 L/h;

g) 碰撞气:氩气;

h) 幕帘气流速:50 L/h;

i) 离子源温度:105 ℃;

j) 辅助气温度:400 ℃;

k) 定性离子对、定量离子对、采集时间、锥孔电压及碰撞能量见表 2。

表 2 烯丙孕素和氯地孕酮测定的质谱参数

化合物名称	参考保留时间/min	母离子	子离子	采集时间/s	锥孔电压/V	碰撞能量/eV
烯丙孕素	3.33	311.1	227.1[a]	0.1	40	24
			269.2			18
氯地孕酮	3.64	405.0	309.2[a]	0.1	26	16
			301.3			20

[a] 为定量离子，对于不同质谱仪器，仪器参数可能存在差异，测定前应将质谱参数优化到最佳。

7.4.3 液相色谱-串联质谱测定

7.4.3.1 定性测定

每种被测组分选择 1 个母离子，2 个以上子离子，在相同试验条件下，样品中待测物质的保留时间与基质标准溶液的保留时间偏差在±2.5%之内；且样品中各组分定性离子的相对丰度与浓度接近的基质混合标准工作溶液中对应的定性离子的相对丰度进行比较，偏差不超过表 3 规定的范围，则可判定为样品中存在对应的待测物。

表 3 定性确证时相对离子丰度的最大允许偏差

以%表示

相对离子丰度 K	$K>50$	$20<K<50$	$10<K<20$	$K\leqslant10$
允许的最大偏差	±20	±25	±30	±50

7.4.3.2 定量测定

在仪器最佳工作条件下，对混合基质标准溶液进样，以峰面积为纵坐标，混合基质标准溶液浓度为横坐标绘制标准工作曲线，用标准工作曲线对样品进行定量，样品溶液中待测物的响应值均应在仪器测定的线性范围内。烯丙孕素和氯地孕酮标准溶液的多反应监测(MRM)色谱图参见附录 A 中的图 A.1。烯丙孕素和氯地孕酮的添加浓度及其平均回收率的试验数据参见附录 B 中的表 B.1。

7.4.3.3 平行试验

按以上步骤，对同一试样进行平行试验测定。

7.4.3.4 回收率试验

吸取适量混合标准中间溶液，用空白基质溶液稀释成所需浓度的标准工作溶液。阴性样品中添加标准溶液，按 7.1 和 7.2 操作，测定后计算样品添加的回收率。

8 结果计算

试样中烯丙孕素和氯地孕酮的残留量按式(1)计算：

$$X=\frac{c\times V}{m}\times\frac{1\,000}{1\,000} \qquad \cdots\cdots(1)$$

式中：

X——试样中被测组分残留量，单位为微克每千克(μg/kg)；

c——从标准工作曲线得到的被测组分溶液浓度，单位为微克每升(μg/L)；

V——样品溶液最终定容体积，单位为毫升(mL)；

m——最终样品溶液所代表的试样质量，单位为克(g)。

计算结果应扣除空白值。

9 精密度

9.1 一般规定

本标准的精密度数据是按照 GB/T 6379.1 和 GB/T 6379.2 的规定确定的，重复性和再现性的值以95%的可信度来计算。

9.2 重复性

在重复性试验条件下，获得的两次独立测试结果的绝对差值不超过重复性限 r，被测物的添加浓度范围及重复性方程见表4。

表4 烯丙孕素和氯地孕酮的含量范围及重复性和再现性方程 单位为微克每千克

化合物名称	添加浓度范围	样品基质	重复性限 r	再现性限 R
烯丙孕素	0.5～6.0	河豚鱼	$\lg r=0.9946\lg m-1.065$	$\lg R=0.8883\lg m-0.6884$
		鳗鱼	$\lg r=0.7202\lg m-1.0303$	$\lg R=0.8434\lg m-0.7602$
		烤鳗	$\lg r=0.8043\lg m-1.1958$	$\lg R=0.6684\lg m-0.7034$
氯地孕酮	0.5～4.0	河豚鱼	$\lg r=0.7496\lg m-0.8566$	$\lg R=0.6634\lg m-0.6361$
		鳗鱼	$\lg r=0.8361\lg m-0.8584$	$\lg R=0.8167\lg m-0.5954$
		烤鳗	$\lg r=1.2612\lg m-1.0845$	$\lg R=0.9505\lg m-0.6580$
注：m 为两次测定结果的算术平均值。				

如果差值超过重复性限，应舍弃试验结果并重新完成两次单个试验的测定。

9.3 再现性

在再现性试验条件下，获得的两次独立测试结果的绝对差值不超过再现性限 R，被测物的添加浓度范围及再现性方程见表4。

附　录　A
（资料性附录）
标准溶液多反应监测(MRM)色谱图

烯丙孕素和氯地孕酮标准溶液的多反应监测(MRM)色谱图见图A.1。

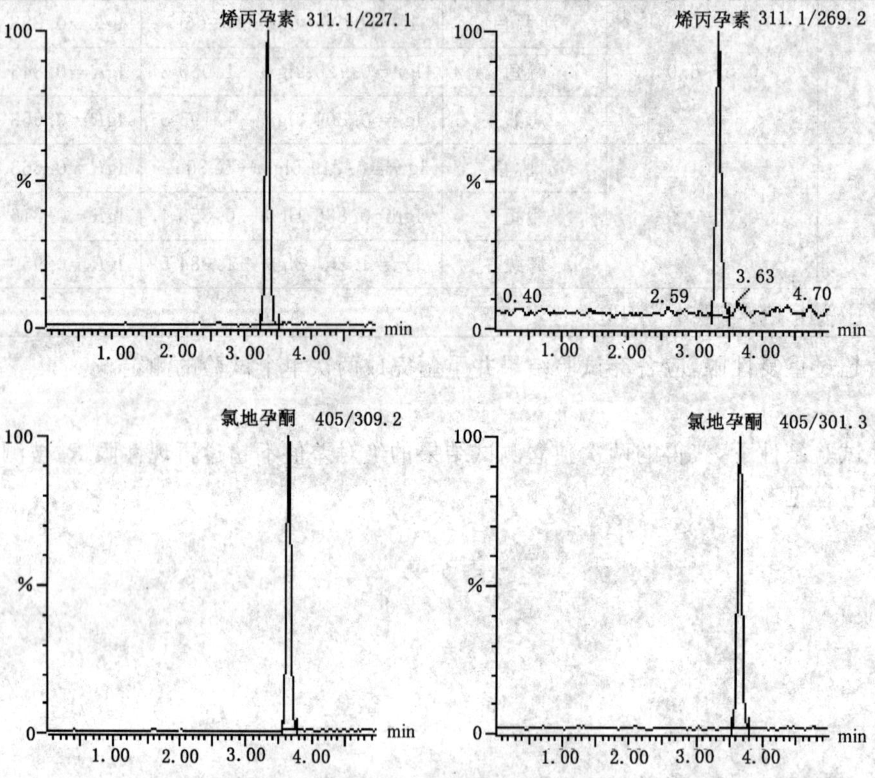

图 A.1　烯丙孕素和氯地孕酮标准溶液的多反应监测(MRM)色谱图

附　录　B
（资料性附录）
回　收　率

河豚鱼、鳗鱼和烤鳗中烯丙孕素和氯地孕酮的添加浓度及其回收率范围试验数据见表 B.1。

表 B.1　河豚鱼、鳗鱼和烤鳗中烯丙孕素和氯地孕酮的添加浓度及其回收率范围试验数据

化合物名称	添加浓度/(μg/kg)	回收率范围/%		
		河豚鱼	鳗鱼	烤鳗
烯丙孕素	0.5	72.5～105	63.6～78.5	82.6～110
	1.5	73.9～86.6	73.5～85.0	79.6～89.1
	3.0	69.4～81.8	79.3～93.0	75.6～83.9
	6.0	72.4～78.9	81.2～86.3	72.4～82.4
氯地孕酮	0.5	73.2～108	83.5～107	99.4～118
	1.0	81.0～101	80.6～80.5	81.2～105
	2.0	81.9～96.7	86.7～95.8	81.1～87.0
	4.0	90.8～107	85.7～95.0	83.5～87.4

ICS 67.050
X 04

中华人民共和国国家标准

GB/T 22963—2008

河豚鱼、鳗鱼和烤鳗中玉米赤霉醇、玉米赤霉酮、己烯雌酚、己烷雌酚、双烯雌酚残留量的测定 液相色谱-串联质谱法

Determination of zearalanol, zearalanone, diethylstilbestrol, hexestrol and dienoestrol residues in fugu, eels and baked eel—LC-MS-MS method

2008-12-31 发布　　2009-05-01 实施

中华人民共和国国家质量监督检验检疫总局
中国国家标准化管理委员会　发布

前　言

本标准的附录 A、附录 B 为资料性附录。

本标准由国家质量监督检验检疫总局提出并归口。

本标准起草单位：中华人民共和国秦皇岛出入境检验检疫局、中华人民共和国天津出入境检验检疫局。

本标准主要起草人：许泓、吴延晖、何佳、张骏、张曼、林安清、庞国芳。

河豚鱼、鳗鱼和烤鳗中玉米赤霉醇、玉米赤霉酮、己烯雌酚、己烷雌酚、双烯雌酚残留量的测定 液相色谱-串联质谱法

1 范围

本标准规定了河豚鱼、鳗鱼及烤鳗中玉米赤霉醇(zearalanol)、玉米赤霉酮(zearalanone)、己烯雌酚(diethylstilbestrol)、己烷雌酚(hexestrol)、双烯雌酚(dienoestrol)残留量液相色谱-串联质谱测定方法。

本标准用于河豚鱼、鳗鱼及烤鳗中玉米赤霉醇、玉米赤霉酮、己烯雌酚、己烷雌酚、双烯雌酚残留量的测定。

本标准的方法检出限:玉米赤霉醇、玉米赤霉酮、己烷雌酚、己烯雌酚和双烯雌酚为1.0 μg/kg。

2 规范性引用文件

下列文件中的条款通过本标准的引用而成为本标准的条款。凡是注日期的引用文件,其随后所有的修改单(不包括勘误的内容)或修订版均不适用于本标准,然而,鼓励根据本标准达成协议的各方研究是否可使用这些文件的最新版本。凡是不注日期的引用文件,其最新版本适用于本标准。

GB/T 6379.1 测量方法与结果的准确度(正确度与精密度) 第1部分:总则与定义(GB/T 6379.1—2004,ISO 5725-1:1994,IDT)

GB/T 6379.2 测量方法与结果的准确度(正确度与精密度) 第2部分:确定标准测量方法重复性与再现性的基本方法(GB/T 6379.2—2004,ISO 5725-2:1994,IDT)

GB/T 6682 分析实验室用水规格和试验方法(GB/T 6682—2008,ISO 3696:1987,MOD)

3 原理

用叔丁基甲基醚和乙酸盐缓冲液加酶解剂分别提取试样中残留的玉米赤霉醇、玉米赤霉酮、己烯雌酚、己烷雌酚、双烯雌酚,经硅胶柱净化,用液相色谱-串联质谱仪测定,内标法定量。

4 试剂和材料

除另有说明外,所用试剂均为分析纯。

4.1 水:GB/T 6682,一级。

4.2 叔丁基甲基醚:色谱纯。

4.3 甲醇:色谱纯。

4.4 乙腈:色谱纯。

4.5 乙酸乙酯:色谱纯。

4.6 正己烷:色谱纯。

4.7 二氯甲烷:色谱纯。

4.8 乙酸:优级纯。

4.9 乙酸钠($CH_3COONa \cdot 3H_2O$)。

4.10 氢氧化钠:优级纯。

4.11 3 mol/L 氢氧化钠溶液：称取 120 g 氢氧化钠(4.10)溶于 1 000 mL 去离子水中。

4.12 0.2 mol/L 乙酸盐缓冲液(pH=5.2)：称取 2.52 g 乙酸(4.8)和 12.95 g 乙酸钠(4.9)溶解于 800 mL 水中，用氢氧化钠溶液(4.11)调节 pH 值至 5.2±0.1，加水定容至 1 000 mL。

4.13 溶解液：正己烷-二氯甲烷(3+2)。

4.14 淋洗液：乙酸乙酯-正己烷(3+47)。

4.15 洗脱液：乙酸乙酯-正己烷(3+2)。

4.16 β-葡糖苷酸酶/硫酸酯复合酶：含 β-葡糖苷酸酶 124 400 units/mL，硫酸酯酶 3 610 units/mL。

4.17 激素及代谢物标准物质：玉米赤霉醇(包括 α-玉米赤霉醇和 β-玉米赤霉醇，各 50%)纯度≥97%；玉米赤霉酮，纯度≥97%；己烯雌酚，纯度≥99%；己烷雌酚，纯度≥98%；双烯雌酚，纯度≥98%。

4.18 标准溶液：分别准确称取适量的玉米赤霉醇、玉米赤霉酮、己烯雌酚、双烯雌酚和己烷雌酚标准物质，用甲醇(4.3)配制成 1 mg/mL 标准贮备溶液。再根据需要以甲醇配制成不同浓度的混合标准溶液作为标准工作溶液，保存于 4℃冰箱中。

4.19 内标标准物质：α-玉米赤霉烯醇-4 氘代，纯度≥99%；己烯雌酚-8 氘代，纯度≥98%。

4.20 内标标准溶液：准确称取适量 α-玉米赤霉烯醇-4 氘代和己烯雌酚-8 氘代标准物质，用甲醇(4.3)分别配制成 1 mg/mL 标准贮备溶液。再以甲醇稀释成适用浓度的混合内标工作溶液，保存于 4℃冰箱中。

4.21 基质提取液：空白样品，除不加入标准工作溶液(4.18)和内标标准工作溶液(4.20)外，其他同 7.1.1～7.1.3 处理后得到的溶液。

4.22 基质标准工作溶液：将标准工作溶液(4.18)及内标标准工作溶液(4.20)混合后在氮吹仪中吹干，以基质提取液(4.21)溶解，涡旋 30 s 后即为基质标准工作溶液。

4.23 硅胶固相萃取柱：500 mg，3 mL。

4.24 滤膜：0.2 μm。

5 仪器

5.1 液相色谱-串联质谱联用仪：配有电喷雾电离源。

5.2 分析天平：感量 0.1 mg 和 0.01 g。

5.3 自动固相萃取仪或固相萃取装置。

5.4 高速均质器：转速大于 10 000 r/min。

5.5 氮气吹干仪。

5.6 烘箱：控温精度±1 ℃。

5.7 涡旋振荡器。

5.8 离心机：转速大于 3 000 r/min。

5.9 pH 计：测量精度±0.3pH 单位。

5.10 具塞离心管：25 mL，50 mL。

5.11 微量注射器：100 μL。

6 试样的制备与保存

6.1 试样的制备

取有代表性样品 500 g，绞碎后搅拌均匀，制成实验室样品。试样分为两份，置于样品盒中，密封，并做上标记。

6.2 试样保存

将试样于－18 ℃下保存。

7 测定步骤

7.1 混合基质标准校准溶液的制备

7.1.1 样品称取

称取5个阴性样品，每个样品为5 g(精确到0.1 g)，将上述样品置于50 mL离心管(5.10)中，分别加入适量混合标准工作溶液(4.18)，使各被测组分玉米赤霉醇、玉米赤霉酮、已烷雌酚、已烯雌酚和双烯雌酚的浓度分别为2.5 ng/mL、5.0 ng/mL、10 ng/mL、25 ng/mL、50 ng/mL。再分别加入适量内标标准工作溶液(4.20)，使其浓度均为10 ng/mL。

7.1.2 提取

加入20 mL叔丁基甲基醚(4.2)，在10 000 r/min均质1 min。3 000 r/min离心5 min，将上清液全部转移至另一50 mL具塞离心管(5.10)中备用。离心管中的残渣置于通风橱中挥发30 min，加入15 mL乙酸盐缓冲液(4.12)，高速均质1 min，3 000 r/min离心5 min，将上清液全部转移至另一25 mL具塞试管(5.10)中，并在氮吹仪上于40 ℃水浴中吹去残余叔丁基甲基醚后，加入80 μL β-葡糖苷酸酶(4.16)混匀，于52 ℃烘箱中放置过夜。在此缓冲溶液中加入氢氧化钠溶液(4.11)将溶液pH值调至7，加入10 mL叔丁基甲基醚，充分混合，3 000 r/min离心2 min。移取叔丁基甲基醚层与前述的叔丁基甲基醚提取液混合，在氮吹仪上于40 ℃水浴中吹干。加入1 mL溶解液(4.13)，涡旋30 s溶解，待净化。

7.1.3 净化

固相萃取净化条件：用6 mL正己烷分两次预洗硅胶柱(4.23)，流速均为4 mL/min。上样，流速为2 mL/min，在样品试管中加入3 mL淋洗液(4.14)，混合后过柱，流速为2 mL/min，用3 mL淋洗液以3 mL/min的速度淋洗，加入2 mL空气以4 mL/min的速度吹过硅胶柱。用6 mL洗脱液(4.15)洗脱，流速为2 mL/min，加入2 mL空气以6 mL/min的速度吹过硅胶柱，收集洗脱液。将洗脱液在氮吹仪上于40 ℃水浴中吹干，加入1 mL流动相，涡旋30 s溶解。溶液过0.2 μm滤膜后，供液相色谱-串联质谱测定。

7.2 实测样品溶液的制备

称取待测样品5 g(精确到0.1 g)于50 mL离心管中，加入内标工作溶液，使其最终定容浓度均为10 ng/mL。按7.1.2和7.1.3操作。

7.3 空白基质溶液的制备

称取阴性样品5 g(精确到0.1 g)于50 mL离心管中，按7.1.2和7.1.3操作。

7.4 测定条件

7.4.1 液相色谱参考条件

a) 色谱柱：ZORBAX Eclipse SB-C8，3.5 μm，150 mm×4.6 mm(内径)或相当者；

b) 柱温：25 ℃；

c) 流动相：乙腈-水(7+3)；

d) 流速：0.5 mL/min；

e) 进样量：50 μL。

7.4.2 质谱参考条件

a) 离子化方式：电喷雾电离；

b) 扫描方式：负离子扫描；

c) 检测方式：多反应监测(MRM)；

d) 离子源温度：350 ℃；

e) 雾化气压力：0.083 MPa；

f) 气帘气压力：0.124 0 MPa；

g) 辅助气 1 压力：0.275 6 MPa；

h) 辅助气 2 压力：0.241 2 MPa；

i) 喷雾器电流：−5 μA；

j) 电喷雾电压：−4 500 V；

k) 定性离子对、定量离子对、碰撞气能量和去簇电压见表 1。

表 1 5 种激素及代谢物的定性离子对、定量离子对、碰撞气能量和去簇电压

化合物名称	定性离子对（*m/z*）	定量离子对（*m/z*）	碰撞气能量/V	去簇电压/V
玉米赤霉醇	320.6/277.2	321.1/277.2	−42	−110
	321.1/161.0		−40	−100
玉米赤霉酮	318.7/160.8	318.7/160.8	−40	−110
	318.7/107.0		−45	−110
α-玉米赤霉烯醇-4 氘代	322.9/159.9	322.9/159.9	−50	−90
	322.9/130.1		−43	−90
己烯雌酚	266.9/251.0	266.7/251.0	−35	−90
	266.9/237.1		−40	−90
双烯雌酚	264.7/249.1	264.7/249.1	−36	−80
	264.7/235.0		−36	−80
己烷雌酚	269.0/118.9	269.0/134.0	−23	−70
	269.0/134.0		−52	−70
己烯雌酚-8 氘代	275.0/258.9	275.0/258.9	−37	−90
	275.0/245.0		−42	−90

7.4.3 液相色谱-串联质谱测定

7.4.3.1 定性测定

每种被测组分选择 1 个母离子，2 个以上子离子，在相同试验条件下，样品中待测物质和内标物的保留时间之比，也就是相对保留时间，与混合基质标准校准溶液中对应的相对保留时间偏差在±2.5%之内；且样品谱图中各组分定性离子的相对丰度与浓度接近的混合基质标准校准溶液谱图中对应的定性离子的相对丰度进行比较，偏差不超过表 2 规定的范围，则可判定为样品中存在对应的待测物。

表 2 定性确证时相对离子丰度的最大允许偏差

以%表示

相对离子丰度 *K*	*K*>50	20<*K*<50	10<*K*<20	*K*≤10
允许最大偏差	±20	±25	±30	±50

7.4.3.2 定量测定

配制系列混合基质标准工作溶液(7.1)分别进样，绘制标准工作曲线。检查仪器性能，确定线性范围。用色谱数据工作站或选取与样品含量接近含有内标的标准工作液进行定量。样品溶液中玉米赤霉醇、玉米赤霉酮、己烯雌酚、己烷雌酚、双烯雌酚的响应值应在工作曲线范围内。标准物质多反应监测(MRM)色谱图参见附录 A 中的图 A.1。

本方法中玉米赤霉醇、玉米赤霉酮、己烯雌酚、己烷雌酚、双烯雌酚添加浓度及其平均回收率的试验数据参见附录 B 中的表 B.1。

7.5 平行试验

按以上步骤，对同一试样进行平行试验测定。

7.6 空白试验

除不称取试样外，均按上述步骤同时完成空白试验。

8 结果计算

玉米赤霉醇、玉米赤霉酮、己烯雌酚、己烷雌酚、双烯雌酚的测定结果按式(1)计算：

$$X = c_s \times \frac{A}{A_s} \times \frac{c_i}{c_{si}} \times \frac{A_{si}}{A_i} \times \frac{V}{m} \times \frac{1\ 000}{1\ 000} \quad \cdots\cdots(1)$$

式中：

X——试样中被测物残留量，单位为微克每千克(μg/kg)；

c_s——基质标准工作溶液中被测物的浓度，单位为纳克每毫升(ng/mL)；

A——试样溶液中被测物的色谱峰面积；

A_s——基质标准工作溶液中被测物的色谱峰面积；

c_i——试样溶液中内标物的浓度，单位为纳克每毫升(ng/mL)；

c_{si}——基质标准工作溶液中内标物的浓度，单位为纳克每毫升(ng/mL)；

A_{si}——基质标准工作溶液中内标物的色谱峰面积；

A_i——试样溶液中内标物的色谱峰面积；

V——样液最终定容体积，单位为毫升(mL)；

m——试样溶液所代表试样的质量，单位为克(g)。

计算结果应扣除空白值；玉米赤霉醇和己烯雌酚将 2 种异构体面积或峰高值相加后以总量计算。

9 精密度

9.1 一般规定

本标准的精密度数据是按照 GB/T 6379.1 和 GB/T 6379.2 的规定确定的，重复性和再现性的值以 95% 的可信度来计算。

9.2 重复性

在重复性条件下，获得的两次独立测试结果的绝对差值不超过重复性限 r，鱼肉组织中玉米赤霉醇、玉米赤霉酮、己烯雌酚、己烷雌酚、双烯雌酚的添加浓度范围及重复性方程见表 3。

表 3 添加浓度范围及重复性和再现性方程

单位为微克每千克

化合物名称	添加浓度范围	重复性限 r	再现性限 R
玉米赤霉醇	1.0～10	$\lg r=0.965\ 6\lg m-1.089\ 7$	$\lg R=0.962\ 5\lg m-0.712\ 8$
玉米赤霉酮	1.0～10	$\lg r=0.966\ 0\lg m-1.144\ 5$	$\lg R=0.915\ 2\lg m-0.651\ 3$
己烯雌酚	1.0～10	$\lg r=0.984\ 4\lg m-1.093\ 5$	$\lg R=0.205\ 8\lg m+0.011\ 9$
双烯雌酚	1.0～10	$\lg r=0.073\ 5\lg m+0.001\ 6$	$\lg R=1.081\ 3\lg m-0.798\ 2$
己烷雌酚	1.0～10	$\lg r=0.976\ 0\lg m-1.044\ 5$	$\lg R=0.925\ 2\lg m-0.661\ 3$
注：m 为两次测定结果的算术平均值。			

如果差值超过重复性限 r，应舍弃试验结果并重新完成两次单个试验的测定。

9.3 再现性

在再现性条件下，获得的两次独立测试结果的绝对差值不超过再现性限 R，鱼肉组织中玉米赤霉醇、玉米赤霉酮、己烯雌酚、己烷雌酚、双烯雌酚的添加浓度范围及再现性方程见表 3。

附 录 A
(资料性附录)
标准物质多反应监测(MRM)色谱图

玉米赤霉醇、玉米赤霉酮、己烯雌酚、己烷雌酚、双烯雌酚标准物质多反应监测(MRM)色谱图见图 A.1。

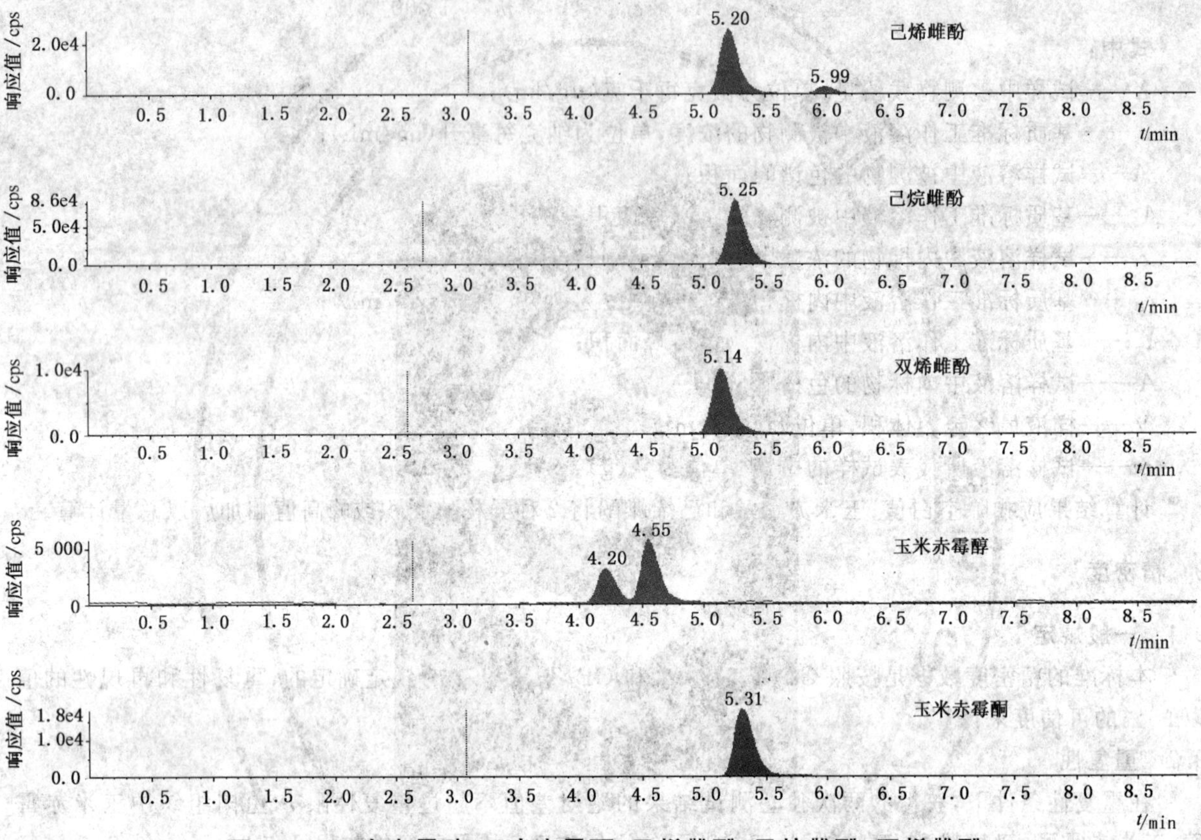

图 A.1 玉米赤霉醇、玉米赤霉酮、己烯雌酚、己烷雌酚、双烯雌酚标准物质多反应监测(MRM)色谱图

附 录 B
（资料性附录）
回 收 率

本方法中玉米赤霉醇、玉米赤霉酮、己烯雌酚、己烷雌酚、双烯雌酚添加浓度及其平均回收率的试验数据见表B.1。

表B.1 玉米赤霉醇、玉米赤霉酮、己烯雌酚、己烷雌酚、双烯雌酚添加浓度及其平均回收率的试验数据

化合物名称	添加浓度/(μg/kg)	平均回收率/%
玉米赤霉醇	1.0	91.79
	2.0	108.8
	5.0	106.2
	10.0	79.36
玉米赤霉酮	1.0	105.1
	2.0	103.4
	5.0	106.4
	10.0	103.3
己烯雌酚	1.0	87.44
	2.0	98.53
	5.0	86.99
	10.0	89.07
双烯雌酚	1.0	100.3
	2.0	94.79
	5.0	82.19
	10.0	95.07
己烷雌酚	1.0	70.95
	2.0	84.96
	5.0	82.17
	10.0	95.75

ICS 67.050
X 04

中华人民共和国国家标准

GB/T 22964—2008

河豚鱼、鳗鱼中林可霉素、竹桃霉素、红霉素、替米考星、泰乐菌素、螺旋霉素、吉他霉素、交沙霉素残留量的测定 液相色谱-串联质谱法

Determination of lincomycin, oleandomycin, erythromycin, tilmicosin, tylosin, spiramycin, kitasamycin and josamycin residues in fugu and eel—LC-MS-MS method

2008-12-31 发布　　　　2009-05-01 实施

中华人民共和国国家质量监督检验检疫总局
中国国家标准化管理委员会　发布

前言

本标准的附录A、附录B为资料性附录。

本标准由国家质量监督检验检疫总局提出并归口。

本标准起草单位:中华人民共和国秦皇岛出入境检验检疫局。

本标准主要起草人:王飞、王海洋、曹彦忠、贾光群、张进杰、石玉秋、庞国芳。

河豚鱼、鳗鱼中林可霉素、竹桃霉素、红霉素、替米考星、泰乐菌素、螺旋霉素、吉他霉素、交沙霉素残留量的测定 液相色谱-串联质谱法

1 范围

本标准规定了河豚鱼和鳗鱼中林可霉素、竹桃霉素、红霉素、替米考星、泰乐菌素、螺旋霉素、吉他霉素和交沙霉素残留量的液相色谱-串联质谱测定方法。

本标准适用于河豚鱼和鳗鱼中林可霉素、竹桃霉素、红霉素、替米考星、泰乐菌素、螺旋霉素、吉他霉素和交沙霉素残留量的测定。

本标准的方法检出限：河豚鱼中的林可霉素、竹桃霉素、红霉素、替米考星、泰乐菌素、螺旋霉素、吉他霉素和交沙霉素均为 2.0 μg/kg。鳗鱼中的林可霉素、红霉素、泰乐菌素、吉他霉素均为 2.0 μg/kg，螺旋霉素、竹桃霉素、交沙霉素、替米考星均为 5.0 μg/kg。

2 规范性引用文件

下列文件中的条款通过本标准的引用而成为本标准的条款。凡是注日期的引用文件，其随后所有的修改单(不包括勘误的内容)或修订版均不适用于本标准，然而，鼓励根据本标准达成协议的各方研究是否可使用这些文件的最新版本。凡是不注日期的引用文件，其最新版本适用于本标准。

GB/T 6379.1 测量方法与结果的准确度(正确度与精密度) 第1部分：总则与定义(GB/T 6379.1—2004，ISO 5725-1:1994，IDT)

GB/T 6379.2 测量方法与结果的准确度(正确度与精密度) 第2部分：确定标准测量方法重复性与再现性的基本方法(GB/T 6379.2—2004，ISO 5725-2:1994，IDT)

GB/T 6682 分析实验室用水规格和试验方法(GB/T 6682—2008，ISO 3696:1987，MOD)

3 原理

河豚鱼和鳗鱼中林可霉素、竹桃霉素、红霉素、替米考星、泰乐菌素、螺旋霉素、吉他霉素和交沙霉素的残留用 Tris 缓冲溶液提取后，经 Oasis HLB 固相萃取柱[1]净化，甲醇洗脱，洗脱液浓缩定容后，液相色谱-串联质谱法测定，内标法定量。

4 试剂和材料

除另有说明外，所用试剂均为分析纯。

4.1 水：GB/T 6682，一级。

4.2 甲醇：色谱纯。

4.3 乙酸铵。

4.4 乙腈：色谱纯。

4.5 盐酸。

4.6 三羟甲基氨基甲烷(tris)：$C_4H_{11}NO_3$。

1) Oasis HLB 固相萃取柱是 waters 公司产品的商品名称，给出这一信息是为了方便本标准的使用者，并不是表示对该产品的认可。如果其他等效产品具有相同的效果，则可使用这些等效产品。

4.7 氯化钙：$CaCl_2 \cdot 2H_2O$。

4.8 甲醇溶液：2+3。400 mL 甲醇(4.2)与 600 mL 水混合。

4.9 0.01 mol/L 乙酸铵溶液：0.77 g 乙酸铵(4.3)溶解于水中，定容于 1 000 mL 容量瓶中。

4.10 定容液：0.01 mol/L 乙酸铵溶液(4.9)+乙腈(4.4)(17+3)。

4.11 tris 溶液：称取 12.0 g 三羟甲基氨基甲烷(4.6)、7.35 g 氯化钙(4.7)溶解于 1000 mL 水中，用盐酸(4.5)调节 pH 值为 9。

4.12 标准物质：林可霉素(CAS：7179-49-9)、竹桃霉素(CAS：7060-74-4)、红霉素(CAS：59319-72-1)、替米考星(CAS：108050-54-0)、泰乐菌素(CAS：74610-55-2)、螺旋霉素(CAS：8025-81-8)、吉他霉素(CAS：1392-21-8)、交沙霉素(CAS：16846-24-5)和内标物质罗红霉素(CAS：80214-83-1)，纯度≥95%。

4.13 标准储备溶液Ⅰ：1.0 mg/mL。依次准确称取每种标准物质(4.12)适量，分别放入相应的 10 mL 容量瓶中，用甲醇溶解并定容至刻度，混匀。4 ℃保存。

4.14 标准储备溶液Ⅱ：10.0 μg/mL。依次吸取 0.1 mL 各标准储备溶液Ⅰ(4.13)，分别放入相应的 10 mL 容量瓶中，用甲醇定容至刻度。4 ℃保存。

4.15 标准工作溶液：2.0 μg/mL。依次吸取 2.0 mL 混合标准储备溶液Ⅱ(4.14)，分别放入相应的 10 mL容量瓶中，用甲醇定容至刻度。

4.16 内标储备溶液：1.0 mg/mL。准确称取 10.0 mg 罗红霉素(4.12)于 10 mL 容量瓶中，用甲醇溶解定容至刻度，混匀。4 ℃保存。

4.17 中间浓度内标溶液：10.0 μg/mL。吸取 0.1 mL 内标储备溶液(4.16)于 10 mL 容量瓶中，用甲醇定容至刻度。4 ℃保存。

4.18 内标工作溶液：1.0 μg/mL。吸取 1.0 mL 中间浓度内标标准溶液(4.17)于 10 mL 容量瓶中，用甲醇定容至刻度。

4.19 基质标准混合工作溶液：

测定河豚鱼用基质标准混合工作溶液：分别吸取 1.0 μL、2.0 μL、5.0 μL、25.0 μL 标准工作溶液(4.15)，依次加入相应的试剂瓶中，再分别加入 20.0 μL 内标工作溶液(4.18)，用样品空白提取液定容至 1.0 mL。配成林可霉素、竹桃霉素、红霉素、替米考星、泰乐菌素、螺旋霉素、吉他霉素和交沙霉素分别为 2.0 ng/mL 、4.0 ng/mL、10.0 ng/mL、50.0 ng/mL 的四个浓度水平的系列基质标准混合工作溶液。

测定鳗鱼用基质标准混合工作溶液：分别吸取林可霉素、红霉素、泰乐菌素、吉他霉素各 1.0 μL、2.0 μL、5.0 μL、25.0 μL 标准工作溶液(4.15)和螺旋霉素、竹桃霉素、交沙霉素、替米考星各 2.5 μL、5.0 μL、10.0 μL、25.0 μL 标准工作溶液(4.15)，依次加入相应的试剂瓶中，再分别加入 20.0 μL 内标工作溶液(4.18)，用样品空白提取液定容至 1.0 mL。配成林可霉素、红霉素、泰乐菌素、吉他霉素分别为 2.0 ng/mL、4.0 ng/mL、10.0 ng/mL、50.0 ng/mL 和螺旋霉素、竹桃霉素、交沙霉素、替米考星分别为 5.0 ng/mL、10.0 ng/mL、20.0 ng/mL、50.0 ng/mL 的四个浓度水平的系列基质标准混合工作溶液。

4.20 Oasis HLB 固相萃取柱：500 mg，6 mL，或相当者。使用前，先后用 10 mL 甲醇和 10 mL 水活化，在抽真空前的各步骤中，都保持柱体湿润。

4.21 滤膜：0.2 μm。

5 仪器

5.1 液相色谱-串联质谱仪：配有电喷雾离子源。

5.2 天平：感量 0.01 g，0.000 1 g。

5.3 固相萃取装置。

5.4 氮气浓缩仪。

5.5 具塞聚丙烯离心管：50 mL。

5.6 离心机:20 000 g 离心力(或相当于 12 000 r/min)。

5.7 超声波清洗仪。

5.8 pH 计。

5.9 振荡器。

6 试样制备与保存

6.1 试样的制备

从全部样品中取出有代表性样品约 1 kg,充分搅碎,混匀,均分成两份,分别装入洁净容器内。密封后作为试样,标明标记。在抽样和制样的操作过程中,应防止样品受到污染或发生残留物含量的变化。

6.2 试样的保存

将试样于−18 ℃保存。

7 测定步骤

7.1 提取

称取 5 g 试样,精确至 0.01 g,置于 50 mL 离心管(5.5)中,加入 20.0 μL 内标工作溶液(4.18)和 10.0 mL tris 溶液(4.11),于振荡器上剧烈振荡 10 min。以 12 000 r/min 转速离心 10 min,取上清液以小于 1.0 mL/min 的流速通过 Oasis HLB 固相萃取柱(4.20)。再加入 10.0 mL tris 溶液(4.11),于振荡器上剧烈振荡 10 min。以 12 000 r/min 转速离心 10 min,取上清液以小于 1 mL/min 的流速通过 Oasis HLB 固相萃取柱。

7.2 净化

待样液全部流出后,先后用 10 mL 水和 10 mL 甲醇溶液(4.8)洗柱,弃去全部流出液,将固相萃取柱用真空泵抽干 1 h。再用 10 mL 甲醇(4.2)洗脱于 15 mL 氮吹管中,用氮气浓缩仪于 50℃水浴中吹至近干,准确加入 1.0 mL 定容液(4.10),于超声波仪中超声波助溶残渣。用阴性样品,按上述步骤制备空白样品提取液。过 0.2 μm 滤膜(4.21)后,供液相色谱-串联质谱仪测定。

按上述操作步骤,制备用于配制系列基质标准工作溶液的空白样品提取液。

7.3 测定条件

7.3.1 液相色谱参考条件

a) 色谱柱:Atlantis C_{18},内径 3 μm,150 mm×2.1 mm(内径)或相当者;

b) 流动相 A:乙腈;

c) 流动相 B:0.1%甲酸水溶液;

d) 流动相 C:甲醇;

e) 梯度洗脱条件:见表 1;

f) 流速:0.2 mL/min;

g) 柱温:30 ℃;

h) 进样量:20 μL。

表 1 梯度洗脱条件

时间/min	A/%	B/%	C/%
0.00	90.0	5.0	5.0
5.00	5.0	90.0	5.0
9.00	5.0	90.0	5.0
9.10	90.0	5.0	5.0
17.0	90.0	5.0	5.0

7.3.2 质谱条件参考条件

a) 离子源:电喷雾离子源;
b) 扫描方式:正离子扫描;
c) 检测方式:多反应监测;
d) 电喷雾电压:5 500 V;
e) 雾化气压力:0.24 MPa;
f) 辅助气流速:0.4 L/min;
g) 离子源温度:550 ℃;
h) 碰撞室出口电压:2.0 V;
i) 定性离子对、定量离子对、碰撞气能量和去簇电压:见表 2。

表 2 林可霉素、竹桃霉素、红霉素、替米考星、泰乐菌素、螺旋霉素、吉他霉素和交沙霉素定性离子对、定量离子对、碰撞气能量和去簇电压

化合物中文名称	化合物英文名称	定性离子对(*m/z*)	定量离子对(*m/z*)	碰撞气能量/V	去簇电压/V
林可霉素	lincomycin	407/126 407/359	407/126	37 24	50 50
竹桃霉素	oleandomycin	688/158 688/544	688/158	70 42	30 30
红霉素	erythromycin	734/158 734/576	734/158	42 28	50 50
替米考星	tilmicosin	869/174 869/132	869/174	62 70	90 90
泰乐菌素	tylosin	916/174 916/145	916/174	54 55	80 80
螺旋霉素	spiramycin	843/142 843/174	843/142	48 50	60 60
吉他霉素	kitasamycin	772/215 772/109	772/215	43 42	70 70
交沙霉素	josamycin	828/174 828/109	828/174	45 45	80 80

7.4 液相色谱-串联质谱测定

7.4.1 定性测定

被测组分选择 1 个母离子,2 个以上子离子,在相同的试验条件下,样品中待测物质的保留时间与标准溶液中对应的保留时间偏差±2.5%之内;且待测样品溶液中,被测物中各定性离子相对丰度与浓度接近的基质标准工作溶液中被测物的各定性离子相对丰度的比值 K,偏差不超过表 3 规定的范围,则可判定为样品中存在对应的待测物。

表 3 定性确证时相对离子丰度的最大允许偏差　　以 %表示

相对离子丰度 K	$K>50$	$20<K<50$	$10<K<20$	$K\leqslant10$
允许最大偏差	±20	±25	±30	±50

7.4.2 定量测定

在仪器的最佳工作条件下,用基质标准混合工作溶液(4.19)分别进样,以各标准溶液中被测组分峰面积与内标物峰面积的比值为纵坐标，以各标准溶液被测组分浓度(ng/mL)与内标物浓度的比值为横坐标，绘制标准工作曲线，用标准工作曲线对样品进行定量。用基质标准混合工作溶液的工作曲线对样品进行定量，应使样品溶液中林可霉素、竹桃霉素、红霉素、替米考星、泰乐菌素、螺旋霉素、吉他霉素和交沙霉素的响应值在仪器测定的线性范围内。

在上述色谱条件和质谱条件下，林可霉素、竹桃霉素、红霉素、替米考星、泰乐菌素、螺旋霉素、吉他霉素和交沙霉素的参考保留时间见表4。

表4 林可霉素、竹桃霉素、红霉素、替米考星、泰乐菌素、螺旋霉素、吉他霉素和交沙霉素参考保留时间

化合物名称	保留时间/min
林可霉素	6.96
竹桃霉素	7.36
红霉素	8.06
替米考星	8.36
泰乐菌素	8.48
螺旋霉素	8.67
吉他霉素	8.83
交沙霉素	9.14

林可霉素、竹桃霉素、红霉素、替米考星、泰乐菌素、螺旋霉素、吉他霉素和交沙霉素的标准物质多反应监测(MRM)色谱图参见附录A中的图A.1、图A.2、图A.3、图A.4、图A.5、图A.6、图A.7、图A.8。林可霉素、竹桃霉素、红霉素、替米考星、泰乐菌素、螺旋霉素、吉他霉素和交沙霉素添加浓度及其平均回收率的试验数据参见附录B中的表B.1。

7.5 平行试验

按试样步骤，对同一试样进行平行试验测定。

7.6 空白试验

不称取样品，其余均按试样步骤7.1和7.2进行。

8 结果计算

林可霉素、竹桃霉素、红霉素、替米考星、泰乐菌素、螺旋霉素、吉他霉素和交沙霉素的测试结果按式(1)计算：

$$X = c_s \times \frac{A}{A_s} \times \frac{c_i}{c_{si}} \times \frac{A_{si}}{A_i} \times \frac{V}{m} \times \frac{1\,000}{1\,000} \quad \cdots\cdots\cdots\cdots(1)$$

式中：

X——试样中被测物残留量，单位为微克每千克(μg/kg)；

c_s——基质标准工作溶液中被测物的浓度，单位为纳克每毫升(ng/mL)；

A——试样溶液中被测物的色谱峰面积；

A_s——基质标准工作溶液中被测物的色谱峰面积；

c_i——试样溶液中内标物的浓度，单位为纳克每毫升(ng/mL)；

c_{si}——基质标准工作溶液中内标物的浓度，单位为纳克每毫升(ng/mL)；

A_{si}——基质标准工作溶液中内标物的色谱峰面积；

A_i——试样溶液中内标物的色谱峰面积；

V——样液最终定容体积，单位为毫升(mL)；

m——试样溶液所代表试样的质量，单位为克(g)。

计算结果应扣除空白值。

9 精密度

9.1 一般规定

本标准的精密度数据是按照 GB/T 6379.1 和 GB/T 6379.2 的规定确定的，其重复性和再现性的值是以 95%的可信度来计算。

9.2 重复性

在重复性试验的条件下，获得的两次独立测试结果的绝对差值不超过重复性限 r，河豚鱼和鳗鱼中林可霉素、竹桃霉素、红霉素、替米考星、泰乐菌素、螺旋霉素、吉他霉素和交沙霉素添加浓度范围及重复性方程见表 5。

表 5 林可霉素、竹桃霉素、红霉素、替米考星、泰乐菌素、螺旋霉素、吉他霉素和交沙霉素添加浓度范围及重复性和再现性方程

单位为微克每千克

化合物名称	添加浓度范围	重复性限 r	再现性限 R
林可霉素	2.0～50.0	$\lg r=1.0319\lg m-1.0199$	$\lg R=1.1879\lg m-0.6782$
竹桃霉素	2.0～50.0	$\lg r=0.7337\lg m-0.7835$	$\lg R=0.8225\lg m-0.4402$
红霉素	2.0～50.0	$\lg r=0.9962\lg m-1.0136$	$\lg R=0.9399\lg m-0.4795$
替米考星	2.0～50.0	$\lg r=1.2925\lg m-1.2341$	$\lg R=1.0931\lg m-0.5760$
泰乐菌素	2.0～50.0	$\lg r=0.8905\lg m-1.0104$	$\lg R=0.9828\lg m-0.5994$
螺旋霉素	2.0～50.0	$\lg r=1.0276\lg m-1.1067$	$\lg R=0.8969\lg m-0.4389$
吉他霉素	2.0～50.0	$\lg r=0.9403\lg m-1.0077$	$\lg R=0.9771\lg m-0.5434$
交沙霉素	2.0～50.0	$\lg r=0.8163\lg m-0.9362$	$\lg R=0.9073\lg m-0.5037$
注：m 为两次测定值的算术平均值。			

如果差值超过重复性限 r，应舍弃试验结果并重新完成两次单个试验的测定。

9.3 再现性

在再现性试验的条件下，获得的两次独立测试结果的绝对差值不超过再现性限 R，河豚鱼和鳗鱼中林可霉素、竹桃霉素、红霉素、替米考星、泰乐菌素、螺旋霉素、吉他霉素和交沙霉素的添加浓度范围及再现性方程见表 5。

附　录　A
（资料性附录）
标准物质多反应监测（MRM）色谱图

林可霉素、竹桃霉素、红霉素、替米考星、泰乐菌素、螺旋霉素、吉他霉素和交沙霉素标准物质多反应监测（MRM）色谱图，分别见图A.1、图A.2、图A.3、图A.4、图A.5、图A.6、图A.7、图A.8。

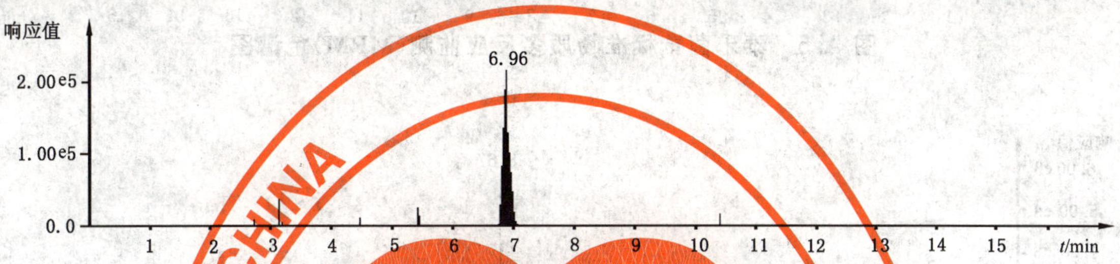

图 A.1　林可霉素标准物质多反应监测（MRM）色谱图

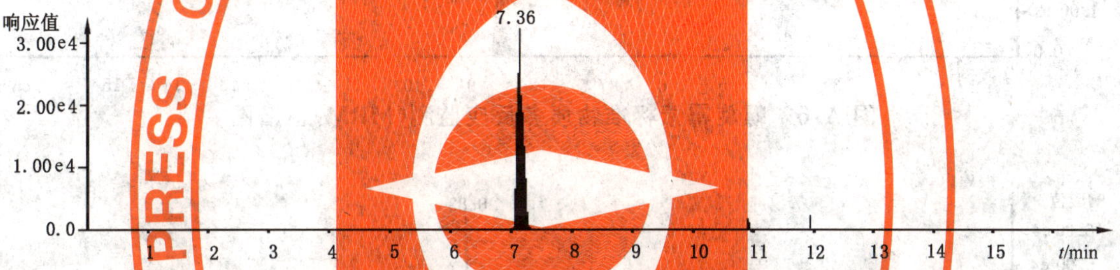

图 A.2　竹桃霉素标准物质多反应监测（MRM）色谱图

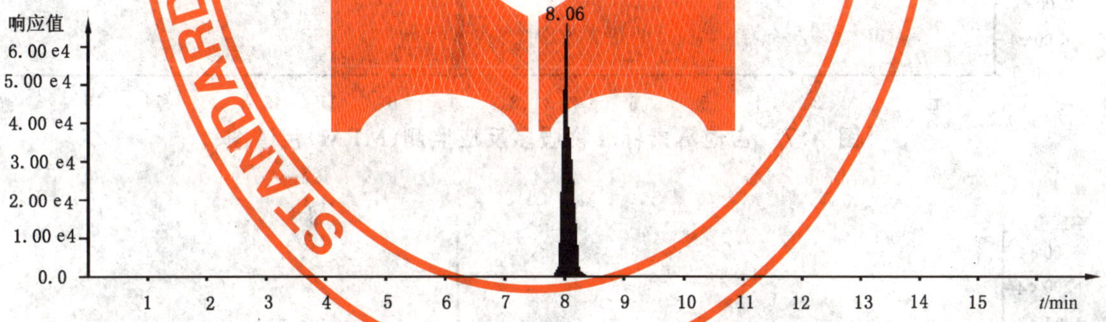

图 A.3　红霉素素标准物质多反应监测（MRM）色谱图

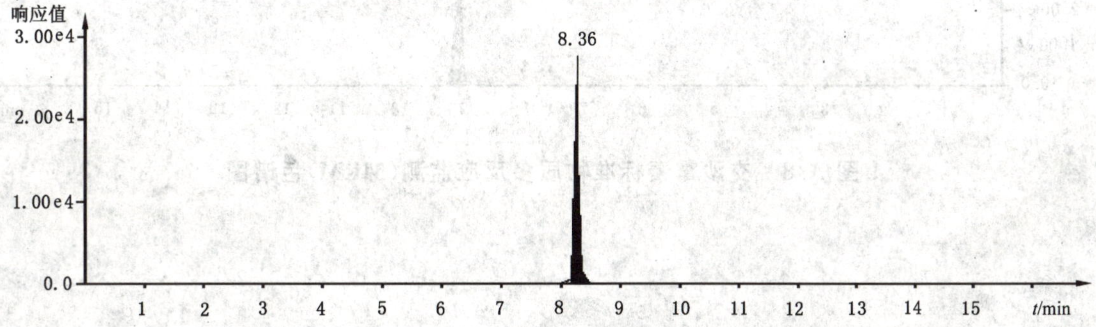

图 A.4　替米考星标准物质多反应监测（MRM）色谱图

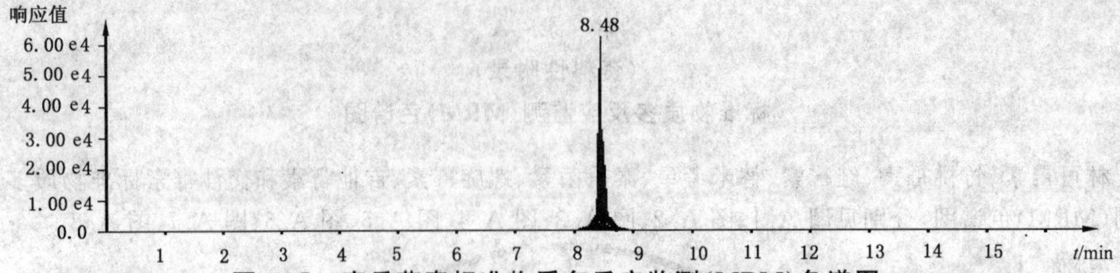

图 A.5　泰乐菌素标准物质多反应监测(MRM)色谱图

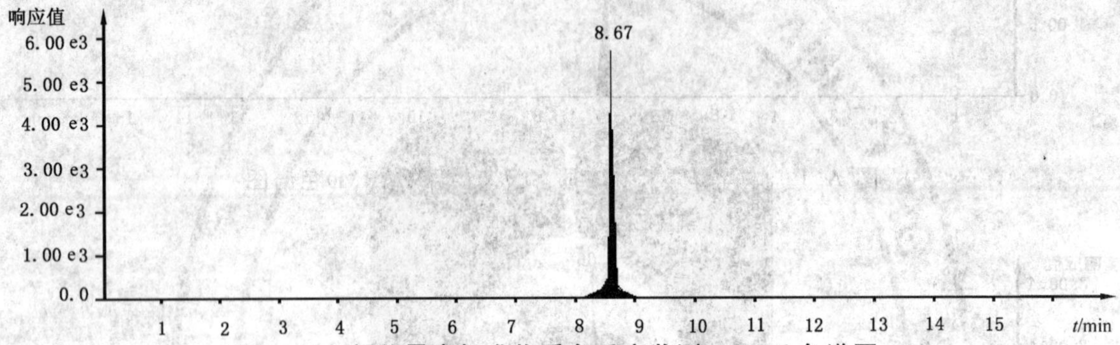

图 A.6　螺旋霉素标准物质多反应监测(MRM)色谱图

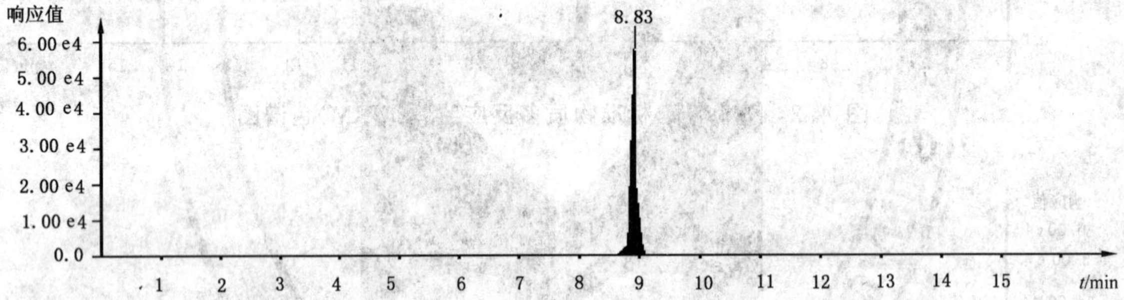

图 A.7　吉他霉素标准物质多反应监测(MRM)色谱图

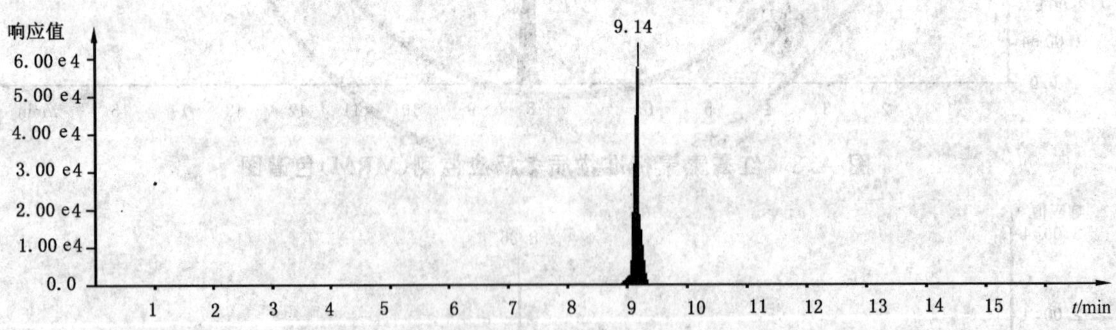

图 A.8　交沙霉素标准物质多反应监测(MRM)色谱图

附 录 B
（资料性附录）
回 收 率

本方法中林可霉素、竹桃霉素、红霉素、替米考星、泰乐菌素、螺旋霉素、吉他霉素和交沙霉素添加浓度及其平均回收率的试验数据见表B.1。

表B.1 林可霉素、竹桃霉素、红霉素、替米考星、泰乐菌素、螺旋霉素、吉他霉素和交沙霉素添加浓度及其平均回收率的试验数据

化合物名称	添加浓度/(μg/kg)	平均回收率/%
林可霉素	2.0	91.0
	4.0	93.9
	8.0	92.5
	20.0	87.2
竹桃霉素	2.0	106.6
	4.0	103.1
	8.0	90.3
	20.0	91.2
红霉素	2.0	98.1
	4.0	93.0
	8.0	85.3
	20.0	93.4
替米考星	2.0	86.8
	4.0	94.2
	8.0	86.8
	20.0	88.6
泰乐菌素	2.0	85.8
	4.0	88.9
	8.0	88.7
	20.0	91.9
螺旋霉素	2.0	96.2
	4.0	87.8
	8.0	92.4
	20.0	94.4
吉他霉素	2.0	96.4
	4.0	99.1
	8.0	84.9
	20.0	83.4
交沙霉素	2.0	89.6
	4.0	89.1
	8.0	83.6
	20.0	89.4

ICS 67.050
X 04

中华人民共和国国家标准

GB/T 22965—2008

牛奶和奶粉中12种β-兴奋剂残留量的测定 液相色谱-串联质谱法

Determination of 12 β-agonists residues in milk and milk powder—LC-MS-MS method

2008-12-31 发布　　2009-05-01 实施

中华人民共和国国家质量监督检验检疫总局
中国国家标准化管理委员会　发布

前　言

本标准的附录A、附录B为资料性附录。

本标准由国家质量监督检验检疫总局提出并归口。

本标准起草单位：中华人民共和国秦皇岛出入境检验检疫局、中华人民共和国福建出入境检验检疫局。

本标准主要起草人：杨方、刘正才、林永辉、余孔捷、黄杰、李耀平、陈健、庞国芳。

牛奶和奶粉中 12 种 β-兴奋剂残留量的测定 液相色谱-串联质谱法

1 范围

本标准规定了牛奶和奶粉中 12 种 β-兴奋剂残留量的液相色谱-串联质谱的测定方法。

本标准适用于牛奶和奶粉中 12 种 β-兴奋剂多残留的测定。12 种 β-兴奋剂药物包括溴布特罗(brombuterol)、塞曼特罗(cimaterol)、克仑特罗(clenbuterol)、克仑潘特(clenpenterol)、羟甲基氨克仑特罗(hydroxymethylclenbuterol)、苯氧丙酚胺(isoxsuprine)、马布特罗(mabuterol)、莱克多巴胺(ractopamin)、利托君(ritodrine)、沙丁胺醇(salbutamol)、特布他林(terbutaline)和妥布特罗(tulobuterol)。

本标准的的方法检出限:牛奶中莱克多巴胺、沙丁胺醇、塞曼特罗、克仑潘特和克仑特罗的检出限为 0.05 μg/kg,溴布特罗、妥布特罗、马布特罗、特布他林、利托君、苯氧丙酚胺和羟甲基氨克仑特罗的检出限为 0.25 μg/kg;奶粉中莱克多巴胺、沙丁胺醇、塞曼特罗、克仑潘特和克仑特罗的检出限为 0.4 μg/kg,溴布特罗、妥布特罗、马布特罗、特布他林、利托君、苯氧丙酚胺和羟甲基氨克仑特罗的检出限为 2.0 μg/kg。

2 规范性引用文件

下列文件中的条款通过本标准的引用而成为本标准的条款。凡是注日期的引用文件,其随后所有的修改单(不包括勘误的内容)或修订版均不适用于本标准,然而,鼓励根据本标准达成协议的各方研究是否可使用这些文件的最新版本。凡是不注日期的引用文件,其最新版本适用于本标准。

GB/T 6379.1 测量方法与结果的准确度(正确度与精密度) 第 1 部分:总则与定义(GB/T 6379.1—2004,ISO 5725-1:1994,IDT)

GB/T 6379.2 测量方法与结果的准确度(正确度与精密度) 第 2 部分:确定标准测量方法重复性与再现性的基本方法(GB/T 6379.2—2004,ISO 5725-2:1994,IDT)

GB/T 6682 分析实验室用水规格和试验方法(GB/T 6682—2008,ISO 3696:1987,MOD)

3 原理

样品经稀酸水解、高氯酸沉淀蛋白后,残留的 β-兴奋剂以乙酸乙酯与异丙醇混合溶剂萃取,混合型阳离子交换反相吸附固相萃取柱净化,液相色谱-串联质谱测定,内标法定量。

4 试剂和材料

除非另有说明,所用试剂均为分析纯,水为 GB/T 6682 规定的一级水。

4.1 甲醇:色谱纯。

4.2 异丙醇。

4.3 乙酸乙酯。

4.4 乙腈:色谱纯。

4.5 甲酸。

4.6 高氯酸。

4.7 盐酸。

4.8 氢氧化钠。

4.9 乙酸铵:色谱纯。

4.10 氨水。

4.11 氯化钠。

4.12 10 mol/L 氢氧化钠溶液:称取 40 g 氢氧化钠至 100 mL 水中,混匀。

4.13 0.1 mol/L 高氯酸溶液:移取 0.4 mL 高氯酸至 100 mL 水中,混匀。

4.14 0.1 mol/L 盐酸溶液:移取 0.85 mL 盐酸至 100 mL 水中,混匀。

4.15 5 mmol/L 乙酸铵溶液:称取 0.385 g 乙酸铵至约 800mL 水中,加入 2 mL 甲酸,定容至 1000 mL,混匀。

4.16 甲醇-0.1%甲酸溶液:移取 0.1 mL 甲酸于约 50 mL 水中,加入 10 mL 甲醇,以水定容 100 mL,混匀。

4.17 标准物质:溴布特罗、塞曼特罗、克仑特罗、克仑潘特、羟甲基氨克仑特罗、苯氧丙酚胺、马布特罗、莱克多巴胺、利托君、沙丁胺醇、特布他林和妥布特罗,纯度大于 98.0%。

4.18 内标标准物质:盐酸克仑特罗-D9、盐酸莱克多巴胺-D5、沙丁胺醇-D3,纯度大于 98.0%。

4.19 标准储备液(100 μg/mL):准确称取适量的溴布特罗、塞曼特罗、克仑特罗、克仑潘特、羟甲基氨克仑特罗、苯氧丙酚胺、马布特罗、莱克多巴胺、利托君、沙丁胺醇、特布他林和妥布特罗,用甲醇分别配制成 100 μg/mL 的标准储备液,−20 ℃冰箱中保存。

4.20 混合标准储备液(1 μg/mL):分别准确量取 1.0 mL 的标准储备液至 100 mL 容量瓶中,用甲醇稀释至刻度,−20 ℃冰箱中保存。

4.21 内标储备液(100 μg/mL):准确称取适量的克仑特罗-D9、莱克多巴胺-D5、沙丁胺醇-D3 对照品,用甲醇配制成 100 μg/mL 的标准储备液,−20 ℃冰箱中保存。

4.22 内标工作液(10 ng/mL):分别准确量取适量的同位素内标储备液至同一容量瓶中,用甲醇稀释定容成浓度为 10 ng/mL 的同位素内标工作液,−20 ℃下冰箱中保存。

4.23 基质标准工作溶液:以空白基质溶液将混合标准储备液与内标工作液稀释至适当浓度,临用现配。

4.24 混合型阳离子交换反相吸附固相萃取柱:60 mg/3 mL,使用前依次用 3 mL 甲醇和 3 mL 水活化,保持柱体湿润。

4.25 滤膜:0.2 μm。

5 仪器和设备

5.1 高效液相色谱-串联质谱仪:配电喷雾电离(ESI)源。

5.2 天平:感量 0.1 mg 和 0.01 g。

5.3 组织捣碎机。

5.4 高速冷冻离心机:转速可达 15 000 r/min,制冷可达 4 ℃。

5.5 离心机:5 000 r/min。

5.6 旋涡振荡器。

5.7 电热恒温振荡水槽。

5.8 pH 计。

5.9 旋转蒸发仪。

5.10 固相萃取装置。

5.11 氮吹仪。

6 试样制备和保存

6.1 试样制备

取不少于 500 g 有代表性的牛奶或奶粉，充分混匀，分为两份，置于样品瓶中，密封，并做上标记。

6.2 试样保存

牛奶置于 4 ℃冰柜中避光保存，奶粉则在室温下置于干燥器保存。

7 测定步骤

7.1 提取

7.1.1 牛奶

准确称取 10 g(精确到 0.01 g)牛奶样品于 50 mL 聚丙烯离心管内，加入 50 μL 10 ng/mL 的内标物，加入 20 mL 0.1 mol/L 盐酸溶液(4.14)，涡旋混匀，于 37 ℃下避光水浴振荡 16 h(过夜)，取出冷却至室温，涡旋混匀，4 ℃下 15 000 r/min 离心 10 min，分取 10 mL 上清液转移至另一 50mL 离心管内。加入 5 mL 0.1 mol/L 高氯酸溶液(4.13)，用 10 mol/L 氢氧化钠溶液(4.12)调节 pH 值至 9.7±0.3，加入约 2 g 氯化钠，再加入 25 mL 异丙醇-乙酸乙酯(3+2)，涡动提取 2 min，4 500 r/min 离心 5 min，取出上清液至另一 50 mL 离心管中。再在下层水相中加 15 mL 乙酸乙酯-异丙醇(7+3)，涡动提取1 min，4 500 r/min离心 5 min，合并有机相，40 ℃下旋转蒸发至近干，加入 5 mL 0.1 mol/L 盐酸溶液(4.14)，涡动 1 min，待净化。

7.1.2 奶粉

取 12.5 g 奶粉于烧杯中，加适量 35 ℃～50 ℃水将其溶解，待冷却至室温后，加水至总质量为 100 g，充分混匀后准确称取 10 g(精确到 0.01 g)样品于 50 mL 聚丙烯离心管中，按 7.1.1 步骤进行处理。

7.2 净化

将 7.1 所得溶液以约 1 mL/min 的流速全部过混合型阳离子交换反相吸附固相萃取柱(4.24)，依次用 3 mL 水、3 mL 2%甲酸水溶液和 2 mL 甲醇淋洗，抽干，用 5 mL 5 %氨水甲醇溶液(体积分数)洗脱，洗脱液于 40 ℃下以氮气吹至近干，以 0.5 mL 甲醇-0.1%甲酸溶液(1+9)溶解，涡动混匀，过 0.2 μm滤膜(4.25)，供液相色谱-串联质谱仪测定。

7.3 空白基质溶液的制备

称取阴性样品 10 g(精确至 0.01 g)，按 7.1 和 7.2 步骤操作。

7.4 测定条件

7.4.1 液相色谱参考条件

a) 色谱柱：Acquity UPLC BEH C_{18}，1.7 μm，2.1 mm× 55 mm(内径)或相当者；

b) 流动相：A 为 5 mmol/L 乙酸铵溶液(4.15)，B 为 0.1%甲酸乙腈(体积分数)，梯度洗脱，洗脱程序见表 1；

表 1 梯度洗脱程序

时间/min	A/%	B/%
0.00	85	15
1.0	85	15
2.0	30	70
2.5	30	70
3.0	85	15
5.0	85	15

c) 流速:0.25 mL/min;

d) 柱温:30 ℃;

e) 进样量:10 μL。

7.4.2 质谱参考条件

a) 离子源:电喷雾源(ESI),正离子模式;

b) 扫描方式:多反应监测(MRM);

c) 毛细管电压:1.5 kV;

d) 源温度:120 ℃;

e) 去溶剂温度:450 ℃;

f) 锥孔气流(氮气):45 L/h;

g) 去溶剂气流(氮气):700 L/h;

h) 碰撞气压(氩气):2.20×10^{-6} Pa;

i) 驻留时间:0.20 s。

7.4.3 液相色谱-串联质谱测定

7.4.3.1 定性测定

每种被测组分选择1个母离子,2个以上子离子,在相同试验条件下,样品中待测物质的保留时间与混合基质标准校准溶液中对应浓度标准校准溶液的保留时间偏差在±2.5%之内;且样品谱图中各组分定性离子的相对丰度与浓度接近的混合基质标准校准溶液谱图中对应的定性离子的相对丰度进行比较,偏差不超过表2规定的范围,则可判定为样品中存在对应的待测物。

表2 定性确证时相对离子丰度的最大允许偏差 以%表示

相对离子丰度 K	$K>50$	$20<K<50$	$10<K<20$	$K\leqslant10$
允许的相对偏差	±20	±25	±30	±50

7.4.3.2 定量测定

内标法定量:用混合标准工作溶液分别进样,以分析化合物和内标化合物的峰面积比为纵坐标,以分析化合物和内标化合物的浓度比为横坐标作标准工作曲线,用标准工作曲线对样品进行定量,标准工作液和待测液中12种药物的响应值均应在仪器线性响应范围内。12种β-兴奋剂类药物的保留时间、母离子和子离子见表3。12种β-兴奋剂类药物标准物质的多反应监测(MRM)色谱图参见附录A中的图A.1,添加浓度及其平均回收率的试验数据参见附录B中的表B.1。

表3 12种β-兴奋剂保留时间、定性定量离子对及锥孔电压、碰撞能量

化合物名称	保留时间/min	定性离子对(m/z)	定量离子对(m/z)	锥孔电压/V	碰撞能量/eV
莱克多巴胺	2.00	302/164	302/164	25	15
		302/284			12
沙丁胺醇	0.75	240/148	240/148	20	18
		240/166			13
塞曼特罗	0.84	220/160	220/160	18	15
		220/202			10
克仑潘特	2.25	291/203	291/203	20	15
		291/ 273			10

表 3（续）

化合物名称	保留时间/min	定性离子对(m/z)	定量离子对(m/z)	锥孔电压/V	碰撞能量/eV
克仑特罗	2.15	277/203	277/203	26	15
		277/259			11
溴布特罗	2.20	367/293	367/293	18	18
		367/349			13
妥布特罗	2.13	228/119	228/154	21	25
		228/154			16
马布特罗	2.25	311/237	311/237	20	16
		311/293			11
特布他林	0.78	226/125	226/152	20	22
		226/152			16
利托君	1.25	288/121	288/270	20	20
		288 /270			12
苯氧丙酚胺	2.22	302/150	302/150	20	22
		302/284			14
羟甲基氨克仑特罗	1.95	293/203	293/203	18	15
		293/275			12
克仑特罗-D9	2.13	286/204	286/204	26	15
沙丁胺醇-D3	0.75	243/151	243/151	20	18
莱克多巴胺-D5	2.00	308/168	308/168	25	15

采用克仑特罗-D9 定量的化合物有：克仑潘特、克仑特罗、溴布特罗、妥布特罗、马布特罗、苯氧丙酚胺。

采用沙丁胺醇 D5 定量的化合物有：沙丁胺醇、塞曼特罗、特布他林。

采用莱克多巴胺-D5 定量的化合物有：莱克多巴胺、利托君、羟甲基氨克仑特罗。

7.5 平行试验

按以上步骤，对同一试样进行平行试验测定。

8 结果计算

试样中β-兴奋剂类药物残留量利用数据处理系统计算或按式(1)计算：

$$X = c \times \frac{V}{m} \times \frac{1\,000}{1\,000} \qquad \cdots\cdots(1)$$

式中：

X——试样中被测组分残留量，单位为微克每千克(μg/kg)；

c——从标准工作曲线得到的被测组分溶液浓度，单位为纳克每毫升(ng/mL)；

V——试样溶液定容体积，单位为毫升(mL)；

m——试样溶液最终所代表试样的质量，单位为克(g)。

计算结果应扣除空白值。

9 精密度

9.1 一般规定

本标准的精密度数据是按照 GB/T 6379.1 和 GB/T 6379.2 的规定确定的，重复性和再现性的值以 95%的可信度来计算。

9.2 重复性

在重复性试验条件下，获得的两次独立测试结果的绝对差值不超过重复性限 r，被测物的添加浓度范围及重复性方程见表 4。

表 4 12 种 β-兴奋剂类药物的添加浓度范围及重复性和再现性方程

单位为微克每千克

化合物名称	样品基质	添加浓度范围	重复性限 r	再现性限 R
莱克多巴胺	牛奶	0.05～0.5	$\lg r=0.942\ 3\ \lg m-0.768\ 1$	$\lg R=0.980\ 8\ \lg m-0.509\ 1$
	奶粉	0.4～4.0	$\lg r=1.025\ 0\ \lg m-10.706$	$\lg R=1.019\ 4\ \lg m-0.562\ 2$
沙丁胺醇	牛奶	0.05～0.5	$\lg r=0.963\ 4\ \lg m-0.415\ 0$	$\lg R=0.981\ 2\ \lg m-0.488\ 7$
	奶粉	0.4～4.0	$\lg r=1.029\ 1\ \lg m-0.708\ 5$	$\lg R=0.975\ 4\ \lg m-0.554\ 9$
塞曼特罗	牛奶	0.05～0.5	$\lg r=1.097\ 1\ \lg m-0.676\ 2$	$\lg R=0.919\ 1\ \lg m-0.494\ 1$
	奶粉	0.4～4.0	$\lg r=1.107\ 7\ \lg m-0.691\ 3$	$\lg R=0.922\ 5\ \lg m-0.489\ 8$
克仑潘特	牛奶	0.05～0.5	$\lg r=0.946\ 7\ \lg m-0.608\ 4$	$\lg R=1.006\ 6\ \lg m-0.470\ 5$
	奶粉	0.4～4.0	$\lg r=1.102\ 1\ \lg m-0.675\ 1$	$\lg R=1.009\ 6\ \lg m-0.470\ 2$
克仑特罗	牛奶	0.05～0.5	$\lg r=0.988\ 4\ \lg m-0.778\ 7$	$\lg R=1.056\ 4\ \lg m-0.513\ 6$
	奶粉	0.4～4.0	$\lg r=1.081\ 6\ \lg m-0.654\ 4$	$\lg R=1.075\ 7\ \lg m-0.556\ 9$
溴布特罗	牛奶	0.25～2.5	$\lg r=0.893\ 0\ \lg m-0.713\ 4$	$\lg R=1.033\ 0\ \lg m-0.453\ 1$
	奶粉	2.0～20.0	$\lg r=0.931\ 0\ \lg m-0.618\ 0$	$\lg R=1.084\ 2\ \lg m-0.512\ 0$
妥布特罗	牛奶	0.25～2.5	$\lg r=0.905\ 4\ \lg m-0.493\ 6$	$\lg R=0.975\ 1\ \lg m-0.561\ 1$
	奶粉	2.0～20.0	$\lg r=1.184\ 3\ \lg m-0.629\ 8$	$\lg R=0.957\ 5\ \lg m-0.491\ 3$
马布特罗	牛奶	0.25～2.5	$\lg r=0.982\ 5\ \lg m-0.637\ 2$	$\lg R=0.933\ 5\ \lg m-0.468\ 4$
	奶粉	2.0～20.0	$\lg r=0.912\ 4\ \lg m-0.629\ 7$	$\lg R=0.972\ 2\ \lg m-0.450\ 4$
特布他林	牛奶	0.25～2.5	$\lg r=0.936\ 6\ \lg m-0.732\ 8$	$\lg R=0.971\ 5\ \lg m-0.499\ 1$
	奶粉	2.0～20.0	$\lg r=0.993\ 4\ \lg m-0.735\ 5$	$\lg R=0.957\ 0\ \lg m-0.535\ 8$
利托君	牛奶	0.25～2.5	$\lg r=0.958\ 5\ \lg m-0.731\ 6$	$\lg R=0.932\ 6\ \lg m-0.488\ 7$
	奶粉	2.0～20.0	$\lg r=1.099\ 9\ \lg m-0.774\ 2$	$\lg R=1.012\ 2\ \lg m-0.605\ 9$
苯氧丙酚胺	牛奶	0.25～2.5	$\lg r=0.963\ 2\ \lg m-0.755\ 8$	$\lg R=0.984\ 0\ \lg m-0.520\ 8$
	奶粉	2.0～20.0	$\lg r=0.978\ 9\ \lg m-0.676\ 8$	$\lg R=0.950\ 6\ \lg m-0.554\ 0$
羟甲基氨克仑特罗	牛奶	0.25～2.5	$\lg r=0.989\ 1\ \lg m-0.739\ 6$	$\lg R=1.001\ 2\ \lg m-0.468\ 4$
	奶粉	2.0～20.0	$\lg r=0.918\ 6\ \lg m-0.497\ 0$	$\lg R=0.967\ 7\ \lg m-0.482\ 4$

如果差值超过重复性限，应舍弃试验结果并重新完成两次单个试验的测定。

9.3 再现性

在再现性试验条件下，获得的两次独立测试结果的绝对差值不超过再现性限 R，被测物的添加浓度范围及再现性方程见表 4。

附 录 A
（资料性附录）
标准物质的多反应监测(MRM)色谱图

12 种 β-兴奋剂类药物标准物质的多反应监测(MRM)色谱图见图 A.1。

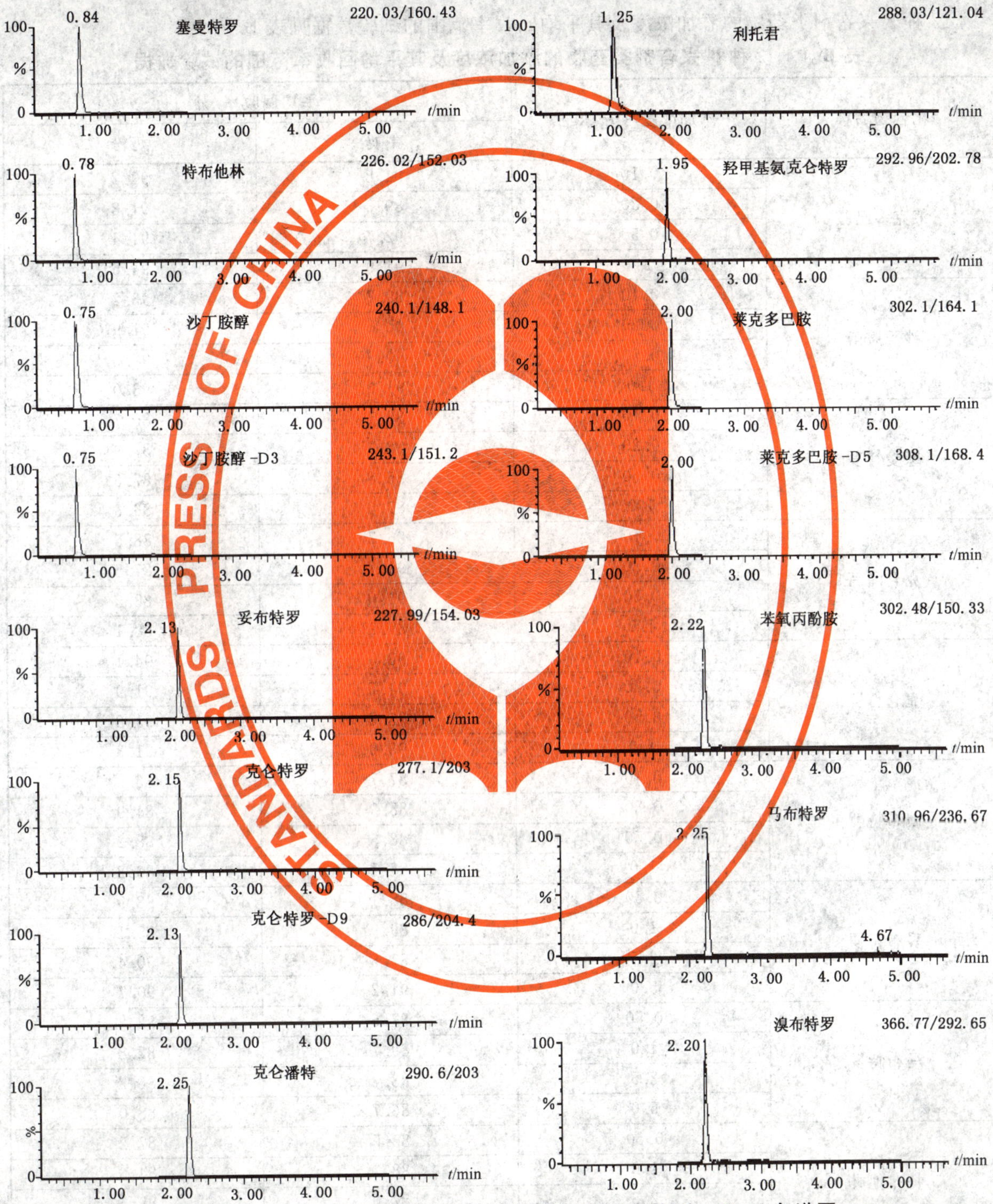

图 A.1 12 种 β-兴奋剂类药物标准物质的多反应监测(MRM)色谱图

附 录 B
（资料性附录）
回 收 率

12 种 β-兴奋剂类药物的添加浓度及其平均回收率范围的试验数据见表 B.1。

表 B.1 12 种 β-兴奋剂类药物的添加浓度及其平均回收率范围的试验数据

化合物名称	添加浓度/(μg/kg)	平均回收率/%	
		牛奶	奶粉
莱克多巴胺	0.10	91.8	92.2
	0.20	89.3	91.8
	0.50	92.7	91.4
	1.0	91.9	94.6
沙丁胺醇	0.10	89.7	93.2
	0.20	90.5	91.9
	0.50	90.3	92.3
	1.0	91.6	93.0
塞曼特罗	0.10	86.4	86.7
	0.20	86.3	87.9
	0.50	86.8	87.6
	1.0	87.5	86.3
克仑潘特	0.10	86.7	88.5
	0.20	91.7	87.5
	0.50	91.0	88.5
	1.0	89.9	88.1
克仑特罗	0.10	93.0	94.1
	0.20	94.7	91.9
	0.50	93.2	91.8
	1.0	93.6	91.3
溴布特罗	0.10	87.7	86.6
	0.20	88.9	84.9
	0.50	88.5	88.2
	1.0	87.1	86.2
妥布特罗	0.50	88.1	88.9
	1.0	89.9	85.1
	2.5	87.8	90.4
	5.0	91.2	90.7
马布特罗	0.50	87.6	82.2
	1.0	89.7	82.8
	2.5	83.7	86.2
	5.0	86.7	88.0
特布他林	0.50	85.5	87.2
	1.0	88.7	84.6
	2.5	87.0	88.5
	5.0	86.4	86.7
利托君	0.50	86.0	88.6
	1.0	87.6	86.1

表 B.1（续）

化合物名称	添加浓度/(μg/kg)	平均回收率/%	
		牛奶	奶粉
利托君	2.5	82.5	85.5
	5.0	89.0	83.8
苯氧丙酚胺	0.50	87.9	87.9
	1.0	88.8	87.3
	2.5	88.1	87.2
	5.0	89.8	87.1
羟甲基氨克仑特罗	0.50	85.1	86.0
	1.0	87.7	87.9
	2.5	87.4	88.9
	5.0	86.6	86.1

ICS 67.050
X 04

中华人民共和国国家标准

GB/T 22966—2008

牛奶和奶粉中16种磺胺类药物残留量的测定 液相色谱-串联质谱法

Determination of sixteen sulfonamide residues in milk and milk powder—LC-MS-MS method

2008-12-31 发布 2009-05-01 实施

中华人民共和国国家质量监督检验检疫总局
中国国家标准化管理委员会 发布

前　言

本标准的附录 A、附录 B 为资料性附录。

本标准由国家质量监督检验检疫总局提出并归口。

本标准起草单位:中华人民共和国秦皇岛出入境检验检疫局、中华人民共和国河北出入境检验检疫局。

本标准主要起草人:吕红英、段文仲、陈瑞春、郭春海、艾连峰、贾海涛、窦彩云、马育松、庞国芳。

牛奶和奶粉中16种磺胺类药物残留量的测定 液相色谱-串联质谱法

1 范围

本标准规定了牛奶和奶粉中16种磺胺类药物(见表2)残留量液相色谱-质谱/质谱测定方法。

本标准适用于牛奶和奶粉中16种磺胺类药物残留量的测定。

本标准的方法检出限:牛奶中磺胺醋酰、磺胺甲基嘧啶、磺胺吡啶、磺胺甲氧哒嗪、磺胺对甲氧嘧啶、磺胺氯哒嗪、磺胺甲基异噁唑、磺胺邻二甲氧嘧啶、磺胺-6-甲氧嘧啶、磺胺二甲嘧啶、磺胺喹噁啉、磺胺嘧啶、磺胺噻唑、磺胺甲噻二唑、甲氧苄氨嘧啶和磺胺二甲异噁唑等16种磺胺类药物残留量的方法检出限均为1.0 μg/kg;奶粉中磺胺醋酰、磺胺甲基嘧啶、磺胺吡啶、磺胺甲氧哒嗪、磺胺对甲氧嘧啶、磺胺氯哒嗪、磺胺甲基异噁唑、磺胺邻二甲氧嘧啶、磺胺-6-甲氧嘧啶、磺胺二甲嘧啶、磺胺喹噁啉、磺胺嘧啶、磺胺噻唑、磺胺甲噻二唑、甲氧苄氨嘧啶和磺胺二甲异噁唑等16种磺胺类药物残留量的方法检出限均为4.0 μg/kg。

2 规范性引用文件

下列文件中的条款通过本标准的引用而成为本标准的条款。凡是注日期的引用文件,其随后所有的修改单(不包括勘误的内容)或修订版均不适用于本标准,然而,鼓励根据本标准达成协议的各方研究是否可使用这些文件的最新版本。凡是不注日期的引用文件,其最新版本适用于本标准。

GB/T 6379.1 测量方法与结果的准确度(正确度与精密度) 第1部分:总则与定义(GB/T 6379.1—2004,ISO 5725-1:1994,IDT)

GB/T 6379.2 测量方法与结果的准确度(正确度与精密度) 第2部分:确定标准测量方法重复性与再现性的基本方法(GB/T 6379.2—2004,ISO 5725-2:1994,IDT)

GB/T 6682 分析实验室用水规格和试验方法(GB/T 6682—2008,ISO 3696:1987,MOD)

3 原理

用高氯酸溶液提取试样中磺胺类药物残留,Oasis HLB固相萃取柱[1]净化,甲醇洗脱,液相色谱-质谱/质谱仪测定,外标法定量。

4 试剂和材料

除另有说明外,所用试剂均为优级纯,水为GB/T 6682规定的一级水。

4.1 高氯酸。

4.2 甲醇:色谱纯。

4.3 乙酸:色谱纯。

4.4 高氯酸溶液:pH=2,1 000 mL水中加入1 mL高氯酸,再用水调至pH=2。

4.5 0.1%乙酸溶液:100 mL水中加入0.1 mL乙酸(4.3)。

4.6 甲醇-乙酸溶液(1+19):量取50 mL甲醇(4.2)与950 mL乙酸溶液(4.5)混合。

4.7 磺胺醋酰、磺胺甲基嘧啶、磺胺吡啶、磺胺甲氧哒嗪、磺胺对甲氧嘧啶、磺胺氯哒嗪、磺胺甲基异噁

1) Oasis HLB固相萃取柱是Waters公司产品的商品名称,给出这一信息是为了方便本标准的使用者,并不是表示对该产品的认可。如果其他等效产品具有相同的效果,则可使用这些等效产品。

唑、磺胺邻二甲氧嘧啶、磺胺-6-甲氧嘧啶、磺胺二甲嘧啶、磺胺喹噁啉、磺胺嘧啶、磺胺噻唑、磺胺甲噻二唑、甲氧苄氨嘧啶和磺胺二甲异噁唑标准物质：纯度≥95%。

4.8　0.1 mg/mL 16 种磺胺类药物标准储备溶液：准确称取适量的每种磺胺标准物质，用甲醇配成 0.1 mg/mL 的标准储备溶液。该溶液在 4 ℃保存。

4.9　1 μg/mL 磺胺类药物混合标准中间溶液：分别吸取 1 mL 标准储备溶液(4.8)移至 100 mL 容量瓶中，用甲醇(4.2)定容至刻度。该溶液在 4 ℃保存。

4.10　基质混合标准工作溶液：根据每种磺胺类药物的灵敏度和仪器线性范围用空白样品提取液配成不同浓度(ng/mL)的基质混合标准工作溶液。基质混合标准工作溶液在 4 ℃保存。

4.11　Oasis HLB 固相萃取柱或相当者：60 mg，3 mL。使用前在柱上塞上一小块脱脂棉，再分别用 3 mL 甲醇和 5 mL 高氯酸溶液(4.4)活化；保持柱体湿润。

4.12　滤膜：0.2 μm。

5　仪器

5.1　液相色谱-串联四极杆质谱仪，配有电喷雾离子源。

5.2　分析天平：感量 0.1 mg 和 0.01 g。

5.3　超声波萃取仪。

5.4　涡旋振荡器。

5.5　固相萃取装置。

5.6　氮气吹干仪。

5.7　真空泵。

5.8　pH 计：测量精度±0.02 pH 单位。

5.9　贮液器：通过转接头连接于 Oasis HLB 固相萃取柱上。

5.10　10 mL 具刻度离心管。

6　试样的制备与保存

6.1　试样的制备

将牛奶从冰箱中取出，放置至室温，摇匀，备用。

6.2　试样保存

牛奶置于 4 ℃冰箱中避光保存，奶粉常温避光保存。

7　测定步骤

7.1　提取

7.1.1　牛奶

称取 2 g 试样，精确到 0.01 g，置于 50 mL 具塞塑料离心管中，加入 25 mL 高氯酸溶液(4.4)，涡旋振荡器振荡提取 1 min，超声波萃取 10 min。

7.1.2　奶粉

称取 0.5 g 试样，精确到 0.01 g，置于 50 mL 具塞塑料离心管中，加入 25 mL 高氯酸溶液(4.4)，于涡旋振荡器振荡提取 1 min，超声波萃取 10 min。

7.2　净化

将 7.1 的溶液全部转移到储液器中，再用 5 mL 高氯酸溶液(4.4)洗离心管，洗液合并到贮液器，以约 1 mL/min 的流速全部过 HLB 固相萃取柱(4.11)，待样液完全流出后，用 5 mL 水淋洗柱，抽干，用 3 mL 甲醇洗脱于 10 mL 具刻度离心管中，洗脱液于 40 ℃用氮气吹至约 0.2 mL 时停止浓缩，用甲醇-乙酸溶液(4.6)补至 1 mL。旋涡混匀，过 0.2 μm 滤膜，供液相色谱串联质谱分析。

7.3 空白基质溶液的制备

取牛奶阴性样品 2 g，奶粉阴性样品 0.5 g，按 7.1 和 7.2 操作。

7.4 测定条件

7.4.1 液相色谱参考条件

a) 色谱柱：C_{18}，5 μm，150 mm×2.1 mm（内径）或相当者；
b) 色谱柱温度：30 ℃；
c) 进样量：10 μL；
d) 流动相梯度及流速见表 1。

表 1 液相色谱梯度洗脱条件

时 间/min	流 速/(μL/min)	0.1%乙酸水溶液/%	甲 醇/%
0.00	200	75	25
5.00	200	55	45
8.00	200	20	80
10.00	200	20	80
10.10	200	75	25
13.00	200	75	25

7.4.2 质谱参考条件

a) 离子化模式：电喷雾正离子模式（ESI+）；
b) 质谱扫描方式：多反应监测（MRM）；
c) 鞘气压力：104 kPa；
d) 辅助气压力：138 kPa；
e) 正离子模式电喷雾电压（IS）：4 000 V；
f) 毛细管温度：320 ℃；
g) 源内诱导解离电压：10 V；
h) Q1，Q3 分辨率：Q1 为 0.2，Q3 为 0.7；
i) 碰撞气：高纯氩气；
j) 碰撞气压力：0.2 Pa；
k) 其他质谱参数及 16 种磺胺类药物的 CAS 编号、保留时间见表 2。

表 2 16 种磺胺类药物的 CAS 编号、定性离子对、定量离子对和碰撞能量

化合物中文名称	化合物英文名称	保留时间/min	CAS 编号	定性离子对(*m*/*z*)	定量离子对(*m*/*z*)	碰撞能量/eV
磺胺醋酰	sulfacetamide	3.74	144-80-9	215.05/155.91 215.05/107.98	251.05/155.91	10 22
甲氧苄氨嘧啶	trimethoprim	4.66	23256-42-0	291.14/229.94 291.14/260.90	291.14/229.94	25 21
磺胺嘧啶	sulfadiazine	4.56	68-35-9	251.05/155.96 251.05/107.97	251.05/155.96	18 25
磺胺噻唑	sulfathiazole	4.84	72-14-0	256.02/155.99 256.02/108.05	256.02/155.99	16 22

表 2（续）

化合物中文名称	化合物英文名称	保留时间/min	CAS 编号	定性离子对（m/z）	定量离子对（m/z）	碰撞能量/eV
磺胺吡啶	sulfapyridine	5.09	144-83-2	250.07/155.98 250.07/184.01	250.07/155.98	16 19
磺胺甲基嘧啶	sulfamerazine	5.61	127-79-7	265.06/155.91 265.06/171.94	265.06/155.91	18 14
磺胺对甲氧嘧啶	sulfamethoxydiazine	6.62	651-06-9	281.06/155.90 281.06/107.91	281.06/155.90	17 27
磺胺甲噻二唑	sulfamethizole	6.60	144-82-1	271.02/155.86 271.02/107.96	271.02/155.86	12 21
磺胺二甲嘧啶	sulfamethazine	6.67	57-68-1	279.08/185.98 279.08/155.99	279.08/185.98	16 18
磺胺甲氧哒嗪	sulfamethoxypyridazine	7.26	80-35-3	281.07/155.98 281.07/107.98	281.07/155.98	17 22
磺胺甲基异噁唑	sulfamethoxazole	7.49	127-69-5	254.05/155.99 254.05/107.91	254.05/155.99	16 24
磺胺-6-甲氧嘧啶	sulfamonomethoxine	7.68	1220-83-3	281.06/155.94 281.06/107.90	281.06/155.94	19 28
磺胺二甲异噁唑	sulfisoxazole	7.93	127-69-5	268.06/155.92 268.06/107.94	268.06/155.92	12 26
磺胺氯哒嗪	sulfachloropyridazine	8.03	80-32-0	285.02/156.00 285.02/107.97	285.02/156.00	16 25
磺胺邻二甲氧嘧啶	sulfadimoxine	9.13	2447-57-6	311.08/155.96 311.08/107.98	311.08/155.96	20 32
磺胺喹噁啉	sulfaquinoxaline	9.40	967-80-6	301.07/155.99 301.07/107.91	301.07/155.99	17 20

7.4.3 液相色谱-串联质谱测定

7.4.3.1 定性测定

每种被测组分选择 1 个母离子，2 个以上子离子，在相同试验条件下，样品中待测物质的保留时间，与混合基质标准校准溶液中对应的保留时间偏差在±2.5%之内；且样品谱图中各组分定性离子的相对丰度与浓度接近的混合基质标准校准溶液谱图中对应的定性离子的相对丰度进行比较，偏差不超过表 3 规定的范围，则可判定为样品中存在对应的待测物。

表 3 定性确证时相对离子丰度的最大允许偏差　　以%表示

相对离子丰度 K	$K>50$	$20<K<50$	$10<K<20$	$K\leqslant 10$
允许最大偏差	±20	±25	±30	±50

7.4.3.2 定量测定

在仪器最佳工作条件下，对混合基质标准校准溶液进样，以峰面积为纵坐标，混合基质校准溶液浓度为横坐标绘制标准工作曲线，用标准工作曲线对样品进行定量，样品溶液中待测物的响应值均应在仪器测定的线性范围内。上述色谱和质谱条件下，标准品多反应监测色谱图参见附录A中的表A.1。

7.5 平行试验

按以上步骤，对同一试样进行平行试验测定。

7.6 空白试验

除不称取样品外，均按上述步骤进行。

7.7 回收率试验

吸取适量混合标准工作溶液，用空白基质溶液(7.3)稀释成所需浓度的标准校准溶液。阴性样品中添加标准溶液，按7.1和7.2操作，测定后计算样品添加的回收率。样品添加回收率试验数据参见附录B中的表B.1。

8 结果计算

每种磺胺类药物残留量按式(1)计算：

$$X_i = c_i \times \frac{V}{m} \times \frac{1\ 000}{1\ 000} \qquad \cdots\cdots (1)$$

式中：

X_i——试样中被测组分残留量，单位为微克每千克(μg/kg)；

c_i——从标准工作曲线上得到的被测组分溶液浓度，单位为纳克每毫升(ng/mL)；

V——样品溶液定容体积，单位为毫升(mL)；

m——样品溶液所代表试样的质量，单位为克(g)。

计算结果应扣除空白值。

9 精密度

9.1 一般规定

本标准的精密度数据是按照GB/T 6379.1和GB/T 6379.2的规定确定的，重复性和再现性的值以95%的可信度来计算。

9.2 重复性

在重复性试验条件下，获得的两次独立测试结果的绝对差值不超过重复性限 r，牛奶和奶粉中16种磺胺类药物的添加浓度范围及重复性方程见表4、表5。

表4 牛奶中16种磺胺类药物的添加浓度范围及重复性和再现性方程

单位为微克每千克

化合物名称	添加浓度范围	重复性限 r	再现性限 R
磺胺醋酰	1.0～10.0	r=0.124 6m−0.025 8	lg$R$=0.990 1 lg$m$−0.753 0
甲氧苄氨嘧啶	1.0～10.0	r=0.125 6m−0.012 0	lg$R$=1.044 5 lg$m$−0.737 8
磺胺嘧啶	1.0～10.0	r=0.053 9 lg$m$+0.076 1	lg$R$=0.923 1 lg$m$−0.696 7
磺胺噻唑	1.0～10.0	r=0.088 7m+0.091 7	lg$R$=1.009 8 lg$m$−0.738 8
磺胺吡啶	1.0～10.0	r=0.078 0m−0.020 0	R=0.114 8m+0.110 2
磺胺甲基嘧啶	1.0～10.0	r=0.144 1m−0.011 1	lg$R$=1.087 3 lg$m$−0.857 9
磺胺对甲氧嘧啶	1.0～10.0	r=0.080 71m+0.031 1	R=0.143 2m+0.045 0
磺胺甲噻二唑	1.0～10.0	r=0.057 01m+0.092 7	lg$R$=0.879 6 lg$m$−0.716 2
磺胺二甲嘧啶	1.0～10.0	r=0.129 5m−0.041 9	lg$R$=1.000 5 lg$m$−0.730 5

表 4（续）

单位为微克每千克

化合物名称	添加浓度范围	重复性限 r	再现性限 R
磺胺甲氧哒嗪	1.0～10.0	$r=0.0931m+0.0568$	$\lg R=0.9650\lg m-0.7389$
磺胺甲基异噁唑	1.0～10.0	$r=0.1916m-0.1244$	$R=0.2223m-0.1158$
磺胺-6-甲氧嘧啶	1.0～10.0	$r=0.1120m+0.1091$	$R=0.1974m+0.0107$
磺胺二甲异噁唑	1.0～10.0	$r=0.1140m+0.0009$	$\lg R=0.9369\lg m-0.6713$
磺胺氯哒嗪	1.0～10.0	$r=0.1032m+0.0174$	$\lg R=0.9275\lg m-0.6757$
磺胺邻二甲氧嘧啶	1.0～10.0	$r=0.1024m+0.0568$	$R=0.1950m+0.0190$
磺胺喹噁啉	1.0～10.0	$r=0.0868m+0.0562$	$\lg R=0.8876\lg m-0.6692$
注：m 为两次测定结果的算术平均值。			

表 5　奶粉中 16 种磺胺类药物的添加浓度范围及重复性和再现性方程

单位为微克每千克

化合物名称	添加浓度范围	重复性限 r	再现性限 R
磺胺醋酰	4.0～40.0	$r=0.0724m-0.0506$	$R=0.1401m-0.0420$
甲氧苄氨嘧啶	4.0～40.0	$r=0.0420m+0.2797$	$\lg R=1.0080\lg m-0.8965$
磺胺嘧啶	4.0～40.0	$r=0.0350m+0.1973$	$R=0.1098m+0.3870$
磺胺噻唑	4.0～40.0	$\lg r=0.9093\lg m-0.9891$	$\lg R=0.9854\lg m-0.7468$
磺胺吡啶	4.0～40.0	$r=0.0765m-0.0391$	$\lg R=0.8938\lg m-0.7084$
磺胺甲基嘧啶	4.0～40.0	$r=0.0820m-0.0366$	$R=0.1537m-0.0274$
磺胺对甲氧嘧啶	4.0～40.0	$r=0.0797m+0.1291$	$R=0.1095m+0.5516$
磺胺甲噻二唑	4.0～40.0	$r=0.0733m+0.0625$	$R=0.1192m+0.2682$
磺胺二甲嘧啶	4.0～40.0	$r=0.0806m+0.2465$	$R=0.1302m-0.3570$
磺胺甲氧哒嗪	4.0～40.0	$r=0.0903m+0.3444$	$\lg R=0.9325\lg m-0.6883$
磺胺甲基异噁唑	4.0～40.0	$r=0.0859m+0.1110$	$R=0.1723m+0.2209$
磺胺-6-甲氧嘧啶	4.0～40.0	$r=0.0987m+0.2212$	$\lg R=0.9198\lg m-0.6099$
磺胺二甲异噁唑	4.0～40.0	$r=0.1079m+0.3761$	$\lg R=1.0344\lg m-0.7879$
磺胺氯哒嗪	4.0～40.0	$r=0.1066m+0.4361$	$\lg R=0.9201\lg m-0.6035$
磺胺邻二甲氧嘧啶	4.0～40.0	$r=0.1004m+0.1214$	$\lg R=0.983\lg m-0.7116$
磺胺喹噁啉	4.0～40.0	$r=0.1185m-0.0554$	$R=0.1395m+0.1706$
注：m 为两次测定结果的算术平均值。			

如果两次测定的差值超过重复性限 r，应舍弃试验结果并重新完成两次单个试验的测定。

9.3　再现性

在再现性试验条件下，获得的两次独立测试结果的绝对差值不超过再现性限 R，牛奶和奶粉中 16 种磺胺类药物的添加浓度范围及再现性方程见表 4、表 5。

附　录　A
（资料性附录）
标准物质多反应监测色谱图

16 种磺胺标准物质多反应监测色谱图，见图 A.1。

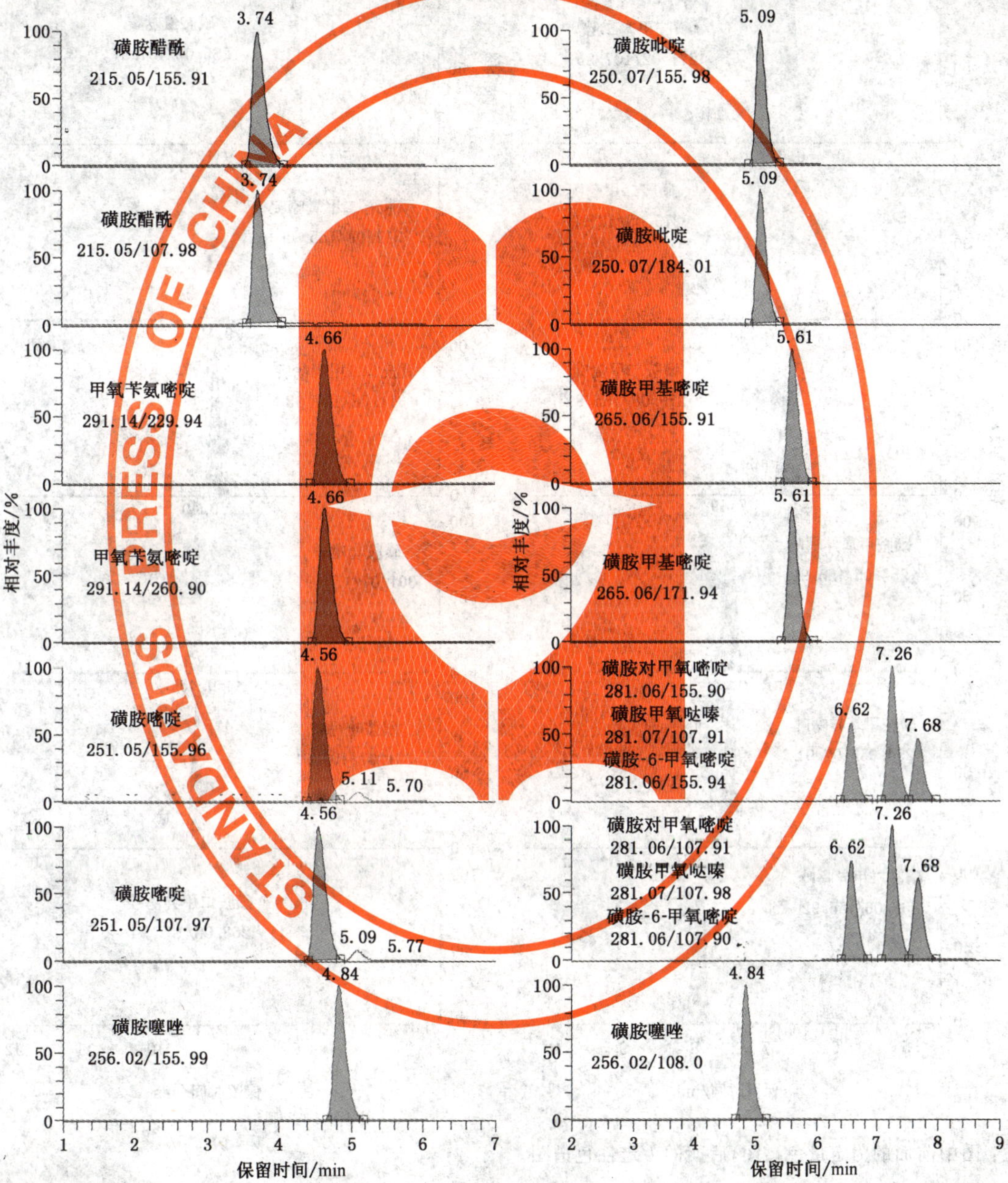

图 A.1　16 种磺胺类药物标准物质多反应监测色谱图

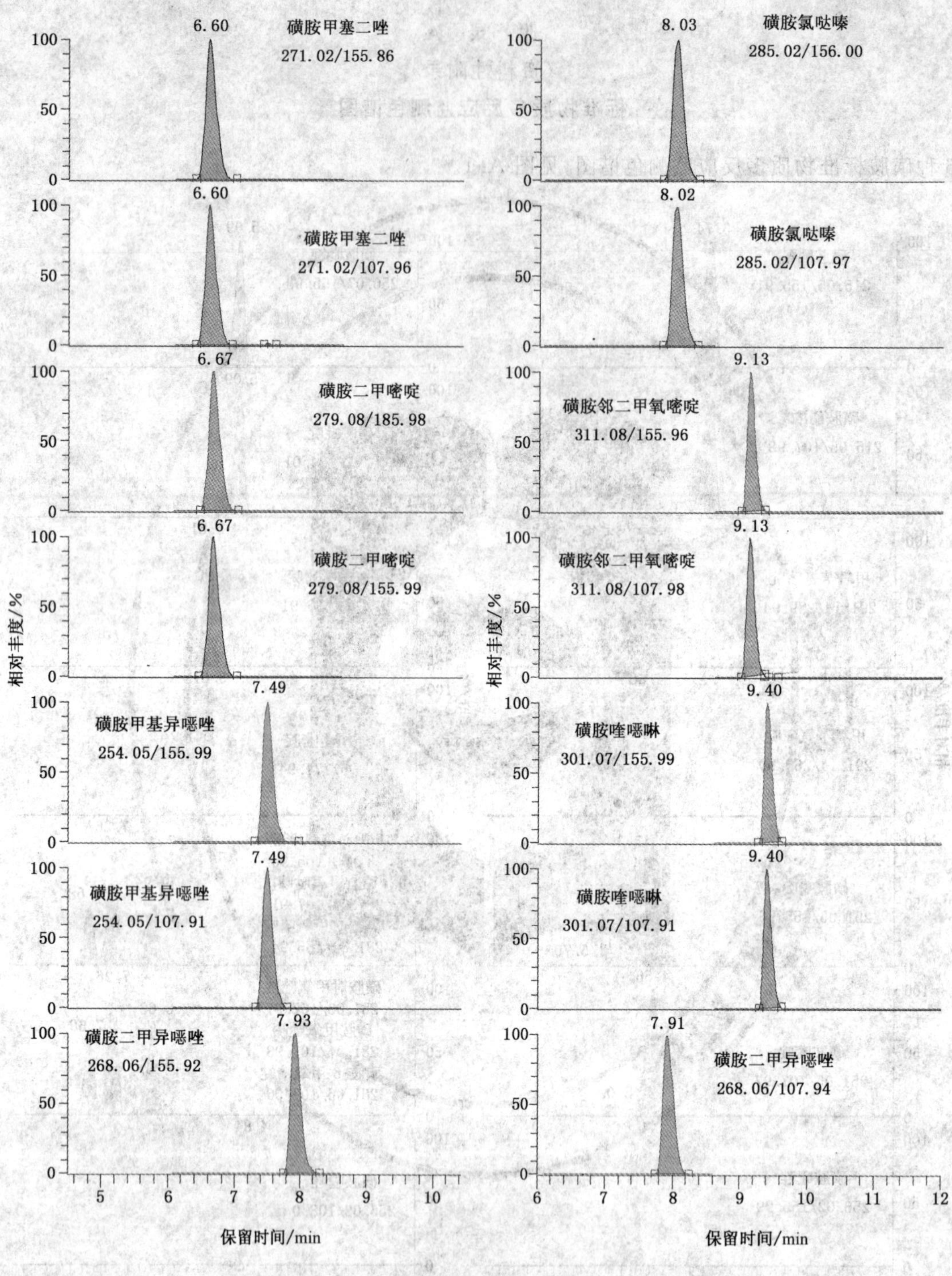

注：图中前面的为定量色谱图，后面的为定性色谱图。

图 A.1（续）

附　录　B
（资料性附录）
回　收　率

16 种磺胺类药物添加浓度及其回收率范围的试验数据，见表 B.1。

表 B.1　16 种磺胺类药物添加浓度及其回收率范围的试验数据

化合物名称	牛奶		奶粉	
	添加浓度/(μg/kg)	回收率范围/%	添加浓度/(μg/kg)	回收率范围/%
磺胺醋酰	1	81.0～93.0	4	83.0～94.4
	2	90.5～103.6	8	92.6～100.6
	5	76.3～98.6	20	78.3～94.4
	10	85.2～94.5	40	86.0～97.0
甲氧苄氨嘧啶	1	76.6～88.0	4	78.0～89.0
	2	84.4～100.8	8	88.1～99.3
	5	83.6～100.3	20	83.4～101.7
	10	80.4～90.4	40	79.2～89.3
磺胺嘧啶	1	69.1～86.0	4	71.5～89.0
	2	76.4～97.8	8	81.4～93.5
	5	73.6～87.9	20	76.7～91.8
	10	78.1～87.7	40	78.8～97.0
磺胺噻唑	1	67.8～79.0	4	76.7～89.1
	2	78.2～96.1	8	84.5～98.7
	5	77.3～99.0	20	79.3～97.1
	10	79.1～89.8	40	80.3～93.5
磺胺吡啶	1	69.2～92.2	4	72.2～94.1
	2	76.8～93.1	8	73.2～92.6
	5	77.4～90.3	20	76.6～93.1
	10	81.5～93.2	40	78.8～94.3
磺胺甲基嘧啶	1	72.5～92.6	4	76.8～90.1
	2	81.7～99.1	8	83.6～98.3
	5	76.9～93.9	20	76.9～87.6
	10	79.3～90.9	40	79.5～89.3
磺胺对甲氧嘧啶	1	81.0～99.6	4	80.7～97.6
	2	73.5～93.1	8	78.5～98.2
	5	73.9～91.4	20	71.9～89.9
	10	78.5～91.7	40	78.8～90.8
磺胺甲噻二唑	1	72.6～91.6	4	74.1～91.6
	2	76.7～93.9	8	79.4～94.2
	5	79.2～96.7	20	77.2～91.8
	10	81.5～92.2	40	77.8～90.8

表 B.1（续）

化合物名称	牛 奶		奶 粉	
	添加浓度/(μg/kg)	回收率范围/%	添加浓度/(μg/kg)	回收率范围/%
磺胺二甲嘧啶	1	84.0～103.2	4	80.0～100.3
	2	84.5～98.5	8	84.0～97.6
	5	77.4～97.0	20	78.0～95.3
	10	81.2～93.5	40	79.8～93.3
磺胺甲氧哒嗪	1	70.2～88.2	4	75.5～86.0
	2	71.1～90.7	8	76.1～91.1
	5	75.6～93.1	20	77.6～91.2
	10	80.7～89.9	40	78.0～90.8
磺胺甲基异嘧唑	1	77.1～97.9	4	79.2～97.1
	2	82.9～101.4	8	83.2～91.3
	5	76.6～95.5	20	77.5～93.7
	10	83.8～96.6	40	77.3～90.8
磺胺-6-甲氧嘧啶	1	74.3～92.0	4	77.3～92.0
	2	78.4～99.8	8	80.7～97.4
	5	73.1～91.6	20	76.2～95.0
	10	81.6～93.8	40	79.5～92.0
磺胺二甲异嘧唑	1	69.0～87.0	4	78.8～91.0
	2	76.5～97.7	8	81.5～96.0
	5	71.7～90.8	20	71.3～87.5
	10	74.9～88.9	40	79.3～91.3
磺胺氯哒嗪	1	72.6～89.0	4	75.7～89.1
	2	78.1～97.5	8	82.4～98.3
	5	64.8～78.3	20	72.9～91.5
	10	88.1～99.9	40	85.0～93.5
磺胺邻二甲氧嘧啶	1	66.4～87.3	4	76.4～89.0
	2	75.5～97.9	8	78.2～95.5
	5	75.4～98.5	20	78.9～96.7
	10	83.4～95.1	40	81.5～91.0
磺胺喹嘧啉	1	69.0～86.2	4	73.0～89.4
	2	72.1～93.5	8	79.2～97.8
	5	74.7～92.1	20	74.7～94.1
	10	75.3～89.9	40	78.3～89.5

ICS 67.050
X 04

中华人民共和国国家标准

GB/T 22967—2008

牛奶和奶粉中β-雌二醇残留量的测定 气相色谱-负化学电离质谱法

Determination of β-estradiol residues in milk and milk powder—Gas chromatography-negative-ion chemical ionization mass spectrometry method

2008-12-31 发布 2009-05-01 实施

中华人民共和国国家质量监督检验检疫总局
中国国家标准化管理委员会 发布

前　言

本标准的附录 A、附录 B 为资料性附录。

本标准由国家质量监督检验检疫总局提出并归口。

本标准起草单位：中华人民共和国秦皇岛出入境检验检疫局、中华人民共和国山东出入境检验检疫局。

本标准主要起草人：王建华、张艺兵、郭翠、王境堂 、孙忠松、庞国芳。

牛奶和奶粉中β-雌二醇残留量的测定 气相色谱-负化学电离质谱法

1 范围

本标准规定了牛奶和奶粉中β-雌二醇残留量气相色谱-负化学电离质谱测定方法。

本标准适用于牛奶和奶粉中β-雌二醇残留量的测定。

本标准的方法检出限：牛奶0.25 μg/kg，奶粉2 μg/kg。

2 规范性引用文件

下列文件中的条款通过本标准的引用而成为本标准的条款。凡是注日期的引用文件，其随后所有的修改单(不包括勘误的内容)或修订版均不适用于本标准，然而，鼓励根据本标准达成协议的各方研究是否可使用这些文件的最新版本。凡是不注日期的引用文件，其最新版本适用于本标准。

GB/T 6379.1 测量方法与结果的准确度(正确度与精密度) 第1部分：总则与定义(GB/T 6379.1—2004，ISO 5725-1:1994，IDT)

GB/T 6379.2 测量方法与结果的准确度(正确度与精密度) 第2部分：确定标准测量方法重复性与再现性的基本方法(GB/T 6379.2—2004，ISO 5725-2:1994，IDT)

GB/T 6682 分析实验室用水规格和试验方法(GB/T 6682—2008，ISO 3696:1987，MOD)

3 原理

牛奶和奶粉中雌二醇经过酶水解，用乙腈作为蛋白沉淀剂和提取剂进行提取，固相萃取柱净化后，经酰化衍生化后，用气相色谱-负化学电离质谱选择离子监测模式测定，内标法定量。

4 试剂和材料

除另有规定外，试剂均为分析纯，水为GB/T 6682规定的一级水。

4.1 β-葡糖苷酸酶/芳基硫酸苷酶：Helix pomatia，每毫升含β-葡糖苷酸酶100 000单位，每毫升硫酸酯酶≤1 000单位。

4.2 甲醇：色谱纯。

4.3 乙腈：色谱纯。

4.4 乙酸乙酯：色谱纯。

4.5 正己烷：色谱纯。

4.6 吡啶：色谱纯。

4.7 异辛烷：色谱纯。

4.8 正丙醇：分析纯。

4.9 衍生化试剂：五氟苯甲酰氯，在避光、防潮环境冷冻储藏。

4.10 碳酸氢钠。

4.11 三水乙酸钠。

4.12 氯化钠。

4.13 0.1%乙酸溶液：移取0.1 mL冰乙酸，用水定容100 mL。

4.14 乙酸钠缓冲液(pH=5.2):称取 43 g 三水乙酸钠(4.11)用水溶解,加入 25.2 g 冰乙酸用水定容至 1 000 mL。

4.15 干燥乙酸乙酯:在密封试管中加入 500 mg 无水硫酸钠和 20 mL 乙酸乙酯,振荡混合约 30 min 后,2 000 r/min 离心 10 min。

4.16 乙酸乙酯-吡啶(9+1):将 10 mL 吡啶和 90 mL 干燥的乙酸乙酯(4.15)混合,室温保存。

4.17 0.5 mol/L 碳酸氢钠($NaHCO_3$)溶液:称 5 g $NaHCO_3$ 于 100 mL 容量瓶中,用水定容至刻度。

4.18 Oasis HLB 固相萃取柱[1]或相当者:60 mg,3 mL。使用前分别依次用 6 mL 甲醇,3 mL 0.1%乙酸溶液和 3 mL 纯水活化,保持柱体湿润。

4.19 标准物质:β-雌二醇,纯度≥99%。

4.20 内标标准物质:β-雌二醇-2,4,16,16-4 氘代(β-雌二醇 D4),纯度≥99%。

4.21 β-雌二醇标准溶液:准确称量 10 mg 标准物质(4.19)分别于 100 mL 容量瓶中,用甲醇(4.2)定容至刻度,浓度 100 μg/mL,储备液储存于 −20 ℃。再以甲醇稀释成适用浓度的溶液,保存于 4 ℃冰箱中。

4.22 内标标准溶液:准确称量 10 mg 内标标准物质(4.20)分别于 100 mL 容量瓶中,用甲醇(4.2)定容至刻度,浓度 100 μg/mL,储备液储存于 −20 ℃。再以甲醇稀释成适用浓度的溶液,保存于 4 ℃冰箱中。

4.23 标准工作溶液:将 β-雌二醇标准溶液(4.21)和 β-雌二醇 D4 内标标准溶液(4.22)混合,按照 7.3 步骤衍生化后备用。

5 仪器

5.1 气相色谱-质谱仪:配有负化学源。

5.2 离心管:5 mL 和 10 mL,具塞。

5.3 移液器:20 μL~200 μL,200 μL~1 000 μL,1 000 μL~5 000 μL。

5.4 分析天平:感量 0.1 mg 和 0.01 g。

5.5 冷冻离心机:最低温度 −4 ℃,最大转速 10 000 r/min。

5.6 涡旋混匀器。

5.7 氮气浓缩仪。

5.8 水平振荡器。

5.9 旋转蒸发仪。

5.10 旋涡振荡器。

6 试样制备与保存

6.1 试样的制备

6.1.1 牛奶:取有代表性试样约 500 g,搅拌均匀后装入洁净容器内,密封,并做好标识。

6.1.2 奶粉:取有代表性试样约 500 g,搅拌均匀后装入洁净容器内,密封,并做好标识。准确称取 12 g 乳粉试样(精确到 0.01 g)于 250 mL 烧杯中,少量多次加入 50 mL 煮沸并冷却到 60 ℃左右的水溶解,冷却至室温后,移入 100 mL 容量瓶中,用少量水分次淋洗烧杯,淋洗液一并移入容量瓶,再用水定容到刻度,混匀,制备成奶粉复原乳试样。

6.2 试样的保存

将试样于 4 ℃保存。

1) Oasis HLB 固相萃取柱是 Waters 公司产品的商品名称,给出这一信息是为了方便本标准的使用者,并不是表示对该产品的认可。如果其他等效产品具有相同的效果,则可使用这些等效产品。

7 测定步骤

7.1 提取

准确移取 2.0 g 牛奶或量取 2.0 mL 奶粉复原乳试样(6.1.2)置于 50mL 具塞离心管中，加入 5 mL 乙酸钠缓冲溶液(4.14)、约 1 g 氯化钠(4.12)，旋涡振荡 1 min 后，加入 10 mL 乙腈(4.3)，充分旋涡混合 1 min，于水平振荡器上(5.8)剧烈振荡 2 min，超声提取 10 min，7 000 r/min 于 4 ℃离心 10 min，用吸管将上清液移入另一离心管。残渣中加入 10 mL 乙腈，按上述方法再提取一次，合并上清液。

上清液中加入 10 mL 正己烷(4.5)，剧烈振荡 2 min，7 000 r/min 于 4℃离心 5 min，吸正己烷，弃去下层溶液转移至梨形瓶，加入 0.5 mL 正丙醇(4.8)于 40℃水浴旋转蒸发(约剩余 1 mL 左右不能完全蒸干)。加入 1 mL 乙腈，旋涡振荡 1 min，转移至 10 mL 离心管，再用 1 mL 乙腈清洗瓶一次，溶液转移至上述离心管后，用纯水定容到 10 mL。

7.2 净化

将提取液(7.1)移入下接 Oasis HLB 柱(4.18)的贮液器中，溶液以不大于 1 mL/min 的流速通过 Oasis HLB 柱，待溶液完全流出后，用 3 mL 纯水洗柱，弃去全部淋出液，抽干。最后用 9 mL 乙腈洗脱，收集洗脱液于 10 mL 具塞离心管(5.2)中，用氮气浓缩仪(5.7)吹干。

7.3 衍生化

在上述 10 mL 具塞离心管中依次加入 85 μL 干燥的乙酸乙酯(4.15)，500 μL 乙酸乙酯-吡啶(4.16)，20 μL 五氟苯甲酰氯(4.9)，混匀，于 60 ℃放置 15 min 后，用氮气浓缩仪吹干。加入 500 μL 0.5 mol/L 碳酸氢钠溶液(4.17)，涡旋振荡，待溶液澄清后，准确加入 1 mL 异辛烷，混合提取，静置，取上清液进行测定。

7.4 测定条件

7.4.1 气相色谱-质谱测定参考条件

a) 色谱柱：HP-5MS，0.25 μm，30 m×0.25 mm(内径)或相当者；
b) 载气：氦气，纯度≥99.999%；
c) 流速：初始流速 1.0 mL/min，保持 5 min，然后以 1.0 mL/min 速度升至 3 mL/min；
d) 柱温：120 ℃保持 2 min，然后以 15 ℃/min 升温至 250 ℃，再以 5 ℃/min 升温至 300 ℃保持 8 min；
e) 进样量：1 μL；
f) 进样方式：无分流进样；
g) 进样口温度：300 ℃；
h) 接口温度：280 ℃；
i) 负化学源：150 eV；
j) 离子源温度：150 ℃；
k) 四极杆温度：106 ℃；
l) 反应气：甲烷，纯度≥99.99%；
m) 反应气流量：2 mL/min；
n) 选择离子监测：监测离子、丰度比、允许相对偏差见表 1。

表 1 监测离子、丰度比、允许相对偏差

监测离子(m/z)	丰度比/%	允许相对偏差/%
660	100	—
661	40	±25
448	80	±20
450	44	±25

7.4.2 定性测定的依据

被测样品色谱峰的保留时间与标准工作溶液相一致；所选择的离子均出现，被测样品的监测离子的相对丰度与标准工作溶液的相对丰度两者之差不大于表1中所列允许相对偏差。

7.4.3 定量测定

配制系列标准工作溶液(4.23)分别进样，仪器测定β-雌二醇以 m/z 660 为定量离子，内标β-雌二醇 D4 以 m/z 664 为定量离子，以峰面积比对浓度绘制标准工作曲线，用标准工作曲线内标法对样品进行定量，样品溶液中待测物质的响应值均应在仪器测定的线性范围内。在上述色谱条件下，β-雌二醇衍生物参考保留时间约为 26 min。β-雌二醇和内标衍生物总离子流图和质谱图参见附录 A 中的图 A.1、图 A.2、图 A.3。

本方法中牛奶中β-雌二醇添加浓度及其平均回收率的试验数据参见附录 B。

7.5 空白试验

除不称取试样外，均按上述步骤进行。

8 结果计算

牛奶中β-雌二醇的测定结果按式(1)计算：

$$X = c_s \times \frac{A}{A_s} \times \frac{c_i}{c_{si}} \times \frac{A_{si}}{A_i} \times \frac{V}{m} \times \frac{1\,000}{1\,000} \quad \cdots\cdots(1)$$

式中：

X——试样中被测物残留量，单位为微克每千克(μg/kg)；

c_s——基质标准工作溶液中被测物的浓度，单位为纳克每毫升(ng/mL)；

A——试样溶液中被测物的色谱峰面积；

A_s——基质标准工作溶液中被测物的色谱峰面积；

c_i——试样溶液中内标物的浓度，单位为纳克每毫升(ng/mL)；

c_{si}——基质标准工作溶液中内标物的浓度，单位为纳克每毫升(ng/mL)；

A_{si}——基质标准工作溶液中内标物的色谱峰面积；

A_i——试样溶液中内标物的色谱峰面积；

V——样液最终定容体积，单位为毫升(mL)；

m——试样溶液所代表试样的质量，单位为克(g)。

计算结果应扣除空白值。

9 精密度

9.1 一般规定

本标准的精密度数据是按照 GB/T 6379.1 和 GB/T 6379.2 的规定确定的，其重复性和再现性的值是以 95%的可信度来计算。

9.2 重复性

在重复性试验条件下，牛奶中β-雌二醇的含量在 0.25 μg/kg ～2.0 μg/kg 范围内，获得的两次独立测试结果的绝对差值不超过重复性限 r，本标准的重复性限按式(2)计算：

$$r = 0.239\,9\,m - 0.013\,8 \quad \cdots\cdots(2)$$

式中：

m——β-雌二醇测定值的浓度，单位为微克每升(μg/L)。

如果差值超过重复性限，应舍弃试验结果并重新完成两次单个试验的测定。

9.3 再现性

在再现性试验条件下，牛奶中β-雌二醇的含量在 0.25 μg/kg～2.0 μg/kg 范围内，获得的两次独立

测试结果的绝对差值不超过再现性限 R,本标准的再现性限按式(3)计算:

$$R = 0.2867\,m + 0.0103 \quad \cdots\cdots(3)$$

式中:

m——β-雌二醇测定值的浓度,单位为微克每升(μg/L)。

附 录 A
（资料性附录）
β-雌二醇和内标衍生物总离子流图和质谱图

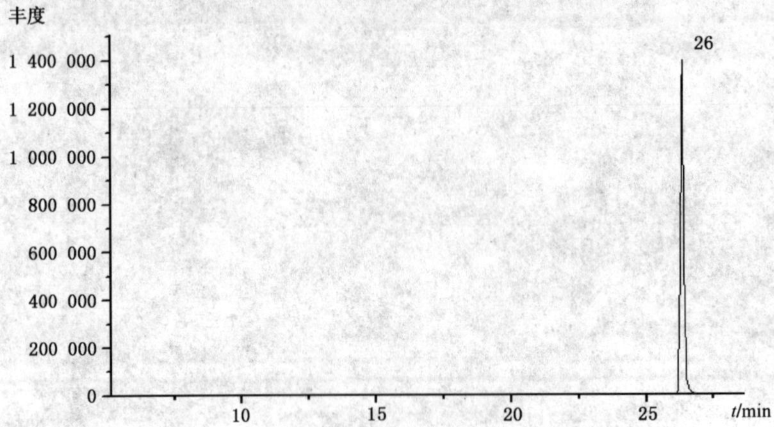

图 A.1 β-雌二醇和内标衍生物总离子流图

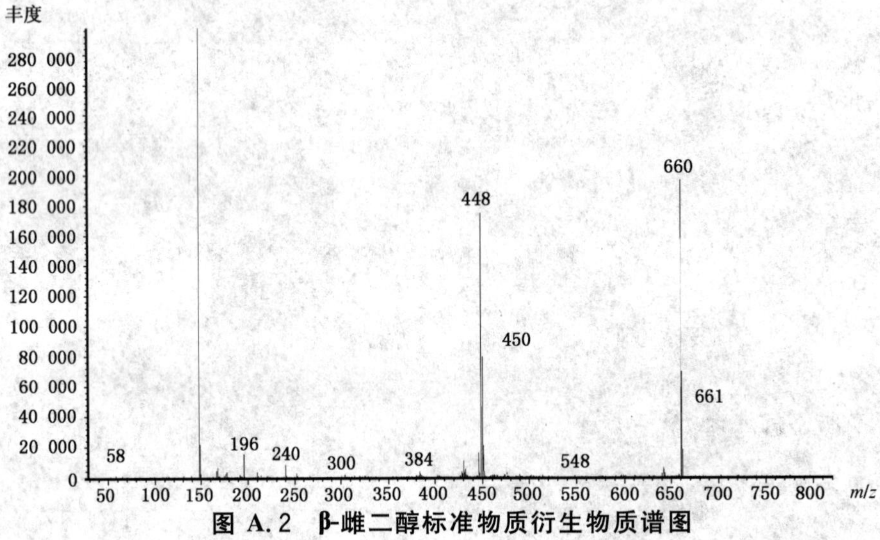

图 A.2 β-雌二醇标准物质衍生物质谱图

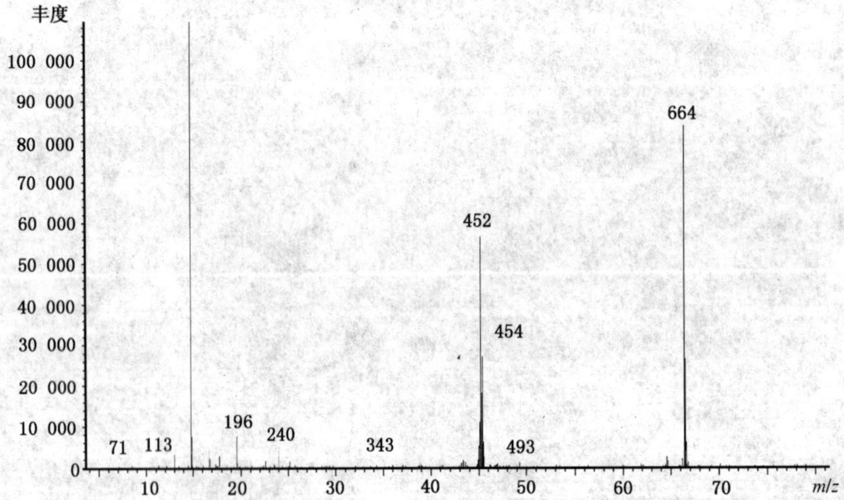

图 A.3 β-雌二醇 D4 标准物质衍生物质谱图

附 录 B
（资料性附录）
回 收 率

本方法中牛奶中β-雌二醇添加浓度及其平均回收率的试验数据：
在0.25 μg/kg时，平均回收率为95.3%；
在0.5 μg/kg时，平均回收率为89.7%；
在1.0 μg/kg时，平均回收率为84.1%；
在2.0 μg/kg时，平均回收率为87.1%。

ICS 67.050
X 04

中华人民共和国国家标准

GB/T 22968—2008

牛奶和奶粉中伊维菌素、阿维菌素、多拉菌素和乙酰氨基阿维菌素残留量的测定 液相色谱-串联质谱法

Determination of ivermectin, abamectin, doramectin and eprinomectin residues in milk and milk powder—LC-MS-MS method

2008-12-31 发布　　　　2009-05-01 实施

中华人民共和国国家质量监督检验检疫总局
中国国家标准化管理委员会　发布

前 言

本标准的附录 A、附录 B 为资料性附录。

本标准由中华人民共和国国家质量监督检验检疫总局提出并归口。

本标准起草单位:中华人民共和国秦皇岛出入境检验检疫局、中华人民共和国广东出入境检验检疫局。

本标准主要起草人:林峰、吴映璇、姚仰勋、欧阳少伦、林海丹、庞国芳。

牛奶和奶粉中伊维菌素、阿维菌素、多拉菌素和乙酰氨基阿维菌素残留量的测定 液相色谱-串联质谱法

1 范围

本标准规定了牛奶和奶粉中伊维菌素(ivermectin)、阿维菌素(abamectin)、多拉菌素(doramectin)和乙酰氨基阿维菌素(eprinomectin)残留量的液相色谱-串联质谱测定方法。

本标准适用于牛奶和奶粉中伊维菌素、阿维菌素、多拉菌素和乙酰氨基阿维菌素残留量的测定。

本标准的方法检出限:牛奶中伊维菌素、阿维菌素、多拉菌素和乙酰氨基阿维菌素均为5 μg/kg,奶粉中伊维菌素、阿维菌素、多拉菌素和乙酰氨基阿维菌素均为40 μg/kg。

2 规范性引用文件

下列文件中的条款通过本标准的引用而成为本标准的条款。凡是注日期的引用文件,其随后所有的修改单(不包括勘误的内容)或修订版均不适用于本标准,然而,鼓励根据本标准达成协议的各方研究是否可使用这些文件的最新版本。凡是不注日期的引用文件,其最新版本适用于本标准。

GB/T 6379.1 测量方法与结果的准确度(正确度与精密度) 第1部分:总则与定义(GB/T 6379.1—2004,ISO 5725-1:1994,IDT)

GB/T 6379.2 测量方法与结果的准确度(正确度与精密度) 第2部分:确定标准测量方法重复性与再现性的基本方法(GB/T 6379.2—2004,ISO 5725-2:1994,IDT)

GB/T 6682 分析实验室用水规格和试验方法(GB/T 6682—2008,ISO 3696:1987,MOD)

3 原理

牛奶中残留的伊维菌素、阿维菌素、多拉菌素和乙酰氨基阿维菌素残留用乙腈-二氯甲烷提取后,正己烷脱脂,液相色谱-串联质谱检测,外标峰面积法定量。

奶粉中残留的伊维菌素、阿维菌素、多拉菌素和乙酰氨基阿维菌素用乙腈提取后,正己烷脱脂,样品溶液供液相色谱-串联质谱仪检测,外标峰面积法定量。

4 试剂和材料

除另有规定外,所有试剂均为分析纯,水为GB/T 6682规定的一级水。

4.1 乙腈:色谱纯。

4.2 二氯甲烷。

4.3 甲醇。

4.4 正己烷,使用前以乙腈饱和。

4.5 氯化钠。

4.6 乙腈-二氯甲烷溶液(4+1):分别量取80 mL乙腈(4.1)、20 mL二氯甲烷(4.2),混合均匀。

4.7 饱和氯化钠水溶液。

4.8 标准物质:伊维菌素、阿维菌素、多拉菌素、乙酰氨基阿维菌素,纯度≥99%。

4.9 100 μg/mL标准储备液:准确称取适量的伊维菌素、阿维菌素、多拉菌素和乙酰氨基阿维菌素标准品(精确至0.1 mg),用乙腈分别配制成100 μg/mL的标准贮备液,在−18 ℃储存。

4.10 0.500 μg/mL 混合标准工作液：准确吸取 0.500 mL 伊维菌素、阿维菌素、多拉菌素和乙酰氨基阿维菌素标准储备液（4.9）至 100 mL 容量瓶中，以乙腈稀释并定容，此混合工作液的浓度为 0.500 μg/mL。在−20 ℃储存。

4.11 基质混合标准工作溶液：根据需要，吸取不同体积的混合标准工作液（4.10），用空白样品提取液配制成不同浓度的基质混合标准工作溶液，使用前配制。

4.12 滤膜：0.2 μm。

5 仪器和设备

5.1 液相色谱-串联质谱仪：配有电喷雾电离源。

5.2 分析天平：感量 0.1 mg 和 0.01 g。

5.3 离心机：转速大于或等于 4 000 r/min。

5.4 超声波水浴。

5.5 涡旋混匀器。

5.6 氮吹浓缩仪。

6 试样的制备与保存

6.1 牛奶

取均匀样品约 250 g 装入洁净容器作为试样，密封置 4 ℃下保存，并标明标记。

6.2 奶粉

取均匀样品约 250 g 装入洁净容器作为试样，密封，并标明标记。

制样操作过程中应防止样品受到污染或残留物含量发生变化。

7 测定步骤

7.1 提取

7.1.1 牛奶

准确称取 2 g 样品（准确至 0.01 g），置于 25 mL 离心管中，加入 5 mL 饱和氯化钠溶液（4.7），涡旋混匀 1 min，加入 7.5 mL 乙腈-二氯甲烷混合溶液（4.6）涡旋混匀 1 min，4 000 r/min 离心 5 min，上清液转移至 50 mL 氮吹管中，离心管中再加入 7.5 mL 乙腈-二氯甲烷混合溶液，涡旋混匀 1 min，4 000 r/min离心 5 min，上清液合并至 50 mL 氮吹管中，45 ℃氮气吹干。准确加入 2.00 mL 乙腈至氮吹管中，涡旋混匀 1 min，加入 3 mL 乙腈饱和正己烷（4.4），涡旋混匀 1 min，静置 30 min，取下层溶液过 0.2 μm 滤膜后，供液相色谱-串联质谱测定。

7.1.2 奶粉

准确称取 0.5 g 样品（准确至 0.001 g），置于 10 mL 离心管中，加入 3 mL 乙腈，超声振荡 5 min，4 000 r/min离心 5 min，上清液转移至 15 mL 带盖离心管中，残渣再用 2.0 mL 乙腈提取一次，离心后的清液合并至 15 mL 带盖离心管中，用乙腈定容至 5.0 mL 刻度，混匀，加入 3 mL 乙腈饱和正己烷（4.4），涡旋混匀 1 min，静置 30 min，取下层溶液过 0.2 μm 滤膜后，供液相色谱-串联质谱测定。

7.2 测定条件

7.2.1 液相色谱参考条件

液相色谱参考条件如下：

a) 色谱柱：Intersil C8-3，5 μm，150 mm×4.6 mm（内径）或相当者；

b) 柱温：40 ℃；

c) 进样量：25 μL；

d) 流速：0.8 mL/min；

e) 流动相：甲醇＋水，梯度洗脱程序见表 1。

表 1 梯度洗脱程序

时间/min	甲醇/%	水/%
0.00	75	25
3.00	100	0
10.00	100	0
10.01	75	25
15.00	75	25

7.2.2 质谱参考条件

质谱参考条件如下：

a) 离子源：电喷雾电离源(ESI)；

b) 扫描方式：负离子扫描；

c) 检测方式：多反应监测 MRM；

d) 雾化气、气帘气、辅助加热气、碰撞气均为高纯氮气或其他合适气体；使用前应调节各气体流量以使质谱灵敏度达到检测要求；

e) 定性离子对、定量离子对、采集时间、去簇电压和碰撞能量见表 2。

表 2 伊维菌素、阿维菌素、多拉菌素、乙酰氨基阿维菌素参考质谱参数

化合物名称	定性离子对(m/z)	定量离子对(m/z)	采集时间/ms	去簇电压/V	碰撞能量/V
伊维菌素	873.7/567.8	873.7/229.2	100	−75	−37
	873.7/229.2				−50
阿维菌素	871.7/565.2	871.7/565.2	100	−80	−40
	871.7/229.3				−54
多拉菌素	897.6/591.4	897.6/591.2	100	−70	−38
	897.6/229.0				−51
乙酰氨基阿维菌素	912.5/270.0	912.5/565.4	100	−82	−49
	912.5/565.4				−37

7.2.3 液相色谱-串联质谱测定

7.2.3.1 定性测定

每种被测组分选择 1 个母离子，2 个以上子离子，在相同实验条件下，样品中待测物质的保留时间与标准溶液中对应的保留时间偏差在±2.5%之内；且样品谱图中各组分定性离子的相对丰度与浓度接近的标准溶液谱图中对应的定性离子的相对丰度进行比较，偏差不超过表 3 规定的范围，则可判定为样品中存在对应的待测物。

表 3 定性确证时相对离子丰度的最大允许偏差 %

相对离子丰度 K	$K>50$	$20<K<50$	$10<K<20$	$K\leqslant 10$
允许最大偏差	±20	±25	±30	±50

7.2.3.2 定量测定

外标法定量：在仪器最佳工作条件下，对基质混合标准工作溶液(4.11)进样，以峰面积为纵坐标，基质混合标准工作溶液浓度为横坐标绘制标准工作曲线。用标准工作曲线对样品进行定量，样品溶液中待测物的响应值均应在仪器测定的线性范围内。伊维菌素、阿维菌素、多拉菌素和乙酰氨基阿维菌素的标准溶液的多反应监测(MRM)色谱图参见附录 A 中的图 A.1～图 A.4。伊维菌素、阿维菌素、多拉菌

素和乙酰氨基阿维菌素的添加浓度及其平均回收率的试验数据参见附录B中的表B.1。

7.3 平行试验

按以上步骤，对同一试样进行平行试验测定。

7.4 空白试验

除不称取试样外，均按上述步骤进行。

8 结果计算

牛奶和奶粉中伊维菌素、阿维菌素、多拉菌素和乙酰氨基阿维菌素残留量的测定按式(1)计算：

$$X = c \times \frac{V}{m} \times \frac{1\,000}{1\,000} \qquad \cdots\cdots(1)$$

式中：

X——试样中被测组分残留量，单位为微克每千克(μg/kg)；

c——从标准工作曲线得到的被测组分溶液浓度，单位为纳克每毫升(ng/mL)；

V——样品溶液最终定容体积，单位为毫升(mL)；

m——样品溶液所代表最终试样的质量，单位为克(g)。

计算结果应扣除空白值。

9 精密度

9.1 一般规定

本标准的精密度数据是按照GB/T 6379.1和GB/T 6379.2的规定确定的，其重复性和再现性的值以95%的可信度来计算。

9.2 重复性

在重复性实验条件下，获得的两次独立测试结果的绝对差值不超过重复性限r，被测物的添加浓度范围及重复性方程见表4、表5。

表4 添加浓度范围及重复性和再现性方程(基质为牛奶) 单位为微克每千克

化合物名称	添加浓度范围	重复性限 r	再现性限 R
伊维菌素	5～50	$r=0.332m-0.971$	$R=0.346m+0.182$
阿维菌素	5～50	$r=0.271m-0.318$	$R=0.272m+0.323$
多拉菌素	5～50	$r=0.259m-0.015$	$R=0.308m+0.599$
乙酰氨基阿维菌素	5～50	$r=0.230m+0.085$	$R=0.408m-1.24$
注：m为两次测定结果的算术平均值。			

表5 添加浓度范围及重复性和再现性方程(基质为奶粉) 单位为微克每千克

化合物名称	添加浓度范围	重复性限 r	再现性限 R
伊维菌素	40～400	$r=0.215m-0.662$	$R=0.188m-0.262$
阿维菌素	40～400	$r=0.220m+0.113$	$R=0.266m+0.333$
多拉菌素	40～400	$r=0.229m-0.122$	$R=0.196m+0.026$
乙酰氨基阿维菌素	40～400	$r=0.111m+0.437$	$R=0.147m+0.179$
注：m为两次测定结果的算术平均值。			

如果差值超过重复性限，应舍弃试验结果并重新完成两次单个试验的测定。

9.3 再现性

在再现性实验条件下，获得的两次独立测试结果的绝对差值不超过再现性限(R)，被测物的添加浓度范围及再现性方程见表4、表5。

附 录 A
（资料性附录）
标准溶液的多反应监测(MRM)色谱图

伊维菌素、阿维菌素、多拉菌素、乙酰氨基阿维菌素标准溶液的多反应监测(MRM)色谱图，见图A.1～图A.4。

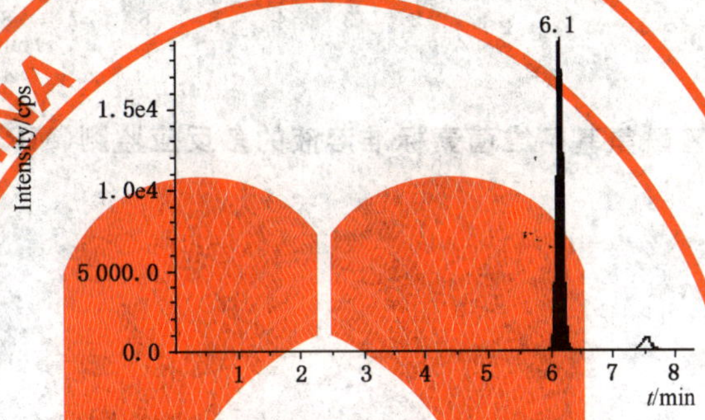

图 A.1 阿维菌素标准溶液的多反应监测(MRM)色谱图

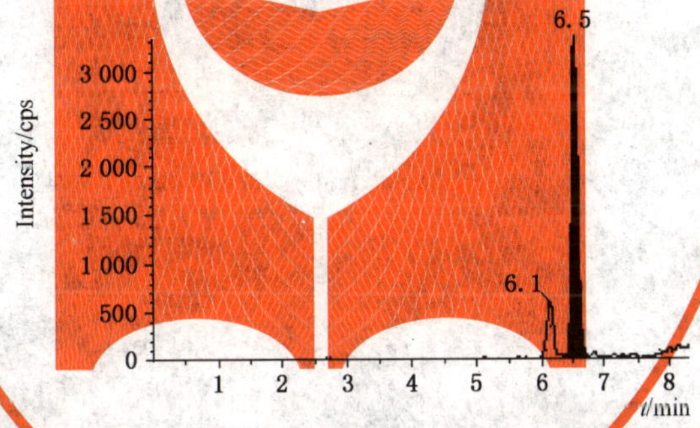

图 A.2 伊维菌素标准溶液的多反应监测(MRM)色谱图

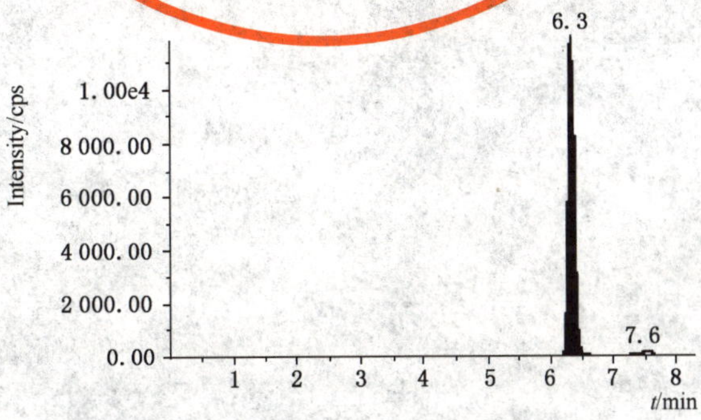

图 A.3 多拉菌素标准溶液的多反应监测(MRM)色谱图

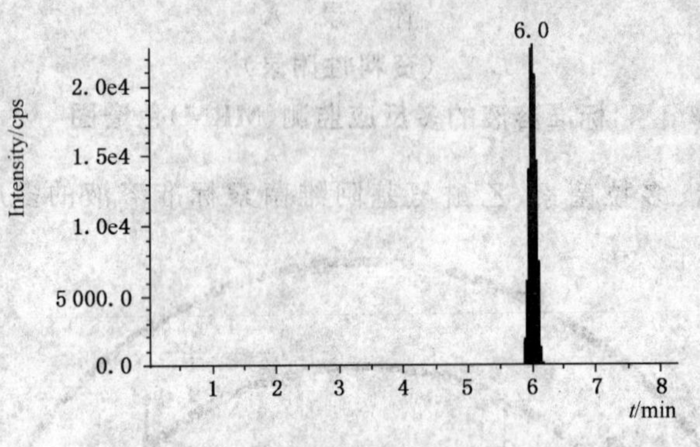

图 A.4　乙酰氨基阿维菌素标准溶液的多反应监测(MRM)色谱图

附　录　B
（资料性附录）
回　收　率

本方法中伊维菌素、阿维菌素、多拉菌素、乙酰氨基阿维菌素的添加浓度及其平均回收率的试验数据，见表B.1。

表B.1　伊维菌素、阿维菌素、多拉菌素、乙酰氨基阿维菌素的添加浓度及其平均回收率的试验数据

样品基质	化合物名称	添加浓度/(μg/kg)	平均回收率/%
牛奶	伊维菌素	5	100.6
		10	97.2
		20	103.0
		50	90.1
	阿维菌素	5	82.4
		10	97.2
		20	87.7
		50	88.3
	多拉菌素	5	87.6
		10	93.7
		20	98.3
		50	95.3
	乙酰氨基阿维菌素	5	84.5
		10	96.0
		20	90.2
		50	90.1
奶粉	伊维菌素	40	96.7
		80	105.0
		160	86.0
		400	86.6
	阿维菌素	40	81.8
		80	83.3
		160	84.9
		400	80.6
	多拉菌素	40	88.9
		80	89.1
		160	89.7
		400	87.3
	乙酰氨基阿维菌素	40	86.6
		80	86.7
		160	89.0
		400	85.5

ICS 67.050
X 04

中华人民共和国国家标准

GB/T 22969—2008

奶粉和牛奶中链霉素、双氢链霉素和卡那霉素残留量的测定 液相色谱-串联质谱法

Determination of streptomycin, dihydrostreptomycin and kanamycin residues in milk and milk powder—LC-MS-MS method

2008-12-31 发布　　2009-05-01 实施

中华人民共和国国家质量监督检验检疫总局
中国国家标准化管理委员会　发布

前　言

本标准的附录A、附录B为资料性附录。

本标准由中华人民共和国国家质量监督检验检疫总局提出并归口。

本标准起草单位：中华人民共和国秦皇岛出入境检验检疫局。

本标准主要起草人：刘晓茂、张守军、张进杰、曹彦忠、曹亚平、杨志伟、庞国芳。

奶粉和牛奶中链霉素、双氢链霉素和卡那霉素残留量的测定 液相色谱-串联质谱法

1 范围

本标准规定了奶粉、牛奶中链霉素、双氢链霉素和卡那霉素残留量液相色谱-串联质谱测定方法。

本标准适用于奶粉、牛奶中链霉素、双氢链霉素和卡那霉素残留量的测定。

本标准的方法检出限:牛奶中链霉素、双氢链霉素和卡那霉素的检出限均为10.0 μg/kg,奶粉中链霉素、双氢链霉素和卡那霉素的检出限均为80.0 μg /kg。

2 规范性引用文件

下列文件中的条款通过本标准的引用而成为本标准的条款。凡是注日期的引用文件,其随后所有的修改单(不包括勘误的内容)或修订版均不适用于本标准,然而,鼓励根据本标准达成协议的各方研究是否可使用这些文件的最新版本。凡是不注日期的引用文件,其最新版本适用于本标准。

GB/T 6379.1 测量方法与结果的准确度(正确度与精密度) 第1部分:总则与定义(GB/T 6379.1—2004,ISO 5725-1:1994,IDT)

GB/T 6379.2 测量方法与结果的准确度(正确度与精密度) 第2部分:确定标准测量方法重复性与再现性的基本方法(GB/T 6379.2—2004,ISO 5725-2:1994,IDT)

GB/T 6682 分析实验室用水规格和试验方法(GB/T 6682—2008,ISO 3696:1987,MOD)

3 原理

奶粉或牛奶试样中的抗生素用磷酸溶液提取,三氯乙酸沉淀蛋白,用苯磺酸型和羧酸型固相萃取柱净化。液相色谱-串联质谱仪(ESI+)检测,外标法定量。

4 试剂和材料

除另有说明外,所用试剂均为优级纯。

4.1 水:GB/T 6682,一级。

4.2 甲醇:色谱纯。

4.3 乙腈:色谱纯。

4.4 甲酸。

4.5 浓磷酸。

4.6 磷酸氢二钾(K_2HPO_4)。

4.7 三氯乙酸($C_2HCl_3O_2$)。

4.8 庚烷磺酸钠($C_7H_{15}NaO_3S \cdot H_2O$)。

4.9 5%磷酸溶液(1+19):取50 mL浓磷酸(4.5),用水定容至1 L。

4.10 0.2 mol/L磷酸盐缓冲溶液:pH=8.5。称取34.8 g磷酸氢二钾(4.6)用水溶解,定容至1 L,用氢氧化钠溶液调节pH=8.5。

4.11 三氯乙酸溶液:50%(质量分数)。取20 g三氯乙酸(4.7),用水定容至20 mL。

4.12 0.01 mol/L庚烷磺酸钠溶液:称取2.20 g庚烷磺酸钠(4.8),用水溶解,定容至1 L。

4.13　SPE洗脱溶液：取4 mL甲酸(4.4)，用0.01 mol/L庚烷磺酸钠溶液(4.12)定容至100 mL。

4.14　25%甲醇溶液(1+3)：取25 mL甲醇(4.2)，用水定容至100 mL。

4.15　标准物质：链霉素(CAS：3810-74-0)、双氢链霉素(CAS：128-46-1)和卡那霉素(CAS：25389-94-0)；纯度均大于等于98%。

4.16　1.0 mg/mL标准储备溶液：称取适量的链霉素、双氢链霉素和卡那霉素标准物质(4.15)，分别用0.3%乙酸水溶液溶解并配制成1.0 mg/mL的标准储备溶液。避光保存于−18 ℃冰柜中。

4.17　0.1 μg/mL混合标准溶液：吸取适量链霉素、双氢链霉素和卡那霉素标准储备溶液(4.16)，用0.3%乙酸水稀释成0.1 μg/mL的混合标准溶液。避光保存于−18 ℃冰柜中。

4.18　苯磺酸型固相萃取柱(500 mg，3 mL)或相当者。使用前依次用5 mL甲醇和10 mL水预处理，保持柱体湿润。

4.19　羧酸型固相萃取柱(500 mg，3 mL)或相当者。使用前依次用5 mL甲醇和10 mL水预处理，保持柱体湿润。

4.20　滤膜：0.2 μm。

5　仪器

5.1　液相色谱-串联四极杆质谱仪，配有电喷雾离子源。

5.2　分析天平：感量0.1 mg和0.01 g。

5.3　液体混匀器。

5.4　固相萃取装置。

5.5　振荡器。

5.6　真空泵：真空度应达到80 kPa。

5.7　微量注射器：25 μL，100 μL。

5.8　pH计：测量精度±0.02 pH单位。

5.9　具塞离心管：100 mL。

5.10　刻度离心管：5 mL。

5.11　贮液器：50 mL。

5.12　离心机：转速4 000 r/min以上。

6　试样的制备与保存

6.1　试样的制备

实验室样品混合均匀，分出0.5 kg作为试样。

6.2　试样保存

试样置于−18℃冰柜，避光保存。

7　测定步骤

7.1　待测样品溶液的制备

7.1.1　牛奶样品提取和初净化

称取牛奶样品8 g(精确到0.01 g)，置于100 mL离心管中，加入30 mL 5%磷酸溶液(4.9)，置于振荡器上振荡提取10 min，加入3 mL三氯乙酸溶液(4.11)涡旋混合后在4 000 r/min下离心10 min。上清液全部倒入下接苯磺酸型固相萃取柱(4.18)的贮液器中，在固相萃取装置上使样液以小于2 mL/min的流速通过萃取柱，待样液全部通过固相萃取柱后，依次用5 mL 5%磷酸溶液(4.9)和10 mL水洗涤苯磺酸型固相萃取柱(4.18)，弃去全部流出液。用20 mL磷酸盐缓冲溶液(4.10)洗脱至50 mL离心管中。

7.1.2 **奶粉样品提取和初净化**

称取奶粉样品 1 g(精确到 0.01 g)，置于 100 mL 离心管中，加入 8 mL 水，涡旋混合后，再加入 30 mL磷酸溶液(4.9)，置于振荡器上振荡提取 10 min，加入 3 mL 三氯乙酸溶液(4.11)涡旋混合后在 4 000 r/min下离心 10 min。上清液全部倒入下接苯磺酸型固相萃取柱(4.18)的贮液器中，在固相萃取装置上使样液以小于 2 mL/min 的流速通过萃取柱，待样液全部通过固相萃取柱后，依次用 5 mL 5%磷酸溶液(4.9)和 10 mL 水洗涤苯磺酸型固相萃取柱(4.18)，弃去全部流出液。用 20 mL 磷酸盐缓冲溶液(4.10)洗脱至 50 mL 离心管中。

7.1.3 **样品溶液再净化**

上述洗脱液倒入下接羧酸型固相萃取柱(4.19)的贮液器中，在固相萃取装置上使样液以小于 2 mL/min的流速通过萃取柱，待样液全部通过固相萃取柱后，依次用 10 mL 水和 10 mL 25%甲醇溶液(4.14)洗涤羧酸型固相萃取柱(4.19)，弃去全部流出液。减压抽干羧酸型固相萃取柱(4.19)30 min。用 2 mL SPE 洗脱液(4.13)洗脱至 5 mL 刻度离心管中，用 SPE 洗脱液(4.13)定容至 2.0 mL，混匀后过 0.2μm 滤膜(4.20)，供液相色谱-串联质谱测定。

7.2 **基质混合标准校准溶液的制备**

7.2.1 **牛奶基质混合标准校准溶液的制备**

称取五个阴性牛奶样品 10 g(精确到 0.01 g)，分别置于 100 mL 具塞离心管中，加入适量混合标准溶液(4.17)，制成链霉素、双氢链霉素和卡那霉素含量均为 5.0 μg/ kg 、10.0 μg/ kg、20.0 μg/ kg、100.0 μg/ kg 和 200.0 μg/ kg 的基质标准溶液。其余按 7.1.1 和 7.1.2 步骤操作完成。

7.2.2 **奶粉基质混合标准校准溶液的制备**

称取五个阴性奶粉样品 1 g(精确到 0.01 g)，分别置于 100 mL 具塞离心管中，加入适量混合标准溶液(4.17)，制成链霉素、双氢链霉素和卡那霉素含量均为 40.0 μg/kg 、80.0 μg/kg、160.0 μg/kg、800.0 μg/kg和 1 600.0 μg/kg 的基质标准溶液。其余按 7.1.2 和 7.1.3 步骤操作完成。

7.3 **测定条件**

7.3.1 **液相色谱参考条件**

液相色谱参考条件如下：

a) 色谱柱：Atlantis C_{18}，3.5 μm，150 mm×2.1 mm(内径)或相当者；

b) 柱温：40 ℃；

c) 进样量：30 μL；

d) 流动相：流动相 A 为 0.1%甲酸水溶液，流动相 B 为 0.1%甲酸乙腈溶液，流动相 C 为甲醇。梯度洗脱参考条件见表 1。

表 1 液相色谱梯度洗脱参考条件

时间/min	流速/(μL /min)	流动相 A/%	流动相 B/%	流动相 C/%
0	200	85	10	5
3.01	200	60	35	5
6.00	200	60	35	5
6.01	200	85	10	5
16.00	200	85	10	5

7.3.2 **质谱参考条件**

质谱参考条件如下：

a) 离子源：电喷雾离子源(ESI)；

b) 扫描方式：正离子扫描；

c) 检测方式：多反应监测(MRM)；

d) 电喷雾电压(IS):5 000 V;

e) 辅助气(AUX)流速:7 L/min;

f) 辅助气温度(TEM):550 ℃;

g) 聚焦电压(FP):150 V;

h) 链霉素、双氢链霉素和卡那霉素的质谱参数见表 2。

表 2 链霉素、双氢链霉素和卡那霉素的质谱参数

化合物名称	定性离子对 (m/z)	定量离子对 (m/z)	去簇电压(DP)/V	采集时间/ms	碰撞能量(CE)/V
链霉素 (streptomycin)	582/263 582/246	582/263	110	100	45 55
双氢链霉素 (dihydrostreptomycin)	584/263 584/246	584/263	100	100	43 55
卡那霉素 (kanamycin)	485/163 485/324	485/163	50	100	34 23

7.4 液相色谱-串联质谱测定

7.4.1 定性确证

每种被测组分选择 1 个母离子,2 个以上子离子,在相同实验条件下,样品中待测物质的保留时间与混合基质标准校准溶液中对应组分的保留时间偏差在±2.5%之内;且样品谱图中各组分的相对离子丰度与浓度接近的混合基质标准校准溶液谱图中对应的相对离子丰度进行比较,偏差不超过表 3 规定的范围,则可判定样品中存在对应的待测物。

表 3 定性确证时相对离子丰度的最大允许偏差 %

相对离子丰度 K	$K>50$	$20<K<50$	$10<K<20$	$K\leqslant 10$
允许最大偏差	±20	±25	±30	±50

7.4.2 定量测定

外标法定量:在仪器最佳工作条件下,对链霉素、双氢链霉素和卡那霉素的混合基质标准校准溶液进样测定,以混合基质标准校准溶液浓度为横坐标,以峰面积为纵坐标,绘制标准工作曲线,用标准工作曲线对待测样品进行定量,样品溶液中待测物的响应值均应在仪器测定的线性范围内。

链霉素、双氢链霉素和卡那霉素的多反应监测(MRM)色谱图参见附录 A 中的图 A.1。链霉素、双氢链霉素和卡那霉素的添加浓度及其平均回收率的试验数据参见附录 B 中的表 B.1。

7.5 平行试验

按以上步骤,对同一试样进行平行试验测定。

7.6 空白试验

不称取样品,其余均按试样步骤进行。

7.7 回收率试验

阴性样品中添加标准溶液,按 7.1 和 7.2 操作,测定后计算样品添加的回收率。

8 结果计算

链霉素、双氢链霉素和卡那霉素的测定按式(1)计算:

$$X = c \times \frac{V}{m} \times \frac{1\,000}{1\,000} \qquad \cdots\cdots (1)$$

式中：

X——试样中被测组分残留量，单位为微克每千克（μg/kg）；

c——从标准工作曲线得到的被测组分溶液浓度，单位为纳克每毫升（ng/mL）；

V——样品溶液最终定容体积，单位为毫升（mL）；

m——样品溶液所代表最终试样的质量，单位为克（g）。

计算结果应扣除空白值。

9 精密度

9.1 一般规定

本标准的精密度数据是按 GB/T 6379.1 和 GB/T 6379.2 规定确定的，重复性和再现性的值以95%的可信度来计算。

9.2 重复性

在重复性条件下，获得的两次独立测试结果的绝对差值不超过重复性限 r。链霉素、双氢链霉素和卡那霉素的添加浓度范围及重复性方程见表 4。

表 4 添加浓度范围及重复性和再现性方程 单位为微克每千克

化合物名称	添加浓度范围	重复性限 r	再现性限 R
链霉素	5.0～200.0	$\lg r=0.8448 \lg m-0.8428$	$\lg R=0.9102 \lg m-0.8145$
双氢链霉素	5.0～200.0	$\lg r=0.8990 \lg m-0.9508$	$\lg R=0.9449 \lg m-0.9205$
卡那霉素	5.0～200.0	$\lg r=0.8896 \lg m-0.9208$	$\lg R=0.7263 \lg m-0.6916$
注：m 为两次测定结果的算术平均值。			

如果差值超过重复性限 r，应舍弃试验结果并重新完成两次单个试验的测定。

9.3 再现性

在再现性条件下，获得的两次独立测试结果的绝对差值不超过再现性限 R。链霉素、双氢链霉素和卡那霉素的添加浓度范围及再现性方程见表 4。

附 录 A
（资料性附录）
多反应监测（MRM）色谱图

链霉素、双氢链霉素和卡那霉素的多反应监测（MRM）色谱图，见图 A.1。

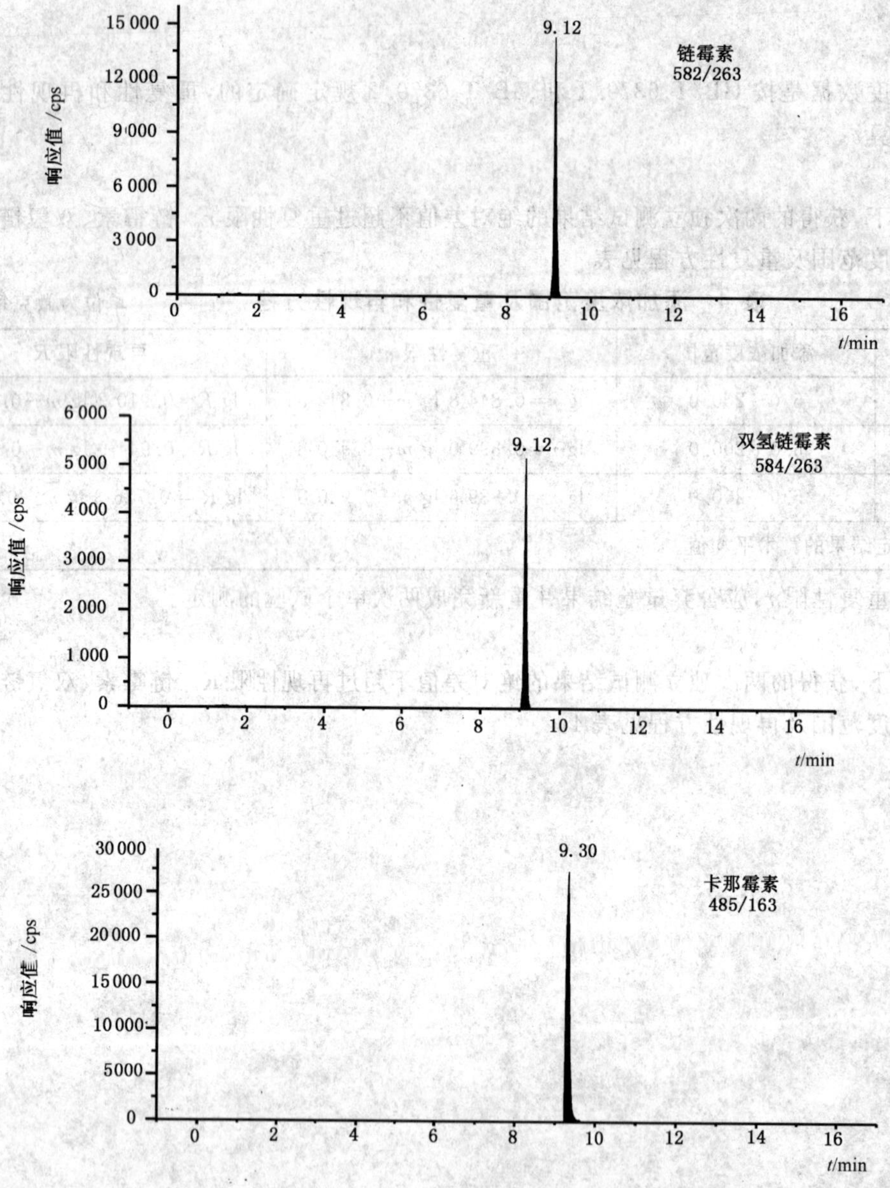

图 A.1 链霉素、双氢链霉素和卡那霉素的多反应监测（MRM）色谱图

附 录 B
（资料性附录）
回 收 率

链霉素、双氢链霉素和卡那霉素的添加浓度及其平均回收率的试验数据，见表B.1。

表B.1 链霉素、双氢链霉素和卡那霉素的添加浓度及其平均回收率的试验数据

牛奶样品				奶粉样品			
添加浓度/(μg/kg)	平均回收率/%			添加浓度/(μg/kg)	平均回收率/%		
	链霉素	双氢链霉素	卡那霉素		链霉素	双氢链霉素	卡那霉素
5.0	97.31	96.35	95.15	40.0	91.78	93.17	89.32
10.0	95.88	93.75	98.66	80.0	92.58	94.19	91.57
20.0	96.36	94.86	95.91	160.0	92.79	92.78	93.45
50.0	96.96	94.80	95.56	400.0	90.43	93.61	89.13

ICS 67.050
X 04

中华人民共和国国家标准

GB/T 22971—2008

牛奶和奶粉中安乃近代谢物残留量的测定　液相色谱-串联质谱法

Determination of metabolite residues of dipyrone in milk and milk powder—LC-MS-MS method

2008-12-31 发布　　2009-05-01 实施

中华人民共和国国家质量监督检验检疫总局
中国国家标准化管理委员会　发布

前 言

本标准附录 A、附录 B 为资料性附录。

本标准由中华人民共和国国家质量监督检验检疫总局提出并归口。

本标准负责起草单位：中华人民共和国秦皇岛出入境检验检疫局、中华人民共和国深圳出入境检验检疫局。

本标准主要起草人：沈金灿、谢丽琪、肖陈贵、朱玉兰、熊贝贝、林燕奎、庞国芳。

牛奶和奶粉中安乃近代谢物残留量的测定　液相色谱-串联质谱法

1　范围

本标准规定了牛奶和奶粉中安乃近代谢物4-甲酰氨基安替比林(4-formylaminoantipyrine)、4-乙酰氨基安替比林(4-acetylaminoantipyrine)、4-甲基氨基安替比林(4-methylaminoantipyrine)和4-氨基安替比林(4-aminoantipyrine)的液相色谱-串联质谱测定方法。

本标准适用于牛奶和奶粉中4-甲酰氨基安替比林、4-乙酰氨基安替比林、4-甲基氨基安替比林和4-氨基安替比林残留量的测定。

本标准的方法检出限为:对于牛奶,4-甲酰氨基安替比林、4-氨基安替比林、4-甲基氨基安替比林和4-乙酰氨基安替比林均为5.0 μg/kg;对于奶粉,4-甲酰氨基安替比林、4-氨基安替比林、4-甲基氨基安替比林和4-乙酰氨基安替比林均为40.0 μg/kg。

2　规范性引用文件

下列文件中的条款通过本标准的引用而成为本标准的条款。凡是注日期的引用文件,其随后所有的修改单(不包括勘误的内容)或修订版均不适用于本标准,然而,鼓励根据本标准达成协议的各方研究是否可使用这些文件的最新版本。凡是不注日期的引用文件,其最新版本适用于本标准。

GB/T 6379.1　测量方法与结果的准确度(正确度与精密度)　第1部分:总则与定义(GB/T 6379.1—2004,ISO 5725-1:1994,IDT)

GB/T 6379.2　测量方法与结果的准确度(正确度与精密度)　第2部分:确定标准测量方法重复性与再现性的基本方法(GB/T6379.2—2004,ISO 5725-2:1994,IDT)

GB/T 6682　分析实验室用水规格和试验方法(GB/T 6682—2008,ISO 3696:1987,MOD)

3　原理

牛奶和奶粉中安乃近代谢物残留加入Tris溶液后用乙腈提取,提取液经正己烷脱脂净化,液相色谱-串联质谱仪测定。4-乙酰氨基安替比林、4-甲酰氨基安替比林和4-氨基安替比林采用外标法定量,4-甲基氨基安替比林采用内标法进行定量。

4　试剂和材料

除另有说明外,所用试剂均为分析纯,水为GB/T 6682规定的一级水。

4.1　甲醇:色谱纯。

4.2　异丙醇。

4.3　乙腈:色谱纯。

4.4　三羟甲基氨基甲烷(Tris)。

4.5　乙酸铵:色谱纯。

4.6　1.0 mol/L Tris溶液:准确称取12.1 g三羟甲基氨基甲烷,用水定容至100 mL。

4.7　样品定容溶液:甲醇-水(1+19)。

4.8　5 mmol/L 乙酸铵溶液：准确称取 0.385 g 乙酸铵，用 950 mL 水溶解，用乙酸将溶液调至 pH 3.0，再加水定容至 1 000 mL。

4.9　4-甲基氨基安替比林(4-methylaminoantipyrine，$C_{12}H_{15}N_3O$，CAS：519-98-2)、4-乙酰氨基安替比林(4-acetylaminoantipyrine，$C_{13}H_{15}N_3O_2$，CAS：83-15-8)、4-甲酰氨基安替比林(4-formylaminoantipyrine，$C_{12}H_{13}N_3O_2$，CAS：1672-58-8)和 4-氨基安替比林(4-aminoantipyrine，$C_{11}H_{13}N_3O$，CAS：83-07-8)标准物质：纯度≥99%。

4.10　内标标准物质：4-异丙基氨基安替比林(4-isopropylantipyrine，$C_{14}H_{19}N_3O$)，纯度≥99%。

4.11　100 mg/L 标准储备溶液：准确称取适量的各种安乃近代谢物标准物质(4.9)，用甲醇(4.1)配制成浓度为 100 mg/L 的标准储备溶液，避光－18 ℃保存。

4.12　1.0 mg/L 混合标准储备溶液：吸取每种适量标准储备溶液(4.11)，用甲醇稀释成 1.0 mg/L 的混合标准工作溶液，避光－18 ℃保存。

4.13　100 mg/L 内标储备溶液：准确称取适量的内标标准物质(4.10)用甲醇(4.1)配制成浓度为 100 mg/L 标准储备溶液，避光－18 ℃保存。

4.14　1.0 mg/L 内标工作溶液：吸取适量的内标储备溶液(4.13)，用甲醇稀释成 1.0 mg/mL 的内标标准工作溶液，避光－18 ℃保存。

4.15　基质混合标准工作溶液：吸取适量的混合标准储备溶液(4.12)和适量内标工作溶液(4.14)，用空白样品提取液配成浓度为 1.0 μg/L、5.0 μg/L、10.0 μg/L、20.0 μg/L、40.0 μg/L、100 μg/L 和内标浓度为 10.0 μg/L 的基质混合标准工作溶液。当天配制。

4.16　滤膜：0.2 μm。

5　仪器和设备

5.1　液相色谱-串联质谱仪：配有电喷雾离子源(ESI)。

5.2　旋转蒸发仪。

5.3　旋涡混匀器。

5.4　分析天平：感量 0.1 mg 和 0.01 g。

5.5　移液器：10 μL～100 μL 和 100 μL～1 000 μL。

5.6　带刻度聚丙烯离心管：15 mL 和 50 mL，具塞。

5.7　低温离心机：转速大于 5 000 r/min，可制冷到 4 ℃。

5.8　容量瓶：25 mL。

5.9　鸡心瓶。

6　试样的制备与保存

6.1　试样的制备

取不少于 500 g 有代表性的牛奶或奶粉，充分混匀，分为两份，置于样品瓶中，密封，并作上标记。

6.2　试样保存

牛奶置于 4 ℃冰柜中避光保存，奶粉则在室温下置于干燥器保存。

7　测定步骤

7.1　提取

7.1.1　牛奶

称取 5 g 试样，精确至 0.01 g，置于 50 mL 带刻度的聚丙烯离心管(5.6)中，加入 100 μL 内标工作溶液(4.14)和0.5 mL 1.0 mol/L的Tris溶液(4.6),再加入10 mL乙腈,旋涡混合1 min,振荡提取15 min,4 ℃下5 000 r/min离心5 min,提取液转移至25 mL容量瓶(5.8)中。再加入8 mL乙腈,重复上述操作,合并提取液,用乙腈定容至25 mL,混匀。

7.1.2 奶粉

取12.5 g奶粉,精确至0.01 g,置于100 mL烧杯中,加适量35 ℃~50 ℃水将其溶解,待冷却至室温后,加水至总重量为100 g,充分混匀后准确称取5 g(精确到0.01 g)样品于50 mL聚丙烯离心管中,按7.1.1步骤进行处理。

7.2 净化

取5.0 mL提取液至干净的15 mL离心管中,加入3.0 mL乙腈饱和过的正己烷,旋涡振荡3 min,4 ℃下5 000 r/min离心5 min,弃去正己烷层。

将乙腈层转移至鸡心瓶(5.9)中,再加入5.0 mL异丙醇,在40 ℃下旋转蒸发至近干。残渣加入1.0 mL样品定容溶液(4.7)溶解,混匀后过滤膜(4.16),供液相色谱-串联质谱测定。

7.3 空白基质溶液的制备

称取阴性样品5 g(精确至0.01 g),按7.1和7.2步骤操作。

7.4 测定条件

7.4.1 液相色谱参考条件

液相色谱参考条件如下:

a) 色谱柱:C_{18}色谱柱,1.7 μm,50 mm×2.1 mm(内径)或相当者;

b) 柱温:40 ℃;

c) 进样量:10 μL;

d) 流动相、流速及梯度洗脱条件见表1。

表1 流动相、流速及梯度洗脱条件

时间/min	流速/(mL/min)	5 mmol/L乙酸铵溶液(pH 3.0)/%	甲醇/%
0	0.25	95	5
3.0	0.25	85	15
4.0	0.25	10	90
4.1	0.25	95	5
5.5	0.25	95	5

7.4.2 质谱参考条件

质谱参考条件如下:

a) 离子源:电喷雾离子源;

b) 扫描方式:正离子扫描;

c) 检测方式:多反应监测(MRM);

d) 电喷雾电压:3 000 V;

e) 碰撞气:氩气;

f) 辅助气流速:750 L/h;

g) 辅助气温度:350 ℃;

h) 离子源温度:105 ℃;

i) 参考保留时间、定性离子对、定量离子对、碰撞能量及锥孔电压见表2。

表 2 安乃近代谢物测定的质谱参数

化合物名称	参考保留时间/min	定性离子对(m/z)	定量离子对(m/z)	碰撞能量/eV	锥孔电压/V
4-甲酰氨基安替比林	2.76	232/104 232/83	232/104	21 21	28 28
4-氨基安替比林	2.95	204/159 204/83	204/159	12 13	30 30
4-甲基氨基安替比林	2.39	218/56 218/97	218/56	15 13	24 24
4-乙酰氨基安替比林	2.79	246/228 246/104	246/228	13 22	32 32
4-异丙氨基安替比林(内标)	3.28	246/56 246/125	246/56	16 13	30 30

7.4.3 液相色谱-串联质谱测定

7.4.3.1 定性测定

每种被测组分选择 1 个母离子，2 个以上子离子，在相同实验条件下，样品中待测物质和内标物的保留时间之比，也就是相对保留时间，与基质混合标准工作溶液中对应的相对保留时间偏差在±2.5%之内；且样品中各组分定性离子的相对丰度与浓度接近的基质混合标准工作溶液中对应的定性离子的相对丰度进行比较，偏差不超过表 3 规定的范围，则可判定为样品中存在对应的待测物。

表 3 定性确证时相对离子丰度的最大允许偏差 %

相对离子丰度 K	$K>50$	$20<K<50$	$10<K<20$	$K\leqslant 10$
允许的最大偏差	±20	±25	±30	±50

7.4.3.2 定量测定

在仪器最佳工作条件下，对基质混合标准工作溶液进样，以峰面积或峰面积比值为纵坐标，基质混合工作溶液浓度为横坐标绘制标准工作曲线。用标准工作曲线对样品进行定量，样品溶液中待测物的响应值均应在仪器测定的线性范围内。四种安乃近代谢物标准物质和内标物的多反应监测(MRM)色谱图参见附录 A 中的图 A.1。4-甲酰氨基安替比林、4-氨基安替比林和 4-乙酰氨基安替比林采用外标法定量；4-甲基氨基安替比林以 4-异丙基氨基安替比林作为内标，采用内标法进行定量。

本方法对四种安乃近代谢物的添加回收率数据参见附录 B 中的表 B.1 和表 B.2。

7.5 平行试验

按以上步骤，对同一试样进行平行试验测定。

7.6 空白试验

除不称取样品外，均按上述步骤进行。

8 结果计算

4-甲酰氨基安替比林、4-氨基安替比林和 4-乙酰氨基安替比林结果按式(1)计算：

$$X = c \times \frac{V}{m} \times \frac{1\,000}{1\,000} \qquad (1)$$

式中：

X——试样中被测组分残留量，单位为微克每千克(μg/kg)；

c——从标准工作曲线得到的被测组分溶液浓度，单位为纳克每毫升(ng/mL)；

V——样品溶液最终定容体积，单位为毫升(mL)；

m——样品溶液所代表最终试样的质量，单位为克(g)。

计算结果应扣除空白值。

4-甲基氨基安替比林结果按式(2)计算：

$$X = c_S \times \frac{A}{A_S} \times \frac{c_i}{c_{Si}} \times \frac{A_{Si}}{A_i} \times \frac{V}{m} \times \frac{1\ 000}{1\ 000} \qquad \cdots\cdots(2)$$

式中：

X——试样中被测物残留量，单位为微克每千克(μg/kg)；

c_S——基质标准工作溶液中被测物的浓度，单位为纳克每毫升(ng/mL)；

A——试样溶液中被测物的色谱峰面积；

A_S——基质标准工作溶液中被测物的色谱峰面积；

c_i——试样溶液中内标物的浓度，单位为纳克每毫升(ng/mL)；

c_{Si}——基质标准工作溶液中内标物的浓度，单位为纳克每毫升(ng/mL)；

A_{Si}——基质标准工作溶液中内标物的色谱峰面积；

A_i——试样溶液中内标物的色谱峰面积；

V——样液最终定容体积，单位为毫升(mL)；

m——试样溶液所代表试样的质量，单位为克(g)。

计算结果应扣除空白值。

9 精密度

9.1 一般规定

本部分的精密度数据是按照 GB/T 6379.1 和 GB/T 6379.2 的规定确定的，重复性和再现性的值以 95% 的可信度来计算。

9.2 重复性

在重复性条件下，获得的两次独立测试结果的绝对差值不超过重复性限 r，牛奶和奶粉中 4 种安乃近代谢物的添加浓度范围及重复性方程见表 4。

表 4 添加浓度范围及重复性和再现性方程 单位为微克每千克

化合物名称		添加浓度范围	重复性限 r	再现性限 R
牛奶	4-甲酰氨基安替比林	5.0～50	$\lg r=0.981\ 4\lg m-0.543\ 5$	$\lg R=0.903\ 1\lg m-0.501\ 6$
	4-氨基安替比林	5.0～50	$\lg r=1.022\ 1\lg m-0.636\ 5$	$\lg R=0.964\ 9\lg m-0.525\ 2$
	4-甲基氨基安替比林	5.0～50	$\lg r=0.838\ 3\lg m-0.403\ 3$	$\lg R=0.844\ 9\lg m-0.409\ 8$
	4-乙酰氨基安替比林	5.0～50	$\lg r=1.033\ 3\lg m-0.655\ 4$	$\lg R=0.973\ 1\lg m-0.547\ 2$
奶粉	4-甲酰氨基安替比林	40.0～400	$\lg r=0.890\ 7\lg m-0.296\ 9$	$\lg R=0.993\ 1\lg m-0.515\ 1$
	4-氨基安替比林	40.0～400	$\lg r=1.107\ 9\lg m-0.876\ 4$	$\lg R=1.087\ 9\lg m-0.773\ 0$
	4-甲基氨基安替比林	40.0～400	$\lg r=0.821\ 8\lg m-0.198\ 2$	$\lg R=0.978\ 9\lg m-0.525\ 0$
	4-乙酰氨基安替比林	40.0～400	$\lg r=1.113\ 0\lg m-0.807\ 1$	$\lg R=1.079\ 3\lg m-0.742\ 8$
注：m 为两次测定结果的算术平均值。				

如果差值超过重复性限 r，应舍弃试验结果并重新完成两次单个试验的测定。

9.3 再现性

在再现性条件下，获得的两次独立测试结果的绝对差值不超过再现性限 R，牛奶和奶粉中 4 种安乃近代谢物的添加浓度范围及再现性方程见表 4。

附 录 A
（资料性附录）
标准物质的多反应监测(MRM)色谱图

四种安乃近代谢物标准物质及内标物的多反应监测(MRM)色谱图，见图 A.1。

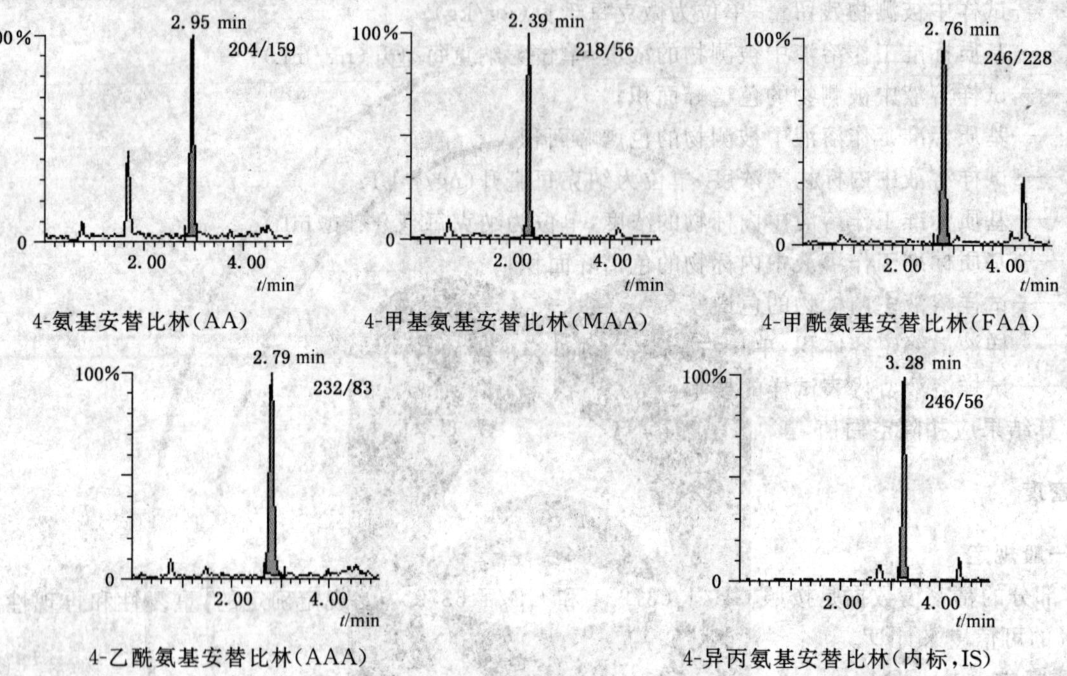

图 A.1　5.0 μg/L 安乃近标准物质及内标物的多反应监测(MRM)色谱图

附 录 B
（资料性附录）
回 收 率

本方法对于牛奶中4种安乃近代谢物的添加浓度及其平均回收率试验数据，见表B.1。

表B.1 牛奶中安乃近代谢物的添加浓度及其平均回收率试验数据

安乃近代谢物名称	添加浓度/(μg/kg)	平均回收率/%
4-甲酰氨基安替比林	5.0	97.5
	10.0	92.8
	20.0	96.0
	50.0	91.9
4-氨基安替比林	5.0	96.7
	10.0	88.6
	20.0	83.7
	50.0	85.5
4-甲基氨基安替比林	5.0	80.4
	10.0	84.7
	20.0	84.2
	50.0	85.5
4-乙酰氨基安替比林	5.0	90.2
	10.0	95.1
	20.0	97.9
	50.0	90.1

本方法对于奶粉中4种安乃近代谢物的添加浓度及其平均回收率试验数据，见表B.2。

表B.2 奶粉中安乃近代谢物的添加浓度及其平均回收率试验数据

安乃近代谢物名称	添加浓度/(μg/kg)	平均回收率/%
4-甲酰氨基安替比林	40.0	81.2
	80.0	97.5
	160.0	97.9
	400.0	96.6
4-氨基安替比林	40.0	81.5
	80.0	90.8
	160.0	98.8
	400.0	92.7
4-甲基氨基安替比林	40.0	78.4
	80.0	88.1
	160.0	98.4
	400.0	96.1
4-乙酰氨基安替比林	40.0	79.7
	80.0	93.6
	160.0	99.4
	400.0	94.3

ICS 67.050
X 04

中华人民共和国国家标准

GB/T 22972—2008

牛奶和奶粉中噻苯达唑、阿苯达唑、芬苯达唑、奥芬达唑、苯硫氨酯残留量的测定 液相色谱-串联质谱法

Determination of thiabendazole, albendazole, fenbendazole, oxfendazole and febantel residues in milk and milk powder—HPLC-MS-MS method

2008-12-31 发布 2009-05-01 实施

中华人民共和国国家质量监督检验检疫总局
中国国家标准化管理委员会 发布

前　言

本标准的附录A、附录B为资料性附录。

本标准由中华人民共和国国家质量监督检验检疫总局提出并归口。

本标准起草单位：中华人民共和国秦皇岛出入境检验检疫局、中华人民共和国沈阳出入境检验检疫局。

本标准主要起草人：赵颖、刘宁、金雁、孟祥勇、姚家彪、庞国芳。

牛奶和奶粉中噻苯达唑、阿苯达唑、芬苯达唑、奥芬达唑、苯硫氨酯残留量的测定　液相色谱-串联质谱法

1　范围

本标准规定了牛奶和奶粉中噻苯达唑、阿苯达唑、芬苯达唑、奥芬达唑和苯硫氨酯残留量的液相色谱-串联质谱测定方法。

本标准适用于牛奶和奶粉中噻苯达唑、阿苯达唑、芬苯达唑、奥芬达唑和苯硫氨酯残留量的测定。

本标准的方法检出限：牛奶中噻苯达唑、阿苯达唑、芬苯达唑、奥芬达唑和苯硫氨酯的检出限为0.01 mg/kg；奶粉中噻苯达唑、阿苯达唑、芬苯达唑、奥芬达唑和苯硫氨酯的检出限为0.08 mg/kg。

2　规范性引用文件

下列文件中的条款通过本标准的引用而成为本标准的条款。凡是注日期的引用文件，其随后所有的修改单（不包括勘误的内容）或修订版均不适用于本标准，然而，鼓励根据本标准达成协议的各方研究是否可使用这些文件的最新版本。凡是不注日期的引用文件，其最新版本适用于本标准。

GB/T 6379.1　测量方法与结果的准确度（正确度与精密度）　第1部分：总则与定义(GB/T 6379.1—2004，ISO 5725-1：1994，IDT)

GB/T 6379.2　测量方法与结果的准确度（正确度与精密度）　第2部分：确定标准测量方法重复性与再现性的基本方法（GB/T 6379.2—2004，ISO 5725-2：1994，IDT）

GB/T 6682　分析实验室用水规格和试验方法（GB/T 6682—2008，ISO 3696：1987，MOD）

3　原理

样品经乙腈提取，C_{18}固相萃取柱净化，液相色谱-串联质谱仪测定，外标法定量。

4　试剂和材料

除另有说明外，所用试剂均为分析纯。

4.1　水：GB/T 6682，一级。

4.2　乙腈：色谱纯。

4.3　甲醇：色谱纯。

4.4　正丙醇。

4.5　碳酸氢钠（$NaHCO_3$）。

4.6　碳酸钠（Na_2CO_3）。

4.7　碳酸氢钠溶液：0.1 mol/L。称取8.4 g碳酸氢钠（4.5），用水溶解，定容至1 000 mL。

4.8　碳酸钠溶液：0.1 mol/L。称取1.06 g碳酸钠（4.6），用水溶解，定容至100 mL。

4.9　碳酸盐缓冲溶液（pH值为9.1）：将0.1 mol/L碳酸氢钠溶液（4.7）900 mL与0.1 mol/L碳酸钠溶液（4.8）100 mL混合。

4.10　标准物质：噻苯达唑（thiabendazole CAS：148-79-8）、阿苯达唑（albendazole CAS：54965-21-8）、芬苯达唑（fenbendazole CAS：43210-67-9）、奥芬达唑（oxfendazole CAS：53716-50-0）和苯硫氨酯（febantel CAS：58306-30-2）的纯度均≥99%。

4.11 标准储备溶液：1.0 mg/mL。准确称取适量的五种苯并咪唑类药物标准物质(4.10)，分别用甲醇(4.3)配制成浓度为1.0 mg/mL的标准储备液。保存于0 ℃～4 ℃冰箱中。

4.12 混合标准储备溶液：100 μg/mL。吸取适量五种苯并咪唑类药物标准储备溶液(4.11)，用甲醇稀释成100 μg/mL的混合标准溶液，于0 ℃～4 ℃冰箱保存。

4.13 基质混合标准工作溶液：根据每种标准的灵敏度和仪器线性范围，吸取一定量的混合标准储备溶液(4.12)，用空白样品提取液配成系列浓度的基质混合标准工作溶液，当天配制。

4.14 C_{18}固相萃取柱：500 mg，6 mL。使用前依次用5 mL甲醇、5 mL水和2 mL碳酸盐缓冲液(4.9)预处理，同时保持柱体湿润。

4.15 滤膜：0.2 μm。

5 仪器

5.1 液相色谱-串联四极杆质谱仪，配有电喷雾离子源。

5.2 分析天平：感量0.01 g和0.1 mg。

5.3 固相萃取装置。

5.4 旋转蒸发仪。

5.5 离心机：转速4 000 r/min以上。

5.6 涡旋混匀器。

5.7 超声波清洗器。

6 试样制备与保存

6.1 试样制备

取代表性样品约500 g，混匀，装入洁净容器，密封，标明标记。在抽样及制样的操作过程中，应防止样品受到污染或发生残留物含量的变化。

6.2 试样保存

将试样于0 ℃～4 ℃保存。

7 测定步骤

7.1 提取

7.1.1 牛奶样品

称取10 g牛奶试样，精确至0.01 g，置于100 mL具塞离心管中。加入30 mL乙腈，涡旋混匀3 min，超声30 min，以4 000 r/min离心5 min，取上清液加入10 mL正丙醇(4.4)，于40 ℃水浴旋转蒸发除去有机溶剂，用碳酸盐缓冲溶液(4.9)定容至10 mL。

7.1.2 奶粉样品

称取12.5 g奶粉试样于烧杯中，加适量35 ℃～45 ℃水将其充分溶解，待冷却至室温后，加水至100 g，混匀，准确称取10 g试样，精确至0.01 g，置于100 mL具塞离心管中，按7.1.1步骤进行处理。

7.2 净化

移取5 mL提取液，注入预处理过的C_{18}固相萃取柱(4.14)，调节流速为1.0 mL/min，用5 mL水淋洗，弃去全部流出液后抽干。用6 mL乙腈(4.2)洗脱被测物，流速1.0 mL/min，40 ℃水浴氮气吹干，再用甲醇溶液(1+4)溶解并定容至1.0 mL，过0.2 μm滤膜(4.15)，供液相色谱-串联质谱测定。

7.3 测定

7.3.1 液相色谱条件

液相色谱条件如下：

a) 色谱柱：BEH C_{18}，1.7 μm，50 mm×2.1 mm(内径)或相当者；

b) 柱温:40 ℃;

c) 进样量:10 μL;

d) 流动相及流速见表 1。

表 1 液相色谱梯度洗脱条件

时间/min	流速/(μL/min)	甲醇/%	0.1%甲酸水溶液/%
0.0	200	5	95
12.0	200	90	10
12.1	200	5	95
14.0	200	5	95

7.3.2 质谱条件

质谱条件如下:

a) 离子源:电喷雾离子源;

b) 扫描方式:正离子扫描;

c) 检测方式:多反应监测;

d) 电离电压:2.0 kV;

e) 离子源温度:110 ℃;

f) 锥孔反吹气流量:80 L/h;

g) 脱溶剂气温度:380 ℃;

h) 脱溶剂气流量:700 L/h;

i) 五种苯并咪唑类药物定性离子对、定量离子对、锥孔电压及碰撞能量质谱参数见表 2。

表 2 五种苯并咪唑类药物的质谱参数

化合物名称	母离子(*m/z*)	子离子(*m/z*)	锥孔电压/V	碰撞能量/eV
噻苯达唑	202.0	174.7[a]	46	25
		130.7	46	31
阿苯达唑	266.0	233.9[a]	34	19
		190.9	34	33
芬苯达唑	300.0	267.9[a]	34	21
		158.7	34	34
奥芬达唑	316.0	158.7[a]	38	34
		190.8	38	21
苯硫氨酯	447.0	382.9[a]	26	18
		414.9	26	14

[a] 定量离子。

7.3.3 液相色谱-串联质谱测定

7.3.3.1 定性测定

每种被测组分选择一个母离子,两个以上子离子,在相同实验条件下,样品中待测物质的保留时间与标准溶液中相对应物质的保留时间偏差在±2.5%之内;且样品谱图中各组分定性离子的相对丰度与浓度接近的基质标准溶液谱图中对应的定性离子的相对丰度进行比较,若偏差不超过表 3 规定的范围,则可判定为样品中存在对应的待测物。

表 3 定性确证时相对离子丰度的最大允许偏差 %

相对离子丰度 K	$K>50$	$20<K<50$	$10<K<20$	$K\leqslant 10$
允许的最大偏差	±20	±25	±30	±50

7.3.3.2 **定量测定**

用基质混合标准工作溶液(4.13)分别进样,以标准溶液浓度为横坐标,峰面积为纵坐标,绘制标准工作曲线,用标准工作曲线对待测样品进行定量,样品溶液中的待测物的响应值均应在仪器测定的线性范围内。在上述色谱条件和质谱条件下,五种苯并咪唑类药物标准物质多反应监测(MRM)色谱图参见附录 A 中的图 A.1。五种苯并咪唑类药物的添加浓度及其平均回收率的试验数据参见附录 B 中的表 B.1。

7.4 **平行试验**

按上述步骤,对同一试样进行平行试验测定。

7.5 **空白试验**

除不称取样品外,均按上述步骤进行。

8 结果计算

五种苯并咪唑类药物残留量的测定按式(1)计算。

$$X = c \times \frac{V}{m} \times \frac{1\,000}{1\,000} \qquad \cdots\cdots (1)$$

式中:

X——试样中被测组分的残留量,单位为毫克每千克(mg/kg);

c——从标准工作曲线上得到的被测组分溶液浓度,单位为微克每毫升(μg/mL);

V——样品溶液定容体积,单位为毫升(mL);

m——样品溶液所代表试样的质量,单位为克(g)。

计算结果应扣除空白值。

9 精密度

9.1 一般规定

本标准的精密度数据是按照 GB/T 6379.1 和 GB/T 6379.2 的规定确定的,其重复性和再现性的值以 95%的可信度来计算。

9.2 重复性

在重复性实验的条件下,获得的两次独立测试结果的绝对差值不超过重复性限 r,牛奶和奶粉中五种苯并咪唑类药物添加浓度范围及重复性方程见表 4。

表 4 牛奶和奶粉中五种苯并咪唑类药物添加浓度及重复性限和再现性限方程

单位为毫克每千克

化合物名称	添加浓度范围	样品基质	重复性限 r	再现性限 R
噻苯达唑	0.01~0.50	牛奶	$\lg r=0.919\,9\lg m-1.123\,3$	$\lg R=0.999\,5\lg m-0.886\,1$
		奶粉	$\lg r=1.108\,6\lg m-0.809\,7$	$\lg R=1.084\,5\lg m-0.813\,6$
阿苯达唑	0.01~0.50	牛奶	$\lg r=1.001\,7\lg m-1.171\,2$	$\lg R=0.983\,6\lg m-1.037\,8$
		奶粉	$\lg r=0.981\,9\lg m-1.158\,8$	$\lg R=0.953\,7\lg m-1.131\,6$
芬苯达唑	0.01~0.50	牛奶	$\lg r=0.950\,8\lg m-1.100\,2$	$\lg R=0.947\,4\lg m-1.088\,8$
		奶粉	$\lg r=1.137\,0\lg m-0.837\,3$	$\lg R=1.062\,6\lg m-0.875\,8$

表 4（续）

单位为毫克每千克

化合物名称	添加浓度范围	样品基质	重复性限 r	再现性限 R
奥芬达唑	0.01～0.50	牛奶	$\lg r=0.9737\lg m-1.0712$	$\lg R=1.0285\lg m-0.9771$
		奶粉	$\lg r=0.9493\lg m-1.0959$	$\lg R=0.9309\lg m-1.0786$
苯硫氨酯	0.01～0.50	牛奶	$\lg r=0.9074\lg m-1.1761$	$\lg R=0.8887\lg m-1.1820$
		奶粉	$\lg r=1.0003\lg m-1.0081$	$\lg R=0.9771\lg m-0.9930$
注：m 为两次测定结果的算术平均值。				

如果差值超过重复性限 r，应舍弃试验结果并重新完成两次单个试验的测定。

9.3 再现性

在再现性实验的条件下，获得的两次独立测试结果的绝对差值不超过再现性限 R，牛奶和奶粉中五种苯并咪唑类药物添加浓度范围及再现性限方程见表 4。

附 录 A
（资料性附录）
标准物质多反应监测(MRM)色谱图

五种苯并咪唑类药物标准物质多反应监测(MRM)色谱图，见图 A.1。

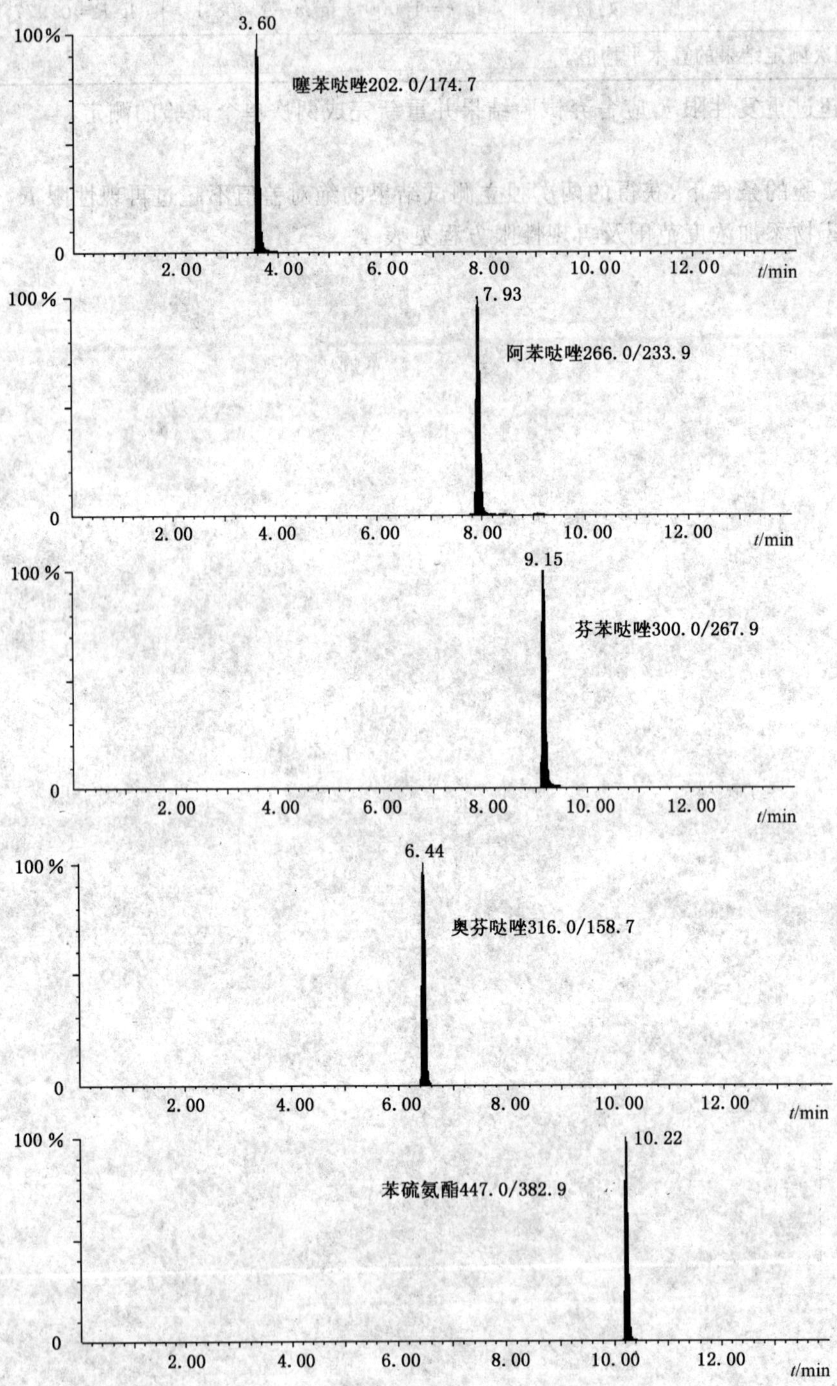

图 A.1 五种苯并咪唑类药物标准物质多反应监测(MRM)色谱图

附　录　B
（资料性附录）
回　收　率

五种苯并咪唑类药物的添加浓度及其平均回收率的试验数据，见表B.1。

表B.1　五种苯并咪唑类药物的添加浓度及其平均回收率的试验数据

化合物名称	添加浓度/(mg/kg)	平均回收率/%	
		牛　奶	奶　粉
噻苯达唑	0.01	72.5	71.4
	0.10	80.4	81.2
	0.50	82.4	83.3
阿苯达唑	0.01	80.2	82.6
	0.10	85.0	87.4
	0.50	92.7	93.6
芬苯达唑	0.01	81.0	79.1
	0.10	85.2	86.2
	0.50	83.0	90.2
奥芬达唑	0.01	78.5	75.2
	0.10	81.6	80.7
	0.50	83.6	83.9
苯硫氨酯	0.01	71.2	70.8
	0.10	80.1	80.5
	0.50	81.1	82.8

ICS 67.050
X 04

中华人民共和国国家标准

GB/T 22973—2008

牛奶和奶粉中醋酸美仑孕酮、醋酸氯地孕酮和醋酸甲地孕酮残留量的测定 液相色谱-串联质谱法

Determination of melengestrol acetate, chlormadinone acetatc and megestrol acetate residues in milk and milk powder—HPLC-MS-MS method

2008-12-31 发布 2009-05-01 实施

中华人民共和国国家质量监督检验检疫总局
中国国家标准化管理委员会 发布

前　言

本标准的附录 A、附录 B 为资料性附录。

本标准由中华人民共和国国家质量监督检验检疫总局提出并归口。

本标准负责起草单位：中华人民共和国秦皇岛出入境检验检疫局、中华人民共和国上海出入境检验检疫局。

本标准主要起草人：王传现、唐毅锋、方晓明、盛永刚、庞国芳。

牛奶和奶粉中醋酸美仑孕酮、醋酸氯地孕酮和醋酸甲地孕酮残留量的测定 液相色谱-串联质谱法

1 范围

本标准规定了牛奶和奶粉中醋酸美仑孕酮(melengestrol acetate)、醋酸氯地孕酮(chlormadinone acetate)和醋酸甲地孕酮(megestrol acetate)残留量的液相色谱-串联质谱测定方法。

本标准适用于牛奶和奶粉中醋酸美仑孕酮、醋酸氯地孕酮和醋酸甲地孕酮残留量的测定。

本标准的方法检出限:牛奶中醋酸美仑孕酮、醋酸甲地孕酮和醋酸氯地孕酮检测限均为 2 μg/kg;奶粉中醋酸美仑孕酮、醋酸甲地孕酮和醋酸氯地孕酮的检测限均为 20 μg/kg。

2 规范性引用文件

下列文件中的条款通过本标准的引用而成为本标准的条款。凡是注日期的引用文件,其随后所有的修改单(不包括勘误的内容)或修订版均不适用于本标准,然而,鼓励根据本标准达成协议的各方研究是否可使用这些文件的最新版本。凡是不注日期的引用文件,其最新版本适用于本标准。

GB/T 6379.1 测量方法与结果的准确度(正确度与精密度) 第 1 部分:总则与定义(GB/T 6379.1—2004,ISO 5725-1:1994,IDT)

GB/T 6379.2 测量方法与结果的准确度(正确度与精密度) 第 2 部分:确定标准测量方法重复性与再现性的基本方法(GB/T 6379.2—2004,ISO 5725-2:1994,IDT)

GB/T 6682 分析实验室用水规格和试验方法(GB/T 6682—2008,ISO 3696:1987,MOD)

3 原理

从牛奶样品中提取脂肪后,用乙腈提取,皂化后,经氰丙基型固相萃取柱净化,C_{18}色谱柱分离,液相色谱-串联质谱检测,外标法定量。

4 试剂和材料

除另有说明外,所用试剂均为分析纯。

4.1 水:GB/T 6682,一级。

4.2 乙腈:色谱纯。

4.3 甲醇:色谱纯。

4.4 乙酸乙酯:色谱纯。

4.5 正己烷:色谱纯。

4.6 氯化镁($MgCl_2 \cdot 6H_2O$)。

4.7 氢氧化钠。

4.8 甲酸。

4.9 25%氨水。

4.10 95%乙醇。

4.11 石油醚。

4.12 无水硫酸钠。

4.13 乙酸乙酯+正己烷(1+19):量取 10 mL 乙酸乙酯(4.4)与 190 mL 正己烷(4.5)混合。

4.14 乙酸乙酯+正己烷(1+4):量取 40 mL 乙酸乙酯(4.4)与 160 mL 正己烷(4.5)混合。

4.15 1.0 mol/L 氯化镁溶液:称取 20.3 g 氯化镁(4.6),用水溶解并定容到 100 mL。

4.16 0.1 mol/L 氢氧化钠溶液:称取 1.00 g 氢氧化钠(4.7),用水溶解并定容到 250 mL。

4.17 乙腈+水(7+3):量取 700 mL 乙腈(4.2)与 300 mL 水混合,摇匀。

4.18 标准物质:醋酸美仑孕酮、醋酸氯地孕酮和醋酸甲地孕酮,纯度≥97%。

4.19 1 000 μg/mL 标准储备溶液:准确称取醋酸美仑孕酮、醋酸氯地孕酮和醋酸甲地孕酮标准物质(4.18)各 0.050 0 g 于 50 mL 容量瓶中,用甲醇(4.3)溶解并定容至刻度。标准储备溶液于 4 ℃保存。

4.20 100 μg/mL 混合标准溶液Ⅰ。分别吸取 10.0 mL 醋酸美仑孕酮、醋酸氯地孕酮和醋酸甲地孕酮标准储备液(4.19)于 100 mL 容量瓶中,用甲醇定容。该混合标准溶液于 4 ℃保存。

4.21 1.0 μg/mL 混合标准溶液Ⅱ。取 1.0 mL 混合标准溶液Ⅰ(4.20)于 100 mL 容量瓶中,用甲醇定容。该混合标准溶液于 4 ℃保存。

4.22 基质混合标准工作溶液:根据需要,取适量的混合标准溶液Ⅱ(4.21),用空白样品提取液配成不同浓度的基质混合标准溶液。标准工作溶液现用现配。

4.23 氰丙基固相萃取柱或相当者:3 mL/500 mg。使用前分别用 5 mL 乙酸乙酯和 6 mL 正己烷淋洗,保持柱体湿润。

4.24 滤膜:0.2 μm。

5 仪器和设备

5.1 液相色谱-串联质谱仪:配有电喷雾离子源(ESI)。

5.2 分析天平:感量 0.1 mg 和 0.01 g。

5.3 氮气浓缩仪。

5.4 固相萃取装置:配有真空泵。

5.5 低温离心机:−5 ℃至室温,最大转速 5 000 r/min。

5.6 液体混匀器。

5.7 恒温水浴。

5.8 微波炉。

5.9 移液器:10 μL~100 μL 和 100 μL~1 000 μL。

6 试样制备与保存

6.1 试样的制备

取样品 500 g 搅拌混匀,装入洁净容器作为试样,密封,并标明标记。

6.2 试样的保存

如果制备好的试样不立刻测定,则将测试样置于 4 ℃中保存。

7 测定步骤

7.1 样品称量

7.1.1 牛奶样品

称取 10 g(精确到 0.01 g)牛奶样品,置于 50 mL 具塞聚丙烯离心管中。

7.1.2 奶粉样品

称取 1 g 样品(精确到 0.01 g),置于 50 mL 具塞聚丙烯离心管中,然后加入 8 倍质量的水溶解后混匀。

7.2 样品提取

加 1.0 mL 氨水(4.9),混匀。加入 10 mL 95%乙醇(4.10),混匀后加入 10 mL 乙酸乙酯(4.4),振摇 1 min,再加入 10 mL 石油醚(4.11),同样振摇 1 min,以 4 000 r/min 离心 5 min,吸取上层提取液通

过装有15 g无水硫酸钠的玻璃柱过滤到50 mL具塞聚丙烯离心管中。再用8 mL乙酸乙酯(4.4)和8 mL石油醚(4.11)重复提取残液一次,以4 000 r/min离心5 min,提取液过相同的无水硫酸钠的玻璃柱,用5 mL乙酸乙酯淋洗无水硫酸钠柱后,合并提取液,提取液于60 ℃用氮气浓缩仪吹干。

加入5 mL乙腈,于60 ℃水浴中保持3 min,使脂肪融化。涡旋1 min,于−5 ℃以4 000 r/min离心7 min,吸取上清液至15 mL具塞聚丙烯离心管中,再向沉淀物中加入5 mL乙腈重复提取一次,合并上清液。向合并的乙腈提取液中加入2 mL正己烷(4.5),涡旋1 min,于−5 ℃以4 000 r/min离心5 min,弃去正己烷层,再用2 mL正己烷重复洗涤乙腈相,弃去正己烷层。乙腈提取液于60 ℃用氮气浓缩仪吹干。

7.3 皂化

向乙腈提取液(7.2)中依次加入4 mL正己烷(4.5)、1 mL氢氧化钠溶液(4.16)和0.5 mL氯化镁溶液(4.15),于液体混匀器上快速混匀10 s,在60 ℃水浴中保持15 min,于−5 ℃以4 000 r/min离心5 min,吸取上清液至15 mL离心管中。向沉淀物中再加入4 mL正己烷,混匀,于60 ℃水浴中加热15 min后,于−5 ℃以4 000 r/min离心5 min,合并上清液。于60 ℃用氮气浓缩仪吹干,用1.0 mL正己烷溶解残渣,待净化。

7.4 净化

将上述样液(7.3)移入氰丙基固相萃取柱中(4.23),用2 mL正己烷分两次润洗玻璃试管,洗液也移入固相萃取柱中。待样液流出后,依次用5 mL正己烷和6 mL乙酸乙酯+正己烷溶液(1+19)(4.13)淋洗固相萃取柱,淋洗液流出后,固相萃取柱抽干2 min,最后用3.5 mL乙酸乙酯+正己烷溶液(1+4)(4.14)洗脱,洗脱液收集于另一15 mL离心管中,于60 ℃用氮气浓缩仪吹干。残余物用1 mL乙腈+水(7+3)(4.17)涡旋溶解,过滤膜,供液相色谱-串联质谱测定。

7.5 测定条件

7.5.1 液相色谱参考条件

液相色谱参考条件如下:

a) 色谱柱:C_{18}柱,3 μm,50 mm×2.0 mm(内径)或相当者;
b) 柱温:30 ℃;
c) 流速:0.3 mL/min;
d) 进样量:10 μL;
e) 梯度洗脱,洗脱程序见表1。

表1 液相色谱梯度洗脱程序

时间/min	0.1%甲酸水溶液/%	乙腈含0.1%甲酸/%
0	90	10
1.0	20	80
7.0	20	80
8.0	90	10

7.5.2 质谱参考条件

质谱参考条件如下:

a) 离子源:正离子电喷雾;
b) 扫描方式:多反应检测MRM;
c) 电喷雾电压:4 000 V;
d) 离子源温度:350 ℃;
e) 雾化气、气帘气、辅助气:均为高纯氮气,使用前调节各气流流量,以使质谱仪灵敏度达到检测要求;
f) 定性离子对,定量离子对,去簇电压和碰撞能量见表2。

表 2 定性离子对，定量离子对，去簇电压和碰撞能量

化合物名称	定性离子对(m/z)	定量离子对(m/z)	去簇电压/V	碰撞能量/V
醋酸美仑孕酮	397/337 397/279	397/337	120 120	5 28
醋酸氯地孕酮	405/345 405/309	405/345	80 80	6 13
醋酸甲地孕酮	385/325 385/267	385/325	130 130	6 16

7.5.3 液相色谱-串联质谱测定

7.5.3.1 定性测定

每种被测组分选择 1 个母离子，2 个以上子离子，在相同实验条件下，样品中待测物质的保留时间与混合基质标准溶液中对应物质的保留时间偏差在±2.5%之内；且样品谱图中各定性离子的相对丰度与浓度接近的混合基质标准溶液谱图中对应的定性离子的相对丰度进行比较，若偏差不超过表 3 规定的范围，则可判断样品中存在对应的待测物。

表 3 定性确证时相对离子丰度的最大允许偏差 %

相对离子丰度 K	$K>50$	$20<K<50$	$10<K<20$	$K\leqslant 10$
允许相对偏差	±20	±25	±30	±50

7.5.3.2 定量测定

在仪器最佳工作条件下，用混合基质标准校准溶液分别进样，以峰面积为纵坐标，以混合基质标准校准溶液浓度为横坐标，绘制标准工作曲线，用标准工作曲线对样品进行定量，样品溶液中待测物的响应值均应在仪器测定的线性范围内。在上述色谱条件下，醋酸美仑孕酮、醋酸氯地孕酮和醋酸甲地孕酮标准物质的多反应检测(MRM)色谱图参见附录 A 中的图 A.1、图 A.2 和图 A.3。

本方法的添加回收率数据参见附录 B 中的表 B.1。

7.6 平行试验

按以上步骤，对同一试样进行平行试验测定。

7.7 空白试验

除不称取样品外，均按上述步骤进行。

8 结果计算

醋酸美仑孕酮、醋酸氯地孕酮和醋酸甲地孕酮残留量的测定按式(1)计算：

$$X = c \times \frac{V}{m} \times \frac{1\,000}{1\,000} \qquad \cdots\cdots(1)$$

式中：

X——试样中被测组分残留量，单位为微克每千克(μg/kg)；

c——从标准工作曲线上得到的被测组分溶液浓度，单位为纳克每毫升(ng/mL)；

V——样品溶液定容体积，单位为毫升(mL)；

m——样品溶液所代表试样的质量，单位为克(g)。

计算结果应扣除空白值。

9 精密度

9.1 一般规定

本标准的精密度数据是按照 GB/T 6379.1 和 GB/T 6379.2 的规定确定的，重复性和再现性的值以 95%的可信度来计算。

9.2 重复性

在重复性试验条件下，获得的两次独立测试结果的绝对差值不超过重复性限 r，牛奶中醋酸美仑孕酮、醋酸氯地孕酮和醋酸甲地孕酮添加浓度范围及重复性方程见表4，奶粉中醋酸美仑孕酮、醋酸氯地孕酮和醋酸甲地孕酮添加浓度范围及重复性方程见表5。

表4 牛奶中三种孕酮的添加浓度范围及重复性和再现性方程 单位为毫克每千克

化合物名称	添加浓度范围	重复性限 r	再现性限 R
醋酸美仑孕酮	0.002～0.020	$\lg r=0.757\,6\lg m-0.952\,7$	$\lg R=0.972\,5\lg m-0.518\,7$
醋酸氯地孕酮	0.002～0.020	$\lg r=0.886\,8\lg m-0.908\,4$	$\lg R=0.931\,4\lg m-0.494\,2$
醋酸甲地孕酮	0.002～0.020	$\lg r=0.871\,8\lg m-0.905\,9$	$\lg R=0.896\,4\lg m-0.497\,6$
注：m 为两次测定值的平均值。			

表5 奶粉中三种孕酮的添加浓度范围及重复性和再现性方程 单位为毫克每千克

化合物名称	添加浓度范围	重复性限 r	再现性限 R
醋酸美仑孕酮	0.020～0.200	$\lg r=0.933\,6\lg m-0.972\,4$	$\lg R=0.987\,6\lg m-0.546\,0$
醋酸氯地孕酮	0.020～0.200	$\lg r=0.681\,4\lg m-0.446\,1$	$\lg R=0.916\,6\lg m-0.423\,5$
醋酸甲地孕酮	0.020～0.200	$\lg r=0.987\,6\lg m-0.979\,8$	$\lg R=0.963\,6\lg m-0.552\,5$
注：m 为两次测定值的平均值。			

如果两次测定值的差值超过重复性限 r，应舍弃试验结果并重新完成两次单个试验的测定。

9.3 再现性

在再现性试验条件下，获得的两次独立测试结果的绝对差值不超过再现性限 R，牛奶中醋酸美仑孕酮、醋酸氯地孕酮和醋酸甲地孕酮添加浓度范围及再现性方程见表4，奶粉中醋酸美仑孕酮、醋酸氯地孕酮和醋酸甲地孕酮添加浓度范围及再现性方程见表5。

附　录　A
（资料性附录）
标准物质的多反应监测（MRM）色谱图

醋酸美仑孕酮标准物质的多反应监测（MRM）色谱图，见图A.1。

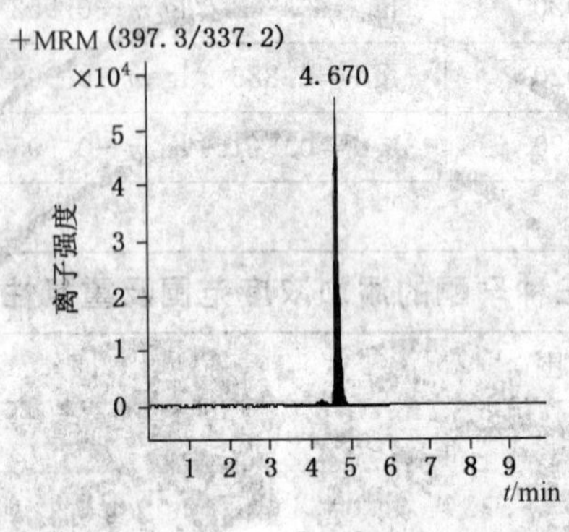

图 A.1　醋酸美仑孕酮标准物质的多反应监测（MRM）色谱图

醋酸氯地孕酮标准物质的多反应监测（MRM）色谱图，见图A.2。

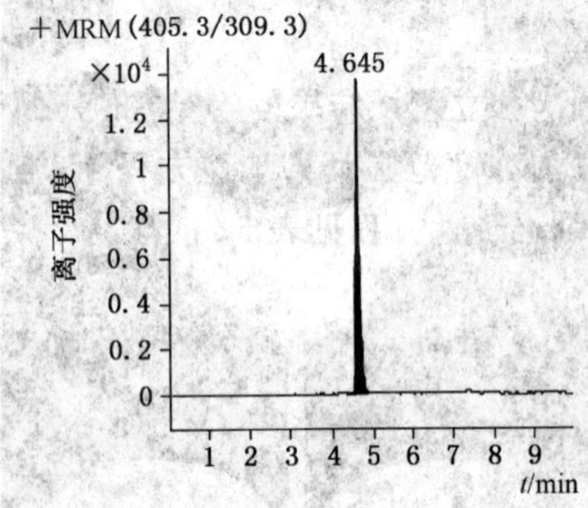

图 A.2　醋酸氯地孕酮标准物质的多反应监测（MRM）色谱图

醋酸甲地孕酮标准物质的多反应监测（MRM）色谱图，见图A.3。

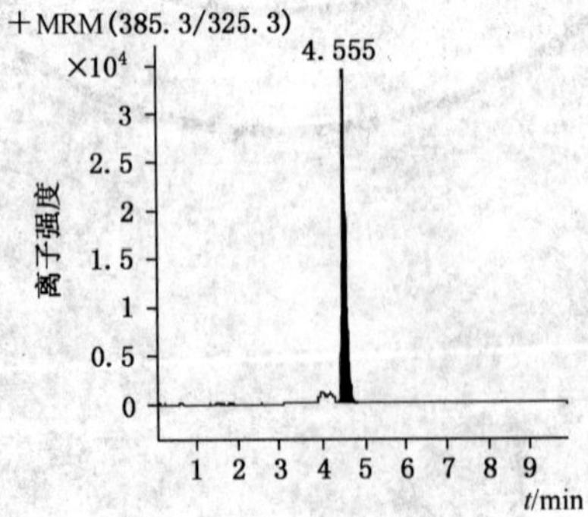

图 A.3　醋酸甲地孕酮标准物质的多反应监测（MRM）色谱图

附　录　B
（资料性附录）
回　收　率

本方法中醋酸美仑孕酮、醋酸氯地孕酮和醋酸甲地孕酮添加浓度及其平均回收率的试验数据，见表B.1。

表 B.1　醋酸美仑孕酮、醋酸氯地孕酮和醋酸甲地孕酮添加浓度及其平均回收率的试验数据

样品基质	化合物名称	添加浓度/(μg/kg)	平均回收率/%
牛奶	醋酸美仑孕酮	2.0	86.7
		4.0	89.6
		10	90.2
		20	89.7
	醋酸氯地孕酮	2.0	86.5
		4.0	87.8
		10	91.0
		20	90.8
	醋酸甲地孕酮	2.0	86.9
		4.0	87.1
		10	89.3
		20	89.7
奶粉	醋酸美仑孕酮	20	88.3
		40	89.7
		100	90.3
		200	90.3
	醋酸氯地孕酮	20	88.7
		40	87.8
		100	90.3
		200	89.9
	醋酸甲地孕酮	20	87.2
		40	87.6
		100	90.1
		200	91.3

ICS 67.050
X 04

中华人民共和国国家标准

GB/T 22974—2008

牛奶和奶粉中氮氨菲啶残留量的测定 液相色谱-串联质谱法

Determination of isometamidium residues in milk and milk powder—LC-MS-MS method

2008-12-31 发布　　2009-05-01 实施

中华人民共和国国家质量监督检验检疫总局
中国国家标准化管理委员会　发布

前　言

本标准的附录A、附录B为资料性附录。

本标准由中华人民共和国国家质量监督检验检疫总局提出并归口。

本标准主要起草单位:中华人民共和国秦皇岛出入境检验检疫局、中华人民共和国内蒙古出入境检验检疫局、内蒙古蒙牛乳业(集团)股份有限公司。

本标准主要起草人:潘国卿、张春艳、白国涛、刘来俊、郑书展、李红、张伟、常建军、李梅、庞国芳。

牛奶和奶粉中氮氨菲啶残留量的测定
液相色谱-串联质谱法

1 范围

本标准规定了牛奶和奶粉中氮氨菲啶残留量的液相色谱-串联质谱测定方法。

本标准适用于牛奶和奶粉中氮氨菲啶残留量的测定。

本标准方法检出限:牛奶为 0.010 mg/kg,奶粉为 0.080 mg/kg 。

2 规范性引用文件

下列文件中的条款通过本标准的引用而成为本标准的条款。凡是注日期的引用文件,其随后所有的修改单(不包括勘误的内容)或修订版均不适用于本标准,然而,鼓励根据本标准达成协议的各方研究是否可使用这些文件的最新版本。凡是不注日期的引用文件,其最新版本适用于本标准。

GB/T 6379.1 测量方法与结果的准确度(正确度与精密度) 第1部分:总则与定义(GB/T 6379.1—2004,ISO 5725-1:1994,IDT)

GB/T 6379.2 测量方法与结果的准确度(正确度与精密度) 第2部分:确定标准测量方法重复性与再现性的基本方法(GB/T 6379.2—2004,ISO 5725-2:1994,IDT)

GB/T 6682 分析实验室用水规格和试验方法(GB/T 6682—2008,ISO 3696:1987,MOD)

3 方法原理

试样中的氮氨菲啶用乙腈和甲酸铵甲醇混合溶液提取,提取液经浓缩、脱脂后,用液相色谱-串联质谱仪测定,外标法定量, 选择离子定性。

4 试剂和材料

除另有说明外,所用试剂均为分析纯,水为 GB/T 6682 规定的一级水。

4.1 甲醇:色谱纯。

4.2 甲酸:色谱纯。

4.3 乙腈:色谱纯。

4.4 正己烷:色谱纯。

4.5 甲酸铵。

4.6 0.25 mol/L 甲酸铵甲醇溶液:称取 15.76 g 甲酸铵(4.5)溶于 1 000 mL 甲醇(4.1)中。

4.7 80 %甲醇水溶液:量取 80 mL 甲醇(4.1)加入 20 mL 水中。

4.8 饱和了 80 %甲醇水的正己烷溶液:在分液漏斗中加入 300 mL 正己烷(4.4),取适量 80 %甲醇水溶液(4.7)进行振荡、静置分层,弃去下层甲醇水溶液,上层正己烷溶液备用。

4.9 提取液:量取乙腈(4.3)和 0.25 mol/L 甲酸铵甲醇溶液(4.6)按照 1:1(体积比)进行混合。

4.10 氮氨菲啶盐酸盐标准品:纯度大于或等于 97 %。

4.11 氮氨菲啶标准储备溶液:准确称取适量氮氨菲啶盐酸盐标准品,用甲醇(4.1)配成浓度为 100 μg/mL 的标准储备溶液。此溶液在 0 ℃~4 ℃冰箱中避光保存。

4.12 氮氨菲啶标准中间液:准确吸取 5 mL 的氮氨菲啶标准储备溶液(4.11)于 50 mL 棕色容量瓶中,用甲醇(4.1)定容至刻度,配制成浓度为 10 μg/mL 的氮氨菲啶标准中间液。该溶液于 0 ℃~4 ℃冰箱中避光保存。

4.13　氮氨菲啶基质标准工作溶液：根据需要吸取适量的氮氨菲啶标准中间液(4.12)，用阴性样品提取液稀释配制成浓度范围为 2.5 ng/mL～200 ng/mL 的系列基质标准工作溶液，该溶液应现用现配。

4.14　滤膜：0.2 μm。

5　仪器和设备

5.1　液相色谱-串级质谱仪：配有电喷雾离子源(ESI)。

5.2　分析天平：感量 0.01 mg 和 0.01 g。

5.3　振荡器。

5.4　超声波清洗器。

5.5　旋转蒸发器。

5.6　旋涡混合器。

5.7　离心机：转速不小于 10 000 r/min。

6　试样的制备与保存

6.1　试样的制备

6.1.1　牛奶：取有代表性试样约 500 g，搅拌均匀后装入洁净容器内密封并做好标识。

6.1.2　奶粉：取有代表性试样约 500 g，搅拌均匀后装入洁净容器内密封并做好标识。准确称取 12 g 乳粉试样(精确到 0.01 g)于 250 mL 烧杯中，少量多次加入 50 mL 煮沸并冷却到 60 ℃左右的水溶解，冷却至室温后，移入 100 mL 容量瓶中，用少量水分次淋洗烧杯，淋洗液一并移入容量瓶，再用水定容到刻度，混匀，制备成奶粉复原乳试样。

6.2　试样的保存

将试样于 4 ℃以下保存。

7　测定步骤

7.1　提取与净化

准确称取 5 g 牛奶试样(精确到 0.01 g)或量取 5.00 mL 奶粉复原乳试样(6.1.2)于 50 mL 具塞离心管中，加入 20 mL 提取液(4.9)盖上盖混匀，置于振荡器上以 300 r/min 振荡 10 min，在离心机中以 10 000 r/min 离心 5 min，将上层溶液用滤纸过滤于鸡心瓶，残渣再用 20 mL 提取液(4.9)超声提取 10 min，以 10000 r/min 离心 5 min，将上层溶液用滤纸过滤，合并二次滤液，于低于 40 ℃条件下旋转蒸发至近干(约剩余 2 mL 以下)，剩余液转移至 10 mL 具塞刻度离心管中，用甲醇(4.1)洗涤鸡心瓶，合并溶液并用甲醇(4.1)定容至 5.00 mL，旋涡混匀 1 min，然后加入 5 mL 饱和了 80 %甲醇水的正己烷溶液(4.8)，旋涡混匀 1 min，以 3 000 r/min 离心 3 min，弃去上层正己烷层，再加入 5 mL 饱和了 80 %甲醇水的正己烷溶液(4.8)，旋涡混匀 1 min，以 3 000 r/min 离心 3 min，取下层溶液过 0.2 μm 滤膜(4.14)，供液相色谱-串联质谱测定。

7.2　阴性样品提取液的制备

取不含氮氨菲啶的阴性牛奶或者奶粉样品，按 7.1 步骤制备阴性样品提取液，用于配制氮氨菲啶基质标准工作溶液。

7.3　测定条件

7.3.1　液相色谱参考条件

液相色谱参考条件如下：

a)　色谱柱：Acquity UPLC™ BEH C_{18}，1.7 μm，100 mm×2.1 mm (内径)或相当者；

b)　柱温：35 ℃；

c) 进样量:5 μL;

d) 流动相及流速见表 1。

表 1 液相色谱梯度洗脱条件

时间/min	流速/(mL/min)	水(含 0.2 %的甲酸)/%	甲醇/%
0.00	0.3	10	Initial
3.00	0.3	90	6
4.00	0.3	90	6
4.50	0.3	10	6
5.00	0.3	10	1

7.3.2 质谱参考条件

质谱参考条件如下:

a) 离子源:电喷雾离子源(ESI);

b) 扫描方式:正离子扫描;

c) 检测方式:多反应监测(MRM);

d) 毛细管电压:1.00 kV;

e) 锥孔电压:31 V;

f) 离子源温度:110 ℃;

g) 脱溶剂温度:400 ℃;

h) 脱溶剂气流量:450 L/h;

i) 锥孔气流量:50 L/h;

j) 碰撞室压力:0.415 Pa;

k) 碰撞气氩气;

l) 氮氨非啶定量离子对、定性离子对及碰撞能量见表 2。

表 2 氮氨非啶定性离子对、定量离子对、碰撞能量及驻留时间

定量离子对(m/z)	定性离子对(m/z)	碰撞能量/eV	驻留时间/s
460.4/298.5	460.4/298.5	23	0.30
	460.4/313.6	21	0.30

7.3.3 液相色谱-串联质谱测定

7.3.3.1 定性测定

在相同的实验条件下进行样品测定时,如果样品中待测物质的色谱峰保留时间与标准品色谱峰保留时间相差在±2.5 %以内,且样品色谱图中定性离子的相对丰度与浓度相近的基质标准工作溶液色谱图中对应的定性离子的相对丰度进行比较,相对偏差不超过表 3 规定的范围,则可判定样品中存在该种待测物。

表 3 定性确证时相对离子丰度的最大允许偏差 %

相对离子丰度 K	$K>50$	$20<K<50$	$10<K<20$	$K\leqslant10$
允许最大偏差	±20	±25	±30	±50

7.3.3.2 定量测定

在仪器最佳工作条件下,对氮氨非啶基质标准工作溶液(4.13)进行色谱分析,以峰面积为纵坐标,基质标准工作溶液浓度为横坐标绘制,用标准工作曲线对样品进行定量,基质标准工作溶液和样液中氮氨非啶的响应值均应在仪器测定的线性范围内。在上述色谱和质谱条件下,氮氨非啶的参考保留时间为 2.70 min。氮氨菲啶基质标准溶液的多反应监测(MRM)色谱图参见附录 A 中的图 A.1。

本方法的添加回收数据参见附录 B 中的表 B.1。

7.4 平行试验

按上述步骤，对同一试样进行平行试验测定。

7.5 空白试验

除不称取试样外，均按上述分析步骤进行。

8 结果计算

样品中氮氨菲啶残留量的测定结果可由仪器工作站软件计算，也可按式(1)计算：

$$X = c \times \frac{V}{m} \times \frac{1\,000}{1\,000} \times F \qquad \cdots\cdots(1)$$

式中：

X——试样中被测组分残留量，单位为毫克每千克(mg/ kg)；

c——从标准工作曲线上得到的被测组分溶液浓度，单位为微克每毫升(μg/mL)；

V——样品溶液定容体积，单位为毫升(mL)；

m——样品溶液所代表试样的质量，单位为克(g)；

F——换算系数，牛奶 $F=1$，奶粉 $F=20$ 。

计算结果应扣除空白值。

9 精密度

9.1 一般规定

本标准的精密度数据是按照 GB/T 6379.1 和 GB/T 6379.2 的规定确定的，其重复性和再现性的值是以 95%的可信度来计算。

9.2 重复性

在重复性试验条件下，获得的两次独立测试结果的绝对差值不超过重复性限(r)，试样中氮氨菲啶含量范围在 0.010 mg/kg～0.10 mg/kg 之间时，重复性方程：牛奶为 $\lg r=1.135\,5 \lg m-0.835\,8$，奶粉为 $\lg r=1.097\,3 \lg m-1.002\,7$。

如果两次测定值的差值超过重复性限(r)，应舍弃试验结果并重新完成两次单个试验的测定。

9.3 再现性

在再现性试验条件下，获得的两次独立测试结果的绝对差值不超过再现性限(R)，试样中氮氨菲啶含量范围在 0.010 mg/kg～0.10 mg/kg 之间时，重复性方程：牛奶为 $\lg R=0.999\,5 \lg m-0.815\,9$，奶粉为 $\lg R=0.895\,0 \lg m-0.987\,8$。

注：m 为两次测定结果的算术平均值。

附 录 A
（资料性附录）
标准溶液的多反应监测(MRM)色谱图

氮氨菲啶基质标准溶液的多反应监测(MRM)色谱图，见图 A.1。

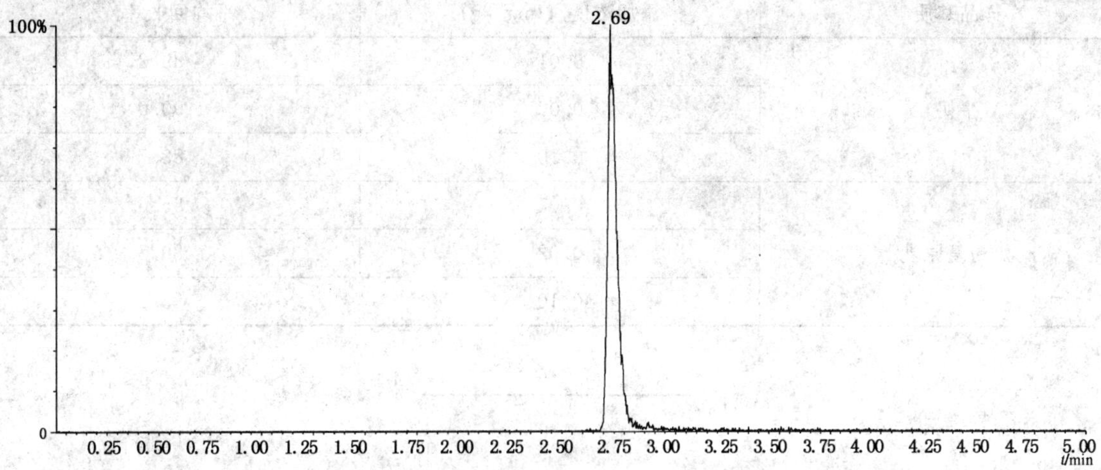

图 A.1 氮氨菲啶基质标准溶液的多反应监测(MRM)色谱图

附 录 B
（资料性附录）
回 收 率

氮氨菲啶添加浓度及平均回收率的试验数据，见表B.1。

表B.1 氮氨菲啶添加浓度及平均回收率的试验数据

样品基质	添加浓度/(mg/kg)	平均回收率/%
牛奶	0.01	89.2
	0.02	90.0
	0.10	83.7
奶粉复原乳	0.01	85.6
	0.02	89.8
	0.10	83.2

ICS 67.050
X 04

GB

中华人民共和国国家标准

GB/T 22975—2008

牛奶和奶粉中阿莫西林、氨苄西林、哌拉西林、青霉素G、青霉素V、苯唑西林、氯唑西林、萘夫西林和双氯西林残留量的测定 液相色谱-串联质谱法

Determination of amoxicillin, ampicillin, piperacillin, penicillin G, penicillin V, oxacillin, cloxacillin, nafcillin, dicloxacillin residues in milk and milk powder—LC-MS-MS method

2008-12-31 发布　　　　2009-05-01 实施

中华人民共和国国家质量监督检验检疫总局
中国国家标准化管理委员会　发布

前　言

本标准的附录 A、附录 B 为资料性附录。

本标准由中华人民共和国国家质量监督检验检疫总局提出并归口。

本标准负责起草单位：中华人民共和国秦皇岛出入境检验检疫局、中华人民共和国河北出入境检验检疫局。

本标准主要起草人：段文仲、贾海涛、艾连峰、陈瑞春、郭春海、马育松、刘宝圣、崔奕杰、庞国芳。

牛奶和奶粉中阿莫西林、氨苄西林、哌拉西林、青霉素G、青霉素V、苯唑西林、氯唑西林、萘夫西林和双氯西林残留量的测定 液相色谱-串联质谱法

1 范围

本标准规定了牛奶和奶粉中阿莫西林、氨苄西林、哌拉西林、青霉素G、青霉素V、苯唑西林、氯唑西林、奈夫西林和双氯西林残留量的高效液相色谱-串联质谱测定方法。

本标准适用于牛奶和奶粉中阿莫西林、氨苄西林、哌拉西林、青霉素G、青霉素V、苯唑西林、氯唑西林、奈夫西林和双氯西林残留量的测定和确证。

本标准的方法检出限：牛奶中氨苄西林、奈夫西林为1 μg/kg，阿莫西林、哌拉西林、青霉素G、青霉素V、氯唑西林为2 μg/kg，苯唑西林、双氯西林为4 μg/kg；奶粉中氨苄西林、奈夫西林为8 μg/kg，阿莫西林、哌拉西林、青霉素G、青霉素V、氯唑西林为16 μg/kg，苯唑西林、双氯西林为32 μg/kg。

2 规范性引用文件

下列文件中的条款通过本标准的引用而成为本标准的条款。凡是注日期的引用文件，其随后所有的修改单(不包括勘误的内容)或修订版均不适用于本标准，然而，鼓励根据本标准达成协议的各方研究是否可使用这些文件的最新版本。凡是不注日期的引用文件，其最新版本适用于本标准。

GB/T 6379.1　测量方法与结果的准确度(正确度与精密度)　第1部分：总则与定义(GB/T 6379.1—2004，ISO 5725-1：1994，IDT)

GB/T 6379.2　测量方法与结果的准确度(正确度与精密度)　第2部分：确定标准测量方法重复性与再现性的基本方法(GB/T 6379.2—2004，ISO 5725-2：1994，IDT)

GB/T 6682　分析实验室用水规格和试验方法(GB/T 6682—2008，ISO 3696：1987，MOD)

3 原理

用乙腈-水溶液提取试样中的分析物，固相萃取柱净化，高效液相色谱-串联质谱测定，外标法定量。

4 试剂和材料

除另有说明外，所用试剂均为分析纯，水为GB/T 6682规定的一级水。

4.1　乙腈：液相色谱纯。

4.2　乙酸：液相色谱纯。

4.3　磷酸氢二钠。

4.4　氢氧化钠。

4.5　5 mol/L氢氧化钠溶液：100 g氢氧化钠(4.4)溶解于450 mL水中，加水定容至500 mL。

4.6　0.1 mol/L磷酸盐缓冲溶液：6 g磷酸氢二钠(4.3)溶解于450 mL水中，用氢氧化钠溶液(4.5)调节pH＝8，加水至500 mL，使用前配制。

4.7　乙腈-水溶液(3＋1)：300 mL乙腈(4.1)与100 mL水混合。

4.8 乙腈-水溶液(1+1):100 mL 乙腈(4.1)与 100 mL 水混合。

4.9 阿莫西林(CAS:26787-78-0)、氨苄西林(CAS:69-53-4)、哌拉西林(CAS:61477-96-1)、青霉素 G(CAS:69-57-8)、青霉素 V(CAS:132-98-9)、苯唑西林(CAS:7240-38-2)、氯唑西林(CAS:642-78-4)、奈夫西林(CAS:7177-50-6)和双氯西林(CAS:3116-76-5)九种青霉素标准物质,纯度均大于等于 98 %。

4.10 标准储备液:分别适量称取标准品(精确至 0.000 1 g),用乙腈-水溶液(4.8)配制成 100 μg/mL 的标准储备液。

4.11 混合标准中间工作液:取标准储备液(4.10)各 1 mL 至 100 mL 容量瓶中,用乙腈-水溶液(4.8)定容至刻度,配制成混合标准工作液,浓度为 1 μg/mL。

4.12 标准工作液:根据需要,吸取一定量的混合标准中间工作液(4.11),用空白样品提取液稀释至所需浓度,现用现配。

4.13 HLB 固相萃取柱或相当者:500 mg,6 mL。使用前依次用 3 mL 甲醇、3 mL 水和 3 mL 磷酸盐缓冲溶液(4.6)活化。

4.14 滤膜:0.2 μm。

5 仪器和设备

5.1 高效液相色谱-串联质谱仪:配有电喷雾离子源(ESI)。

5.2 分析天平:感量为 0.01 g。

5.3 离心机。

5.4 旋涡混合器。

5.5 旋转蒸发仪。

5.6 固相萃取装置。

5.7 pH 计。

6 试样的制备与保存

6.1 牛奶

取均匀样品约 250 g 装入洁净容器作为试样,密封置 4℃下保存,并标明标记。

6.2 奶粉

取均匀样品约 250 g 装入洁净容器作为试样,密封,并标明标记。

7 测定步骤

7.1 提取

牛奶样品称取约 4 g(准确至 0.01 g)于 50 mL 具塞离心管中,奶粉样品称取约 0.5 g(准确至 0.01 g)并加入 4 mL 水于 50 mL 具塞离心管中,混匀。加入 20 mL 乙腈-水溶液(4.7)高速振荡提取 2 min后,3 000 r/min 离心 10 min,移取上清液过滤至鸡心瓶中。再用 10 mL 乙腈-水溶液(4.7)重复提取一次,合并上清液于同一鸡心瓶中。

7.2 净化

将提取液于 45 ℃下旋转蒸发至约 7 mL 左右,加入 2 mL 磷酸盐缓冲液(4.6),混匀后,转移到已活化的 HLB 固相萃取柱上,再用 2 mL 磷酸盐缓冲液(4.6)洗涤鸡心瓶两次,洗液一并转移到柱上,控制流速小于 2 mL/min。用 3 mL 水淋洗并抽干萃取柱,用 4 mL 乙腈-水溶液(4.8)洗脱并收集于 10 mL 带刻度的玻璃管中(控制流速小于 2 mL/min)。用水定容至 4.0 mL,涡旋混合后,过 0.22 μm 滤膜供 HPLC-MS-MS 分析。

7.3 空白基质溶液的制备

将取牛奶阴性样品 4 g,奶粉阴性样品 0.5 g(精确到 0.01 g),按 7.1 和 7.2 操作。

7.4 测定条件

7.4.1 液相色谱参考条件

液相色谱参考条件如下：

a) 色谱柱：苯基柱，5 μm，150 mm×2.1 mm（内径）或相当者；

b) 色谱柱温度：30 ℃；

c) 进样量：15 μL；

d) 流动相梯度及流速见表 1。

表 1 液相色谱梯度洗脱条件

时间/min	流速/(μL/min)	0.1%甲酸水溶液/%	甲醇/%
0.00	200	80	20
6.00	200	20	80
8.00	200	20	80
8.01	200	80	20
10.0	200	80	20

7.4.2 质谱参考条件

质谱参考条件如下：

a) 离子化模式：电喷雾正离子模式(ESI+)；

b) 质谱扫描方式：多反应监测（MRM）；

c) 鞘气压力：208 kPa；

d) 辅助气压力：55 kPa；

e) 正离子模式电喷雾电压（IS）：4 000 V；

f) 毛细管温度：320 ℃；

g) 源内诱导解离电压：10 V；

h) Q1 为 0.4，Q3 为 0.7；

i) 碰撞气：高纯氩气；

j) 碰撞气压力：0.2 Pa；

k) 其他质谱参数见表 2。

表 2 被测物的参考保留时间、采集窗口、监测离子对和裂解能量

化合物名称	保留时间/min	采集窗口/min	监测离子对(*m*/*z*)	裂解能量/eV
阿莫西林 amoxicillin	2.17	0～3.5	366.08/113.86[a]	22
			366.08/348.87	10
氨苄西林 ampicillin	5.26	3.5～5.8	350.08/105.94	20
			350.08/159.91[a]	13
哌拉西林 piperacillin	6.66	5.8～12	518.07/142.92	34
			518.07/159.94[a]	12
青霉素 G penicillin G	6.85	5.8～12	335.08/159.86[a]	12
			335.08/175.91	14
青霉素 V penicillin V	7.11	5.8～12	351.07/113.81	33
			351.07/159.92[a]	11

表 2（续）

化合物名称	保留时间/min	采集窗口/min	监测离子对(m/z)	裂解能量/eV
苯唑西林 oxacillin	7.37	5.8～12	402.08/159.85[a]	12
			402.08/242.81	15
氯唑西林 cloxacillin	7.67	5.8～12	436.04/160.01[a]	12
			436.04/276.85	16
萘夫西林 nafcillin	7.76	5.8～12	415.10/170.90[a]	36
			415.10/198.96	13
双氯西林 dicloxacillin	8.04	5.8～12	470.00/159.98[a]	13
			470.00/310.78	18

[a] 为定量离子对，对于不同质谱仪器，仪器参数可能存在差异，测定前应将质谱参数优化到最佳。

7.4.3 液相色谱-串联质谱测定

7.4.3.1 定性测定

每种被测组分选择1个母离子，2个以上子离子，在相同实验条件下，样品中待测物质的保留时间，与混合基质标准校准溶液中对应的保留时间偏差在±2.5%之内；且样品谱图中各组分定性离子的相对丰度与浓度接近的混合基质标准校准溶液谱图中对应的定性离子的相对丰度进行比较，偏差不超过表3规定的范围，则可判定为样品中存在对应的待测物。

表 3 定性确证时相对离子丰度的最大允许偏差 %

相对离子丰度 K	$K>50$	$20<K<50$	$10<K<20$	$K\leqslant 10$
允许最大偏差	±20	±25	±30	±50

7.4.3.2 定量测定

在仪器最佳工作条件下，对混合基质标准校准溶液进样，以峰面积为纵坐标，混合基质校准溶液浓度为横坐标绘制标准工作曲线，用标准工作曲线对样品进行定量，样品溶液中待测物的响应值均应在仪器测定的线性范围内。上述色谱和质谱条件下，标准品的保留时间参见表2。九种青霉素标准物质多反应监测(MRM)色谱图参见附录A中的图A.1。

7.5 平行试验

按以上步骤，对同一试样进行平行试验测定。

7.6 回收率试验

吸取适量混合标准工作溶液，用空白基质溶液(7.3)稀释成所需浓度的标准校准溶液。阴性样品中添加标准溶液，按7.1和7.2操作，测定后计算样品添加的回收率。九种青霉素添加浓度及其回收率数据参见附录B中的表B.1。

8 结果计算

试样中分析物的残留量利用数据处理系统计算或按式(1)计算：

$$X = c \times \frac{V}{m} \times \frac{1\,000}{1\,000} \qquad \cdots\cdots(1)$$

式中：

X——试样中被测组分残留量，单位为微克每千克(μg/kg)；

c——从标准工作曲线上得到的被测组分溶液浓度，单位为纳克每毫升(ng/mL)；

V——样品溶液定容体积，单位为毫升(mL)；

m——样品溶液所代表试样的质量，单位为克(g)。

计算结果应扣除空白值。

9 精密度

9.1 一般规定

本标准的精密度数据是按照 GB/T 6379.1 和 GB/T 6379.2 的规定确定的，重复性和再现性的值以 95%的可信度来计算。

9.2 重复性

在重复性条件下，获得的两次独立测试结果的绝对差值不超过重复性限（r），牛奶和奶粉中九种青霉素的添加浓度范围及重复性方程见表 4 和表 5。

表 4 牛奶中九种青霉素的添加浓度及重复性和再现性方程 单位为微克每千克

化合物名称	添加浓度范围	重复性限 r	再现性限 R
阿莫西林	2～20	$r=0.1438\,m-0.1230$	$\lg R=0.8798\lg m-0.7535$
氨苄西林	1～10	$\lg r=0.8003\lg m-0.7054$	$\lg R=0.8472\lg m-0.5663$
哌拉西林	2～20	$\lg r=0.6720\lg m-0.4876$	$\lg R=0.5448\lg m-0.2461$
青霉素 G	2～20	$\lg r=0.5915\lg m-0.3613$	$R=0.1357\,m+0.6113$
青霉素 V	2～20	$\lg r=0.7195\lg m-0.5850$	$\lg R=0.7104\lg m-0.5232$
苯唑西林	4～40	$r=0.1679\,m-0.4464$	$R=0.1625\,m-0.0465$
氯唑西林	2～20	$r=0.0767\,m+0.3501$	$\lg R=0.7925\lg m-0.4350$
萘夫西林	1～10	$r=0.1312\,m-0.0023$	$R=0.1415\,m+0.1296$
双氯西林	4～40	$r=0.1846\,m+0.1196$	$\lg R=0.7925\lg m-0.4491$
注：m 为两次测定结果的算术平均值。			

表 5 奶粉中九种青霉素的添加浓度及重复性和再现性方程 单位为微克每千克

化合物名称	添加浓度范围	重复性限 r	再现性限 R
阿莫西林	16～160	$r=0.1456\,m-0.9982$	$\lg R=0.8679\lg m-0.5442$
氨苄西林	8～80	$r=0.1436\,m+0.0039$	$\lg R=0.6306\lg m-0.2773$
哌拉西林	16～160	$r=0.6697\,m+1.6895$	$\lg R=0.6389\lg m-0.2682$
青霉素 G	16～160	$\lg r=0.8869\lg m-0.7144$	$\lg R=0.7058\lg m-0.3888$
青霉素 V	16～160	$\lg r=0.53\lg m-0.19$	$\lg R=0.6895\lg m-0.3633$
苯唑西林	32～320	$r=0.0748\,m+1.0403$	$R=0.0878\,m+0.7408$
氯唑西林	16～160	$\lg r=0.6879\lg m-0.4898$	$\lg R=1.0076\lg m-0.8924$
萘夫西林	8～80	$r=0.0446\,m+2.1090$	$\lg R=0.3926\lg m+0.0716$
双氯西林	32～320	$r=0.0564m+3.2365$	$\lg R=0.7409\lg m-0.3706$
注：m 为两次测定结果的算术平均值。			

如果差值超过重复性限，应舍弃试验结果并重新完成两次单个试验的测定。

9.3 再现性

在再现性条件下，获得的两次独立测试结果的绝对差值不超过再现性限（R），牛奶和奶粉中九种青霉素的添加浓度范围及再现性方程见表 4 和表 5。

附 录 A
（资料性附录）
标准物质多反应监测（MRM）色谱图

九种青霉素标准物质多反应监测（MRM）色谱图，见图 A.1。

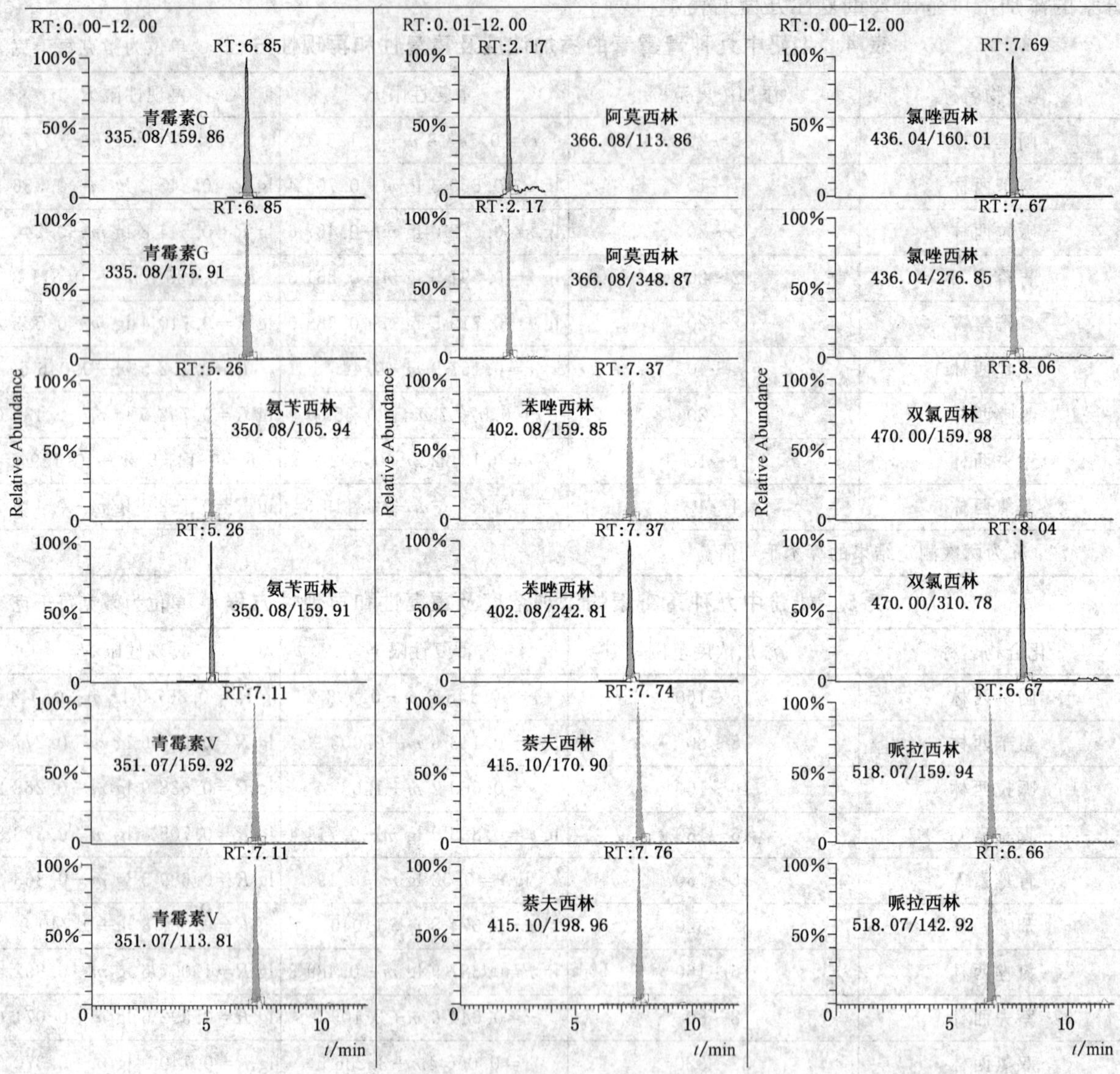

图 A.1 九种青霉素标准物质多反应监测（MRM）色谱图

附　录　B
（资料性附录）
回　收　率

九种青霉素添加浓度及其回收率的试验数据，见表B.1。

表B.1　九种青霉素添加浓度及其回收率的试验数据

化合物名称	牛奶		奶粉	
	添加浓度/(μg/kg)	回收率范围/%	添加浓度/(μg/kg)	回收率范围/%
阿莫西林	2	75.5～102.3	16	75.0～106.3
	4	83.2～101.3	32	86.7～103.3
	10	80.3～94.8	80	91.3～103.2
	20	74.4～100.7	160	84.9～98.8
氨苄西林	1	75.4～107.4	8	67.1～102.5
	2	70.8～89.3	16	86.2～102.4
	5	70.6～81.8	40	89.0～96.9
	10	77.9～95.1	80	86.5～100.2
哌拉西林	2	69.8～108.2	16	75.1～109.3
	4	71.1～101.9	32	79.1～105.6
	10	72.9～102.4	80	76.3～98.7
	20	86.8～97.28	160	86.8～98.9
青霉素G	2	69.5～105.9	16	74.5～101.2
	4	78.1～100.6	32	75.9～104.7
	10	70.2～96.5	80	78.0～99.6
	20	78.1～100.6	160	89.5～98.1
青霉素V	2	78.5～103.2	16	71.7～107.8
	4	77.5～108.2	32	83.4～105.3
	10	87.7～108.4	80	76.2～97.3
	20	87.3～95.8	160	84.7～100.2
苯唑西林	4	76.7～108.7	32	79.5～98.3
	8	90.0～104.5	64	88.89～106.8
	20	83.8～100.8	160	87.1～109.3
	40	82.6～98.51	320	84.1～98.1
氯唑西林	2	64.5～102.2	16	70.3～104.8
	4	74.6～103.5	32	74.6～108.8
	10	76.6～95.3	80	81.4～102.2
	20	84.4～98.0	160	85.5～97.1

表 B.1（续）

化合物名称	牛　奶		奶　粉	
	添加浓度/(μg/kg)	回收率范围/%	添加浓度/(μg/kg)	回收率范围/%
萘夫西林	1	62.4～114.6	8	74.8～98.0
	2	81.6～98.1	16	70.67～95.0
	5	82.2～95.2	40	83.5～97.4
	10	84.6～98.8	80	89.0～96.9
双氯西林	4	70.6～104.8	32	76.0～106.9
	8	84.4～109.7	64	74.6～106.2
	20	74.6～106.7	160	80.8～101.8
	40	82.6～98.6	320	84.8～98.7

ICS 67.050
X 04

中华人民共和国国家标准

GB/T 22976—2008

牛奶和奶粉中α-群勃龙、β-群勃龙、19-乙烯去甲睾酮和epi-19-乙烯去甲睾酮残留量的测定 液相色谱-串联质谱法

Determination of α-trenbolone, β-trenbolone, nortestosterone and epi-nortestosterone residues in milk and milk powder—LC-MS-MS method

2008-12-31 发布　　2009-05-01 实施

中华人民共和国国家质量监督检验检疫总局
中国国家标准化管理委员会　发布

前　言

本标准的附录 A、附录 B 为资料性附录。

本标准由中华人民共和国国家质量监督检验检疫总局提出并归口。

本标准负责起草单位：中华人民共和国秦皇岛出入境检验检疫局、中华人民共和国河北出入境检验检疫局。

本标准主要起草人：艾连峰、王凤池、段文仲、郭春海、马育松、贾海涛、刘宝圣、勾金玉、庞国芳。

牛奶和奶粉中α-群勃龙、β-群勃龙、19-乙烯去甲睾酮和epi-19-乙烯去甲睾酮残留量的测定 液相色谱-串联质谱法

1 范围

本标准规定了牛奶和奶粉中α-群勃龙、β-群勃龙、19-乙烯去甲睾酮和epi-19-乙烯去甲睾酮残留量的高效液相色谱-串联质谱测定方法。

本标准适用于牛奶和奶粉中α-群勃龙、β-群勃龙、19-乙烯去甲睾酮和epi-19-乙烯去甲睾酮残留量的测定和确证。

本标准方法的检出限：牛奶中α-群勃龙、β-群勃龙、19-乙烯去甲睾酮和epi-19-乙烯去甲睾酮为1 μg/kg，奶粉中α-群勃龙、β-群勃龙、19-乙烯去甲睾酮和epi-19-乙烯去甲睾酮为5 μg/kg。

2 规范性引用文件

下列文件中的条款通过本标准的引用而成为本标准的条款。凡是注日期的引用文件，其随后所有的修改单(不包括勘误的内容)或修订版均不适用于本标准，然而，鼓励根据本标准达成协议的各方研究是否可使用这些文件的最新版本。凡是不注日期的引用文件，其最新版本适用于本标准。

GB/T 6379.1 测量方法与结果的准确度(正确度与精密度) 第1部分：总则与定义(GB/T 6379.1—2004,ISO 5725-1:1994,IDT)

GB/T 6379.2 测量方法与结果的准确度(正确度与精密度) 第2部分：确定标准测量方法重复性与再现性的基本方法(GB/T 6379.2—2004,ISO 5725-2:1994,IDT)

GB/T 6682 分析实验室用水规格和试验方法(GB/T 6682—2008,ISO 3696:1987,MOD)

3 原理

试样在pH5.0条件下加酶水解，乙腈-乙酸乙酯提取，凝胶色谱净化，用高效液相色谱-串联质谱测定，外标法定量。

4 试剂和材料

除另有说明外，所用试剂均为液相色谱纯，水为GB/T 6682规定的一级水。

4.1 乙腈。

4.2 乙酸乙酯。

4.3 环己烷。

4.4 甲醇。

4.5 乙酸。

4.6 无水硫酸钠，分析纯：经650 ℃灼烧4 h，置于干燥器内备用。

4.7 乙酸钠，分析纯。

4.8 β-葡萄糖苷酸酶/芳基硫酸酯酶：β-glucuronidase/aryl sulfatase，100 000 unit/mL。

4.9 0.02 mol/L 乙酸钠缓冲液(pH=5.0)：称取无水乙酸钠0.82 g溶于500 mL水中，用乙酸调节pH=5.0。

4.10 甲醇溶液(7+3):30 体积的水与 70 体积的甲醇混匀。

4.11 乙酸乙酯-环己烷(1+1):50 体积的乙酸乙酯与 50 体积的环己烷混匀。

4.12 α-群勃龙(α-trenbolone, CAS:80657-17-6)、β-群勃龙(β-trenbolone,CAS: 10161-33-8)、19-乙烯去甲睾酮(nortestosterone,CAS:434-22-0)和 epi-19-乙烯去甲睾酮(epi-nortestosterone,CAS:4409-34-1)标准品:纯度大于等于 98%。

4.13 标准储备液:分别精确称取适量标准品,用乙腈配制成 100 μg/mL 的标准储备液。

4.14 混合标准中间工作液:取标准储备液(4.13)各 1 mL 至 100 mL 容量瓶中,用乙腈定容至刻度,配制成混合标准工作液,浓度为 1 μg/mL。

4.15 滤膜:0.45 μm。

5 仪器和设备

5.1 高效液相色谱-串联质谱仪:配有电喷雾离子源(ESI)。

5.2 凝胶色谱仪。

5.3 分析天平:感量 0.1 mg 和 0.01 g。

5.4 离心机。

5.5 恒温水浴摇床。

5.6 涡旋混和器。

5.7 旋转蒸发仪。

6 试样的制备与保存

6.1 牛奶

取均匀样品约 250 g 装入洁净容器作为试样,密封置 4 ℃下保存,并标明标记。

6.2 奶粉

取均匀样品约 250 g 装入洁净容器作为试样,密封,并标明标记。

7 测定步骤

7.1 提取

牛奶样品称取约 5 g(准确至 0.01 g)于 50 mL 具塞离心管中,奶粉样品称取约 1 g(准确至 0.01 g)并加入 5 mL 水于 50 mL 具塞离心管中,混匀。

在称取好样品的离心管中加入 5 mL 乙酸钠缓冲液和 20 μL β-葡萄糖苷酸酶/芳基硫酸酯酶,摇匀后盖好塞子置于恒温水浴摇床上,37 ℃振荡水解过夜。待水解液冷却至室温后,首先加入 5 mL 乙腈,振摇,以沉淀蛋白,然后再加入 20 mL 乙酸乙酯,涡旋振荡提取 2 min 后,3 000 r/min 离心 10 min,移取上清液通过 5 g 无水硫酸钠过滤至鸡心瓶中。再用 20 mL 乙酸乙酯重复提取一次,合并上清液于同一鸡心瓶中。

7.2 净化

7.2.1 凝胶色谱参考条件

凝胶色谱参考条件如下:

a) 净化柱:22 g S-X_3 Bio-Beads 填料,200 mm×25 mm (内径)或相当者;

b) 流动相:乙酸乙酯-环己烷(4.11),流速:5.0 mL/min;

c) 定量环:5 mL;

d) 净化程序:0 min~10 min 弃去洗脱液,10 min~15.5 min 收集洗脱液。

7.2.2 凝胶色谱净化

将提取液在 45 ℃下蒸至近干,用乙酸乙酯-环己烷(1+1)定容至 10 mL 的玻璃试管中,按 7.2.1 的条件净化。净化后将收集的洗脱液蒸干,用 1 mL 甲醇溶液(4.10)旋涡振荡溶解,过 0.45 μm 滤膜供

HPLC-MS-MS 分析。

7.3 空白基质溶液的制备

将取牛奶阴性样品 5 g,奶粉阴性样品 1 g(精确到 0.01 g),按 7.1 和 7.2 操作。

7.4 测定条件

7.4.1 液相色谱参考条件

液相色谱参考条件如下:

a) 色谱柱:C_{18},5 μm,150 mm×2.1 mm(内径)或相当者;

b) 色谱柱温度:30 ℃;

c) 进样量:20 μL;

d) 流动相梯度及流速见表 1。

表 1 液相色谱梯度洗脱条件

时间/min	流速/(μL/min)	0.1%乙酸水溶液/%	乙腈/%
0.00	200	80	20
6.00	200	65	35
8.00	200	65	35
8.10	200	80	20
10.0	200	80	20

7.4.2 质谱参考条件

质谱参考条件如下:

a) 离子化模式:电喷雾正离子模式(ESI+);

b) 质谱扫描方式:多反应监测(MRM);

c) 鞘气压力:104 kPa;

d) 辅助气压力:138 kPa;

e) 正离子模式电喷雾电压(IS):4 000 V;

f) 毛细管温度:320 ℃;

g) 源内诱导解离电压:10 V;

h) Q1 为 0.4,Q3 为 0.7;

i) 碰撞气:高纯氩气;

j) 碰撞气压力:0.2 Pa;

k) 其他质谱参数见表 2。

表 2 被测物的参考保留时间、采集窗口、监测离子对和裂解能量

化合物名称	保留时间/min	检测离子对(m/z)	裂解能量/eV
β-群勃龙	8.93	271.16/253.08[a]	21
		271.16/199.08	21
α-群勃龙	9.47	271.16/253.08[a]	21
		271.16/199.08	21
19-乙烯去甲睾酮	10.28	275.18/239.10[a]	15
		275.18/257.12	25
epi-19-乙烯去甲睾酮	11.64	275.18/239.10[a]	15
		275.18/257.12	25

[a] 为定量离子对,对于不同质谱仪器,仪器参数可能存在差异,测定前应将质谱参数优化到最佳。

7.4.3 液相色谱-串联质谱测定

7.4.3.1 定性测定

每种被测组分选择1个母离子，2个以上子离子，在相同实验条件下，样品中待测物质的保留时间，与混合基质标准校准溶液中对应的保留时间偏差在±2.5%之内；且样品谱图中各组分定性离子的相对丰度与浓度接近的混合基质标准校准溶液谱图中对应的定性离子的相对丰度进行比较，偏差不超过表3规定的范围，则可判定为样品中存在对应的待测物。

表3 定性确证时相对离子丰度的最大允许偏差 %

相对离子丰度 K	$K>50$	$20<K<50$	$10<K<20$	$K\leqslant 10$
允许最大偏差	±20	±25	±30	±50

7.4.3.2 定量测定

在仪器最佳工作条件下，对混合基质标准校准溶液进样，以峰面积为纵坐标，混合基质校准溶液浓度为横坐标绘制标准工作曲线，用标准工作曲线对样品进行定量，样品溶液中待测物的响应值均应在仪器测定的线性范围内。上述色谱和质谱条件下，标准物质多反应监测(MRM)色谱图参见附录A中的图A.1。

7.5 平行试验

按以上步骤，对同一试样进行平行试验测定。

7.6 回收率试验

吸取适量混合标准工作溶液，用空白基质溶液(7.3)稀释成所需浓度的标准校准溶液。阴性样品中添加标准溶液，按7.1和7.2操作，测定后计算样品添加的回收率，回收率范围参见附录B中的表B.1。

8 结果计算

试样中分析物的残留量利用数据处理系统计算或按式(1)计算：

$$X = c \times \frac{V}{m} \times \frac{1\,000}{1\,000} \quad \cdots\cdots\cdots\cdots(1)$$

式中：

X——试样中被测组分残留量，单位为微克每千克(μg/kg)；

c——从标准工作曲线上得到的被测组分溶液浓度，单位为纳克每毫升(ng/mL)；

V——样品溶液定容体积，单位为毫升(mL)；

m——样品溶液所代表试样的质量，单位为克(g)。

计算结果应扣除空白值。

9 精密度

9.1 一般规定

本标准的精密度数据是按照GB/T 6379.1和GB/T 6379.2的规定确定的，重复性和再现性的值以95%的可信度来计算。

9.2 重复性

在重复性条件下，获得的两次独立测试结果的绝对差值不超过重复性限(r)，被测物的添加浓度范围及重复性方程见表4和表5。

表4 牛奶中四种分析物的添加浓度范围及重复性和再现性方程 单位为微克每千克

化合物名称	添加浓度范围	重复性限 r	再现性限 R
β-群勃龙	1～10	$\lg r=1.304\,6 \lg m-1.025\,9$	$\lg R=1.005 \lg m-0.690\,2$
α-群勃龙	1～10	$\lg r=0.827\,8 \lg m-0.781\,1$	$\lg R=0.941\,5 \lg m-0.636\,7$
19-乙烯去甲睾酮	1～10	$\lg r=0.912\,1 \lg m-0.860\,3$	$\lg R=0.904\,9 \lg m-0.579\,1$
epi-19-乙烯去甲睾酮	1～10	$\lg r=1.186\,8 \lg m-0.971\,1$	$\lg R=0.888\,8 \lg m-0.597\,5$
注：m 为两次测定结果的算术平均值。			

表 5 奶粉中四种分析物的添加浓度范围及重复性和再现性方程 单位为微克每千克

化合物名称	添加浓度范围	重复性限 r	再现性限 R
β-群勃龙	5～50	$\lg r=1.1785 \lg m-1.2094$	$\lg R=1.2993 \lg m-0.9517$
α-群勃龙	5～50	$\lg r=0.7749 \lg m-0.5326$	$\lg R=0.9135 \lg m-0.6682$
19-乙烯去甲睾酮	5～50	$\lg r=0.8205 \lg m-0.5518$	$\lg R=0.8513 \lg m-0.7618$
epi-19-乙烯去甲睾酮	5～50	$\lg r=0.8629 \lg m-0.7944$	$\lg R=0.7029 \lg m-0.4504$
注：m 为两次测定结果的算术平均值。			

如果差值超过重复性限，应舍弃试验结果并重新完成两次单个试验的测定。

9.3 再现性

在再现性条件下，获得的两次独立测试结果的绝对差值不超过再现性限（R），被测物的添加浓度范围及再现性方程见表 4 和表 5。

附　录　A
（资料性附录）
标准物质多反应监测(MRM)色谱图

α-群勃龙、β-群勃龙、19-乙烯去甲睾酮和 epi-19-乙烯去甲睾酮标准物质多反应监测(MRM)色谱图，见图 A.1。

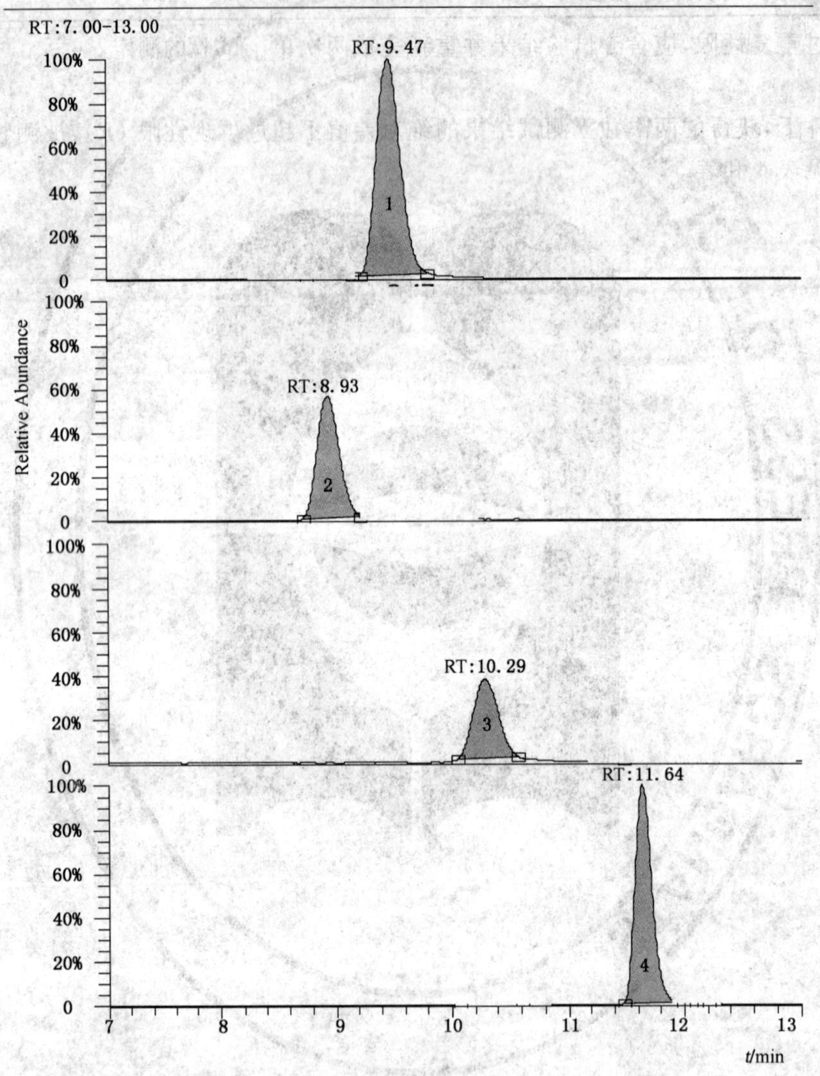

1——α-群勃龙；
2——β-群勃龙；
3——19-乙烯去甲睾酮；
4——epi-19-乙烯去甲睾酮。

图 A.1　标准物质多反应监测(MRM)色谱图

附 录 B
（资料性附录）
回 收 率

α-群勃龙、β-群勃龙、19-乙烯去甲睾酮和 epi-19-乙烯去甲睾酮的添加浓度及其回收率范围数据，见表 B.1。

表 B.1 α-群勃龙、β-群勃龙、19-乙烯去甲睾酮和 epi-19-乙烯去甲睾酮的添加浓度及其回收率范围数据

化合物名称	牛奶		奶粉	
	添加浓度/(μg/kg)	回收率范围/%	添加浓度/(μg/kg)	回收率范围/%
β-群勃龙	1	76.0～91.0	5	75.2～95.6
	2	74.5～91.0	10	75.6～93.0
	5	73.6～90.6	25	70.5～89.4
	10	77.4～94.2	50	74.0～97.0
α-群勃龙	1	73.0～94.0	5	75.0～95.8
	2	73.5～96.0	10	75.5～88.6
	5	74.4～96.0	25	76.7～98.2
	10	79.9～92.5	50	77.0～92.8
19-乙烯去甲睾酮	1	75.0～90.0	5	78.2～96.4
	2	74.0～94.0	10	73.8～89.0
	5	78.0～97.8	25	82.3～99.0
	10	80.7～88.2	50	74.4～96.2
epi-19-乙烯去甲睾酮	1	76.0～96.0	5	81.4～96.0
	2	76.5～92.5	10	71.8～94.6
	5	76.8～95.0	25	80.8～98.1
	10	76.1～96.7	50	81.0～93.5

ICS 67.050
X 04

中华人民共和国国家标准

GB/T 22977—2008

牛奶和奶粉中保泰松残留量的测定 液相色谱-串联质谱法

Determination of phenylbutazone residues in bovine milk and milk powder—LC-MS-MS method

2008-12-31 发布　　2009-05-01 实施

中华人民共和国国家质量监督检验检疫总局
中国国家标准化管理委员会　发布

前　言

本标准的附录 A、附录 B 为资料性附录。

本标准由中华人民共和国国家质量监督检验检疫总局提出并归口。

本标准起草单位：中华人民共和国秦皇岛出入境检验检疫局。

本标准主要起草人：王飞、王海洋、曹彦忠、贾光群、张进杰、石玉秋、庞国芳。

牛奶和奶粉中保泰松残留量的测定 液相色谱-串联质谱法

1 范围

本标准规定了牛奶和奶粉中保泰松残留量的液相色谱-串联质谱测定方法。

本标准适用于牛奶和奶粉中保泰松残留量的测定。

本标准的方法检出限：牛奶 5.0 μg/kg，奶粉 40.0 μg/kg。

2 规范性引用文件

下列文件中的条款通过本标准的引用而成为本标准的条款。凡是注日期的引用文件，其随后所有的修改单（不包括勘误的内容）或修订版均不适用于本标准，然而，鼓励根据本标准达成协议的各方研究是否可使用这些文件的最新版本。凡是不注日期的引用文件，其最新版本适用于本标准。

GB/T 6379.1 测量方法与结果的准确度（正确度与精密度） 第1部分：总则与定义（GB/T 6379.1—2004，ISO 5725-1:1994，IDT）

GB/T 6379.2 测量方法与结果的准确度（正确度与精密度） 第2部分：确定标准测量方法重复性与再现性的基本方法（GB/T 6379.2—2004，ISO 5725-2:1994，IDT）

GB/T 6682 分析实验室用水规格和试验方法（GB/T 6682—2008，ISO 3696:1987，MOD）

3 原理

牛奶和奶粉中保泰松的残留用氨水保持碱性条件，用乙醇、乙醚和石油醚去除脂肪，然后在酸性条件下用四氢呋喃-正己烷混合溶液提取保泰松残留，浓缩后定容，供液相色谱-串联质谱仪测定。外标法定量。

4 试剂和材料

除另有说明外，所用试剂均为分析纯。

4.1 水：GB/T 6682，一级。

4.2 甲醇。

4.3 乙醇。

4.4 氨水：化学纯。

4.5 乙醚。

4.6 石油醚。

4.7 四氢呋喃：色谱纯。

4.8 正己烷：色谱纯。

4.9 乙腈：色谱纯。

4.10 乙酸乙酯。

4.11 盐酸。

4.12 甲酸铵。

4.13 二硫苏糖醇（dithiothreitol，CAS:3483-12-3）：$C_4H_{10}O_2S_2$，纯度≥99%。

4.14 *N*,*N*-二甲基甲酰胺（*N*,*N*-Dimethylformamide，CAS:68-12-2）：$HCON(CH_3)_2$，含量 99.5%。

4.15 四氢呋喃-正己烷混合溶液:(1+4)。200 mL 四氢呋喃(4.7)与 800 mL 正己烷(4.8)混合。

4.16 3.0 mol/L 盐酸:吸取 25.8 mL 的盐酸(4.11)于 100 mL 容量瓶中,用水定容至 100 mL。

4.17 0.01 mol/L 甲酸铵溶液:0.63 g 甲酸铵(4.12)于 1 000 mL 容量瓶中,加水稀释至刻度,过 0.2 μm 的水性滤膜。

4.18 稳定剂:0.25 mg/mL。称取 0.125 g 二硫苏糖醇(4.13),用乙酸乙酯(4.10)溶解并定容至 500 mL 容量瓶中。

4.19 标准物质:保泰松(CAS:50-33-9),纯度≥95%。

4.20 保泰松标准储备溶液:100.0 μg/mL。准确称取 10.0 mg 保泰松标准物质(4.19)于 100 mL 容量瓶中,用约 80 mL 甲醇(4.2)溶解,加入 5.0 mL 稳定剂(4.18),用甲醇(4.2)定容至刻度,混匀。4 ℃保存。

4.21 中间浓度标准溶液:1.0 μg/mL。吸取 10.0μL 保泰松标准储备溶液(4.20)于 10 mL 容量瓶中,用流动相定容至刻度。4 ℃保存。

4.22 基质标准工作溶液:分别吸取 5.0 μL、10.0 μL、50.0 μL、200.0 μL 中间浓度保泰松标准溶液(4.21),加入 20 μL *N*,*N*-甲基甲酰胺(4.18),用基质空白溶液定容至 1.0 mL,配成 5.0 ng/mL、10.0 ng/mL、50.0 ng/mL、200.0 ng/mL 浓度系列标准工作溶液。在 4 ℃保存,可使用一周。

4.23 滤膜:0.2 μm。

5 仪器

5.1 液相色谱-串联质谱仪:配有电喷雾离子源。

5.2 天平:感量 0.01 g,0.000 1 g。

5.3 旋涡混合器。

5.4 氮气浓缩仪。

5.5 具塞聚丙烯离心管:10 mL。

5.6 离心机:可提供 2 600 *g* 离心力下(相当于 4 200 r/min)。

5.7 超声波清洗仪。

5.8 振荡器。

6 试样制备与保存

6.1 试样的制备

从全部样品中取出有代表性样品约 1 kg,充分混匀,均分成两份,分别装入洁净容器内。密封后作为试样,标明标记。在抽样和制样的操作过程中,应防止样品受到污染或发生残留物含量的变化。

6.2 试样的保存

将试样于−18 ℃保存。

7 测定步骤

7.1 试样提取

7.1.1 牛奶

称取 1 g 试样,精确至 0.01 g,置于 10 mL 离心管中,加入 1.0 mL 乙醇(4.3),混匀;加入 0.1 mL 氨水(4.4),混匀;加入 2.5 mL 乙醚(4.5),于旋涡混合器混匀 20 s,静置 5 min;加入 2.5 mL 石油醚(4.6),于旋涡混合器混匀 20 s,静置 5 min;小心吸弃上清液后,依次加入 5 mL 四氢呋喃-正己烷混合溶液(4.15)和 0.4 mL 3.0 mol/L 盐酸(4.16),于振荡器上剧烈振荡 30 min;在 4 200 r/min 离心力下离心10 min。小心吸取上清液于另一 10 mL 离心管中,用氮气浓缩仪于 50 ℃水浴中吹至近干。

准确加入 20 μL *N*,*N*-二甲基甲酰胺(4.14)和 980 μL 0.01 mol/L 甲酸铵溶液(4.17),于超声波仪

中助溶，残渣溶解后，过 0.2 μm 滤膜(4.23)，供液相色谱-串联质谱仪测定。

7.1.2 奶粉

按照 1 g 奶粉加水 8 mL 的比例，将奶粉溶解为还原奶后，按照 7.1.1 的提取步骤进行。

7.2 空白样品提取液的制备

用阴性样品，按 7.1 操作步骤，制备用于配制系列基质标准工作溶液的空白样品提取液。

7.3 测定条件

7.3.1 液相色谱参考条件

液相色谱参考条件如下：

a) 色谱柱：Intersil C_{18}，3 μm，150 mm×2.1 mm(内径)或相当者；

b) 进样量：30 μL；

c) 流速：0.2 mL/min；

d) 柱温：40 ℃；

e) 流动相 A：0.01 mol/L 甲酸铵溶液；

f) 流动相 B：乙腈；

g) 洗脱条件：恒配比 A：B 为 63%：37%；流速：0.20 mL/min；时间：10.0 min。

7.3.2 质谱参考条件

质谱参考条件如下：

a) 离子源：电喷雾离子源；

b) 扫描方式：正离子扫描；

c) 检测方式：多反应检测；

d) 电喷雾电压：500 V；

e) 雾化气压力：0.069 MPa；

f) 辅助气流速：0.414 L/min；

g) 离子源温度：500 ℃；

h) 碰撞室出口电压：32 V；

i) 定性离子对、定量离子对、碰撞气能量和去簇电压：见表 1。

表 1 保泰松的定性离子对、定量离子对、碰撞气能量和去簇电压

化合物中文名称	化合物英文名称	定性离子对(m/z)	定量离子对(m/z)	碰撞气能量/V	去簇电压/V
保泰松	phenylbutazone	309/160	309/160	31	31
		309/146		30	31

7.4 液相色谱-串联质谱测定

7.4.1 定性测定

被测组分选择 1 个母离子，2 个以上子离子，在相同的试验条件下，样品中待测物质的保留时间与标准溶液中对应的保留时间偏差±2.5%之内；且待测样品溶液中，被测物中各定性离子相对丰度与浓度接近的基质标准工作溶液中被测物的各定性离子相对丰度的比值 K，偏差不超过表 2 规定的范围，则可判定为样品中存在对应的待测物。

表 2 定性确证时相对离子丰度的最大允许偏差 %

相对离子丰度的比值 K	$K>50$	$20<K<50$	$10<K<20$	$K\leqslant10$
允许的最大偏差	±20	±25	±30	±50

7.4.2 定量测定

在仪器最佳工作条件下，以基质标准工作溶液浓度为横坐标，以峰面积为纵坐标，绘制标准工作曲线。用基质标准工作溶液的工作曲线对样品中的保泰松进行定量，样品溶液中保泰松的响应值在仪器测定的线性范围内。

在上述色谱参考条件和质谱参考条件下，保泰松的参考保留时间 5.46 min，保泰松的标准物质多反应监测(MRM)色谱图参见附录 A 中的图 A.1。

本方法的添加浓度及其平均回收率的试验数据参见附录 B 中的表 B.1。

7.5 平行试验

按试样步骤，对同一试样进行平行试验测定。

7.6 空白试验

不称取样品，其余均按试样步骤进行。

8 结果计算

试样中保泰松残留量的计算按式(1)计算：

$$X = c \times \frac{V}{m} \times \frac{1\,000}{1\,000} \qquad \cdots\cdots(1)$$

式中：

X——试样中被测组分残留量，单位为毫克每千克(mg/kg)；

c——从标准工作曲线得到的被测组分溶液浓度；单位为微克每毫升(μg/mL)；

V——试样溶液定容体积，单位为毫升(mL)；

m——试样溶液所代表试样的质量，单位为克(g)。

计算结果应扣除空白值。

9 精密度

9.1 一般规定

本标准的精密度数据是按照 GB/T 6379.1 和 GB/T 6379.2 的规定确定的，其重复性和再现性的值是以 95%的可信度来计算。

9.2 重复性

在重复性实验的条件下，获得的两次独立测试结果的绝对差值不超过重复性限(r)，保泰松的添加浓度范围及重复性方程见表 3。

表 3 添加浓度范围及重复性限和再现性限方程 单位为微克每千克

化合物名称	添加浓度范围	重复性限 r	再现性限 R
保泰松	5.0～200.0	$\lg r = 1.036\,7 \lg m - 1.032\,5$	$\lg R = 0.836\,1 \lg m - 0.427\,6$
注：m 为两次测定值的算术平均值。			

如果差值超过重复性限(r)，应舍弃试验结果并重新完成两次单个试验的测定。

9.3 再现性

在再现性实验的条件下，获得的两次独立测试结果的绝对差值不超过再现性限(R)，保泰松的添加浓度范围及再现性方程见表 3。

附　录　A
（资料性附录）
标准物质多反应监测(MRM)色谱图

保泰松标准物质多反应监测(MRM)色谱图,见图 A.1。

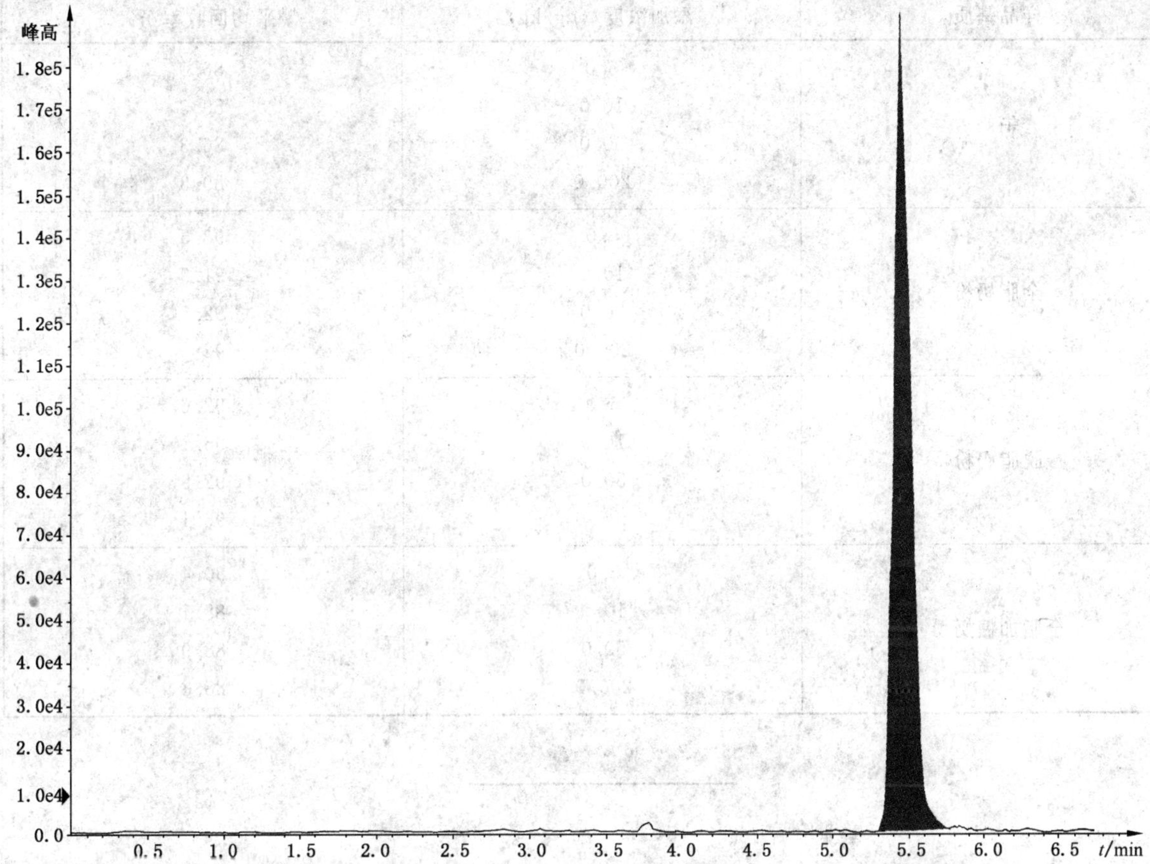

图 A.1　保泰松标准物质多反应监测(MRM)色谱图

附 录 B
（资料性附录）
回 收 率

本方法中保泰松添加浓度及其平均回收率的试验数据，见表B.1。

表B.1 保泰松添加浓度及其平均回收率的试验数据

样品基质	添加浓度/(μg/kg)	平均回收率/%
牛奶	5.0	86.0
	10.0	89.3
	50.0	86.3
	200.0	89.3
全脂奶粉	5.0	93.5
	10.0	91.9
	50.0	92.5
	200.0	92.6
脱脂奶粉	5.0	92.6
	10.0	96.1
	50.0	92.9
	200.0	96.1
全脂加糖奶粉	5.0	90.4
	10.0	88.1
	50.0	88.9
	200.0	88.8

ICS 67.050
X 04

中华人民共和国国家标准

GB/T 22978—2008

牛奶和奶粉中地塞米松残留量的测定 液相色谱-串联质谱法

Determination of dexamethasone residues in milk and milk powder—LC-MS-MS method

2008-12-31 发布 2009-05-01 实施

中华人民共和国国家质量监督检验检疫总局
中国国家标准化管理委员会 发布

前 言

本标准的附录 A、附录 B 为资料性附录。

本标准由中华人民共和国国家质量监督检验检疫总局提出并归口。

本标准起草单位：中华人民共和国秦皇岛出入境检验检疫局、中华人民共和国河北出入境检验检疫局。

本标准主要起草人：马育松、葛娜、郭春海、段文仲、陈瑞春、吕红英、窦彩云、贾海涛、庞国芳。

牛奶和奶粉中地塞米松残留量的测定 液相色谱-串联质谱法

1 范围

本标准规定了牛奶和奶粉中地塞米松残留量的液相色谱-串联质谱测定方法。

本标准适用于牛奶和奶粉中地塞米松残留量的测定和确证。

本标准的方法检出限：牛奶为 0.2 μg/kg，奶粉为 1.0 μg/kg。

2 规范性引用文件

下列文件中的条款通过本标准的引用而成为本标准的条款。凡是注日期的引用文件，其随后所有的修改单（不包括勘误的内容）或修订版均不适用于本标准，然而，鼓励根据本标准达成协议的各方研究是否可使用这些文件的最新版本。凡是不注日期的引用文件，其最新版本适用于本标准。

GB/T 6379.1 测量方法与结果的准确度（正确度与精密度） 第 1 部分：总则与定义（GB/T 6379.1—2004，ISO 5725-1：1994，IDT）

GB/T 6379.2 测量方法与结果的准确度（正确度与精密度） 第 2 部分：确定标准测量方法重复性与再现性的基本方法（GB/T 6379.2—2004，ISO 5725-2：1994，IDT）

GB/T 6682 分析实验室用水规格和试验方法（GB/T 6682—2008，ISO 3696：1987，MOD）

3 原理

牛奶和奶粉样品用乙腈提取试样，C_{18} 固相萃取柱净化，液相色谱-串联质谱仪测定，外标法定量。

4 试剂和材料

水为 GB/T 6682 规定的一级水。

4.1 甲醇：色谱纯。

4.2 乙腈：色谱纯。

4.3 甲酸：优级纯。

4.4 0.1%甲酸溶液：移取 1 mL 甲酸（4.3）于装有约 800 mL 水的 1 L 容量瓶中，用水定容至刻度并混匀。

4.5 地塞米松标准物质（CAS：50-05-2）：纯度大于等于 99%。

4.6 地塞米松标准储备溶液：准确称取 100 mg 地塞米松标准物质（4.5），用甲醇溶解并定容至 100 mL，配成浓度为 1.0 mg/mL 的标准储备液。该溶液在 4 ℃保存。

4.7 地塞米松标准工作溶液：吸取适量的地塞米松标准储备溶液（4.6），用甲醇配成 1 μg/mL 和 0.1 μg/mL 两种浓度的标准工作溶液。该溶液在 4 ℃保存。

4.8 地塞米松基质标准工作溶液：根据需要吸取适量的地塞米松标准工作溶液（4.7），用空白样品提取液稀释成适当浓度的基质标准工作溶液，临用前配制。

4.9 C_{18} 固相萃取柱：500 mg，3 mL。使用前分别用 3 mL 乙腈和 3 mL 水预处理，保持柱体湿润。

4.10 滤膜：0.22 μm。

5 仪器与设备

5.1 液相色谱-串联质谱仪：配有大气压化学电离源（APCI）。

5.2 分析天平:感量 0.1 mg 和 0.01 g。

5.3 涡旋混匀器。

5.4 固相萃取装置。

5.5 具塞塑料离心管:50 mL。

5.6 真空泵:真空度应达到 80 kPa。

5.7 离心机。

5.8 旋转蒸发器。

5.9 氮气吹干仪。

5.10 样品管:10 mL。

5.11 梨形瓶:150 mL。

6 试样的制备与保存

6.1 牛奶

取均匀样品约 250 g 装入洁净容器作为试样,密封置 4 ℃下保存,并标明标记。

6.2 奶粉

取均匀样品约 250 g 装入洁净容器作为试样,密封,并标明标记。

7 测定步骤

7.1 提取

7.1.1 牛奶样品

称取 10 g 试样(精确到 0.01 g)置于 50 mL 具塞塑料离心管中,加入 20 mL 乙腈,涡旋混匀 1 min,以 5 000 r/min 离心 10 min,取上清液至梨形瓶中。用旋转蒸发器于 45 ℃水浴上减压蒸发,将提取液浓缩至体积小于 5 mL。

7.1.2 奶粉样品

称取 2 g 试样(精确到 0.01 g)置于 50 mL 具塞塑料离心管中,加入 10 mL 水涡旋 30 s 混匀,以下操作同牛奶样品。

7.2 净化

将提取液移至经预处理的 C_{18} 固相萃取柱中,用 5 mL 水洗涤梨形瓶和萃取柱,弃去全部流出液。在 65 kPa 的负压下,减压抽干 1 min,用 5 mL 乙腈以小于等于 3 mL/min 流速洗脱,收集洗脱液于 10 mL 样品管中,在 45 ℃水浴中用氮气吹干,用 0.50 mL 流动相溶解残渣,经 0.22 μm 滤膜过滤后供液相色谱-串联质谱仪测定。

7.3 测定条件

7.3.1 液相色谱参考条件

液相色谱参考条件如下:

a) 色谱柱:Inertsil ODS-3 C_{18},5 μm,150 mm×2.1 mm(内径)或相当者;

b) 流动相:乙腈+0.1 %甲酸溶液(1+1);

c) 流速:200 μL/min;

d) 柱温:40 ℃;

e) 进样量:20 μL。

7.3.2 质谱参考条件

质谱参考条件如下:

a) 离子源:大气压化学电离源(APCI);

b) 扫描方式:正离子扫描;

c) 定性离子对(m/z):393.2/373.2,393.2/355.2;

d) 定量离子对(m/z):393.2/373.2;

e) 喷雾压力:1.14×10^5 Pa;

f) 干燥气体流量:5 L/min;

g) 干燥气体温度:250 ℃;

h) 大气压化学电离源蒸发温度:250 ℃;

i) 电晕电流:4 000 nA;

j) 毛细管电压:1 500 V。

7.3.3 液相色谱-串联质谱测定

7.3.3.1 定性测定

样品谱图中各组分定性离子的相对丰度与浓度接近的混合基质标准校准溶液谱图中对应的定性离子的相对丰度进行比较,偏差不超过表1规定的范围,则可判定为样品中存在对应的待测物。

表1 定性确证时相对离子丰度的最大允许偏差 %

相对离子丰度 K	$K>50$	$20<K<50$	$10<K<20$	$K\leqslant10$
允许最大偏差	±20	±25	±30	±50

7.3.3.2 定量测定

在上述色谱条件下,用6个不同浓度的地塞米松基质标准工作溶液分别进样,以基质标准工作溶液浓度为横坐标,以峰面积为纵坐标,绘制标准工作曲线。用标准工作曲线对样品进行定量,样品溶液中地塞米松的响应值应在仪器测定的线性范围内。在上述色谱条件和质谱条件下,地塞米松的参考保留时间为3.4 min。地塞米松的选择离子流图参见附录A中的图A.1。

本方法的添加回收率数据参见附录B中的表B.1。

7.4 平行试验

按以上步骤,对同一试样进行平行试验测定。

7.5 空白试验

除不称取试样外,均按上述步骤同时完成空白试验。

8 结果计算

地塞米松残留量利用数据处理系统计算或按式(1)计算:

$$X = c \times \frac{V}{m} \times \frac{1\,000}{1\,000} \quad \cdots\cdots(1)$$

式中:

X——试样中地塞米松残留量,单位为微克每千克(μg/kg);

c——从标准工作曲线得到的试样溶液中被测组分的浓度,单位为纳克每毫升(ng/mL);

V——试样溶液定容体积,单位为毫升(mL);

m——最终试样溶液所代表的试样质量,单位为克(g)。

计算结果应扣除空白值。

9 精密度

9.1 一般规定

本标准的精密度数据是按照GB/T 6379.1和GB/T 6379.2的规定确定的,重复性和再现性的值以95%的可信度来计算。

9.2 重复性

在重复性测定条件下，获得的两次独立测试结果的绝对差值不超过重复性限(r)，牛奶和奶粉中地塞米松添加浓度范围及重复性方程见表2。

表2 添加浓度范围及重复性和再现性方程　　单位为毫克每千克

样品基质	添加浓度范围	重复性限 r	再现性限 R
牛奶	0.2～10	$r=0.1030m+0.0161$	$R=0.2681m+0.0180$
奶粉	1.0～10	$\lg r=0.2655\lg m-0.6135$	$\lg R=0.8460\lg m-0.3613$
注：m 为两次测定结果的算术平均值。			

如果差值超过重复性限，应舍弃试验结果并重新完成两次单个试验的测定。

9.3 再现性

在再现性测定条件下，获得的两次独立测试结果的绝对差值不超过再现性限(R)，牛奶和奶粉中地塞米松的添加浓度范围及再现性方程见表2。

附 录 A
（资料性附录）
地塞米松标准物质选择离子流图

地塞米松标准物质选择离子流图，见图 A.1。

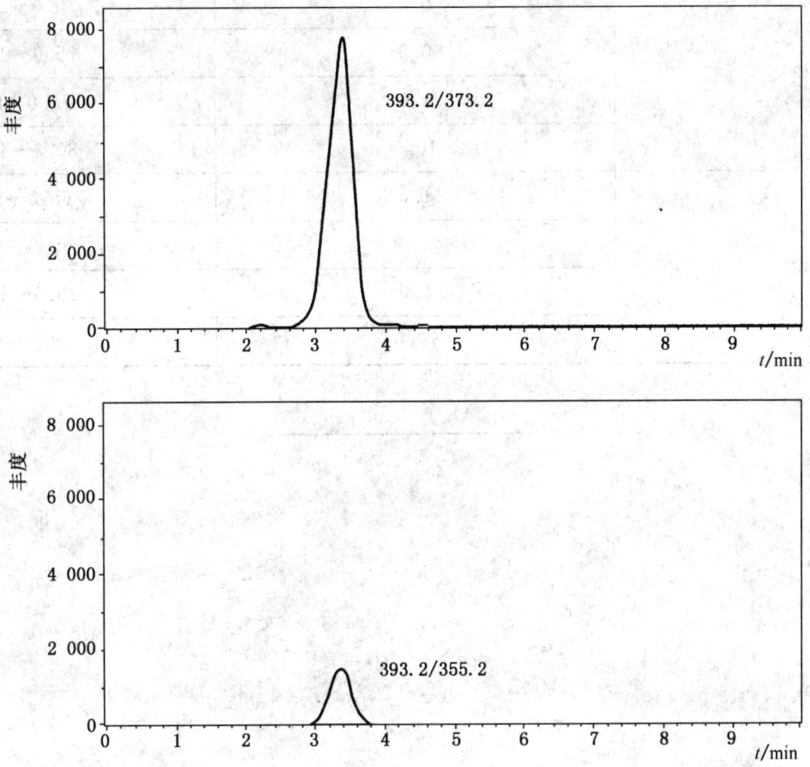

图 A.1　地塞米松标准物质选择离子流图

附 录 B
（资料性附录）
回 收 率

本方法中地塞米松添加浓度及其回收率范围的试验数据，见表 B.1。

表 B.1 地塞米松添加浓度及其回收率范围的试验数据

样品基质	添加浓度/(μg/kg)	回收率范围/%
牛奶	0.2	70.0～110.0
	0.5	75.0～105.0
	1.0	78.0～99.0
	10.0	80.3～104.0
奶粉	1.0	65.0～95.0
	2.0	65.0～95.0
	5.0	75.0～100.0
	10.0	78.0～97.0

ICS 67.050
X 04

中华人民共和国国家标准

GB/T 22979—2008

牛奶和奶粉中啶酰菌胺残留量的测定 气相色谱-质谱法

Determination of boscalid residues in milk and milk powder—GC-MS method

2008-12-31 发布　　2009-05-01 实施

中华人民共和国国家质量监督检验检疫总局
中国国家标准化管理委员会　发布

前　言

本标准的附录A、附录B均为资料性附录。

本标准由中华人民共和国国家质量监督检验检疫总局提出并归口。

本标准起草单位：中华人民共和国秦皇岛出入境检验检疫局、中华人民共和国内蒙古出入境检验检疫局。

本标准主要起草人：潘国卿、张春艳、白国涛、郑书展、刘来俊、李红、张伟、庞国芳。

牛奶和奶粉中啶酰菌胺残留量的测定 气相色谱-质谱法

1 范围

本标准规定了牛奶和奶粉中啶酰菌胺残留量的气相色谱-质谱测定方法。

本标准适用于牛奶和奶粉中啶酰菌胺残留量的测定。

本标准方法检出限：牛奶为0.010 mg/kg；奶粉为0.080 mg/kg 。

2 规范性引用文件

下列文件中的条款通过本标准的引用而成为本标准的条款。凡是注日期的引用文件，其随后所有的修改单(不包括勘误的内容)或修订版均不适用于本标准，然而，鼓励根据本标准达成协议的各方研究是否可使用这些文件的最新版本。凡是不注日期的引用文件，其最新版本适用于本标准。

GB/T 6379.1　测量方法与结果的准确度(正确度与精密度)　第1部分：总则与定义(GB/T 6379.1—2004，ISO 5725-1:1994，IDT)

GB/T 6379.2　测量方法与结果的准确度(正确度与精密度)　第2部分：确定标准测量方法重复性与再现性的基本方法(GB/T 6379.2—2004，ISO 5725-2:1994，IDT)

GB/T 6682　分析实验室用水规格和试验方法(GB/T 6682—2008，ISO 3696:1987，MOD)

3 原理

试样中的啶酰菌胺用乙腈提取，提取液经盐析、离心、浓缩和溶剂交换后，经凝胶渗透色谱净化，用气相色谱-质谱仪测定，外标法定量。

4 试剂和材料

除另有说明外，所用试剂均为分析纯，水为GB/T 6682规定的一级水。

4.1　乙腈：色谱纯。

4.2　乙酸乙酯：色谱纯。

4.3　环己烷：色谱纯。

4.4　无水硫酸钠：650 ℃灼烧4 h，在干燥器内冷却至室温，贮于密封瓶中备用。

4.5　氯化钠。

4.6　乙酸乙酯-环己烷溶液：将乙酸乙酯(4.2)与环己烷(4.3)按照1∶1体积比进行混合。

4.7　啶酰菌胺标准品：纯度大于98%。

4.8　啶酰菌胺标准储备溶液：准确称取一定量的啶酰菌胺标准品，用乙酸乙酯-环己烷溶液(4.6)配成0.10 mg/mL的标准储备溶液，于4 ℃避光保存。

4.9　啶酰菌胺标准工作溶液：根据需要吸取适量的啶酰菌胺标准储备溶液，用乙酸乙酯-环己烷溶液(4.6)逐级稀释成适当浓度的标准工作溶液，于4 ℃避光保存。

4.10　啶酰菌胺基质标准工作溶液：根据需要吸取适量的啶酰菌胺标准工作溶液，用阴性样品提取液配制成浓度范围在0.010 μg/mL～0.50 μg/mL的系列基质标准工作溶液，该溶液应现用现配。

4.11　滤膜：0.2 μm。

5 仪器和设备

5.1 气相色谱-质谱仪:配有电子轰击源(EI)。

5.2 凝胶渗透色谱仪:配有凝胶渗透色谱柱。

5.3 分析天平:感量 0.1 mg 和 0.01 g。

5.4 均质器。

5.5 旋转蒸发器。

5.6 超声波清洗器。

5.7 离心机:转速不小于 10 000 r/min。

5.8 鸡心瓶:200 mL。

5.9 分液漏斗:250 mL。

6 试样制备与保存

6.1 试样的制备

6.1.1 牛奶:取有代表性试样约 500 g,搅拌均匀后装入洁净容器内密封并做好标识。

6.1.2 奶粉:取有代表性试样约 500 g,搅拌均匀后装入洁净容器内密封并做好标识。准确称取 12 g 乳粉试样(精确到 0.01 g)于 250 mL 烧杯中,少量多次加入 50 mL 煮沸并冷却到 60 ℃左右的水溶解,冷却至室温后,移入 100 mL 容量瓶中,用少量水分次淋洗烧杯,淋洗液一并移入容量瓶,再用水定容到刻度,混匀,制备成奶粉复原乳试样。

6.2 试样的保存

将试样于 4 ℃保存。

7 测定步骤

7.1 提取

准确称取 10 g 牛奶试样(精确到 0.01 g)或量取 10.00 mL 奶粉复原乳试样(6.1.2)于 100 mL 离心管中,加入 50 mL 乙腈(4.1),用均质器以 15 000 r/min 提取 2 min,用离心机以 3 000 r/min 离心 5 min,上清液转入 250 mL 分液漏斗中,残渣中再加入 30 mL 乙腈(4.1),以 15 000 r/min 提取 2 min,以 3 000 r/min 离心 5 min,合并上清液于上述分液漏斗中,加入 3 g 氯化钠(4.5),剧烈振荡 3 min,静置分层后,除去分离的水层,乙腈层溶液通过装有 10 g 无水硫酸钠(4.4)的漏斗过滤到 200 mL 鸡心瓶中,用适量乙腈(4.1)淋洗无水硫酸钠及漏斗,收集全部滤液,在低于 40 ℃条件下旋转蒸发除去溶剂至干,残留物中加入约 3 mL 乙酸乙酯-环己烷溶液(4.6)溶解后,超声波提取 1 min,提取液转入 10 mL 容量瓶中,重复操作三次,合并提取液,用乙酸乙酯-环己烷溶液(4.6)定容至刻度,摇匀。

7.2 凝胶渗透色谱净化

7.2.1 条件

凝胶渗透色谱条件如下:

a) 凝胶渗透色谱柱:300 mm×10 mm,内装 Bio Beads S-X3 填料或者相当者;

b) 检测波长:254 nm;

c) 流动相:乙酸乙酯-环己烷溶液(4.6);

d) 流速:5 mL/min;

e) 进样量:5 mL;

f) 开始收集时间:8.5 min;

g) 结束收集时间:20 min。

7.2.2 净化

将上述提取液以 3 000 r/min 离心 5 min,上清液过 0.45 μm 有机相滤膜(4.11),取 5.00 mL 提取液注入凝胶渗透色谱仪的色谱柱中,以乙酸乙酯-环己烷溶液(4.6)洗脱,收集 8.5 min~20 min 的流出液,在低于 40 ℃条件下浓缩至近干,用乙酸乙酯-环己烷溶液(4.6)定容到 1.00 mL,供气相色谱-质谱测定。

7.3 阴性样品提取液的制备

取不含啶酰菌胺的阴性牛奶或者奶粉样品,按 7.1 和 7.2 步骤制备阴性样品提取液,用于配制啶酰菌胺基质标准工作溶液。

7.4 气相色谱-质谱测定

7.4.1 仪器条件

气相色谱-质谱条件如下:

a) 色谱柱:HP-5MS 石英毛细管柱(30 m×0.25 mm×0.25 μm)或相当者;
b) 色谱柱温度程序:100 ℃保持 1 min,然后以 30 ℃/min 升温至 280 ℃,保持 8 min;
c) 载气:氦气,纯度≥99.999%;
d) 载气流速:1.0 mL/min;
e) 进样口温度:290 ℃;
f) 进样量:1 μL;
g) 进样方式:不分流进样,1.5 min 后打开分流阀和隔垫吹扫阀;
h) 电子轰击源:70 eV;
i) 离子源温度:230 ℃;
j) GC-MS 接口温度:280 ℃;
k) 驻留时间:100 ms;
l) 选择离子监测:定量离子为 140,定性离子为 142、342。定量离子与定性离子的相对丰度比值,见表 1。

表 1 定量离子与定性离子的相对丰度比值

项目	定量离子	定性离子	定性离子
特征碎片离子(m/z)	140	342	142
相对丰度	100	35	32

7.4.2 定性测定

在相同的实验条件下进行样品测定时,如果样品中待测物质的色谱峰保留时间与标准品色谱峰保留时间相差在±2.5%以内,并且在扣除背景后的样品质谱图中,所选择的离子均出现,且样品谱图中定性离子的相对丰度与浓度接近的基质标准校准溶液谱图中对应的定性离子的相对丰度进行比较,偏差不超过表 2 规定的范围,则可判定为样品中存在该种待测物。

表 2 定性确证时相对离子丰度的最大允许偏差

%

相对离子丰度 K	$K>50$	$20<K<50$	$10<K<20$	$K\leqslant10$
允许最大偏差	±20	±25	±30	±50

7.4.3 定量测定

在仪器最佳工作条件下,对啶酰菌胺基质标准工作溶液(4.11)进行色谱分析,以峰面积为纵坐标,基质标准工作溶液浓度为横坐标绘制,用标准工作曲线对样品进行定量,基质标准工作溶液和样液中啶酰菌胺的响应值均应在仪器测定的线性范围内。在上述色谱和质谱条件下,啶酰菌胺的参考保留时间为 11.2 min,啶酰菌胺标准溶液的选择性离子色谱图和气相色谱-质谱图参见附录 A 中的图 A.1、图 A.2。

本方法的添加回收率数据参见附录B中的表B.1。

7.5 平行试验

按上述步骤，对同一试样进行平行试验测定。

7.6 空白试验

除不称取试样外，均按上述分析步骤进行。

8 结果计算

样品中啶酰菌胺残留量的测定按式(1)计算：

$$X = c \times \frac{V}{m} \times \frac{1\,000}{1\,000} \times F \qquad \cdots\cdots (1)$$

式中：

X——试样中被测组分残留量，单位为毫克每千克(mg/ kg)；

c——从标准工作曲线上得到的被测组分溶液浓度，单位为微克每毫升(μg/mL)；

V——样品溶液定容体积，单位为毫升(mL)；

m——样品溶液所代表试样的质量，单位为克(g)；

F——换算系数，牛奶 $F=1$，奶粉 $F=10$ 。

计算结果应扣除空白值。

9 精密度

9.1 一般规定

本标准的精密度数据是按照GB/T 6379.1和GB/T 6379.2的规定确定的，其重复性和再现性的值是以95%的可信度来计算。

9.2 重复性

在重复性试验条件下，获得的两次独立测试结果的绝对差值不超过重复性限(r)，试样中啶酰菌胺含量范围在0.010 mg/kg～0.050 mg/kg之间时，重复性方程为：牛奶为 $\lg r=0.989\,0 \lg m-0.820\,4$，奶粉为 $\lg r=1.020\,0 \lg m-0.845\,4$。

如果两次测定值的差值超过重复性限(r)，应舍弃试验结果并重新完成两次单个试验的测定。

9.3 再现性

在再现性试验条件下，获得的两次独立测试结果的绝对差值不超过再现性限(R)，试样中啶酰菌胺含量范围在0.010 mg/kg～0.050 mg/kg之间时，再现性方程为：牛奶为 $\lg R=0.976\,0 \lg m-0.796\,1$，奶粉为 $\lg R=1.108\,9 \lg m-0.613\,9$。

注：m 为两次测定结果的算术平均值。

附　录　A
（资料性附录）
啶酰菌胺标准溶液的选择离子色谱图及质谱图

啶酰菌胺标准溶液的选择离子色谱图及质谱图，见图 A.1、图 A.2。

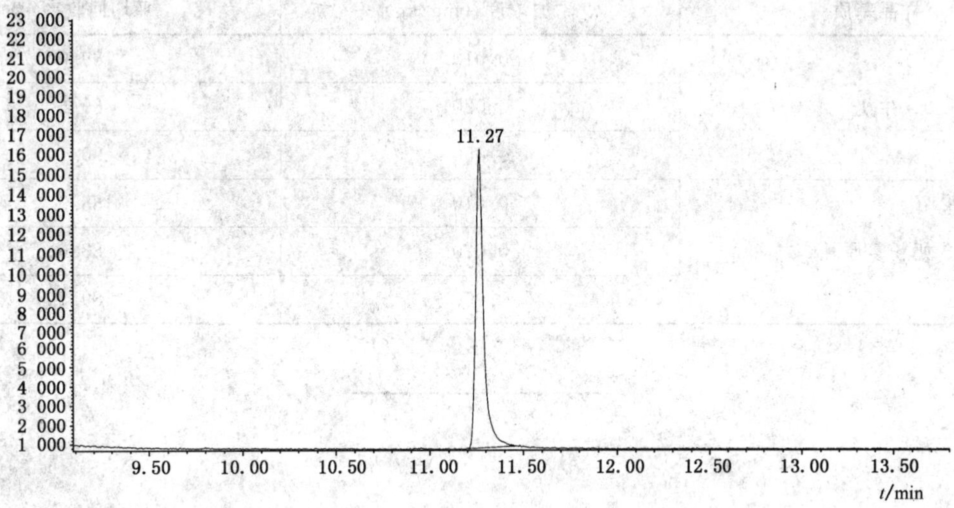

图 A.1　啶酰菌胺标准溶液的选择离子色谱图

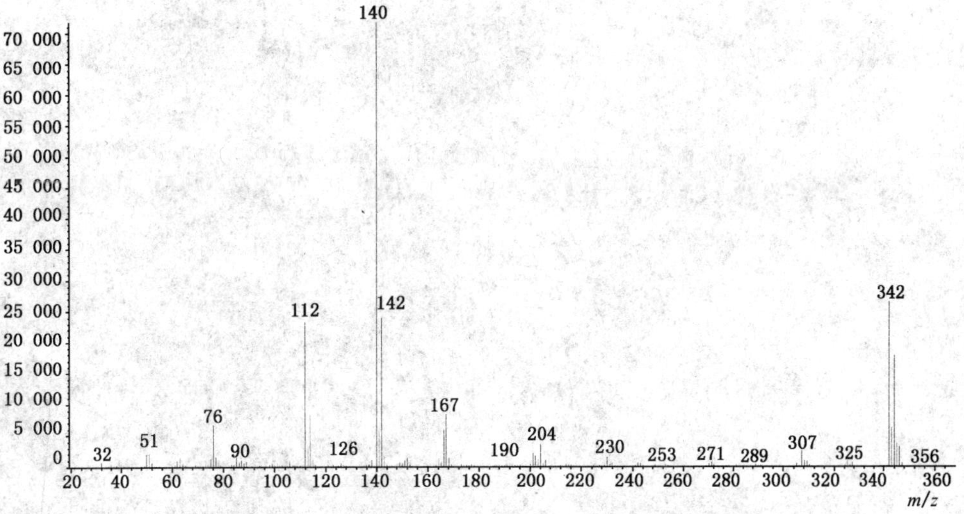

图 A.2　啶酰菌胺标准溶液的气相色谱-质谱图

附　录　B
（资料性附录）
回　收　率

啶酰菌胺添加浓度及其平均回收率的试验数据，见表B.1。

表B.1　啶酰菌胺添加浓度及其平均回收率的试验数据

样品基质	添加浓度/(mg/kg)	平均回收率/%
牛奶	0.010	89.0
	0.020	89.6
	0.050	90.7
奶粉复原乳	0.010	88.9
	0.020	88.6
	0.050	89.1

ICS 67.050
X 04

中华人民共和国国家标准

GB/T 22980—2008

牛奶和奶粉中氟胺烟酸残留量的测定 液相色谱-紫外检测法

Determination of flunixin residue in bovine milk and milk powder—LC-UV method

2008-12-31 发布　　2009-05-01 实施

中华人民共和国国家质量监督检验检疫总局
中国国家标准化管理委员会　发布

前言

本标准的附录A、附录B为资料性附录。

本标准由中华人民共和国国家质量监督检验检疫总局提出并归口。

本标准起草单位:中华人民共和国秦皇岛出入境检验检疫局、中华人民共和国辽宁出入境检验检疫局。

本标准主要起草人:宋文斌、李军、李一尘、赵景红、于一茫、李百舸、于杰、李叶、庞国芳。

牛奶和奶粉中氟胺烟酸残留量的测定 液相色谱-紫外检测法

1 范围

本标准规定了原料乳和纯奶粉中氟胺烟酸(flunixin)残留量的液相色谱-紫外检测方法。

本标准适用于原料乳和纯奶粉中氟胺烟酸残留量的测定。

本标准的方法检出限:原料乳为5.0 μg/L,纯奶粉为40 μg/kg。

2 规范性引用文件

下列文件中的条款通过本标准的引用而成为本标准的条款。凡是注日期的引用文件,其随后所有的修改单(不包括勘误的内容)或修订版均不适用于本标准。然而,鼓励根据本标准达成协议的各方研究是否可使用这些文件的最新版本。凡是不注明日期的引用文件,其最新版本适用于本标准。

GB/T 6379.1 测量方法与结果的准确度(正确度与精密度) 第1部分:总则与定义(GB/T 6379.1—2004,ISO 5725-1:1994,IDT)

GB/T 6379.2 测量方法与结果的准确度(正确度与精密度) 第2部分:确定标准测量方法重复性与再现性的基本方法(GB/T 6379.2—2004,ISO 5725-2:1994,IDT)

GB/T 6682 分析实验室用水规格和试验方法(GB/T 6682—2008,ISO 3696:1987,MOD)

3 原理

样品在酸性条件下酶解用乙腈提取后,经正己烷和固相萃取柱净化,通过配置紫外检测器的高效液相色谱进行分析测定,外标法定量。

4 试剂和材料

除另有说明外,所有试剂均为分析纯。水为GB/T 6682规定的一级水。

4.1 甲酸。

4.2 冰乙酸。

4.3 β-葡萄糖苷酸酶(β-glucuronidase)15 000 U/mL:β-葡萄糖苷酸酶(600 000 U/g),准确称取0.050 0 g β-葡萄糖苷酸酶,加2 mL的磷酸盐(PBS)缓冲溶液溶解,用0.45 μm尼龙滤膜过滤。使用前现配制。

4.4 葡萄糖。

4.5 浓盐酸。

4.6 流动相A:乙酸铵0.05 mol/L,pH5.0(准确称取3.90 g乙酸铵,加水溶解并用甲酸调整至pH5.0,转移至1 000 mL容量瓶中,使用前过0.45 μm滤膜)。

4.7 流动相B:甲醇,色谱纯。

4.8 流动相C:乙腈,色谱纯。

4.9 混合流动相:将40 mL流动相B,30 mL流动相C以及30 mL流动相A相混合。

4.10 磷酸盐(PBS)缓冲溶液:称取0.8 g氯化钠,0.02 g氯化钾,0.02 g磷酸二氢钾,0.115 g磷酸氢二钠和0.02 g葡萄糖于250 mL烧杯中加约90 mL的水溶解,用0.1 mol/L磷酸调整pH6.0,转移至100 mL容量瓶中并稀释至刻度。

4.11 85%磷酸。

4.12 乙酸钾溶液:0.04 mol/L。称取 1.95 g 乙酸钾于 500 mL 容量瓶中,加约 450 mL 水溶解并稀释至刻度。

4.13 氯化钾。

4.14 磷酸二氢钾。

4.15 磷酸二氢钾缓冲溶液:0.25 mol/L,pH7.0。称取 17.01 g 磷酸二氢钾溶于 400 mL 水中,定容到 500 mL,然后用 0.25 mol/L 磷酸氢二钠调节 pH 至 7.0(约 500 mL),定容到 1 L。

4.16 氯化钠。

4.17 无水磷酸氢二钠。

4.18 磷酸氢二钠溶液:0.25 mol/L。称取 17.75 g 磷酸氢二钠溶于 400 mL 水中,定容到 500 mL。

4.19 正己烷:色谱纯。

4.20 乙酸-正己烷溶液:乙酸+正己烷(1+9)。

4.21 标准物质:氟胺烟酸葡甲胺盐,纯度>99%。

4.22 氟胺烟酸标准储备溶液:50 μg/mL。称取适量的氟胺烟酸葡甲胺盐(4.21),用甲醇溶解并定容。2 ℃～4 ℃下保存。

注:称取标准物的重量是按纯度和含盐量修正过的质量。

4.23 氟胺烟酸标准工作溶液:2 μg/mL。吸取适量的氟胺烟酸标准储备溶液(4.22),用甲醇配制成 2 μg/mL的标准工作溶液,2 ℃～4 ℃下保存。

4.24 标准基质溶液:根据氟胺烟酸的灵敏度和仪器线性范围用空白样品提取液配制成不同浓度的标准基质溶液。

5 仪器

5.1 液相色谱仪:配有紫外检测器。

5.2 电子天平:感量为 0.01 g 和 0.000 1 g。

5.3 离心机:最大转速为 10 000 r/min。

5.4 离心管:50 mL 聚丙烯离心管。

5.5 高速涡流混合器。

5.6 振荡器。

5.7 微量移液器:10 μL～100 μL 和 1 000 μL～5 000 μL。

5.8 氮气浓缩仪。

5.9 酸度计:精度为±0.02 。

5.10 样品过滤器:PTFE,0.45 μm。

5.11 固相萃取柱:Bond Elut Certify Ⅱ,3 mL,200 mg,或相当者。

5.12 真空固相萃取真空装置。

5.13 超声波仪。

6 试样的制备与保存

6.1 试样的制备

将原料乳和纯奶粉样品分别混合均匀。各自分出 0.5 kg 作为试样,将分出的试样密封,并作上标记。

6.2 试样保存

将试样置于 4 ℃条件下贮存。

7 分析步骤

7.1 提取

7.1.1 原料乳样品

称取原料乳试样 2.00 mL，精确到 0.01 mL 放入 50 mL 聚丙烯离心管中，加入乙酸钾溶液(4.12) 5 mL，高速涡旋混合 10 s。混合后向样品中加入 30 μL 乙酸(4.2)，调节样品 pH 至 4.5，涡旋混合。再加入 70 μL 新配制的β-葡萄糖苷酸酶溶液(4.3)混合，于振荡器 37 ℃条件下低速振荡 16 h。分别向样品中加入 5 mL 乙腈，涡旋混合 5 s，离心 10 min(5 000 r/min)。转移上清液至 50 mL 离心管中。在原液中加入 5 mL 乙腈和 1 mL 乙酸钾溶液(4.12)涡旋混合 5 s，离心 10 min(5 000 r/min)，将上清液转移至 50 mL 离心管中，合并上清液，待净化。

7.1.2 纯奶粉样品

称取纯奶粉 0.25 g，精确到 0.01 g，放入 50 mL 聚丙烯离心管中加入 1.75 g 水超声溶解得到复原乳。加入乙酸钾溶液(4.12)5 mL，以下步骤同原料乳样品。

7.2 净化

在混合的上清液中加入 5 mL 正己烷和 50 μL 浓盐酸，涡旋混合 15 s，在 5 000 r/min 下离心5 min。弃去正己烷层，重复上述步骤一次。55 ℃条件下氮吹使其体积小于 5 mL。加入磷酸二氢钾缓冲液(4.15)7 mL，涡旋混合，超声 20 s，5 ℃条件下以 5 000 r/min 离心 15 min。采用固相萃取柱(5.11)，用 3 mL甲醇和 3 mL水活化柱，将样品过柱，弃去过柱液，然后用 3 mL 水和 6 mL 甲醇洗柱，弃去过柱液。加大真空度抽滤 10 min。用 2 mL 正己烷淋洗柱子两次并弃去淋洗液。用 2 mL 乙酸-正己烷(4.20)洗涤柱子两次，用 15 mL 离心管收集洗涤液。在 55 ℃条件下将洗涤液氮吹至干。随后，在每个样品中加入混合流动相(4.9) 1 mL，涡旋混合 5 s，超声 5 s。样液用 0.45 μm 的滤膜过滤到进样瓶中，待测。

7.3 测定条件

7.3.1 液相色谱参考条件

液相色谱参考条件如下：

a) 色谱柱：Inertsil DS-3，5 μm，250 mm×4.6 mm(内径)或相当者；
b) 流速：0.4 mL/min；
c) 检测波长：285 nm；
d) 柱温：35 ℃；
e) 进样量：20 μL；
f) 运行时间：30 min。

7.3.2 液相色谱测定

用氟胺烟酸的标准基质溶液(4.24)分别进样，以峰面积和工作标准溶液浓度绘制标准工作曲线，样品溶液中氟胺烟酸的响应值应在仪器测定的线性范围内。在上述色谱条件下，氟胺烟酸保留时间为 14 min，标准物质色谱图参见附录 A 中的图 A.1。氟胺烟酸的添加浓度及其平均回收率的试验数据参见附录 B 中的表 B.1。

7.4 平行试验

按照上述步骤，对同一试样进行平行试验测定。

7.5 空白试验

除不称取试样外，均按上述步骤进行。

8 结果计算

试样中氟胺烟酸的残留量的测定按式(1)计算：

$$X = c \times \frac{V}{m} \times \frac{1\,000}{1\,000} \quad \cdots\cdots (1)$$

式中：

X——试样中被测组分残留量，单位为微克每千克(mg/kg)；

c——从标准曲线上得到被测组分溶液的浓度，单位为微克每毫升(μg/mL)；

V——样品溶液定容体积，单位为毫升(mL)；

m——样品溶液所代表试样的质量，单位为克(g)。

计算结果应扣除空白值。

9 精密度

9.1 一般规定

本标准的精密度数据是按照 GB/T 6379.1 和 GB/T 6379.2 的规定确定的，其重复性和再现性的值是以 95%的可信度来计算。

9.2 重复性

在重复性条件下，获得的两次独立测试结果的绝对差值不超过重复性限 r，原料乳和纯奶粉中氟胺烟酸添加浓度范围及重复性方程见表 1。

表 1 原料乳和纯奶粉中氟胺烟酸的添加浓度范围及重复性和再现性方程

单位为微克每千克

样品基质	添加浓度范围	重复性限 r	再现性限 R
原料乳	5.0～40.0	$\lg r = 10.16 \lg m - 11.4$	$\lg R = 9.55 \lg m - 10.65$
纯奶粉	40.0～100.0	$\lg r = 0.311 \lg m - 0.005$	$\lg R = 0.360 \lg m - 0.006$
注：m 为两次测定结果的算术平均值。			

如果差值超过重复性限 r，应舍弃试验结果并重新完成两次单个试验的测定。

9.3 再现性

在再现性条件下，获得的两次独立测试结果的绝对差值不超过再现性限 R，原料乳和纯奶粉中氟胺烟酸添加浓度范围及再现性方程见表 1。

附 录 A
（资料性附录）
标准物质色谱图

氟胺烟酸标准物质色谱图，见图 A.1。

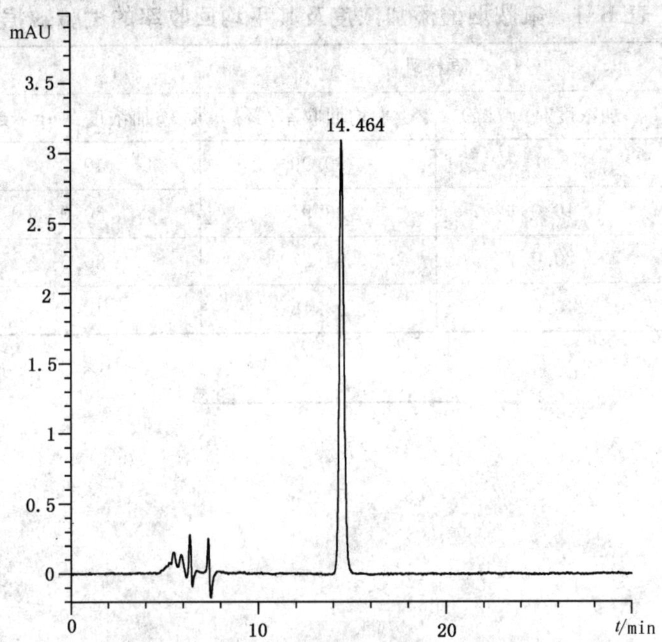

图 A.1 氟胺烟酸标准物质色谱图

附　录　B
（资料性附录）
回　收　率

本方法中氟胺烟酸添加浓度及其平均回收率的试验数据，见表B.1。

表B.1　氟胺烟酸添加浓度及其平均回收率的试验数据

化合物名称	原料乳		纯奶粉	
	添加浓度/(μg/kg)	平均回收率/%	添加浓度/(μg/kg)	平均回收率/%
氟胺烟酸	5.0	90.99	40.0	91.77
	10.0	93.91	60.0	92.62
	20.0	94.27	80.0	95.77
	40.0	93.18	100.0	97.32

ICS 67.050
X 04

GB

中华人民共和国国家标准

GB/T 22981—2008

牛奶和奶粉中杆菌肽残留量的测定 液相色谱-串联质谱法

Determination of bacitracin residues in milk and milk powder—LC-MS-MS method

2008-12-31 发布 2009-05-01 实施

中华人民共和国国家质量监督检验检疫总局
中国国家标准化管理委员会 发布

前　言

本标准的附录 A、附录 B 为资料性附录。

本标准由中华人民共和国国家质量监督检验检疫总局提出并归口。

本标准起草单位：中华人民共和国秦皇岛出入境检验检疫局、中华人民共和国河北出入境检验检疫局。

本标准主要起草人：段文仲、马育松、郭春海、王凤池、葛娜、艾连峰、窦彩云、吕红英、庞国芳。

牛奶和奶粉中杆菌肽残留量的测定 液相色谱-串联质谱法

1 范围

本标准规定了牛奶和奶粉中杆菌肽残留量的液相色谱-串联质谱测定方法。

本标准适用于牛奶和奶粉中杆菌肽残留量的测定和确证。

本标准的方法检出限：牛奶 50.0 μg/kg；奶粉 250 μg/kg。

2 规范性引用文件

下列文件中的条款通过本标准的引用而成为本标准的条款。凡是注日期的引用文件，其随后所有的修改单(不包括勘误的内容)或修订版均不适用于本标准，然而，鼓励根据本标准达成协议的各方研究是否可使用这些文件的最新版本。凡是不注日期的引用文件，其最新版本适用于本标准。

GB/T 6379.1 测量方法与结果的准确度(正确度与精密度) 第1部分：总则与定义(GB/T 6379.1—2004，ISO 5725-1:1994，IDT)

GB/T 6379.2 测量方法与结果的准确度(正确度与精密度) 第2部分：确定标准测量方法重复性与再现性的基本方法(GB/T 6379.2—2004，ISO 5725-2:1994，IDT)

GB/T 6682 分析实验室用水规格和试验方法(GB/T 6682—2008，ISO 3696:1987，MOD)

3 原理

试样中的杆菌肽残留用乙腈-甲醇提取试样中的杆菌肽残留，液相色谱-串联质谱仪测定，外标法定量。

4 试剂和材料

除另有说明外，所用试剂均为分析纯，水为 GB/T 6682 规定的一级水。

4.1 甲醇：色谱纯。

4.2 乙腈：色谱纯。

4.3 甲酸：色谱纯。

4.4 乙腈-甲醇(2+1)：量取 200 mL 乙腈(4.2)与 100 mL 甲醇(4.1)混合。

4.5 0.1%甲酸溶液：移取 1 mL 甲酸(4.3)于装有约 800 mL 水的 1 L 容量瓶中，用水定容至刻度并混匀。

4.6 0.1%甲酸甲醇溶液：移取 1 mL 甲酸于装有约 800 mL 甲醇的 1 L 容量瓶中，用甲醇定容至刻度并混匀。

4.7 杆菌肽标准物质：杆菌肽 A(CAS:1505-87-4)纯度大于等于 92.0%，以下杆菌肽标准均以杆菌肽 A 计。

4.8 杆菌肽标准储备溶液：准确称取适量的杆菌肽 A(4.7)于 50 mL 容量瓶中，用 0.1%甲酸甲醇溶液配制成浓度为 0.1 mg/mL 的标准储备溶液。该溶液在 4 ℃保存。

4.9 杆菌肽标准工作溶液：移取杆菌肽标准储备溶液(4.8)1.0 mL 于 10 mL 容量瓶中，用 0.1%甲酸甲醇溶液定容，配制成浓度为 10.0 μg/mL 的标准工作溶液。该溶液在 4 ℃保存。

4.10 杆菌肽基质标准工作溶液：根据需要吸取适量的杆菌肽标准工作溶液(4.9)，用空白样品提取液稀释成适当浓度的基质标准工作溶液，临用前配制。

5 仪器和设备

5.1 液相色谱-串联质谱仪,配有电喷雾离子源。

5.2 分析天平:感量 0.1 mg 和 0.01 g。

5.3 涡旋振荡器。

5.4 离心机:转速不低于 5 000 r/min。

5.5 具塞离心管:50 mL,带刻度。

6 试样的制备与保存

6.1 牛奶

取均匀样品约 250 g 装入洁净容器作为试样,密封置 4 ℃下保存,并标明标记。

6.2 奶粉

取均匀样品约 250 g 装入洁净容器作为试样,密封,并标明标记。

7 测定步骤

7.1 牛奶样品

称取 5 g 试样(精确到 0.01 g)置于 50 mL 离心管中,加入 10 mL 乙腈-甲醇(2+1)(4.4),涡旋提取 1 min,以 5 000 r/min 离心 10 min,移取上清液于 50 mL 刻度离心管中,以 0.1%甲酸溶液(4.5)定容至 15 mL,摇匀,用 0.22 μm 滤膜过滤后,供液相色谱-串联质谱仪测定。

7.2 奶粉样品

称取 1 g 试样(精确到 0.01 g)置于 50 mL 离心管中,加入 5 mL 水,涡旋混匀后,加入 10 mL 乙腈-甲醇(2+1)(4.4),以下操作同牛奶样品。

7.3 测定条件

7.3.1 液相色谱参考条件

液相色谱参考条件如下:

a) 色谱柱:苯基柱,5.0 μm,150 mm×2.1 mm(内径)或相当者;

b) 液相色谱梯度洗脱条件见表 1;

c) 柱温:40 ℃;

d) 进样量:20 μL。

表 1 液相色谱梯度洗脱条件

时间/min	流速/(μL/min)	水(含 0.1%甲酸)/%	乙腈/%
0.00	200	85.0	15.0
5.00	200	60.0	40.0
6.00	200	60.0	40.0
8.00	200	20.0	80.0
8.01	200	85.0	15.0
10.00	200	85.0	15.0

7.3.2 质谱参考条件

质谱参考条件如下:

a) 离子源:电喷雾离子源;

b) 扫描方式:正离子扫描;

c) 检测方式：多反应监测；

d) 鞘气压力：2.07×10^{5} Pa；

e) 辅助气压力：5.52×10^{4} Pa；

f) 正离子模式电喷雾电压(IS)：4 000 V；

g) 毛细管温度：320 ℃；

h) 源内诱导解离电压：10 V；

i) Q1,Q3 分辨率：Q1 为 0.4,Q3 为 0.7；

j) 碰撞气：高纯氩气；

k) 碰撞气压力：0.2 Pa；

l) 其他质谱参数见表 2。

表 2 杆菌肽的参考保留时间、定性离子对、定量离子对和裂解能量

化合物名称	保留时间/min	定性离子对(m/z)	定量离子对(m/z)	裂解能量/eV
杆菌肽	6.42	475.3/669.3	475.3/669.3	15
		475.3/869.4		15

7.3.3 液相色谱-串联质谱测定

7.3.3.1 定性测定

样品谱图中各组分定性离子的相对丰度与浓度接近的混合基质标准校准溶液谱图中对应的定性离子的相对丰度进行比较，偏差不超过表 3 规定的范围，则可判定为样品中存在对应的待测物。

表 3 定性确证时相对离子丰度的最大允许误差 %

相对离子丰度 k	$k>50$	$20<k<50$	$10<k<20$	$k\leqslant10$
允许的相对误差	±20	±25	±30	±50

7.3.3.2 定量测定

在上述色谱条件下，用 6 个不同浓度的杆菌肽基质标准工作溶液分别进样，以标准工作溶液浓度为横坐标，以峰面积为纵坐标，绘制标准工作曲线。用标准工作曲线对样品进行定量，样品溶液中杆菌肽的响应值应在仪器测定的线性范围内。在上述色谱条件和质谱条件下，杆菌肽标准物质的多反应监测(MRM)色谱图参见附录 A 中的图 A.1。杆菌肽的参考保留时间为 6.42 min。

本方法的添加回收率数据参见附录 B 中的表 B.1。

7.4 平行试验

按上述步骤，对同一试样进行平行试验测定。

7.5 空白试验

除不称取试样外，均按上述分析步骤进行。

8 结果计算

杆菌肽残留量利用数据处理系统计算或按式(1)计算：

$$X = c \times \frac{V}{m} \times \frac{1\,000}{1\,000} \qquad \cdots\cdots (1)$$

式中：

X——试样中杆菌肽残留量，单位为微克每千克(μg/kg)；

c——从标准工作曲线得到的试样溶液中被测组分的浓度，单位为纳克每毫升(ng/mL)；

V——试样溶液定容体积，单位为毫升(mL)；

m——最终试样溶液所代表的试样质量，单位为克(g)。

计算结果应扣除空白值。

9 精密度

9.1 一般规定

本标准的精密度数据是按照GB/T 6379.1和GB/T 6379.2的规定确定的，其重复性和再现性的值是以95%的可信度来计算。

9.2 重复性

在重复性条件下，获得的两次独立测试结果的绝对差值不超过重复性限(r)。牛奶和奶粉中杆菌肽添加浓度范围及重复性方程见表4。

表4 添加浓度范围及重复性和再现性方程

单位为毫克每千克

样品基质	添加浓度范围	重复性限 r	再现性限 R
牛奶	0.05～0.50	$\lg r=1.1689\lg m-1.8538$	$R=0.0554m+4.2531$
奶粉	0.25～2.50	$r=0.0215m+9.2280$	$\lg R=0.6109\lg m+0.0092$
注：m 为两次测定结果的算术平均值。			

如果两次测定值的差值超过重复性限(r)，应舍弃试验结果并重新完成两次单个试验的测定。

9.3 再现性

在再现性条件下，获得的两次独立测试结果的绝对差值不超过再现性限(R)。牛奶和奶粉中杆菌肽添加浓度范围及重复性方程见表4。

附 录 A
（资料性附录）
标准物质多反应监测(MRM)色谱图

杆菌肽标准物质多反应监测(MRM)色谱图，见图A.1。

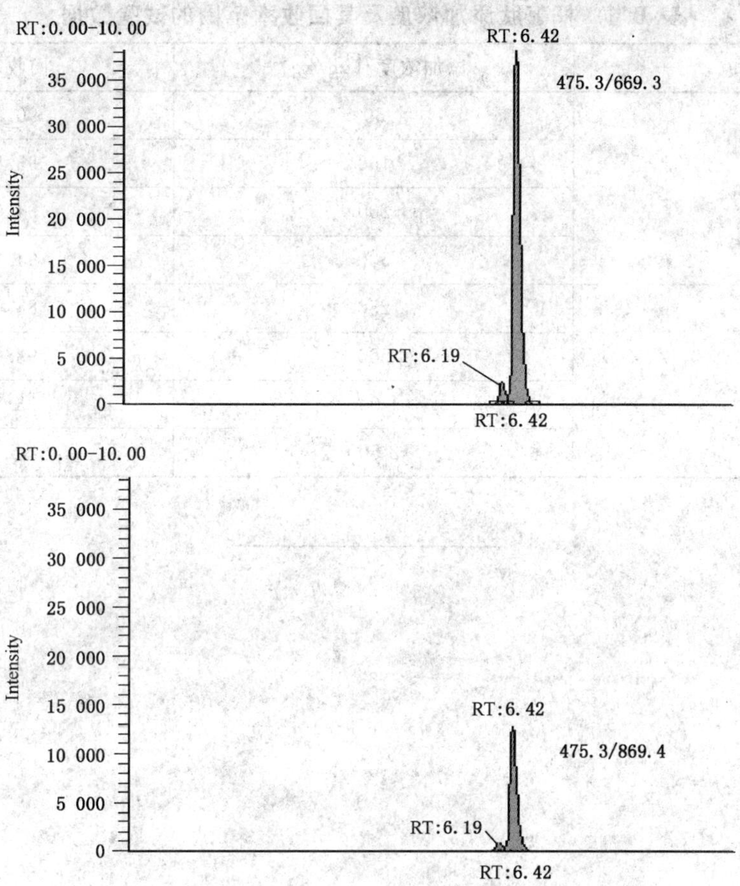

图A.1 杆菌肽标准物质多反应监测(MRM)色谱图

附　录　B
（资料性附录）
回　收　率

本方法中杆菌肽添加浓度及回收率范围的试验数据，见表B.1。

表B.1　杆菌肽添加浓度及其回收率范围的试验数据

样品基质	添加浓度/(μg/kg)	回收率范围/%
牛奶	50	90.2～100.0
	100	93.8～101.0
	200	94.0～103.0
	500	94.4～100.2
奶粉	250	88.0～101.2
	500	93.0～100.2
	1 000	93.8～102.0
	2 500	95.6～99.6

ICS 67.050
X 04

中华人民共和国国家标准

GB/T 22982—2008

牛奶和奶粉中甲硝唑、洛硝哒唑、二甲硝唑及其代谢物残留量的测定 液相色谱-串联质谱法

Determination of metronidazole, ronidazole, dimetridazole residues in milk and milk powder—LC-MS-MS method

2008-12-31 发布　　2009-05-01 实施

中华人民共和国国家质量监督检验检疫总局
中国国家标准化管理委员会　发布

前言

本标准的附录 A、附录 B 为资料性附录。

本标准由中华人民共和国国家质量监督检验检疫总局提出并归口。

本标准起草单位：中华人民共和国秦皇岛出入境检验检疫局、中华人民共和国河北出入境检验检疫局。

本标准主要起草人：王凤池、艾连峰、郭春海、段文仲、陈瑞春、吕红英、窦彩云、马育松、庞国芳。

牛奶和奶粉中甲硝唑、洛硝哒唑、二甲硝唑及其代谢物残留量的测定 液相色谱-串联质谱法

1 范围

本标准规定了牛奶和奶粉中甲硝唑、洛硝哒唑、二甲硝唑及其代谢物残留量的高效液相色谱-串联质谱测定方法。

本标准适用于牛奶和奶粉中甲硝唑、洛硝哒唑、二甲硝唑及其代谢物残留量的测定和确证。

本标准的方法检出限：牛奶中甲硝唑、洛硝哒唑、二甲硝唑为 0.5 μg/kg，羟基甲硝唑为 1 μg/kg，1-甲基-2-羟甲基-5-硝基咪唑为 2.5 μg/kg；奶粉中甲硝唑、洛硝哒唑、二甲硝唑为 2.5 μg/kg，羟基甲硝唑为 5 μg/kg，1-甲基-2-羟甲基-5-硝基咪唑为 12.5 μg/kg。

2 规范性引用文件

下列文件中的条款通过本标准的引用而成为本标准的条款。凡是注日期的引用文件，其随后所有的修改单(不包括勘误的内容)或修订版均不适用于本标准，然而，鼓励根据本标准达成协议的各方研究是否可使用这些文件的最新版本。凡是不注日期的引用文件，其最新版本适用于本标准。

GB/T 6379.1 测量方法与结果的准确度(正确度与精密度) 第1部分：总则与定义(GB/T 6379.1—2004,ISO 5725-1:1994,IDT)

GB/T 6379.2 测量方法与结果的准确度(正确度与精密度) 第2部分：确定标准测量方法重复性与再现性的基本方法(GB/T 6379.2—2004,ISO 5725-2:1994,IDT)

GB/T 6682 分析实验室用水规格和试验方法(GB/T 6682—2008,ISO 3696:1987,MOD)

3 原理

用乙腈-乙酸乙酯提取试样中的分析物，阳离子固相萃取柱净化，高效液相色谱-串联质谱测定，内标法定量。

4 试剂和材料

除另有说明外，所用试剂均为液相色谱纯，水为 GB/T 6682 规定的一级水。

4.1 乙腈。

4.2 乙酸乙酯。

4.3 甲醇。

4.4 丙酮。

4.5 乙酸。

4.6 氨水。

4.7 无水硫酸钠，分析纯：经 650 ℃灼烧 4 h，置于干燥器内备用。

4.8 氨水-乙腈(1+19)：量取 5 mL 氨水，用乙腈定容至 100 mL。

4.9 标准品：甲硝唑(metronidazole,CAS:13182-89-3)、洛硝哒唑(ronidazole,CAS:7681-76-7)、二甲硝唑(dimetridazole,CAS:551-92-8)、羟基甲硝唑(metronidazole-OH,CAS:7681-76-7)、1-甲基-2-羟甲基-5-硝基咪唑(hydroxydimetridazole,CAS:936-05-0)、氘代洛硝哒唑(RNZ-D3)、氘代羟基甲硝哒唑(MZNOH-D2)和氘代 1-甲基-2-羟甲基-5-硝基咪唑(HMMNI-D3)：纯度均大于等于 98%。

4.10 标准储备液：分别精确称取适量标准品，用甲醇配制成 100 μg/mL 的标准储备液。

4.11 混合标准中间工作液：取标准储备液各 1 mL 至 100 mL 容量瓶中，用甲醇定容至刻度，配制成混合标准工作液，浓度为 1 μg/mL。

4.12 内标标准储备溶液：称取适量氘代内标标准品，用甲醇溶解成浓度为 200 μg/mL 储备液。

4.13 内标混合标准中间工作液：量取适量标准储备液(4.12)，用甲醇定配制成内标混合标准中间工作液，浓度为 1 μg/mL。

4.14 滤膜：0.45 μm。

4.15 阳离子固相萃取柱：500 mg，3 mL，使用前依次用 3 mL 甲醇、3 mL 乙酸乙酯活化。

5 仪器和设备

5.1 高效液相色谱-串联质谱仪：配有电喷雾离子源(ESI)。

5.2 离心机。

5.3 分析天平：感量 0.1 mg 和 0.01 g。

5.4 旋涡混和器。

5.5 旋转蒸发仪。

5.6 氮吹仪。

5.7 固相萃取装置。

6 试样的制备与保存

6.1 牛奶

取均匀样品约 250 g 装入洁净容器作为试样，密封置 4 ℃下保存，并标明标记。

6.2 奶粉

取均匀样品约 250 g 装入洁净容器作为试样，密封，并标明标记。

7 测定步骤

7.1 提取

牛奶样品称取 5 g(准确至 0.01 g)于 50 mL 具塞离心管中，奶粉样品称取 1 g(准确至 0.01 g)并加入 5 mL 水，往称取好的样品中加入 25 μL 100 ng/mL 内标混合液，混匀。

在称取好样品离心管中首先加入 5 mL 乙腈以沉淀蛋白，然后再加入 20 mL 乙酸乙酯，振荡提取 2 min 后，3 000 r/min 离心 10 min，移取上清液并通过 5 g 无水硫酸钠过滤至鸡心瓶中。再用 20 mL 乙酸乙酯重复提取一次，合并上清液于同一鸡心瓶中。

7.2 净化

将提取液于 45 ℃下旋转蒸发至约 2 mL 左右，然后转移到已活化的固相萃取柱上，再用 5 mL 乙酸乙酯洗涤鸡心瓶两次，洗液一并转移到固相萃取柱上，以小于 2 mL/min 流速滴下。接着依次用 3 mL 丙酮，3 mL 甲醇，2 mL 氨水-乙腈(5+95)淋洗，最后用 5 mL 氨水-乙腈(5+95)洗脱并收集(此过程流速小于 2 mL/min)。洗脱液在 45 ℃水浴上用氮气小心吹至近干，用水定容至 1 mL，涡漩混合后，过 0.45 μm 滤膜供 HPLC-MS-MS 分析。

7.3 空白基质溶液的制备

将取牛奶阴性样品 5 g，奶粉阴性样品 1 g(精确到 0.01 g)，按 7.1 和 7.2 操作。

7.4 测定条件

7.4.1 液相色谱参考条件

液相色谱参考条件如下：

a) 色谱柱：C_{18}，5 μm，150 mm×2.1 mm (内径)或相当者；

b) 色谱柱温度:30 ℃;

c) 进样量:15 μL;

d) 流动相梯度及流速见表1。

表1 液相色谱梯度洗脱条件

时间/min	流速/(μL/min)	0.1%乙酸水溶液/%	乙腈/%
0.00	200	80	20
6.00	200	65	35
8.00	200	65	35
8.10	200	80	20
10.0	200	80	20

7.4.2 质谱参考条件

质谱参考条件如下:

a) 离子化模式:电喷雾正离子模式(ESI+);

b) 质谱扫描方式:多反应监测 (MRM);

c) 鞘气压力:104 kPa;

d) 辅助气压力:138 kPa;

e) 正离子模式电喷雾电压 (IS):4 000 V;

f) 毛细管温度:320 ℃;

g) 源内诱导解离电压:10 V;

h) Q1 为 0.4, Q3 为 0.7;

i) 碰撞气:高纯氩气;

j) 碰撞气压力:0.2 Pa;

k) 参考保留时间、监测离子对和裂解能量见表2。

表2 被测物的参考保留时间、监测离子对和裂解能量

化合物名称	保留时间/min	检测离子对(m/z)	裂解能量/eV
羟基甲硝唑	3.74	188.04/122.96[a]	13
		188.04/125.94	18
1-甲基-2-羟甲基-5-硝基咪唑	4.82	158.06/140.01[a]	12
		158.06/112.05	19
甲硝唑	4.79	172.09/128.00[a]	15
		172.09/82.03	25
洛硝哒唑	5.76	201.05/139.98[a]	12
		201.051/110.0	17
二甲硝唑	6.43	142.07/96.03[a]	16
		142.07/81.03	29
氘代羟基甲硝哒唑	3.74	190.05/124.97	12
氘代 1-甲基-2-羟甲基-5-硝基咪唑	4.82	161.06/143.00	13
氘代洛硝哒唑	4.79	204.04/143.00	11

[a] 为定量离子对,对于不同质谱仪器,仪器参数可能存在差异,测定前应将质谱参数优化到最佳。

7.4.3 液相色谱-串联质谱测定

7.4.3.1 定性测定

每种被测组分选择1个母离子,2个以上子离子,在相同实验条件下,样品中待测物质的保留时间,与混合基质标准校准溶液中对应的保留时间偏差在±2.5%之内;且样品谱图中各组分定性离子的相对丰度与浓度接近的混合基质标准校准溶液谱图中对应的定性离子的相对丰度进行比较,偏差不超过表3规定的范围,则可判定为样品中存在对应的待测物。

表3 定性确证时相对离子丰度的最大允许偏差 %

相对离子丰度 K	$K>50$	$20<K<50$	$10<K<20$	$K\leqslant 10$
允许最大偏差	±20	±25	±30	±50

7.4.3.2 定量测定

在仪器最佳工作条件下,对混合基质标准校准溶液进样,以被测物峰面积和内标峰面积的比值为纵坐标,混合基质校准溶液浓度为横坐标绘制标准工作曲线,用标准工作曲线对样品进行定量,样品溶液中待测物的响应值均应在仪器测定的线性范围内。上述色谱和质谱条件下,标准物质多反应监测(MRM)色谱图参见附录A中的图A.1。

7.5 平行试验

按以上步骤,对同一试样进行平行试验测定。

7.6 回收率试验

吸取适量混合标准工作溶液,用空白基质溶液稀释成所需浓度的标准校准溶液。阴性样品中添加标准溶液,按7.1和7.2操作,测定后计算样品添加的回收率,回收率范围参见附录B中的表B.1。

8 结果计算

试样中分析物的残留量利用数据处理系统计算或按式(1)计算:

$$X = c_S \times \frac{A}{A_S} \times \frac{c_i}{c_{Si}} \times \frac{A_{Si}}{A_i} \times \frac{V}{m} \times \frac{1\,000}{1\,000} \qquad \cdots\cdots(1)$$

式中:

X——试样中被测物残留量,单位为微克每千克(μg/kg);

c_S——基质标准工作溶液中被测物的浓度,单位为纳克每毫升(ng/mL);

A——试样溶液中被测物的色谱峰面积;

A_S——基质标准工作溶液中被测物的色谱峰面积;

c_i——试样溶液中内标物的浓度,单位为纳克每毫升(ng/mL);

c_{Si}——基质标准工作溶液中内标物的浓度,单位为纳克每毫升(ng/mL);

A_{Si}——基质标准工作溶液中内标物的色谱峰面积;

A_i——试样溶液中内标物的色谱峰面积;

V——样液最终定容体积,单位为毫升(mL);

m——试样溶液所代表试样的质量,单位为克(g)。

计算结果应扣除空白值。

9 精密度

9.1 一般规定

本标准的精密度数据是按照GB/T 6379.1和GB/T 6379.2的规定确定的,重复性和再现性的值以95%的可信度来计算。

9.2 重复性

在重复性条件下,获得的两次独立测试结果的绝对差值不超过重复性限(r),被测物的添加浓度范围及重复性方程见表4和表5。

表4 牛奶样品五种分析物的添加浓度范围及重复性和再现性方程

单位为微克每千克

化合物名称	添加浓度范围	重复性限 r	再现性限 R
羟基甲硝唑	1～10	$r=0.2259m-0.1764$	$R=0.1812m+0.0496$
1-甲基-2-羟甲基-5-硝基咪唑	2.5～25	$\lg r=0.929\lg m-0.836$	$\lg R=1.009\lg m-0.692$
甲硝唑	0.5～5	$\lg r=0.952\lg m-0.902$	$\lg R=0.898\lg m-0.680$
洛硝哒唑	0.5～5	$\lg r=0.873\lg m-0.670$	$\lg R=0.854\lg m-0.665$
二甲硝唑	0.5～5	$r=0.200m-0.0548$	$R=0.193m+0.0356$
注：m为两次测定结果的算术平均值。			

表5 奶粉样品五种分析物的添加浓度范围及重复性和再现性方程

单位为微克每千克

化合物名称	添加浓度范围	重复性限 r	再现性限 R
羟基甲硝唑	5～50	$\lg r=1.2597\lg m-1.1738$	$\lg R=1.0540\lg m-0.6542$
1-甲基-2-羟甲基-5-硝基咪唑	12.5～125	$r=0.133m+1.190$	$R=0.137m+3.694$
甲硝唑	2.5～25	$\lg r=1.033\lg m-0.811$	$\lg R=0.985\lg m-0.622$
洛硝哒唑	2.5～25	$\lg r=0.928\lg m-0.687$	$\lg R=0.924\lg m-0.553$
二甲硝唑	2.5～25	$\lg r=1.133\lg m-0.916$	$\lg R=0.980\lg m-0.562$
注：m为两次测定结果的算术平均值。			

如果差值超过重复性限，应舍弃试验结果并重新完成两次单个试验的测定。

9.3 再现性

在再现性条件下，获得的两次独立测试结果的绝对差值不超过再现性限(R)，被测物的添加浓度范围及再现性方程见表4和表5。

附　录　A
（资料性附录）
标准物质多反应监测(MRM)色谱图

标准物质多反应监测(MRM)色谱图,见图 A.1。

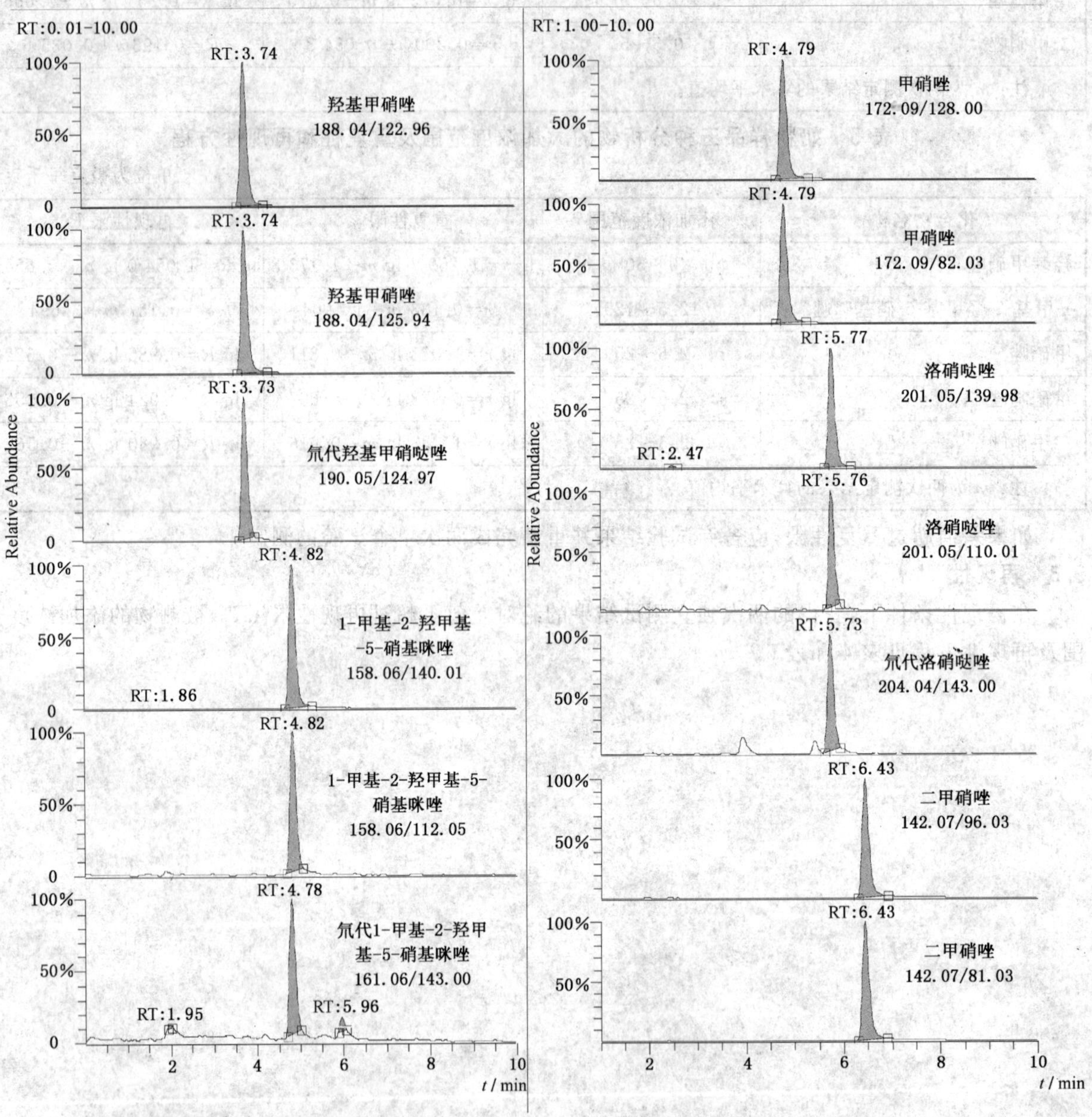

图 A.1　标准物质多反应监测(MRM)色谱图

附 录 B
（资料性附录）
回 收 率

五种分析物的添加浓度及其回收率范围数据，见表 B.1。

表 B.1 五种分析物的添加浓度及其回收率范围数据

化合物名称	牛奶		奶粉	
	添加浓度/(μg/kg)	回收率范围/%	添加浓度/(μg/kg)	回收率范围/%
羟基甲硝唑	1	89.0～108	5	83.2～105
	2	98.0～110	10	87.4～111
	4	91.0～106	20	89.9～109
	10	83.8～105	50	80.1～101
甲硝唑	0.5	82.0～102	2.5	82.8～100
	1	90.0～110	5	91.8～116
	2	85.5～115	10	88.7～105
	5	94.8～106	25	81.5～109
1-甲基-2-羟甲基-5-硝基咪唑	2.5	94.8～108	12.5	94.3～109
	5	98.2～110	50	82.4～105
	10	92.1～112	100	87.0～116
	25	89.6～106	125	94.3～111
洛硝哒唑	0.5	82.0～102	2.5	82.0～105
	1	86.0～110	5	89.6～109
	2	91.0～108	10	81.8～97.4
	5	88.2～103	25	82.6～97.3
二甲硝唑	0.5	82.0～98.0	2.5	82.4～104
	1	80.0～97.0	5	84.4～103
	2	86.0～101	10	80.3～103
	5	94.8～106	25	81.6～107

ICS 67.050
X 04

中华人民共和国国家标准

GB/T 22983—2008

牛奶和奶粉中六种聚醚类抗生素残留量的测定 液相色谱-串联质谱法

Determination of six polyether antibiotics residues in milk and milk powder—LC-MS-MS method

2008-12-31 发布　　2009-05-01 实施

中华人民共和国国家质量监督检验检疫总局
中国国家标准化管理委员会　发布

前　言

本标准附录 A、附录 B 为资料性附录。

本标准由中华人民共和国国家质量监督检验检疫总局提出并归口。

本标准起草单位：中华人民共和国秦皇岛出入境检验检疫局、中华人民共和国青海出入境检验检疫局。

本标准主要起草人：薄海波、曹彦忠、雒丽丽、贾光群、星玉秀、李连通、庞国芳。

牛奶和奶粉中六种聚醚类抗生素残留量的测定 液相色谱-串联质谱法

1 范围

本标准规定了牛奶和奶粉中六种聚醚类抗生素残留量的液相色谱-串联质谱测定方法。

本标准适用于液态奶(包括原料奶、纯牛奶、脱脂牛奶)和奶粉(包括纯奶粉、脱脂奶粉和婴幼儿配方奶粉)中拉沙洛菌素(lasalocid)、莫能菌素(monensin)、尼日利亚菌素(nigericin)、盐霉素(salinomycin)、甲基盐霉素(narasin)、马杜霉素铵(madubamycin ammonium)残留量的测定。

本标准的方法检出限:牛奶中拉沙洛菌素、莫能菌素、尼日利亚菌素、盐霉素、甲基盐霉素、马杜霉素铵检出限均为 0.2 μg/L;奶粉中拉沙洛菌素、莫能菌素、尼日利亚菌素、盐霉素、甲基盐霉素、马杜霉素铵检出限均为 1.6 μg/kg。

2 规范性引用文件

下列文件中的条款通过本标准的引用而成为本标准的条款。凡是注日期的引用文件,其随后所有的修改单(不包括勘误的内容)或修订版均不适用于本标准,然而,鼓励根据本标准达成协议的各方研究是否可使用这些文件的最新版本。凡是不注日期的引用文件,其最新版本适用于本标准。

GB/T 6379.1 测量方法与结果的准确度(正确度与精密度) 第1部分:总则与定义(GB/T 6379.1—2004,ISO 5725-1:1994,IDT)

GB/T 6379.2 测量方法与结果的准确度(正确度与精密度) 第2部分:确定标准测量方法重复性与再现性的基本方法(GB/T 6379.2—2004,ISO 5725-2:1994,IDT)

GB/T 6682 分析实验室用水规格和试验方法(GB/T 6682—2008,ISO 3696:1987,MOD)

3 原理

试样中聚醚类抗生素,用乙腈提取,固相萃取柱净化,高效液相色谱-串联质谱仪测定,外标法定量。

4 试剂和材料

除另有说明外,所用试剂均为分析纯。

4.1 水:GB/T 6682,一级。

4.2 乙腈:色谱纯。

4.3 甲醇:色谱纯。

4.4 正己烷:色谱纯。

4.5 乙腈饱和的正己烷:取少量乙腈(4.2)加入正己烷(4.4)中,充分混匀。静止分层后,取上层正己烷。

4.6 甲酸:优级纯。

4.7 乙酸铵:优级纯。

4.8 无水硫酸钠:用前在 650 ℃灼烧 4 h,置于干燥器中冷却后备用。

4.9 水系流动相:1 mL 甲酸与 0.385 g 乙酸铵溶于 1 000 mL 水,混匀。当天配制。

4.10 甲醇溶液(1+1):100 mL 甲醇与 100 mL 水混合均匀。

4.11 拉沙洛菌素(CAS 25999-20-6)、莫能菌素(CAS 22373-78-0)、尼日利亚菌素(CAS 28643-80-3)、盐霉素(CAS 55721-31-8)、甲基盐霉素(CAS 55134-13-9)、马杜霉素铵(CAS 84878-61-5)标准品:纯度大于等于95%。

4.12 标准储备溶液:准确称取适量的每种标准物质(4.11),分别用甲醇(4.3)配制成浓度为1 mg/mL标准储备溶液。储备液贮存在−18 ℃冰柜中。

4.13 标准工作溶液:吸取1.00 mL标准储备溶液(4.12),移入100 mL棕色容量瓶,用甲醇定容,该溶液浓度为10 μg/mL,贮存在0 ℃~4 ℃冰箱中。

4.14 Oasis HLB固相萃取小柱或相当者:3 mL,60 mg。使用前依次用3 mL甲醇和5 mL水活化小柱,保持柱体湿润。

4.15 滤膜:0.2 μm。

5 仪器和设备

5.1 液相色谱-串联质谱联用仪:配有电喷雾离子源(ESI源)。

5.2 分析天平:感量0.1 mg和0.01 g。

5.3 旋涡混匀器。

5.4 振荡器。

5.5 离心机:最大转速不低于5 000 r/min。

5.6 移液器:1 mL。

5.7 自动浓缩仪或相当者。

5.8 浓缩瓶:50 mL。

5.9 固相萃取装置。

5.10 氮气吹干仪。

6 试样制备与保存

6.1 试样的制备

从全部样品中取出有代表性样品约1 kg,充分混匀,均分成两份,分别装入洁净容器内。密封后作为试样,标明标记。在抽样和制样的操作过程中,应防止样品受到污染或发生残留物含量的变化。

6.2 试样的保存

将试样于4 ℃保存。

7 测定方法

7.1 提取

7.1.1 牛奶样品

称取10.0 g混匀的试样于50 mL聚丙烯离心管中,加无水硫酸钠(4.8)约10 g和乙腈(4.2) 2×20 mL,涡旋混匀1 min,振荡10 min,以3 000 r/min离心3 min。合并上清液,加10 mL乙腈饱和的正己烷(4.5),涡旋1 min,弃去正己烷,减压浓缩至近干。用4 mL甲醇溶液(4.10)溶解残渣,待净化。

7.1.2 奶粉样品

称取12.5 g奶粉于烧杯中,加适量35 ℃~50 ℃水将其溶解,待冷却至室温后,用水定容至100 mL,充分混匀。量取10.0 g样品溶液于50 mL聚丙烯离心管中,按7.1.1步骤提取。

7.2 净化

将7.1所得的样品溶液加载到固相萃取柱中,并用2 mL甲醇溶液(4.10)淋洗浓缩瓶,并入固相萃取柱,依次用5 mL水和3 mL甲醇溶液(4.10)淋洗柱体,4 mL甲醇(4.3)洗脱。用氮气吹干仪将洗脱液吹干,用1.0 mL甲醇溶解,过0.2 μm滤膜,供液相色谱-串联质谱测定。

7.3 基质标准工作溶液的制备

称取6份阴性样品各10.0 g，置于50 mL具塞的聚丙烯管中，分别加入不同体积的六种聚醚类抗生素的标准工作溶液(4.13)，按6.1和6.2步骤操作。制备成浓度为1.0 ng/mL、5.0 ng/mL、10.0 ng/mL、20.0 ng/mL、50.0 ng/mL、100.0 ng/mL的基质标准工作溶液。

7.4 测定条件

7.4.1 液相色谱参考条件

液相色谱参考条件如下：

a) 色谱柱：BEH C_{18}，1.7 μm，50 mm×2.1 mm(内径)或相当者；

b) 柱温：40 ℃；

c) 进样量：5.0 μL；

d) 流动相：流动相A：甲醇(4.3)，流动相B：水系流动相(4.9)。洗脱程序及流速见表1。

表1 流动相梯度程序及流速

时间/min	流速/(μL /min)	A/%	B/%
0.00	250	90.0	10.0
2.00	250	70.0	30.0
2.01	250	90	10.0
2.50	250	90	10.0

7.4.2 串联质谱参考条件

串联质谱参考条件如下：

a) 离子源：电喷雾离子源；

b) 扫描方式：正离子扫描；

c) 检测方式：多反应监测；

d) 毛细管电压：2.8 kV；

e) 离子源温度：110 ℃；

f) 去溶剂气温度：380 ℃；

g) 去溶剂气(氮气)流量：600 L/h；

h) 锥孔气(氮气)流量：50 L/h；

i) 碰撞气流量：0.1 L/h；

j) 锥孔电压、碰撞能量和驻留时间等质谱参数及母离子和子离子详见表2。

表2 六种聚醚类抗生素的质谱参数和保留时间

化合物名称	保留时间/min	母离子(m/z)	子离子(定量)(m/z)	子离子(定性)(m/z)	碰撞能量/V	驻留时间/ms	锥孔电压/V
拉沙洛菌素	1.48	613.5	377.1	377.1 595.3	28 38	50	72
莫能菌素	1.23	693.5	675.6	675.6 479.3	51 40	50	65
尼日利亚菌素	1.76	742.7	657.6	657.6 461.4	30 25	50	42

表 2（续）

化合物名称	保留时间/min	母离子（m/z）	子离子（定量）（m/z）	子离子（定性）（m/z）	碰撞能量/V	驻留时间/ms	锥孔电压/V
盐霉素	1.55	773.6	431.3	431.3 531.5	50 48	50	65
甲基盐霉素	1.85	787.6	431.3	431.3 531.5	45 48	50	70
马杜霉素铵	1.38	939.6	877.4	877.4 896.3	30 30	50	38

7.5 测定

7.5.1 定性测定

样品溶液按照液相色谱-串接质谱分析条件进行测定时，如果检出的质量色谱峰保留时间与基质标准溶液中对应物质的保留时间一致，并且在扣除背景后的样品质谱图中，子离子的相对丰度与浓度接近的、相同条件下所得到的基质标准溶液谱图相比，误差不超过表 3 规定的范围，则可以判断样品中存在对应的被测物质。

表 3 定性确证时相对离子丰度的最大允许偏差 %

相对离子丰度 K	$K>50$	$20<K<50$	$10<K<20$	$K\leqslant 10$
允许的相对偏差	±20	±25	±30	±50

7.5.2 定量测定

根据样品中被测物质的含量情况，选取峰面积相近的标准工作溶液一起进行液相色谱-串接质谱分析。标准工作溶液和待测样液中聚醚类抗生素的响应值均应在检测的线性范围内。对标准工作溶液和待测样液等体积参插进样测定。在上述液相色谱-串接质谱分析条件下，6 种被测物质的保留时间见表 2。其标准品的多反应离子监测色谱图参见附录 A 中图 A.1 至图 A.6。

本方法六种聚醚类抗生素在牛奶和奶粉中添加浓度及其平均回收率的试验数据参见附录 B 中的表 B.1 和表 B.2。

7.6 平行试验

按以上步骤对同一试样进行平行试验测定。

7.7 空白试验

除不称取试样外，均按上述步骤进行测定。

8 结果计算

聚醚类抗生素残留量的测定按式(1)计算

$$X = c \times \frac{V}{m} \times \frac{1\,000}{1\,000} \qquad \cdots\cdots(1)$$

式中：

X——试样中被测组分残留量，液态奶样品：单位为微克每升(μg/L)，奶粉样品：单位为微克每千克(μg/kg)；

c——从标准工作曲线上得到的被测组分溶液浓度，单位为纳克每毫升(ng/mL)；

V——样品溶液定容体积，单位为毫升(mL)；

m——样品溶液所代表试样的体积或质量，液态奶样品：单位为升(mL)，奶粉样品：单位为克(g)。

计算结果应扣除空白值。

9 精密度

9.1 一般规定

本标准的精密度数据是按照 GB/T 6379.1 和 GB/T 6379.2 规定确定的，其重复性和再现性的值是以 95%的可信度来计算。

9.2 重复性

在重复性试验条件下，获得的两次独立测试结果的绝对差值不超过重复性限 r，试样中六种聚醚类抗生素添加浓度范围及重复性方程见表 4。

表 4 六种聚醚类抗生素添加浓度及重复性限和再现性限方程 单位为微克每千克

化合物名称	样品基质	添加浓度范围	重复性限 r	再现性限 R
拉沙洛菌素	牛奶	0.2～4	$\lg r=1.0148\lg m-0.5230$	$\lg R=0.9584\lg m-0.5858$
	奶粉	1.6～32		
莫能菌素	牛奶	0.2～4	$\lg r=1.1903\lg m-0.5961$	$\lg R=1.3408\lg m-0.5902$
	奶粉	1.6～32		
尼日利亚菌素	牛奶	0.2～4	$\lg r=0.9507\lg m-0.5201$	$\lg R=0.8905\lg m-0.5728$
	奶粉	1.6～32		
盐霉素	牛奶	0.2～4	$\lg r=0.9679\lg m-0.5258$	$\lg R=0.9683\lg m-0.9527$
	奶粉	1.6～32		
甲基盐霉素	牛奶	0.2～4	$\lg r=1.0899\lg m-0.5782$	$\lg R=1.0254\lg m-0.6140$
	奶粉	1.6～32		
马杜霉素铵	牛奶	0.2～4	$\lg r=1.0860\lg m-0.6474$	$\lg R=1.0523\lg m-0.6765$
	奶粉	1.6～32		
注：m 为两次测定结果的算术平均值。				

如果两次测定值的差值超过重复性限 r，应舍弃试验结果并重新完成两次单个试验的测定。

9.3 再现性

在再现性试验条件下，获得的两次独立测试结果的绝对差值不超过再现性限 R，试样中六种聚醚类抗生素添加浓度范围及再现性方程见表 4。

附 录 A
（资料性附录）
标准物质的多反应监测(MRM)色谱图

六种聚醚类抗生素标准物质的多反应监测(MRM)色谱图，见图 A.1～图 A.6。

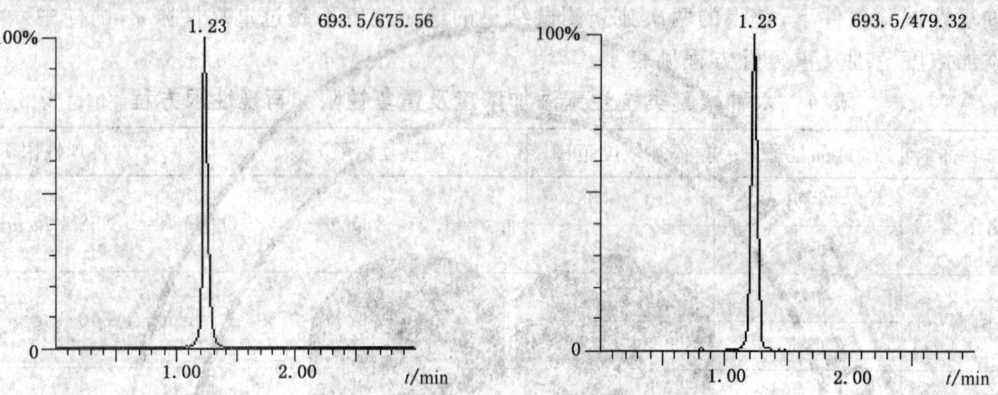

图 A.1　莫能菌素标准物质反应监测(MRM)色谱图

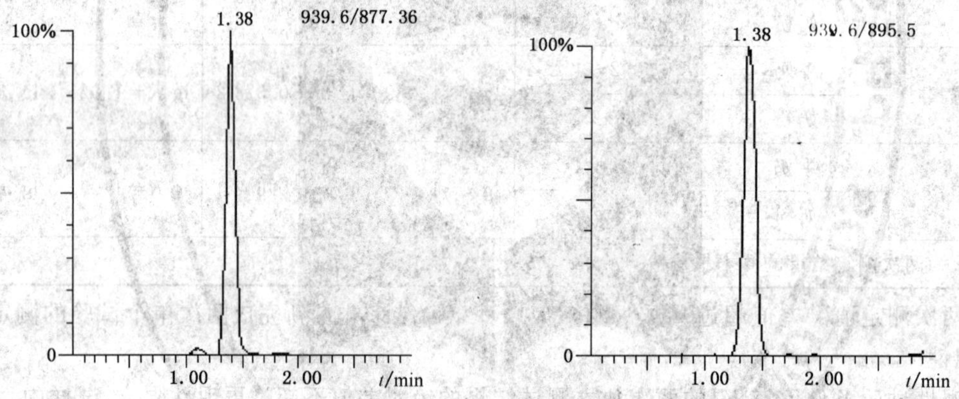

图 A.2　马杜霉素铵标准品物质的多反应监测(MRM)色谱图

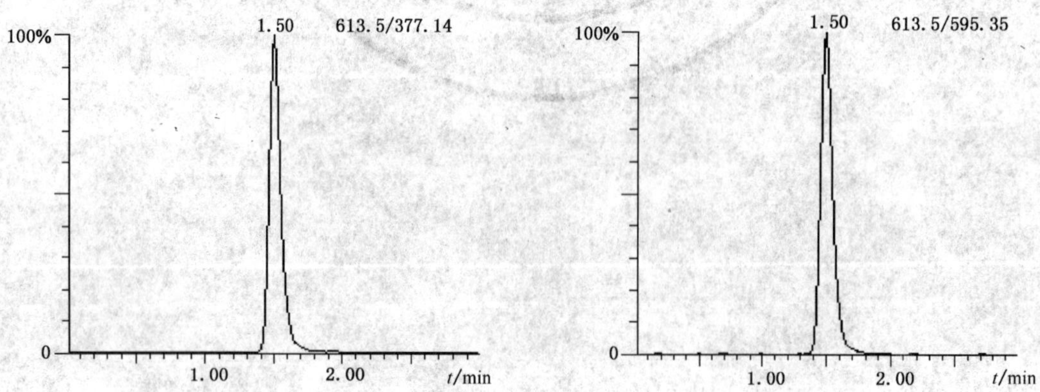

图 A.3　拉沙洛菌素标准物质的多反应监测(MRM)色谱图

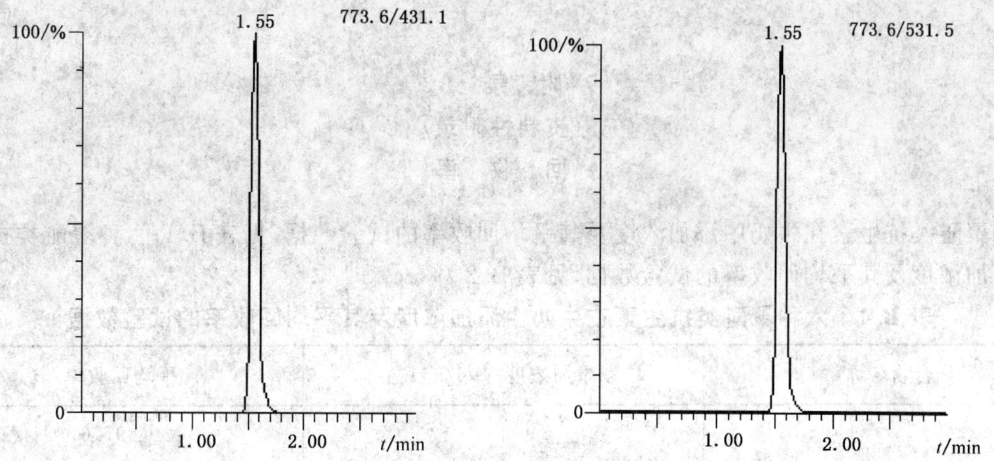

图 A.4 盐霉素标准物质的多反应监测(MRM)色谱图

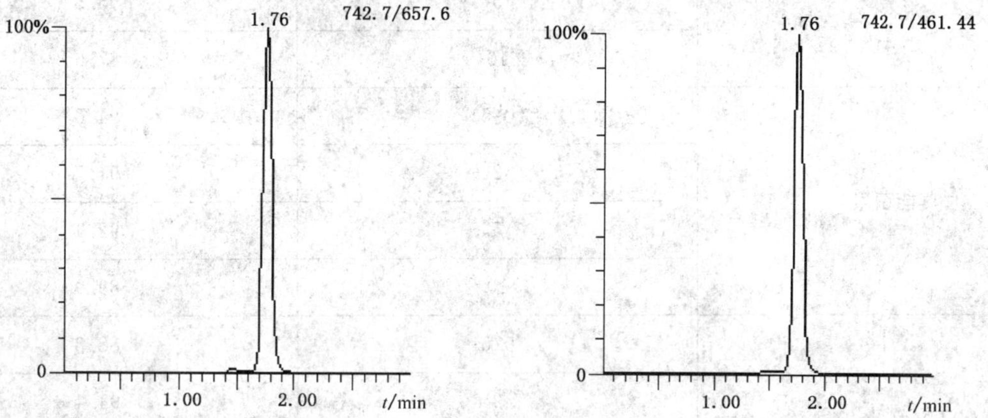

图 A.5 尼日利亚菌素标准物质的多反应监测(MRM)色谱图

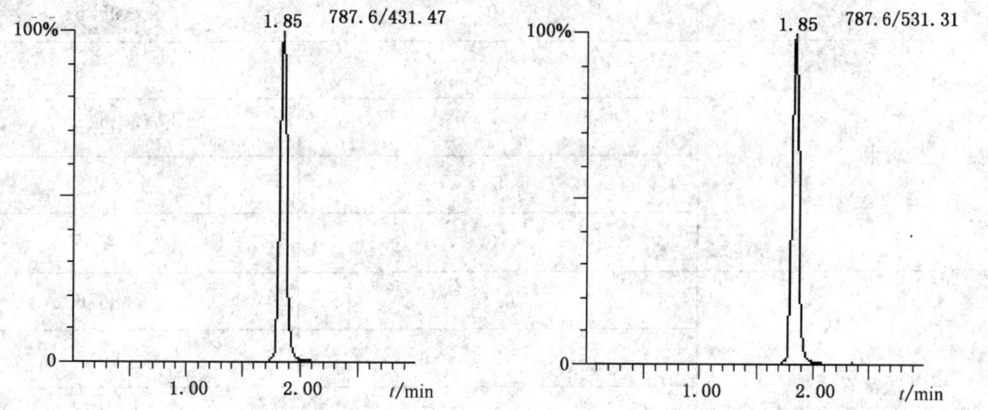

图 A.6 甲基盐霉素标准物质的多反应监测(MRM)色谱图

附　录　B
（资料性附录）
回　收　率

六种聚醚类抗生素在牛奶中添加浓度及其平均回收率的试验数据，见表 B.1；六种聚醚类抗生素在奶粉中添加浓度及其平均回收率的试验数据，见表 B.2。

表 B.1　六种聚醚类抗生素在牛奶中添加浓度及其平均回收率的试验数据

化合物名称	添加浓度/(μg/kg)	平均回收率/%
拉沙洛菌素	1	97.6
	2	92.3
	5	95.8
	10	87.6
莫能菌素	0.5	94.0
	2	91.7
	5	92.4
	10	89.9
尼日利亚菌素	0.5	88.3
	2	94.4
	5	97.0
	10	95.5
盐霉素	1	87.8
	2	92.3
	5	85.8
	10	97.5
甲基盐霉素	0.5	86.6
	2	91.7
	5	92.4
	10	89.8
马杜霉素铵	1	88.9
	2	94.8
	5	97.0
	10	98.5

表 B.2 六种聚醚类抗生素在奶粉中添加浓度及其平均回收率的试验数据

化合物名称	添加浓度/(μg/kg)	平均回收率/%
拉沙洛菌素	2	87.6
	4	92.3
	10	85.8
	20	95.5
莫能菌素	1	86.0
	2	91.7
	5	92.4
	10	89.9
尼日利亚菌素	1	88.3
	2	94.4
	5	97.0
	10	87.5
盐霉素	2	87.6
	4	92.3
	10	85.8
	20	95.5
甲基盐霉素	1	86.0
	2	91.7
	5	92.4
	10	89.9
马杜霉素铵	2	88.3
	4	94.4
	10	97.0
	20	87.5

ICS 67.050
X 04

中华人民共和国国家标准

GB/T 22984—2008

牛奶和奶粉中卡巴氧和喹乙醇代谢物残留量的测定 液相色谱-串联质谱法

Determination of the residues of metabolites of carbadox and olaquindox in milk and milk powder—LC-MS-MS method

2008-12-31 发布　　2009-05-01 实施

中华人民共和国国家质量监督检验检疫总局
中国国家标准化管理委员会　发布

前　言

本标准的附录 A、附录 B 为资料性附录。

本标准由中华人民共和国国家质量监督检验检疫总局提出并归口。

本标准起草单位：中华人民共和国秦皇岛出入境检验检疫局、中华人民共和国深圳出入境检验检疫局。

本标准主要起草人：林黎、谢丽琪、欧阳姗、梁宏、叶刚、廖菁菁、庞国芳。

牛奶和奶粉中卡巴氧和喹乙醇代谢物残留量的测定 液相色谱-串联质谱法

1 范围

本标准规定了牛奶和奶粉中卡巴氧代谢物喹噁啉-2-羧酸(quinoxaline-2-carboxylic acid)和喹乙醇代谢物3-甲基喹噁啉-2-羧酸(3-methyl quinoxaline-2-carboxylic acid)残留量的液相色谱-串联质谱测定方法。

本标准适用于牛奶和奶粉中卡巴氧代谢物喹噁啉-2-羧酸(quinoxaline-2-carboxylic acid)和喹乙醇代谢物3-甲基喹噁啉-2-羧酸(3-methyl quinoxaline-2-carboxylic acid)残留量的测定。

本标准的方法检出限:喹噁啉-2-羧酸和3-甲基喹噁啉-2-羧酸的方法检出限牛奶为0.5 μg/kg,奶粉为4.0 μg/kg。

2 规范性引用文件

下列文件中的条款通过本标准的引用而成为本标准的条款。凡是注日期的引用文件,其随后所有的修改单(不包括勘误的内容)或修订版均不适用于本标准,然而,鼓励根据本标准达成协议的各方研究是否可使用这些文件的最新版本。凡是不注日期的引用文件,其最新版本适用于本标准。

GB/T 6379.1 测量方法与结果的准确度(正确度与精密度) 第1部分:总则与定义(GB/T 6379.1—2004,ISO 5725-1:1994,IDT)

GB/T 6379.2 测量方法与结果的准确度(正确度与精密度) 第2部分:确定标准测量方法重复性与再现性的基本方法(GB/T 6379.2—2004,ISO 5725-2:1994,IDT)

GB/T 6682 分析实验室用水规格和试验方法(GB/T 6682—2008,ISO 3696:1987,MOD)

3 原理

用甲酸溶液消化试样,使牛奶和奶粉中天然存在的酶失活,然后加入蛋白酶水解,盐酸酸化,离心过滤后,固相萃取柱净化,液相色谱-串联质谱仪测定,内标法定量。

4 试剂和材料

除另有说明外,所用试剂均为分析纯,水为GB/T 6682规定的一级水。

4.1 甲醇:色谱纯。

4.2 甲酸:色谱纯。

4.3 乙酸钠。

4.4 乙酸乙酯。

4.5 2%甲酸-乙酸乙酯溶液:向400 mL乙酸乙酯中加入10 mL甲酸,用乙酸乙酯定容至500 mL。

4.6 0.6%甲酸溶液:量取6.0 mL甲酸,用水溶解、定容至1 L。

4.7 0.1%甲酸溶液:量取1.0 mL甲酸,用水溶解、定容至1 L。

4.8 甲酸-甲醇溶液(19+1):用190 mL甲酸溶液(4.2)与10 mL甲醇(4.1)混合。

4.9 0.1 mol/L盐酸溶液:量取8.3 mL浓盐酸,用水溶解、定容至1 L。

4.10 0.3 mol/L盐酸溶液:量取25 mL浓盐酸,用水溶解、定容至1 L。

4.11　Protease 蛋白酶：SigmaP5147 或相当者，−18 ℃以下保存。

4.12　0.01 g/mL 蛋白酶水溶液：称取 1.00 g Protease 蛋白酶(4.11)，用水溶解、定容至 100 mL，4 ℃保存。

4.13　10%乙酸溶液：量取 100 mL 乙酸，用水溶解、定容至 1 L。

4.14　0.05 mol/L 乙酸钠溶液：称取 6.8 g 乙酸钠用 800 mL 水溶解，再滴加 10%乙酸溶液以调节溶液 pH=7，用水定容至 1 L。

4.15　乙酸钠-甲醇溶液(19+1)：用 190 mL 乙酸钠溶液(4.14)与 10 mL 甲醇(4.1)混合。

4.16　甲醇-水溶液(1+4)。

4.17　Tris 碱：SigmaT1503 或相当者。

4.18　1.0 mol/L Tris 溶液：称取 121 g Tris 碱(4.17)，用水溶解、定容至 1 L，4 ℃保存。

4.19　喹噁啉-2-羧酸、3-甲基喹噁啉-2-羧酸、喹噁啉-2-羧酸-d4 标准物质：纯度≥99%。

4.20　标准储备液：100 mg/L。准确称取适量标准物质，分别用甲醇溶解定容，配成 100 mg/L 的标准储备液，在−18 ℃以下保存。

4.21　基质混合标准工作溶液：根据灵敏度和使用需要，用空白样品提取液配成不同浓度(μg/L)的混合标准工作溶液，在 4 ℃保存。

4.22　内标工作溶液：准确称取适量喹噁啉-2-羧酸-d4 标准物质，用甲醇溶解定容，配成 100 μg/L 的标准工作溶液，在 4 ℃保存。

4.23　Oasis MAX 固相萃取柱[1)]或相当者：60 mg，3 mL。用前分别用 3 mL 甲醇和 3 mL 水活化，保持柱体湿润。

4.24　滤膜：0.2 μm。

5　仪器和设备

5.1　液相色谱-串联质谱仪：配有电喷雾离子源。

5.2　固相萃取真空装置。

5.3　吹氮浓缩仪。

5.4　旋涡振荡器。

5.5　分析天平：感量 0.1 mg 和 0.01 g。

5.6　真空泵。

5.7　低温离心机：可制冷到 4 ℃，转速大于 5 000 r/min。

5.8　移液器量程：10 μL～100 μL 和 100 μL～1 000 μL。

5.9　聚丙烯离心管：15 mL 和 50 mL，具塞。

5.10　pH 计：精度±0.02pH 单位。

6　试样制备与保存

6.1　试样的制备

取不少于 500 g 有代表性的牛奶或奶粉，充分混匀，分为两份，置于样品瓶中，密封，并作上标记。

6.2　试样的保存

牛奶置于 4 ℃冰柜中避光保存，奶粉则于室温下置于干燥器保存。

---

1)　Oasis MAX 固相萃取柱是 Waters 公司产品的商品名称，给出这一信息是为了方便本标准的使用者，并不是表示对该产品的认可。如果其他等效产品具有相同的效果，则可使用这些等效产品。

7 测定步骤

7.1 提取

7.1.1 牛奶

准确称取 5 g 牛奶样品(精确到 0.01 g),置于 50 mL 聚丙烯离心管中,加入一定量的内标溶液(4.22),使其浓度为 2.0 ng/g,再加入 10 mL 0.6%甲酸溶液(4.6),混匀后,置于(47±3)℃振荡水浴中振摇 1 h;然后先加入 3 mL 1.0 mol/L Tris 溶液(4.18),再加入 0.3 mL 蛋白酶水溶液(4.12),充分混匀后,置于(47±3)℃振荡水浴中酶解 16 h～18 h。加入 20 mL 0.3 mol/L 盐酸(4.10),振荡 5 min,在 10 ℃以 5 000 r/min 离心 15 min,上清液过滤。

7.1.2 奶粉

取 12.5 g 奶粉于烧杯中,加适量 35 ℃～50 ℃水将其溶解,待冷却至室温后,加水至总质量为 100 g,充分混匀后准确称取 5 g 样品(精确到 0.01 g),置于 50 mL 聚丙烯离心管中,按 7.1.1 步骤进行处理。

7.2 净化

将 7.1 所得溶液以约 1 mL/min 的流速全部通过 Oasis MAX 固相萃取柱(4.23),分别用 15 mL 乙酸钠-甲醇溶液(4.15)淋洗固相萃取柱,真空抽干 15 min。再用 5 mL 甲醇、3 mL 水、5 mL 0.1 mol/L 盐酸(4.9)和 3 mL 甲醇-水溶液(4.16)分别淋洗,真空抽干 15 min,然后用 2 mL 乙酸乙酯淋洗固相萃取柱,弃去全部淋出液,最后用 3 mL 甲酸-乙酸乙酯溶液(4.5)洗脱喹噁啉-2-羧酸和 3-甲基喹噁啉-2-羧酸,置于 15 mL 聚丙烯离心管中,在 45 ℃用氮气浓缩仪吹干。准确加入 1.0 mL 甲酸-甲醇溶液(4.8)溶解残渣,过 0.2 μm 滤膜,供液相色谱-串联质谱仪测定。

7.3 空白基质溶液的制备

称取阴性样品 5 g(精确到 0.01 g),按 7.1 和 7.2 步骤操作。

7.4 测定条件

7.4.1 液相色谱参考条件

液相色谱参考条件如下:

a) 色谱柱:ODS,3 μm,100 mm×2.1 mm(内径)或相当者;

b) 流动相:甲醇、乙腈以及 0.1%甲酸溶液(时间梯度见表 1);

表 1 流动相时间梯度

时间/min	甲醇/%	乙腈/%	0.1%甲酸/%
0.0	13	7	80
10.0	45	15	40
10.1	64	16	20
13.1	13	7	80
20.0	13	7	80

c) 流速:0.2 mL/min;

d) 柱温:30 ℃;

e) 进样量:30 μL。

7.4.2 质谱参考条件

质谱参考条件如下:

a) 离子源:电喷雾离子源;

b) 扫描方式:正离子扫描;

c) 检测方式:多反应检测;

d) 分辨率:单位质量分辨率;

e) 电喷雾电压:5 000 V;

f) 雾化气流速:8.0 L/min;

g) 气帘气流速:7.0 L/min;

h) 辅助气流速:5.0 L/min;

i) 离子源温度:450 ℃;

j) 定性离子对、定量离子对及其他质谱参数见表 2。

表 2 各种化合物的定性离子对、定量离子对、去簇电压、碰撞电压、碰撞池出口电压

化合物名称	定性离子对(m/z)	定量离子对(m/z)	定量内标离子对(m/z)	去簇电压/V	聚焦电压/V	碰撞电压/V	碰撞池出口电压/V
喹嗯啉-2-羧酸	175.0/129.2	175.0/131.2	179.2/133.2	26	120	23	12
	175.0/131.2			26	120	21	12
3-甲基喹嗯啉-2-羧酸	189.2/143.1	189.2/145.1	179.2/133.2	26	120	23	12
	189.2/145.1			26	120	21	12

7.4.3 液相色谱-串联质谱测定

7.4.3.1 定性测定

每种被测组分选择 1 个母离子,2 个以上子离子,在相同实验条件下,样品中待测物质的保留时间,与混合标准工作溶液中对应的保留时间偏差在±2.5%之内,各分析化合物的参考保留时间见表 3,样品中各组分定性离子的相对丰度与浓度接近的混合标准工作溶液中对应的定性离子的相对丰度进行比较,若偏差不超过表 4 规定的范围,则可判定为样品中存在对应的待测物。

表 3 分析化合物参考保留时间

化合物名称	保留时间/min
喹嗯啉-2-羧酸	10.10
3-甲基喹嗯啉-2-羧酸	11.11

表 4 定性确定时相对离子丰度的最大允许偏差 %

相对离子丰度 K	$K>50$	$20<K<50$	$10<K<20$	$K\leqslant 10$
允许最大偏差	±20	±25	±30	±50

7.4.3.2 定量测定

用混合标准工作溶液(4.21)分别进样,以分析化合物和内标化合物的峰面积比为纵坐标,以分析化合物和内标化合物的浓度比为横坐标作标准工作曲线,用标准工作曲线对样品进行定量,样品溶液中喹嗯啉-2-羧酸和 3-甲基喹嗯啉-2-羧酸的响应值均应在仪器测定的线性范围内。喹嗯啉-2-羧酸和 3-甲基喹嗯啉-2-羧酸标准物质提取离子流图参见附录 A 中的图 A.1 和图 A.2。

7.5 平行试验

按以上步骤,对同一试样进行平行试验测定。

7.6 回收率试验

阴性样品中添加标准溶液,按步骤 7.1.1～7.1.3 操作,测定后计算样品添加的回收率。本方法中喹嗯啉-2-羧酸和 3-甲基喹嗯啉-2-羧酸在两种基质中的添加浓度及其平均回收率的试验数据参见附录 B 中的表 B.1。

8 结果计算

试样中每种化合物残留量按式(1)计算：

$$X = c_S \times \frac{A}{A_S} \times \frac{c_i}{c_{Si}} \times \frac{A_{Si}}{A_i} \times \frac{V}{m} \times \frac{1\,000}{1\,000} \quad \cdots\cdots (1)$$

式中：

X——试样中被测物残留量，单位为微克每千克(μg/kg)；

c_S——基质标准工作溶液中被测物的浓度，单位为纳克每毫升(ng/mL)；

A——试样溶液中被测物的色谱峰面积；

A_S——基质标准工作溶液中被测物的色谱峰面积；

c_i——试样溶液中内标物的浓度，单位为纳克每毫升(ng/mL)；

c_{Si}——基质标准工作溶液中内标物的浓度，单位为纳克每毫升(ng/mL)；

A_{Si}——基质标准工作溶液中内标物的色谱峰面积；

A_i——试样溶液中内标物的色谱峰面积；

V——样液最终定容体积，单位为毫升(mL)；

m——试样溶液所代表试样的质量，单位为克(g)。

计算结果应扣除空白值。

9 精密度

9.1 一般规定

本方法的精密度数据是按照 GB/T 6379.1 和 GB/T 6379.2 的规定确定的，重复性和再现性的值以 95%的可信度来计算。

9.2 重复性

在重复性实验条件下，获得的两次独立测试结果的绝对差值不超过重复性限 r，样品中两种分析化合物的添加浓度范围及重复性方程见表 5。

表 5 添加浓度范围及重复性和再现性方程

单位为毫克每千克

化合物名称	样品基质	添加浓度范围	重复性限 r	再现性限 R
喹噁啉-2-羧酸	牛奶	0.5～5.0	$\lg r = 0.879\,7 \lg m - 1.017\,9$	$\lg R = 0.844\,5 \lg m - 0.648\,9$
	奶粉	4.0～40.0	$\lg r = 0.956\,1 \lg m - 1.055\,4$	$\lg R = 0.757\,8 \lg m - 0.616\,3$
3-甲基喹噁啉-2-羧酸	牛奶	0.5～5.0	$\lg r = 0.869\,7 \lg m - 1.077\,2$	$\lg R = 0.724\,0 \lg m - 0.649\,2$
	奶粉	4.0～40.0	$\lg r = 0.982\,1 \lg m - 0.985\,1$	$\lg R = 0.860\,0 \lg m - 0.599\,7$

注：m 为两次测定结果的算术平均值。

如果差值超过重复性限，应舍弃试验结果并重新完成两次单个试验的测定。

9.3 再现性

在再现性实验条件下，获得的两次独立测试结果的绝对差值不超过再现性限 R，样品中两种分析化合物的添加浓度范围及再现性方程见表 5。

附　录　A
（资料性附录）
标准物质提取离子流图

喹噁啉-2-羧酸（QCA）和同位素内标（QCA-d4）标准物质提取离子流图，见图 A.1；3-甲基喹噁啉-2-羧酸（MQCA）和同位素内标（QCA-d4）标准物质提取离子流图，见图 A.2。

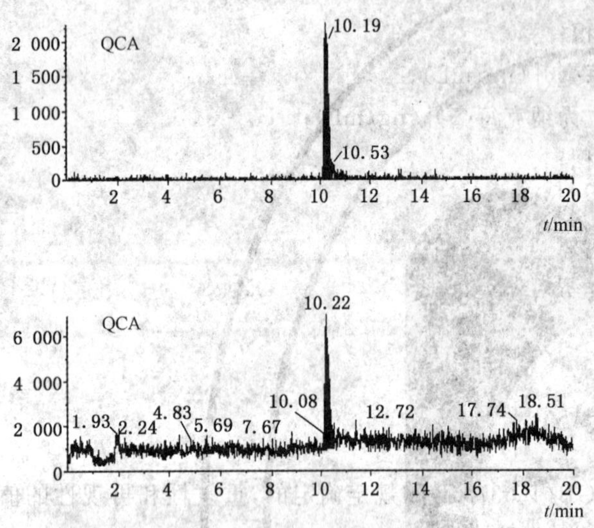

图 A.1　喹噁啉-2-羧酸（QCA）和同位素内标（QCA-d4）标准物质提取离子流图

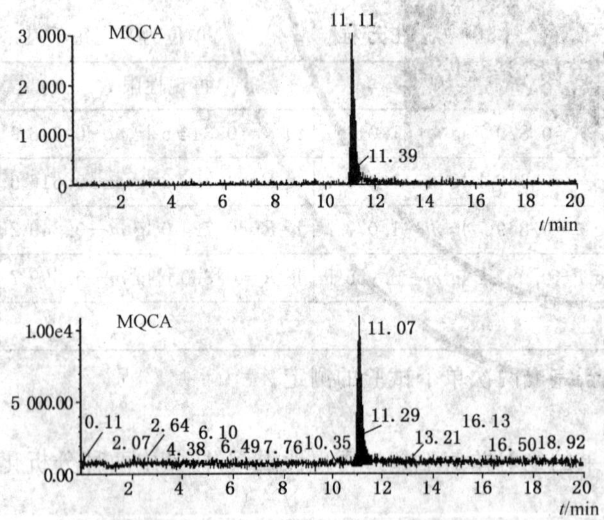

图 A.2　3-甲基喹噁啉-2-羧酸（MQCA）和同位素内标（QCA-d4）标准物质提取离子流图

附 录 B
（资料性附录）
回 收 率

本方法中喹噁啉-2-羧酸和3-甲基喹噁啉-2-羧酸在牛奶和奶粉中添加浓度及其平均回收率的试验数据，见表B.1。

表B.1 喹噁啉-2-羧酸和3-甲基喹噁啉-2-羧酸在牛奶和奶粉中添加浓度及其平均回收率的试验数据

化合物名称	样品基质	添加浓度/(μg/kg)	平均回收率/%
喹噁啉-2-羧酸	牛奶	0.5	83.1
		1.0	75.7
		2.0	80.5
		5.0	89.9
	奶粉	4.0	79.1
		8.0	85.6
		16.0	87.7
		40.0	88.7
3-甲基喹噁啉-2-羧酸	牛奶	0.5	77.4
		1.0	85.3
		2.0	72.1
		5.0	79.1
	奶粉	4.0	75.0
		8.0	85.3
		16.0	88.4
		40.0	77.0

ICS 67.050
X 04

中华人民共和国国家标准

GB/T 22985—2008

牛奶和奶粉中恩诺沙星、达氟沙星、环丙沙星、沙拉沙星、奥比沙星、二氟沙星和麻保沙星残留量的测定 液相色谱-串联质谱法

Determination of enrofloxacin, danofloxacin, ciprofloxacin, sarafloxacin, orbifloxacin, difloxacin and marbofloxacin in milk and milk powder—LC-MS-MS method

2008-12-31 发布　　2009-05-01 实施

中华人民共和国国家质量监督检验检疫总局
中国国家标准化管理委员会　发布

前　言

本标准的附录 A、附录 B 为资料性附录。

本标准由中华人民共和国国家质量监督检验检疫总局提出并归口。

本标准起草单位：中华人民共和国秦皇岛出入境检验检疫局、中华人民共和国河北出入境检验检疫局。

本标准主要起草人：陈瑞春、吕红英、段文仲、郭春海、艾连峰、邢军、马育松、姚春毅、庞国芳。

牛奶和奶粉中恩诺沙星、达氟沙星、环丙沙星、沙拉沙星、奥比沙星、二氟沙星和麻保沙星残留量的测定 液相色谱-串联质谱法

1 范围

本标准规定了牛奶和奶粉中恩诺沙星、达氟沙星、环丙沙星、沙拉沙星、奥比沙星、二氟沙星和麻保沙星残留量液相色谱-串联质谱测定方法。

本标准适用于牛奶和奶粉中恩诺沙星、达氟沙星、环丙沙星、沙拉沙星、奥比沙星、二氟沙星和麻保沙星残留量的测定和确证。

本标准的方法检出限:牛奶中恩诺沙星、达氟沙星、环丙沙星、沙拉沙星、奥比沙星、二氟沙星和麻保沙星均为 1 μg/kg;奶粉中恩诺沙星、达氟沙星、环丙沙星、沙拉沙星、奥比沙星、二氟沙星和麻保沙星均为 4 μg/kg。

2 规范性引用文件

下列文件中的条款通过本标准的引用而成为本标准的条款。凡是注日期的引用文件,其随后所有的修改单(不包括勘误的内容)或修订版均不适用于本标准,然而,鼓励根据本标准达成协议的各方研究是否可使用这些文件的最新版本。凡是不注日期的引用文件,其最新版本适用于本标准。

GB/T 6379.1 测量方法与结果的准确度(正确度与精密度) 第 1 部分:总则与定义(GB/T 6379.1—2004,ISO 5725-1:1994,IDT)

GB/T 6379.2 测量方法与结果的准确度(正确度与精密度) 第 2 部分:确定标准测量方法重复性与再现性的基本方法(GB/T 6379.2—2004,ISO 5725-2:1994,IDT)

GB/T 6682 分析实验室用水规格和试验方法(GB/T 6682—2008,ISO 3696:1987,MOD)

3 原理

用乙腈和磷酸盐缓冲溶液提取试样中残留的恩诺沙星、达氟沙星、环丙沙星、沙拉沙星、奥比沙星、二氟沙星和麻保沙星,Oasis HLB 固相萃取柱[1]净化,5%氨水甲醇溶液洗脱,液相色谱-串联质谱测定,外标法定量。

4 试剂和材料

除另有说明外,所用试剂均为优级纯,水为 GB/T 6682 规定的一级水。

4.1 甲醇:色谱纯。

4.2 乙腈:色谱纯。

4.3 磷酸:色谱纯。

4.4 甲酸:色谱纯。

1) Oasis HLB 固相萃取柱是 Waters 公司产品的商品名称,给出这一信息是为了方便本标准的使用者,并不是表示对该产品的认可。如果其他产品具有相同的效果,则可使用这些等效产品。

4.5　磷酸氢二钠，$Na_2HPO_4 \cdot 12H_2O$。

4.6　磷酸二氢钾，KH_2PO_4。

4.7　氨水。

4.8　磷酸盐缓冲溶液(0.05 mol/L)：称取 5.68 g 磷酸氢二钠(4.5)和 1.36 g 磷酸二氢钾(4.6)，放入 1 000 mL烧杯中，加入 800 mL 水溶解，用磷酸(4.3)调至 pH=3.0，再用水定容至 1 000 mL。

4.9　5%氨水甲醇溶液：吸取 50 mL 氨水(4.7)与 950 mL 甲醇(4.1)混合。

4.10　甲酸溶液(pH=3.0)：量取 500 mL 水，用甲酸(4.4)调 pH 值到 3.0。

4.11　25%甲醇溶液：量取 250 mL 甲醇(4.1)用水稀释到 1 000 mL。

4.12　甲醇-甲酸溶液(15+85)：量取 30 mL 甲醇(4.1)与 170 mL 甲酸溶液(4.10)混合。

4.13　标准物质：恩诺沙星、达氟沙星、环丙沙星、沙拉沙星、奥比沙星、二氟沙星、麻保沙星标准物质，纯度大于等于 95%。

4.14　标准储备溶液：0.1 mg/mL。准确称取适量的每种标准物质，用甲醇(4.1)配成 0.1 mg/mL 的标准储备溶液，该溶液在 4 ℃保存。

4.15　混合标准中间溶液：1 μg/mL。分别吸取 1 mL 标准储备溶液(4.14)放入 100 mL 容量瓶中，用甲醇(4.1)定容至刻度。该溶液在 4 ℃保存。

4.16　混合标准工作溶液：根据需要用空白样品提取液配不同浓度的混合标准工作溶液，混合标准工作溶液在 4 ℃保存。

4.17　Oasis HLB 固相萃取柱或相当者：60 mg，3 mL。使用前分别用 5 mL 甲醇和 5 mL 水和 5 mL 磷酸盐缓冲溶液(4.8)活化，保持柱体湿润。

4.18　滤膜：0.2 μm。

5　仪器和设备

5.1　液相色谱-串联四极杆质谱仪，配有电喷雾离子源。

5.2　分析天平：感量 0.1 mg 和 0.01 g。

5.3　涡旋振荡器。

5.4　固相萃取装置。

5.5　氮气吹干仪。

5.6　真空泵：最大负压 80 kPa。

5.7　pH 计：测量精度±0.02pH 单位。

5.8　贮液器：通过转接头连接于 Oasis HLB 固相萃取柱上。

5.9　离心机。

5.10　旋转蒸发仪。

5.11　具刻度离心管：10 mL。

6　试样的制备与保存

6.1　试样的制备

将牛奶从冰箱中取出，放置至室温，摇匀，备用。

6.2　试样保存

牛奶置于 4 ℃冰箱中避光保存，奶粉常温避光保存。

7　测定步骤

7.1　提取

7.1.1　牛奶

称取 2 g 试样，精确到 0.01 g，置于 50 mL 具塞塑料离心管中，加入 10 mL 乙腈，于涡旋振荡器振荡提取 1 min,5 000 r/min 离心 5 min,上清液过滤到鸡心瓶中,在残渣中加入 5 mL 磷酸盐缓冲溶液(4.8),10 mL 乙腈,重复以上步骤,合并上清液,于 50 ℃旋转蒸发,至乙腈全部蒸出。加入 5 mL 磷酸盐缓冲溶液,混匀。

7.1.2 奶粉

称取 0.5 g 试样,精确到 0.01 g,置于 50 mL 具塞塑料离心管中,加入 6 mL 磷酸盐缓冲溶液(4.8),涡旋混匀,再加入 10 mL 乙腈,于涡旋振荡器振荡提取 1 min,5 000 r/min 离心 5 min,上清液过滤到鸡心瓶中,在残渣中加入 5 mL 磷酸盐缓冲溶液,10 mL 乙腈,重复以上步骤,合并上清液,于 50 ℃旋转蒸发,至乙腈全部蒸出。加入 5 mL 磷酸盐缓冲溶液,混匀。

7.2 净化

将 7.1 的样液转移到贮液器中,再用 5 mL 磷酸盐缓冲溶液洗鸡心瓶,洗液合并到贮液器,以约 1 mL/min 的流速全部过 HLB 固相萃取小柱(4.17),待样液完全流出后,先后以 4 mL 水、4 mL 25%甲醇水溶液淋洗,抽干,用 4 mL 5%氨水甲醇溶液(4.9)洗脱于 10 mL 具刻度离心管中,洗脱液于50 ℃,氮气吹至约 0.2 mL 时停止浓缩,用甲醇-甲酸溶液(4.12)定容至 1 mL,5 000 r/min 离心5 min,过 0.2 μm 滤膜,供液相色谱串联质谱分析。

7.3 空白基质溶液的制备

将取牛奶阴性样品 2 g,奶粉阴性样品 0.5 g,按 7.1 和 7.2 操作。

7.4 测定条件

7.4.1 液相色谱参考条件

液相色谱参考条件如下:

a) 色谱柱:C_{18},5 μm,150 mm×2.1 mm (内径)或相当者;
b) 色谱柱温度:30 ℃;
c) 进样量:15 μL;
d) 流动相梯度及流速见表 1。

表 1 液相色谱梯度洗脱条件

时间/min	流速/(μL/min)	0.1%乙酸水溶液/%	甲醇/%
0.00	200	80	20
5.00	200	40	60
9.00	200	40	60
9.10	200	80	20
11.00	200	80	20

7.4.2 质谱参考条件

质谱参考条件如下:

a) 离子化模式:电喷雾正离子模式(ESI+);
b) 质谱扫描方式:多反应监测 (MRM);
c) 鞘气压力:104 kPa;
d) 辅助气压力:138 kPa;
e) 正离子模式电喷雾电压 (IS):4 000 V;
f) 毛细管温度:320 ℃;
g) 源内诱导解离电压:10 V;
h) Q1,Q3 分辨率:Q1 为 0.4, Q3 为 0.7;
i) 碰撞气:高纯氩气;
j) 碰撞气压力:0.2 Pa;

k) 其他质谱参数及7种喹诺酮的CAS号、保留时间见表2。

表2 七种喹诺酮类药物保留时间、CAS号、定性离子对、定量离子对和裂解能量

化合物中文名称	化合物英文名称	保留时间/min	CAS号	定性离子对(m/z)	定量离子对(m/z)	裂解能量/eV
恩诺沙星	enrofloxacin	5.66	93106-60-6	360.10/315.97	360.14/316.08	19
				360.10/244.86		24
达氟沙星	danofloxacin	6.18	119478-55-6	358.14/339.83	358.14/340.00	22
				358.14/313.80		32
环丙沙星	ciprofloxacin	6.51	93107-08-5	332.30/288.14	332.30/288.14	15
				332.30/244.88		23
沙拉沙星	sarafloxacin	6.17	98105-99-8	386.11/341.77	386.10/341.77	19
				386.11/298.83		25
奥比沙星	orbifloxacin	6.71	113617-63-3	396.05/352.01	396.05/352.01	20
				396.05/394.98		25
二氟沙星	difloxacin	7.06	124858-35-1	400.12/355.71	400.12/355.71	18
				400.12/298.85		30
麻保沙星	marbofloxacin	7.05	115550-35-1	363.15/319.91	363.15/319.91	17
				363.15/344.95		20

7.4.3 液相色谱-串联质谱测定

7.4.3.1 定性测定

每种被测组分选择1个母离子，2个以上子离子，在相同实验条件下，样品中待测物质的保留时间，与混合基质标准校准溶液中对应的保留时间偏差在±2.5%之内；且样品谱图中各组分定性离子的相对丰度与浓度接近的混合基质标准校准溶液谱图中对应的定性离子的相对丰度进行比较，偏差不超过表3规定的范围，则可判定为样品中存在对应的待测物。

表3 定性确证时相对离子丰度的最大允许偏差 %

相对离子丰度 K	$K>50$	$20<K<50$	$10<K<20$	$K\leqslant10$
允许最大偏差	±20	±25	±30	±50

7.4.3.2 定量测定

在仪器最佳工作条件下，对混合基质标准校准溶液进样，以峰面积为纵坐标，混合基质校准溶液浓度为横坐标绘制标准工作曲线，用标准工作曲线对样品进行定量，样品溶液中待测物的响应值均应在仪器测定的线性范围内。标准品多反应监测色谱图参见附录A中图A.1。

7.5 平行试验

按以上步骤，对同一试样进行平行试验测定。

7.6 空白试验

除不称取样品外，均按上述步骤进行。

7.7 回收率试验

吸取适量混合标准工作溶液，用空白基质溶液(7.3)稀释成所需浓度的标准校准溶液。阴性样品中添加标准溶液，按7.1和7.2操作，测定后计算样品添加的回收率。样品添加回收率实验数据参见附录B中的表B.1。

8 结果计算

试样中每种喹诺酮残留量按式(1)计算：

$$X_i = c_i \times \frac{V}{m} \times \frac{1\ 000}{1\ 000} \quad \cdots\cdots\cdots(1)$$

式中：

X_i——试样中被测组分残留量，单位为微克每千克(μg/kg)；

c_i——从标准工作曲线上得到的被测组分溶液浓度，单位为纳克每毫升(ng/mL)；

V——样品溶液定容体积，单位为毫升(mL)；

m——样品溶液所代表试样的质量，单位为克(g)。

i 表示第 i 种喹诺酮，计算结果应扣除空白值。

9 精密度

9.1 一般规定

本标准的精密度数据是按照 GB/T 6379.1 和 GB/T 6379.2 的规定确定的，重复性和再现性的值以 95%的可信度来计算。

9.2 重复性

在重复性条件下，获得的两次独立测试结果的绝对差值不超过重复性限(r)，牛奶和奶粉中七种喹诺酮的添加浓度范围及重复性方程见表 4、表 5。

表 4 牛奶中七种喹诺酮的添加浓度范围及重复性和再现性方程 单位为微克每千克

化合物名称	添加浓度范围	重复性限 r	再现性限 R
恩诺沙星	1.0～10.0	$r=0.131\ 3m-0.098\ 5$	$R=0.201\ 8m-0.150\ 0$
达氟沙星	1.0～10.0	$r=0.094\ 2m-0.035\ 1$	$\lg R=1.163\ 7\lg m-0.912\ 2$
环丙沙星	1.0～10.0	$r=0.073\ 7m+0.016\ 8$	$R=0.122\ 1m+0.109\ 9$
沙拉沙星	1.0～10.0	$r=0.078\ 3m-0.028\ 1$	$R=0.124\ 0m+0.058\ 4$
奥比沙星	1.0～10.0	$r=0.069\ 0m-0.008\ 7$	$\lg R=1.039\ 8\lg m-0.837\ 7$
二氟沙星	1.0～10.0	$r=0.090\ 5m-0.034\ 3$	$R=0.171\ 0m-0.061\ 2$
麻保沙星	1.0～10.0	$\lg r=1.099\ 2\lg m-1.094\ 0$	$\lg R=1.016\ 2\lg m-0.804\ 6$

表 5 奶粉中七种喹诺酮的添加浓度范围及重复性和再现性方程 单位为微克每千克

化合物名称	添加浓度范围	重复性限 r	再现性限 R
恩诺沙星	4.0～40.0	$\lg r=0.931\ 9\lg m-0.935\ 6$	$\lg R=1.069\ 5\lg m-0.945\ 6$
达氟沙星	4.0～40.0	$\lg r=1.035\ 8\lg m-1.043\ 8$	$R=0.178\ 2m-0.034\ 6$
环丙沙星	4.0～40.0	$\lg r=0.792\ 8\lg m-0.823\ 7$	$\lg R=0.927\ 5\lg m-0.722\ 8$
沙拉沙星	4.0～40.0	$r=0.074\ 6m+0.178\ 5$	$\lg R=0.888\ 3\lg m-0.649\ 1$
奥比沙星	4.0～40.0	$r=0.071\ 2m+0.061\ 0$	$R=0.110\ 9m+0.260\ 2$
二氟沙星	4.0～40.0	$\lg r=0.940\ 1\lg m-0.908\ 4$	$\lg R=0.905\ 1\lg m-0.638\ 3$
麻保沙星	4.0～40.0	$\lg r=0.928\ 5\lg m-0.899\ 8$	$\lg R=0.844\ 8\lg m-0.574\ 2$

如果差值超过重复性限，应舍弃试验结果并重新完成两次单个试验的测定。

9.3 再现性

在再现性条件下，获得的两次独立测试结果的绝对差值不超过再现性限(R)牛奶和奶粉中七种喹诺酮的添加浓度范围及再现性方程见表 4、表 5。

附　录　A
（资料性附录）
标准物质多反应监测(MRM)色谱图

七种喹诺酮标准物质多反应监测(MRM)色谱图，见图 A.1。

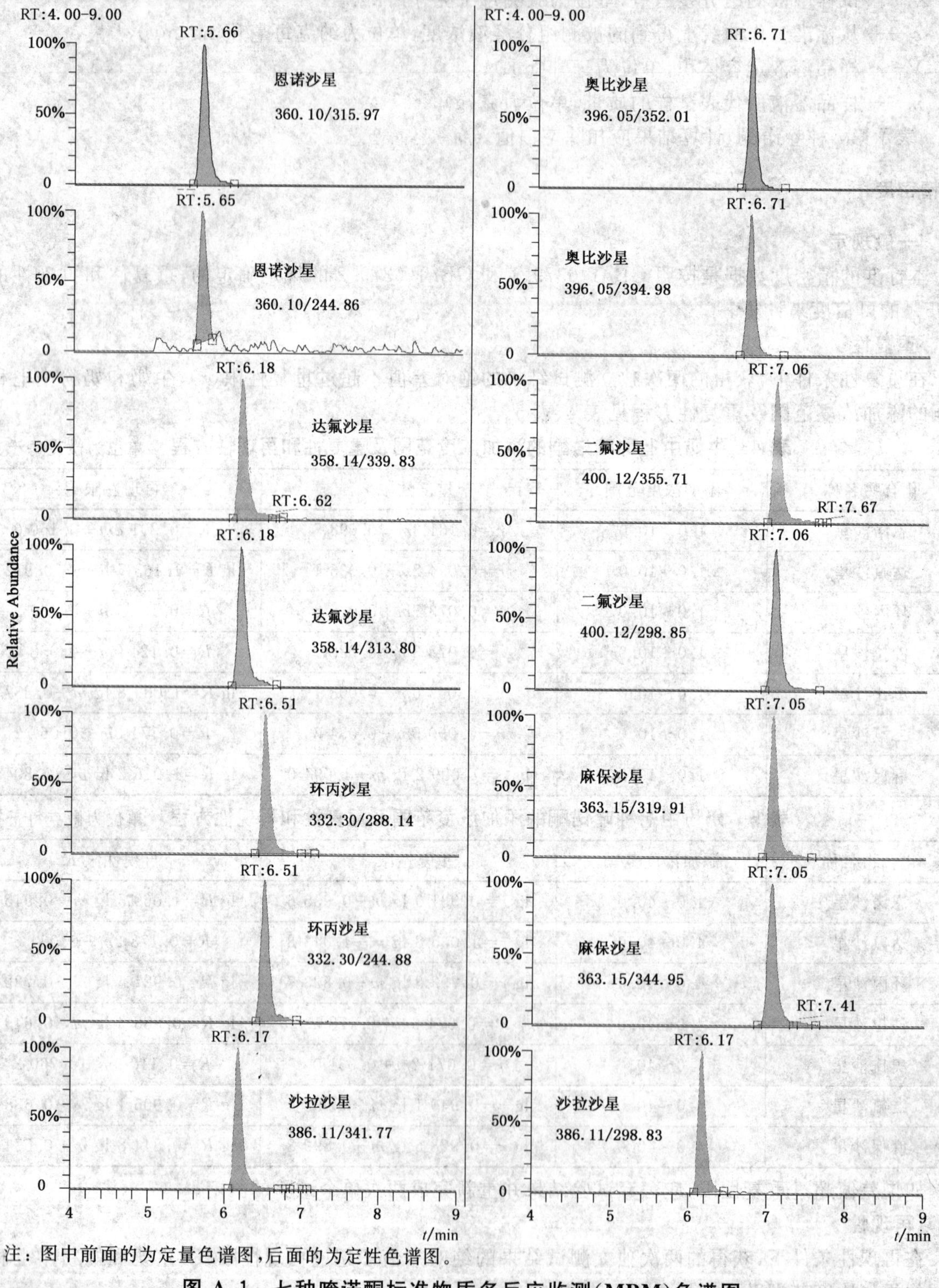

注：图中前面的为定量色谱图，后面的为定性色谱图。

图 A.1　七种喹诺酮标准物质多反应监测(MRM)色谱图

附　录　B
（资料性附录）
回　收　率

七种喹诺酮添加浓度及其回收率范围的试验数据，见表B.1。

表B.1　七种喹诺酮添加浓度及其回收率范围的试验数据

化合物名称	牛奶		奶粉	
	添加浓度/(μg/kg)	回收率范围/%	添加浓度/(μg/kg)	回收率范围/%
麻保沙星	1	80.8～108.0	4	76.0～101.2
	2	86.6～100.6	8	86.9～101.5
	5	77.3～95.0	20	78.8～96.0
	10	81.2～92.0	40	83.8～93.4
环丙沙星	1	76.8～90.1	4	89.0～100.3
	2	73.2～92.6	8	75.2～95.3
	5	73.8～100.2	20	76.0～98.6
	10	79.1～92.3	40	82.5～94.6
达氟沙星	1	87.4～109.4	4	70.4～101.3
	2	84.0～97.6	8	81.6～90.7
	5	77.0～102.1	20	74.6～93.9
	10	78.5～92.1	40	81.8～94.0
恩诺沙星	1	85.9～102.0	4	75.2～93.8
	2	76.1～91.1	8	77.1～100.1
	5	80.8～101.1	20	78.6～101.5
	10	79.4～92.2	40	81.8～92.7
奥比沙星	1	83.9～105.0	4	80.9～101.7
	2	81.5～96.0	8	82.4～100.5
	5	77.2～98.2	20	77.2～100.2
	10	79.7～93.6	40	79.2～90.4
沙拉沙星	1	72.1～97.1	4	78.6～100.9
	2	78.2～95.5	8	81.1～94.8
	5	84.6～103.7	20	77.1～97.8
	10	84.5～93.8	40	80.5～94.0
二氟沙星	1	88.9～108.1	4	82.3～96.0
	2	88.1～99.3	8	84.1～96.1
	5	85.9～101.3	20	81.3～108.0
	10	84.4～94.6	40	80.9～92.2

ICS 67.050
X 04

中华人民共和国国家标准

GB/T 22986—2008

牛奶和奶粉中氢化泼尼松残留量的测定 液相色谱-串联质谱法

Determination of prednisolone residues in milk and milk powder—LC-MS-MS method

2008-12-31 发布　　　　2009-05-01 实施

中华人民共和国国家质量监督检验检疫总局
中国国家标准化管理委员会　发布

前　言

本标准的附录A、附录B为资料性附录。

本标准由中华人民共和国国家质量监督检验检疫总局提出并归口。

本标准起草单位：中华人民共和国秦皇岛出入境检验检疫局、中华人民共和国内蒙古出入境检验检疫局、内蒙古蒙牛乳业(集团)股份有限公司。

本标准主要起草人：潘国卿、白国涛、张春艳、刘来俊、郑书展、李红、张伟、李梅、常建军、庞国芳。

牛奶和奶粉中氢化泼尼松残留量的测定 液相色谱-串联质谱法

1 范围

本标准规定了牛奶和奶粉中氢化泼尼松残留量的液相色谱-串联质谱测定方法。

本标准适用于牛奶和奶粉中氢化泼尼松残留量的测定。

本标准方法检出限：牛奶为 0.5 μg/kg，奶粉为 4.0 μg/kg。

2 规范性引用文件

下列文件中的条款通过本标准的引用而成为本标准的条款。凡是注日期的引用文件，其随后所有的修改单（不包括勘误的内容）或修订版均不适用于本标准，然而，鼓励根据本标准达成协议的各方研究是否可使用这些文件的最新版本。凡是不注日期的引用文件，其最新版本适用于本标准。

GB/T 6379.1 测量方法与结果的准确度（正确度与精密度） 第1部分：总则与定义（GB/T 6379.1—2004，ISO 5725-1:1994，IDT）

GB/T 6379.2 测量方法与结果的准确度（正确度与精密度） 第2部分：确定标准测量方法重复性与再现性的基本方法（GB/T 6379.2—2004，ISO 5725-2:1994，IDT）

GB/T 6682 分析实验室用水规格和试验方法（GB/T 6682—2008，ISO 3696:1987，MOD）

3 方法原理

试样中的氢化泼尼松用甲醇-乙酸缓冲溶液提取，正己烷除脂，固相萃取柱净化，液相色谱-串联质谱仪测定，外标法定量，选择离子定性。

4 试剂和材料

除另有说明外，所用试剂均为分析纯，水为 GB/T 6682 规定的一级水。

4.1 甲醇：色谱纯。

4.2 甲酸：色谱纯。

4.3 正己烷：色谱纯。

4.4 冰乙酸。

4.5 三水乙酸钠。

4.6 0.2 mol/L 乙酸溶液：吸取 5.72 mL 冰乙酸（4.4）至 500 mL 容量瓶中，用水定容至刻度。

4.7 0.2 mol/L 乙酸钠溶液：称取 27.22 g 三水乙酸钠（4.5），用水溶解后转移至 1 000 mL 容量瓶中，水定容至刻度。

4.8 乙酸-乙酸钠缓冲溶液（pH=5.2）：量取 21 mL 乙酸溶液（4.6）与 79 mL 乙酸钠溶液（4.7）混合，调节溶液的 pH=5.2。

4.9 30%甲醇水溶液：量取 30 mL 甲醇（4.1），用水稀释定容至 100 mL。

4.10 甲醇饱和正己烷：量取甲醇（4.1）10 mL 置于分液漏斗中，加正己烷（4.3）90 mL，振荡混合 1 min，静置分层后，取上层液备用。

4.11 氢化泼尼松标准品：纯度大于 99%。

4.12 氢化泼尼松标准储备溶液：准确称取氢化泼尼松标准品，用甲醇（4.1）配成 0.10 mg/mL 的标准储备溶液，于－18 ℃避光储存。

4.13 氢化泼尼松标准工作溶液：根据需要吸取适量的氢化泼尼松标准储备溶液(4.12)，用甲醇(4.1)逐级稀释成适当浓度的标准工作溶液，于－18 ℃避光储存。

4.14 氢化泼尼松基质标准工作溶液：根据需要吸取适量的氢化泼尼松标准工作溶液(4.13)，用阴性样品提取液稀释配制成浓度范围为0.50 ng/mL～100 ng/mL的系列基质标准工作溶液，该溶液应现用现配。

4.15 固相萃取柱：Oasis HLB柱或性能相当者，500 mg、6 mL。使用前用5 mL甲醇(4.1)和5 mL水进行活化。

4.16 滤膜：0.2 μm。

5 仪器和设备

5.1 液相色谱-串联质谱仪：配有电喷雾离子源(ESI)。

5.2 分析天平：感量0.01 mg和0.01 g。

5.3 固相萃取真空装置。

5.4 均质器。

5.5 旋转蒸发器。

5.6 离心机。

5.7 微量注射器：50 μL。

5.8 氮气吹干仪。

5.9 旋涡混合器。

6 试样的制备与保存

6.1 试样的制备

6.1.1 牛奶：取有代表性试样约500 g，搅拌均匀后装入洁净容器内密封并做好标识。

6.1.2 奶粉：取有代表性试样约500 g，搅拌均匀后装入洁净容器内密封并做好标识。准确称取12 g乳粉试样(精确到0.01 g)于250 mL烧杯中，少量多次加入50 mL煮沸并冷却到60 ℃左右的水溶解，冷却至室温后，移入100 mL容量瓶中，用少量水分次淋洗烧杯，淋洗液一并移入容量瓶，再用水定容到刻度，混匀，制备成奶粉复原乳试样。

6.2 试样的保存

将试样于4 ℃保存。

7 测定步骤

7.1 提取

准确称取5 g牛奶试样(精确到0.01 g)或量取5.00 mL奶粉复原乳试样(6.1.2)于50 mL离心管中，依次加入10 mL乙酸缓冲溶液(4.8)、15 mL甲醇(4.1)和10 mL甲醇饱和正己烷(4.10)，用均质器以15 000 r/min提取1 min，并用约2 mL甲醇(4.1)淋洗均质器，用离心机在4 ℃以10 000 r/min离心10 min，弃去上层正己烷层，清液转入鸡心瓶中，在40 ℃下旋转蒸发至体积小于10 mL，待净化。

7.2 净化

将上述浓缩液以小于等于3 mL/min的速度通过预先活化好的固相萃取柱(4.15)，依次用5 mL水、3 mL 30%的甲醇水溶液(4.9)和5 mL正己烷(4.3)淋洗固相萃取柱，弃去全部淋洗液。减压抽干1 min，然后用6 mL甲醇(4.1)洗脱。洗脱液在低于40 ℃氮气吹干至体积小于2 mL，用甲醇(4.1)定容至2.00 mL，混匀后，过0.2 μm有机相滤膜(4.16)，供液相色谱-串联质谱仪测定。

7.3 **阴性样品提取液的制备**

取不含氢化泼尼松的阴性牛奶或者奶粉样品，按 7.1 和 7.2 步骤制备阴性样品提取液，用于配制氢化泼尼松基质标准工作溶液。

7.4 **测定条件**

7.4.1 **液相色谱参考条件**

液相色谱参考条件如下：

a) 色谱柱：Acquity UPLC™ BEH C_{18}[1)]，1.7 μm，100 mm×2.1 mm(内径)或相当者；

b) 柱温：35 ℃；

c) 进样量：5 μL；

d) 流动相及流速见表 1。

表 1 液相色谱梯度洗脱条件

时间/min	流速/(mL/min)	水(含 0.1%的甲酸)/%	甲醇/%
0.00	0.3	90	10
3.00	0.3	10	90
5.00	0.3	10	90
6.00	0.3	90	10
8.00	0.3	90	10

7.4.2 **质谱参考条件**

质谱参考条件如下：

a) 离子源：电喷雾离子源(ESI)；

b) 扫描方式：负离子扫描；

c) 检测方式：多反应监测(MRM)；

d) 锥孔电压：23 V；

e) 毛细管电压：3.00 kV；

f) 离子源温度：110 ℃；

g) 脱溶剂气温度：400 ℃；

h) 脱溶剂气流：400 L/h；

i) 锥孔气流量：50 L/h；

j) 碰撞气压力：0.36 Pa；

k) 碰撞气：氩气；

l) 氢化泼尼松定性离子对、定量离子对、碰撞能量及驻留时间见表 2。

表 2 氢化泼尼松定量离子对、定性离子对、碰撞能量及驻留时间

定量离子对(m/z)	定性离子对(m/z)	碰撞能量/eV	驻留时间/s
405.4/329.5	405.4/329.5	23	0.05
	405.4/359.6	15	0.05

7.4.3 **液相色谱-串联质谱测定**

7.4.3.1 **定性测定**

在相同的实验条件下进行样品测定时，如果样品中待测物质的色谱峰保留时间与标准品色谱峰保

1) Acquity UPLC™ BEH C_{18}是 Waters 公司产品的商品名称，给出这一信息是为了方便本标准的使用者，并不是表示对该产品的认可。如果其他产品具有相同的效果，则可使用这些等效产品。

留时间相差在±2.5%以内，且样品色谱图中定性离子的相对丰度与浓度相近的基质标准工作溶液色谱图中对应的定性离子的相对丰度进行比较，相对偏差不超过表3规定的范围，则可判定样品中存在该种待测物。

表3 定性确证时相对离子丰度的最大允许偏差 %

相对离子丰度 K	$K>50$	$20<K<50$	$10<K<20$	$K\leqslant 10$
允许最大偏差	±20	±25	±30	±50

7.4.3.2 定量测定

在仪器最佳工作条件下，对氢化泼尼松基质标准工作溶液(4.14)进行色谱分析，以峰面积为纵坐标，基质标准工作溶液浓度为横坐标绘制标准工作曲线，用标准工作曲线对样品进行定量，基质标准工作溶液和样液中氢化泼尼松的响应值均应在仪器测定的线性范围内。在上述色谱和质谱条件下，氢化泼尼松的参考保留时间为3.55 min，基质标准溶液的多反应监测(MRM)色谱图参见附录A中图A.1。氢化泼尼松添加浓度及平均回收率参见附录B中的表B.1。

7.5 平行试验

按上述步骤，对同一试样进行平行试验测定。

7.6 空白试验

除不称取试样外，均按上述分析步骤进行。

8 结果计算

样品中氢化泼尼松的测定结果可由仪器工作站软件计算，也可按式(1)计算：

$$X = c \times \frac{V}{m} \times \frac{1\,000}{1\,000} \times F \qquad (1)$$

式中：

X——试样中被测组分残留量，单位为微克每千克(μg/kg)；

c——从标准工作曲线上得到的被测组分溶液浓度，单位为纳克每毫升(ng/mL)；

V——样品溶液定容体积，单位为毫升(mL)；

m——样品溶液所代表试样的质量，单位为克(g)；

F——换算系数，牛奶 $F=1$，奶粉 $F=20$。

计算结果应扣除空白值。

9 精密度

9.1 一般规定

本标准的精密度数据是按照GB/T 6379.1和GB/T 6379.2的规定确定的，其重复性和再现性的值是以95%的可信度来计算。

9.2 重复性

在重复性试验条件下，获得的两次独立测试结果的绝对差值不超过重复性限(r)，试样中氢化泼尼松含量范围在0.50 μg/kg～10 μg/kg之间时，重复性方程：牛奶为 $\lg r = 0.714\,8 \lg m - 0.653\,9$，奶粉为 $\lg r = 0.700\,2 \lg m - 0.578\,7$。

如果两次测定值的差值超过重复性限(r)，应舍弃试验结果并重新完成两次单个实验的测定。

9.3 再现性

在再现性试验条件下，获得的两次独立测试结果的绝对差值不超过再现性限(R)，试样中氢化泼尼松含量范围在0.50 μg/kg～10 μg/kg之间时，重复性方程为：牛奶为 $\lg R = 0.610\,7 \lg m - 0.591\,7$，奶粉为 $\lg R = 0.670\,2 \lg m - 0.603\,8$。

注：m 为两次测定结果的算术平均值。

附 录 A
(资料性附录)
基质标准溶液的多反应监测(MRM)色谱图

氢化泼尼松基质标准溶液的多反应监测(MRM)色谱图,见图 A.1。

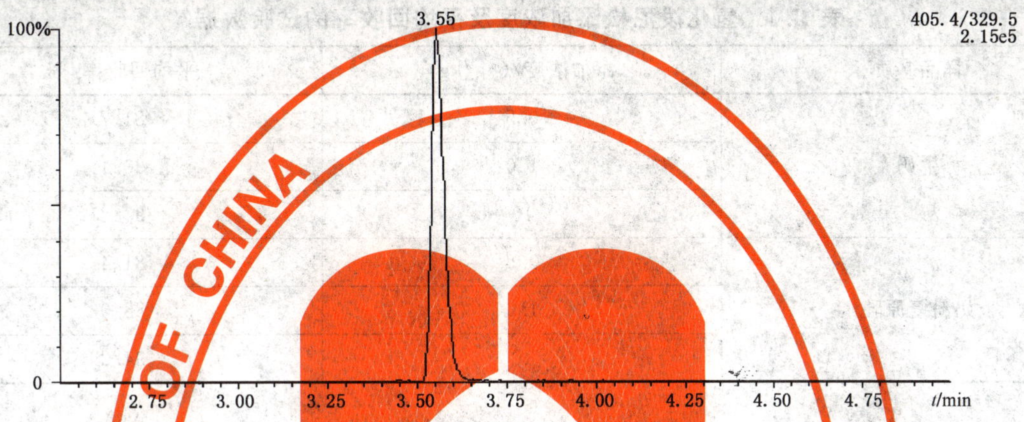

图 A.1 氢化泼尼松基质标准溶液的多反应监测(MRM)色谱图

附 录 B
(资料性附录)
回 收 率

氢化泼尼松添加浓度及平均回收率的试验数据,见表B.1。

表B.1 氢化泼尼松添加浓度及平均回收率的试验数据

样品基质	添加浓度/(μg/kg)	平均回收率/%
牛奶	0.5	81.7
	1.0	90.1
	10	93.8
奶粉复原乳	0.5	81.4
	1.0	88.0
	10	94.2

ICS 67.050
X 04

中华人民共和国国家标准

GB/T 22987—2008

牛奶和奶粉中呋喃它酮、呋喃西林、呋喃妥因和呋喃唑酮代谢物残留量的测定 液相色谱-串联质谱法

Determination for the residues of furaltadon, nitrofurazone, nitrofurantoin and furazolidone metabolites in milk and milk powder—LC-MS-MS method

2008-12-31 发布　　2009-05-01 实施

中华人民共和国国家质量监督检验检疫总局
中国国家标准化管理委员会　发布

前　言

本标准的附录A、附录B和附录C为资料性附录。

本标准由中华人民共和国国家质量监督检验检疫总局提出并归口。

本标准起草单位:中华人民共和国秦皇岛出入境检验检疫局。

本标准主要起草人:张进杰、曹亚平、刘晓茂、曹彦忠、王静淑、杨志伟、庞国芳。

牛奶和奶粉中呋喃它酮、呋喃西林、呋喃妥因和呋喃唑酮代谢物残留量的测定 液相色谱-串联质谱法

1 范围

本标准规定了牛奶和奶粉中呋喃它酮代谢物(5-吗啉甲基-3-氨基-2-噁唑烷基酮,英文缩写为AMOZ)、呋喃西林代谢物(氨基脲,英文缩写为SEM)、呋喃妥因代谢物(1-氨基-2-内酰脲,英文缩写为AHD)和呋喃唑酮代谢物(3-氨基-2-噁唑烷基酮,英文缩写为AOZ)残留量液相色谱-串联质谱测定方法。

本标准适用于牛奶和奶粉中AMOZ、SEM、AHD和AOZ残留量的测定。

本标准的方法检出限:牛奶中AMOZ、SEM、AHD和AOZ的检出限均为0.2 μg/kg;奶粉中AMOZ、SEM、AHD和AOZ的检出限均为1.6 μg/kg。

注:本标准中呋喃它酮、呋喃西林、呋喃妥因和呋喃唑酮及代谢物中英名称及英文缩写参见附录A中的表A.1。

2 规范性引用文件

下列文件中的条款通过本标准的引用而成为本标准的条款。凡是注日期的引用文件,其随后所有的修改单(不包括勘误的内容)或修订版均不适用于本标准,然而,鼓励根据本标准达成协议的各方研究是否可使用这些文件的最新版本。凡是不注日期的引用文件,其最新版本适用于本标准。

GB/T 6379.1 测量方法与结果的准确度(正确度与精密度) 第1部分:总则与定义(GB/T 6379.1—2004,ISO 5725-1:1994,IDT)

GB/T 6379.2 测量方法与结果的准确度(正确度与精密度) 第2部分:确定标准测量方法重复性与再现性的基本方法(GB/T 6379.2—2004,ISO 5725-2:1994,IDT)

GB/T 6682 分析实验室用水规格和试验方法(GB/T 6682—2008,ISO 3696:1987,MOD)

3 原理

牛奶或奶粉试样用三氯乙酸水解并脱蛋白,硝基呋喃类代谢物在酸性条件下用2-硝基苯甲醛衍生化,用Oasis HLB或性能相当的固相萃取柱净化。液相色谱-串联质谱仪(ESI+)检测。用内标法或外标法定量。

4 试剂和材料

除另有说明外,所用试剂均为优级纯。

4.1 水:GB/T 6682,一级。

4.2 甲醇:色谱纯。

4.3 乙腈:色谱纯。

4.4 乙酸乙酯:色谱纯。

4.5 磷酸氢二钾,K_2HPO_4。

4.6 乙酸。

4.7 二甲亚砜。

4.8 盐酸。

4.9 三氯乙酸，$C_2HCl_3O_2$。

4.10 氢氧化钠。

4.11 2-硝基苯甲醛(2-NP)，$C_7H_5NO_3$：含量≥99%。

4.12 0.1 mol/L 磷酸氢二钾溶液：称取 17.4 g 磷酸氢二钾(4.5)，用水溶解，定容至 1 000 mL。

4.13 0.2 mol/L 盐酸：量取 17 mL 浓盐酸(4.8)，用水定容至 1 000 mL。

4.14 4 mol/L 氢氧化钠溶液：称取 80 g 氢氧化钠(4.10)，用水溶解，定容至 500 mL。

4.15 0.5 mol/L 三氯乙酸溶液：称取 37.5 g 三氯乙酸(4.9)，用水溶解，定容至 500 mL。

4.16 衍生剂：含 2-硝基苯甲醛 0.05 mol/L。称取 0.075 g 2-硝基苯甲醛(4.11)溶于 10 mL 二甲亚砜(4.7)，现用现配。

4.17 样品定容溶液：取 10 mL 乙腈(4.3)，0.3 mL 乙酸(4.6)，用水稀释到 100 mL。

4.18 标准物质：AMOZ (CAS:43056-63-9)、SEM (CAS:563-41-7)、AHD (CAS:2827-56-7)和 AOZ (CAS:80-65-9)，纯度均≥99%。

4.19 同位素标记物标准物质：D_5-AMOZ、$^{13}C^{15}N$-SEM、$^{13}C_3$-AHD 和 D_4-AOZ。四种内标标准物质的纯度均≥99%。

4.20 1.0 mg/mL 标准储备溶液：分别称取适量的四种硝基呋喃代谢物标准物质(4.18)，分别用甲醇稀释成 1.0 mg/mL 的标准储备溶液。避光保存于−18 ℃冰柜中。

4.21 0.1 μg/mL 混合标准溶液：分别吸取适量四种硝基呋喃代谢物的标准储备溶液(4.20)，用甲醇稀释成 0.1 μg/mL 的混合标准溶液，避光保存于−18 ℃冰柜中。

4.22 1.0 mg/mL 同位素标记物混合内标储备溶液：分别称取适量的四种硝基呋喃代谢物的同位素标记物标准物质(4.19)，分别用甲醇配成 1.0 mg/mL 的标准储备液。避光保存于−18 ℃冰柜中。

4.23 0.1 μg/mL 同位素标记物混合内标溶液：分别移取适量的四种硝基呋喃代谢物的同位素标记物内标储备溶液(4.22)，用甲醇稀释成 0.1 μg/mL 的混合内标标准溶液，避光保存于−18 ℃冰柜中。

4.24 Oasis HLB 固相萃取柱[1)]或相当者：60 mg，3 mL。使用前依次用 5 mL 甲醇和 10 mL 水预处理，保持柱体湿润。

4.25 滤膜：0.2 μm。

5 仪器

5.1 液相色谱-串联四极杆质谱仪，配有电喷雾离子源。

5.2 分析天平：感量 0.1 mg 和 0.01 g。

5.3 液体混匀器。

5.4 固相萃取装置。

5.5 氮气吹干仪。

5.6 恒温振荡水浴。

5.7 真空泵：真空度应达到 80 kPa。

5.8 微量注射器：25 μL，100 μL。

5.9 棕色具塞离心管：25 mL，50 mL。

5.10 pH 计：测量精度±0.02pH 单位。

5.11 贮液器：50 mL。

---

1) Oasis HLB 固相萃取柱是 Waters 公司产品的商品名称，给出这一信息是为了方便本标准的使用者，并不是表示对该产品的认可。如果其他产品具有相同的效果，则可使用这些等效产品。

5.12 高速离心机:转速 10 000 r/min 以上。

6 试样的制备与保存

6.1 试样的制备

实验室样品混合均匀,分出 0.5 kg 作为试样。

6.2 试样保存

试样置于-18 ℃冰柜,避光保存。

7 测定步骤

7.1 待测样品溶液的制备

7.1.1 牛奶样品脱蛋白、水解和衍生化

称取牛奶样品 8 g(精确到 0.01 g),置于 50 mL 棕色离心管中,加入 15 mL 三氯乙酸溶液(4.15)。向上述离心管中加入 0.2 mL 衍生剂(4.16),再加入适量混合内标溶液(4.23),使四种硝基呋喃代谢物内标物最终定容浓度均为 2.0 ng/mL。用液体混匀器混匀,置于 37 ℃恒温振荡水浴中避光反应 16 h。离心管取出后放置至室温,在 10 000 r/min 下离心 10 min,上清液倒入另一棕色离心管中。

7.1.2 奶粉样品脱蛋白、水解和衍生化

称取奶粉样品 1 g(精确到 0.01 g),置于 50 mL 棕色离心管中,加入 8 mL 水,涡旋混合后,再加入 15 mL 三氯乙酸溶液(4.15)。向上述离心管中加入 0.2 mL 衍生剂(4.16),再加入适量混合内标溶液(4.23),使四种硝基呋喃代谢物内标物最终定容浓度均为 2.0 ng/mL。用液体混匀器混匀,置于 37 ℃恒温振荡水浴中避光反应 16 h。离心管取出后放置至室温,在 10 000 r/min 下离心 10 min,上清液倒入另一棕色离心管中。

7.1.3 样品溶液净化

上述衍生溶液加入 5 mL 0.1 mol/L 磷酸氢二钾溶液(4.12),用 4 mol/L 氢氧化钠溶液(4.14)调节溶液 pH 约为 7.4,在 10 000 r/min 下离心 10 min,上清液倒入下接 Oasis HLB 固相萃取柱(4.24)的贮液器中,在固相萃取装置上使样液以小于 2 mL/min 的流速通过 Oasis HLB 固相萃取柱(4.24),待样液全部通过固相萃取柱后用 20 mL 20%甲醇水淋洗固相萃取柱,弃去全部流出液。抽干 Oasis HLB 固相萃取柱(4.24)15 min。用 5 mL 乙酸乙酯(4.4)洗脱,收集洗脱液于 25 mL 棕色离心管中,在氮气吹干仪上 45 ℃水浴吹干,准确加入 1.0 mL 样品定容溶液(4.17)溶解残渣,混匀后过 0.2 μm 滤膜(4.25),供液相色谱-串联质谱测定。

7.2 混合基质标准校准溶液的制备

7.2.1 牛奶混合基质标准校准溶液的制备

称取五个阴性牛奶样品,每个样品为 8 g(精确到 0.01 g)。分别加入适量混合标准溶液(4.21),制成四种硝基呋喃代谢物含量均为 0.1 μg/kg、0.2 μg/kg、0.5 μg/kg、1.0 μg/kg 和 2.0 μg/kg 的基质标准溶液,再分别加入适量混合内标溶液(4.23),含量均为 2.0 ng/mL。同 7.1.1 和 7.1.3 操作,作为牛奶标准校准曲线。

7.2.2 奶粉混合基质标准校准溶液的制备

称取五个阴性奶粉样品,每个样品为 1 g(精确到 0.01 g)。分别加入适量混合标准溶液(4.21),制成四种硝基呋喃代谢物含量均为 0.8 μg/kg、1.6 μg/kg、4.0 μg/kg、8.0 μg/kg 和 16.0 μg/kg 的基质标准溶液,再分别加入适量混合内标溶液(4.23),含量均为 2.0 ng/mL。同 7.1.2 和 7.1.3 操作,作为奶粉标准校准曲线。

7.3 测定条件

7.3.1 液相色谱参考条件

液相色谱参考条件如下:

a） 色谱柱：Atlantis C_{18}，3.5 μm，150 mm×2.1 mm（内径）或相当者；

b） 柱温：35 ℃；

c） 进样量：40 μL；

d） 流动相：流动相 A 为 0.1%甲酸水溶液，流动相 B 为 0.1%甲酸乙腈溶液，梯度洗脱参考条件见表 1。

表 1 液相色谱梯度洗脱参考条件

时间/min	流速/(μL/min)	流动相 A/%	流动相 B/%
0.00	200	80	20
3.00	200	50	50
8.00	200	50	50
8.01	200	80	20
16.00	200	80	20

7.3.2 质谱参考条件

质谱参考条件如下：

a） 离子源：电喷雾离子源(ESI)；

b） 扫描方式：正离子扫描；

c） 检测方式：多反应监测(MRM)；

d） 电喷雾电压(IS)：5 000 V；

e） 辅助气(AUX)流速：7 L/min；

f） 辅助气温度(TEM)：480 ℃；

g） 聚焦电压(FP)：150 V；

h） 碰撞室出口电压(CXP)：11 V；

i） 去簇电压(DP)：45 V；

j） 四种硝基呋喃代谢物和内标衍生物的质谱参数见表 2。

表 2 四种硝基呋喃代谢物和内标衍生物的质谱参数

衍生后的硝基呋喃代谢物及同位素内标物名称	定性离子对 (m/z)	定量离子对 (m/z)	去簇电压 (DP)/V	采集时间/ms	碰撞能量 (CE)/V
2-NP-AMOZ	335/291 335/128	335/291	50	100	18 16
2-NP-SEM	209/192 209/166	209/166	40	150	17 15
2-NP-AHD	249/134 249/178	249/134	50	200	19 22
2-NP-AOZ	236/134 236/192	236/134	50	100	19 17
2-NP-D_5-AMOZ	340/296	340/296	45	100	18
2-NP-$^{13}C^{15}N$-SEM	212/168	212/168	45	100	15
2-NP-$^{13}C_3$-AHD	252/134	252/134	40	100	32
2-NP-D_4-AOZ	240/134	240/134	40	100	22

7.4 液相色谱-串联质谱测定

7.4.1 定性确证

每种被测组分选择1个母离子，2个以上子离子，在相同实验条件下，样品中待测物质和内标物的保留时间之比，也就是相对保留时间，与混合基质标准校准溶液中对应的相对保留时间偏差在±2.5%之内；且样品谱图中各组分的相对离子丰度与浓度接近的混合基质标准校准溶液谱图中对应的相对离子丰度进行比较，偏差不超过表3规定的范围，则可判定样品中存在对应的待测物。

表3 定性确证时相对离子丰度的最大允许偏差 %

相对离子丰度 K	$K>50$	$20<K<50$	$10<K<20$	$K\leqslant10$
允许最大偏差	±20	±25	±30	±50

7.4.2 定量测定

内标法定量：用仪器软件中的内标定量程序。

外标法定量：在仪器最佳工作条件下，对四种硝基呋喃代谢物的混合基质标准校准溶液进样测定，以混合基质标准校准溶液浓度为横坐标，以峰面积为纵坐标，绘制标准工作曲线，用标准工作曲线对待测样品进行定量，样品溶液中待测物的响应值均应在仪器测定的线性范围内。

四种硝基呋喃代谢物及内标衍生物的多反应监测(MRM)色谱图参见附录B中的图B.1。四种硝基呋喃代谢物的添加浓度及其平均回收率的试验数据参见附录C中的表C.1。

7.5 平行试验

按试样步骤，对同一试样进行平行试验测定。

7.6 空白试验

不称取样品，其余均按试样步骤进行。

7.7 回收率试验

阴性样品中添加标准溶液，除不加内标溶液外，均按7.1和7.2操作，测定后计算样品添加的回收率。

8 结果计算

四种硝基呋喃代谢物的测定按式(1)计算：

$$X = c_{\mathrm{S}} \times \frac{A}{A_{\mathrm{S}}} \times \frac{c_i}{c_{\mathrm{S}i}} \times \frac{A_{\mathrm{S}i}}{A_i} \times \frac{V}{m} \times \frac{1\,000}{1\,000} \quad \cdots\cdots(1)$$

式中：

X——试样中被测物残留量，单位为微克每千克(μg/kg)；

c_{S}——基质标准工作溶液中被测物的浓度，单位为纳克每毫升(ng/mL)；

A——试样溶液中被测物的色谱峰面积；

A_{S}——基质标准工作溶液中被测物的色谱峰面积；

c_i——试样溶液中内标物的浓度，单位为纳克每毫升(ng/mL)；

$c_{\mathrm{S}i}$——基质标准工作溶液中内标物的浓度，单位为纳克每毫升(ng/mL)；

$A_{\mathrm{S}i}$——基质标准工作溶液中内标物的色谱峰面积；

A_i——试样溶液中内标物的色谱峰面积；

V——样液最终定容体积，单位为毫升(mL)；

m——试样溶液所代表试样的质量，单位为克(g)。

计算结果应扣除空白值。

9 精密度

9.1 一般规定

本标准的精密度数据是按 GB/T 6379.1 和 GB/T 6379.2 规定确定的，重复性和再现性的值以 95% 的可信度来计算。

9.2 重复性

在重复性条件下，获得的两次独立测试结果的绝对差值不超过重复性限 r，四种硝基呋喃代谢物的添加浓度范围及重复性方程见表 4。

表 4 添加浓度范围及重复性和再现性方程

硝基呋喃代谢物的衍生物名称	添加浓度范围/(μg/kg)	重复性限 r	再现性限 R
2-NP-AMOZ	0.2～5.0	$\lg r=0.8950 \lg m-1.0874$	$\lg R=0.9448 \lg m-0.7116$
2-NP-SEM	0.2～5.0	$\lg r=1.1209 \lg m-1.0110$	$\lg R=0.9787 \lg m-0.7317$
2-NP-AHD	0.2～5.0	$\lg r=0.8502 \lg m-1.0206$	$\lg R=1.0293 \lg m-0.7095$
2-NP-AOZ	0.2～5.0	$\lg r=1.0710 \lg m-0.8852$	$\lg R=0.9933 \lg m-0.7008$
注：m 为两次测定结果的算术平均值。			

如果差值超过重复性限 r，应舍弃试验结果并重新完成两次单个试验的测定。

9.3 再现性

在再现性条件下，获得的两次独立测试结果的绝对差值不超过再现性限 R，四种硝基呋喃代谢物的添加浓度范围及再现性方程见表 4。

附 录 A
（资料性附录）
四种硝基呋喃及代谢物的中英名称及英文缩写

呋喃它酮、呋喃西林、呋喃妥因和呋喃唑酮及代谢物的中英名称及英文缩写，见表 A.1。

表 A.1 呋喃它酮、呋喃西林、呋喃妥因和呋喃唑酮及代谢物的中英名称及英文缩写

四种硝基呋喃中文名称	四种硝基呋喃英文名称	四种硝基呋喃代谢物中文名称	四种硝基呋喃代谢物英文名称	英文缩写
呋喃它酮	furaltadon	5-吗啉甲基-3-氨基-2-噁唑烷基酮	3-amino-5-morpholinomethyl-1,3-oxazolidin-2-one	AMOZ
呋喃西林	nitrofurazone	氨基脲	semicarbazide	SEM
呋喃妥因	nitrofurantoin	1-氨基-2-内酰脲	1-aminohydantoin	AHD
呋喃唑酮	urazolidone	3-氨基-2-噁唑烷基酮	3-amino-2-oxazolidinone	AOZ

附　录　B
（资料性附录）
多反应监测(MRM)色谱图

四种硝基呋喃代谢物及内标衍生物的多反应监测(MRM)色谱图，见图B.1。

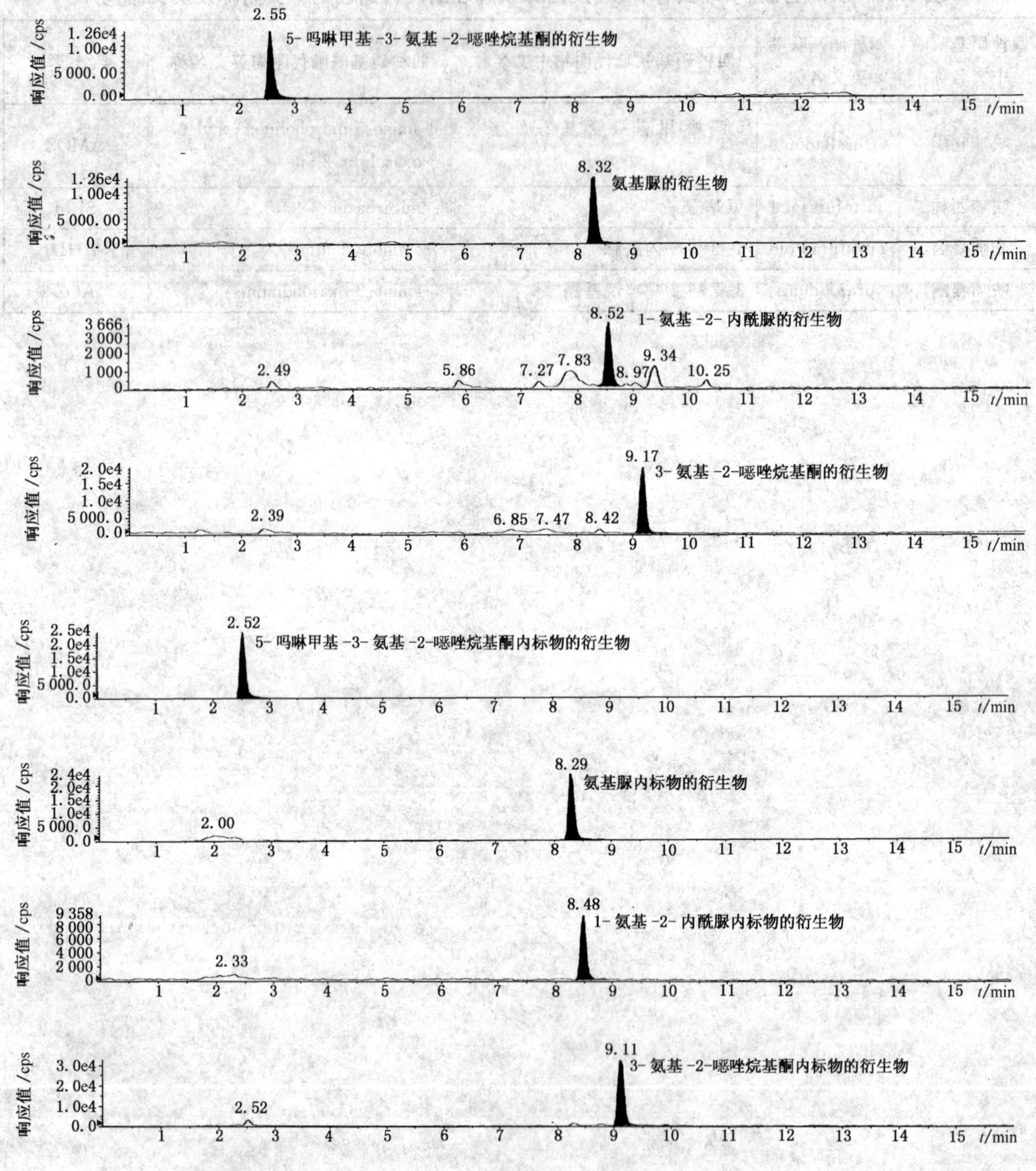

图B.1　四种硝基呋喃代谢物及内标物衍生物的多反应监测(MRM)色谱图

附 录 C
（资料性附录）
回 收 率

四种硝基呋喃代谢物的添加浓度及其平均回收率的试验数据，见表 C.1。

表 C.1 四种硝基呋喃代谢物添加浓度及其平均回收率的试验数据

基质样品	添加浓度/(μg/kg)	奶粉和牛奶样品中四种硝基呋喃代谢物的平均回收率/%			
		2-NP-AMOZ	2-NP-SEM	2-NP-AHD	2-NP-AOZ
牛奶	0.2	96.4	92.8	91.8	96.1
	0.5	91.2	94.7	92.1	93.5
	1.0	98.2	97.4	93.2	92.1
	2.0	95.3	95.6	98.7	93.2
奶粉	1.6	96.1	91.2	92.4	94.7
	4.0	93.5	94.3	98.4	97.4
	8.0	97.4	92.5	94.3	91.2
	16.0	91.4	93.8	92.8	94.3

ICS 67.050
X 04

中华人民共和国国家标准

GB/T 22988—2008

牛奶和奶粉中螺旋霉素、吡利霉素、竹桃霉素、替米卡星、红霉素、泰乐菌素残留量的测定　液相色谱-串联质谱法

Determination of spiramycin, pirlimycin, oleandomycin, tilmicosin, erythromycin and tylosin residues in milk and milk powder—LC-MS-MS method

2008-12-31 发布　　2009-05-01 实施

中华人民共和国国家质量监督检验检疫总局
中国国家标准化管理委员会　发布

前　言

本标准的附录A、附录B为资料性附录。

本标准由中华人民共和国国家质量监督检验检疫总局提出并归口。

本标准起草单位：中华人民共和国秦皇岛出入境检验检疫局、中华人民共和国河北出入境检验检疫局。

本标准主要起草人：郭春海、艾连峰、段文仲、陈瑞春、马育松、窦彩云、刘宝圣、张增利、庞国芳。

牛奶和奶粉中螺旋霉素、吡利霉素、竹桃霉素、替米卡星、红霉素、泰乐菌素残留量的测定　液相色谱-串联质谱法

1　范围

本标准规定了牛奶和奶粉中螺旋霉素、吡利霉素、竹桃霉素、替米卡星、红霉素、泰乐菌素残留量的高效液相色谱-串联质谱测定方法。

本标准适用于牛奶和奶粉中螺旋霉素、吡利霉素、竹桃霉素、替米卡星、红霉素、泰乐菌素残留量的测定和确证。

本标准的方法检出限：牛奶为 1 μg/kg，奶粉为 8 μg/kg。

2　规范性引用文件

下列文件中的条款通过本标准的引用而成为本标准的条款。凡是注日期的引用文件，其随后所有的修改单（不包括勘误的内容）或修订版均不适用于本标准，然而，鼓励根据本标准达成协议的各方研究是否可使用这些文件的最新版本。凡是不注日期的引用文件，其最新版本适用于本标准。

GB/T 6379.1　测量方法与结果的准确度（正确度与精密度）　第 1 部分：总则与定义（GB/T 6379.1—2004，ISO 5725-1：1994，IDT）

GB/T 6379.2　测量方法与结果的准确度（正确度与精密度）　第 2 部分：确定标准测量方法重复性与再现性的基本方法（GB/T 6379.2—2004，ISO 5725-2：1994，IDT）

GB/T 6682　分析实验室用水规格和试验方法（GB/T 6682—2008，ISO 3696：1987，MOD）

3　原理

用乙腈提取试样中的分析物，固相萃取柱净化，高效液相色谱-串联质谱测定，外标法定量。

4　试剂和材料

除另有说明外，所用试剂均为分析纯，水为 GB/T 6682 规定的一级水。

4.1　乙腈，液相色谱纯。

4.2　甲醇，液相色谱纯。

4.3　乙酸，液相色谱纯。

4.4　甲酸铵，液相色谱纯。

4.5　磷酸氢二钠。

4.6　氢氧化钠。

4.7　甲醇-水溶液（3+7）：300 mL 甲醇与 700 mL 水混合。

4.8　5 mol/L 氢氧化钠溶液：称取 20 g 氢氧化钠，用水溶解，定容至 100 mL。

4.9　0.1 mol/L 磷酸盐缓冲溶液：6 g 磷酸氢二钠（4.5）溶解于 450 mL 水中，用氢氧化钠（4.8）溶液调节 pH=8，加水至 500 mL，使用前配制。

4.10　0.1 mol/L 甲酸铵溶液：0.63 g 甲酸铵（4.4）加水溶解至 1 000 mL。

4.11　标准品：螺旋霉素（spiramycin，CAS：8025-81-8）、吡利霉素（pirlimycin，CAS：79548-73-5）、竹桃霉素（oleandomycin，CAS：7060-74-4）、替米卡星（tilmicosin，CAS：108050-54-0）、红霉素（erythromycin，

CAS:114-07-8)、泰乐菌素(tylosin,CAS:1401-69-0),纯度均大于等于98%。

4.12 标准储备液:分别精确称取适量标准品,用甲醇配制成100 μg/mL的标准储备液。

4.13 混合标准中间工作液:取标准储备液(4.12)各1 mL至100 mL容量瓶中,用甲醇定容至刻度,配制成混合标准工作液,浓度为1 μg/mL。

4.14 滤膜:0.45 μm。

4.15 HLB固相萃取柱[1]或相当者:500 mg,6 mL。使用前依次用3 mL甲醇、3 mL水和3 mL磷酸盐缓冲溶液(4.9)预处理。

5 仪器和设备

5.1 高效液相色谱-串联质谱仪:配有电喷雾离子源(ESI)。

5.2 离心机:转速大于3 000 r/min。

5.3 旋涡混合器。

5.4 旋转蒸发仪。

5.5 氮吹仪。

5.6 固相萃取装置。

6 试样的制备与保存

6.1 牛奶

取均匀样品约250 g装入洁净容器作为试样,密封置4 ℃下保存,并标明标记。

6.2 奶粉

取均匀样品约250 g装入洁净容器作为试样,密封,并标明标记。

7 测定步骤

7.1 提取

7.1.1 牛奶

称取4 g,准确至0.01 g,牛奶样品于50 mL具塞离心管中,加入20 mL乙腈振荡提取2 min后,3 000 r/min离心10 min,移取上清液过滤至鸡心瓶中。再用10 mL乙腈重复提取一次,合并上清液于同一鸡心瓶中。

7.1.2 奶粉

称取0.5 g,准确至0.01 g,奶粉样品,加入4 mL水于50 mL具塞离心管中,混匀。加入20 mL乙腈振荡提取2 min后,3 000 r/min离心10 min,移取上清液过滤至鸡心瓶中。再用10 mL乙腈重复提取一次,合并上清液于同一鸡心瓶中。

7.2 净化

将提取液于45 ℃下旋转蒸发至约4 mL左右,加入2 mL磷酸盐缓冲液(4.9),混匀后,转移到已条件化的HLB固相萃取柱(4.15)上,再用2 mL磷酸盐缓冲液洗涤鸡心瓶两次,洗液一并转移到柱上,以小于2 mL/min流速滴下。接着依次用3 mL水和2 mL甲醇-水溶液(4.7)淋洗并抽干柱,最后用6 mL乙腈洗脱并收集于10 mL带刻度的玻璃管中(此过程流速小于2 mL/min)。洗脱液在45 ℃水浴上氮气吹至约1 mL,用甲酸胺溶液(4.10)定容至2 mL,涡旋混合后,过0.45 μm滤膜供HPLC-MS-MS分析。

7.3 空白基质溶液的制备

将取牛奶阴性样品4 g,奶粉阴性样品0.5 g,精确到0.01 g,按7.1和7.2操作。

---

1) HLB固相萃取柱是Waters公司产品的商品名称,给出这一信息是为了方便本标准的使用者,并不是表示对该产品的认可。如果其他产品具有相同的效果,则可使用这些等效产品。

7.4 测定条件

7.4.1 液相色谱参考条件

液相色谱参考条件如下：

a) 色谱柱：苯基柱，5 μm，150 mm×2.1 mm(内径)或相当者；

b) 色谱柱温度：30 ℃；

c) 进样量：15 μL；

d) 流动相梯度及流速见表1。

表1 液相色谱梯度洗脱条件

时间/min	流速/(μL/min)	0.1%甲酸水溶液/%	甲醇/%
0.00	200	80	20
6.00	200	20	80
8.00	200	20	80
8.01	200	80	20
10.0	200	80	20

7.4.2 质谱参考条件

质谱参考条件如下：

a) 离子化模式：电喷雾正离子模式(ESI+)；

b) 质谱扫描方式：多反应监测(MRM)；

c) 鞘气压力：104 kPa；

d) 辅助气压力：138 kPa；

e) 正离子模式电喷雾电压(IS)：4 000 V；

f) 毛细管温度：350 ℃；

g) 源内诱导解离电压：10 V；

h) Q1 为 0.7，Q3 为 0.7；

i) 碰撞气：高纯氩气；

j) 碰撞气压力：0.2 Pa；

k) 参考保留时间、监测离子对和裂解能量见表2。

表2 参考保留时间、监测离子对和裂解能量

化合物名称	保留时间/min	监测离子对(*m/z*)	裂解能量/eV
螺旋霉素	4.73	843.50/173.87[a]	36
		843.50/540.09	29
吡利霉素	4.78	411.12/111.98[a]	25
		411.12/363.02	14
竹桃霉素	5.62	688.46/158.20[a]	35
		688.46/544.30	20
替米卡星	5.83	869.57/173.83[a]	41
		869.57/155.89	37
红霉素	6.12	734.18/157.88[a]	33
		734.18/576.13	20
泰乐菌素	6.33	916.36/173.80[a]	38
		916.36/772.18	28

[a] 为定量离子对，对于不同质谱仪器，仪器参数可能存在差异，测定前应将质谱参数优化到最佳。

7.4.3 液相色谱-串联质谱测定

7.4.3.1 定性测定

每种被测组分选择1个母离子,2个以上子离子,在相同实验条件下,样品中待测物质的保留时间,与混合基质标准校准溶液中对应的保留时间偏差在±2.5%之内;且样品谱图中各组分定性离子的相对丰度与浓度接近的混合基质标准校准溶液谱图中对应的定性离子的相对丰度进行比较,偏差不超过表3规定的范围,则可判定为样品中存在对应的待测物。

表3 定性确证时相对离子丰度的最大允许偏差 %

相对离子丰度 K	$K>50$	$20<K<50$	$10<K<20$	$K\leqslant10$
允许最大偏差	±20	±25	±30	±50

7.4.3.2 定量测定

在仪器最佳工作条件下,对混合基质标准校准溶液进样,以峰面积为纵坐标,混合基质校准溶液浓度为横坐标绘制标准工作曲线,用标准工作曲线对样品进行定量,样品溶液中待测物的响应值均应在仪器测定的线性范围内。上述色谱和质谱条件下,标准物质多反应监测(MRM)色谱图参见附录A中的图A.1。

7.5 平行试验

按以上步骤,对同一试样进行平行试验测定。

7.6 回收率试验

吸取适量混合标准工作溶液,用空白基质溶液稀释成所需浓度的标准校准溶液。阴性样品中添加标准溶液,按7.1和7.2操作,测定后计算样品添加的回收率,回收率范围参见附录B中的表B.1。

7.7 空白试验

除不称取样品外,均按上述步骤进行。

8 结果计算

试样中分析物的残留量利用数据处理系统计算或按式(1)计算:

$$X_i = c_i \times \frac{V_i}{m_i} \times \frac{1\,000}{1\,000} \qquad \cdots\cdots(1)$$

式中:

X_i——试样中被测组分残留量,单位为微克每千克(μg/kg);

c_i——从标准工作曲线得到的被测组分溶液浓度,单位为纳克每毫升(ng/mL);

V_i——样品溶液最终定容体积,单位为毫升(mL);

m_i——样品溶液所代表最终试样的量,单位为克(g)。

计算结果应扣除空白值。

9 精密度

9.1 一般规定

本标准的精密度数据是按照GB/T 6379.1和GB/T 6379.2的规定确定的,重复性和再现性的值以95%的可信度来计算。

9.2 重复性

在重复性条件下,获得的两次独立测试结果的绝对差值不超过重复性限(r),被测物的添加浓度范围及重复性方程见表4和表5。

表 4　牛奶中四种分析物的添加浓度范围及重复性和再现性方程 单位为微克每千克

化合物名称	添加浓度范围	重复性限 r	再现性限 R
螺旋霉素	1～10	$\lg r=1.1344\lg m-0.8765$	$\lg R=0.8221\lg m-0.4995$
吡利霉素	1～10	$r=0.1762m-0.0356$	$R=0.2104m+0.1712$
竹桃霉素	1～10	$\lg r=0.9909\lg m-0.8121$	$\lg R=1.1010\lg m-0.5519$
替米卡星	1～10	$r=0.135m+0.0002$	$R=0.4061m-0.3118$
红霉素	1～10	$\lg r=0.8294\lg m-0.9144$	$\lg R=0.8442\lg m-0.6306$
泰乐菌素	1～10	$\lg r=1.1755\lg m-0.8883$	$\lg R=0.9544\lg m-0.5613$
注：m 为两次测定值的算术平均值。			

表 5　奶粉中四种分析物的添加浓度范围及重复性和再现性方程 单位为微克每千克

化合物名称	添加浓度范围	重复性限 r	再现性限 R
螺旋霉素	8～80	$\lg r=0.9740\lg m-0.6973$	$\lg R=0.8565\lg m-0.4092$
吡利霉素	8～80	$r=0.1811m-0.0675$	$R=0.2055m+1.1866$
竹桃霉素	8～80	$r=0.1387m+0.2924$	$R=0.3701m-1.4134$
替米卡星	8～80	$r=0.1374m+0.2364$	$R=0.3727m-2.1249$
红霉素	8～80	$\lg r=0.8404\lg m-0.6594$	$\lg R=0.8448\lg m-0.5026$
泰乐菌素	8～80	$\lg r=1.0699\lg m-0.8131$	$\lg R=0.9585\lg m-0.5348$
注：m 为两次测定值的算术平均值。			

如果差值超过重复性限，应舍弃试验结果并重新完成两次单个试验的测定。

9.3 再现性

在再现性条件下，获得的两次独立测试结果的绝对差值不超过再现性限（R），被测物的添加浓度范围及再现性方程见表 4 和表 5。

附　录　A
（资料性附录）
标准物质多反应监测(MRM)色谱图

螺旋霉素、吡利霉素、竹桃霉素、替米卡星、红霉素、泰乐菌素标准物质多反应监测(MRM)色谱图，见图 A.1。

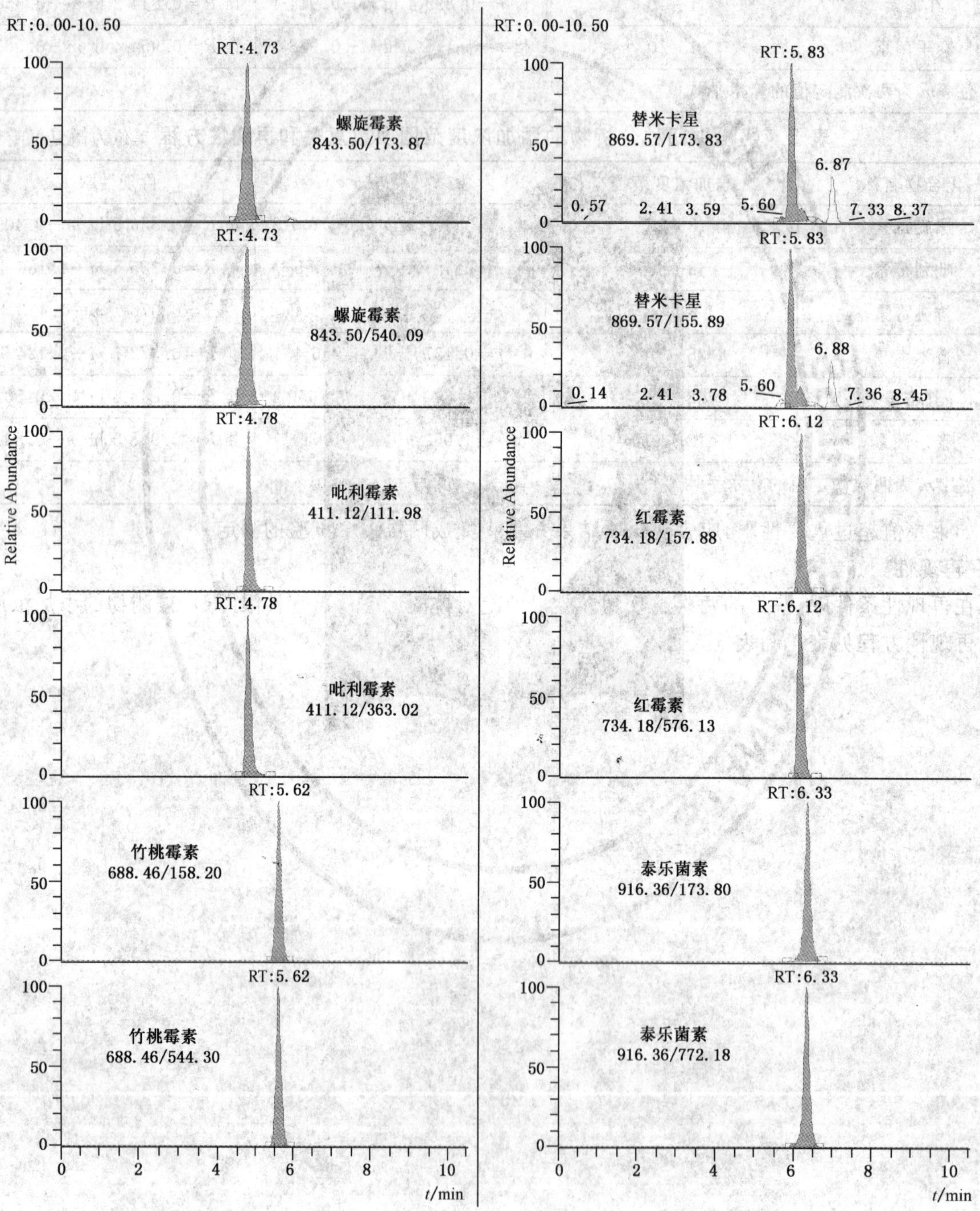

图 A.1　标准物质多反应监测(MRM)色谱图

附 录 B
（资料性附录）
回 收 率

六种化合物的添加浓度及其平均回收率范围数据，见表B.1。

表B.1　六种化合物的添加浓度及其平均回收率范围数据

化合物名称	牛奶		奶粉	
	添加浓度/(μg/kg)	平均回收率范围/%	添加浓度/(μg/kg)	平均回收率范围/%
螺旋霉素	1	78.0～87.0	8	79.1～98.0
	2	78.0～95.0	16	79.4～98.1
	5	82.2～97.2	40	79.8～105
	10	78.0～96.4	80	79.6～105
吡利霉素	1	77.0～97.0	8	77.8～96.6
	2	73.0～94.5	16	70.0～94.4
	5	81.2～100	40	68.3～92.0
	10	78.3～92.0	80	78.4～94.5
竹桃霉素	1	78.0～105	8	74.8～98.1
	2	75.0～93.5	16	85.6～105
	5	82.2～98.0	40	80.3～99.8
	10	74.5～96.0	80	79.3～105
替米卡星	1	85.0～108	8	76.9～109
	2	72.5～94.5	16	81.3～98.1
	5	77.6～96.6	40	83.8～111
	10	72.4～93.6	80	81.1～101
红霉素	1	74.0～95.0	8	73.4～89.4
	2	81.5～96.5	16	85.0～94.4
	5	77.0～93.6	40	76.0～101
	10	79.4～91.1	80	77.0～94.6
泰乐菌素	1	77.0～88.0	8	81.0～105
	2	76.0～89.0	16	78.1～96.9
	5	79.2～95.0	40	83.8～107
	10	74.0～92.6	80	78.6～98.5

ICS 67.050
X 04

中华人民共和国国家标准

GB/T 22989—2008

牛奶和奶粉中头孢匹林、头孢氨苄、头孢洛宁、头孢喹肟残留量的测定 液相色谱-串联质谱法

Determination of cefapirin, cephalexin, ccfalonium, ccfquinomc residues in milk and milk powder—LC-MS-MS method

2008-12-31 发布　　　　2009-05-01 实施

中华人民共和国国家质量监督检验检疫总局
中国国家标准化管理委员会　发布

前　言

本标准的附录A、附录B为资料性附录。

本标准由中华人民共和国国家质量监督检验检疫总局提出并归口。

本标准起草单位:中华人民共和国秦皇岛出入境检验检疫局。

本标准主要起草人:李学民、母健、曹彦忠、刘晓茂、钱小清、庞国芳。

牛奶和奶粉中头孢匹林、头孢氨苄、头孢洛宁、头孢喹肟残留量的测定 液相色谱-串联质谱法

1 范围

本标准规定了牛奶和奶粉中头孢匹林、头孢氨苄、头孢洛宁、头孢喹肟残留量的液相色谱-串联质谱测定方法。

本标准适用于牛奶和奶粉中头孢匹林、头孢氨苄、头孢洛宁、头孢喹肟残留量的测定。

本标准牛奶的方法检出限:头孢匹林、头孢氨苄、头孢洛宁、头孢喹肟为 4.0 μg/kg;奶粉的方法检出限为:头孢匹林、头孢氨苄、头孢洛宁、头孢喹肟为 32 μg/kg 。

2 规范性引用文件

下列文件中的条款通过本标准的引用而成为本标准的条款。凡是注日期的引用文件,其随后所有的修改单(不包括勘误的内容)或修订版均不适用于本标准,然而,鼓励根据本标准达成协议的各方研究是否可使用这些文件的最新版本。凡是不注日期的引用文件,其最新版本适用于本标准。

GB/T 6379.1 测量方法与结果的准确度(正确度与精密度) 第 1 部分:总则与定义(GB/T 6379.1—2004,ISO 5725-1:1994,IDT)

GB/T 6379.2 测量方法与结果的准确度(正确度与精密度) 第 2 部分:确定标准测量方法重复性与再现性的基本方法(GB/T 6379.2—2004,ISO 5725-2:1994,IDT)

GB/T 6682 分析实验室用水规格和试验方法(GB/T 6682—2008,ISO 3696:1987,MOD)

3 原理

试样中四种头孢菌素类药物残留,用乙腈、磷酸盐缓冲溶液提取,固相萃取柱净化,液相色谱-串联质谱仪测定,外标法定量。

4 试剂和材料

除另有说明外,所用试剂均为分析纯。

4.1 水:GB/T 6682,一级。

4.2 甲醇:色谱纯。

4.3 乙腈:色谱纯。

4.4 磷酸二氢钠(NaH_2PO_4)。

4.5 氢氧化钠:优级纯。

4.6 乙酸。

4.7 正己烷。

4.8 乙腈-水溶液(3+1):量取 60 mL 乙腈(4.3)和 20 mL 水充分混合。

4.9 乙腈饱和的正己烷:取 100 mL 正己烷(4.7)和 50 mL 乙腈于 250 mL 分液漏斗中,振摇 1 min,静置分层后,弃掉乙腈。

4.10 5 mol/L 氢氧化钠溶液:称取 20 g 氢氧化钠(4.5),用水溶解,定容至 100 mL。

4.11 0.10 mol/L 磷酸二氢钠缓冲溶液:称取 12.0 g 磷酸二氢钠(4.4),用水溶解,定容至 1 000 mL,

然后用氢氧化钠溶液(4.10)调节至 pH=8.5。

4.12 标准物质:头孢匹林(CAS:24356-60-3)、头孢氨苄(CAS:16549-56-7)、头孢洛宁(CAS:5575-21-3)、头孢喹肟(CAS:118443-89-3),纯度大于等于 99%。

4.13 1.0 mg/mL 四种头孢菌素标准储备溶液:准确称取适量的每种标准物质(4.12),分别用水配制成浓度为 1.0 mg/mL 的标准储备溶液。储备液贮存在-18 ℃冰柜中。

4.14 四种头孢菌素标准混合工作溶液:根据需要吸取适量的每种头孢菌素标准储备溶液(4.13),用水制成适当浓度的混合标准工作溶液。

4.15 Oasis HLB 固相萃取柱[1]或相当者:500 mg,6 mL。使用前依次用 5 mL 甲醇(4.2)、5 mL 水和 10 mL 磷酸二氢钠缓冲溶液(4.11)预处理,保持柱体湿润。

4.16 滤膜:0.2 μm。

5 仪器

5.1 液相色谱-串联四极杆质谱仪,配有电喷雾离子源。

5.2 分析天平:感量 0.1 mg、0.01 g。

5.3 固相萃取真空装置。

5.4 贮液器:50 mL。

5.5 微量注射器:25 μL,100 μL。

5.6 均质器。

5.7 高速冷冻离心机:带有 50 mL 具塞离心管,转速达到 10 000 r/min 以上。

5.8 刻度样品管:5 mL,精度为 0.1 mL。

5.9 旋转浓缩仪。

5.10 氮气浓缩仪。

6 试样制备与保存

6.1 试样的制备

从全部样品中取出有代表性样品约 1 kg,充分混匀,均分成两份,分别装入洁净容器内。密封后作为试样,标明标记。在抽样和制样的操作过程中,应防止样品受到污染或发生残留物含量的变化。

6.2 试样的保存

将试样于-18 ℃保存。

7 测定步骤

7.1 试样溶液的提取

7.1.1 牛奶

称取 5 g 试样(精确到 0.01 g)置于 50 mL 离心管中,加入 20 mL 乙腈(4.3),使用均质器(5.6)均质 1 min,提取液使用高速冷冻离心机(5.7)在 10 ℃ 10 000 r/min 离心 10 min,把上层提取液移至另一离心管中。用 15 mL 乙腈-水溶液(4.8)重复提取一次,合并两次的提取液,并加入 10 mL 乙腈饱和的正己烷(4.9),振荡 1 min,弃掉正己烷。把提取液移至 100 mL 鸡心瓶中,在 40 ℃用旋转浓缩仪(5.9)旋转蒸发除去乙腈。

7.1.2 奶粉

称取 0.5 g 试样(精确到 0.01 g)置于 50 mL 离心管中,加入 4.0 mL 水,使奶粉充分溶解,加入

1) Oasis HLB 固相萃取柱是 Waters 公司产品的商品名称,给出这一信息是为了方便本标准的使用者,并不是表示对该产品的认可。如果其他产品具有相同的效果,则可使用这些等效产品。

20 mL 乙腈(4.3),使用均质器(5.6)均质 1 min,提取液使用高速冷冻离心机(5.7)在 10 ℃ 10 000 r/min 离心 10 min,把上层提取液移至另一离心管中。用 15 mL 乙腈-水溶液(4.8)重复提取一次,合并两次的提取液,并加入 10 mL 乙腈饱和的正己烷(4.9),振荡 1 min,弃掉正己烷。把提取液移至 100 mL 鸡心瓶中,在 40 ℃用旋转浓缩仪(5.9)旋转蒸发除去乙腈。

7.2 试样溶液的净化

向已除去乙腈的样品溶液中加入 20 mL 磷酸二氢钠缓冲溶液,然后用氢氧化钠溶液(4.10)调节至 pH=8.5。把样品提取液移至下接 Oasis HLB 固相萃取柱(4.15)的贮液器中,以 3 mL/min 的流速通过固相萃取柱,先用 5 mL 磷酸二氢钠缓冲溶液洗涤鸡心瓶并过柱,再用 2 mL 水洗柱,弃去全部流出液。用 2 mL 乙腈洗脱,收集洗脱液于刻度样品管(5.8)中,在 40 ℃氮气浓缩仪(5.10)吹干,用 2 mL 水溶解残渣,摇匀后,过 0.2 μm 滤膜(4.16),供液相色谱-串联质谱仪测定。

7.3 空白样品添加标准混合工作溶液的制备

7.3.1 牛奶

分别准确移取适量四种头孢菌素标准混合工作溶液(4.14),添加到 5.0 g 样品中,按照 7.1、7.2 步骤操作,制得头孢匹林、头孢氨苄、头孢洛宁、头孢喹肟浓度分别为 4.0 μg/kg、8.0 μg/kg、16 μg/kg、40 μg/kg 四个样品添加标准混合工作溶液,供液相色谱-串联质谱仪测定。

7.3.2 奶粉

分别准确移取适量四种头孢菌素标准混合工作溶液(4.14),添加到 0.5 g 样品中,按照 7.1、7.2 步骤操作,制得头孢匹林、头孢氨苄、头孢洛宁、头孢喹肟浓度分别为 32 μg/kg、64 μg/kg、128 μg/kg、320 μg/kg 四个样品添加标准混合工作溶液,供液相色谱-串联质谱仪测定。

7.4 测定条件

7.4.1 液相色谱参考条件

液相色谱参考条件如下:

a) 色谱柱:ZORBAX SB-C_{18},3.5 μm,150 mm×2.1 mm(内径)或相当者;

b) 流动相组成、流速及梯度程序见表 1;

c) 柱温:30 ℃;

d) 进样量:20 μL。

表 1 流动相梯度程序及流速

时间/min	流速/(μL/min)	水(含 0.1%乙酸)/%	乙腈/%
0.00	200	95.0	5.0
2.00	200	95.0	5.0
2.01	200	40.0	60.0
8.00	200	40.0	60.0
8.01	200	95.0	5.0
15.00	200	95.0	5.0

7.4.2 质谱参考条件

质谱参考条件如下:

a) 离子源:电喷雾离子源;

b) 扫描方式:正离子扫描;

c) 检测方式:多反应监测;

d) 电喷雾电压:5 500 V;

e) 雾化气压力:0.055 MPa;

f) 气帘气压力：0.079 MPa；

g) 辅助气流速：6 L/min；

h) 离子源温度：400 ℃；

i) 定性离子对、定量离子对和去簇电压(DP)、碰撞气能量(CE)见表2。

表2 四种头孢菌素的定性离子对、定量离子对、去簇电压、碰撞气能量

中文名称	英文名称	定性离子对(m/z)	定量离子对(m/z)	碰撞气能量/V	去簇电压/V
头孢匹林	cefapirin	424/292 424/152	424/292	23 34	45
头孢氨苄	cephalexin	348/158 348/174	348/158	14 22	40
头孢洛宁	cefalonium	459/152 459/123	459/152	29 18	35
头孢喹肟	cefquinome	529/134 529/396	529/134	21 19	49

7.4.3 液相色谱-串联质谱测定

7.4.3.1 定性测定

选择每种待测物质的一个母离子，二个以上子离子，在相同实验条件下，样品中待测物质的保留时间，与基质标准溶液中对应物质的保留时间偏差在±2.5%之内；样品谱图中各定性离子相对丰度与浓度接近的基质标准溶液的谱图中离子相对丰度相比，偏差不超过表3规定的范围，则可判定为样品中存在对应的待测物。

表3 定性确证时相对离子丰度的最大允许偏差 %

相对离子丰度(K)	$K>50$	$20<K<50$	$10<K<20$	$K\leqslant10$
允许的最大偏差	±20	±25	±30	±50

7.4.3.2 定量测定

用7.3制备的基质标准混合工作溶液分别进样，以标准工作溶液浓度为横坐标，以峰面积为纵坐标，绘制标准工作曲线。用标准工作曲线对样品进行定量，样品溶液中四种头孢菌素的响应值均应在仪器测定的线性范围内。在上述色谱条件下，四种头孢菌素标准物质的多反应监测(MRM)色谱图参见附录A中的图A.1。

本方法的添加回收率数据参见附录B中的表B.1。

7.5 平行试验

按上述步骤，对同一试样进行平行试验测定。

7.6 空白试验

除不称取试样外，均按上述分析步骤进行。

8 结果计算

试样中四种头孢菌素残留量利用数据处理系统计算或按式(1)计算：

$$X = c \times \frac{V}{m} \times \frac{1\,000}{1\,000} \qquad \cdots\cdots(1)$$

式中：

X——试样中被测组分残留量，单位为微克每千克(μg/kg)；

c——从标准工作曲线得到的试样溶液中被测组分的浓度，单位为纳克每毫升(ng/mL)；

V——试样溶液定容体积，单位为毫升(mL)；

m—— 最终试样溶液所代表的试样质量，单位为克(g)。

计算结果应扣除空白值。

9 精密度

9.1 一般规定

本标准的精密度数据是按照 GB/T 6379.1 和 GB/T 6379.2 规定确定的，其重复性和再现性的值是以 95%的可信度来计算。

9.2 重复性

在重复性试验条件下，获得的两次独立测试结果的绝对差值不超过重复性限 r，试样中四种头孢菌素添加浓度范围及重复性方程见表 4。

表 4 四种头孢菌素添加浓度范围及重复性限和再现性限方程 单位为微克每千克

化合物名称	添加浓度范围	重复性限 r	再现性限 R
头孢匹林	4.0～200	$\lg r=1.0589\lg m-1.1748$	$\lg R=1.0218\lg m-0.6945$
头孢氨苄	4.0～200	$\lg r=1.0614\lg m-1.1774$	$\lg R=1.0270\lg m-0.7020$
头孢洛宁	4.0～200	$\lg r=1.0609\lg m-1.1771$	$\lg R=1.0237\lg m-0.6971$
头孢喹肟	4.0～200	$\lg r=1.0653\lg m-1.1887$	$\lg R=1.0241\lg m-0.6985$
注：m 为两次测定结果的算术平均值。			

如果两次测定值的差值超过重复性限 r，应舍弃试验结果并重新完成两次单个试验的测定。

9.3 再现性

在再现性试验条件下，获得的两次独立测试结果的绝对差值不超过再现性限 R，试样中四种头孢菌素添加浓度范围及重复性方程见表 4。

附 录 A
（资料性附录）
标准物质的多反应监测（MRM）色谱图

四种头孢菌素标准物质的多反应监测（MRM）色谱图，见图 A.1。

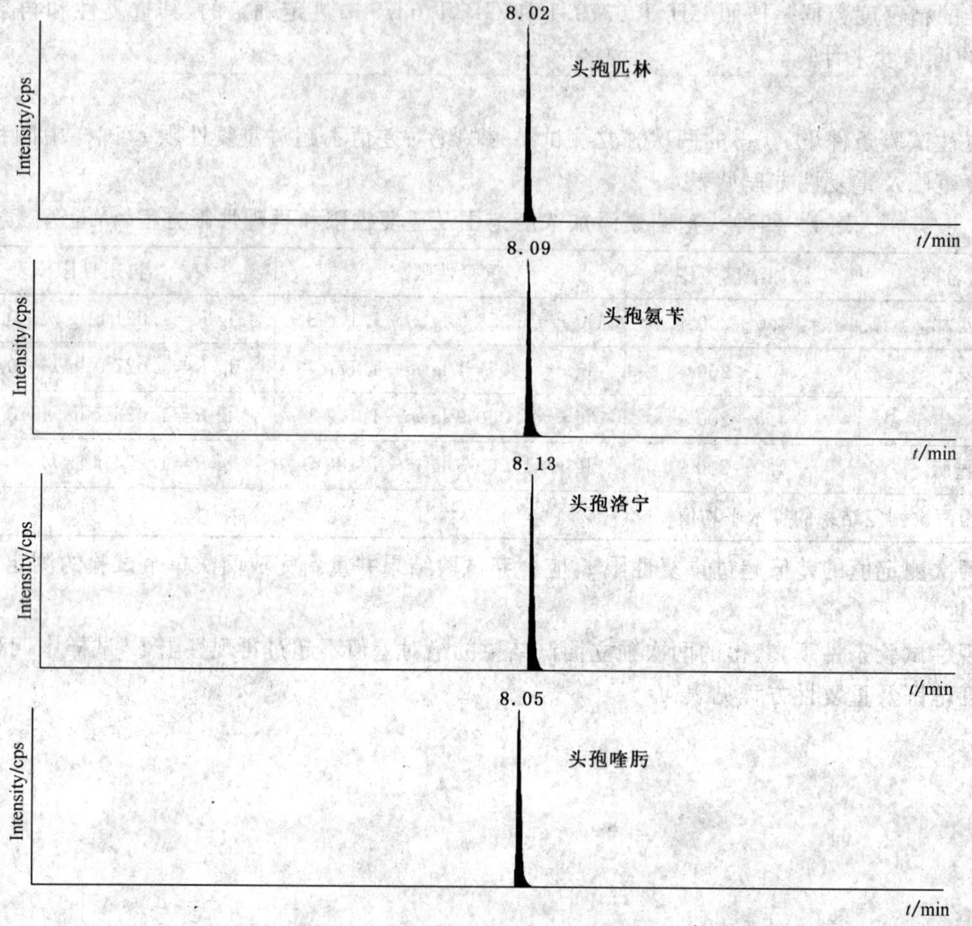

图 A.1 四种头孢菌素标准物质的多反应监测（MRM）色谱图

附　录　B
（资料性附录）
回　收　率

四种头孢菌素添加浓度及其平均回收率的试验数据，见表 B.1。

表 B.1　四种头孢菌素添加浓度及其平均回收率的试验数据

化合物名称	牛奶		奶粉	
	添加浓度/(μg/kg)	平均回收率/%	添加浓度/(μg/kg)	平均回收率/%
头孢匹林	4.0	85.2	32	84.6
	8.0	97.5	64	90.8
	16.0	85.1	128	98.6
	40.0	90.4	320	86.7
头孢氨苄	4.0	86.4	32	80.2
	8.0	89.7	64	85.6
	16.0	91.2	128	102.3
	40.0	101.5	320	95.3
头孢洛宁	4.0	92.3	32	85.7
	8.0	107.6	64	101.2
	16.0	89.3	128	87.1
	40.0	91.7	320	97.4
头孢喹肟	4.0	97.4	32	92.6
	8.0	86.4	64	89.5
	16.0	101.7	128	82.4
	40.0	97.4	320	87.6

ICS 67.050
X 04

中华人民共和国国家标准

GB/T 22990—2008

牛奶和奶粉中土霉素、四环素、金霉素、强力霉素残留量的测定 液相色谱-紫外检测法

Determination of oxytetracycline, tetracycline, chlortetracycline, doxycycline residues in milk and milk powder—HPLC-UV method

2008-12-31 发布 2009-05-01 实施

中华人民共和国国家质量监督检验检疫总局
中国国家标准化管理委员会 发布

前　言

本标准的附录A、附录B为资料性附录。

本标准由中华人民共和国国家质量监督检验检疫总局提出并归口。

本标准起草单位：中华人民共和国秦皇岛出入境检验检疫局、中华人民共和国河北出入境检验检疫局。

本标准主要起草人：郭春海、窦彩云、陈瑞春、马育松、艾连峰、吕红英、贾海涛、姚春毅、庞国芳。

牛奶和奶粉中土霉素、四环素、金霉素、强力霉素残留量的测定 液相色谱-紫外检测法

1 范围

本标准规定了牛奶和奶粉中土霉素、四环素、金霉素、强力霉素残留量液相色谱-紫外检测测定方法。

本标准适用于牛奶和奶粉中土霉素、四环素、金霉素、强力霉素残留量的测定。

本标准的方法检出限：牛奶中土霉素、四环素为 5 μg/kg、金霉素、强力霉素为 10 μg/kg。奶粉中土霉素、四环素为 25 μg/kg、金霉素、强力霉素为 50 μg/kg。

2 规范性引用文件

下列文件中的条款通过本标准的引用而成为本标准的条款。凡是注日期的引用文件，其随后所有的修改单(不包括勘误的内容)或修订版均不适用于本标准，然而，鼓励根据本标准达成协议的各方研究是否可使用这些文件的最新版本。凡是不注日期的引用文件，其最新版本适用于本标准。

GB/T 6379.1 测量方法与结果的准确度(正确度与精密度) 第1部分：总则与定义(GB/T 6379.1—2004，ISO 5725-1：1994，IDT)

GB/T 6379.2 测量方法与结果的准确度(正确度与精密度) 第2部分：确定标准测量方法重复性与再现性的基本方法(GB/T 6379.2—2004，ISO 5725-2：1994，IDT)

GB/T 6682 分析实验室用水规格和试验方法(GB/T 6682—2008，ISO 3696：1987，MOD)

3 原理

用 0.1 mol/L Na_2EDTA-Mcllvaine 缓冲溶液提取试样中四环素族抗生素残留，Oasis HLB 或相当的固相萃取柱和羧酸型阳离子交换柱净化，液相色谱仪测定，外标法定量。

4 试剂和材料

除另有说明外，所用试剂均为分析纯，水为 GB/T 6682 规定的一级水。

4.1 甲醇：色谱纯。

4.2 乙腈：色谱纯。

4.3 磷酸氢二钠($Na_2HPO_4 \cdot 12H_2O$)。

4.4 柠檬酸($C_6H_8O_7 \cdot H_2O$)。

4.5 乙二胺四乙酸二钠($Na_2EDTA \cdot 2H_2O$)。

4.6 草酸($C_2H_2O_4 \cdot 2H_2O$)。

4.7 0.2 mol/L 磷酸氢二钠溶液：称取 71.63 g 磷酸氢二钠(4.3)，用水溶解，定容至 1 000 mL。

4.8 0.1 mol/L 柠檬酸溶液：称取 21.04 g 柠檬酸(4.4)，用水溶解，定容至 1 000 mL。

4.9 Mcllvaine 缓冲溶液：将 625 mL 0.2 mol/L 磷酸氢二钠溶液(4.7)与 1 000 mL 0.1 mol/L 柠檬酸溶液(4.8)混合，必要时用 NaOH 或 HCl 调 pH＝4.0±0.05。

4.10 0.1 mol/L Na_2EDTA-Mcllvaine 缓冲溶液：称取 60.50 g 乙二胺四乙酸二钠(4.5)放入 1 625 mL Mcllvaine 缓冲溶液(4.9)中，使其溶解，摇匀。

4.11 0.01 mol/L 草酸溶液：称取 1.26 g 草酸(4.6)，用水溶解，定容至 1 000 mL。

4.12 甲醇-水(1+19)：量取 5 mL 甲醇(4.1)与 95 mL 水混匀。

4.13 0.01 mol/L 草酸-乙腈溶液(1+1)：量取 50 mL 草酸溶液(4.11)与 50 mL 乙腈(4.2)混匀。

4.14 土霉素(oxytetracycline，CAS：2058-46-0)、四环素(tetracycline，CAS：64-75-5)、金霉素(chlortetracycline，CAS：64-72-2)、强力霉素(doxycycline，CAS：24390-14-5)标准物质：纯度大于等于 96%。

4.15 0.1 mg/mL 土霉素、四环素、金霉素、强力霉素标准储备溶液：准确称取适量的土霉素、四环素、金霉素、强力霉素标准物质(4.14)，分别用甲醇配成 0.1 mg/mL 的标准储备液。储备液于 −20 ℃ 保存。

4.16 土霉素、四环素、金霉素、强力霉素混合标准工作溶液：根据需要用流动相将土霉素、四环素、金霉素、强力霉素标准储备液(4.15)稀释成所需浓度的混合标准工作溶液，储存于冰箱中，每周配制。

4.17 Oasis HLB 固相萃取柱[1)]或相当者：500 mg，6 mL。使用前分别用 5 mL 甲醇和 10 mL 水预处理，保持柱体湿润。

4.18 羧酸型阳离子交换柱：500 mg，6 mL。使用前用 5 mL 甲醇预处理，保持柱体湿润。

5 仪器

5.1 液相色谱仪：配有紫外检测器。

5.2 分析天平：感量 0.1 mg，0.01 g。

5.3 涡旋振荡器。

5.4 冷冻离心机：转速大于 5 000 r/min。

5.5 固相萃取装置。

5.6 真空泵。

5.7 氮气吹干仪。

5.8 pH 计：测量精度±0.02。

5.9 刻度样品管：10 mL，精度为 0.1 mL。

6 试样的制备与保存

6.1 试样的制备

将牛奶从冰箱中取出，放置至室温，摇匀，备用。

6.2 试样保存

牛奶置于 0 ℃～4 ℃冰箱中避光保存，奶粉常温避光保存。

7 测定步骤

7.1 提取

牛奶试样称取 10 g(精确到 0.01 g)，置于 50 mL 具塞塑料离心管中。奶粉试样称取 2 g(精确到 0.01 g)，置于 50 mL 具塞塑料离心管中。向试样中加入 20 mL 0.1 mol/L Na_2EDTA-Mcllvaine 缓冲溶液(4.10)，于涡旋振荡器上混合 2 min，于 10 ℃，5 000 r/min 离心 10 min，上清液过滤至另一离心管中。残渣中再加入 20 mL 缓冲溶液，重复提取一次，合并上清液。

7.2 净化

将上清液(7.1)通过处理好的 Oasis HLB 柱(4.17)，待上清液完全流出后，用 5 mL 甲醇-水(4.12)淋洗，弃去全部流出液。减压抽干 5 min，最后用 5 mL 甲醇(4.1)洗脱，收集洗脱液于 10 mL 样品管中。

1) Oasis HLB 固相萃取柱是 Waters 公司产品的商品名称，给出这一信息是为了方便本标准的使用者，并不是表示对该产品的认可。如果其他产品具有相同的效果，则可使用这些等效产品。

将收集的洗脱液通过羧酸型阳离子交换柱(4.18)，待洗脱液全部流出后，用 5 mL 甲醇(4.1)洗柱，减压抽干，用 4 mL 0.01 mol/L 草酸-乙腈溶液(4.13)洗脱，收集洗脱液于 10 mL 样品管中，45 ℃氮气吹至 1.5 mL 左右，流动相定容至 2 mL，供液相色谱-紫外检测器测定。

7.3 测定条件

7.3.1 液相色谱参考条件

液相色谱参考条件如下：

a) 色谱柱：Kromasil 100-5C_{18}，5μm，150 mm×4.6 mm(内径)或相当者；

b) 流动相：0.01 mol/L 草酸溶液-乙腈-甲醇(77+18+5)；

c) 流速：1.0 mL/min；

d) 柱温：40 ℃；

e) 检测波长：350 nm；

f) 进样量：60 μL。

7.3.2 液相色谱测定

将混合标准工作溶液(4.16)分别进样，以浓度为横坐标，峰面积为纵坐标，绘制标准工作曲线，用标准工作曲线对样品进行定量，样品溶液中土霉素、四环素、金霉素、强力霉素的响应值均应在仪器测定的线性范围内。在上述色谱条件下，土霉素、四环素、金霉素、强力霉素的参考保留时间分别为 3.09 min、3.73 min、8.27 min 和 12.53 min。土霉素、四环素、金霉素、强力霉素标准物质液相色谱图参见附录 A 中的图 A.1。

7.4 平行试验

按以上步骤，对同一试样进行平行试验测定。

7.5 空白试验

除不称取试样外，按以上步骤同时完成空白试验。

7.6 回收率试验

向阴性试样中添加标准溶液，均按上述步骤操作，测定后计算试样中添加的回收率。添加浓度及回收率范围参见附录 B 中的表 B.1。

8 结果计算

被测物残留量的测定按式(1)计算：

$$X_i = c_i \times \frac{V}{m} \times \frac{1\,000}{1\,000} \quad \cdots\cdots(1)$$

式中：

X_i——试样中被测组分残留量，单位为微克每千克(μg/kg)；

c_i——从标准工作曲线得到的被测组分溶液浓度；单位为纳克每毫升(ng/mL)；

V——样品溶液定容体积，单位为毫升(mL)；

m——样品溶液所代表试样的质量，单位为克(g)。

计算结果应扣除空白值。

9 精密度

9.1 一般规定

本标准的精密度数据是按照 GB/T 6379.1 和 GB/T 6379.2 的规定确定的，其重复性和再现性的值是以 95%的可信度来计算。

9.2 重复性

在重复性条件下，获得的两次独立测试结果的绝对差值不超过重复性限 r，牛奶和奶粉中土霉素、四环素、金霉素、强力霉素添加浓度范围及重复性方程见表1和表2。

表1 牛奶中四环素族抗生素添加浓度范围及重复性和再现性方程 单位为微克每千克

化合物名称	添加浓度范围	重复性限 r	再现性限 R
土霉素	5～50	$\lg r=0.881\lg m-0.812$	$\lg R=0.899\lg m-0.574$
四环素	5～50	$\lg r=1.06\lg m-1.00$	$\lg R=1.00\lg m-0.612$
金霉素	10～100	$\lg r=1.08\lg m-1.15$	$\lg R=0.819\lg m-0.430$
强力霉素	10～100	$\lg r=0.963\lg m-0.903$	$\lg R=0.838\lg m-0.465$
注：m 为两次测定结果的算术平均值。			

表2 奶粉中四环素族抗生素添加浓度范围及重复性和再现性方程 单位为微克每千克

化合物名称	添加浓度范围	重复性限 r	再现性限 R
土霉素	25～250	$\lg r=0.872\lg m-0.791$	$\lg R=0.834\lg m-0.500$
四环素	25～250	$\lg r=0.996\lg m-1.07$	$\lg R=0.877\lg m-0.542$
金霉素	50～500	$\lg r=0.997\lg m-1.12$	$\lg R=1.12\lg m-1.04$
强力霉素	50～500	$\lg r=0.817\lg m-0.738$	$\lg R=0.860\lg m-0.464$
注：m 为两次测定结果的算术平均值。			

如果差值超过重复性限 r，应舍弃试验结果并重新完成两次单个试验的测定。

9.3 再现性

在再现性条件下，获得的两次独立测试结果的绝对差值不超过再现性限 R，牛奶和奶粉中土霉素、四环素、金霉素、强力霉素的添加浓度范围及再现性方程见表1和表2。

附　录　A
（资料性附录）
标准物质液相色谱图

土霉素、四环素、金霉素、强力霉素标准物质液相色谱图，见图 A.1。

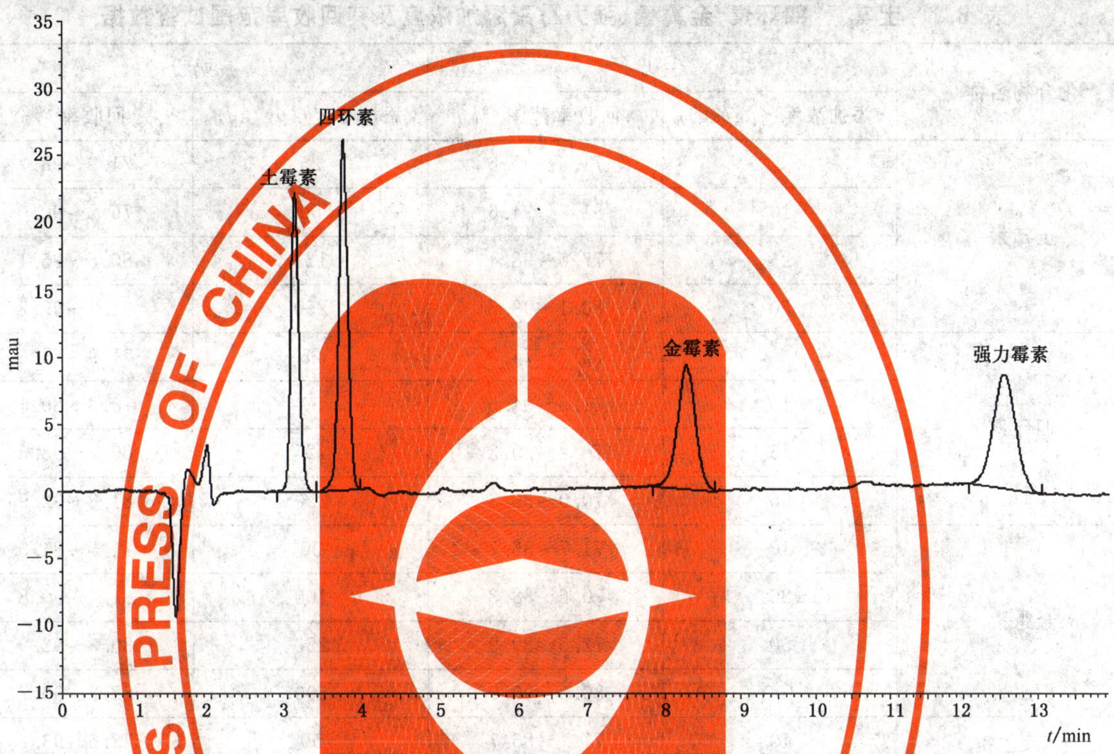

图 A.1　土霉素、四环素、金霉素、强力霉素标准物质液相色谱图

附 录 B
（资料性附录）
回 收 率

本方法中土霉素、四环素、金霉素、强力霉素添加浓度及其回收率范围试验数据，见表B.1。

表B.1 土霉素、四环素、金霉素、强力霉素添加浓度及其回收率范围试验数据

化合物名称	牛奶		奶粉	
	添加浓度/(μg/kg)	回收率范围/%	添加浓度/(μg/kg)	回收率/%
土霉素	5	71.3～87.6	25	71.9～98.7
	10	81.2～94.6	50	76.5～90.0
	25	77.0～98.4	125	80.5～95.1
	50	80.1～93.8	250	81.4～99.2
四环素	5	63.7～74.3	25	71.9～84.8
	10	71.3～84.6	50	70.3～89.5
	25	70.2～80.3	125	80.2～93.6
	50	70.0～86.3	250	81.8～92.9
金霉素	10	71.7～85.7	50	71.5～84.3
	20	70.6～88.3	100	81.4～90.8
	50	72.5～89.9	250	80.5～92.9
	100	80.3～90.9	500	82.8～90.7
强力霉素	10	71.1～85.7	50	72.6～93.6
	20	70.8～90.5	100	80.2～89.1
	50	74.0～88.5	250	82.8～94.5
	100	82.1～94.8	500	81.4～90.7

ICS 67.050
X 04

中华人民共和国国家标准

GB/T 22991—2008

牛奶和奶粉中维吉尼霉素残留量的测定 液相色谱-串联质谱法

Determination of virginiamycin residue in bovine milk and milk powder—LC-MS-MS method

2008-12-31 发布　　2009-05-01 实施

中华人民共和国国家质量监督检验检疫总局
中国国家标准化管理委员会　发布

前言

本标准的附录A、附录B为资料性附录。

本标准由中华人民共和国国家质量监督检验检疫总局提出并归口。

本标准起草单位：中华人民共和国秦皇岛出入境检验检疫局，中华人民共和国辽宁出入境检验检疫局。

本标准主要起草人：宋文斌、李一尘、董振霖、隋凯、赵景红、薛大芳、张华一、李振荣、庞国芳。

牛奶和奶粉中维吉尼霉素残留量的测定
液相色谱-串联质谱法

1 范围

本标准规定了原料乳和纯奶粉中维吉尼霉素 M1(virginiamycinM1)残留量测定的液相色谱-串联质谱测定方法。

本标准适用于原料乳和纯奶粉中维吉尼霉素 M1 残留量的测定。

本标准的方法检出限:原料乳中维吉尼霉素 M1 为 0.25 μg/L,纯奶粉中维吉尼霉素 M1 为 2.0 μg/kg。

2 规范性引用文件

下列文件中的条款通过本标准的引用而成为本标准的条款。凡是注日期的引用文件,其随后所有的修改单(不包括勘误的内容)或修订版均不适用于本标准,然而,鼓励根据本标准达成协议的各方研究是否可使用这些文件的最新版本。凡是不注明日期的引用文件,其最新版本适用于本标准。

GB/T 6379.1 测量方法与结果的准确度(正确度与精密度) 第1部分:总则与定义(GB/T 6379.1—2004,ISO 5725-1:1994,IDT)

GB/T 6379.2 测量方法与结果的准确度(正确度与精密度) 第2部分:确定标准测量方法重复性与再现性的基本方法(GB/T 6379.2—2004,ISO 5725-2:1994,IDT)

GB/T 6682 分析实验室用水规格和试验方法(GB/T 6682—2008,ISO 3696:1987,MOD)

3 原理

试样中残留的维吉尼霉素 M1 在甲醇+乙腈混合提取液中涡旋提取、离心、取上清液用磷酸二氢铵缓冲溶液稀释,于 C_{18} 固相萃取柱进行净化。将洗脱液中的维吉尼霉素 M1 用三氯甲烷分离萃取,去除水层。氮吹三氯甲烷至干,用甲酸铵缓冲溶液与甲醇混合液溶解并定容,供液相色谱-串联质谱仪测定。

4 试剂和材料

除另有说明外,所用试剂均为分析纯,水为 GB/T 6682 规定的一级水。

4.1 乙酸。

4.2 甲酸:色谱纯。

4.3 甲醇:色谱纯。

4.4 乙腈:色谱纯。

4.5 三氯甲烷:色谱纯。

4.6 磷酸二氢铵:优级纯。

4.7 甲酸铵:优级纯。

4.8 磷酸二氢铵溶液:0.1 mol/L,称取 11.50 g 磷酸二氢铵(4.6),用水溶解定容至 1 000 mL。

4.9 磷酸二氢铵溶液:0.01 mol/L,量取 0.1 mol/L 磷酸二氢铵溶液(4.8)100 mL,用水稀释定容至 1 000 mL。

4.10 甲酸铵缓冲液:0.12 mol/L,pH=3.2,称取 7.56 g 甲酸铵(4.7),用水溶解,用甲酸(4.2)调节 pH 到 3.2,定容至 1 000 mL。

4.11 甲酸铵缓冲液:0.003 mol/L,pH=3.2,量取 25.0 mL 的甲酸铵缓冲液(4.10),用水稀释定容至

1 000 mL。

4.12 甲醇＋乙腈溶液(1＋1)。

4.13 水＋乙腈溶液(4＋1)。

4.14 水＋甲醇溶液(13＋7)。

4.15 水＋甲醇溶液(9＋11)。

4.16 流动相A:0.003 mol/L甲酸铵缓冲液(4.11)用0.2 μm滤膜过滤。

流动相B:甲醇＋乙腈溶液(1＋1)(4.12)用0.2 μm滤膜过滤。

4.17 标准物质:维吉尼霉素M1(CAS:21411-53-0),纯度95%。

4.18 标准储备溶液:0.1 mg/mL。准确称取适量的维吉尼霉素M1标准物质,用甲醇配成0.1 mg/mL的标准储备溶液。该溶液在4 ℃保存。

注:称取标准物的质量是按纯度修正过的质量。

4.19 标准工作溶液:根据维吉尼霉素M1的灵敏度和仪器线性范围,用空白样品提取液配成不同浓度的标准工作溶液。标准工作溶液在4 ℃保存。

5 仪器

5.1 液相色谱-串联四极杆质谱仪,配有电喷雾离子源。

5.2 离心机:最大转速为10 000 r/min。

5.3 离心管:锥形底玻璃离心管40 mL、15 mL和10 mL,具塞;锥形底聚丙烯离心管50 mL具螺旋盖。

5.4 电子天平:感量0.1 mg和0.1 g。

5.5 过滤器:聚四氟乙烯膜过滤器:0.22 μm×13 mm;尼龙膜过滤器:0.22 μm×47 mm。

5.6 移液器:量程为1 mL～10 mL和5 mL～50 mL。

5.7 微量加液器:量程为10 μL～100 μL,100 μL～1 000 μL。

5.8 流动相过滤装置。

5.9 氮气浓缩仪。

5.10 高速涡流混合器。

5.11 振荡器。

5.12 酸度计:精确度为±0.02。

5.13 超声波仪。

5.14 一次性注射器:1 mL。

5.15 固相萃取柱:Bond Elut C_{18},500 mg,柱长为6 mL。

5.16 鸡心瓶:150 mL。

5.17 贮液器:100 mL。

5.18 试样瓶:2 mL。

5.19 一次性移液管。

5.20 滤纸。

6 试样的制备与保存

6.1 试样的制备

将原料乳和纯奶粉样品分别混合均匀。各自分出0.5 kg作为试样,将分出的试样密封,并作上标记。

6.2 试样保存

将试样置于4 ℃条件下贮存。

7 测定步骤

7.1 提取

7.1.1 原料乳样品

称取原料乳 5.00 mL，精确到 0.01 mL，放入 50 mL 聚丙烯离心管中，加入 10 mL 的甲醇＋乙腈溶液(1＋1)涡旋 1 min，高速振荡 10 min，离心 15 min(5 000 r/min)，将上清液转移至 40 mL 离心管中。再向残渣中加入 2 mL 甲醇＋乙腈溶液(1＋1)涡旋 5 s，高速振荡 5 min，在 5 000 r/min 下离心 10 min。合并两次上清液与 40 mL 离心管中。加入 15 mL 的 0.01 mol/L 磷酸二氢铵溶液(4.9)，高速振荡 5 min，以 5 000 r/min 离心 10 min，用滤纸过滤至 150 mL 的鸡心瓶中，加入 80 mL 磷酸二氢铵缓冲液(4.9)混匀待净化。

7.1.2 纯奶粉样品

称取纯奶粉 0.625 g，精确到 0.001 g，放入 50 mL 聚丙烯离心管中加水 4.375 g，超声溶解得到复原乳。加入 10 mL 的甲醇＋乙腈溶液(1＋1)涡旋 1 min，以下步骤同原料乳样品。

7.2 净化

依次用 5 mL 乙腈、5 mL 水和 5 mL 的磷酸二氢铵(4.9)洗涤活化固相萃取柱(5.15)。在柱上装上贮液器(5.17)，将样液(7.1)过柱，移去贮液器(5.17)。依次用 2 mL 水，10 mL 水＋乙腈溶液(4＋1)，2 mL 水和 10 mL 水＋甲醇溶液(13＋7)洗柱，弃去全部流出液。最后用 5 mL 水＋甲醇溶液(9＋11)洗涤维吉尼霉素 M1，收集洗脱液到 15 mL 的玻璃离心管中。将 10 mL 三氯甲烷(4.5)加入洗脱液中，振荡 5 min，离心 10 min(5 000 r/min)。用一次性移液管定量收集三氯甲烷层到 10 mL 离心管中，在 40 ℃条件下氮吹至干。再向离心管中加入 500 μL 甲醇，超声 5 min，加入 500 μL 甲酸铵缓冲液(4.11)，高速涡旋 5 s。样液用 0.2 μm 的滤膜过滤到样品瓶中，供液相色谱-串联质谱仪测定。

7.3 色谱测定

7.3.1 液相色谱条件

液相色谱条件如下：

a) 色谱柱：SunFire C_{18}，5 μm，150 mm×2.1 mm(内径)或相当者；
b) 柱温：40 ℃；
c) 进样量：30 μL；
d) 色谱柱总流量：300 μL/min；
e) 流动相及梯度见表 1。

表 1 流动相及梯度

时间/min	流动相 A/%	流动相 B/%
0.00	93	7
20.00	40	60
26.00	40	60
28.00	93	7
35.00	93	7

7.3.2 质谱条件

质谱条件如下：

a) 离子源：电喷雾离子源；
b) 扫描方式：正离子扫描；
c) 检测方式：多反应检测；
d) 电喷雾电压(IS)：5 000 V；
e) 雾化气压力(CAS1)：517.1 kPa；

f) 气帘气压力(CUR):103.4 kPa;

g) 辅助气压力(CAS2):620.5 kPa;

h) 离子源温度(TEM):700 ℃;

i) 定性离子对、定量离子对,采集时间(Dwell),去簇电压(DP)、碰撞气能量(CE)、入口电压(EP),及碰撞室出口电压(CXP)见表2。

表2 维吉尼霉素M1的质谱参数

定性离子对(*m*/*z*)	定量离子对(*m*/*z*)	采集时间/ms	去簇电压/V	碰撞气能量/V	入口电压/V	出口电压/V
526.3/336.9	526.3/336.9	200	80	20	11	15
526.3/355.1						
526.3/508.4						

7.3.3 液相色谱-串联质谱测定

7.3.3.1 定性测定

按照液相色谱-串联质谱测定条件进行样品溶液测定。如果检出的色谱峰的保留时间与基质标准中物质相一致,并且所选择的离子均出现,选择1个母离子和2个以上子离子,样品谱图中组分定性离子的相对丰度与浓度接近的基质标准溶液谱图中对应的定性离子的相对丰度进行比较,偏差不超过表3规定的范围,则可判定为样品中存在对应的待测物。

表3 定性确证时相对离子丰度的最大允许偏差 %

相对离子丰度 K	$K>50$	$20<K<50$	$10<K<20$	$K\leqslant 10$
允许的最大偏差	±20	±25	±30	±50

7.3.3.2 定量测定

用标准工作溶液(4.19)分别进样,以峰面积为纵坐标,工作溶液浓度为横坐标,绘制标准工作曲线,用标准工作曲线对样品进行定量,样品溶液中维吉尼霉素M1的响应值均应在仪器测定的线性范围内。在上述的色谱条件和质谱条件下,维吉尼霉素M1的参考保留时间为24.28 min。维吉尼霉素M1的标准总离子流图参见附录A。维吉尼霉素M1的添加浓度及其平均回收率的试验数据参见附录B。

7.4 平行试验

按照以上步骤,对同一试样进行平行试验测定。

7.5 空白试验

空白样品中添加标准溶液按7.1和7.2操作,测定后计算样品添加的回收率。

8 结果计算

试样中维吉尼霉素M1残留量利用数据处理系统计算或按式(1)计算:

$$X = c \times \frac{V}{m} \times \frac{1\,000}{1\,000} \qquad \cdots\cdots(1)$$

式中:

X——试样中被测组分残留量,单位为微克每千克(μg/kg);

c——从标准曲线上得到被测组分溶液的浓度,单位为纳克每毫升(ng/mL);

V——样品溶液定容体积,单位为毫升(mL);

m——样品溶液所代表试样的质量,单位为克(g)。

计算结果应扣除空白值。

9 精密度

9.1 一般规定

本标准的精密度数据是按照GB/T 6379.1和GB/T 6379.2的规定确定的,其重复性和再现性的值是以 95%的可信度来计算。

9.2 重复性

在重复性条件下，获得的两次独立测试结果的绝对差值不超过重复性限 r，原料乳和纯奶粉中维吉尼霉素 M1 的添加浓度范围及重复性方程见表 4。

表 4 添加浓度范围及重复性和再现性方程　　单位为微克每千克

样品基质	添加浓度范围	重复性限 r	再现性限 R
原料乳	0.25～2.00	$\lg r=0.894\lg m-0.666$	$\lg R=2.268\lg m+0.273$
纯奶粉	2.0～8.0	$\lg r=0.532\lg m+0.111$	$\lg R=0.685\lg m+0.086$
注：m 为两次测定结果的算术平均值。			

如果差值超过重复性限 r，应舍弃试验结果并重新完成两次单个试验的测定。

9.2 再现性

在线性条件下，获得的两次独立测试结果的绝对差值不超过再现性限 R，原料乳和纯奶粉中维吉尼霉素 M1 的添加浓度范围及再现性方程见表 4。

附 录 A
（资料性附录）
标准物质总离子流图

维吉尼霉素 M1 标准物质总离子流图，见图 A.1。

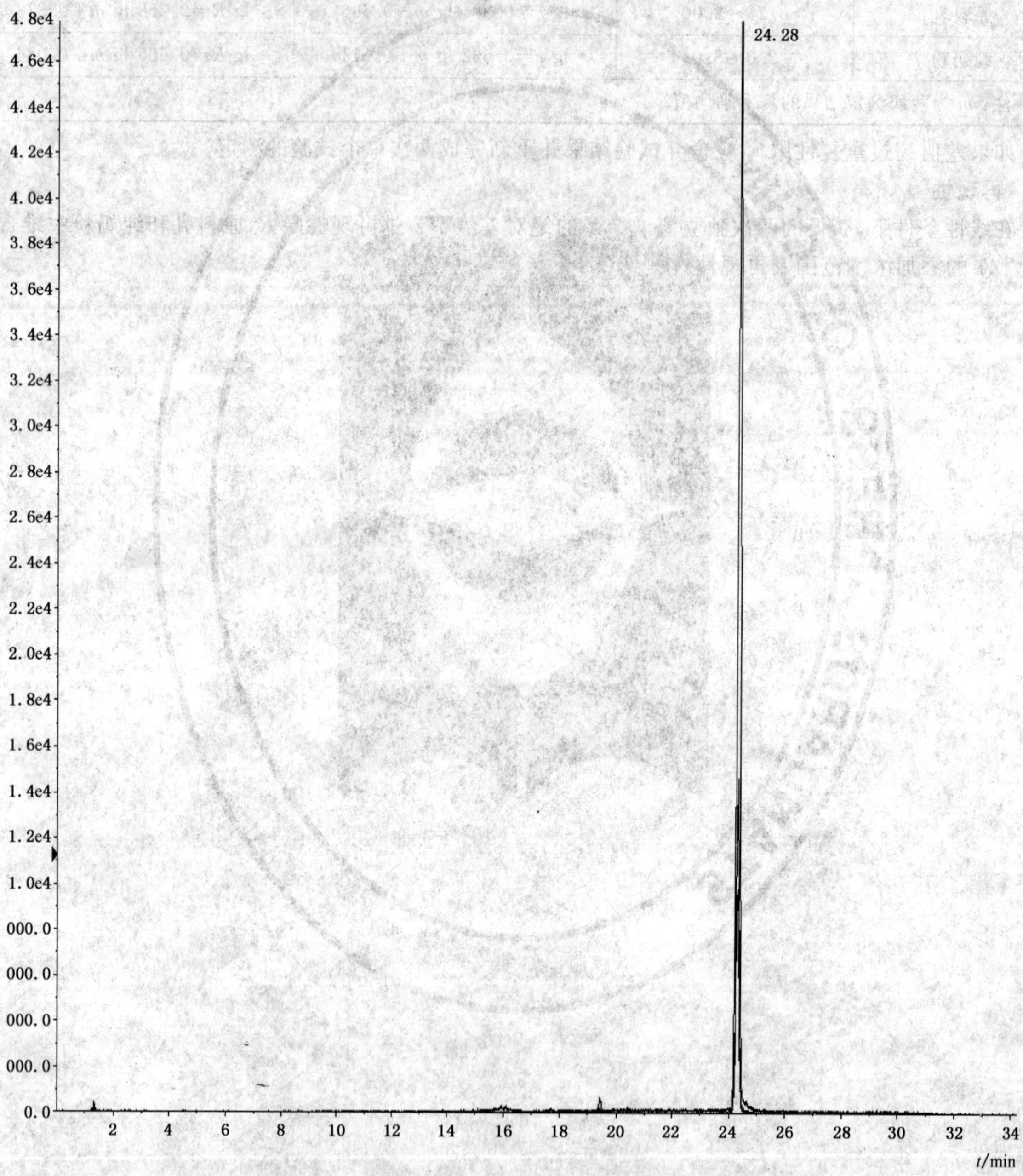

图 A.1 维吉尼霉素 M1 标准物质总离子流图

附 录 B
（资料性附录）
回 收 率

维吉尼霉素 M1 添加浓度及其平均回收率的试验数据，见表 B.1。

表 B.1 维吉尼霉素 M1 添加浓度及其平均回收率的试验数据

样品基质	添加浓度/(μg/kg)	平均回收率/%
原料乳	0.25	87.95
	0.50	88.44
	1.00	92.92
	2.00	93.64
纯奶粉	2.0	89.41
	4.0	91.15
	6.0	95.75
	8.0	99.87

ICS 67.050
X 04

中华人民共和国国家标准

GB/T 22992—2008

牛奶和奶粉中玉米赤霉醇、玉米赤霉酮、己烯雌酚、己烷雌酚、双烯雌酚残留量的测定 液相色谱-串联质谱法

Determination of zearalanol, zearalanone, diethylstilbestrol, hexestrol and dienoestrol multi-residues in milk and milk powder—LC-MS-MS method

2008-12-31 发布　　　　2009-05-01 实施

中华人民共和国国家质量监督检验检疫总局
中国国家标准化管理委员会　发布

前　言

本标准的附录A、附录B为资料性附录。

本标准由中华人民共和国国家质量监督检验检疫总局提出并归口。

本标准起草单位：中华人民共和国秦皇岛出入境检验检疫局、中华人民共和国天津出入境检验检疫局。

本标准主要起草人：许泓、吴延晖、何佳、张骏、张曼、林安清、庞国芳。

牛奶和奶粉中玉米赤霉醇、玉米赤霉酮、己烯雌酚、己烷雌酚、双烯雌酚残留量的测定 液相色谱-串联质谱法

1 范围

本标准规定了牛奶和奶粉中玉米赤霉醇(zearalanol)、玉米赤霉酮(zearalanone)、己烯雌酚(diethylstilbestrol)、己烷雌酚(hexestrol)、双烯雌酚(dieno-estrol)残留量液相色谱-串联质谱测定方法。

本标准用于牛奶和奶粉中玉米赤霉醇、玉米赤霉酮、己烯雌酚、己烷雌酚、双烯雌酚残留量的测定。

本标准方法检出限:牛奶中玉米赤霉醇、玉米赤霉酮、己烷雌酚、己烯雌酚和双烯雌酚为 1.0 μg/L;奶粉中玉米赤霉醇、玉米赤霉酮、己烷雌酚、己烯雌酚和双烯雌酚为 8.0 μg/kg。

2 规范性引用文件

下列文件中的条款通过本标准的引用而成为本标准的条款。凡是注日期的引用文件,其随后所有的修改单(不包括勘误的内容)或修订版均不适用于本标准,然而,鼓励根据本标准达成协议的各方研究是否可使用这些文件的最新版本。凡是不注日期的引用文件,其最新版本适用于本标准。

GB/T 6379.1 测量方法与结果的准确度(正确度与精密度) 第1部分:总则与定义(GB/T 6379.1—2004,ISO 5725-1:1994,IDT)

GB/T 6379.2 测量方法与结果的准确度(正确度与精密度) 第2部分:确定标准测量方法重复性与再现性的基本方法(GB/T 6379.2—2004,ISO 5725-2:1994,IDT)

GB/T 6682 分析实验室用水规格和试验方法(GB/T 6682—2008,ISO 3696:1987,MOD)

3 原理

用乙腈作为蛋白沉淀剂和提取剂进行提取,阴离子固相萃取柱进行净化,用液相色谱-串联质谱仪测定,内标法定量。

4 试剂和材料

除另有说明外,所用试剂均为分析纯。

4.1 水:GB/T 6682,一级。

4.2 甲醇:色谱纯。

4.3 乙腈:色谱纯。

4.4 氨水。

4.5 甲酸。

4.6 氢氧化钠。

4.7 5 mol/L 氢氧化钠溶液:称取 200 g 氢氧化钠,用蒸馏水定容到 1 L。

4.8 淋洗液:氨水-水(1+19)。

4.9 洗脱液:甲酸-甲醇(1+19)。

4.10 激素及代谢物标准物质:玉米赤霉醇(包括 α-玉米赤霉醇和 β-玉米赤霉醇,各 50%)纯度大于等于 97%;玉米赤霉酮,纯度大于等于 97%;己烯雌酚,纯度大于等于 99%;己烷雌酚,纯度大于等于

98%;双烯雌酚,纯度大于等于98%。

4.11 标准溶液:分别准确称取适量的玉米赤霉醇、玉米赤霉酮、己烯雌酚、双烯雌酚和己烷雌酚标准物质,用甲醇(4.2)配制成1 mg/mL标准贮备溶液。再根据需要以甲醇配制成不同浓度的混合标准溶液作为标准工作溶液,保存于4 ℃冰箱中。

4.12 内标标准物质:α-玉米赤霉烯醇-4氘代,纯度大于等于99%;己烯雌酚-8氘代,纯度大于等于98%。

4.13 内标标准溶液:准确称取适量玉米赤霉烯醇-4氘代和己烯雌酚-8氘代标准物质,用甲醇(4.2)分别配制成1 mg/mL标准贮备溶液。再以甲醇稀释成适用浓度的混合内标工作溶液,保存于4 ℃冰箱中。

4.14 基质提取液:空白样品,除不加入标准工作溶液(4.11)和内标工作溶液(4.13)外,其他操作同7.1.1及7.1.2处理后得到的溶液。

4.15 基质标准工作溶液:将标准工作溶液(4.11)及内标工作溶液(4.13)混合后在氮吹仪中吹干,以基质提取液(4.14)溶解,涡旋30 s后即为基质标准工作溶液。

4.16 Oasis MAX阴离子固相萃取柱[1)]或相当者:60 mg,3 mL。

4.17 滤膜:0.2 μm。

5 仪器

5.1 液相色谱-串联质谱联用仪:配有电喷雾电离源。

5.2 自动固相萃取仪或固相萃取装置。

5.3 氮气吹干仪。

5.4 涡旋振荡器。

5.5 离心机:转速大于3 500 r/min。

5.6 高速离心机:转速大于9 000 r/min,温度可控制在4 ℃。

6 试样的制备

6.1 牛奶

取50 mL新鲜或解冻的牛奶混合均匀,3 500 r/min离心5 min,取下层。

6.2 奶粉

取12.5 g奶粉于烧杯中,加适量35 ℃~50 ℃水将其慢慢溶解,转移至100 mL容量瓶中,待冷却至室温,用水定容混匀。取50 mL,以3 500 r/min离心5 min,取下层。

7 测定步骤

7.1 混合基质标准校准溶液的制备

7.1.1 样品量取

于50 mL离心管中,分别加入不同量混合标准工作溶液(4.11),使各被测组分玉米赤霉醇、玉米赤霉酮、己烷雌酚、己烯雌酚和双烯雌酚的浓度为2.5 ng/mL、5.0 ng/mL、10 ng/mL、25 ng/mL、50 ng/mL。再分别加入适量内标标准工作溶液(4.13),使其浓度均为10 ng/mL,在氮吹仪上于40 ℃水浴中吹干。取5个阴性样品,每个样品为5 mL,置于上述离心管中涡旋混合后,加10 mL乙腈,涡旋混合3 min,3 500 r/min离心10 min,取上清液于离心管中,再向样品中加入5 mL乙腈,同前操作,合并提取液,50 ℃下氮吹至体积小于0.1 mL。加水10 mL,用5 mol/L NaOH调节pH至11.0,4 ℃,

---

1) Oasis MAX阴离子固相萃取柱是Waters公司产品的商品名称,给出这一信息是为了方便本标准的使用者,并不是表示对该产品的认可。如果其他产品具有相同的效果,则可使用这些等效产品。

9 000 r/min离心 5 min，备用。

7.1.2 提取净化

固相萃取净化条件：先用 2 mL 甲醇、2 mL 水将柱子活化，流速均为 4 mL/min。将 7.1.1 样品上清液上柱，流速为 1 mL/min，依次用 1 mL 淋洗液(4.8)、0.5 mL 甲醇以 3 mL/min 的速度淋洗，通入 20 mL 空气以 4 mL/min 的速度吹过 Oasis MAX 柱。用 4 mL 洗脱液(4.9)洗脱，流速为 1 mL/min，加入 30 mL 空气以 6 mL/min 的速度吹过 Oasis MAX 柱，收集洗脱液。将洗脱液在氮吹仪上于 40 ℃ 水浴中吹干，加入 1 mL 流动相，涡旋 30 s 溶解。溶液过 0.2 μm 滤膜后，供液相色谱-串联质谱测定。

7.2 实测样品溶液的制备

取待测样品 5 mL 于 50 mL 离心管中，加入适量内标标准工作溶液(4.13)，使其最终定容浓度均为 10 ng/mL。按 7.1.1 及 7.1.2 操作。

7.3 空白基质溶液的制备

取阴性样品 5 mL 于 50 mL 离心管中，按 7.1.1 及 7.1.2 操作。

7.4 测定条件

7.4.1 液相色谱条件

液相色谱条件如下：

a) 色谱柱：ZORBAX Eclipse SB-C_8，3.5 μm，150 mm×4.6 mm(内径)或相当者；

b) 柱温：25 ℃；

c) 流动相：乙腈-水(7+3)；

d) 流速：0.5 mL/min；

e) 进样量：50 μL。

7.4.2 质谱条件

质谱条件如下：

a) 离子化方式：电喷雾电离；

b) 扫描方式：负离子扫描；

c) 检测方式：多反应监测(MRM)；

d) 离子源温度：350 ℃；

e) 雾化气压力：0.083 MPa；

f) 气帘气压力：0.124 0 MPa；

g) 辅助气 1 压力：0.275 6 MPa；

h) 辅助气 2 压力：0.241 2 MPa；

i) 喷雾器电流：−5 μA；

j) 电喷雾电压：−4 500 V；

k) 定性离子对、定量离子对、碰撞能量和去簇电压见表 1。

表 1 5 种激素及代谢物的定性离子对、定量离子对、碰撞能量和去簇电压

化合物名称	定性离子对(m/z)	定量离子对(m/z)	碰撞能量/V	去簇电压/V
玉米赤霉醇	320.6/277.2	321.1/277.2	−42	−110
	321.1/161.0		−40	−100
玉米赤霉酮	318.7/160.8	318.7/160.8	−40	−110
	318.7/107.0		−45	−110
玉米赤霉烯醇-4 氘代	322.9/159.9	322.9/159.9	−50	−90
	322.9/130.1		−43	−90

表 1(续)

化合物名称	定性离子对(m/z)	定量离子对(m/z)	碰撞能量/V	去簇电压/V
己烯雌酚	266.9/251.0	266.7/251.0	−35	−90
	266.9/237.1		−40	−90
双烯雌酚	264.7/249.1	264.7/249.1	−36	−80
	264.7/235.0		−36	−80
己烷雌酚	269.0/118.9	269.0/134.0	−23	−70
	269.0/134.0		−52	−70
己烯雌酚-8 氘代	275.0/258.9	275.0/258.9	−37	−90
	275.0/245.0		−42	−90

7.4.3 液相色谱-串联质谱测定

7.4.3.1 定性测定

每种被测组分选择 1 个母离子,2 个以上子离子,在相同实验条件下,样品中待测物质和内标物的保留时间之比,也就是相对保留时间,与混合基质标准校准溶液中对应的相对保留时间偏差在±2.5%之内;且样品谱图中各组分定性离子的相对丰度与浓度接近的混合基质标准校准溶液谱图中对应的定性离子的相对丰度进行比较,偏差不超过表 2 规定的范围,则可判定为样品中存在对应的待测物。

表 2 定性确证时相对离子丰度的最大允许偏差

%

相对离子丰度 K	$K>50$	$20<K<50$	$10<K<20$	$K\leqslant 10$
允许最大偏差	±20	±25	±30	±50

7.4.3.2 定量测定

配制系列混合基质标准工作溶液(7.1)分别进样,绘制标准工作曲线。检查仪器性能,确定线性范围。用色谱数据工作站或选取与样品含量接近含有内标的标准工作液进行定量。样品溶液中玉米赤霉醇、玉米赤霉酮、己烯雌酚、己烷雌酚、双烯雌酚的响应值应在工作曲线范围内。标准品的液相色谱-串联质谱色谱图参见附录 A 中的图 A.1。本方法检测牛奶中的激素及代谢物添加浓度及其平均回收率的试验数据参见附录 B 中的表 B.1。

7.5 平行试验

按以上步骤,对同一试样进行平行试验测定。

7.6 空白试验

除不称取试样外,均按上述步骤同时完成空白试验。

8 结果计算

玉米赤霉醇、玉米赤霉酮、己烯雌酚、己烷雌酚、双烯雌酚的测定按式(1)计算:

$$X = c_{\mathrm{S}} \times \frac{A}{A_{\mathrm{S}}} \times \frac{c_i}{c_{\mathrm{S}i}} \times \frac{A_{\mathrm{S}i}}{A_i} \times \frac{V}{m} \times \frac{1\,000}{1\,000} \quad \cdots\cdots(1)$$

式中:

X——试样中被测物残留量,单位为微克每千克(μg/kg);

c_{S}——基质标准工作溶液中被测物的浓度,单位为纳克每毫升(ng/mL);

A——试样溶液中被测物的色谱峰面积;

A_{S}——基质标准工作溶液中被测物的色谱峰面积;

c_i——试样溶液中内标物的浓度,单位为纳克每毫升(ng/mL);

$c_{\mathrm{S}i}$——基质标准工作溶液中内标物的浓度,单位为纳克每毫升(ng/mL);

A_{Si}——基质标准工作溶液中内标物的色谱峰面积；

A_i——试样溶液中内标物的色谱峰面积；

V——样液最终定容体积，单位为毫升(mL)；

m——试样溶液所代表试样的质量，单位为克(g)。

计算结果应扣除空白值。玉米赤霉醇和己烯雌酚将 2 种异构体面积或峰高值相加后以总量计算。

9 精密度

9.1 一般规定

本标准的精密度数据是按照 GB/T 6379.1 和 GB/T 6379.2 的规定确定的，重复性和再现性的值以 95% 的可信度来计算。

9.2 重复性

在重复性条件下，获得的两次独立测试结果的绝对差值不超过重复性限 r，玉米赤霉醇、玉米赤霉酮、己烯雌酚、己烷雌酚、双烯雌酚在牛奶中的添加浓度范围及重复性方程见表 3，在奶粉中的添加浓度范围及重复性方程见表 4。

表 3 牛奶中的添加浓度范围及重复性和再现性方程 单位为微克每升

化合物名称	添加浓度范围	重复性限 r	再现性限 R
玉米赤霉醇	1.0～10	$\lg r=0.9656\lg m-1.0897$	$\lg R=0.9625\lg m-0.7128$
玉米赤霉酮	1.0～10	$\lg r=0.9660\lg m-1.1445$	$\lg R=0.9152\lg m-0.6513$
己烯雌酚	1.0～10	$\lg r=0.9844\lg m-1.0935$	$\lg R=0.2058\lg m+0.0119$
双烯雌酚	1.0～10	$\lg r=0.0735\lg m+0.0016$	$\lg R=1.0813\lg m-0.7982$
己烷雌酚	1.0～10	$\lg r=0.9760\lg m-1.0445$	$\lg R=0.9252\lg m-0.6613$
注：m 为两次测定结果的算术平均值。			

表 4 奶粉中的添加浓度范围及重复性和再现性方程 单位为微克每千克

化合物名称	添加浓度范围	重复性限 r	再现性限 R
玉米赤霉醇	10～100	$\lg r=0.9656\lg m-1.0897$	$\lg R=0.9625\lg m-0.7128$
玉米赤霉酮	10～100	$\lg r=0.9660\lg m-1.1445$	$\lg R=0.9152\lg m-0.6513$
己烯雌酚	10～100	$\lg r=0.9844\lg m-1.0935$	$\lg R=0.2058\lg m+0.0119$
双烯雌酚	10～100	$\lg r=0.0735\lg m+0.0016$	$\lg R=1.0813\lg m-0.7982$
己烷雌酚	10～100	$\lg r=0.9760\lg m-1.0445$	$\lg R=0.9252\lg m-0.6613$
注：m 为两次测定结果的算术平均值。			

如果差值超过重复性限 r，应舍弃试验结果并重新完成两次单个试验的测定。

9.3 再现性

在再现性条件下，获得的两次独立测试结果的绝对差值不超过再现性限 R，玉米赤霉醇、玉米赤霉酮、己烯雌酚、己烷雌酚、双烯雌酚在牛奶中的添加浓度范围及再现性方程见表 3，在奶粉中的添加浓度范围及再现性方程见表 4。

附 录 A
（资料性附录）
标准物质液相色谱-串联质谱图

玉米赤霉醇、玉米赤霉酮、己烯雌酚、己烷雌酚、双烯雌酚标准物质液相色谱-串联质谱图，见图 A.1。

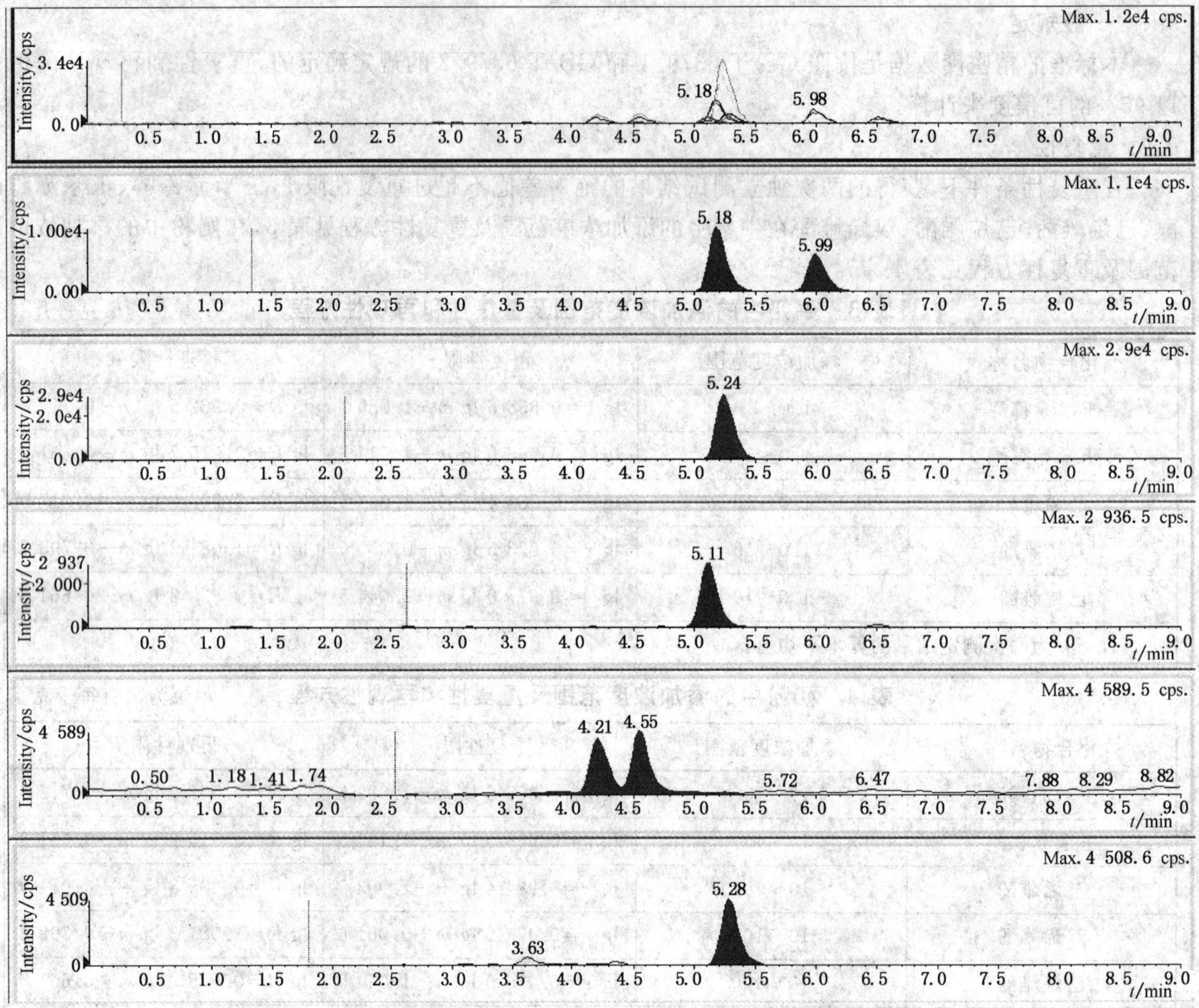

图 A.1 玉米赤霉醇、玉米赤霉酮、己烯雌酚、己烷雌酚、双烯雌酚标准物质液相色谱-串联质谱图

附 录 B
（资料性附录）
回 收 率

本方法检测牛奶中的激素及代谢物添加浓度及其平均回收率的试验数据，见表 B.1。

表 B.1 添加浓度及其平均回收率的试验数据

化合物名称	添加浓度/(μg/L)	平均回收率/%
玉米赤霉醇	1.0	84.93
	2.0	88.58
	5.0	91.35
	10.0	97.80
玉米赤霉酮	1.0	76.10
	2.0	79.18
	5.0	101.0
	10.0	102.4
己烯雌酚	1.0	80.12
	2.0	78.67
	5.0	102.7
	10.0	96.35
双烯雌酚	1.0	74.83
	2.0	93.00
	5.0	99.53
	10.0	95.32
己烷雌酚	1.0	91.33
	2.0	72.67
	5.0	92.47
	10.0	100.6

ICS 67.050
X 04

中华人民共和国国家标准

GB/T 22993—2008

牛奶和奶粉中八种镇定剂残留量的测定 液相色谱-串联质谱法

Determination of eight tranquillizers residues in bovine milk and milk powder—LC-MS-MS method

2008-12-31 发布　　2009-05-01 实施

中华人民共和国国家质量监督检验检疫总局
中国国家标准化管理委员会　发布

前　言

本标准的附录A、附录B为资料性附录。

本标准由中华人民共和国国家质量监督检验检疫总局提出并归口。

本标准起草单位：中华人民共和国秦皇岛出入境检验检疫局、中华人民共和国辽宁出入境检验检疫局。

本标准主要起草人：宋文斌、李一尘、李军、隋凯、董振霖、李百舸、王旭、赵守成、庞国芳。

牛奶和奶粉中八种镇定剂残留量的测定 液相色谱-串联质谱法

1 范围

本标准规定了牛奶和奶粉中乙酰丙嗪(cetopromaizine)、氯丙嗪(chlorpromazin)、氟哌啶醇(haloperidol)、丙酰二甲氨基丙吩噻嗪(propionylpromazine)、甲苯噻嗪(xylazine)、阿扎哌隆(azaperone)及其代谢物阿扎哌醇(azaperol)和β-阻断剂咔唑心安(carazolol)残留量的液相色谱-串联质谱测定方法。

本标准适用于牛奶和奶粉中乙酰丙嗪、氯丙嗪、氟哌啶醇、丙酰二甲氨基丙吩噻嗪、甲苯噻嗪、阿扎哌隆、阿扎哌醇、咔唑心安残留量的测定。

本标准方法检出限:牛奶中乙酰丙嗪、氯丙嗪、丙酰二甲氨基丙吩噻嗪、咔唑心安均为 0.5 μg/L,甲苯噻嗪为 0.25 μg/L,阿扎哌隆为 0.2 μg/L,阿扎哌醇为 0.15 μg/L,氟哌啶醇为 0.1 μg/L,奶粉中乙酰丙嗪、氯丙嗪、丙酰二甲氨基丙吩噻嗪、咔唑心安均为 4.0 μg/kg,甲苯噻嗪为 2.0 μg/kg,阿扎哌隆为 1.6 μg/kg,阿扎哌醇为 1.2 μg/kg,氟哌啶醇为 0.8 μg/kg。

2 规范性引用文件

下列文件中的条款通过本标准的引用而成为本标准的条款。凡是注日期的引用文件,其随后所有的修改单(不包括勘误的内容)或修订版均不适用于本标准。然而,鼓励根据本标准达成协议的各方研究是否可使用这些文件的最新版本。凡是不注明日期的引用文件,其最新版本适用于本标准。

GB/T 6379.1 测量方法与结果的准确度(正确度与精密度) 第 1 部分:总则与定义(GB/T 6379.1—2004,ISO 5725-1:1994,IDT)

GB/T 6379.2 测量方法与结果的准确度(正确度与精密度) 第 2 部分:确定标准测量方法重复性与再现性的基本方法(GB/T 6379.2—2004,ISO 5725-2:1994,IDT)

GB/T 6682 分析实验室用水规格和试验方法(GB/T 6682—2008,ISO 3696:1987,MOD)

3 原理

样品在碱性条件下用特丁基甲醚提取,提取液用磷酸盐缓冲液调成酸性,弃去有机相,水相再调成碱性用特丁基甲醚净反萃后浓缩定容,进行液相色谱-串联质谱仪测定,外标法定量。

4 试剂和材料

除另有说明外,所用试剂均为分析纯,水为 GB/T 6682 规定的一级水。

4.1 乙腈:色谱纯。

4.2 甲醇:色谱纯。

4.3 无水乙醇:色谱纯。

4.4 盐酸:优级纯。

4.5 特丁基甲醚。

4.6 氢氧化钠。

4.7 氢氧化钠溶液:5 mol/L。称取 50.0 g 氢氧化钠(4.6)用水溶解,定容到 250 mL。

4.8 磷酸二氢钾。

4.9 磷酸二氢钾溶液:1 mol/L,pH=3.0,称取 68.045 g 磷酸二氢钾(4.8)用水溶解,用盐酸(4.4)将溶液的 pH 值调至 3.0,定容到 500 mL。

4.10 甲酸铵。

4.11 甲酸:色谱纯。

4.12 甲酸铵缓冲液:0.1 mol/L,pH=4.0,称取 6.306 g 甲酸铵(4.10)用水溶解,用甲酸(4.11)将 pH 值调至 4.0,定容至 1 000 mL。

4.13 甲酸铵缓冲液:0.01 mol/L,pH=4.0,取甲酸铵缓冲液(4.12)100 mL 用水稀释定容到 1 000 mL。

4.14 流动相 A:0.01 mol/L 甲酸铵缓冲液,pH=4.0(4.13),通过 0.2 μm 过滤器过滤。

4.15 流动相 B:乙腈(4.1)通过 0.2 μm 过滤器过滤。

4.16 流动相 C:甲醇(4.2)通过 0.2 μm 过滤器过滤。

4.17 混合流动相:将 70 mL 流动相 A,15 mL 流动相 B 以及 15 mL 流动相 C 混合。

4.18 镇定剂及其代谢物和 β-阻断剂的标准物质:乙酰丙嗪·马来酸,纯度大于等于 99%;阿扎哌隆,纯度大于等于 99%;咔唑心安,纯度:99%;氯丙嗪·盐酸,纯度:99%;氟哌啶醇,纯度大于等于 99%;丙酰二甲氨基丙吩噻嗪·盐酸,纯度:98%;甲苯噻嗪·盐酸,纯度:99%;阿扎哌醇,浓度 10.0 μg/mL(甲醇)。

4.19 八种镇定剂标准储备溶液

4.19.1 乙酰丙嗪、阿扎哌隆、咔唑心安、氯丙嗪、氟哌啶醇、丙酰二甲氨基丙吩噻嗪、甲苯噻嗪标准储备溶液:0.10 mg/mL。称取适量的上述标准物质(4.18),分别用无水乙醇(4.3),配成 0.10 mg/mL 的标准储备液。储备液避光在 2 ℃～4 ℃条件下贮存。每年配制一次。

4.19.2 阿扎哌醇标准储备溶液:1.0 μg/mL。准确移取 1.0mL 阿扎哌醇标准液(4.18)于 10mL 容量瓶中,用无水乙醇(4.3)定容至刻度,混匀,配成 1.0 μg/mL 的标准储备液。储备液避光在 2 ℃～4 ℃条件下贮存。每年配制一次。

4.20 八种镇定剂混合标准储备溶液:量取适量的 6 种镇定剂及其代谢物标准储备溶液(4.19.1 和 4.19.2),用乙腈配制成混合标准储备溶液。在 2 ℃～4 ℃条件下贮存。

4.21 八种镇定剂混合标准工作溶液:根据每种镇定剂及其代谢物的灵敏度和仪器线性范围用空白样品提取液配成不同浓度的混合标准工作溶液。在 2 ℃～4 ℃条件下避光贮存。

注:称取标准物的质量是按纯度和含盐量修正过的质量。

5 仪器

5.1 液相色谱-串联四极杆质谱仪:配有电喷雾的离子源。

5.2 电子天平:感量 0.1 mg 和 0.1 g。

5.3 离心机:最大转速为 10 000 r/min。

5.4 离心管:锥形底玻璃离心管,15 mL 和 10 mL 具塞;锥形底聚丙烯离心管,50 mL,具螺旋盖。

5.5 过滤器:聚四氟乙烯过滤器,0.2 μm×13 mm;尼龙薄膜过滤器,0.2 μm×47 mm。

5.6 液体分配器:1 mL～10 mL 和 5 mL～50 mL。

5.7 微量移吸器:10 μL～100 μL 和 100 μL～1 000 μL。

5.8 流动相过滤装置。

5.9 氮气浓缩仪。

5.10 高速涡流混合器。

5.11 振荡器。

5.12 一次性移液管。

5.13 酸度计:测量精度为±0.02。

5.14 超声波仪。

5.15 一次性注射器:1 mL。

5.16 试样瓶:2.0 mL。

6 试样的制备与保存

6.1 试样的制备

将牛奶和奶粉样品分别混合均匀。各自分出 0.5 kg 作为试样,将分出的试样密封,并作上标记。

6.2 试样保存

将试样置于 4 ℃条件下贮存。

7 测定步骤

7.1 提取

7.1.1 牛奶样品

称取牛奶试样 2.00 mL 精确到 0.01 mL,放入 50 mL 聚丙烯离心管中,加入 200 μL 乙腈进行涡流混合,混合后加入 400 μL 5 mol/L 氢氧化钠溶液,并进行涡流混合 30 s。在 80 ℃±5 ℃水浴中放置 1 h。在此期间,要对每个测定样品进行两次涡流混合。1 h 后,将样品从水浴中取出并冷却至室温。加入 12 mL 特丁基甲醚,置于振荡器上高速振荡 15 min,离心 15 min(转速为 5 000 r/min)。吸出上清液,将特丁基甲醚定量转移到干净的 15 mL 的玻璃离心管内,待净化。

7.1.2 奶粉样品

称取奶粉样品 0.25 g(精确到 0.01 g),放入 50 mL 聚丙烯离心管中,加入 1.75 g 水超声溶解得到复原乳,加入 200 μL 乙腈,以下步骤同 7.1.1。

7.2 净化

在上述 15 mL 离心管中加入 1 mol/L 磷酸二氢钾溶液(pH=3.0)3 mL,振荡 10 min,离心 10 min (5 000 r/min)。将特丁基甲醚层吸出弃去。在磷酸盐溶液中加入 2 mL 特丁基甲醚,振荡 5 min,离心 5 min(5 000 r/min),吸出特丁基甲醚层弃去。然后再在磷酸盐缓冲溶液中加入 2 mL 特丁基甲醚重复上述步骤。加入 1 mL 5 mol/L 氢氧化钠溶液摇匀后加入 10 mL 特丁基甲醚,振荡 15 min,离心 5 min (5 000 r/min)。定量吸取特丁基甲醚转移到一个干净的 10 mL 的离心管中。在 40 ℃条件下用氮吹仪蒸发至干。在浓缩至干的提取物中加入 1 000 μL 流动相溶液(4.17),进行涡流混合,超声处理 10 min。用 0.2 μm×13 mm 的聚四氟乙烯注射式过滤器过滤样液,将样液转移到试样瓶中,供液相色谱-串联质谱测定。

7.3 色谱测定

7.3.1 液相色谱参考条件

液相色谱参考条件如下:

a) 色谱柱:Inertsil ODS-3,5 μm,150 mm×2.1 mm (内径)或相当者;

b) 柱温:35 ℃;

c) 进样量:20 μL;

d) 色谱柱总流量:200 μL/min;

e) 流动相及梯度见表 1。

表 1 流动相及梯度

步　骤	运行时间/min	流动相 A/%	流动相 B/%	流动相 C/%
0	0.00	70	15	15
1	4.00	70	15	15
2	9.00	40	15	45

表 1（续）

步　骤	运行时间/min	流动相 A/%	流动相 B/%	流动相 C/%
3	25.00	35	15	50
4	28.00	20	30	50
5	30.00	70	15	15
6	60.00	70	15	15

7.3.2 质谱参考条件

质谱参考条件如下：

a) 离子源：电喷雾离子源；
b) 扫描方式：正离子扫描；
c) 检测方式：多反应检测（MRM）；
d) 电喷雾电压(IS)：5 000 V；
e) 雾化气压力(CAS1)：482.6 kPa；
f) 气帘气压力(CUR)：68.9 kPa；
g) 辅助气压力(CAS2)：482.6kPa；
h) 离子源温度(TEM)：700 ℃；
i) 接口加热(ihe)：ON；
j) 定性离子对、定量离子对、采集时间(Dwell)、去簇电压(DP)、碰撞气能量(CE)、入口电压(EP)及碰撞室出口电压(CXP)见表 2。

表 2　八种镇定剂的质谱参数

化合物名称	定性离子对 (*m*/*z*)	定量离子对 (*m*/*z*)	采集时间/ms	去簇电压/V	碰撞气能量/V	入口电压/V	出口电压/V
乙酰丙嗪 acetopromaizine	327.40/58.20	327.40/58.20	200	61.00	68.00	5.00	10.00
	327.40/86.20	327.40/86.20	200	61.00	68.00	5.00	15.60
氯丙嗪 chlorpromazine	319.30/58.20	319.30/58.20	200	60.00	66.00	10.00	10.00
	319.30/86.20	319.30/86.20	200	60.00	30.00	10.00	7.00
氟哌啶醇 haloperidol	376.40/165.40	376.40/165.40	200	70.00	35.00	11.00	11.00
	376.40/122.90	376.40/122.90	200	70.00	57.00	11.00	11.00
丙酰二甲氨 propionylpromazine	341.20/58.20	341.20/58.20	200	64.00	59.80	10.60	9.70
	341.20/86.30	341.20/86.30	200	64.00	30.00	10.60	15.00
甲苯噻嗪 xylazine	221.30/90.10	221.30/90.10	200	85.00	33.00	11.00	8.00
	221.30/164.40	221.30/164.40	200	85.00	38.00	11.00	13.00
阿扎哌隆 azaperone	328.40/121.00	328.40/121.00	200	60.00	30.00	11.00	10.00
	328.4/147.10	328.4/147.10	200	60.00	30.00	11.00	10.00
阿扎哌醇 azaperol	330.30/121.00	330.30/121.00	200	60.00	35.00	11.00	12.00
	330.30/149.10	330.30/149.10	200	60.00	40.00	11.00	12.00
	330.30/312.20	330.30/312.20	200	60.00	25.00	11.00	10.00
咔唑心安 carazolol	299.50/116.20	299.50/116.20	200	83.00	30.00	11.00	11.00
	299.50/222.40	299.50/222.40	200	83.00	30.00	11.00	6.00

7.3.3 液相色谱-串联质谱测定

7.3.3.1 定性测定

按照液相色谱-串联质谱测定条件进行样品溶液测定。如果检出的色谱峰的保留时间与基质标准中物质相一致，并且所选择的离子均出现，选择1个母离子和2个以上子离子，样品谱图中定性离子的相对丰度与浓度接近的基质标准溶液谱图中对应的定性离子的相对丰度进行比较，偏差不超过表3规定要的范围，则可判定为样品中存在对应的待测物。

表3 定性确证时相对离子丰度的最大允许偏差 %

相对离子丰度 K	$K>50$	$20<K<50$	$10<K<20$	$K\leqslant 10$
允许的最大偏差	±20	±25	±30	±50

7.3.3.2 定量测定

用混合标准溶液(4.21)分别进样，以峰面积为纵坐标，工作溶液浓度为横坐标，绘制标准工作曲线，用标准工作曲线对样品进行定量，样品溶液中镇定剂及其代谢产物和β-阻断剂的响应值均应在仪器测定的线性范围内。在上述的色谱条件和质谱条件下，八种镇定剂的参考保留时间见表4。八种镇定剂的标准物质总离子流图参见附录A中的图A.1。八种镇定剂的添加浓度及其平均回收率的试验数据参见附录B中的表B.1、表B.2。

表4 八种镇定剂参考保留时间

化合物名称	保留时间/min	化合物名称	保留时间/min
甲苯噻嗪	5.12	氟哌啶醇	15.90
阿扎哌醇	9.21	乙酰丙嗪	16.56
咔唑心安	11.38	丙酰二甲氨基丙吩噻嗪	18.84
阿扎哌隆	13.01	氯丙嗪	19.74

7.4 平行试验

按照以上步骤，对同一试样进行平行试验。

7.5 回收率试验

除不称取试样外，均按上述步骤进行。

8 结果计算

试样中每种镇定剂及其代谢物和β-阻断剂残留量利用数据处理系统计算或按式(1)计算：

$$X = c \times \frac{V}{m} \times \frac{1\,000}{1\,000} \qquad \cdots\cdots (1)$$

式中：

X——试样中被测组分残留量，单位为微克每千克(μg/kg)；

c——从标准曲线上得到被测组分溶液的浓度，单位为纳克每毫升(ng/mL)；

V——样品溶液定容体积，单位为毫升(mL)；

m——样品溶液所代表试样的质量，单位为克(g)。

计算结果应扣除空白值。

9 精密度

9.1 一般规定

本标准的精密度数据是按照GB/T 6379.1和GB/T 6379.2的规定确定的，其重复性限和再现性限的值是以95%的可信度来计算。

9.2 重复性

在重复性条件下，获得的两次独立测试结果的绝对差值不超过重复性限 r，牛奶和奶粉中六种镇定剂及其代谢物的添加浓度范围及重复性方程见表 5。

表 5 牛奶和奶粉中八种镇定剂的添加浓度范围及重复性限和再现性限方程

单位为微克每千克

化合物名称	添加浓度范围	重复性限 r	再现性限 R
乙酰丙嗪	0.50～4.00	$\lg r=0.749\lg m-1.113$	$\lg R=0.662\lg m+0.436$
氯丙嗪	0.50～4.00	$\lg r=0.5971\lg m-1.0663$	$\lg R=0.7682\lg m+0.4355$
氟哌啶醇	0.10～0.80	$\lg r=0.97153\lg m-1.39365$	$\lg R=0.92256\lg m+0.44711$
丙酰二甲氨基丙吩噻嗪	0.50～4.00	$\lg r=1.0188\lg m-1.4323$	$\lg R=1.5916\lg m+2.2075$
甲苯噻嗪	0.25～2.00	$\lg r=2.4448-3.9187\lg m$	$\lg R=3.4365+6.0859\lg m$
阿扎哌隆	0.20～1.60	$\lg r=0.6706\lg m-0.1095$	$\lg R=0.6997\lg m+0.3546$
阿扎哌醇	0.15～1.20	$\lg r=1.03479\lg m-1.0999$	$\lg R=1.106\lg m-2.1312$
咔唑心安	0.50～4.00	$\lg r=0.3726\lg m-0.6302$	$\lg R=0.4622\lg m+0.4401$
注：m 为两次测定结果的算术平均值。			

如果差值超过重复性限 r，应舍弃试验结果并重新完成两次单个试验的测定。

9.3 再现性

在再现性条件下，获得的两次独立测试结果的绝对差值不超过再现性限 R，牛奶和奶粉中六种镇定剂及其代谢物的添加浓度范围及再现性方程见表 5。

附　录　A
（资料性附录）
标准物质总离子流图

八种镇定剂标准物质总离子流图，见图 A.1

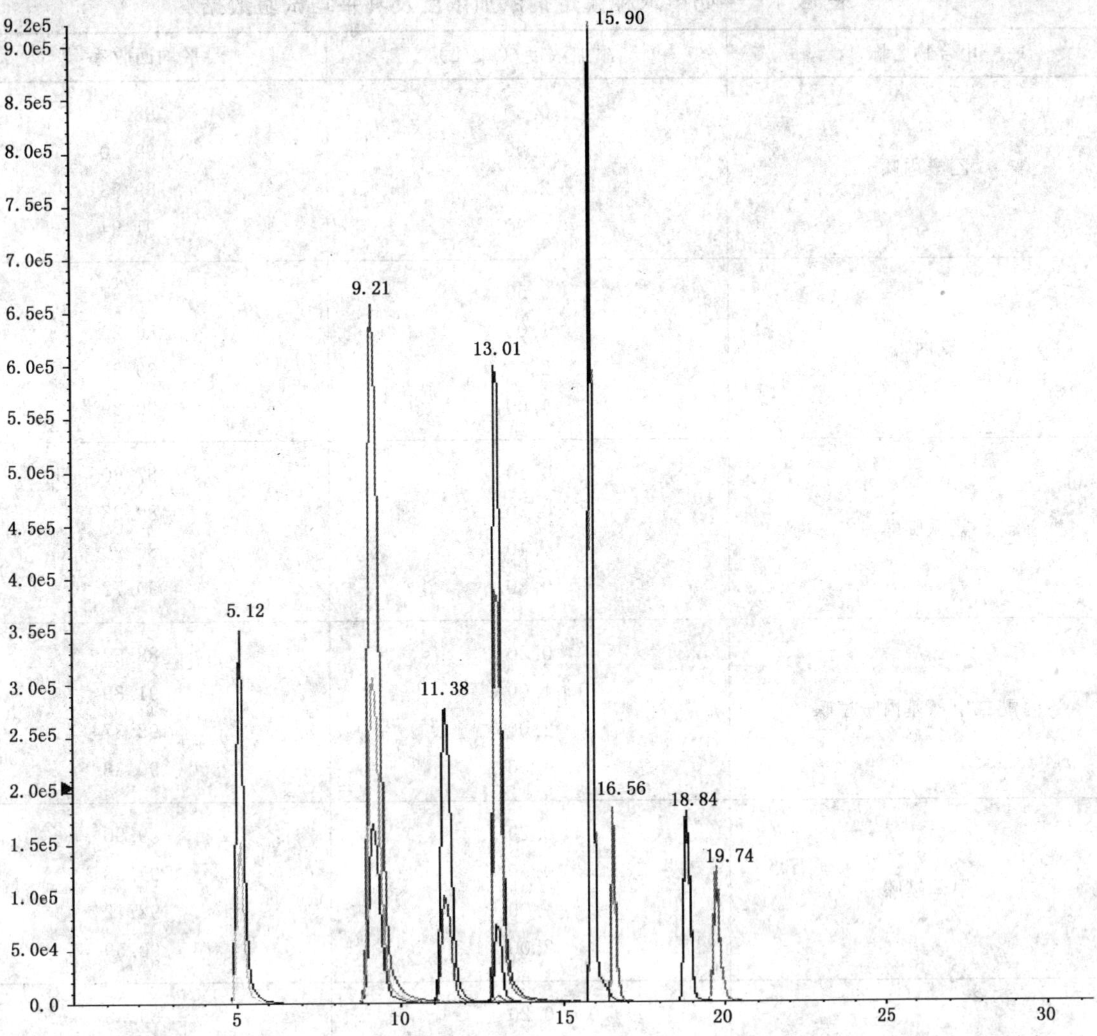

甲苯噻嗪　5.12 min，阿扎哌醇　9.21 min，咔唑心安　11.38 min，
阿扎哌隆　13.01 min，氟哌啶醇　15.90 min，乙酰丙嗪　16.56 min，
丙酰二甲氨基丙吩噻嗪　18.84 min，氯丙嗪　19.74 min

图 A.1　八种镇定剂标准物质总离子流图

附 录 B
(资料性附录)
回 收 率

八种镇定剂添加浓度及其平均试验数据，见表B.1、表B.2。

表B.1 牛奶中八种镇定剂添加浓度及其平均试验数据

化合物名称	添加浓度/(μg/L)	平均回收率/%
乙酰丙嗪	0.50 1.00 2.00 4.00	88.10 89.20 89.93 91.94
氯丙嗪	0.50 1.00 2.00 4.00	89.61 86.29 89.39 90.29
氟哌啶醇	0.10 0.20 0.40 0.80	87.60 89.28 86.90 90.72
丙酰二甲氨基丙吩噻嗪	0.50 1.00 2.00 4.00	88.52 91.39 92.37 90.38
甲苯噻嗪	0.25 0.50 1.00 2.00	89.90 91.38 92.12 90.59
阿扎哌隆	0.20 0.400 0.80 1.60	89.35 88.15 90.07 90.26
阿扎哌醇	0.15 0.30 0.60 1.20	91.44 91.45 87.11 87.42
咔唑心安	0.50 1.00 2.00 4.00	89.72 88.58 92.49 90.39

表 B.2 奶粉中八种镇定剂添加浓度及其平均回收率试验数据

化合物名称	添加浓度/(μg/kg)	平均回收率/%
乙酰丙嗪	4.0	92.85
	8.0	91.68
	12.0	90.30
	16.0	94.13
氯丙嗪	4.0	90.71
	8.0	83.68
	12.0	84.11
	16.0	88.61
氟哌啶醇	0.8	88.79
	1.6	93.52
	2.4	88.02
	3.2	87.91
丙酰二甲氨基丙吩噻嗪	4.0	92.18
	8.0	90.41
	12.0	87.24
	16.0	87.54
甲苯噻嗪	2.0	90.62
	4.0	86.98
	6.0	87.52
	8.0	81.59
阿扎哌隆	1.6	90.80
	3.2	85.89
	4.8	86.05
	6.4	94.65
阿扎哌醇	1.2	85.15
	2.4	89.98
	3.6	93.36
	4.8	97.45
咔唑心安	4.0	92.87
	8.0	91.00
	12.0	88.04
	16.0	91.72

ICS 67.050
X 04

中华人民共和国国家标准

GB/T 22994—2008

牛奶和奶粉中左旋咪唑残留量的测定 液相色谱-串联质谱法

Determination of levamisole residues in milk and milk powder—LC-MS-MS method

2008-12-31 发布　　2009-05-01 实施

中华人民共和国国家质量监督检验检疫总局
中国国家标准化管理委员会　发布

前言

本标准附录A、附录B为资料性附录。

本标准由中华人民共和国国家质量监督检验检疫总局提出并归口。

本标准起草单位：中华人民共和国秦皇岛出入境检验检疫局、中华人民共和国青海出入境检验检疫局。

本标准主要起草人：薄海波、雒丽丽、贾光群、曹彦忠、赵青、庞国芳。

牛奶和奶粉中左旋咪唑残留量的测定
液相色谱-串联质谱法

1 范围

本标准规定了牛奶和奶粉中左旋咪唑残留量液相色谱-串联质谱测定方法。

本标准适用于液态奶(包括原料奶、纯牛奶、脱脂牛奶)和奶粉(包括纯奶粉、脱脂奶粉和婴幼儿配方奶粉)中左旋咪唑(levamisole)残留量的测定。

本标准牛奶中左旋咪唑检出限为 0.4 μg/kg;奶粉中左旋咪唑检出限为 3.2 μg/kg。

2 规范性引用文件

下列文件中的条款通过本标准的引用而成为本标准的条款。凡是注日期的引用文件,其随后所有的修改单(不包括勘误的内容)或修订版均不适用于本标准,然而,鼓励根据本标准达成协议的各方研究是否可使用这些文件的最新版本。凡是不注日期的引用文件,其最新版本适用于本标准。

GB/T 6379.1 测量方法与结果的准确度(正确度与精密度) 第1部分:总则与定义(GB/T 6379.1—2004,ISO 5725-1:1994,IDT)

GB/T 6379.2 测量方法与结果的准确度(正确度与精密度) 第2部分:确定标准测量方法重复性与再现性的基本方法(GB/T 6379.2—2004,ISO 5725-2:1994,IDT)

GB/T 6682 分析实验室用水规格和试验方法(GB/T 6682—2008,ISO 3696:1987,MOD)

3 原理

在碱性环境下用乙酸乙酯提取试样中的左旋咪唑残留,用稀盐酸将提取液中左旋咪唑转化为盐酸左旋咪唑并反提到盐酸层,强阳离子交换固相萃取柱净化,液相色谱-串联质谱仪测定,外标法定量。

4 试剂和材料

除另有说明外,所用试剂均为分析纯。

4.1 水:GB/T 6682,一级。

4.2 乙酸乙酯:色谱纯。

4.3 乙腈:色谱纯。

4.4 甲醇:色谱纯。

4.5 氢氧化钠。

4.6 浓盐酸。

4.7 氨水。

4.8 氯化钠。

4.9 无水硫酸钠:用前在 650 ℃灼烧 4 h,置于干燥器中冷却后备用。

4.10 甲酸:优级纯。

4.11 0.1%甲酸溶液:取 1 mL 甲酸,用水定容至 1 000 mL。当天配制。

4.12 0.2 mol/L 盐酸溶液:取 18 mL 盐酸(4.6),用水定容至 1 000 mL。

4.13 10 mol/L 氢氧化钠溶液:称取 40 g 氢氧化钠(4.5),用水溶解并定容至 100 mL。

4.14 氨水-甲醇溶液(1+3):量取 50 mL 氨水(4.7)与 150 mL 甲醇(4.4)混合,摇匀。

4.15 盐酸左旋咪唑标准品(levamisole hydrochloride,CAS:16595-80-5):纯度≥98%。

4.16 标准储备溶液:准确称取适量的标准品,用甲醇(4.4)溶解、转移至50 mL棕色容量瓶中并定容至刻度。该溶液浓度为1 mg/mL。储备液贮存在−18 ℃冰柜中,有效期为半年。

4.17 标准中间溶液:吸取1.00 mL标准储备溶液(4.16),移入100 mL棕色容量瓶,用水定容,该溶液浓度为10 μg/mL。0 ℃~4 ℃冰箱保存。

4.18 标准工作溶液:根据需要吸取适量标准中间溶液(4.17),用流动相稀释至所需浓度,使用前配制。

4.19 强阳离子交换固相萃取柱或相当者:3 mL,500 mg。使用前依次用甲醇3 mL、水3 mL和0.2 mol/mL盐酸1 mL活化,保持柱体湿润。

4.20 滤膜:0.2 μm。

5 仪器和设备

5.1 液相色谱-串联质谱联用仪:配有电喷雾离子源(ESI)。

5.2 固相萃取净化装置。

5.3 分析天平:感量0.1 mg,0.01 g。

5.4 旋涡混匀器。

5.5 超声波清洗器。

5.6 离心机:带有50 mL螺口聚丙烯离心管。

5.7 移液器:1 mL,2 mL。

5.8 氮气吹干仪。

5.9 样品瓶:2 mL。

6 试样制备与保存

6.1 试样的制备

从全部样品中取出有代表性样品约1 kg,充分混匀,均分成两份,分别装入洁净容器内。密封后作为试样,标明标记。在抽样和制样的操作过程中,应防止样品受到污染或发生残留物含量的变化。

6.2 试样的保存

将试样于4 ℃保存。

7 测定步骤

7.1 提取

7.1.1 牛奶样品

称取10 g混匀的试样(精确至0.01 g)于50 mL聚丙烯离心管中,加入10 mol/mL氢氧化钠0.1 mL、氯化钠(4.8)约5 g和乙酸乙酯(4.2)20 mL,涡旋混匀1 min,振荡10 min,以4 000 r/min离心10 min。取上层乙酸乙酯10 mL于另一个50 mL聚丙烯离心管中,加0.2 mol/L盐酸20 mL,振荡10 min,以2 000 r/min离心5 min。取下层盐酸溶液10 mL,待净化。

7.1.2 奶粉样品

称取12.5 g奶粉于烧杯中,加适量35 ℃~50 ℃水将其溶解,待冷却至室温后,用水定容至100 mL,充分混匀。量取10 mL溶液于50 mL聚丙烯离心管中,按7.1.1步骤提取。

7.2 净化

将7.1所得的提取液10 mL加载到SCX小柱,依次用水3 mL、0.2 mol/L盐酸1 mL和甲醇3 mL淋洗,用氨水-甲醇溶液(4.14)4.0 mL洗脱。用氮气吹干仪将洗脱液吹干,用流动相定容至1 mL,过0.2 μm滤膜。供液相色谱-串联质谱测定。

7.3 测定条件

7.3.1 液相色谱参考条件

液相色谱参考条件如下：

a) 色谱柱：BEH C_{18}，1.7 μm，50 mm×2.1 mm(内径)或相当者；

b) 流动相：乙腈-0.1%甲酸溶液(3+17)；

c) 流速 0.25 mL/min；

d) 柱温：35 ℃；

e) 进样量：5.0 μL。

7.3.2 质谱参考条件

质谱参考条件如下：

a) 电离模式：ESI+；

b) 检测方式：多反应监测(MRM)；

c) 毛细管电压：2.5 kV；

d) 离子源温度：110 ℃；

e) 去溶剂气温度：380 ℃；

f) 去溶剂气(氮气)流量：600 L/h；

g) 锥孔气(氮气)流量(N_2)：40 L/h；

h) 碰撞气(氩气)流量：0.1 L/h；

i) 定性离子对、定量离子对和碰撞能量等参数见表 1。

表 1 定量离子对、定性离子对和碰撞能量等参数

化合物中文名称	化合物英文名称	定性离子对 (*m/z*)	定量离子对 (*m/z*)	碰撞能量/V	驻留时间/ms	锥孔电压/V
左旋咪唑	levamisole	205/92 205/179	205/92	38 20	300 300	40 40

7.4 测定

7.4.1 定性测定

样品溶液按照液相色谱-串联质谱分析条件进行测定时，如果检出的色谱峰保留时间与标准溶液中左旋咪唑的保留时间偏差在±2.5%之内，在扣除背景后的样品质谱图中，所选择的两对定性对均出现，而且离子对丰度比与浓度接近的标准溶液谱图中离子相对丰度比偏差不超过规定的范围(见表 2)，则可以判断样品中存在左旋咪唑。

表 2 定性确证时相对离子丰度的最大允许偏差 %

相对离子丰度 *K*	*K*>50	20<*K*<50	10<*K*<20	*K*≤10
允许最大偏差	±20	±25	±30	±50

7.4.2 定量测定

用混合标准工作溶液(4.18)进样，以工作溶液浓度为横坐标，峰面积为纵坐标，绘制标准工作曲线。待测样液等体积进样测定。用标准工作曲线对样品进行定量，样品溶液中左旋咪唑的响应值应在检测的线性范围内。在上述液相色谱-串联质谱分析条件下，左旋咪唑的参考保留时间约为 1.2 min。左旋咪唑标准物质多反应监测(MRM)色谱图参见附录 A 中图 A.1。左旋咪唑的添加浓度和回收率实验数据参见附录 B 中的表 B.1。

7.5 平行试验

按以上步骤对同一试样进行平行试验测定。

7.6 空白试验

除不称取试样外，均按上述步骤进行测定。

8 结果计算

左旋咪唑残留量的测定按式(1)计算

$$X = c \times \frac{V}{m} \times \frac{1\ 000}{1\ 000} \quad \cdots\cdots (1)$$

式中：

X——试样中被测组分残留量，单位为微克每千克(μg/kg)；

c——从标准工作曲线上得到的被测组分溶液浓度，单位为纳克每毫升(ng/mL)；

V——样品溶液定容体积，单位为毫升(mL)；

m——样品溶液所代表试样的质量，单位为克(g)。

计算结果应扣除空白值。

9 精密度

9.1 一般规定

本标准的精密度数据是按照 GB/T 6379.1 和 GB/T 6379.2 规定确定的，其重复性和再现性的值是以 95%的可信度来计算。

9.2 重复性

在重复性试验条件下，获得的两次独立测试结果的绝对差值不超过重复性限 r，试样中左旋咪唑添加浓度范围及重复性方程见表 3。

表 3 左旋咪唑含量范围及重复性和再现性方程 单位为微克每千克

化合物名称	添加浓度范围	重复性限 r	再现性限 R
左旋咪唑	0.4～20	$\lg r = 1.133\ 9 \lg m - 0.568\ 0$	$\lg R = 1.579\ 1 \lg m - 0.888\ 2$
	3.2～160		
注：m 为两次测定结果的平均值。			

如果两次测定值的差值超过重复性限 r，应舍弃试验结果并重新完成两次单个试验的测定。

9.3 再现性

在再现性试验条件下，获得的两次独立测试结果的绝对差值不超过再现性限 R，试样中左旋咪唑添加浓度范围及再现性方程见表 3。

附　录　A
（资料性附录）
标准物质多反应监测(MRM)色谱图

左旋咪唑标准物质多反应监测(MRM)色谱图,见图 A.1。

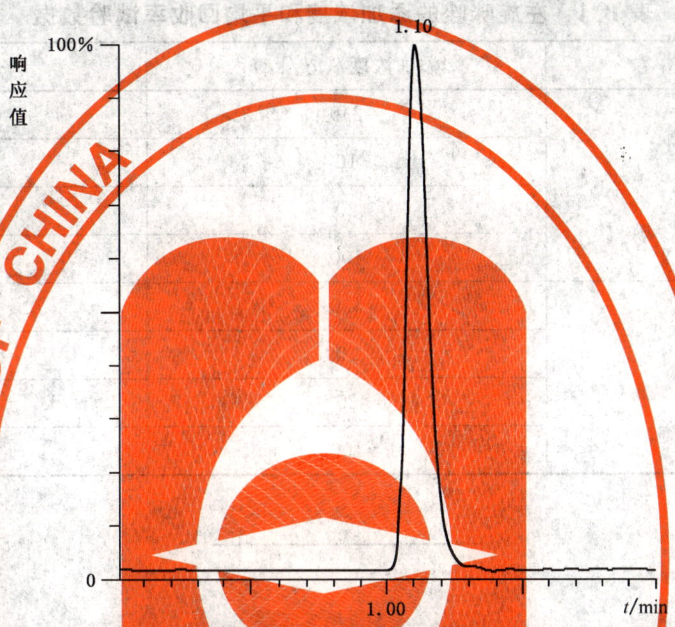

图 A.1　左旋咪唑标准物质多反应监测(MRM)色谱图

附 录 B
（资料性附录）
回 收 率

左旋咪唑的添加浓度和平均回收率试验数据，见表 B.1。

表 B.1 左旋咪唑的添加浓度和平均回收率试验数据

样品基质	添加浓度/(μg/kg)	平均回收率/%
牛奶	2.0	78.2
	10	80.5
	20	86.0
	100	89.1
奶粉	5.0	87.3
	10	83.5
	20	88.5
	100	93.4

ICS 67.050
X 04

中华人民共和国国家标准

GB/T 22995—2008

蜂蜜中链霉素、双氢链霉素和卡那霉素残留量的测定　液相色谱-串联质谱法

Determination of streptomycin, dihydrostreptomycin and kanamycin residues in honey—LC-MS-MS method

2008-12-31 发布　　2009-05-01 实施

中华人民共和国国家质量监督检验检疫总局
中国国家标准化管理委员会　发布

前言

本标准的附录A、附录B为资料性附录。

本标准由中华人民共和国国家质量监督检验检疫总局提出并归口。

本标准起草单位:中华人民共和国秦皇岛出入境检验检疫局。

本标准主要起草人:刘晓茂、张守军、张进杰、曹彦忠、曹亚平、孙海侠、庞国芳。

蜂蜜中链霉素、双氢链霉素和卡那霉素残留量的测定　液相色谱-串联质谱法

1　范围

本标准规定了蜂蜜中链霉素、双氢链霉素和卡那霉素残留量液相色谱-串联质谱测定方法。

本标准适用于蜂蜜中链霉素、双氢链霉素和卡那霉素残留量的测定。

本标准的方法检出限：链霉素、双氢链霉素和卡那霉素的检出限均为 5.0 μg/kg。

2　规范性引用文件

下列文件中的条款通过本标准的引用而成为本标准的条款。凡是注日期的引用文件，其随后所有的修改单(不包括勘误的内容)或修订版均不适用于本标准，然而，鼓励根据本标准达成协议的各方研究是否可使用这些文件的最新版本。凡是不注日期的引用文件，其最新版本适用于本标准。

GB/T 6379.1　测量方法与结果的准确度(正确度与精密度)　第 1 部分：总则与定义(GB/T 6379.1—2004，ISO 5725-1：1994，IDT)

GB/T 6379.2　测量方法与结果的准确度(正确度与精密度)　第 2 部分：确定标准测量方法重复性与再现性的基本方法(GB/T 6379.2—2004，ISO 5725-2：1994，IDT)

GB/T 6682　分析实验室用水规格和试验方法(GB/T 6682—2008，ISO 3696：1987，MOD)

3　原理

蜂蜜试样中的抗生素用磷酸盐缓冲溶液提取，用 Oasis HLB 固相萃取柱[1]和羧酸型固相萃取柱或相当者净化。液相色谱-串联质谱仪(ESI+)检测，外标法定量。

4　试剂和材料

除另有说明外，所用试剂均为优级纯。

4.1　水：GB/T 6682，一级。

4.2　甲醇：色谱纯。

4.3　乙腈：色谱纯。

4.4　甲酸。

4.5　磷酸氢二钾，K_2HPO_4。

4.6　庚烷磺酸钠，$C_7H_{15}NaO_3S \cdot H_2O$。

4.7　0.2 mol/L 磷酸盐缓冲溶液：pH＝8.0。称取 34.8 g 磷酸氢二钾(4.5)，用水溶解，定容至 1 L，用磷酸调节 pH＝8.0。

4.8　0.01 mol/L 庚烷磺酸钠溶液：称取 2.20 g 庚烷磺酸钠(4.6)，用水溶解，定容至 1 L。

4.9　SPE 洗脱溶液：取 4 mL 甲酸(4.4)，用 0.01 mol/L 庚烷磺酸钠溶液(4.8)定容至 100 mL。

4.10　20％甲醇溶液(1＋3)：取 25 mL 甲醇(4.2)，用水定容至 100 mL。

4.11　标准物质：链霉素(CAS：3810-74-0)、双氢链霉素(CAS：128-46-1)和卡那霉素(CAS：25389-94-0)；纯度均大于等于 98％。

---

1)　Oasis HLB 固相萃取柱是 Waters 公司产品的商品名称，给出这一信息是为了方便本标准的使用者，并不是表示对该产品的认可。如果其他产品具有相同的效果，则可使用这些等效产品。

4.12 1.0 mg/mL 标准储备溶液：称取适量的链霉素、双氢链霉素和卡那霉素标准物质(4.11)，分别用 0.3%乙酸水溶液溶解并配制成 1.0 mg/mL 的标准储备溶液。避光保存于－18 ℃冰柜中。

4.13 0.1 μg/mL 混合标准溶液：吸取适量链霉素、双氢链霉素和卡那霉素标准储备溶液(4.12)，用 0.3%乙酸水溶液稀释成 0.1 μg/mL 的混合标准溶液，避光保存于－18 ℃冰柜中。

4.14 Oasis HLB 固相萃取柱(60 mg，3 mL)或相当者：使用前依次用 5 mL 甲醇和 10 mL 水预处理，保持柱体湿润。

4.15 羧酸型固相萃取柱(500 mg，3 mL)或相当者：使用前依次用 5 mL 甲醇和 10 mL 水预处理，保持柱体湿润。

4.16 滤膜：0.2 μm。

5 仪器

5.1 液相色谱-串联四极杆质谱仪，配有电喷雾离子源。

5.2 分析天平：感量 0.1 mg 和 0.01 g。

5.3 液体混匀器。

5.4 固相萃取装置。

5.5 均质器。

5.6 真空泵：真空度应达到 80 kPa。

5.7 微量注射器：25 μL，100 μL。

5.8 pH 计：测量精度±0.02 pH 单位。

5.9 三角瓶：200 mL。

5.10 贮液器：50 mL。

6 试样的制备与保存

6.1 试样的制备

实验室样品混合均匀，分出 0.5 kg 作为试样。

6.2 试样保存

试样置于－18 ℃冰柜，避光保存。

7 测定步骤

7.1 待测样品溶液的制备

称取蜂蜜样品 10 g(精确到 0.01 g)，置于 200 mL 三角瓶中，加入 20 mL 0.2 mol/L 磷酸盐缓冲溶液(4.7)，涡旋混合 5 min 后，全部倒入下接 Oasis HLB 固相萃取柱(4.14)的贮液器中，此 Oasis HLB 固相萃取柱(4.14)下面用适配器接羧酸型固相萃取柱(4.15)，在固相萃取装置上使样液以小于 2 mL/min 的流速依次通过 Oasis HLB 固相萃取柱(4.14)和羧酸型固相萃取柱(4.15)，待样液全部通过两支固相萃取柱后，依次用 10 mL 水和 10 mL 20%甲醇溶液 (4.10)洗涤两支固相萃取柱，弃去全部流出液和 Oasis HLB 固相萃取柱(4.14)。减压抽干羧酸型固相萃取柱(4.15)30 min。用 2 mLSPE 洗脱液(4.9)洗脱至 5 mL 刻度离心管中，用 SPE 洗脱液(4.9)定容至 2.0 mL，混匀后过 0.2 μm 滤膜(4.16)，供液相色谱-串联质谱测定。

7.2 基质混合标准校准溶液的制备

称取五个阴性蜂蜜样品 10 g(精确到 0.01 g)，分别置于 200 mL 三角瓶加入适量混合标准溶液(4.13)，制成链霉素、双氢链霉素和卡那霉素含量均为 2.5 μg/kg 、5.0 μg/kg、10.0 μg/kg、50.0 μg/kg

和 100.0 μg/kg 的基质标准溶液。其余按 7.1 步骤操作完成。

7.3 测定条件

7.3.1 液相色谱参考条件

液相色谱参考条件如下：

a) 色谱柱：Atlantis C_{18}，3.5 μm，150 mm×2.1 mm(内径)或相当者；

b) 柱温：40 ℃；

c) 进样量：30 μL；

d) 流动相：流动相 A 为 0.1%甲酸水溶液，流动相 B 为 0.1%甲酸乙腈溶液，流动相 C 为甲醇。梯度洗脱参考条件见表 1。

表 1 液相色谱梯度洗脱参考条件

时间/min	流速/(μL /min)	流动相 A/%	流动相 B/%	流动相 C/%
0	200	85	10	5
3.01	200	60	35	5
6.00	200	60	35	5
6.01	200	85	10	5
16.00	200	85	10	5

7.3.2 质谱参考条件

质谱参考条件如下：

a) 离子源：电喷雾离子源(ESI)；

b) 扫描方式：正离子扫描；

c) 检测方式：多反应监测(MRM)；

d) 电喷雾电压(IS)：5 000 V；

e) 辅助气(AUX)流速：7 L/min；

f) 辅助气温度(TEM)：550 ℃；

g) 聚焦电压(FP)：150 V；

h) 链霉素、双氢链霉素和卡那霉素的质谱参数见表 2。

表 2 链霉素、双氢链霉素和卡那霉素的质谱参数

化合物名称	定性离子对 (*m*/*z*)	定量离子对 (*m*/*z*)	去簇电压 (DP)/V	采集时间/ ms	碰撞能量 (CE)/V
链霉素 (streptomycin)	582/263 582/246	582/263	110	100	45 55
双氢链霉素 (dihydrostreptomycin)	584/263 584/246	584/263	100	100	43 55
卡那霉素 (kanamycin)	485/163 485/324	485/163	50	100	34 23

7.4 液相色谱-串联质谱测定

7.4.1 定性确证

每种被测组分选择 1 个母离子，2 个以上子离子，在相同实验条件下，样品中待测物质的保留时间与混合基质标准校准溶液中对应组分的保留时间偏差在±2.5%之内；且样品谱图中各组分的相对离子丰度与浓度接近的混合基质标准校准溶液谱图中对应的相对离子丰度进行比较，偏差不超过表 3 规定的范围，则可判定样品中存在对应的待测物。

表 3　定性确证时相对离子丰度的最大允许偏差　　%

相对离子丰度 K	$K>50$	$20<K<50$	$10<K<20$	$K\leqslant 10$
允许最大偏差	±20	±25	±30	±50

7.4.2　定量测定

外标法定量：在仪器最佳工作条件下，对链霉素、双氢链霉素和卡那霉素的混合基质标准校准溶液进样测定，以混合基质标准校准溶液浓度为横坐标，以峰面积为纵坐标，绘制标准工作曲线，用标准工作曲线对待测样品进行定量，样品溶液中待测物的响应值均应在仪器测定的线性范围内。

链霉素、双氢链霉素和卡那霉素的多反应监测(MRM)色谱图参见附录 A 中的图 A.1。链霉素、双氢链霉素和卡那霉素的添加浓度及其平均回收率的试验数据参见附录 B 中的表 B.1。

7.5　平行试验

按以上步骤，对同一试样进行平行试验测定。

7.6　空白试验

不称取样品，其余均按试样步骤进行。

7.7　回收率试验

阴性样品中添加标准溶液，按 7.1 和 7.2 操作，测定后计算样品添加的回收率。

8　结果计算

链霉素、双氢链霉素和卡那霉素的测定按式(1)计算：

$$X = c \times \frac{V}{m} \times \frac{1\ 000}{1\ 000} \qquad \cdots\cdots (1)$$

式中：

X——试样中被测组分残留量，单位为微克每千克(μg/kg)；

c——从标准工作曲线得到的被测组分溶液浓度，单位为纳克每毫升(ng/mL)；

V——样品溶液最终定容体积，单位为毫升(mL)；

m——样品溶液所代表最终试样的质量，单位为克(g)。

计算结果应扣除空白值。

9　精密度

9.1　一般规定

本标准的精密度数据是按 GB/T 6379.1 和 GB/T 6379.2 规定确定的，重复性和再现性的值以95%的可信度来计算。

9.2　重复性

在重复性条件下，获得的两次独立测试结果的绝对差值不超过重复性限 r，链霉素、双氢链霉素和卡那霉素的添加浓度范围及重复性方程见表 4。

表 4　添加浓度范围及重复性和再现性方程　　单位为微克每千克

化合物名称	添加浓度范围	重复性限 r	再现性限 R
链霉素	2.5～100.0	$\lg r=1.313\ 0 \lg m-1.083\ 1$	$\lg R=1.169\ 9 \lg m-1.006\ 9$
双氢链霉素	2.5～100.0	$\lg r=1.030\ 9 \lg m-0.912\ 3$	$\lg R=1.103\ 1 \lg m-1.013\ 2$
卡那霉素	2.5～100.0	$\lg r=0.935\ 4 \lg m-0.947\ 5$	$\lg R=1.093\ 4 \lg m-1.020\ 2$
注：m 为两次测定结果的算术平均值。			

如果差值超过重复性限 r，应舍弃试验结果并重新完成两次单个试验的测定。

9.3 **再现性**

在再现性条件下，获得的两次独立测试结果的绝对差值不超过再现性限 R，链霉素、双氢链霉素和卡那霉素的添加浓度范围及再现性方程见表 4。

附 录 A
(资料性附录)
多反应监测(MRM)色谱图

链霉素、双氢链霉素和卡那霉素的多反应监测(MRM)色谱图,见图 A.1。

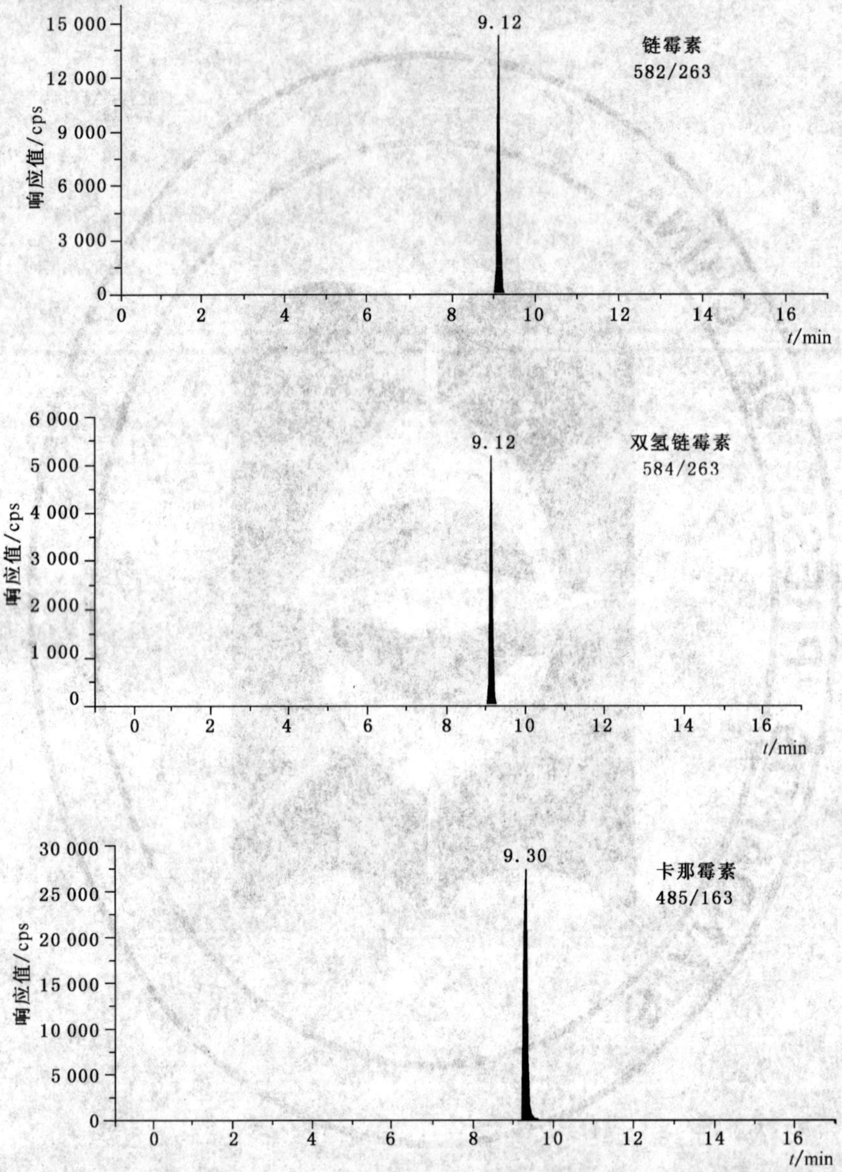

图 A.1 链霉素、双氢链霉素和卡那霉素的多反应监测(MRM)色谱图

附　录　B
（资料性附录）
回　收　率

链霉素、双氢链霉素和卡那霉素的添加浓度及其平均回收率的试验数据，见表 B.1。

表 B.1　链霉素、双氢链霉素和卡那霉素的添加浓度及其平均回收率的试验数据

添加浓度/(μg/kg)	平均回收率/%		
	链霉素	双氢链霉素	卡那霉素
2.5	95.56	97.54	95.11
5.0	96.38	92.22	96.67
10.0	94.12	91.35	94.46
25.0	96.10	94.35	96.00

ICS 67.050
X 04

中华人民共和国国家标准

GB/T 22996—2008

人参中多种人参皂甙含量的测定 液相色谱-紫外检测法

Determination of ginsenosides in ginseng—LC-UV method

2008-12-31 发布　　2009-05-01 实施

中华人民共和国国家质量监督检验检疫总局
中国国家标准化管理委员会　发布

前言

本标准的附录A、附录B为资料性附录。

本标准由中华人民共和国国家质量监督检验检疫总局提出并归口。

本标准起草单位：中华人民共和国秦皇岛出入境检验检疫局，中华人民共和国辽宁出入境检验检疫局。

本标准主要起草人：宋文斌、李军、董振霖、孙玉岭、隋凯、李佳昌、于一茫、代英成、李姝、庞国芳。

人参中多种人参皂甙含量的测定 液相色谱-紫外检测法

1 范围

本标准规定了人参中人参皂甙(ginsenosides)Re、Rg_1、Rf、Rb_1、Rc、Rb_2 含量的液相色谱-紫外检测方法。

本标准适用于生晒人参中人参皂甙 Re、Rg_1、Rf、Rb_1、Rc、Rb_2 含量的测定。

本标准的方法检出限:人参皂甙 Re、Rg_1、Rb_1、Rc、Rb_2 均为 50 mg /kg,人参皂甙 Rf 为 25 mg /kg。

2 规范性引用文件

下列文件中的条款通过本标准的引用而成为本标准的条款。凡是注日期的引用文件,其随后所有的修改单(不包括勘误的内容)或修订版均不适用于本标准。然而,鼓励根据本标准达成协议的各方研究是否可使用这些文件的最新版本。凡是不注日期的引用文件,其最新版本适用于本标准。

GB/T 6379.1 测量方法与结果的准确度(正确度与精密度) 第1部分:总则与定义(GB/T 6379.1—2004,ISO 5725-1:1994,IDT)

GB/T 6379.2 测量方法与结果的准确度(正确度与精密度) 第2部分:确定标准测量方法重复性与再现性的基本方法(GB/T 6379.2—2004,ISO 5725-2:1994,IDT)

GB/T 6682 分析实验室用水规格和试验方法(GB/T 6682—2008,ISO 3696:1987,MOD)

3 原理

采用快速溶剂萃取法(ASE)在高温、高压的条件下,使人参皂甙完全彻底地被萃取到甲醇中,经浓缩、定容,液相色谱测定,外标法定量。

4 试剂和材料

水为 GB/T 6682 规定的一级水。

4.1 甲醇:色谱纯。

4.2 乙腈:色谱纯。

4.3 海砂:化学纯,粒度:0.65 mm~0.85 mm。

4.4 人参皂甙标准物质:Re、Rg_1、Rf、Rb_1、Rc、Rb_2 纯度均大于 99%。

4.5 人参皂甙标准液

4.5.1 六种人参皂甙 Re、Rg_1、Rf、Rb_1、Rc、Rb_2 标准储备液:1.0 mg/mL。用分析天平准确称取适量上述物质(4.4),分别用甲醇(4.1)配制成 1.0 mg/mL 的标准储备液。储备液避光在 2 ℃~4 ℃下保存。

4.5.2 六种人参皂甙混合标准工作液:根据每种人参皂甙的灵敏度和仪器的线性范围,量取适当的六种人参皂甙标准储备液(4.5.1),用甲醇配制成混合标准工作液,避光在 2 ℃~4 ℃下保存。

注:称取标准物质的质量是按照纯度修正过的质量。

5 仪器

5.1 液相色谱仪:配有紫外检测器。

5.2 加速溶剂萃取仪：型号 ASE200，配有 11 mL 萃取池。

5.3 电子天平：感量为 0.01 g 和 0.000 1 g。

5.4 旋转蒸发仪。

5.5 鸡心瓶：150 mL。

5.6 容量瓶：10 mL。

5.7 微量移液器：10 μL～100 μL 和 1 000 μL～5 000 μL。

5.8 样品过滤器：PTFE，0.45 μm。

6 试样的制备与保存

6.1 试样的制备

将人参样品混合均匀。分出 0.5 kg 作为试样，用粉碎机粉碎并通过孔径 20 目筛。混匀密封，并做标记。

6.2 试样保存

将试样置于 4 ℃条件下贮存。

7 分析步骤

7.1 提取

分别称取人参试样 1 g(精确到 0.01 g)和海砂 13.0 g，将试样与海砂充分混匀，装入事先放入纤维素滤膜的加速溶剂萃取仪的 11 mL 萃取池中，拧紧池盖，进行萃取。

加速溶剂萃取条件如下：

a) 萃取溶剂：甲醇；

b) 压力：10.7 MPa；

c) 温度：140 ℃；

d) 静态萃取时间：5 min；

e) 静态循环次数：2 次；

f) 冲洗体积：50%；

g) 吹扫时间：100 s。

将收集到瓶中的提取液转移到鸡心瓶中，50 ℃下真空浓缩至小于 10 mL，转移到 10 mL 容量瓶中，用甲醇定容，混匀。取部分样液用 0.45 μm 滤膜过滤到进样瓶中，待液相色谱测定。

7.2 色谱测定

7.2.1 液相色谱测定条件

液相色谱测定条件如下：

a) 色谱柱：Acclaim 120C_{18}，5 μm，250 mm×4.6 mm(内径)或相当者；

b) 流速：1 mL/min；

c) 检测波长：203 nm；

d) 柱温：50 ℃；

e) 进样量：10 μL；

f) 流动相及梯度见表 1。

表 1 流动相及梯度

步骤	运行时间/min	流动相水/%	流动相乙腈/%
0	0.00	70	30
1	5.50	64	36
2	12.00	20	80
3	20.00	0	100
4	25.00	70	30
5	30.00	70	30

7.2.2 液相色谱测定

用不同浓度的人参皂甙混合标准液分别进样，以峰面积和标准工作溶液的浓度绘制标准工作曲线，样品溶液中人参皂甙的响应值均在仪器的测定线性范围内。在上述色谱条件下，各种人参皂甙的保留时间见表 2。各种人参皂甙的标准物质色谱图参见附录 A 中的图 A.1。各种人参皂甙的添加浓度及其平均回收率的结果参见附录 B 中的表 B.1。

表 2 各种人参皂甙参考保留时间

人参皂甙	保留时间/min	人参皂甙	保留时间/min
Re	4.632	Rb_1	10.310
Rg_1	4.871	Rc	10.540
Rf	10.014	Rb_2	11.215

7.3 平行试验

按照上述步骤，对同一试样进行平行试验测定。

7.4 空白试验

除不称取试样外，均按上述步骤进行。

8 结果计算

人参中人参皂甙含量按式(1)计算：

$$X = c \times \frac{V}{m} \times \frac{1\ 000}{1\ 000} \quad \cdots\cdots(1)$$

式中：

X——试样中被测组分含量，单位为毫克每千克(mg/kg)；

c——从标准曲线上得到被测组分溶液的浓度，单位为微克每毫升(μg/mL)；

V——样品溶液定容体积，单位为毫升(mL)；

m——样品溶液所代表试样的质量，单位为克(g)。

计算结果应扣除空白值。

9 精密度

9.1 一般规定

本标准的精密度数据是按照 GB/T 6379.1 和 GB/T 6379.2 的规定确定的，其重复性和再现性的值是以 95%的可信度来计算。

9.2 重复性

在重复性条件下，获得的两次独立测试结果的绝对差值不超过重复性限 r，人参中人参皂甙添加浓度范围及重复性方程见表 3。

表 3 人参中人参皂甙的添加浓度范围及重复性和再现性方程 单位为微克每千克

人参皂甙	添加浓度范围	重复性限 r	再现性限 R
Re	50～200	$\lg r=5.773+2.653\lg m$	$\lg R=5.639+2.661\lg m$
Rg_1	50～200	$\lg r=3.510+1.482\lg m$	$\lg R=3.367+1.485\lg m$
Rf	25～100	$\lg r=1.803+0.623\lg m$	$\lg R=1.653+0.623\lg m$
Rb_1	50～200	$\lg r=2.523+0.970\lg m$	$\lg R=2.388+0.9777\lg m$
Rc	50～200	$\lg r=1.248+0.318\lg m$	$\lg R=3.445+1.528\lg m$
Rb_2	50～200	$\lg r=7.354+3.432\lg m$	$\lg R=7.216+3.429\lg m$
注：m 为两次测定结果的算术平均值。			

如果差值超过重复性限 r，应舍弃试验结果并重新完成两次单个试验的测定。

9.3 再现性

在再现性条件下，获得的两次独立测试结果的绝对差值不超过再现性限 R，人参中人参皂甙添加浓度范围及再现性方程见表 3。

附 录 A
（资料性附录）
标准物质色谱图

人参皂甙标准物质色谱图，见图 A.1。

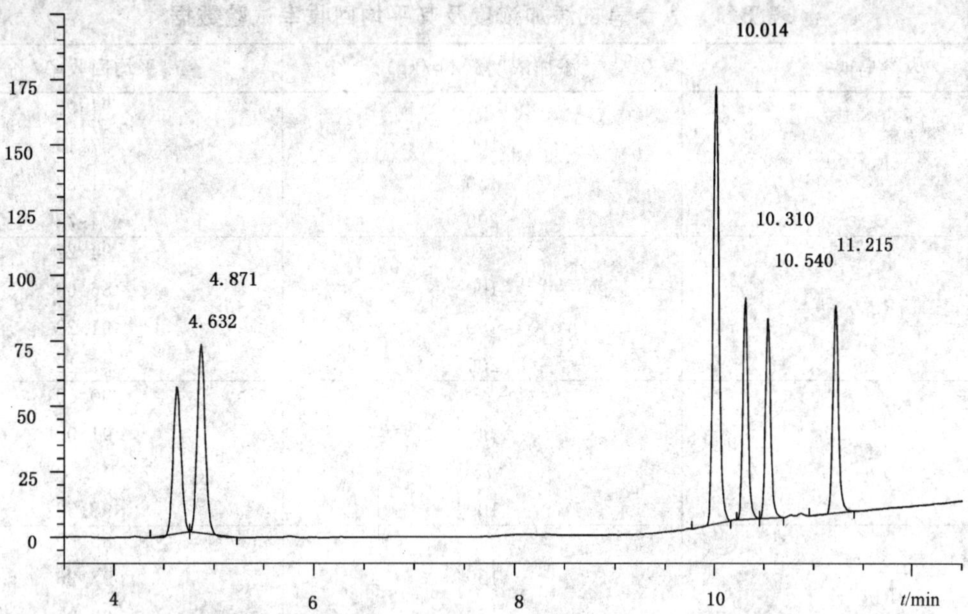

Re:4.632　　Rg$_1$:4.871　　Rf:10.014

Rb$_1$:10.310　　Rc:10.540　　Rb$_2$:11.215

图 A.1　人参皂甙标准物质色谱图

附　录　B
（资料性附录）
回　收　率

本方法中人参皂甙添加浓度及其平均回收率试验数据，见表B.1。

表B.1　人参皂甙添加浓度及其平均回收率试验数据

人参皂甙	添加浓度/(mg/kg)	平均回收率/%
Re	50	91.98
	100	87.19
	150	91.37
	200	94.78
Rg_1	50	94.22
	100	86.69
	150	91.28
	200	97.12
Rf	25	90.69
	50	91.09
	75	102.79
	100	98.52
Rb_1	50	85.69
	100	92.26
	150	93.95
	200	99.95
Rc	50	90.73
	100	87.09
	150	94.17
	200	99.61
Rb_2	50	89.95
	100	87.24
	150	96.60
	200	100.43

ICS 25.040.20
J 53

中华人民共和国国家标准

GB 22997—2008

机床安全 小规格数控车床与车削中心

Safety of machine tools—Small numerically controlled turning machines and turning centres

(EN 12415:2000,MOD)

2008-12-31 发布 2009-10-01 实施

中华人民共和国国家质量监督检验检疫总局
中国国家标准化管理委员会 发布

前　言

本标准5.3.1、5.3.2、5.3.4为推荐性的，其余为强制性的。

本标准修改采用EN 12415:2000《机床安全　小规格数控车床与车削中心》(英文版)。

本标准根据EN 12415:2000重新起草。

本标准与EN 12415:2000相比，主要技术差异为：

——第1章中增加了“简式数控车床可参照执行本标准”；

——删除了第1章“本标准适用于本标准实施日期后制造的机床”；

——增加了第7章“关于GB 15760—2004”；

——按修改单EN 12415:2000/A1:2002进行了修改(见5.2.2、6.2、B.2.3、表C.1和附录E)。

为了使用方便，本标准作了如下编辑性修改：

——“本欧洲标准”一词改为“本标准”；

——删除了EN 12415:2000的前言；

——对EN 12415:2000中引用的其他国际标准和欧洲标准，有被采用为我国标准的，用我国标准代替对应的国际标准和欧洲标准，没有被采用为我国标准的直接引用国际标准和欧洲标准；

——附录B的B.2.2.2中钢性能参数的表示符号按我国的规定；

——“附录ZA”改为“附录F”。

自2009年10月1日起，生产企业生产的产品应执行本标准；自2010年10月1日起，市场上应停止销售不符合本标准的产品。

本标准的附录D为规范性附录，附录A、附录B、附录C、附录E和附录F为资料性附录。

本标准由中国机械工业联合会提出。

本标准由全国金属切削机床标准化技术委员会(SAC/TC 22)归口。

本标准起草单位：北京机床研究所。

本标准主要起草人：张维、李祥文、赵钦志。

本标准为首次发布。

引　言

本标准是根据欧洲协调标准 EN 12415：2000 和 EN 12415：2000/A1：2002 制定的。欧洲协调标准 EN 12415：2000 和 EN 12415：2000/A1：2002 主要提供符合欧盟机械指令的基本安全要求和与之关联的 EFTA（欧洲贸易协会）规则的手段。

本标准属于 GB/T 15706.2—2007 规定的 C 类安全标准。

本标准所涉及的危险范畴在“范围”中已指出。对于本标准没有考虑到的遗留危险，可按 GB/T 15706.1—2007 和 GB/T 15706.2—2007 的有关规定采取相应的安全防护措施。

本标准的使用对象为机床设计者、制造商、销售商和进口商。

在本标准中还给出了制造商提供给用户的安全信息。

机床安全　小规格数控车床与车削中心

1　范围

本标准规定了一般用途的数控车床与车削中心(以下简称机床)消除危险和减少风险的安全要求和/或措施。

本标准所识别出的危险见第4章中的表1。

本标准适用于:

——夹持装置的最大外径至500 mm,最大顶尖距至2 000 mm的数控卧式车床与车削中心;

——夹持装置的最大外径至500 mm的数控立式车床、主轴倒置的机床(包括改进后)与车削中心。

大规格数控车床与车削中心可执行本标准或执行GB 22998—2008。

本标准也适用于作为机床整体组成部分的附件,如:刀具,卡盘,工件上、下料装置和排屑装置。

本标准还适用于组成自动加工线或车削单元的车床,当它们所产生的危险和风险与单独加工的机床相似时。

本标准中所给出的附加方法是依据参考文献所列的标准。

本标准适用于单轴自动车床,不适用于多轴自动车床(见EN 13788:2001)。

本标准不适用于与EN 12840:2000有关的加工时需人工控制的数控(NC)车床(不带可编程控制器)。

简式数控车床可参照执行本标准。

2　规范性引用文件

下列文件中的条款通过本标准的引用而成为本标准的条款。凡是注日期的引用文件,其随后所有的修改单(不包括勘误的内容)或修订版均不适用于本标准,然而,鼓励根据本标准达成协议的各方研究是否可使用这些文件的最新版本。凡是不注日期的引用文件,其最新版本适用于本标准。

GB/T 3767—1996　声学　声压法测定噪声源声功率级　反射面上方近似自由场的工程法(eqv ISO 3744:1994)

GB/T 3768—1996　声学　声压法测定噪声源声功率级　反射面上方采用包络测量表面的简易法(eqv ISO 3746:1995)

GB 4208—2008　外壳防护等级(IP代码)(IEC 60529:2001,IDT)

GB 5226.1—2002　机械安全　机械电气设备　第1部分:通用技术条件(IEC 60204-1:2000,IDT)

GB 7247.1—2001　激光产品的安全　第1部分:设备分类、要求和用户指南(idt IEC 60825-1:1993)

GB/T 8129—1997　工业自动化系统　机床数值控制　词汇(idt ISO 2806:1994)

GB/T 8196—2003　机械安全　防护装置　固定式和活动式防护装置设计与制造一般要求(ISO 14120:2002,MOD)

GB 12265.1—1997　机械安全　防止上肢触及危险区的安全距离(eqv EN 294:1992)

GB 12265.3—1997　机械安全　避免人体各部位挤压的最小间距(eqv EN 349:1993)

GB/T 15706.1—2007　机械安全　基本概念与设计通则　第1部分:基本术语和方法(ISO 12100-1:2003,IDT)

GB/T 15706.2—2007　机械安全　基本概念与设计通则　第2部分：技术原则(ISO 12100-2:2003,IDT)

GB 15760—2004　金属切削机床　安全防护通用技术条件

GB/T 16404—1996　声学　声强法测定噪声源的声功率级　第1部分：离散点上的测量(eqv ISO 9614-1:1993)

GB 16754—2008　机械安全　急停　设计原则(ISO 13850:2006,IDT)

GB/T 16855.1—2008　机械安全　控制系统有关安全部件　第1部分：设计通则(ISO 13849-1:2006,IDT)

GB/T 16856.1—2008　机械安全　风险评价　第1部分：原则(ISO 14121-1:2007,IDT)

GB/T 17248.3—1999　声学　机器和设备发射的噪声　工作位置和其他指定位置发射声压级的测量　现场简易法(eqv ISO 11202:1995)

GB/T 17248.5—1999　声学　机器和设备发射的噪声　工作位置和其他指定位置发射声压级的测量　环境修正法(eqv ISO 11204:1995)

GB/T 17454.1—2008　机械安全　压敏保护装置　第1部分：压敏垫和压敏地板的设计和试验通则(ISO 13856-1:2001,IDT)

GB/T 17454.2—2008　机械安全　压敏保护装置　第2部分：压敏边和压敏棒的设计和试验通则(ISO 13856-2:2005,IDT)

GB/T 18717.1—2002　用于机械安全的人类工效学设计　第1部分：全身进入机械的开口尺寸确定原则(ISO 15534-1:2000,NEQ)

GB/T 18717.2—2002　用于机械安全的人类工效学设计　第2部分：人体局部进入机械的开口尺寸确定原则(ISO 15534-2:2000,NEQ)

GB/T 18831—2002　机械安全　带防护装置的联锁装置　设计和选择原则(ISO 14119:1998,MOD)

GB/T 19670—2005　机械安全　防止意外启动(ISO 14118:2000,MOD)

GB/T 19671—2005　机械安全　双手操纵装置　功能状况及设计原则(ISO 13851:2002,MOD)

GB 22998—2008　机床安全　大规格数控车床与车削中心(EN 12478:2000,MOD)

ISO/TR 11688-1:1995　声学　机器和设备降低噪声设计的操作规程　第1部分：设计

ISO 16156:2004　机床安全　卡盘的设计和结构安全要求[1)]

EN 292-2:1991/A1:1995　机械安全　基本概念与设计通则　第2部分：技术原则与规范

EN 614-1:1995　机械安全　人类工效学设计原则　第1部分：术语和一般原则

EN 614-2:2000　机械安全　人类工效学设计原则　第2部分：机械设计和相互任务间的作用

EN 894-1:1997　机械安全　显示和控制操动器设计　人-机工程学的要求　第1部分：人与显示器和控制驱动器之间的作用　总则

EN 894-2:1997　机械安全　显示和控制操动器设计　人-机工程学的要求　第2部分：显示器

EN 894-3:2000　机械安全　显示和控制操动器设计　人-机工程学的要求　第3部分：控制操动器

EN 982:1996　机械安全　液压系统和元件的安全要求

EN 983:1996　机械安全　气动系统和元件的安全要求

EN 1005-1:2001　机械安全　人体特性　第1部分：术语和定义

EN 1005-2:2003　机械安全　人体特性　第2部分：人工操作的机器和部件

EN 1005-3:2002　机械安全　人体特性　第3部分：推荐的机器操纵力限值

---

1)　正在等同转化为国家标准 GB 23290—2009。

EN 1005-4:2005　机械安全　人体特性　第4部分:操纵机器工作姿势的评估

EN 1050:1996　机械安全　风险评价

EN 1070:1998　机械安全　术语

EN 1837:1999　机械安全　机床的整体照明

EN 12840:2000　机床安全　人工操作车床

EN 13788:2001　机床安全　多轴自动车床

ENV 26385:1990　工作系统设计的人类工效学原则

3　术语和定义

GB/T 15706.1—2007、GB 16754—2008 和 EN 1070:1998 确立的以及下列术语和定义适用于本标准。

3.1

数控车床　numerically controlled turning machine[见图 1 a)]

数控车床是主运动为工件相对于刀具旋转,切削能是由工件而不是刀具提供的数控机床。

注:该类机床数字控制装置提供自动功能。

3.2

车削中心　turning centre[见图 1 b)]

车削中心是配有动力驱动刀具装置,并使夹持工件主轴具有围绕其轴线定位能力的数控机床。

注:该类机床可以包括附加特性,如可以由刀库进行自动换刀。

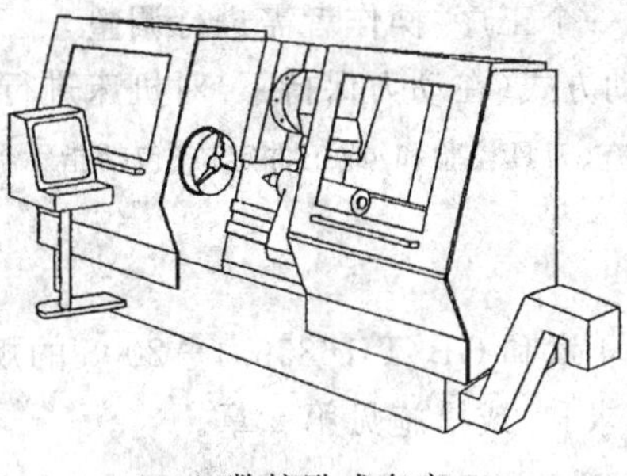

a) 数控卧式车床

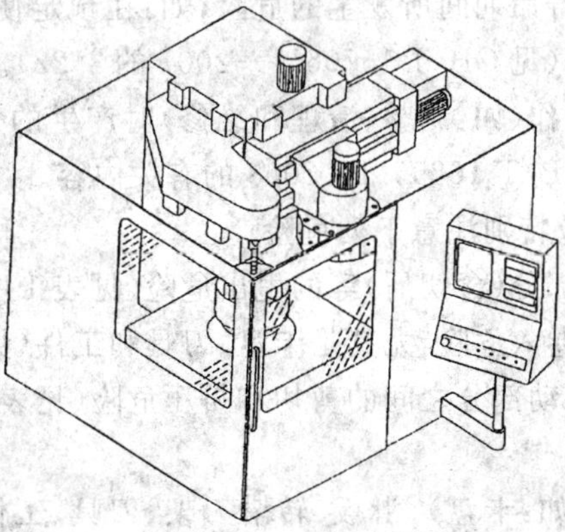

b) 数控立式车床

图 1　数控车床示例

3.3

机床工作方式　machine modes of operation

注：NC工作方式的定义如下：

NC工作方式

NC或数据输入装置可以将输入翻译成被执行的功能。

a)　NC的人工工作方式

操作者不用数字数据控制机床的一种非自动工作方式。如：用按钮或操纵杆控制机床。

b)　人工输入数据工作方式

用手工把加工程序的信息传入NC装置。

c)　单段程序工作方式

数控机床的一种工作方式。当用此工作方式时，由操作者起动，而后机床以自动工作方式进行工作，当控制数据的一个程序段完毕后，即停止工作。

d)　自动工作方式

数控机床的一种工作方式。当用此工作方式时，操作是按照控制程序进行，直到由程序或操作者使机床停止为止。

3.3.1

生产工作方式　machining mode

生产工作方式是指机床按照控制程序自动、持续的操作，直到由程序（或操作者）停车。在此工作方式下，可通过手动或自动上、下料装置装卸工件。

3.3.2

调整工作方式　machine setting mode

调整工作方式是指为了执行下一个工序，操作者需进行调整。

可用控制程序、试车方式和手动方式（在动力保持下）对机床进行不连续操作。

注：此工作方式包括随后程序的检查、刀具校验和/或工件定位（包括指示器或刀具触及工件）。

4　危险一览表

按GB/T 15706.1—2007中第4章和GB/T 16856.1—2008的规定识别出的危险见表1。

消除危险和减少风险的安全要求和/或措施见第5章。

注：对于按GB/T 16856.1—2008风险评估识别出的、而本标准没有涉及的附加危险，可按GB/T 15706.1—2007和GB/T 15706.2—2007采取安全措施，消除危险和减少风险。

机床设计者应特别注意机床寿命期间所发生的危险，如：在预定使用条件下，操作者和其他人员进入危险区，以及一些可预见的误用（见GB/T 15706.1—2007的3.22）。还必须考虑机床操作期间和/或需要操作者和/或其他人员干预操作（如：调整、清理和维修）时产生的危险。机床部件的故障分析包括控制系统的故障，其风险评价见GB/T 16855.1—2008的有关内容。

本标准涉及的危险见表1。应特别注意下列危险：

——刀具、夹爪、工件或其他部分（含切屑）等的甩出危险（见表1中的17）；

——机床运动部件的缠绕或卷入危险，尤其是卡盘、刀具和工件（见表1中的1.4和1.5）；

——机床运动部分和固定/运动部分之间的剪切和挤压危险（见表1中的1.1和1.2）。

主要危险区有：

——运动的主轴、工件夹具（如：卡盘）、滑板、转塔刀架、刀具、工件、排屑器（如：作为一体的）的工作区；

——上、下料装置，包括卧式车床的棒料送进装置；

——刀库和换刀装置。

表 1 危险一览表

EN 1050:1996 有关条款	危险	EN 292-2:1991/A1:1995 附录 A 有关条款	GB/T 15706.1—2007 有关条款	GB/T 15706.2—2007 有关条款	危险形式	相关标准	在本标准中的 有关条款
1	机械危险是由于下列要素引起的: ——机床部件或工件,如: a) 形状; b) 相对位置; c) 质量和稳定性(各元件的位能); d) 质量和速度(各元件的动能); e) 机械强度不足 ——机床内部能量积累引起的,如: f) 弹性元件(弹簧); g) 压力下的液体或气体; h) 真空	1.3 1.5.3,1.6.3	4.2 4.2	第 4 章,第 5 章 4.10,5.5.4			
1.1	挤压危险	1.3	4.2.1		固定部分与活动部分之间,包括:工具夹具(卡盘或尾座)及刀库	GB/T 8196—2003, GB 12265.1—1997, GB 12265.3—1997, GB/T 18831—2002, GB/T 19671—2005	5.1.3, 5.1.7, 5.2.1.1, 5.2.1.4, 5.2.3.1, 5.2.3.4, 5.2.3.5

表 1（续）

EN 1050:1996 有关条款	危　　险	EN 292-2:1991/ A1:1995 附录 A 有关条款	GB/T 15706.1—2007 有关条款	GB/T 15706.2—2007 有关条款	危险形式	相关标准	在本标准中的 有关条款
1.2	剪切危险				固定部分与活动部分之间，包括：刀库	GB/T 8196—2003， GB 12265.1—1997， GB 12265.3—1997， GB/T 18831—2002， GB/T 19671—2005	5.1.7， 5.2.3.1， 5.2.3.5
1.3	切割或切断危险				刀具作切削运动时	GB/T 8196—2003， GB 12265.1—1997	5.1.3， 5.1.7
1.4	缠绕危险				运动部件，包括送料和刀库	GB/T 8196—2003， GB 12265.1—1997， GB/T 18831—2002	5.1.1， 5.1.3， 5.1.7， 5.2.3.1， 5.2.3.2， 5.2.3.4， 5.2.3.5
1.5	吸入或卷入危险				运动部件	GB/T 8196—2003， GB 12265.1—1997	5.1.1， 5.1.3， 5.1.7
1.6	冲击危险				运动部件，包括送料和刀库	GB/T 8196—2003， GB 12265.1—1997， GB/T 17454.1—2008， GB/T 17454.2—2008， GB/T 18831—2002	5.1.1， 5.1.3， 5.1.7， 5.2.3.1， 5.2.3.2， 5.2.3.5
1.7	刺伤或扎伤危险				在尾座附近，当夹具和刀具夹紧时	EN 982:1996	5.2.1.4， 6.2

表 1（续）

EN 1050:1996 有关条款	危　险	EN 292-2:1991/A1:1995 附录 A 有关条款	GB/T 15706.1—2007 有关条款	GB/T 15706.2—2007 有关条款	危险形式	相关标准	在本标准中的有关条款
1.9	高压流体喷射危险	1.3.2	4.2.1	4.10	在冷却装置附近	GB/T 8196—2003，GB/T 18831—2002，EN 982:1996	5.2.2
2	电气危险						
2.1	人员触电（直接触电）	1.5.1，1.6.3	4.3	4.9，5.5.4	机床的电气设备	GB 5226.1—2002	5.3.3
2.2	人员在故障情况下触电（间接触电）	1.5.1	4.3	4.9	机床的电气设备	GB 5226.1—2002，	5.3.3
3	热危险						
3.1	由于热接触或热源辐射引起的烧伤和烫伤	1.5.5，1.5.6，1.5.7	4.4		热切屑		5.2.2，6.2
4	噪声的危险						
4.1	听力丧失或其他生理紊乱	1.5.8	4.5	4.3，第 5 章	加工过程和棒料进给时	GB/T 3767—1996，GB/T 3768—1996，GB/T 16404—1996，GB/T 17248.3—1999，ISO/TR 11688-1:1995	5.3.8，6.2.5，6.2.7
6	辐射的危险						
6.1	低频、射线、微波	1.5.10	4.7		电气设备在维护期间		5.3.3
6.5	激光	1.5.12	4.7		激光设备在调整和维护期间	GB 7247.1—2001	5.3.9
7	材料和物质产生的危险						

表 1（续）

EN 1050:1996 有关条款	危险	EN 292-2:1991/A1:1995 附录 A 有关条款	GB/T 15706.1—2007 有关条款	GB/T 15706.2—2007 有关条款	危险形式	相关标准	在本标准中的有关条款
7.1	有害液体、气体、雾、烟及粉尘	1.1.3,1.5.13,1.6.5	4.8	4.3 b),4.4	切削冷却系统在调整和维护期间		5.3.1,6.2
7.3	生物和微生物危险	1.1.3,1.6.5,2.1	4.8		切削冷却系统在维护期间的装、卸		5.3.1,6.2
8	忽视人类工效学原则产生的危险						
8.1	有害健康的姿势或用力过度	1.1.2 d),1.1.5,1.6.2,1.6.4	4.9	4.7,4.8.2,4.11.12,5.5.5,5.5.6	使用控制装置和操纵工件、刀具和机床部件时	EN 614-1:1995,EN 614-2:2000	5.1.2,5.3.4
8.2	没有充分考虑人体手臂或腿脚结构要求	1.1.2 d),2.2	4.9	4.8.3	换工件/刀具时	EN 1005-1:2001,EN 1005-2:2003,EN 1005-3:2002,EN 1005-4:2005	5.3.4
8.3	忽视人员防护装备的使用	1.1.2 e)		4.8.7	在棒料加工期间，人工操作/操纵刀具		6.2
8.4	不适当的局部照明	1.1.4		4.8.6	加工、调整、处理/定位工件期间	EN 1837:1999	5.3.2
8.6	人的差错	1.1.2 d),1.2.2,1.2.5,1.2.8,1.5.4,1.7	4.9	4.8,4.11.8,4.11.10,5.5.2,第6章	使用 NC 显示装置，改变工作方式，工件夹紧时		5.1.6,5.1.7,5.2.1,6.2
10	意外起动、意外过载/超速（或其他类似故障）						

表 1（续）

EN 1050:1996 有关条款	危　险	EN 292-2:1991/A1:1995 附录 A 有关条款	GB/T 15706.1—2007 有关条款	GB/T 15706.2—2007 有关条款	危险形式	相关标准	在本标准中的有关条款
10.1	控制系统的故障或失灵	1.2.7,1.6.3		4.11,5.5.4	使用不当造成的控制故障，夹具故障和超速	GB 5226.1—2002	5.1.1，5.1.9，5.1.10
10.2	能量供应中断	1.2.6		4.11.4	加工、调整期间	GB 5226.1—2002，GB/T 19670—2005	5.1.10
10.3	电气设备受外界影响	1.2.1,1.5.11，4.1.2.8		4.11.11	NC 控制装置在加工、调整和维护时		5.1.9
12	刀具转速变化	1.3.6		4.2.2,4.3	在加工调整期间		5.1.8
13	动力供应故障	1.2.6		4.11.1,4.11.4	使用不当造成的控制故障，夹具故障和超速	GB 5226.1—2002	5.1.10
14	控制系统故障	1.2.1,1.2.3，1.2.4,1.2.5，1.2.7,1.6.3		4.11.1,5.5.4	控制系统未检测到的故障造成的；在换刀具/工件期间发生意外运动	GB/T 16855.1—2008	5.1.1，5.1.9
15	装配错误	1.5.4	4.9	4.7,6.5	在换刀具、工件时		5.3.12,6.2
16	操作中断	1.3.2	4.2.2	4.3	在加工期间		5.2.2,5.2.4
17	物体或流体掉下或甩出	1.3.3	4.2.2	4.3,4.10	装夹工件，加工时，棒料进给和冷却（工件，切削部分）		5.2.1，5.2.2，5.2.3.2，6.2.5
19	滑倒、绊倒和跌倒	1.5.15	4.10	5.5.6	在冷却液渗漏的地方		5.2.2，5.2.3.1，5.2.3.4，5.3.5,6.2

5 安全要求和/或措施

小规格数控车床与车削中心的安全要求和/或措施应符合本章的规定。此外，对本标准没有涉及到的未识别危险，机床设计时应按 GB/T 15706.1—2007 中第 5 章的规定。

对于通过设计减少风险见 GB/T 15706.2—2007 的第 4 章；对于通过采取安全防护措施减少风险见 GB/T 15706.1—2007 的第 4 章。

5.1 控制系统一般要求

控制系统的安全要求应符合 GB/T 15706.2—2007 中第 4 章，以及本标准 5.1.1～5.1.10 的规定。

5.1.1 控制系统安全和可靠性

在本标准中，控制系统有关安全部件的控制起始于操动器(控制装置)或触发点，结束于最终操作机构或元件(如：电机)的输出处。

控制系统有关安全部件涉及下列功能，并且应满足下面所规定的类别(见 GB/T 16855.1—2008)要求：

——起动或重新起动，1 类(见 5.1.3)；

——运行中停止，1 类(见 5.1.4)；

——最高主轴转速被选择，2 类或 3 类(见 5.1.8)；

——紧急停止，1 类或 3 类(见 5.1.5)；

——模式选择，1 类(见 5.1.7)；

——联锁，1 类或 3 类(见 5.2.3)；

——带防护锁的联锁，3 类(见 5.2.4.2)；

——轴线运动(包括低速进给)，2 类(见 5.1.8)；

——带自复位控制装置，3 类(见 5.1.7.2)；

——工件夹紧，1 类(见 5.2.1)。

对于一些不同类别的控制系统有关安全部件组合使用，至少应达到同一级别的承受故障能力(见 GB/T 16855.1—2008 的 6.3)。

验证：检查相应的图样和/或线路图、视检、制造者提供外购件符合相关标准的证明。

5.1.2 控制装置的位置

控制装置的位置应符合 GB 5226.1—2002 中第 10 章和 EN 894-1:1997、EN 894-2:1997、EN 894-3:2000 的有关规定(见 5.1.5)。

验证：检查相应的图样、视检。

5.1.3 起动

起动和重新起动应符合 GB 5226.1—2002 中 9.2.5.2 的规定，并在机床的防护装置全部有效的条件下进行。联锁装置应符合 5.1.7.1 和 5.1.7.2 的规定。

起动和重新起动功能应符合 GB/T 16855.1—2008 中规定的 1 类要求。

机床不同功能的起动与所选择的工作方式有关(见 5.1.7)。

活动式防护装置闭合时，运动部件不应自行起动。除非动力驱动式防护装置上装有压敏片，在防护装置闭合后，无需重新起动(见 5.2.4.3)。

活动式防护装置脱开时，应按 GB/T 19670—2005 中第 6 章的规定，防止工件主轴、运动轴、刀架、尾座套筒、刀具和工件夹具等危险动作的意外起动。

在生产工作方式下，只允许在活动式防护装置闭合条件下，起动或重新起动机床。

验证：检查相应的图样和/或线路图、视检和功能检查。

5.1.4 运行中停止

在机床运行中，应可通过停止器件实现运行中停止。运行中停止(符合 GB 5226.1—2002 中 9.2.2 规定的 2 类停止要求)时，则无需中断运动轴驱动电机、工件(如：动力卡盘)和 NC 控制系统的供电。对于需保持动力的工件夹持主轴，应配有主轴驱动监视器。监视器应满足 GB/T 16855.1—2008 中规定的 3 类要求。

当机床运行中停止时，活动式防护装置的脱开应在机床保持 2 类停止(见 GB 5226.1—2002 的 9.2 和 GB/T 19670—2005 的 6.4)下进行。

运动中停止功能应符合 GB/T 16855.1—2008 中规定的 1 类要求。

由于控制系统安全部件故障，而导致运行中停止时，应符合 GB 5226.1—2002 中 9.2 规定的 1 类停止要求(见 5.2.2)。

验证：检查相应图样和/或线路图、视检和功能检查。

5.1.5 紧急停止

紧急停止功能应符合 GB 5226.1—2002 中 9.2.2 规定的 1 类停止要求，并应符合 GB 5226.1—2002 中 9.2.5.4 和 GB/T 16754—2008 的有关规定。

紧急停止功能的设计如果采用硬线控制，应符合 GB/T 16855.1—2008 中规定的 1 类要求。对于其他情况(如：软件控制等)应符合 GB/T 16855.1—2008 中规定的 3 类要求。

起动紧急停止功能的紧急停止装置应符合 GB 5226.1—2002 中 10.7 的规定。在每个操作位置应设置一个急停装置，如：

——主操作台上；

——可携式操作台上(如果有)；

——工件的上、下料处(如：远离主操作台时)；

——当刀库与工作区分离时，在围栏或刀库内和附近(若全身可能接近)。

验证：检查相应图样和/或线路图、视检和功能检查。

5.1.6 访问 NC 程序

在生产工作方式下，可通过可编程功能访问程序，进行修改，如：刀具偏置的修正等。为防止未授权人员访问程序数据或可编程功能，这些功能必须闭锁，可采用密码或钥匙开关(见 6.2.9)。

验证：检查相应图样和/或线路图、视检和功能检查。

5.1.7 模式选择

对于生产工作方式和调整工作方式，应设置工作方式选择开关，选择开关在所选方式下能锁住，并且还应符合 EN 292-2:1991/A1:1995 中 A.1.2.5 和 GB 5226.1—2002 中 9.2.3 的有关规定(见图 2)。

模式选择器件应确保在任何时候只有一个工作方式起作用。

模式选择功能应符合 GB/T 16855.1—2008 中规定的 1 类要求。

另外，各工作方式应按 5.1.7.1 和 5.1.7.2 规定的安全防护措施下进行。

验证：检查相应图样和/或线路图、视检和功能检查。

5.1.7.1 生产工作方式

在生产工作方式下，当活动式防护装置脱开时，机床部件应停止运动，下列情况除外：

——换工件时，工件夹具的脱开和闭合运动；和

——主轴运转由自复位命令装置(瞬时开关)控制，转速小于或等于 50 r/min。

只有当联锁的活动式防护装置闭合时，才允许其他的运动(见 5.2.4.2)。

验证：检查相应图样和/或线路图、视检和功能检查。

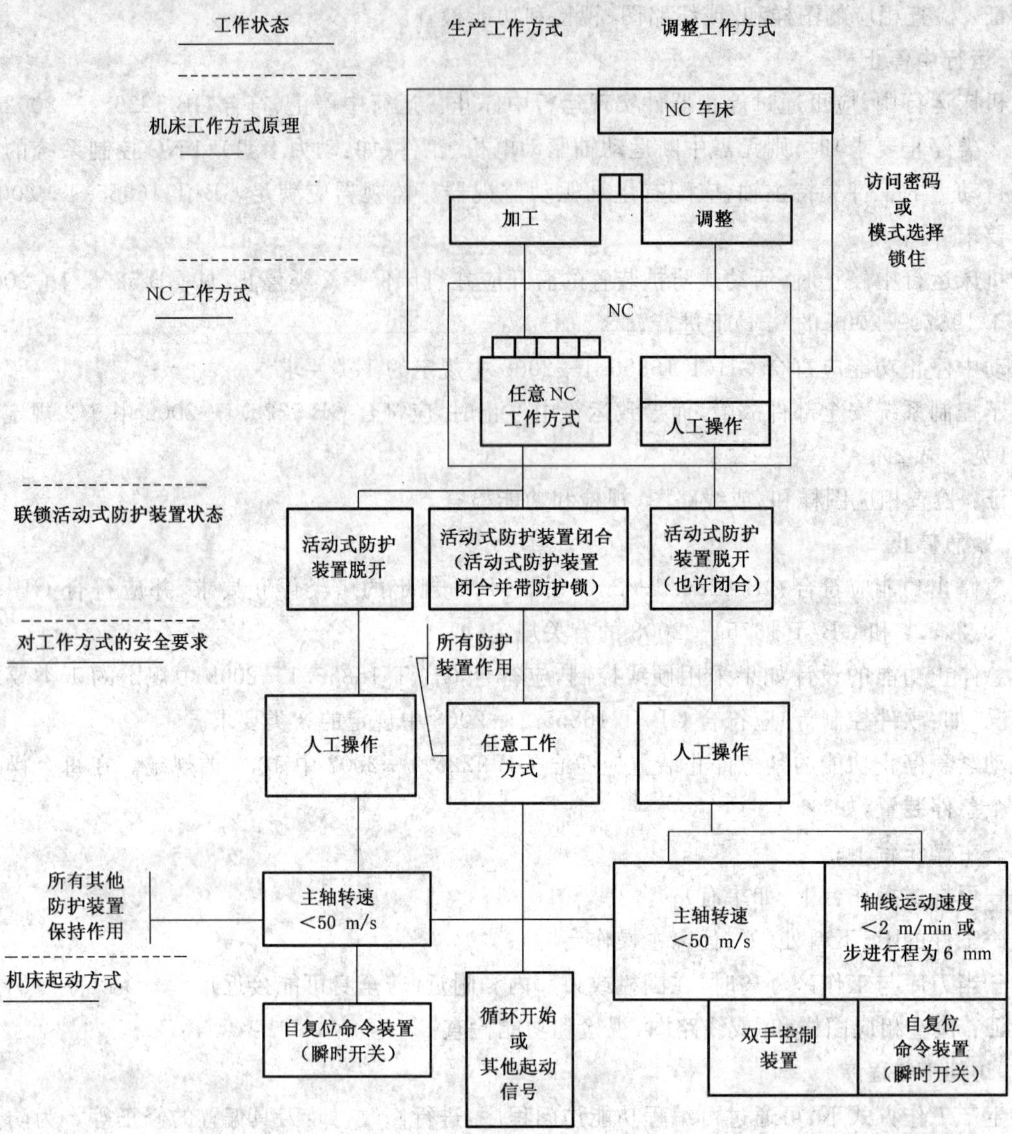

图 2 安全措施示意图

5.1.7.2 调整工作方式

在调整工作方式下，当活动式防护装置脱开时，机床部件的运动，应在下列条件下进行：

——轴线运动最高速度小于或等于 2m/min(见 5.1.8)。只允许用自复位命令装置(瞬时开关)(符合 GB/T 16855.1—2008 中规定的 3 类要求)控制，或移动距离小于或等于 6 mm。

——工件主轴和/或刀具主轴的转速小于或等于 50 r/min，并且运动由自复位命令装置(瞬时开关)控制。

——只有当操作者的双手处在危险区之外时，才允许刀架转动/分度。如：采用 GB/T 19671—2005 中 6.2 规定的Ⅱ型或ⅢB 型双手操纵开关，或采用同使能装置一起使用的自复位命令装置(瞬时开关)。

——尾座套筒的操作，由自复位命令装置(瞬时开关)控制。

所采用的安全装置和措施，如：在自复位命令装置(瞬时开关)控制下，降低刀具、主轴和轴线运动的运行速度；采用双手操纵开关或同使能装置一起使用的自复位命令装置(瞬时开关)，转动/分度转塔刀架，仅应在调整工作方式下进行。

注 1：带联锁的防护装置见 5.2.3.6。

注 2：带联锁的控制系统安全部件见 5.1.1。

验证：检查相应图样和/或线路图、视检和功能检查。

5.1.8 速度控制

对于监控工件主轴和刀具主轴速度的控制系统安全部件，应符合 GB/T 16855.1—2008 中规定的 3 类要求；对于监控轴线运动速度的控制系统安全部件，应符合 GB/T 16855.1—2008 中规定的 2 类要求。

对于控制主轴转速，轴线进给和带自复位命令的系统，至少应具有两个独立的控制通道，并且所采用的元件不同，通过外围回路，它们之间互相监控。在每一循环的开始，它们都应能被检测到。在这种情况下，两个通道的传感器可共用。

对于限制或程序预置/选取的速度，由于速度偏差可能会引起危险的，应采取紧急停止措施(见 5.1.5)。

验证：检查相应图样和/或线路图、视检和功能检查。

5.1.9 数字控制

有关安全性的软件应采取措施，防止未授权人员改变。特别是应不能让用户通过插入或调入手段，改变安全部件程序的排序，而延迟安全功能(包括联锁防护装置)的操作。

注：参见 GB/T 20438.1～20438.7—2006、GB/T 21109.1—2007、IEC 62061:2005。

验证：检查相应图样和/或线路图、视检和功能检查。

5.1.10 动力供应中断

当压力或电压欠压时，机床的循环应停止。

动力中断或发生故障时，不应导致夹持的工件和刀具松脱，直至完全停止后。

存储的能量不应导致机床自动重新起动(见 GB/T 15706.2—2007 的 4.11.4 和 GB/T 19670—2005)。系统的设计应确保线路断裂(电线、导管或软管断裂等)时，不应导致安全功能丧失(见 GB 5226.1—2002、EN 982:1996 和 EN 983:1996)。

验证：检查相应图样和/或线路图。

5.2 对机械危险的防护

有关的机械危险见 GB/T 15706.1—2007 的 4.2。采取防护的基本原则见 GB/T 15706.2—2007 的第 5 章。

防护装置应符合 GB/T 8196—2003 的有关规定。

5.2.1 工件夹紧条件

5.2.1.1 一般要求

a) 主轴运转时，应不能人工起动工件夹具的夹紧和松开。

b) 工件夹具应标有允许的最高转速。

c) 对于手动装/卸工件的机床，应防止夹手。可采取下列措施：

   1) 夹爪行程调整范围不超过 4 mm；或按 GB 12265.1—1997 规定的安全距离设置防护装置；或

   2) 步距不超过 4 mm；或

   3) 闭合速度不超过 4 mm/s；或

   4) 在工作区外，应用双手调整工件夹具(双手一起调整工件夹持的缩紧)。

d) 在生产工作方式下，满足下列条件之前，程序不允许运行：

   1) 机床应具有输入限制/确认功能，使操作者在程序中输入的某一工件的最高主轴速度和工件夹具的最高转速符合机床的规定。对由于操作者疏忽，在程序中输入或确认了不符合要求的速度时，机床不应运行(见 6.2.4)。输入的速度不应超过二者之中的较低速度。

   2) 对于工件动力夹紧装置(见 5.2.1.4)，一般应具有夹紧力监控装置(如：监视液压压力)。此外，还应监控工件夹紧所需的卡爪行程。当工件未达所要求的夹紧力或保留行程不够时，不允许驱动工件主轴。

3) 在主轴转动情况下，当夹紧力或保留行程低于预先调节的安全值时，机床应按 GB 5226.1—2002 中规定的 1 类停止要求停止运行。

4) 工件自动夹紧应符合 GB/T 16855.1—2008 中规定的 1 类要求（如果有）。

验证：检查相应图样和/或线路图、视检和功能检查。

5.2.1.2 动力工件夹具

动力卡盘应符合 ISO 16156:2004 的有关规定。

在主轴停止运转之前，应保持足够的夹紧力，以确保工件夹紧安全。如采用单向阀控制的液压系统或工件夹具带自锁（见 ISO 16156:2004 的 5.2.1）。

验证：检查相应图样和/或线路图、视检和功能检查。

5.2.1.3 手动卡盘

手动卡盘应符合 ISO 16156:2004 的有关规定。

应采取措施，防止扳手留在卡盘上的情况下主轴起动。

注：可能的话，采用自弹出扳手（如弹性加载）。

验证：检查相应图样和/或线路图、视检和功能检查。

5.2.1.4 尾座套筒

当工作区域的防护装置脱开时，动力作用的尾座只能在人工控制方式下，借助于自复位命令装置（瞬时开关），以最高 20 mm/s 速度移动。控制应这样设计和安排：当自复位命令装置（瞬时开关）松开时，套筒移动应停止或缩回。即向前时，闭合；向后时，松开，松开后停止（如：2 位或 3 位脚踏开关/踏板）。

当夹持工件主轴旋转时，应不能用人工控制使动力套筒移动。

尾座的夹紧极限位置应在套筒的末端清晰、耐久地标识出来，如：通过一个环形物来标识或采用限位开关。

验证：检查相应图样和/或线路图、视检和功能检查。

5.2.2 甩出

为了降低工件、零件、刀具（或与其相关的部件）和切屑碎片或冷却液甩出造成的危险，围绕加工区（或工作区）应设置防护装置（见 5.2.4）。

防护装置设计时，应使其在结构上能承受预计的最大冲击能量。这取决于工件夹具的最大夹持直径和最高圆周转速。

防护装置所选用的材料应满足附录 B 规定的抵抗撞击类别。抵抗撞击类别的选择与装在机床上的工件夹具有关。抵抗撞击试验装置的有关信息参见附录 C。

已知抵抗类别的一些材料的示例参见附录 C。

带有观察窗的防护装置也应承受预计的抛射物，特别应考虑其材料的选用和固定方式（见 GB/T 18831—2002 的 5.2.2）。随着时间的推移，观察窗的材料（如：聚碳酸酯）由于润滑液、清洗剂、溶剂、冷却液和附加防护装置（两侧）如多层或薄板结构功能失效，使其抵抗冲击的能力下降（老化）。在机床的预定使用寿命内应采取措施防止这些有害影响。

见 6.2。

验证：检查相应线路图、提供的检验数据是否符合附录 B 的规定和视检。

5.2.3 接近危险运动部件

5.2.3.1 接近加工区

为防止接近危险部件（如：旋转的卡盘或夹爪、花盘和动力刀具、轴线运动部件、排屑器和传动件）而产生 GB/T 15706.1—2007 中 4.2 所述的危险（缠绕、挤压和剪切危险等），在加工区应设置防护装置，防护装置可采用封闭式的，以减小第 4 章所述的甩出危险。

有关联锁防护装置见 5.2.4.2。

验证：检查相应图样、视检和功能检查。

5.2.3.2 对带棒料送进装置卧式车床的特殊要求

对于棒料送进装置以及旋转的棒料，在其周围应设置超过其全长的固定式防护装置和/或活动式防护装置。

为防止接近旋转或移动的棒料，或棒料送进装置的移动部件，应设置固定式防护装置和/或活动式联锁防护装置。只有当危险运动停止时，才允许接近（见 GB/T 18831—2002）。控制系统的联锁装置应符合 GB/T 16855.1—2008 中规定的 1 类要求。

为了防止在生产工作方式下，工作区防护装置脱开时棒料送进，工作区的防护装置与棒料送给系统应联锁。

当防护装置脱开时，只有在自复位命令装置（瞬时开关）控制下，而且速度低于或等于 2 m/min，才允许棒料送进。

除非残余棒料的剩余长度能保证安全、可靠地夹紧，否则机床应停车（见 6.1）。

验证：检查相应图样和/或线路图、视检和功能检查。

5.2.3.3 附属装置

为防止接近附属装置的危险区，应设置固定式防护装置或带联锁的活动式防护装置和/或安全装置。

只有在机床运行停止时，或在不可能接近加工区的情况下，才可以接近附属装置的危险区。为防止接近加工区内附属装置的危险运动部件和其他危险运动部件，应采用固定式防护装置和/或带防护锁的活动式联锁防护装置。

当防护装置脱开时，附属装置（如：与机床连成一体运动的）不应运行。

附属装置的调整，只有在自复位命令装置（瞬时开关）控制下，而且速度低于或等于 2 m/min；或防护装置关闭时进行。

在调整工作方式下运行附属装置时，不应引起机床起动。

在机床的紧急停止功能发生作用时，附属装置也应停下来。

验证：检查相应图样、视检和功能检查。

5.2.3.4 排屑装置

为防止接近排屑装置危险部件，应设置固定式防护装置或带联锁的活动式防护装置。

对于可能从操作位置接近排屑器危险部件（如：皮带或铰龙）的机床，当防护装置脱开时，应防止排屑器危险部件的运动。

对于排屑区的残余危险（如：挤压危险，缠绕危险等），应采用警告标志告知。

对于需要在活动式防护装置脱开时进行运动的排屑装置（如：清理等），只有在自复位命令装置（瞬时开关）控制下和邻近有紧急停止装置，才能进行。

验证：检查相应图样、视检和功能检查。

5.2.3.5 外部易接近的刀库、刀具输送和换刀机构

对于位于工作防护区内的刀库、刀具输送和换刀机构，只有在调整工作方式下或机床运行停止时，才能接近。

为防止在生产工作方式下从外部接近刀库、刀具输送和换刀机构，应采用符合 GB/T 18831—2002 中 7.1 规定的整体式的固定式防护装置或带联锁的活动式防护装置。联锁装置的控制系统应符合 GB/T 16855.1—2008 中规定的 1 类要求。活动式防护装置脱开时，刀库装置应停止运行，停止应符合 GB 5226.1—2002 中 9.2.2 规定的 1 类停止要求。

调整工作方式下，在联锁的活动式防护装置脱开的情况下，刀库的运动（如：重新装刀、维护或调整），只允许在自复位命令装置（瞬时开关）控制下，对单个刀座进行分度运动或采用双手控制装置进行连续运动。运动速度应小于或等于 2 m/min，或使控制装置位于符合 GB 12265.1—1997 规定的防止触及危险运动的安全距离处进行操作。

刀库上所采用的传感器或反馈装置，其动作不应使机床产生其他危险运动。

对于整个人体可进入的刀库，应采用压敏装置，以防止刀库的危险运动和其他可接近的机床危险运动。

对于采用联锁防护装置的刀库，在防护装置闭合位置应尽量能观察到刀库的运动。

为防止刀具的跌落或甩出危险，刀具应可靠地保持在刀套中。刀套的有关设计数据(如：承受的最大质量、运动惯量和刀具的空间范围)应提供给用户(见6.2)。

为防止接近换刀装置的运动部件，应设置固定式防护装置或联锁的活动式防护装置。对于在工作区可能接近换刀装置的危险运动的机床，当工作区的联锁的防护装置脱开时，应防止换刀装置运动。

调整工作方式下，对于需要在活动式防护装置脱开时运行的换刀装置(如：调整和维护)，只允许用双手控制装置或同使能装置一起使用的自复位命令装置(瞬时开关)控制下，进行步进运动。换刀装置所采用的传感器或反馈装置，其动作不应使机床产生其他危险运动。为防止刀具的跌落或甩出危险，在任何操作条件下和/或动力丧失情况下，刀具应能可靠地保持在换刀装置中。

验证：检查相应图样/线路图、视检和功能检查。

5.2.3.6 传动装置的防护

为防止接近传动装置(如：链条和链轮、齿轮、丝杠、进给轴等)，应采用固定式防护装置，除非它们所处位置是安全的。如果在机床正常操作期间需要接近这些传动装置，应采用联锁的活动式防护装置，联锁装置应符合GB/T 16855.1—2008中规定的1类要求。当联锁的活动式防护装置与进入加工区联锁时，联锁装置应符合GB/T 16855.1—2008中规定的3类要求。

验证：检查相应图样和/或线路图。

5.2.3.7 卸荷和退出

在机床的相应危险区和在紧急停止状态下，机床的轴线运动还存在残余危险的地方，应提供解除危险的方法和信息标志(如：陷入危险人员的解救)。解除危险的方法(见6.2和GB/T 15706.2—2007的5.5.3)也可采用下列方式：

a) 动力切断时：

——通过卸压阀释放压力系统的压力；

——若存在配重的情况下，用机械方式释放的动力驱动制动器；

——使卡盘自由转动。

b) 动力接通时：

——采用人工控制装置控制轴线运动，运动速度应小于或等于2 m/min；

——通过控制装置起动反向运动。

见6.2。

验证：检查相应图样、视检和功能检查。

5.2.4 防护装置性能的要求

5.2.4.1 一般要求

防护装置应符合GB/T 8196—2003的规定。

5.2.4.2 联锁防护装置

带或不带防护锁的活动式防护装置的联锁应符合GB/T 18831—2002中7.1的规定。联锁装置发生故障时，机床的停止应符合GB 5226.1—2002中9.2.2规定的1类停止要求。

对于接近工作区的活动式防护装置应采用带保护锁的联锁装置。

验证：检查相应图样、视检和功能检查。

5.2.4.3 动力驱动防护装置

若采用动力驱动的活动式防护装置，应符合GB/T 15706.2—2007中5.3.2.6的规定。对于装有压敏片的防护装置应符合GB/T 17454.2—2008的规定，压敏片的安装高度距地面至少为1.6 m。

在加工循环开始前，防护装置应闭合。为了实现此目的，应采用一个控制装置使防护装置在加工前闭合。如果操作者可能处于封闭区内时，在封闭区内应设有一个紧急停止装置。在防护装置完全闭合前，机床的运动部件不应重新起动。防护装置的闭合力不应超过 150 N(见 GB/T 8196—2003 的 5.2.5.2)。

验证：检查相应图样和功能检查。

5.3 防止接近非机械危险区

5.3.1 发散物

机床应设置排气装置接口，以便消除发散物(如：油雾等)危险。

注 1：对用于特殊用途和特定环境下使用的机床排气装置的特殊规定不属于本标准的范畴。

注 2：对于机床在实际使用条件下和/或使用易燃液体存在火灾和爆炸危险的特殊规定不属于本标准的范畴。

验证：检查相应图样。

5.3.2 照明

在调整工作方式下，工作区应设有照明装置。对于卧式车床，其照度在主轴前端卡盘直径区域内至少为 500 lx(勒可司)；对于立式车床，其照度在工件夹具表面上至少为 500 lx(勒可司)(见 EN 1837：1999)。

验证：视检和实测。

5.3.3 电气设备

电气设备除符合本标准的规定外，还应符合 GB 5226.1—2002 的规定。

电击的防护见 GB 5226.1—2002 的第 6 章；电气设备的过流和过载保护见 GB 5226.1—2002 的第 7 章；所有电气设备的防护等级至少应达到 GB 4208—2008 中规定的 IP54。

电气设备特别应符合 GB 5226.1—2002 中下列有关规定：

——电气设备的保护应符合第 7 章的有关规定；

——等电位接地应符合第 8 章的有关规定；

——导线和电缆应符合第 13 章的有关规定；

——配线应符合第 14 章的有关规定；

——电动机及有关设备应符合第 15 章的有关规定。

电气的护壳应不易受刀具和/或工件甩出而损坏造成的危险。带电体应处于不易接近的地方(见 GB 5226.1—2002 的 6.2.2)。若机床的电源线具有过流保护(见 GB 5226.1—2002 的 7.2.2)，则火灾的危险可不用考虑。

验证：检查相应的图样和/或线路图。

5.3.4 人类工效学

控制装置的位置见 5.1.2。

机床人机工程的设计应符合 GB/T 15706.1—2007 的 4.9、GB/T 15706.2—2007 的 4.8 和5.5.6、GB/T 18717.1～18717.2—2002 和 ENV 26385：1990 的有关规定。

对于使用工件装、卸装置(如：提升装置等)的机床，设计时应确保机床留有足够的上、下料空间。

验证：检查相应的图样和视检。

5.3.5 切削液/冷却液

为进入工作区，当活动式防护装置脱开时，切削液/冷却液应自动关闭。

机床的切削液/冷却液系统应易于提取样品、清理，以及更换过滤元件(见 6.2)。

切削液应自重泄液从机床上流回箱内，以避免在机床上产生滞液区或流到机床内部。

验证：检查相应的图样和使用说明书。

5.3.6 气动系统

机床的气动系统应符合 EN 983：1996 的规定。

5.3.7 液压系统

机床的液压系统应符合 EN 982:1996 的规定。

5.3.8 噪声

机床设计时应考虑提供控制噪声源的有效信息和测量技术(示例见 ISO/TR 11688-1:1995)。

注:机床的主要噪声源包括:

——主轴/轴线驱动装置;

——刀架;

——工件夹紧装置;

——棒料送进装置(如果有)。

5.3.9 激光

带激光校验的机床,使用的激光应符合 GB 7247.1—2001 中规定的 1 类或 2 类要求。

5.3.10 能量隔离和卸荷

见 GB/T 15706.2—2007 的 4.10 和 5.5.4、GB/T 19670—2005 的第 5 章。

电源切断(隔离)开关应符合 GB 5226.1—2002 中 5.3 的规定。但电源切断(隔离)开关不允许选择 GB 5226.1—2002 中 5.3.2 的 d)型。

应提供能量隔离(见 EN 982:1996 的 5.1.5,EN 983:1996 的 5.1.6 和 GB 5226.1—2002 的 5.3)和能量卸荷的方法(见 GB/T 19670—2005 的 5.3)。

气动系统和液压系统应靠电气切断(隔离)开关脱开。对于机床上蓄存的能量(如:蓄能器,导管或管路中),应提供释放余压的方法。能量的释放可通过阀进行,但不能卸开连接管路。

验证:检查相应的图样和/或线路图,视检和功能检查。

5.3.11 维护

见 GB/T 15706.2—2007 的 4.15、EN 292-2:1991/A1:1995 的 1.6.1 和附录 A。

按 GB/T 15706.2—2007 中 6.5.1 的规定,使用说明书应提供有关维护方面的信息(见 6.2)。

验证:检查相应的图样和手册,视检和功能检查。

5.3.12 装配错误

对一些为了调整和维护用户可拆卸的部件(如:刀架,机械装置等),应有防止错误装配(如:调整销、不对称配件等)的措施(见 6.2)。

6 使用信息

见 GB/T 15706.2—2007 的第 6 章。

6.1 标志

动力卡盘应符合 ISO 16156:2004 的规定。对于其他的工件夹具应标出允许的最高转速(r/min)。

除了满足 GB/T 15706.2—2007 中 6.4 的规定外,机床上应标出主轴的最高转速(r/min)。

对于使用的棒料突出主轴后端面或送进装置可能造成甩动危险的卧式车床,应设置明显的警示标志(见 GB/T 15706.2—2007 的 6.4)以防缠绕危险,并说明对棒料暴露部分的防护方法。

对于不是持久地连接在机床上的防护装置、保护装置和其他部件应给出识别标志。

验证:视检。

6.2 使用说明

应按 GB/T 15706.2—2007 中 6.5 的规定提供使用说明书。

使用说明书中应给出机床的噪声值和噪声测试规范(噪声值是在该规范下测得的)。

使用说明书应规定“操作者必须经过充分的安全使用、调整和操作机床方面的培训,方可使用机床”。

使用说明书除提供基本信息外,还应提供下列附加信息:

——“在机床各操作方式开始前，所有防护装置应就位并起作用”。

——有关安装和维修要求，包括需作定期检查或检测装置的检查频次和方法一栏表；为了确保观察窗的防护作用，特别应规定其检查频率，具体信息包括：

a) 检验方法和观察窗存在不适合继续使用的缺陷描述，或指出更换的要求。这一信息可包括观察窗不能被接受的条件，如：预先受到冲击产生塑性变形（凸起、凹陷），裂缝，密封损坏，冷却液渗入到合成层/存在退化迹象（锈蚀、退色），或其他保护层损坏。

b) 对于延续使用会超过使用周期的，如超过 10 年，制造者应给出更换观察窗的建议。

c) 推荐清洗观察窗的方法，给出清洁剂的选用和正确使用方法。

d) 机床制造者应说明更变观察窗时的安装方法。

——有关使用校准激光的建议（如果有）。

——致动系统和传输系统推荐使用的润滑剂。

——有关选择、配制和使用的切削液和润滑剂及防止其退化的预防措施的建议。

——有关刀具使用的建议，包括：装在刀库中刀具的重量限值、运动惯量和空间界限。

——有关工件夹具使用的建议。

——被困人员解脱的方法。

——使用人员保护装置（如：手套、护眼镜等）的建议。

——对于具有棒料送进装置的卧式车床，棒料可能突出防护装置或支撑机构，应在送进装置上设置醒目的警示标志，以防止甩动危险（见 GB/T 15706.2—2007 的 6.4）。

——消除加工中产生危险物质（如：粉尘和油雾）用的抽取装置的连接说明。

——对加工时使用易燃金属和易燃冷却液或自燃材料采取附加预防措施的建议。

6.2.1 刀具

应提供刀具可靠固定和/或更换等信息，如：刀具部分/与机床有关的连接部分的资料。

6.2.2 工件夹具的更换

应提供工件夹具可靠固定和/或更换的信息。如：夹具部分/机床有关的连接部分的资料。

6.2.3 机床携带的工件夹具

当工件夹具随机床供应时，应提供充足的可靠使用和维护工件夹具的信息（如：润滑）。

6.2.4 工件夹具的变更

当工件夹具装置发生变更时，应提供降低/变更后主轴允许的最高工作转速或工作能力的信息。工件夹具的变更只能按制造者提供的建议进行。

如果需要增加/更换工件夹具，当工件夹具的最高允许转速降低时，应在工件夹具上清楚地标出降低后的最高允许转速（r/min）。

6.2.5 遗留风险

应以警告方式加以提示：所提供的或随机床供应的符合 5.2.2 规定的防护装置只能降低甩出风险，并不完全排除风险。

应对加工中可能造成火灾、爆炸或有害粉尘等附加危险的材料（如：铝或镁等）提出忠告。

应对为了进行检查而需更换元件、拆卸装置或改变软件，可能会影响安全功能加以说明。

应对加工中工件不平衡可能会造成甩出危险加以说明。为减小此风险，可采用平衡块或降低加工速度。

应将降低发射噪声的主要限制因素提供给用户，如：

——刀具的选用；

——工件/刀具的夹紧方式；

——维护。

6.2.6 **重新起动**

应对重新起动方法加以说明。

6.2.7 **噪声**

应对发射的空气噪声加以声明，有关要求见 EN 292-2/A1:1995 的 A.1.7.4，测定方法见附录 D。声明中应同时对测量方法和检验条件及不确定值 K 等加以说明：

——当采用 GB/T 3768—1996 或 GB/T 17248.3—1999 时，为 4 dB；

——当采用 GB/T 3767—1996 时，为 2 dB。

注：声功率噪声 $L_{WA}=83$ dB(测量值)。

不确定值 $K=4$ dB，按 GB/T 3768—1996 进行测量。

如果对公布的噪声值进行验证，测量应用同一方法和在同一检验条件下进行。

公布的噪声水平应附下列声明：

"所提供的数据为机床的噪声发射水平，未必是安全工作的噪声水平。安全工作噪声水平有时与发射水平和暴露水平二者有关。所提供的数据不能作为确定采取更进一步的必要预防措施的可靠依据。影响劳动者的实际暴露水平的因素包括：工作场所特性，其他噪声源（如：机床数量和邻近的加工情况），操作者暴露在噪声环境时间长短等。另外，不同的国家允许的暴露水平也不一样。因此，提供这个信息是为了使机床的使用者对危险和风险作出更好地评价。"

6.2.8 **附加装置**

当附加装置作为机床的整体组成部分时，应提供这些装置有关安装和使用方面的信息。

验证：检查使用说明书。

6.2.9 **NC 控制面板上的加工功能**

应在说明书中说明如何正确选择和使用 NC 操作面板上的加工功能，如：刀具校正、工作方式变换等。

7 关于 GB 15760—2004

对于 GB 15760—2004 中未经本标准具体化的内容，还应符合 GB 15760—2004 的有关规定。

附 录 A
（资料性附录）
安全功能的检查

本附录是为了帮助标准的使用者易于理解某一机床的部件和其所涉及的安全原则二者之间的关系。本附录所涉及的安全原则，也适用于其他类型的机床；此外，对于某一系列机床及目的可能是为了验证安全功能，也可参照使用。表中给出了准许或禁止操作取决于所选的操作模式和活动式防护装置的状态。

机床功能检查表见表 A.1。

表 A.1 机床功能检查表

工作方式选择	NC 工作方式（GB/T 8129—1997）	活动式防护装置的状态			
		闭合	脱开	脱开条件	重新闭合
生产	手动和单程序段	机床功能可使用；安全装置起作用	主轴不能起动； 工件或刀具操作装置(PTH)不能起动； 轴线运动不能起动； 刀架不能转位； 当发出开始循环命令时，报出错误代号，卡盘和尾座不能动作	主轴停止； PTH 运动停止； 轴线运动停止； 刀架转位停止； 冷却液关闭	不能自行重新起动； 在安全装置复位后，以“手动”或“单程序段”工作方式使用机床功能
生产	自动和单程序段	机床功能可使用；安全装置起作用	主轴不能起动； 工件或刀具操作装置(PTH)不能起动； 轴线运动或自动循环不能起动； 当发出开始循环命令时，报出错误代号，卡盘和尾座不能动作	循环停止生效； 主轴停止； 刀具驱动轴停止； PTH 运动停止； 轴线运动停止； 刀架停止； 冷却液关闭	不能自行重新起动； 在安全装置复位后，以“自动”工作方式使用机床功能
调整	手动和单程序段或空运转	—	结合安全装置可执行下列功能： 主轴以低速运行； 工件或刀具操作装置(PTH)只能以低速运行； 轴线只能采用步进方式，以低进给量运动； 刀架转位运动 另外还允许下列功能： 卡盘、工件夹具或尾座动作； 冷却液开启或关闭	工件或刀具操作装置(PTH)在监控下，以有限制的低主轴转速和低进给量运行； 采用自复位命令装置(瞬时开关)或使能器件和起动控制器件起作用下运行	—
调整	自动和单程序段或空运转	同生产工作方式	同生产工作方式	—	—

注：PTH 为工件或刀具操作装置。

卡盘的夹紧控制见表 A.2。

表 A.2 卡盘的夹紧控制

工作方式选择	卡盘或工件夹具的状态			
	松开	夹紧	工件在卡盘中	换卡爪位置
调整	主轴不能运转	主轴能运转	主轴能运转	主轴不能运转
生产	主轴不能运转	主轴不能运转	主轴能运转	主轴不能运转
注：关于专用卡盘见供应商的说明。				

附 录 B
（资料性附录）
车床的防护装置——撞击试验方法

B.1 一般要求

为了减小零件或工件由工作区抛出的风险，本附录规定了数控车床和车削中心所应用防护装置的试验方法。

本附录适用于数控车床和车削中心部件所应用的防护装置，也适用于数控车床和车削中心所应用的整体式防护装置。

B.2 试验方法

B.2.1 引言

本试验方法适用于配有（标准硬卡爪）卡盘的机床。试验以模拟卡爪的甩出危险方式进行。试验结果用防护装置和/或部件防护装置抵抗穿透和变形的能力或强度表示。本试验方法是针对配有（标准卡爪）卡盘的机床，并且机床应按表B.2中规定的最高速度驱动。如果卡爪质量或圆周速度超过表B.2的规定，试验条件应与之相匹配。当使用分开的卡爪时，卡爪总质量起决定作用。

B.2.2 试验装置

试验装置由推进装置、抛射物和防护装置夹具组成。

B.2.2.1 推进装置

推进装置抛射物的撞击速度允许有±5%调整量（见表B.2和附录C示例）。

B.2.2.2 抛射物

抛射物的形状、质量和尺寸见图B.1和表B.1。

抛射物用具有下列机械性能的钢制成：

抗拉强度 σ_b：560 N/mm²～690 N/mm²；

屈服点 σ_s：≥330 N/mm²；

伸长率 δ_s：≥20%。

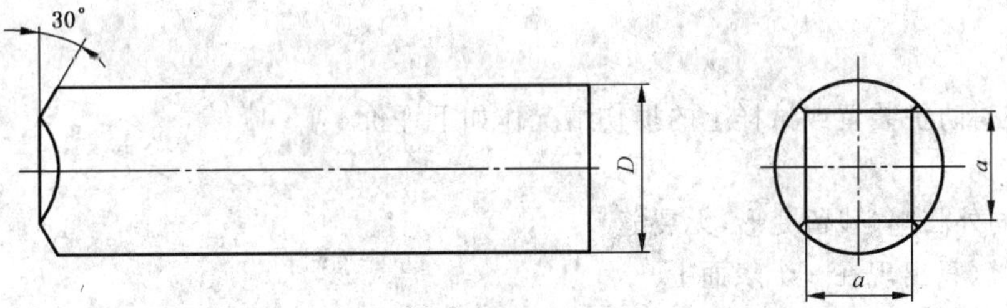

表面硬度为 56^{+4}_{0} HRC，硬层深度至少为0.5 mm。

图 B.1

表 B.1 抛射物的质量和尺寸

抛射物		
质量 M/kg	直径 D/mm	端面 a×a/(mm×mm)
0.625	30	19×19
1.25	40	25×25
2.5	50	30×30

B.2.2.3 速度测量

抛射物的速度的测量应在不受加速作用的某点(如:发射后在炮筒中或炮筒出口的压力降低处)进行。速度的测量可采用接近式传感器、光电管或其他相应的测量手段,在规定的距离上进行测量。

B.2.2.4 防护装置的固定

试验可采用防护装置和/或防护装置部件的试样进行。防护装置的固定应与其在机床上的安装状况相同。防护装置部件的试样试验时,试样应固定在具有 450 mm×450 mm 内孔的框架上。框架应有足够的强度。试样安装可与实际的夹紧状态不同。

B.2.3 试验方法

对于配有(标准卡爪)卡盘的机床,其防护装置应进行撞击试验。所用抛射物的质量、尺寸和撞击速度应符合表 B.2 的规定。抛射物质量相当于标准卡爪的质量。

撞击应尽可能垂直于防护装置或试样的表面,应对试样材料表面的中心进行抛射撞击试验,并在防护装置最薄弱处进行试验。

表 B.2 抵抗能力分级

抵抗能力分级	工件夹具直径/mm	圆周速度/(m/s)	抛射物尺寸 $D\times a$/(mm×mm)	抛射物质量/kg	撞击速度/(m/s)	撞击能量/J
A1	≤130	25	30×19	0.625	32	310
A2		40			50	781
A3		63			80	2 000
B1	>130~250	40	40×25	1.25	50	1 562
B2		50			63	2 480
B3		63			80	4 000
C1	>250	40	50×30	2.5	50	3 124
C2		50			63	4 960
C3		63			80	8 000
注:撞击能量的计算见附录 E。						

B.3 试验结果

在撞击后,应对防护装置或试样上的损伤情况作如下评价。

B.3.1 损伤可能为

a) 翘曲或向外凸起(残留变形,无裂缝);
b) 开始裂缝(只出现在一个表面上);
c) 贯穿裂缝(从一表面到另一表面均出现裂缝);
d) 穿透(材料被抛射物穿透);
e) 防护装置的视窗松动;
f) 防护装置松动、移位。

B.3.2 评价

当不存在贯穿裂缝或抛射物穿透,以及没有出现 B.3.1 中 e)和 f)的情况时,检验合格。

B.4 试验报告

试验报告应至少包括下列内容:

——日期、试验地点和试验单位名称;

——抛射物质量、尺寸和速度；
——机床制造者名称、型号、最大车削直径、最高主轴转速、卡盘卡爪的质量和尺寸；
——抛射物型式、材料和尺寸；
——抛射物夹持或固定情况；
——撞击方向、抛射物的撞击点；
——试验结果。

附 录 C
(资料性附录)
撞击试验用的试验装置和材料示例

C.1 压缩空气炮

压缩空气炮由靠法兰连接的炮筒和压缩空气容器组成(见图 C.1)。通过排气阀的压缩空气使抛射物加速,并击向试验目标。

压缩空气炮由空气压缩机供压。抛射物的速度由空气压力控制。

在炮筒口附近,采用相应的速度测量仪(如:接近式传感器或光电管)测量抛射物的速度。

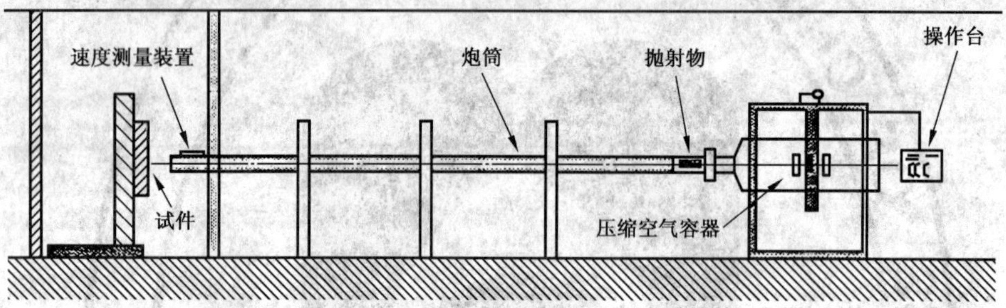

图 C.1 撞击试验的试验装置

C.2 材料示例

下列材料(见表 C.1)已按表 B.2 中规定的抵抗能力分级进行了撞击试验(抛射物撞击板子中心)。

表 C.1 材料的示例

材料	厚度 d/mm	抗拉强度 σ_b/(N/mm²)	伸长率 δ_s/%	抵抗能力分级								
				A1	A2	A3	B1	B2	B3	C1	C2	C3
钢板	2	370	28	○	○	×	×	×	×	×	×	×
	2.5	370	28	○	○	×	○	×	×	○	×	×
	3	400	28	○	○	×	○	○	×	○	×	×
	4	340	25	○	○	○	○	○	○	○	○	×
	5	300	40	○	○	○	○	○	○	○	○	×
	6	340	25	○	○	○	○	○	○	○	○	○
铝合金($AlMg_3$)	5	240	18	○	○	×	○	×	×	○	×	×
聚碳酸脂板	6	68	80	○	○	×	○	×	×	×	×	×
	8	68	80	○	○	×	○	○	×	○	×	×
	10	68	80	○	○	○	○	○	×	○	○	×
	12	68	80	○	○	○	○	○	×	○	○	×
复合聚碳酸脂板	2×8	68	80	○	○	○	○	○	○	○	○	×
	2×12	68	80	○	○	○	○	○	○	○	○	○
	19	68	80	○	○	○	○	○	○	○	○	○

表 C.1（续）

材料	厚度 d/mm	抗拉强度 σ_b/(N/mm²)	伸长率 δ_s/%	抵抗能力分级								
				A1	A2	A3	B1	B2	B3	C1	C2	C3
安全玻璃+复合聚碳酸脂板	6+18	—	—	○	○	○	○	○	○	○	○	○

○——表示满足要求；
×——表示不满足要求。

注：防护装置和/或观察窗的抵抗能力不仅取决于钢板的尺寸，而且还与观察窗在防护装置上的安装方式和防护装置在机床上的固定方式有关。

附　录　D
（规范性附录）
机床发射噪声的测量

噪声测量应在下列工作条件下进行：

——工件主轴以80％的最高转速进行空运转运动；

——工件夹具安装上并运行；

——附加装置和滑板停止运行；

——排屑器运行（如果有）。

机床的安装和操作条件应符合制造者使用说明书的规定。工作位置处机床发射噪声声压级的测定应与声功率相同。

工作位置处机床发射噪声声压级的测量应符合GB/T 17248.3—1999和下列修正规定：

——环境修正值K_{2A}或局部环境修正值K_{3A}应小于等于4 dB；

——背景发射噪声声压级与工作位置处机床发射噪声声压级之间的差值应等于或大于6 dB；

——局部环境噪声修正值K_{3A}的计算按GB/T 3768—1996中提及的GB/T 17248.5—1999中A.2的规定，而不是按GB/T 17248.3—1999附录A规定，或按GB/T 3767—1996中某一标准规定的测量方法。

声功率测量应符合GB/T 3768—1996包络表面测量方法和下列修正规定：

——环境修正值K_{2A}应小于或等于4 dB；

——在每个测量点，背景噪声的声压级与机床所测噪声声压级之间的差值应等于或大于6 dB，差值的修正规则（见GB/T 3768—1996中8.2）应适用于差值直至10 dB；

——测量面应平行于基准体，并距基准体距离为1 m；

——对于距机床距离小于2 m的辅助装置，应包括在基准体内；

——取消GB/T 3768—1996中7.5.3规定的测量时间为30 s的要求 ；

——检验方法的准确度应大于3 dB；

——测量点使用的传声器数目应符合GB/T 3768—1996的规定。

二者任选其一。当有测量仪器，并且所用测量方法适用于此类型机床时，机床发射声功率级的测量也可按更精确的测量方法（如：按GB/T 3767—1996）进行，而不按上述修正规定。

可用声强法测定声功率噪声见GB/T 16404—1996（在征得供应商和用户二者同意基础上）。

附 录 E
（资料性附录）
直接撞击能量的计算方法

撞击能量的计算公式如下。

对于配有卡盘的机床：

$$J_c = \frac{m}{2}(\pi B n)^2 \quad \cdots\cdots (E.1)$$

式中：

J_c——撞击能量，单位为焦耳(J)；

m——标准硬顶爪的质量，单位为千克(kg)；

B——卡盘最大外径，单位为米(m)；

n——夹持主轴的最大速度，单位为转每分(r/min)。

对于配有弹簧夹头的机床：

公式(E.2)估算的直接撞击能量是指相对旋转主轴呈30°抛出的棒料，其截面($d/l \leqslant 0.2$)发生破裂时产生的能量：

$$J_c = \frac{1}{24}\rho \pi^3 d^2 l^3 n^2 \quad \cdots\cdots (E.2)$$

式中：

J_c——撞击能量，单位为焦耳(J)；

ρ——特定质量，单位为千克每米(kg/m)或千克每立方米(kg/m³)；

d——最大棒料直径，单位为米(m)；

l——工件的最大长度，单位为米(m)；

n——夹持主轴的最大速度，单位为转每分(r/min)。

附 录 F
（资料性附录）
本标准条款中涉及的欧盟指令基本要求和其他欧盟指令

本标准条款中涉及了欧盟(EU)指令基本要求或其他欧盟(EU)指令。

EN 12415:2000 标准是由欧洲委员会和欧洲自由贸易协会授权的欧洲标准化委员会(CEN)制定的。它可作为 1998 年 6 月 22 日签署的欧盟(EU)“机械指令” 98/37/CE 的支撑。

警告：属于本标准范围内的产品，有可能也要符合其他要求和其他欧盟(EU)指令。

本标准的条款可作为机械指令基本要求的支撑。

通过遵循本标准条款的规定，借此提供了符合有关指令规定的基本要求和 EFTA(欧洲贸易协会)规则的一种手段。

参 考 文 献

与车床加工不同其他方面的参考标准

[1] GB/T 786.1—1993 液压气动 图形符号(eqv ISO 1219-1:1991).

[2] GB/T 3168—1993 数字控制机床 操作指示形象化符号(neq ISO 2972:1979).

[3] GB/T 14574—2000 声学 机器和设备噪声发射值的标示和验证(eqv ISO 4871:1996).

[4] GB/T 17161—1997 机床 控制装置的操作方向(eqv ISO 447:1984).

[5] GB/T 18717.3—2002 用于机械安全的人类工效学设计 第3部分:人体测量数据(ISO 15534-3:2000,NEQ).

[6] GB/T 19876—2005 机械安全 与人体部位接近速度 相关防护措施的定位(ISO 13855:2002,MOD).

[7] GB/T 20438.1—2006 电气/电子/可编程电子安全相关系统的功能安全 第1部分:一般要求(IEC 61508-1:1998,IDT).

[8] GB/T 20438.2—2006 电气/电子/可编程电子安全相关系统的功能安全 第2部分:电气/电子/可编程电子安全相关系统的要求(IEC 61508-2:2000,IDT).

[9] GB/T 20438.3—2006 电气/电子/可编程电子安全相关系统的功能安全 第3部分:软件要求(IEC 61508-3:1998,IDT).

[10] GB/T 20438.4—2006 电气/电子/可编程电子安全相关系统的功能安全 第4部分:定义和缩略语(IEC 61508-4:1998,IDT).

[11] GB/T 20438.5—2006 电气/电子/可编程电子安全相关系统的功能安全 第5部分:确定安全完整性等级的方法示例(IEC 61508-5:1998,IDT).

[12] GB/T 20438.6—2006 电气/电子/可编程电子安全相关系统的功能安全 第6部分:GB/T 20438.2 和 GB/T 20438.3 的应用指南(IEC 61508-6:2000,IDT).

[13] GB/T 20438.7—2006 电气/电子/可编程电子安全相关系统的功能安全 第7部分:技术和措施概述(IEC 61508-7:2000,IDT).

[14] GB/T 21109.1—2007 过程工业领域安全仪表系统的功能安全 第1部分:框架、定义、系统、硬件和软件要求(IEC 61511-1:2003,IDT).

[15] ISO 230-5:2000 机床检验通则 第5部分:噪声

[16] ISO 1219-2:1995 流体传动系统及元件 图形符号和回路图 第2部分:线路图.

[17] ISO 7000:2004 用于设备的图形符号 标志和说明.

[18] IEC 62061:2005 机械安全 电工/电子/可编程电子设备有关安全系统 安全功能.

[19] EN 692:1996 机床安全 机械式压力机.

[20] EN 693:2001 机床安全 液压式压力机.

[21] EN 12417:2001 机床安全 加工中心.

[22] EN 12626:1997 机械安全 激光加工机 安全要求(ISO 11553:1996,MOD).

[23] EN 12717:2001 机床安全 钻床.

[24] EN 13128:2001 机床安全 铣床(包括镗床).

[25] EN 13218:2001 机床安全 固定式磨床.

[26] EN 13736:2003 机床安全 气动式压力机.

ICS 25.040.20
J 53

中华人民共和国国家标准

GB 22998—2008

机床安全　大规格数控车床与车削中心

Safety of machine tools—Large numerically controlled turning machines and turning centres

(EN 12478:2000,MOD)

2008-12-31 发布　　　　2009-10-01 实施

中华人民共和国国家质量监督检验检疫总局
中国国家标准化管理委员会　发布

前　言

本标准5.3.1、5.3.3为推荐性的，其余为强制性的。

本标准修改采用EN 12478:2000《机床安全　大规格数控车床与车削中心》(英文版)。

本标准根据EN 12478:2000重新起草。

本标准与EN 12478:2000相比，主要技术差异为：

——第1章中增加了"简式数控车床可参照执行本标准"；

——删除了第1章"本标准适用于本标准实施日期后制造的机床"；

——增加了第7章"关于GB 15760—2004"；

——按修改单EN 12478:2000/AC:2001进行了修改(见第2章、表1中的1.6、5.2.1.3.2和5.2.1.3.3)。

为了使用方便，本标准作了如下编辑性修改：

——"本欧洲标准"一词改为"本标准"；

——删除了EN 12478:2000的前言；

——对EN 12478:2000中引用的其他国际标准和欧洲标准，有被采用为我国标准的，用我国标准代替对应的国际标准和欧洲标准，没有被采用为我国标准的直接引用国际标准和欧洲标准；

——"附录ZA"改为"附录B"。

自2009年10月1日起，生产企业生产的产品应执行本标准；自2010年10月1日起，市场上应停止销售不符合本标准的产品。

本标准的附录A为规范性附录，附录B为资料性附录。

本标准由中国机械工业联合会提出。

本标准由全国金属切削机床标准化技术委员会(SAC/TC 22)归口。

本标准起草单位：北京机床研究所。

本标准主要起草人：张维、李祥文、赵钦志。

本标准为首次发布。

引　言

本标准是根据欧洲协调标准 EN 12478:2000 和 EN 12478:2000/AC:2001 制定的。欧洲协调标准 EN 12478:2000 和 EN 12478:2000/AC:2001 主要提供符合机械指令的基本安全要求和与之关联的 EFTA(欧洲贸易协会)规则的手段。

本标准属于 GB/T 15706.2—2007 规定的 C 类安全标准。

本标准所涉及的危险范畴在“范围”中已指出。对于本标准没有考虑到的遗留危险，可按 GB/T 15706.1—2007和 GB/T 15706.2—2007 的有关规定采取相应的安全防护措施。

本标准的使用对象为机床设计者、制造商、销售商和进口商。

在本标准中还给出了制造商提供给用户的安全信息。

机床安全　大规格数控机床与车削中心

1　范围

本标准规定了一般用途的数控车床与车削中心(以下简称机床)消除危险和减少风险的安全要求和/或措施。

本标准所识别出的危险见第4章中的表1。

本标准适用于:

——夹持装置最大外径大于500 mm的数控立式车床与车削中心;

——夹持装置最大外径大于500 mm或最大顶尖距超过2 000 mm的数控卧式车床与车削中心。

本标准也适用于作为机床整体组成部分的附件,如:工件,刀具,卡盘,工件上、下料装置和排屑装置。

本标准还适用于组成自动加工线或车削单元的车床,当它们所产生的危险和风险与单独加工的机床相似时。

本标准中所给出的附加方法是依据参考文献所列的标准。

本标准不适用于与EN 12840:2000有关的加工时需人工控制的数控(NC)车床(不带可编程控制器)。

简式数控车床可参照执行本标准。

2　规范性引用文件

下列文件中的条款通过本标准的引用而成为本标准的条款。凡是注日期的引用文件,其随后所有的修改单(不包括勘误的内容)或修订版均不适用于本标准,然而,鼓励根据本标准达成协议的各方研究是否可使用这些文件的最新版本。凡是不注日期的引用文件,其最新版本适用于本标准。

GB/T 3767—1996　声学　声压法测定噪声源声功率级　反射面上方近似自由场的工程法(eqv ISO 3744:1994)

GB/T 3768—1996　声学　声压法测定噪声源声功率级　反射面上方采用包络测量表面的简易法(eqv ISO 3746:1995)

GB 4208—2008　外壳防护等级(IP代码)(IEC 60529:2001,IDT)

GB 5226.1—2002　机械安全　机械电气设备　第1部分:通用技术条件(IEC 60204-1:2000,IDT)

GB 7247.1—2001　激光产品的安全　第1部分:设备分类、要求和用户指南(idt IEC 60825-1:1993)

GB/T 8196—2003　机械安全　防护装置　固定式和活动式防护装置设计与制造一般要求(ISO 14120:2002,MOD)

GB 12265.1—1997　机械安全　防止上肢触及危险区的安全距离(eqv EN 294:1992)

GB 12265.3—1997　机械安全　避免人体各部位挤压的最小间距(eqv EN 349:1993)

GB/T 15706.1—2007　机械安全　基本概念与设计通则　第1部分:基本术语和方法(ISO 12100-1:2003,IDT)

GB/T 15706.2—2007　机械安全　基本概念与设计通则　第2部分:技术原则(ISO 12100-2:2003,IDT)

GB 15760—2004　金属切削机床　安全防护通用技术条件

GB/T 16404—1996　声学　声强法测定噪声源的声功率级　第1部分：离散点上的测量(eqv ISO 9614-1:1993)

GB 16754—2008　机械安全　急停　设计原则(ISO 13850:2006,IDT)

GB/T 16855.1—2008　机械安全　控制系统有关安全部件　第1部分：设计通则(ISO 13849-1:2006,IDT)

GB/T 16856.1—2008　机械安全　风险评价　第1部分：原则(ISO 14121-1:2007,IDT)

GB/T 17248.3—1999　声学　机器和设备发射的噪声　工作位置和其他指定位置发射声压级的测量　现场简易法(eqv ISO 11202:1995)

GB/T 17248.5—1999　声学　机器和设备发射的噪声　工作位置和其他指定位置发射声压级的测量　环境修正法(eqv ISO 11204:1995)

GB 17888.1—2008　机械安全　进入机械的固定设施　第1部分：进入两级平面之间的固定设施的选择(ISO 14122-1:2001,IDT)

GB 17888.2—2008　机械安全　进入机械的固定设施　第2部分：工作平台和通道(ISO 14122-2:2001,IDT)

GB 17888.3—2008　机械安全　进入机械的固定设施　第3部分：楼梯、阶梯和护栏(ISO 14122-3:2001,IDT)

GB 17888.4—2008　机械安全　进入机械的固定设施　第4部分：固定式直梯(ISO 14122-4:2004,IDT)

GB/T 18717.1—2002　用于机械安全的人类工效学设计　第1部分：全身进入机械的开口尺寸确定原则(ISO 15534-1:2000,NEQ)

GB/T 18717.2—2002　用于机械安全的人类工效学设计　第2部分：人体局部进入机械的开口尺寸确定原则(ISO 15534-2:2000,NEQ)

GB/T 18831—2002　机械安全　带防护装置的联锁装置　设计和选择原则(ISO 14119:1998,MOD)

GB/T 19670—2005　机械安全　防止意外启动(ISO 14118:2000,MOD)

GB/T 19671—2005　机械安全　双手操纵装置　功能状况及设计原则(ISO 13851:2002,MOD)

ISO/TR 11688-1:1995　声学　机器和设备降低噪声设计的操作规程　第1部分：设计

ISO 16156:2004　机床安全　卡盘的设计和结构安全要求[1)]

EN 292-2:1991/A1:1995　机械安全　基本概念与设计通则　第2部分：技术原则与规范

EN 614-1:1995　机械安全　人类工效学设计原则　第1部分：术语和一般原则

EN 614-2:2000　机械安全　人类工效学设计原则 第2部分：机械设计和相互任务间的作用

EN 894-1:1997　机械安全　显示和控制操动器设计　人-机工程学的要求　第1部分：人与显示器和控制驱动器之间的作用　总则

EN 894-2:1997　机械安全　显示和控制操动器设计　人-机工程学的要求　第2部分：显示器

EN 894-3:2000　机械安全　显示和控制操动器设计　人-机工程学的要求　第3部分：控制操动器

EN 982:1996　机械安全　液压系统和元件的安全要求

EN 983:1996　机械安全　气动系统和元件的安全要求

EN 1005-1:2001　机械安全　人体特性　第1部分：术语和定义

EN 1005-2:2003　机械安全　人体特性　第2部分：人工操作的机器和部件

EN 1005-3:2002　机械安全　人体特性　第3部分：推荐的机器操纵力限值

---

1)　正在等同转化为国家标准 GB 23290—2009。

EN 1005-4:2005 机械安全 人体特性 第4部分:操纵机器工作姿势的评估

EN 1037:1995 机械安全 避免意外起动

EN 1050:1996 机械安全 风险评价

EN 1070:1998 机械安全 术语

EN 1837:1999 机械安全 机床的整体照明

EN 12840:2000 机床安全 手动操作车床

ENV 26385:1990 工作系统设计的人类工效学原则

3 术语和定义

GB/T 15706.1—2007、GB 16754—2008 和 EN 1070:1998 确立的以及下列术语和定义适用于本标准。

3.1

数控车床 numerically controlled turning machine(见图1)

数控车床是主运动为工件相对于刀具旋转,切削能是由工件而不是刀具提供的数控机床。

注:该类机床数字控制装置提供自动功能。

1——后部防护罩;
2——卡盘防护罩;
3——检修门;
4——前部防护罩;
5——控制面板;
6——平台;
7——滑鞍。

图1 大规格数控卧式车床

3.2

车削中心 turning centre(见图2)

车削中心是配有动力驱动刀具装置,并使夹持工件主轴具有围绕其轴线定位能力的数控机床。

注:该类机床可以包括附加特性,如:可以由刀库进行自动换刀。

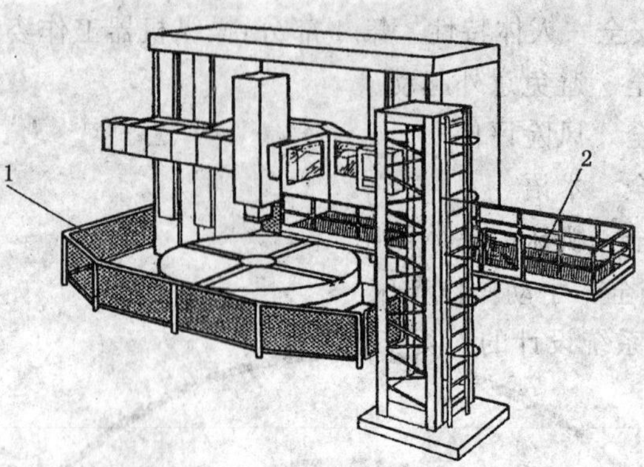

1——围栏；
2——平台。

图 2 带工作平台的大规格数控立式车床

3.3

机床工作方式 machine modes of operation

注：NC 工作方式的定义如下：

NC 工作方式

NC 或数据输入装置可以将输入翻译成被执行的功能。

a) NC 的人工工作方式

操作者不用数字数据控制机床的一种非自动工作方式。如：用按钮或操纵杆控制机床。

b) 人工输入数据工作方式

用手工把加工程序的信息传入 NC 装置。

c) 单段程序工作方式

数控机床的一种工作方式。当用此工作方式时，由操作者起动，而后机床以自动工作方式进行工作，当控制数据的一个程序段完毕后，即停止工作。

d) 自动工作方式

数控机床的一种工作方式。当用此工作方式时，操作是按照控制程序进行，直到由程序或操作者使机床停止为止。

3.3.1

生产工作方式 machining mode

生产工作方式是指机床按照控制程序自动，持续的操作，直到由程序(或操作者)停止。在此工作方式下，可通过手动或自动上、下料装置装卸工件。

3.3.2

调整工作方式 machine setting mode

调整工作方式是指为了执行下一个工序，操作者需进行调整。

可用控制程序、试车方式和手动方式(在动力保持下)对机床进行不连续操作。

注：此工作方式包括随后程序的检查，刀具校验和/或工件定位(包括指示器或刀具触及工件)。

3.4

操作者位置 operator's position

操作者位置指操作者操作机床时所处的位置。如：主控制面板附近。

3.5

操作停止 operational stop

当起动停止功能时，机械执行机构施加预留动力使操作停止，以阻止机床危险运动。

3.6

程序编辑功能 programmable functions

程序编辑功能指用户可通过访问电子设备对程序进行修改。

3.7

加速监控 acceleration monitoring

对系统预先设定的允许的加速/减速极限值进行监控。

3.8

观察孔 vision panel

在防护装置加开视窗以便操作者观察机床的工作区或其他区域。

4 危险一览表

按 GB/T 15706.1—2007 中第 4 章和 GB/T 16856.1—2008 的规定识别出的危险见表 1。

消除危险和减少风险的安全要求和/或措施见第 5 章。

注：对于按 GB/T 16856.1—2008 风险评估识别出的、而本标准没有涉及的附加危险，可按 GB/T 15706.1—2007 和 GB/T 15706.2—2007 采取安全措施，消除危险和减少风险。

机床设计者应特别注意机床寿命期间所发生的危险，如：在预定使用条件下，操作者和其他人员进入危险区，以及一些可预见的误用(见 GB/T 15706.1—2007 的 3.22)。还必须考虑机床操作期间和/或需要操作者和/或其他人员干预操作(如：调整、清理和维修)时产生的危险。机床部件的故障分析包括控制系统的故障，其风险评价见 GB/T 16855.1—2008 的有关内容。

本标准涉及的危险见表 1。应特别注意下列危险：

——刀具、夹爪、工件或其他部分(含切屑)等的甩出危险(见表 1 中的 17)；

——机床运动部件的缠绕或卷入危险，尤其是夹具、刀具和工件(见表 1 中的 1.4 和 1.5)；

——机床运动部分和固定/运动部分之间的剪切和挤压危险(见表 1 中的 1.1 和 1.2)；

——滑倒、绊倒和跌倒危险(见表 1 中的 19)。

主要危险区有：

——运动的主轴、工件夹紧部件(如：夹具)、滑板、转塔头、刀架、刀具、工件、排屑器(如：作为一体的)的工作区；

——上、下料装置，包括卧式车床的棒料送进装置；

——刀库和换刀装置；

——排屑区。

表 1 危险一览表

EN 1050:1996 有关条款	危 险	EN 292-2:1991/A1:1995 附录 A 有关条款	GB/T 15706.1—2007 有关条款	GB/T15706.2—2007 有关条款	危险形式	相关标准	在本标准中的有关条款
1	机械危险是由于下列要素引起的： ——机床部件或工件，如： a) 形状； b) 相对位置； c) 质量和稳定性（各元件的位能）； d) 质量和速度(各元件的动能)； e) 机械强度不足 ——机床内部能量积累引起的，如： f) 弹性元件(弹簧)； g) 压力下的液体或气体； h) 真空	1.3 1.5.3,1.6.3	4.2 4.2	第 4 章，第 5 章 4.10,5.5.4			
1.1	挤压危险	1.3	4.2.1		固定部分与活动部分之间，包括：工具夹具（卡盘或尾座）及刀库	GB/T 8196—2003， GB 12265.1—1997， GB 12265.3—1997， GB/T 18831—2002， GB/T 19671—2005	5.1.3,5.1.7， 5.2.1.1， 5.2.1.3， 5.2.1.4

表 1（续）

EN 1050:1996 有关条款	危　险	EN 292-2:1991/A1:1995 附录 A 有关条款	GB/T 15706.1—2007 有关条款	GB/T15706.2—2007 有关条款	危险形式	相关标准	在本标准中的有关条款
1.2	剪切危险				固定部分与活动部分之间，包括：刀库	GB/T 8196—2003，GB 12265.1—1997，GB 12265.3—1997，GB/T 18831—2002，GB/T 19671—2005	5.1.7，5.2.1.3，5.2.1.4，5.2.1.5，5.2.4
1.3	切割或切断危险				刀具作切削运动时，由切屑造成的	GB/T 8196—2003，GB 12265.1—1997	5.1.3,5.1.7，5.2.1.3，5.2.4
1.4	缠绕危险				运动部件，包括送料和刀库	GB/T 8196—2003，GB 12265.1—1997，GB/T 18831—2002	5.1.1,5.1.3，5.1.7，5.2.1.1，5.2.1.3，5.2.1.4，5.2.1.5，5.2.1.6，5.2.2,5.2.4
1.5	吸入或卷入危险				运动部件	GB/T 8196—2003，GB 12265.1—1997	5.1.1,5.1.3，5.1.7，5.2.1.1，5.2.1.3，5.2.1.4，5.2.1.5，5.2.1.6
1.6	冲击危险				运动部件，包括送料和刀库	GB/T 8196—2003，GB 12265.1—1997，GB/T 18831—2002	5.1.1,5.1.3，5.1.7，5.2.1.2，5.2.1.3，5.2.1.6,5.2.2

表 1(续)

EN 1050:1996 有关条款	危　　险	EN 292-2:1991/A1:1995 附录 A 有关条款	GB/T 15706.1—2007 有关条款	GB/T15706.2—2007 有关条款	危险形式	相关标准	在本标准中的有关条款
1.7	刺伤或扎伤危险				当夹具和刀具夹紧时，在尾座附近	EN 982:1996	5.2.1.4，6.2
1.9	高压流体喷射危险	1.3.2	4.2.1	4.10	在冷却装置附近	GB/T 18831—2002，EN 982:1996，EN 983:1996	5.2.1.2，5.3.3
2	电气危险						
2.1	人员触电（直接触电）	1.5.1，1.6.3	4.3	4.9，5.5.4	机床的电气设备	GB 5226.1—2002	5.3.2
2.2	人员在故障情况下触电（间接触电）	1.5.1	4.3	4.9	机床的电气设备	GB 5226.1—2002	5.3.2
3	热危险						
3.1	由于热接触或热源辐射引起的烧伤和烫伤	1.5.5，1.5.6，1.5.7	4.4		热切屑		5.2.1.2，6.2
4	噪声的危险						
4.1	听力丧失或其他生理紊乱	1.5.8	4.5	4.3，第5章	加工过程和棒料进给时	GB/T 3767—1996，GB/T 3768—1996，GB/T 16404—1996，GB/T 17248.3—1999，ISO/TR 11688-1:1995	5.3.7，6.2.5，6.2.7
6	辐射的危险						
6.1	低频、射线、微波	1.5.10	4.7		电气设备在维护期间		5.1.9,5.3.2
6.5	激光	1.5.12	4.7		激光设备在调整和维护期间	GB 7247.1—2001	5.3.8

表 1（续）

EN 1050:1996 有关条款	危　险	EN 292-2:1991/A1:1995 附录 A 有关条款	GB/T 15706.1—2007 有关条款	GB/T15706.2—2007 有关条款	危险形式	相关标准	在本标准中的有关条款
7	材料和物质产生的危险						
7.1	有害液体、气体、雾、烟及粉尘	1.1.3,1.5.13,1.6.5	4.8	4.3 b),4.4	切削冷却系统在调整和维护期间		5.3.1
7.3	生物和微生物危险	1.1.3,1.6.5,2.1	4.8		切削冷却系统在维护期间的装、卸		5.3.1,5.3.4
8	忽视人类工效学原则产生的危险						
8.1	有害健康的姿势或用力过度	1.1.2 d),1.1.5,1.6.2,1.5.4	4.9	4.7,4.8.2,4.11.12,5.5.5,5.5.6	使用控制装置和操纵工件、刀具和机床部件时	EN 614-1:1995,EN 614-2:2000	5.1.2,5.1.5,5.3.3
8.2	没有充分考虑人体手臂或腿脚结构要求	1.1.2 d),2.2	4.9	4.8.3	换工件/刀具时	EN 1005-1:2001 EN 1005-2:2003,EN 1005-3:2002,EN 1005-4:2005	5.3.3
8.3	忽视人员防护装备的使用	1.1.2 e)		4.8.7	在棒料加工期间，人工操作/操纵刀具		6.2
8.4	不适当的局部照明	1.1.4		4.8.6	加工、调整、处理/定位工件期间	EN 1837:1999	5.2.1.3.3

表 1（续）

EN 1050:1996 有关条款	危　　险	EN 292-2:1991/A1:1995 附录 A 有关条款	GB/T 15706.1—2007 有关条款	GB/T15706.2—2007 有关条款	危险形式	相关标准	在本标准中的有关条款
8.6	人的差错	1.1.2 d),1.2.2,1.2.5,1.2.8,1.5.4,1.7	4.9	4.8,4.11.8,4.11.10,5.5.2,第 6 章	使用 NC 显示装置，改变工作方式，工件夹紧时		5.1.6,5.1.7,5.2.1.1,6.2
8.7	人工控制装置位置不合适或可视性不足	1.2.2		4.8.7,4.11.8	在操作位置		5.1.2
8.8	视觉显示装置缺乏或不合适	1.7.1		4.8.8,6.2			5.1.2,5.1.6
10	意外起动、意外过载/超速（或其他类似故障）						
10.1	控制系统的故障或失灵	1.2.7,1.6.3		4.8.8,6.2	使用不当造成的控制故障，夹具故障和超速	GB/T 16855.1—2008	5.1.1,5.1.9
10.2	能量供应中断	1.2.6		4.11.4	加工、调整期间	GB 5226.1—2002,GB/T 19670—2005	5.1.10
10.3	电气设备受外界影响	1.2.1,1.5.11,4.1.2.8		4.11.11	NC 控制装置在加工、调整和维护时		5.1.9
12	刀具转速变化	1.3.6		4.2.2,4.3	在加工调整期间		5.1.8
13	动力供应故障	1.2.6		4.11,4.11.4	使用不当造成的控制故障，夹具故障和超速	GB 5226.1—2002	5.1.10

表 1（续）

EN 1050:1996 有关条款	危　险	EN 292-2:1991/A1:1995 附录 A 有关条款	GB/T 15706.1—2007 有关条款	GB/T15706.2—2007 有关条款	危险形式	相关标准	在本标准中的有关条款
14	控制系统故障	1.2.1,1.2.3,1.2.4,1.2.5,1.2.7,1.6.3		4.11,5.5.4	控制系统未检测到的故障造成的；在换刀具/工件期间发生意外运动	GB/T 16855.1—2008	5.1.9
15	装配错误	1.5.4	4.9	4.7,6.5	在换刀具、工件时		5.3.9,6.2
16	操作中断	1.3.2	4.2.2	4.3	在加工期间		5.2.1.2
17	物体或流体掉下或甩出	1.3.3	4.2.2	4.3,4.10	装夹工件，加工时，棒料进给和冷却（工件，切削部分）		5.2.1.2,5.2.1.3,5.2.1.3.3,5.2.1.3.4,6.2.5
19	滑倒、绊倒和跌倒	1.5.15	4.2.3	5.5.6	在冷却液渗漏的地方		5.2.1.2,5.3.4,6.2
21.1	人在进入（或在离开）工作位置时跌倒	3.2.1,3.2.3,3.4.5,3.4.7			在调整—加工期间	GB 17888.1～17888.4—2008	5.2.1.3.3
21.4	在工作位置的机械危险： c）物体跌落，由物体穿透	3.2.1,3.4.4			在加工期间	GB 17888.1～17888.4—2008	5.2.1.3.3
21.6	照明不足	3.1.2			在加工期间	EN 1837:1999	5.2.1.3.3
21.8	工作位置处的噪声	3.2.1			在加工期间		6.2.7
35	人员从运输工具上跌落	1.5.15,6.3.1,6.3.2,6.3.3			在调整期间	GB 17888.1～17888.4—2008	5.3.1.3.3

5 安全要求和/或措施

大规格数控车床与车削中心的安全要求和/或措施应符合本章的规定。此外，对本标准没有涉及到的未识别危险，机床设计时应按 GB/T 15706.1—2007 中第 5 章的规定。

对于通过设计减少风险见 GB/T 15706.2—2007 的第 4 章；对于通过采取安全防护措施减少风险见 GB/T 15706.1—2007 的第 4 章。

5.1 控制系统一般要求

控制系统的安全要求应符合 GB/T 15706.2—2007 中第 4 章，以及本标准 5.1.1～5.1.10 的规定。

5.1.1 控制系统安全和可靠性

在本标准中，控制系统有关安全部件的控制起始于操动器(控制装置)或触发点，结束于最终操作机构或元件(如：电机)的输出处。

控制系统有关安全部件涉及下列功能，并且应满足下面所规定的类别(见 GB/T 16855.1—2008)要求：

——起动或重新起动，1 类(见 5.1.3)；

——运行中停止，1 类(见 5.1.4)；

——最高主轴转速被选择，2 类或 3 类(见 5.1.8)；

——紧急停止，1 类或 3 类(见 5.1.5)；

——联锁，1 类或 3 类(见 5.2.1.2，5.2.1.3，5.2.1.5，5.2.1.6，5.2.2，5.2.4)；

——带防护锁的联锁，3 类(见 5.2.1.2)；

——轴线运动(包括低速进给)，2 类(见 5.1.8)；

——加速/减速控制，2 类(见 5.2.1.1.1)；

——模式选择，1 类(见 5.1.7)；

——带自复位控制装置，3 类(见 5.1.7.2)；

——工件夹紧，1 类(见 5.2.1.1)；

——刀具交换，1 类(见 5.2.4)。

对于一些不同类别的控制系统有关安全部件组合使用，至少应达到同一级别的承受故障能力(见 GB/T 16855.1—2008 的 6.3)。

验证：检查相应的图样和/或线路图、视检、制造者提供外购件符合相关标准的证明。

5.1.2 控制装置的位置

控制装置的位置应符合 GB 5226.1—2002 和 EN 894-1：1997、EN 894-2：1997、EN 894-3：2000 的有关规定(见 5.1.5)。

控制装置(如：起动装置、停止装置、工作方式选择开关、带自复位控制装置)应位于危险区以外(如：围栏外或操作平台上)的主操作台上。

不允许在机床的其他任意位置上用工作方式选择开关或起动控制装置起动生产工作方式。

在调整方式下，可采用远离主操作台的悬挂式操作台操作机床，也可用位于危险区外的独立控制台操作机床，二者任选其一。

在调整工作方式下，当机床的运动有多种控制方式时，任何情况下只能有一种操作方式起作用。

验证：检查相应的图样、视检。

5.1.3 起动

起动和重新起动应符合 GB 5226.1—2002 中 9.2.5.2 的规定，并在机床的防护装置全部安放到位并起作用的条件下进行。联锁装置应符合 5.2.1.3 的规定。

起动和重新起动功能应符合 GB/T 16855.1—2008 中规定的 1 类要求。

机床不同功能的起动与所选择的工作方式有关(见 5.1.7)。

活动式防护装置闭合时，运动部件不应自行起动。除非动力驱动式防护装置上装有压敏片，在防护装置闭合后，无需重新起动(见 5.2.4.3)。

活动式防护装置脱开时，应按 GB/T 19670—2005 中第 6 章的规定，防止工件主轴、(花盘、)尾座套筒、刀具轴、刀架和工件夹具等危险动作的意外起动。

在生产工作方式下，只允许在活动式防护装置闭合条件下，采用起动装置起动或重新起动机床(见 GB 5226.1—2002 的 9.2.5.2)。

验证：检查相应的图样和/或线路图、视检和功能检查。

5.1.4 运行中停止

在机床运行中，应可通过停止器件实现运行中停止。运行中停止(符合 GB 5226.1—2002 中 9.2.2 规定的 2 类停止要求)时，则无需中断运动轴驱动电机、工件(如：动力卡盘)和 NC 控制系统的供电。对于需保持动力的工件夹持主轴，应配有主轴驱动监视器(见 GB/T 19670—2005 的 6.4)。

监视器应满足 GB/T 16855.1—2008 规定的 3 类要求。

运行中停止功能应符合 GB/T 16855.1—2008 中规定的 1 类要求。

当机床运行中停止时，活动式防护装置的脱开应在机床保持 2 类停止(见 GB 5226.1—2002 的 9.2)下进行。

对于有可能整个身体进入机床工作区的地方，运行停止后重新起动机床时，操作者应采取双重动作方式进行。如：关闭通道门后，再起动循环；联锁功能重新设定后，再起动循环。至少应有一个这样的控制装置位于主操作台上，以确保操作者在重新起动前从工作区退出。

操作者在操作位置应能观察到机床的工作区。

由于控制系统安全部件故障，而导致运行中停止时，应符合 GB 5226.1—2002 中 9.2 规定的 1 类停止要求(见 5.2.2)。

工件夹紧装置应具有减速控制手段(见 5.2.1.1.1)。

验证：检查相应图样和/或线路图、视检和功能检查。

5.1.5 紧急停止

紧急停止功能的设计如果采用硬线控制，应符合 GB/T 16855.1—2008 中规定的 1 类要求。对于其他情况(如：软件控制等)应符合 GB/T 16855.1—2008 中规定的 3 类要求。

急停停止功能应符合 GB 5226.1—2002 中 9.2.2 规定的 1 类停止要求，并应符合 GB 5226.1—2002中 9.2.5.4 和 GB/T 16754—2008 的有关规定。

起动紧急停止功能的紧急停止装置应符合 GB 5226.1—2002 中 10.7 的规定。在每个操作位置应设置一个急停装置，如：

——主操作台上；

——可携式操作台上(如果有)；

——当刀库与工作区分离时，在围栏或刀库内和附近(若全身可能接近)。

验证：检查相应图样和/或线路图、视检和功能检查。

5.1.6 访问 NC 程序

在生产工作方式下，可通过可编程功能访问程序，进行修改，如：刀具偏置的修正等。为防止未授权人员访问程序数据或可编程功能，这些功能必须闭锁，可采用密码或钥匙开关(见 6.2.9)。

验证：检查相应图样和/或线路图、视检和功能检查。

5.1.7 **模式选择**

对于生产工作方式和调整工作方式，应设置工作方式选择开关，选择开关在所选方式下能锁住，并且还应符合 EN 292-2:1991/A1:1995 中 A.1.2.5 和 GB 5226.1—2002 中 9.2.3 的有关规定(见图 3)。

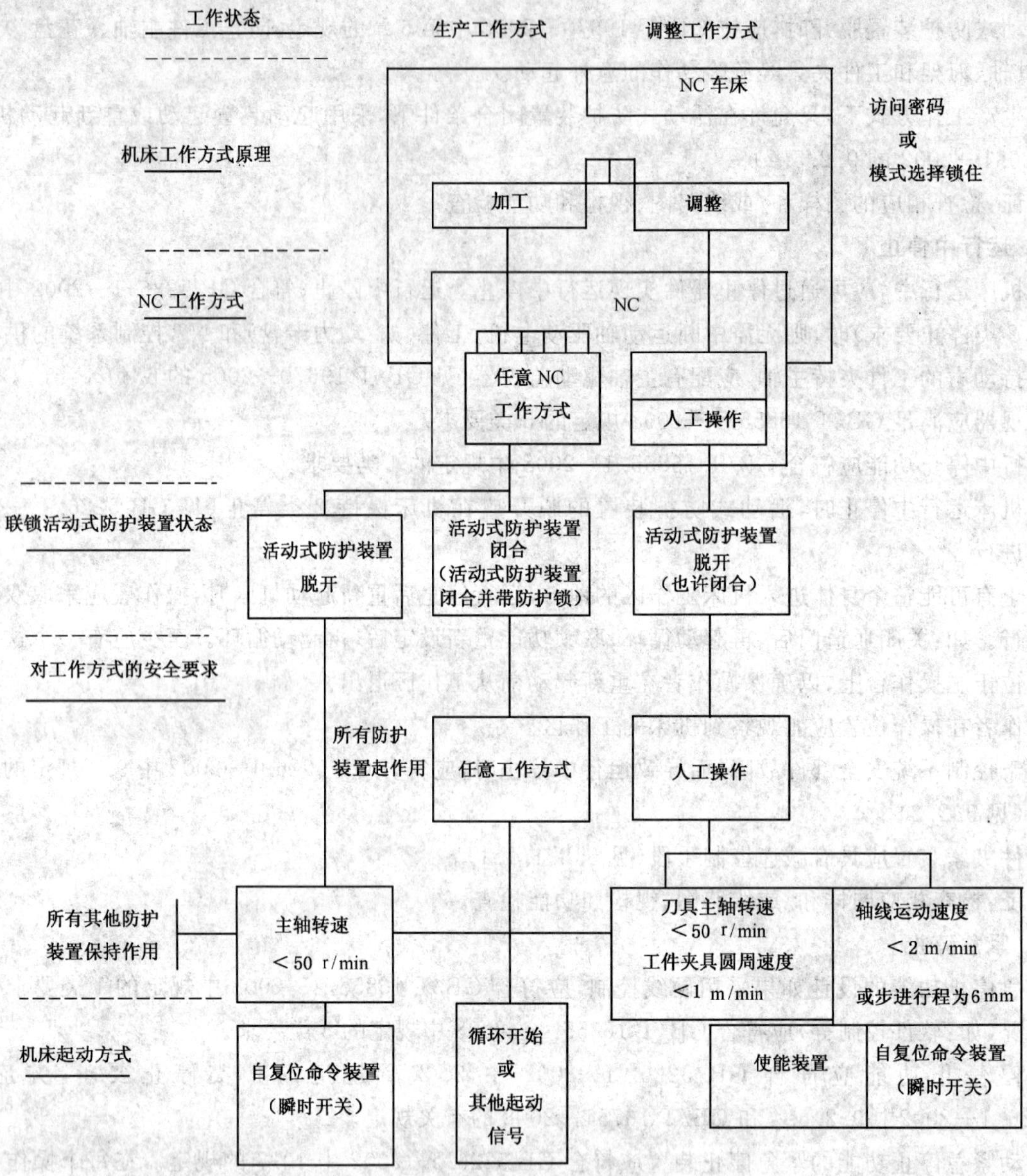

图 3 安全措施示意图

模式选择装置应确保在任何时候只有一个工作方式起作用。

模式选择功能应符合 GB/T 16855.1—2008 中规定的 1 类要求。

另外，各工作方式应按 5.1.7.1 和 5.1.7.2 规定的安全防护措施下进行。

验证：检查相应图样和/或线路图、视检和功能检查。

5.1.7.1 **生产工作方式**

在生产工作方式下，当活动式防护装置脱开时，机床部件应停止运动，下列情况除外：

——换工件时，工件夹具的脱开、闭合运动和尾座套筒的移动(见 5.2.1.1.1)；

——主轴运转由自复位命令装置(瞬时开关)控制，转速小于或等于 50 r/min。

只有当联锁的活动式防护装置闭合时，才允许其他的运动(见 5.2.1.2)。

验证:检查相应图样和/或线路图、视检和功能检查。

5.1.7.2 调整工作方式

在调整工作方式下，当活动式防护装置脱开时，机床部件的运动，应在下列条件下进行：

a) 刀具主轴的转速小于或等于 50 r/min，并且运动由自复位命令装置(瞬时开关)控制。

b) 轴线运动最高速度小于和等于 2 m/min(见 5.1.8)，并且运动由：

——自复位命令装置(瞬时开关)(符合 GB/T 16855.1—2008 中规定的 3 类要求)控制；

——或移动距离小于或等于 6 mm。

c) 动力刀架的转动应仅限于单个分度，可采用：

——同使能装置一起使用的自复位命令装置(瞬时开关)；

——或符合 GB/T 19671—2005 中 6.2 规定的Ⅱ型或Ⅲ B 型双手操纵开关。

d) 工件夹具和花盘的移动，由位于危险区外的操作者，采用双手使用的自复位命令装置(瞬时开关)控制，圆周速度不超过 1 m/s。

验证:检查相应图样和/或线路图、视检和功能检查。

5.1.7.3 人工干预

在生产工作方式下操作时，可采用人工干预方式进行干预。在这种情况下，只有满足 5.1.7.2 规定的条件，才允许刀具主轴、驱动轴、刀架和工件夹紧装置在防护装置脱开下进行运动。此外，它们应具有两个独立的控制通道，并且所采用元件不同，通过外围回路，它们之间互相监控。在每一循环的开始，它们都应能被检测到。在这种情况下，两个通道的传感器可共用。

当干预执行时，如导致安全性能丧失，应能给出明显的警告信息，如：自动报警装置等。

验证:检查相应图样和/或线路图、视检和功能检查。

5.1.8 速度控制

对于监控刀具和工件主轴速度的控制系统安全部件，应符合 GB/T 16855.1—2008 中规定的 3 类要求；对于监控轴线运动速度的控制系统安全部件，应符合 GB/T 16855.1—2008 中规定的 2 类要求。

对于控制主轴转速，轴线进给和带自复位命令的系统，至少应具有两个独立的控制通道，并且所采用的元件不同。通过外围回路，它们之间互相监控。在每一循环的开始，它们都应能被检测到。在这种情况下，两个通道的传感器可共用。

对于限制或程序预置/选取的速度，由于速度偏差可能会引起危险的，应采取紧急停止措施(见 5.1.5)。

验证:检查相应图样和/或线路图、视检和功能检查。

5.1.9 数字控制

有关安全性的软件应采取措施，防止未授权人员改变。特别是应不能让用户通过插入或调入手段，改变安全部件程序的排序，而延迟安全功能(包括联锁防护装置)的操作。

注：参见 GB/T 20438.1～20438.7—2006、GB/T 21109.1—2007、IEC 62061:2005。

验证:检查相应图样和/或线路图、视检和功能检查。

5.1.10 动力供应中断

当压力或电压欠压时，机床的循环应停止。动力中断或发生故障时，不应导致夹持的工件和刀具松脱，直至完全停止后。存储的能量不应导致机床自动重新起动(见 GB/T 15706.2—2007 的 4.11.4 和 EN 1037:1995)。

系统的设计应确保线路断裂(电线、导管或软管断裂等)时，不应导致安全功能丧失(见 GB 5226.1—2002、EN 982:1996 和 EN 983:1996)。

验证:检查相应图样和/或线路图。

5.2 对机械危险的防护

有关的机械危险见 GB/T 15706.1—2007 的 4.2。采取防护的基本原则见GB/T 15706.2—2007的第5章。

防护装置应符合 GB/T 8196—2003 的有关规定。

5.2.1 工作区

5.2.1.1 工件夹紧条件

5.2.1.1.1 一般要求

a) 主轴运转时，应不能人工起动工件夹具的夹紧和松开。

b) 动力卡盘应符合 ISO 16156:2004 的有关规定。

c) 在生产工作方式下，满足下列条件之前，程序不允许运行：

1) 机床应具有输入限制/确认功能，使操作者在程序中输入的某一工件的最高主轴速度和工件夹具的最高转速符合机床的规定。对由于操作者疏忽，在程序中输入或确认了不符合要求的速度时，机床不应运行(见 6.2.4)。输入的速度不应超过二者之中的较低速度。

2) 对于工件动力夹紧装置(见 5.2.1.4)，一般应具有夹紧力监控装置(如：监视液压压力)。此外，还应监控工件夹紧所需的卡爪行程。当工件未达所要求的夹紧力或保留行程不够时，不允许驱动工件主轴。

3) 在主轴转动情况下，当夹紧力或保留行程低于预先调节的安全值时，机床应按 GB 5226.1—2002中规定的1类停止要求停止运行。

4) 自动夹紧工件应符合 GB/T 16855.1—2008 中规定的1类要求(如果有)。

5) 应提供防止加速/减速的方法，以避免工件夹具松脱。如：采用动态可调式加速/减速器。

验证：检查相应图样和/或线路图、视检和功能检查。

5.2.1.1.2 动力工件夹具

动力卡盘应符合 ISO 16156:2004 的有关规定。

在主轴停止运转之前，应保持足够的夹紧力，以确保工件夹紧安全。如：采用单向阀控制的液压系统或工件夹具带自锁(见 ISO 16156:2004 的 5.2.1)。

验证：检查相应图样和/或线路图、视检和功能检查。

5.2.1.1.3 手动卡盘

手动卡盘应符合 ISO 16156:2004 的有关规定。

应采取措施，防止扳手留在卡盘上的情况下主轴起动。

注：可能的话，采用自弹出的扳手(如：弹性加载)。

验证：检查相应图样和/或线路图、视检和功能检查。

5.2.1.2 甩出

5.2.1.2.1 对于立式车床

提供的固定式防护装置和/或活动式防护装置应能容纳切屑/金属屑和/或切削液、刀具或工件，并使它们转向回收区。

防护装置在结构设计上应能避免切屑和液体堆积。

此外，对于花盘和排屑系统，在其周围应设置固定挡板和带防护锁的活动式联锁防护装置(见 5.2.2)(若需要进入)，并且应高出花盘表面至少 0.25 m。

防护装置应采用厚度至少为 3 mm 的钢板。工作区整体防护系统中的观察屏，应采用厚度至少为 8 mm 聚碳酸酯板或采用其他等同材料(能抵抗 3 000 J 冲击能量)。该防护装置也可与作为防止从地面或平台(见 5.2.1.3.2)进入加工区的防护装置合为一体。

验证:检查相应图样、实测和视检。

5.2.1.2.2 对于卧式车床

提供的固定式防护装置和/或活动式防护装置应能容纳切屑/金属屑和/或切削液、刀具或工件,并使它们转向回收区。

防护装置在结构设计上应能避免切屑和液体堆积。

在机床后部的固定式防护装置或活动式防护装置,应能容纳切屑/金属屑和/或切削液、刀具或工件。防护装置应固定在滑鞍上或固定床身上。当固定在滑鞍时,防护装置应超出滑鞍的全长。当固定在床身时,防护装置应超出加工区的全长。

此外:

1) 对于操作平台或滑鞍,应采用固定挡板和活动式联锁防护装置(见5.2.2)(若需要进入)。并且防护高度距操作地面至少为1.8 m,防护宽度为操作平台或滑鞍的宽度。防护装置的移动部件与工件主轴驱动之间应联锁(见5.2.2)。防护装置的脱开与滑鞍移动之间应采用带防护锁的联锁。防护装置应采用厚度至少为3 mm钢板。工作区整体防护系统中的观察屏,应采用厚度至少为8 mm聚碳酸酯板或采用其他等同材料(能抵抗3 000 J冲击能量)。

2) 对于圆形工件夹紧装置(花盘或卡盘),为防止缠绕危险和甩出危险,应采用活动式防护装置。防护应延伸到卡爪或花盘的前端。防护装置(包括其上装的检修门)应采用厚度至少为3 mm(能抵抗3 000 J冲击能量)的钢板。防护装置与工件主轴驱动之间应联锁(见5.2.2)。

验证:检查相应图样、实测和视检。

5.2.1.3 接近危险区

5.2.1.3.1 一般要求

为防止从操作位置接近下列危险部件应设置固定式防护装置和活动式联锁防护装置(见5.2.2,GB/T 8196—2003和GB 12265.1—1997的表1):

注:包括了不带操作平台机床的防护距离。

——加工区(包括旋转工件夹具和工件运动区);

——刀具运动区;

——换刀装置的运动区;

——排屑区;

——危险部件和辅助装置的运动区(如:上料/提升和下料装置)(如果有)。

只有满足调整方式规定的要求(见5.1.7.2),才允许机床在防护装置脱开状态下运动。

验证:检查相应图样和/或线路图、视检。

5.2.1.3.2 接近加工区

对于立式车床:

为防止接近加工区,应设置由固定式防护装置和带防护锁的活动式联锁防护装置组成的防护围栏。设置在地面的防护围栏应牢固可靠,并且防护高度最少为1.4 m,距危险区的距离应符合GB 12265.1—1997中表1的规定。

对于卧式车床:

应避免剪切危险(如:平台与机床之间),如:采用可调挡块或障碍物;当平台运行速度超过25 m/min时,采用缓冲器。

在冲击力达到400 N之前,缓冲器应使运动停下来。冲击力的测量应使用一个直径为80 mm的圆形测头,并且垂直于运动方向安放。缓冲器的作用部分应用柔性材料(如:橡胶)制成,并且宽度大于80 mm。

压敏缓冲器应超过部件高度，最高至 1.8 m。压敏缓冲器施加的作用力不应超过 400 N。

验证：检查相应图样、实测和视检。

5.2.1.3.3 **平台**

加工过程中需要进行人工干预或接近观察的地方，需采用围栏或活动式防护装置，对操作位置进行防护所提供的封闭措施或平台应满足下列要求：

——采用可调式防护装置，以确保操作位置安全，若有必要；

——按人类工效学原则设计，见 EN 614-1:1995；

——提供照明和通风方式(如：插座和通风连接口，若有必要)；

——提供进出其他操作位置的方式(如：梯子)，见 GB 17888.3—2008 和 GB 17888.4—2008；

——设计时，防止接近危险区，如：对观察孔进行防护或采取合适的安全距离(见 GB 12265.1—1997)；

——提供避免切屑和/或加工液对操作者造成危害的防护，所提供的防护装置至少高于地面或平台地面 1.8 m。

应提供减少操作平台/围栏调整时(水平或垂直移动)产生的挤压、剪切和冲击危险的措施(如：缓冲器，金属卷帘，压敏防护装置)。

操作平台/围栏的调整仅应在调整方式下进行，如：采用自复位命令装置(瞬时开关)控制。

验证：检查相应图样、视检和实测。

5.2.1.3.4 **排屑装置**

为防止接近排屑装置危险部件，应设置固定式防护装置和/或联锁的活动式防护装置(见 5.2.2)，除非它们所处的位置是安全的(见 GB 12265.1—1997)。

当联锁的活动式防护装置脱开时，排屑装置应停止运动。对于传输带可触及的地方，应按 GB 12265.1—1997的规定采取措施，当加工区的防护装置脱开时，传输装置(如：皮带)应停止运动。

对于排屑区的残留危险(如：挤压危险，缠绕危险和排屑危险等)，应采用警告标志告知。对于需要在活动式防护装置脱开时进行运动的排屑装置(如：清理等)，只有在自复位命令装置(瞬时开关)控制下和邻近有紧急停止装置，才能进行。

应防止进入排屑区，可采用围栏方式。在采用活动式防护装置的地方，应与排屑装置联锁(见5.2.2 和 6.2)。

验证：检查相应图样、视检和功能检查。

5.2.1.4 **尾座套筒**

动力作用的尾座(如果有)和/或尾座套筒，只能在调整方式和人工控制方式下，借助于自复位命令装置(瞬时开关)起动。尾座套筒的移动速度不应超过 1.2 m/min，尾座的移动速度不应超过2 m/min。控制的设计和安排应这样：当自复位命令装置(瞬时开关)松开时，套筒移动应停止。即向前时，闭合；向后时，松开，松开后停止。如：2 位或 3 位手动/踏板开关(停—闭合—停)。

当夹持工件主轴旋转时，应不能用人工起动使动力尾座和动力套筒移动。尾座套筒的夹紧极限位置应在套筒的末端清晰、耐久地标识出来，如，通过一个环形物来标识或采用限位开关。

验证：检查相应图样和/或线路图、视检和功能检查。

5.2.1.5 **传动装置的防护**

为防止接近传动装置(如：链条和链轮、齿轮、丝杠、进给轴等)，应采用固定式防护装置，除非它们所处位置是安全的。如果需要接近这些传动部件，应采用联锁的活动式防护装置。联锁装置的控制系统应符合 GB/T 16855.1—2008 中规定的 1 类要求。

验证：检查相应图样和/或线路图。

5.2.1.6 **对带棒料送进装置卧式车床的特殊要求**

对于棒料送进装置以及旋转的棒料，在其周围应设置超过其全长的固定式防护装置和/或活动式防护装置。

为防止接近旋转或移动的棒料，或棒料送进装置的移动部件，应设置固定式防护装置和/或活动式联锁防护装置(见5.2.2)。只有当危险运动停止时，才允许接近(见GB/T 18831—2002)。联锁装置的控制系统应符合GB/T 16855.1—2008中规定的1类要求。为了防止在生产工作方式下，工作区防护装置脱开时棒料送进，工作区的防护装置与棒料送给系统应联锁。

在调整方式下，只有在自复位命令装置(瞬时开关)控制下，而且速度低于或等于2 m/min，才允许棒料送进。

除非残余棒料的剩余长度能保证安全、可靠地夹紧，否则机床应停止(见6.1)。

验证：检查相应图样和/或线路图、视检和功能检查。

5.2.2 **联锁防护装置**

带或不带防护锁的活动式防护装置的联锁应符合GB/T 18831—2002中7.1的规定。

联锁装置发生故障时，机床的停止应符合GB 5226.1—2002中9.2.2的1类停止要求。

验证：检查相应图样和功能检查。

5.2.3 **卸荷和退出**

在机床的相应危险区和紧急停止状态下，机床轴线运动还存在残余危险的地方，应提供解除危险的方法和信息标志(如：陷入危险人员的解救)。解除危险的方法(见6.2和GB/T 15706.2—2007的5.5.3)也可采用下列方式：

a) 动力切断时：

——通过卸压阀释放压力系统的压力；

——若存在配重的情况下，用机械方式释放的动力驱动制动器。

b) 动力接通时：

——采用人工控制装置控制轴线运动，运动速度应小于或等于2m/min。

c) 通过控制装置起动反向运动。

见6.2。

验证：检查相应图样和视检。

5.2.4 **外部易接近的刀库、刀具输送和换刀机构**

对于位于工作防护区内的刀库、刀具输送和换刀机构，只有在调整工作方式下或机床运行停止时，才能接近。

为防止在生产工作方式下从外部接近刀库、刀具输送和换刀机构，应采用符合GB/T 18831—2002中7.1规定的固定式防护装置或带联锁的活动式防护装置。联锁装置的控制系统应符合GB/T 16855.1—2008中规定的1类要求。为进入刀库，而使活动式防护装置脱开时，刀库装置应停止运行，并且停止应符合GB 5226.1—2002中9.2.2的1类停止要求。

调整工作方式下，在联锁的活动式防护装置脱开的情况下，刀库的运动(如：重新装刀、维护或调整)，只允许在自复位命令装置(瞬时开关)控制下，对单个刀座进行分度运动或采用双手控制装置进行连续运动。运动速度应小于或等于2 m/min，或使控制装置位于符合GB 12265.1—1997规定的防止触及危险运动的安全距离处，进行操作。

刀库上所采用的传感器或反馈装置，其动作不应使机床产生其他危险运动。

对于整个人体可进入的刀库，应采用压敏装置，以防止刀库的危险运动和其他可接近的机床危险运动。

对于采用联锁防护装置的刀库，在防护装置闭合位置应尽量能观察到刀库的运动。

为防止刀具的跌落或甩出危险，刀具应可靠地保持在刀套中。刀套的有关设计数据(如：承受的最大质量、运动惯量和刀具的空间范围)应提供给用户(见6.2)。

为防止接近换刀装置的运动部件，应设置固定式防护装置或联锁的活动式防护装置。当联锁的防护装置脱开时，假如从任何危险区可以接近换刀装置，换刀装置应停止运行。

当换刀装置需要在防护装置脱开(调整工作方式下)和保护装置暂停下运行时(如：调整和维护)，只允许采用双手控制装置或同使能装置一起使用的自复位命令装置(瞬时开关)控制下，进行步进运动。换刀装置所采用的传感器或反馈装置，其动作不应使机床产生其他危险运动。为防止刀具的跌落或甩出危险，在任何操作条件下(包括动力丧失情况下)，刀具应能可靠地保持在换刀装置中。

验证：检查相应图样/线路图、视检和功能检查。

5.3 防止接近非机械危险区

5.3.1 发散物

机床应设置排气装置接口，以便消除发散物(如：油雾等)危险。

注1：对用于特殊用途和特定环境下使用的机床排气装置的特殊规定不属于本标准的范畴。

注2：对于机床在实际使用条件下和/或使用易燃液体存在火灾和爆炸危险的特殊规定不属于本标准的范畴。

验证：检查相应图样。

5.3.2 电气设备

电气设备除符合本标准的规定外，还应符合GB 5226.1—2002的规定。

电击的防护见GB 5226.1—2002的第6章；电气设备的过流和过载保护见GB 5226.1—2002的第7章；所有电气设备的防护等级至少应达到GB 4208—2008中规定的IP54。

电气设备特别应符合GB 5226.1—2002的下列有关规定：

——电气设备的保护应符合第7章的有关规定；

——等电位接地应符合第8章的有关规定；

——导线和电缆应符合第13章的有关规定；

——配线应符合第14章的有关规定；

——电动机及有关设备应符合第15章的有关规定。

电气的护壳应不易受刀具和/或工件甩出而损坏造成的危险。带电体应处于不易接近的地方(见GB 5226.1—2002的6.2.2)。若机床的电源线具有过流保护(见GB 5226.1—2002的7.2.2)，则火灾的危险可不用考虑。

验证：检查相应的图样和/或线路图，视检和功能检查。

5.3.3 人类工效学

控制装置的位置见5.1.2。

机床人机工程的设计应符合GB/T 15706.1—2007中4.9、GB/T 15706.2—2007中4.8和5.5.6、GB/T 18717.1～18717.2—2002和ENV 26385:1990的有关规定。

对于使用工件装、卸装置(如：提升装置等)的机床，设计时应确保机床留有足够的上、下料空间。

验证：检查相应的图样和视检。

5.3.4 切削液/冷却液

见5.2.1.2和6.2。

为进入工作区，当活动式防护装置脱开时，切削液/冷却液应自动关闭。机床的切削液/冷却液系统应易于提取样品、清理，以及更换过滤元件(见6.2)。

冷却液应自重泄液从机床上流回箱内，以避免在机床上产生滞液区或流到机床内部。

验证:检查相应的图样和使用说明书。

5.3.5 气动系统

机床的气动系统应符合 EN 983:1996 的规定。

5.3.6 液压系统

机床的液压系统应符合 EN 982:1996 的规定。

5.3.7 噪声

机床设计时应考虑提供控制噪声源的有效信息和测量技术(示例见 ISO/TR 11688-1:1995)。

注:机床的主要噪声源包括:

——主轴/轴线驱动装置;

——刀架;

——工件夹紧装置;

——棒料送进装置(如果有)。

5.3.8 激光

带激光校验的机床,使用的激光应符合 GB 7247.1—2001 中规定的 1 类或 2 类要求。

5.3.9 装配错误

对于一些用户为了调整和维护可拆卸的部件(如:转塔,机械装置等),应有防止错误装配(如:调整销、不对称配件等)的措施(见 6.2)。

5.3.10 能量隔离和卸荷

见 GB/T 15706.2—2007 的 4.10 和 5.5.4。

应提供能量隔离(见 EN 982:1996 的 5.1.5、EN 983:1996 的 5.1.6 和 GB 5226.1—2002 的 5.3)和能量卸荷的方法(见 GB/T 19670—2005 的 5.3)。

电源切断(隔离)开关应符合 GB 5226.1—2002 中 5.3 的规定。但电源切断(隔离)开关不允许选择 GB 5226.1—2002 中 5.3.2 的 d)型。

气动系统和液压系统应靠电气切断(隔离)开关脱开。对于机床上蓄存的能量(如:蓄能器,导管或管路中),应提供释放余压的方法。能量的释放可通过阀进行,但不能卸开连接管路。

验证:检查相应的图样和/或线路图,视检和功能检查。

5.3.11 维护

见 GB/T 15706.2—2007 的 4.15,EN 292-2:1991/A1:1995 的 1.6.1 和附录 A。

按 GB/T 15706.2—2007 中 6.5.1 的规定,使用说明书应提供有关维护方面的信息(见 6.2)。

验证:检查相应的图样和手册,视检和功能检查。

6 使用信息

见 GB/T 15706.2—2007 的第 6 章。

6.1 标志

动力卡盘应符合 ISO 16156:2004 的规定。对于其他的工件夹具应标出允许的最高转速(r/min)。

除了满足 GB/T 15706.2—2007 中 6.4 的规定外,机床上应标出主轴的最高转速(r/min)。

对于使用的棒料突出主轴后端面或送进装置可能造成甩动危险的卧式车床,应设置明显的警示标志(见 GB/T 15706.2—2007 的 6.4)以防缠绕危险,并说明对棒料暴露部分的防护方法。

对于没有装在机床上的防护装置、保护装置和其他部件应给出识别标志。

验证:检查图样和视检。

6.2 使用说明

应按 GB/T 15706.2—2007 中 6.5 的规定提供使用说明书。

使用说明书中应给出机床的噪声值和噪声测试规范(噪声值是在该规范下测得的)。

使用说明书应规定“操作者必须经过充分的安全使用、调整和操作机床的培训，方可使用机床”。

使用说明书除提供基本信息外，还应提供下列附加信息：

——“在机床各操作方式开始前，所有防护装置应就位并起作用”；

——有关安装(包括防止进入排屑区的建议)和维修要求，包括需作定期检查或检测装置的检查频次和方法一栏表；

——人工搬运重的部件和工件的建议，包括可交换部件(如：刀具，部件，夹具等)搬运点的位置；

——有关使用校准激光的建议(如果有)；

——致动系统或传输系统推荐使用的润滑剂；

——有关选择、配制和使用的切削液和润滑剂及防止其退化的预防措施的建议；

——防止切削液溢出措施(如：集液槽清理等)的建议；

——有关刀具使用的建议，包括：装在刀库中刀具的重量限值、运动惯量和空间界限；

——有关工件夹具使用和固定的建议；

——被困人员解脱方法；

——使用人员保护装置的建议，如：触摸热和/或锋利切屑及切削液时要戴手套、佩戴护眼镜等；

——消除加工中产生危险物质(如：粉尘和油雾)用的抽取装置连接说明；

——对加工时使用易燃金属或自燃材料或易燃冷却液采取附加预防措施的建议。

6.2.1 **刀具**

应提供刀具可靠固定和/或更换的信息。如：刀具部分/与机床有关的连接部分的资料。

6.2.2 **工件夹具的更换**

应提供使工件夹具可靠固定和/或更换的信息。如：夹具部分/与机床有关的连接部分的资料。

6.2.3 **机床携带的工件夹具**

当工件夹具随机床供应时，应提供充足的可靠使用和维护工件夹具的信息(如：润滑)。

6.2.4 **工件夹具的变更**

当工件夹具装置发生变更时，应提供降低/变更后主轴允许的最高工作转速或工作能力的信息。

工件夹具的变更只能按制造者提供的建议进行。

如果需要增加/更换工件夹具，当工件夹具的最高允许转速降低时，应在工件夹具上清楚地标出降低后的最高允许转速(r/min)。

6.2.5 **遗留风险**

应以警告方式加以提示，所提供的或随机床供应的符合 5.2.1.2.1 和 5.2.1.2.2 规定的防护装置只能降低甩出风险，并不完全排除风险。

应对加工中可能造成附加危险(见 5.3.1 的注 1 和注 2)的材料提出忠告。如：铝或镁火灾危险，有害粉尘的爆炸危险，热刀具和热切屑的烫伤危险。为减少烫伤风险，可采取佩戴手套。

应对为了进行检查而需更换元件、拆卸装置或改变软件可能会影响安全功能加以说明。

应对加工中工件不平衡可能会造成甩出危险加以说明。为减少甩出风险，可采用平衡块或降低加工速度。

对于具有棒料送进装置的卧式车床，棒料可能突出防护装置或支撑机构，应在送进装置上设置醒目的警示标志，以防止甩动危险(见 GB/T 15706.2—2007 的 6.4)。

应将降低发射噪声的主要限制因素提供给用户，如：

——刀具的选用；

——工件/刀具的夹紧方式；

——维护。

6.2.6 **重新起动**

应对重新起动方法加以说明。

6.2.7 **噪声**

应对发射的空气噪声加以声明，有关要求见 EN 292-2:1991/A1:1995 的 A.1.7.4，测定方法见附录 A。声明中应同时对测量方法和检验条件及不确定值 K 等加以说明：

——当采用 GB/T 3768—1996 或 GB/T 17248.3—1999 时，为 4 dB；

——当采用 GB/T 3767—1996 时，为 2 dB。

注：声功率噪声 $L_{WA}=83$ dB(测量值)。

不确定值 $K=4$ dB，按 GB/T 3768—1996 进行测量。

如果对公布的噪声值进行验证，测量应用同一方法和在同一检验条件下进行。

公布的噪声水平应附下列声明：

“所提供的数据为机床的噪声发射水平，未必是安全工作的噪声水平。安全工作噪声水平有时与发射水平和暴露水平二者有关。所提供的数据不能作为确定采取更进一步的必要预防措施的可靠依据。影响劳动者的实际暴露水平的因素包括：工作场所特性，其他噪声源(如：机床数量和邻近的加工情况)，操作者暴露在噪声环境时间长短等。另外，不同的国家允许的暴露水平也不一样。因此，提供这个信息是为了使机床的使用者对危险和风险作出更好地评价。”

6.2.8 **附加装置**

当附加装置作为机床的整体组成部分时，应提供这些装置有关安装和使用方面的信息。

验证：检查使用说明书。

6.2.9 **NC 控制面板上的加工功能**

应在说明书中说明如何正确选择和使用 NC 操作面板上的加工功能，如：刀具校正、工作方式操作、工作方式变换等。

6.2.10 **安装说明**

应提供安装方面的建议：

——应设置围栏以防止操作平台的运动风险；

——应提供进入机床所有工作位置的方法，包括：维护和清理；操作平台的进入应采用扶手和/或脚蹬和/或防滑面，如：网纹铁。

7 关于 GB 15760—2004

对于 GB 15760—2004 中未经本标准具体化的内容，还应符合 GB 15760—2004 的有关规定。

附 录 A
（规范性附录）
机床发射噪声的测量

噪声测量应在下列工作条件下进行：

——工件夹具主轴以 80%的最高转速进行空运转运动；

——工件夹具安装上并运行；

——附加装置和滑板停止运行；

——排屑器运行(如果有)。

机床的安装和操作条件应符合制造者使用说明书的规定。工作位置处机床发射噪声声压级的测定应与声功率相同。

工作位置处机床发射噪声声压级的测量应符合 GB/T 17248.3—1999 和下列规定的修正：

——环境修正值 K_{2A}或局部环境修正值 K_{3A}应小于或等于 4 dB；

——背景发射噪声声压级与工作位置处机床发射噪声声压级之间的差值应等于或大于 6 dB；

——局部环境噪声修正值 K_3 的计算按 GB/T 3768—1996 中提及的 GB/T 17248.5—1999 中 A.2 的规定，而不是按 GB/T 17248.3—1999 附录 A 的规定，或按 GB/T 3767—1996 中某一标准规定的测量方法。

声功率测量应符合 GB/T 3768-1996 包络表面测量方法和下列修正规定：

——环境修正值 K_{2A}应小于等于 4 dB；

——在每个测量点，背景噪声的声压级与机床所测噪声声压级之间的差值应等于或大于 6 dB，差值的修正规则(见 GB/T 3768—1996 的 8.2)应适用于差值直至 10 dB；

——测量面应平行于基准体，并距基准体距离为 1 m；

——对于距机床距离小于 2 m 的辅助装置，应包括在基准体内；

——取消 GB/T 3768—1996 中 7.5.3 规定的测量时间为 30 s 的要求 ；

——检验方法的准确度应大于 3 dB；

——测量点使用的传声器数目应符合 GB/T 3768—1996 的规定。

二者任选其一。当有测量仪器，并且所用测量方法适用于此类型机床时，机床发射声功率级的测量也可按更精确的测量方法(如：按 GB/T 3767—1996)进行，而不按上述修正规定。

可用声强法测定声功率噪声见 GB/T 16404—1996(在征得供应商和用户二者同意基础上)。

附 录 B
（资料性附录）
本标准条款中涉及的欧盟指令基本要求和其他欧盟指令

本标准条款中涉及了欧盟(EU)指令基本要求或其他欧盟(EU)指令。

EN 12478:2000 标准是由欧洲委员会和欧洲自由贸易协会授权的欧洲标准化委员会(CEN)制定的。它可作为 1998 年 6 月 22 日签署的欧盟(EU)“机械指令”98/37/CE 的支撑。

警告:属于本标准范围内的产品,有可能也要符合其他要求和其他欧盟(EU)指令。

本标准的条款可作为机械指令基本要求的支撑。

通过遵循本标准条款的规定,借此提供了符合有关指令规定的基本要求和 EFTA(欧洲贸易协会)规则的一种手段。

参 考 文 献

1. 基础标准

[1] GB/T 786.1—1993 液压气动图形符号(eqv ISO 1219-1:1991).

[2] GB/T 3168—1993 数字控制机床 操作指示形象化符号(neq ISO 2972:1979).

[3] GB/T 12204—1990 金属切削 基本术语(neq ISO 3002-1:1982).

[4] GB/T 14574—2000 声学 机器和设备噪声发射值的标示和验证(eqv ISO 4871:1996).

[5] GB/T 16755—2008 机械安全 安全标准的起草与表述原则(ISO GUIDE 78:2008,MOD).

[6] GB/T 17161—1997 机床 控制装置的操作方向(eqv ISO 447:1984).

[7] GB/T 18717.3—2002 用于机械安全的人类工效学设计 第3部分:人体测量数据(ISO 15534-3:2000,NEQ).

[8] GB/T 19876—2005 机械安全 与人体部位接近速度 相关防护措施的定位(ISO 13855:2002,MOD).

[9] GB/T 20438.1—2006 电气/电子/可编程电子安全相关系统的功能安全 第1部分:一般要求(IEC 61508-1:1998,IDT).

[10] GB/T 20438.2—2006 电气/电子/可编程电子安全相关系统的功能安全 第2部分:电气/电子/可编程电子安全相关系统的要求(IEC 61508-2:2000,IDT).

[11] GB/T 20438.3—2006 电气/电子/可编程电子安全相关系统的功能安全 第3部分:软件要求(IEC 61508-3:1998,IDT).

[12] GB/T 20438.4—2006 电气/电子/可编程电子安全相关系统的功能安全 第4部分:定义和缩略语(IEC 61508-4:1998,IDT).

[13] GB/T 20438.5—2006 电气/电子/可编程电子安全相关系统的功能安全 第5部分:确定安全完整性等级的方法示例(IEC 61508-5:1998,IDT).

[14] GB/T 20438.6—2006 电气/电子/可编程电子安全相关系统的功能安全 第6部分:GB/T 20438.2和GB/T 20438.3的应用指南(IEC 61508-6:2000,IDT).

[15] GB/T 20438.7—2006 电气/电子/可编程电子安全相关系统的功能安全 第7部分:技术和措施概述(IEC 61508-7:2000,IDT).

[16] GB/T 21109.1—2007 过程工业领域安全仪表系统的功能安全 第1部分:框架、定义、系统、硬件和软件要求(IEC 61511-1:2003,IDT).

[17] ISO 230-5:2000 机床检验通则 第5部分:噪声的发射.

[18] ISO 7000:2004 用于设备的图形符号 标志和说明.

[19] ISO 8525[2] 机床发射噪声 金属切削机床的工作条件.

[20] IEC 62061:2005 机械安全 电工/电子/可编程电子设备有关安全系统 安全功能.

2. 与车床加工不同其他方面的参考标准

[21] EN 692:1996 机床安全 机械式压力机.

[22] EN 693:2001 机床安全 液压式压力机.

2) 该标准正在起草。

[23] EN 12417:2001 机床安全 加工中心.
[24] EN 12626:1997 机械安全 激光加工机 安全要求(ISO 11553:1996,MOD).
[25] EN 12717:2001 机床安全 钻床.
[26] EN 13128:2001 机床安全 铣床(包括镗床).
[27] EN 13218:2001 机床安全 固定式磨床.
[28] EN 13736:2003 机床安全 气动式压力机.

ICS 65.060.35
B 91

中华人民共和国国家标准

GB/T 22999—2008

旋转式喷头

Rotating sprinkler

2008-12-31 发布　　2009-10-01 实施

中华人民共和国国家质量监督检验检疫总局
中国国家标准化管理委员会　发布

前　言

本标准由中国机械工业联合会提出。

本标准由全国农业机械标准化技术委员会(SAC/TC 201)归口。

本标准起草单位:江苏大学流体机械工程技术研究中心、中国农业机械化科学研究院、浙江大农实业有限公司。

本标准主要起草人:王洋、赵丽伟、王洪仁、张金凤、汤跃、袁建平、李红。

旋 转 式 喷 头

1 范围

本标准规定了旋转式喷头的型式与型号、基本参数、技术要求、检验规则、标志、包装、运输和贮存。

本标准适用于各种灌溉用旋转式喷头(以下简称喷头)。

2 规范性引用文件

下列文件中的条款通过本标准的引用而成为本标准的条款。凡是注日期的引用文件,其随后所有的修改单(不包括勘误的内容)或修订版均不适用于本标准,然而,鼓励根据本标准达成协议的各方研究是否可使用这些文件的最新版本。凡是不注日期的引用文件,其最新版本适用于本标准。

GB/T 2828.1—2003 计数抽样检验程序 第1部分:按接收质量限(AQL)检索的逐批检验抽样计划(ISO 2859-1:1999,IDT)

GB/T 13384 机电产品包装通用技术条件

GB/T 19795.1—2005 农业灌溉设备 旋转式喷头 第1部分:结构和运行要求(ISO 7749-1:1995,MOD)

GB/T 19795.2 农业灌溉设备 旋转式喷头 第2部分:水量分布均匀性和试验方法(GB/T 19795.2—2005,ISO 7749-2:1990,MOD)

3 型式与型号

3.1 型式

喷头按驱动机构的特征分为:摇臂式、叶轮式、挡片式、射流式和其他式。

3.2 型号

3.2.1 型号表示方法

喷头的型号由汉语拼音大写字母和阿拉伯数字等组成,其意义如下。

□ P □ □ □

- □(第五位)——附加机构的名称代号,一般以其名称的第一个大写汉语拼音字母表示
- □(第四位)——喷嘴数(单喷嘴不标注)
- □(第三位)——型式代号:Y 表示摇臂式,YC 表示垂直摇臂式,L 表示叶轮式,D 表示挡片式,S 表示射流式,其他式不标注
- P——喷头
- □(第一位)——喷头进水口公称直径,单位为毫米(mm)

3.2.2 标记示例

进水口公称直径为 15 mm 的双喷嘴摇臂式喷头,其标记为:15PY2。

进水口公称直径为 50 mm 装有换向机构的双喷嘴叶轮式喷头,其标记为:50PL2H。

进水口公称直径为 40 mm 的单喷嘴垂直摇臂式喷头,其标记为:40PYC。

进水口公称直径为 30 mm 的单喷嘴射流式喷头,其标记为:30PS。

进水口公称直径为 20 mm 的单喷嘴其他式喷头,其标记为:20P。

4 基本参数

4.1 常用喷射仰角旋转式单喷嘴喷头基本参数应符合表1的规定;常用喷射仰角旋转式双喷嘴喷头基本参数应符合表2的规定。

4.2 表1和表2中喷嘴直径一栏,对圆锥形喷嘴为出水口圆柱段的截面直径;对其他截面的喷嘴为当量直径,当量直径按GB/T 19795.1—2005中附录A的规定计算。

4.3 当喷嘴直径的数值与表1、表2所列数值不符时,可用内插法计算喷头流量和射程。

表1 常用喷射仰角旋转式单喷嘴喷头基本参数

进水口公称直径 D/mm	喷嘴直径 d/mm	额定工作压力 p/kPa	喷头流量 Q/(m^3/h)	喷头射程 R/m 喷射仰角 α 20°~25°	喷头射程 R/m 喷射仰角 α 26°~30°
10	2.5	150	0.27	9.0	9.5
		200	0.31	9.3	9.8
		250	0.35	9.6	10.2
		300	0.38	10.0	10.5
	3.0	150	0.39	9.5	10.0
		200	0.45	9.8	10.3
		250	0.51	10.1	10.6
		300	0.56	10.5	11.0
	3.5	150	0.53	10.0	10.5
		200	0.62	10.3	10.8
		250	0.69	10.6	11.1
		300	0.75	11.0	11.5
	4.0	200	0.81	10.5	11.5
		250	0.90	10.8	11.8
		300	0.98	11.1	12.1
		350	1.06	11.5	12.5
	4.5	200	1.02	11.0	12.5
		250	1.14	11.5	13.0
		300	1.25	12.0	13.5
		350	1.35	12.5	14.0
15	4.0	200	0.81	11.5	13.0
		250	0.90	12.0	13.5
		300	0.98	12.5	14.0
		350	1.06	13.0	14.5
		400	1.14	13.5	15.0
	4.5	200	1.02	12.0	13.5
		250	1.14	12.5	14.0
		300	1.25	13.0	14.5
		350	1.35	13.5	15.0
		400	1.44	14.0	15.5

表 1（续）

进水口公称直径 D/mm	喷嘴直径 d/mm	额定工作压力 p/kPa	喷头流量 Q/(m^3/h)	喷头射程 R/m 喷射仰角 α 20°～25°	喷头射程 R/m 喷射仰角 α 26°～30°
15	5.0	200	1.26	13.5	14.5
		250	1.40	14.0	15.0
		300	1.54	14.5	15.5
		350	1.66	15.0	16.2
		400	1.78	15.5	17.0
	5.5	200	1.52	14.0	15.0
		250	1.70	14.8	15.8
		300	1.86	15.5	16.5
		350	2.01	16.0	17.0
		400	2.15	16.5	17.5
	6.0	200	1.81	14.5	15.5
		250	2.02	15.5	16.5
		300	2.22	16.5	17.5
		350	2.40	17.0	18.0
		400	2.56	17.5	18.5
20	6.0	250	2.02	16.0	17.0
		300	2.22	17.0	18.0
		350	2.40	17.5	18.5
		400	2.56	18.0	19.0
		450	2.72	18.5	19.5
	6.5	250	2.38	16.5	17.5
		300	2.60	17.5	18.5
		350	2.81	18.0	19.0
		400	3.01	18.5	19.5
		450	3.19	19.0	20.0
	7.0	250	2.76	17.0	18.0
		300	3.02	18.0	19.0
		350	3.26	18.5	19.5
		400	3.49	19.5	20.5
		450	3.70	20.0	21.0
	7.5	250	3.17	17.5	18.5
		300	3.47	18.5	19.5
		350	3.75	19.0	20.0
		400	4.00	20.0	21.0
		450	4.25	20.5	21.5

表 1（续）

进水口公称直径 D/mm	喷嘴直径 d/mm	额定工作压力 p/kPa	喷头流量 Q/(m^3/h)	喷头射程 R/m 喷射仰角 α 20°～25°	喷头射程 R/m 喷射仰角 α 26°～30°
20	8.0	250	3.60	18.0	19.0
		300	3.95	19.0	20.0
		350	4.26	20.0	21.0
		400	4.56	21.0	22.0
		450	4.84	21.5	22.5
	8.5	250	4.27	18.5	19.5
		300	4.46	19.5	20.5
		350	4.81	20.5	21.5
		400	5.15	21.0	22.5
		450	5.46	22.0	23.0
	9.0	250	4.56	19.0	20.0
		300	5.00	21.0	22.0
		350	5.40	21.5	23.0
		400	5.77	22.0	23.5
		450	6.12	22.5	24.0
30	9.0	300	5.00	21.0	22.5
		350	5.40	22.0	23.5
		400	5.77	22.5	24.0
		450	6.12	23.0	24.5
		500	6.45	23.5	25.0
	9.5	300	5.57	21.5	23.0
		350	6.01	22.5	24.0
		400	6.43	23.0	24.5
		450	6.82	23.5	25.0
		500	7.19	24.0	25.5
	10.0	300	6.17	22.0	23.5
		350	6.66	23.0	24.5
		400	7.12	24.0	25.5
		450	7.56	24.5	26.0
		500	7.97	25.0	26.5
	10.5	300	6.80	22.5	24.0
		350	7.35	23.5	25.0
		400	7.86	24.5	26.0
		450	8.33	25.0	26.5
		500	8.78	25.5	27.0

表 1（续）

进水口公称直径 D/mm	喷嘴直径 d/mm	额定工作压力 p/kPa	喷头流量 Q/(m^3/h)	喷头射程 R/m 喷射仰角 α	
				20°～25°	26°～30°
30	11.0	300	7.47	23.0	24.5
		350	8.06	24.0	25.5
		400	8.62	25.5	27.0
		450	9.15	26.5	28.0
		500	9.64	27.5	29.0
	11.5	300	8.16	23.5	25.0
		350	8.81	24.5	26.0
		400	9.42	26.0	27.5
		450	10.00	27.0	28.5
		500	10.54	28.0	29.5
	12.0	300	8.89	24.0	25.5
		350	9.60	25.5	27.0
		400	10.26	26.5	28.0
		450	10.88	27.5	29.0
		500	11.47	28.5	30.0
40	12.0	350	9.60	26.0	27.5
		400	10.26	27.0	28.5
		450	10.88	28.0	29.5
		500	11.47	29.0	30.5
		550	12.03	29.5	31.0
	13.0	350	11.27	26.5	28.0
		400	12.04	27.5	29.0
		450	12.77	28.5	30.0
		500	13.47	29.5	31.0
		550	14.12	30.0	31.5
	14.0	350	13.06	28.0	29.5
		400	13.97	29.5	31.0
		450	14.82	30.0	32.0
		500	15.62	31.0	33.0
		550	16.38	32.0	34.0
	15.0	350	15.00	28.5	30.5
		400	16.04	29.5	31.5
		450	17.01	31.0	33.0
		500	17.93	32.0	34.0
		550	18.80	33.0	35.0

表 1（续）

进水口公称直径 D/mm	喷嘴直径 d/mm	额定工作压力 p/kPa	喷头流量 Q/(m^3/h)	喷头射程 R/m	
				喷射仰角 α	
				20°～25°	26°～30°
40	16.0	350	17.07	29.5	31.5
		400	18.25	30.5	32.5
		450	19.35	32.0	34.0
		500	20.40	34.5	36.5
		550	21.40	36.0	38.0
50	16.0	400	18.25	32.0	34.0
		450	19.35	35.0	35.5
		500	20.40	35.0	37.0
		550	21.40	36.5	38.5
		600	22.35	37.5	39.5
	17.0	400	20.60	33.5	35.5
		450	21.85	35.0	37.0
		500	23.03	36.5	38.5
		550	24.15	37.5	39.5
		600	25.23	38.5	40.5
	18.0	400	23.09	34.5	36.5
		450	24.49	36.0	38.0
		500	25.82	37.5	39.5
		550	27.08	38.5	40.5
		600	28.28	39.5	41.5
	19.0	400	25.73	35.5	37.5
		450	27.29	37.0	39.0
		500	28.77	38.5	40.5
		550	30.17	39.5	41.5
		600	31.51	40.0	42.5
	20.0	400	28.51	36.5	38.5
		450	30.24	38.0	40.0
		500	31.88	39.5	41.5
		550	33.43	40.0	42.5
		600	34.92	41.0	43.5
60	20.0	500	31.88	40.0	42.5
		550	33.43	41.5	44.0
		600	34.92	43.0	45.5
		650	36.35	44.0	46.5
		700	37.72	45.5	48.0

表 1（续）

进水口公称直径 D/mm	喷嘴直径 d/mm	额定工作压力 p/kPa	喷头流量 Q/(m³/h)	喷头射程 R/m	
				喷射仰角 α	
				20°～25°	26°～30°
60	22.0	500	38.57	41.5	44.0
		550	40.45	43.5	46.0
		600	42.25	45.0	47.5
		650	43.98	46.5	49.0
		700	45.64	48.5	51.0
	24.0	500	45.90	44.0	46.5
		550	48.15	45.5	48.0
		600	50.29	48.0	50.5
		650	52.34	49.0	51.0
		700	54.32	50.0	53.0
	26.0	500	53.87	45.5	48.0
		550	56.50	47.5	50.0
		600	59.02	49.0	52.0
		650	61.43	50.0	53.0
		700	63.75	51.0	54.0
80	26.0	600	59.02	49.0	51.5
		650	61.43	50.0	53.0
		700	63.75	51.5	54.5
		750	65.98	54.0	57.0
		800	68.15	56.0	59.0
	28.0	600	68.45	50.0	53.0
		650	71.24	51.5	54.5
		700	73.93	53.0	56.0
		750	76.52	54.5	57.5
		800	79.04	56.5	59.5
	30.0	600	78.57	51.5	54.5
		650	81.78	53.0	56.0
		700	84.87	54.0	57.0
		750	87.85	55.5	58.5
		800	90.73	57.0	60.0
	32.0	600	89.40	53.0	56.0
		650	93.05	55.0	58.5
		700	96.56	57.5	60.5
		750	99.95	58.0	61.5
		800	103.23	60.0	63.5

表 1（续）

进水口公称直径 D/mm	喷嘴直径 d/mm	额定工作压力 p/kPa	喷头流量 Q/(m^3/h)	喷头射程 R/m 喷射仰角 α 20°～25°	喷头射程 R/m 喷射仰角 α 26°～30°
80	34.0	600	100.93	55.0	58.0
		650	105.05	58.0	61.0
		700	109.01	60.5	64.0
		750	112.84	62.5	66.0
		800	116.54	64.5	68.0

表 2　常用喷射仰角旋转式双喷嘴喷头基本参数

进水口公称直径 D/mm	喷嘴直径 $d_{主} \times d_{副}$/mm	额定工作压力 p/kPa	喷头流量 Q/(m^3/h)	喷头射程 R/m 喷射仰角 α 20°～25°	喷头射程 R/m 喷射仰角 α 26°～30°
10	2.5×2.0	150	0.44	9.0	9.5
		200	0.51	9.3	9.8
		250	0.57	9.6	10.2
		300	0.62	10.0	10.5
	3.0×2.0	150	0.56	9.5	10.0
		200	0.65	9.8	10.3
		250	0.73	10.1	10.6
		300	0.80	10.5	11.0
	3.5×2.0	150	0.70	10.0	10.5
		200	0.82	10.3	10.8
		250	0.91	10.6	11.1
		300	0.99	11.0	11.5
	4.0×2.5	150	1.12	10.5	11.5
		200	1.25	10.8	11.8
		250	1.36	11.1	12.1
		300	1.47	11.5	12.5
	4.5×2.5	150	1.33	11.0	12.5
		200	1.49	11.5	13.0
		250	1.63	12.0	13.5
		300	1.76	13.5	14.0
15	4.0×2.5	200	1.12	11.5	13.0
		250	1.25	12.0	13.5
		300	1.37	12.5	14.0
		350	1.48	13.0	14.5
		400	1.58	13.5	15.0

表 2（续）

进水口公称直径 D/mm	喷嘴直径 $d_{主}\times d_{副}$/mm	额定工作压力 p/kPa	喷头流量 Q/(m^3/h)	喷头射程 R/m 喷射仰角 α	
				20°～25°	26°～30°
15	4.5×2.5	200	1.33	12.0	13.5
		250	1.49	12.5	14.0
		300	1.63	13.0	14.5
		350	1.76	13.5	15.0
		400	1.89	14.0	15.5
	5.0×3.0	200	1.71	13.5	14.5
		250	1.91	14.0	15.0
		300	2.10	14.5	15.5
		350	2.26	15.0	16.2
		400	2.42	15.5	17.0
	5.5×3.0	200	1.97	14.0	15.0
		250	2.21	14.8	15.8
		300	2.42	15.5	16.5
		350	2.61	16.0	17.0
		400	2.79	16.5	17.5
	6.0×3.0	200	2.26	14.5	15.5
		250	2.53	15.5	16.5
		300	2.77	16.5	17.5
		350	3.00	17.0	18.0
		400	3.20	17.5	18.5
20	6.0×3.0	250	2.53	16.0	17.0
		300	2.77	17.0	18.0
		350	3.00	17.5	18.5
		400	3.20	18.0	19.0
		450	3.40	18.5	19.5
	6.5×3.0	250	2.88	16.5	17.5
		300	3.16	17.5	18.5
		350	3.41	18.0	19.0
		400	3.65	18.5	19.5
		450	3.87	19.0	20.0
	7.0×3.5	250	3.45	17.0	18.0
		300	3.78	18.0	19.0
		350	4.08	18.5	19.5
		400	4.36	19.5	20.5
		450	4.63	20.0	21.0

表 2（续）

进水口公称直径 D/mm	喷嘴直径 $d_{主} \times d_{副}$/mm	额定工作压力 p/kPa	喷头流量 Q/(m^3/h)	喷头射程 R/m 喷射仰角 α 20°～25°	喷头射程 R/m 喷射仰角 α 26°～30°
20	7.0×4.0	250	3.66	17.0	18.0
		300	4.01	18.0	19.0
		350	4.33	18.5	19.5
		400	4.63	19.5	20.5
		450	4.91	20.0	21.0
	7.5×3.5	250	3.86	17.5	18.5
		300	4.22	18.5	19.5
		350	4.56	19.0	20.0
		400	4.88	20.0	21.0
		450	5.18	20.5	21.5
	7.5×4.0	250	4.07	17.5	18.5
		300	4.46	18.5	19.5
		350	4.81	19.0	20.0
		400	5.15	20.0	21.0
		450	5.46	20.5	21.5
	8.0×3.5	250	4.29	18.0	19.0
		300	4.70	19.0	20.0
		350	5.08	20.0	21.0
		400	5.43	21.0	22.0
		450	5.76	21.5	22.5
	8.0×4.0	250	4.50	18.0	19.0
		300	4.93	19.0	20.0
		350	5.33	20.0	21.0
		400	5.70	21.0	22.0
		450	6.04	21.5	22.5
	8.5×4.0	250	4.97	18.5	19.5
		300	5.44	19.5	20.5
		350	5.83	20.5	21.5
		400	6.29	21.0	22.5
		450	6.67	22.0	23.0
	9.0×4.0	250	5.46	19.0	20.0
		300	5.98	21.0	22.0
		350	6.46	21.5	23.0
		400	6.91	22.0	23.5
		450	7.33	22.5	24.0

表 2（续）

进水口公称直径 D/mm	喷嘴直径 $d_主 \times d_副$/mm	额定工作压力 p/kPa	喷头流量 Q/(m^3/h)	喷头射程 R/m 喷射仰角 α 20°～25°	26°～30°
30	9.0×4.0	300	5.98	21.0	22.5
		350	6.46	22.0	23.5
		400	6.91	22.5	24.0
		450	7.33	23.0	24.5
		500	7.73	23.5	25.0
	9.5×4.0	300	6.55	21.5	23.0
		350	7.08	22.5	24.0
		400	7.57	23.0	24.5
		450	8.03	23.5	25.0
		500	8.46	24.0	25.5
	10.0×4.0	300	7.16	22.0	23.5
		350	7.73	23.0	24.5
		400	8.27	24.0	25.5
		450	8.77	24.5	26.0
		500	9.24	25.0	26.5
	10.0×4.5	300	7.42	22.0	23.5
		350	8.01	23.0	24.5
		400	8.57	24.0	25.5
		450	9.09	24.5	26.0
		500	9.58	25.0	26.5
	10.0×5.0	300	7.71	22.0	23.5
		350	8.33	23.0	24.5
		400	8.91	24.0	25.5
		450	9.45	24.5	26.0
		500	9.96	25.0	26.5
	10.5×4.5	300	8.05	22.5	24.0
		350	8.70	23.5	25.0
		400	9.30	24.5	26.0
		450	9.86	25.0	26.5
		500	10.40	25.5	27.0
	10.5×5.0	300	8.35	22.5	24.0
		350	9.01	23.5	25.0
		400	9.64	24.5	26.0
		450	10.21	25.0	26.5
		500	10.78	25.5	27.0

表 2（续）

进水口公称直径 D/mm	喷嘴直径 $d_主 \times d_副$/mm	额定工作压力 p/kPa	喷头流量 Q/(m^3/h)	喷头射程 R/m 喷射仰角 α 20°～25°	喷头射程 R/m 喷射仰角 α 26°～30°
30	11.0×5.0	300	9.01	23.0	24.5
		350	9.73	24.0	25.5
		400	10.40	25.5	27.0
		450	11.40	26.5	28.0
		500	11.63	27.5	29.0
	11.5×5.0	300	9.70	23.5	25.0
		350	10.48	24.5	26.0
		400	11.21	26.0	27.5
		450	11.89	27.0	28.5
		500	12.53	28.0	29.5
	12.0×5.0	300	10.43	24.0	25.5
		350	11.27	25.5	27.0
		400	12.04	26.5	28.0
		450	12.77	27.5	29.0
		500	13.47	28.5	30.0
40	12.0×5.0	350	11.27	26.0	27.5
		400	12.04	27.0	28.5
		450	12.77	28.0	29.5
		500	13.47	29.0	30.5
		550	14.12	29.5	31.0
	13.0×5.0	350	12.93	26.5	28.0
		400	13.83	27.5	29.0
		450	14.66	28.5	30.0
		500	15.46	29.5	31.0
		550	16.21	30.0	31.5
	14.0×6.0	350	15.47	28.0	29.5
		400	16.53	29.5	31.0
		450	17.54	30.0	32.0
		500	18.49	31.0	33.0
		550	19.39	32.0	34.0
	15.0×6.0	350	17.40	28.5	30.5
		400	18.60	29.5	31.5
		450	19.73	31.0	33.0
		500	20.80	32.0	34.0
		550	21.81	33.0	35.0

表 2（续）

进水口公称直径 D/mm	喷嘴直径 $d_{主} \times d_{副}$/mm	额定工作压力 p/kPa	喷头流量 Q/(m^3/h)	喷头射程 R/m 喷射仰角 α 20°～25°	喷头射程 R/m 喷射仰角 α 26°～30°
40	16.0×6.0	350	19.47	29.5	31.5
		400	20.81	30.5	32.5
		450	22.07	32.0	34.0
		500	23.27	34.5	36.5
		550	24.40	36.0	38.0
50	16.0×6.0	400	20.81	32.0	34.0
		450	22.07	33.5	35.5
		500	23.27	35.0	37.0
		550	24.40	36.5	38.5
		600	25.49	37.5	39.5
	18.0×6.0	400	25.65	34.5	36.5
		450	27.21	36.0	38.0
		500	28.68	37.5	39.5
		550	30.08	38.5	40.5
		600	31.42	39.5	41.5
	18.0×7.0	400	26.58	34.5	36.5
		450	28.19	36.0	38.0
		500	29.72	37.5	39.5
		550	31.17	38.5	40.5
		600	32.55	39.5	41.5
	20.0×7.0	400	32.00	36.5	38.5
		450	33.94	38.5	40.5
		500	35.78	39.5	41.5
		550	37.72	40.0	42.5
		600	39.19	41.0	43.5

5 技术要求

5.1 一般要求

5.1.1 喷头应符合本标准的要求，并应按经规定程序批准的图样和文件制造。

5.1.2 喷头铸件不应有冷隔、缩松和明显的气孔、裂纹、夹砂等缺陷，流道表面应光滑、平整。

5.1.3 塑料件应塑化均匀、无气泡，不应混进杂质和分解变质料。表面应光洁、外形完整，并应剔除溢边毛刺。暴露在光线中的塑料件应不透光且耐紫外线辐射。

5.1.4 焊接件的焊缝应平整，不应有裂纹、烧穿和脱焊现象。

5.2 结构与零部件

5.2.1 型式、规格相同的喷头零部件（包括喷嘴）应能互换。

5.2.2 喷头零、部件宜采用铜合金、锌基合金、铝合金、塑料或其他耐腐蚀材料制造。

5.2.3 更换喷头的零部件应用通用工具。对特殊的零部件,制造厂应给用户提供必要的专用工具。

5.2.4 金属喷头与竖管的螺纹连接件,使用扳手等工具拆装时应方便,并应有扳手拆装位置。

5.2.5 塑料喷头与竖管的螺纹连接件,至少应有两个平行面或其他形状(凸台、凹槽等),以便手工拆装。

5.2.6 喷嘴与喷管或喷体的连接,应采用螺纹或其他连接方式,保证快速有效的更换。

5.3 装配要求

5.3.1 所有零部件应检验合格,外购件、外协件应附有质量合格证。

5.3.2 装配前,应对零部件进行清洗。

5.3.3 装配后,喷头转动部位和换向器应转动灵活。

5.4 接口螺纹的承载性能

5.4.1 金属喷头与竖管的螺纹直径不大于 25 mm 时,应能承受 50 N·m 的扭矩。直径大于 25 mm 时,应能承受 100 N·m 的扭矩。均不应出现损坏现象。

5.4.2 喷嘴接口螺纹应能承受 5 N·m 的扭矩,不应出现损坏现象。

5.5 喷头性能要求

5.5.1 密封性能

5.5.1.1 喷头旋转轴承处泄漏量应符合下列要求:

a) 对公称流量≤0.25 m^3/h 的喷头,旋转轴承处泄漏量应不大于 0.005 m^3/h;

b) 对公称流量>0.25 m^3/h～5.0 m^3/h 的喷头,旋转轴承处泄漏量应不大于试验压力下喷头流量的 2%;

c) 对公称流量>5.0 m^3/h～30 m^3/h 的喷头,旋转轴承处泄漏量应不大于试验压力下喷头流量的 1%;

d) 对公称流量>30 m^3/h 的喷头,旋转轴承处泄漏量应不大于试验压力下喷头流量的 0.5%。

5.5.1.2 喷头与供水管道的螺纹连接处应无泄漏。

5.5.1.3 喷嘴与喷头连接处的泄漏量应不大于喷头公称流量的 0.25%。

5.5.2 耐压性能

5.5.2.1 在高温条件下,金属喷头保持最大工作压力的时间应为 1 h,塑料喷头应为 24 h。

5.5.2.2 常温条件下,金属喷头保持 2 倍的最大工作压力的时间应为 10 min,塑料喷头应为 1 h。

5.5.2.3 喷头及其零部件应能承受试验压力而不损坏,喷体及其连接部位不应出现泄漏,并且喷头不应与连接件脱开。

注:保持喷头进口压力为试验压力。

5.5.3 有效喷洒直径

有效喷洒直径应按制造厂规定的明示值,其偏差应不大于±5%。

5.5.4 喷射高度

喷射高度应不大于制造厂规定的明示值。

5.5.5 喷头流量

喷头流量不大于 0.25 m^3/h 的喷头,在规定试验压力下喷头流量的变化量不应大于±7%。喷头流量大于 0.25 m^3/h 的喷头,在规定试验压力下喷头流量的变化量不应大于±5%。

5.5.6 水量分布特性

水量分布特性应符合 GB/T 19795.1—2005 中 7.3 的规定。

5.5.7 旋转速度均匀性

喷头转动每四分之一转所需时间,相对于五次平均值的最大偏差,不应超过±12。

5.5.8 耐久性

耐久性能应符合 GB/T 19795.1—2005 中第 8 章的规定。

6 试验方法

喷头性能试验应按 GB/T 19795.1—2005 中 6.3～6.5 和第 7 章的规定进行。水量分布均匀性试验应按 GB/T 19795.2 的规定进行。

7 检验规则

7.1 出厂检验

7.1.1 喷头应经制造厂检验部门检验合格后，并附有产品合格证书和使用说明书方可出厂。

7.1.2 出厂检验项目：除水量分布特性和耐久性不做出厂检验，其他检验按表 3 的规定。

7.1.3 对常温下耐压性能，应按 GB/T 2828.1—2003 的规定，从每个交验批中随机抽样，推荐采用特殊检验水平为 S-4，接收质量限(AQL)为 2.5 的抽样判定方案；对其他检验项目，按表 3 的规定从每个交验批中随机抽样。

7.1.4 如果样本中的不合格项数小于或等于合格判定数，则判该样本和交验批符合本标准的规定；如果样本中的不合格项数大于合格判定数，则判该样本和交验批不符合本标准的规定。

7.2 型式检验

7.2.1 凡遇下列情况之一者，应进行型式检验：

a) 新产品或老产品转厂生产的试制定型鉴定；

b) 正式生产后，如结构、材料、工艺有较大改变，可能影响产品性能时；

c) 产品长期停产后，恢复生产时；

d) 批量生产的产品，周期性的检验时(每年至少进行 1 次)；

e) 出厂检验结果与上次型式检验有较大差异时；

f) 国家质量监督机构提出进行型式检验的要求时。

7.2.2 试样应由检测部门从批量不少于 20 个喷头中随机抽出，检验项目、样本大小和合格判定数应符合表 3 的规定。

表 3

检验项目	样本大小	合格判定数
工艺质量	3	0
结构	3	0
装配	3	0
连接螺纹的承载	3	0
耐压性能	3	0
密封性能	3	0
旋转速度均匀性	3	0
喷头流量	3	0
水量分布特性	2	0
喷头射程	2	0
喷射高度	2	0
耐久性	2	0

7.2.3 如果样本中的不合格项数等于合格判定数，则判该样本符合本标准的规定，如果样本中的不合格项数大于合格判定数，则判该样本不符合本标准的规定。

8 标志、包装、运输和贮存

8.1 标志

每个喷头应至少有下列耐久、清晰的标志：

a) 制造厂名或注册商标；

b) 喷头名称或型号；

c) 喷嘴直径(应在喷嘴明显部位标出)，单位为毫米(mm)；

d) 出厂编号或日期；

e) 执行标准编号。

8.2 包装与运输

8.2.1 喷头的包装应按 GB/T 13384 的规定，特殊包装可由供需双方协商确定。包装应符合运输部门的有关规定。

8.2.2 包装箱内应有下列随机附件、文件，文件应封存在防水的袋内：

a) 随机所供的备、附件及专用拆装工具；

b) 产品合格证书和产品使用说明书；

c) 装箱清单；

d) 其他与使用有关的技术资料。

8.2.3 包装物上的标志应完整、清晰。标志一般包括下列内容：

a) 制造厂名或厂标；

b) 喷头名称、型号及数量；

c) 包装箱外形尺寸(长×宽×高)，单位为毫米(mm)；

d) 毛重，单位为千克(kg)。

8.2.4 喷头运输时应保证零部件不受损伤。

8.3 贮存

喷头在室内存放时应干燥、通风、无腐蚀性。露天存放时应有防雨、防晒等措施。

ICS 29.035.99
K 15

中华人民共和国国家标准

GB/T 23100—2008

电气用热固性树脂工业硬质玻璃纤维缠绕管

Industrial rigid round winded tubes based on thermosetting resins for electrical purposes

2008-12-30 发布　　　　2010-01-01 实施

中华人民共和国国家质量监督检验检疫总局
中国国家标准化管理委员会　发布

前　言

本标准参照 IEC 61212-3-1:2006《电气用热固性树脂工业硬质圆形层压管和棒　第 3 部分:单项材料规范　第 1 篇:圆形层压卷制管》制定。

本标准由中国电器工业协会提出。

本标准由全国绝缘材料标准化技术委员会(SAC/TC 51)归口。

本标准主要起草单位:上海龙怡机电材料有限公司、吴江市合力绝缘材料有限责任公司、桂林电器科学研究所、陕西泰普瑞电工绝缘技术有限公司。

本标准起草人:浦正光、孙建刚、李学敏、吴亚民。

本标准为首次发布。

电气用热固性树脂工业硬质玻璃纤维缠绕管

1 范围

本标准规定了以无碱玻璃纤维纱浸以环氧树脂或二苯醚树脂，经缠绕、烘焙固化而成的电气用热固性树脂工业硬质缠绕管的分类与命名、要求、试验方法及包装、标志、运输和贮存。

本标准适用于以无碱玻璃纤维纱，浸以环氧树脂或二苯醚树脂，经缠绕和烘焙固化而成的电气用热固性树脂工业硬质缠绕管。

2 规范性引用文件

下列文件中的条款通过本标准的引用而成为本标准的条款。凡是注日期的引用文件，其随后所有的修改单(不包括勘误的内容)或修订版均不适用于本标准。然而，鼓励根据本标准达成协议的各方研究是否可使用这些文件的最新版本。凡是不注日期的引用文件，其最新版本适用于本标准。

GB/T 1408.1—2006　绝缘材料电气强度试验方法　第1部分：工频下试验(IEC 60243-1：1998，IDT)

GB/T 7354—2003　局部放电测量(IEC 60270：2000，IDT)

IEC 61212-1：2006　电气用热固性树脂工业硬质圆型层压管和棒　第1部分：定义、命名和一般要求

IEC 61212-2：2006　电气用热固性树脂工业硬质圆型层压管和棒　第2部分：试验方法

3 分类与命名

电气用热固性树脂工业硬质缠绕管分类与命名见图1和表1。

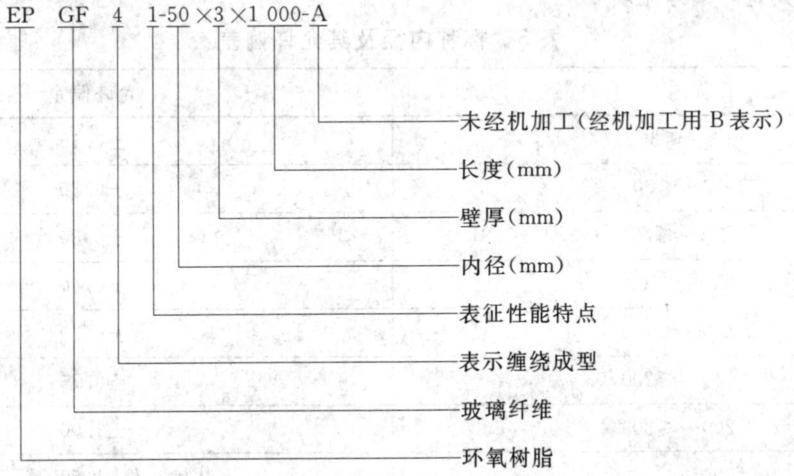

图1　命名示例

表 1 电气用热固性树脂工业硬质缠绕管型号

树脂类型	补强材料	系列号	性能特征
EP	GF	51	具有良好的机械、电气性能，且在潮湿状态下具有稳定的电气性能。
		52	类似 EPGF51，但高温下机械强度高。
		53	类似 EPGF51，但阻燃。
DPO	GF	54	电气性能好，耐高温及阻燃。

4 要求

4.1 对标称外径及其允许编差的要求

标称外径及其允许编差见表 2。

表 2 标称外径及其允许偏差（经机械加工后） 单位为毫米

标称外径	允许偏差
≤10	±0.15
>10～≤25	±0.20
>25～≤50	±0.25
>50～≤75	±0.30
>75～≤100	±0.35
>100～≤125	±0.45
>125～≤200	±0.50
>200	由供需双方商定
注：对单一方向偏差也可由供需双方商定。	

4.2 对标称内径及其允许偏差的要求

标称内径及其允许偏差见表 3。

表 3 标称内径及其允许偏差 单位为毫米

标称内径	允许偏差
<3～≤30	±0.15
>30～≤50	±0.20
>50～≤75	±0.30
>75～≤100	±0.40
>100～≤150	±0.50
>150～≤200	±0.70
>200～≤300	±1.00
>300～≤500	±1.50
>500	由供需双方商定
注：对单一方向偏差也可由供需双方商定。	

4.3 对标称壁厚及其允许偏差的要求

标称壁厚及其允许偏差见表4。

表4 标称壁厚及其允许偏差

单位为毫米

标称壁厚	允许偏差
≤1.5	±0.40
>1.5~≤3.0	±0.45
>3.0~≤6.0	±0.50
>6.0~≤12.0	±0.80
>12.0~≤25.0	±1.20
>25.0	±1.60

4.4 平直度

缠绕管的平直度见表5。

表5 缠绕管的平直度

单位为毫米

标称外径	最大间隙
<8	≤$8L^2$
≥8	≤$6L^2$
注：L 为管的长度(m)。	

4.5 性能要求

缠绕管的性能要求见表6。

表6 性能要求

序号	性能		单位	要求			
				型号			
				EPGF51	EPGF52	EPGF53	DPOGF54
1	垂直层向弯曲强度	常态	MPa	≥400	≥400	≥400	≥150
		155 ℃下		—	≥200	—	≥80
2	轴向压缩强度		MPa	≥150	≥150	≥150	≥100
3	层间粘合强度		MPa	≥100	≥100	≥100	≥8
4	平行层向击穿电压 (90±2)℃油中		kV	≥40	≥40	≥40	≥25
5	垂直层向电气强度 (90±2)℃油中		kV/mm	见表7			
6	受潮后沿面耐电压 (5 min)		kV	≥12	≥12	≥12	≥12
7	浸水后绝缘电阻		Ω	≥1.0×10^9	≥1.0×10^9	≥1.0×10^9	≥1.0×10^8
8	工频下介质损耗因数		—	≤5.0×10^{-2}	≤5.0×10^{-2}	≤5.0×10^{-2}	≤5.0×10^{-2}
9	工频下相对电容率		—	5.2±0.2	5.2±0.2	5.2±0.2	5.3±0.2
10	温度指数(T·I)		—	≥130	≥155	≥130	≥180

表 6（续）

序号	性　能	单　位	要　求			
			型　号			
			EPGF51	EPGF52	EPGF53	DPOGF54
11	吸水性	%	≤0.2	≤0.2	≤0.2	≤1.0
12	密度	g/cm^3	≥1.70	≥1.70	≥1.70	≥1.40
13	燃烧性	级	—	—	V0	V0
14	局部放电	PC	≤5	≤5	≤5	≤5

注 1：对于层间粘合强度仅适用于内径不大于 100 mm 的管。

注 2：局部放电试验采用的试样高度为 25.0 mm±0.2 mm，推荐施加电场强度为 200 V/mm～300 V/mm。

表 7　垂直层向电气强度

标称壁厚/mm	电气强度(kV/mm)，1 min 耐压或 20 s 逐级升压试验			
	EPGF41	EPGF42	EPGF43	DPOGF54
1.0	≥11.6	≥11.6	≥11.6	≥11.6
1.2	≥11.0	≥11.0	≥11.0	≥11.0
1.4	≥10.4	≥10.4	≥10.4	≥10.4
1.6	≥9.8	≥9.8	≥9.8	≥9.8
1.8	≥9.4	≥9.4	≥9.4	≥9.4
2.0	≥9.0	≥9.0	≥9.0	≥9.0
2.2	≥8.7	≥8.7	≥8.7	≥8.7
2.4	≥8.4	≥8.4	≥8.4	≥8.4
2.6	≥8.1	≥8.1	≥8.1	≥8.1
2.8	≥7.9	≥7.9	≥7.9	≥7.9
≥3.0	≥7.7	≥7.7	≥7.7	

5　试验方法

5.1　尺寸

5.1.1　外径

按 IEC 61212-2:2006 中 4.2 的规定。

5.1.2　内径

按 IEC 61212-2:2006 中 4.3 的规定。

5.1.3　壁厚

按 IEC 61212-2:2006 中 4.4 的规定。

5.2　平直度

按 IEC 61212-2:2006 中 4.5 的规定。

5.3　垂直层向弯曲强度

按 IEC 61212-2:2006 中 5.1 的规定进行，若需进行高温下试验时，应将试样在规定温度下处理 1 h 后并于该温度下试验。本项试验仅要求测标称内径≥100 mm 管材进行。

5.4　轴向压缩强度

按 IEC 61212-2:2006 中 5.2 的规定进行。

5.5 层间粘合强度

按 IEC 61212-2:2006 中 5.3 的规定进行,仅要求测标称内径≤100 mm 的管材。

5.6 垂直层向电气强度

按 IEC 61212-2:2006 中第 6 章的规定进行。若壁厚大于 3.0 mm 时,可单面削加工至 3 mm,若采用 1 min 耐压试验时,则以是否通过耐电压试验做为试验结果报告。

5.7 平行层向击穿电压

按 IEC 61212-2:2006 中第 6 章的规定进行。

5.8 受潮后沿面耐电压

5.8.1 试样

试样三个。

5.8.2 电极

5.8.2.1 电极材料

铝箔电极或导电银漆。

5.8.2.2 电极间距

沿试样外表面粘贴铝箔电极或涂覆导电银漆电极,电极间隙为 25 mm。

5.8.3 试验

试样在温度 40 ℃±2 ℃,相对湿度 95%±5%下处理 96 h 后,按 GB/T 1408.1—2006 中 10.6 的规定在空气中进行耐压试验,耐压时间为 5 min。

5.8.4 结果

以是否通过规定的耐压试验作为试验结果,若有一个试样耐压过程中发生闪络或击穿则判定表面耐电压不合格。

5.9 浸水后绝缘电阻

按 IEC 61212-2:2006 中 6.2 的规定。

5.10 工频下介质损耗因数

按 IEC 61212-2:2006 中 6.3 的规定。

5.11 工频下相对电容率

按 IEC 61212-2:2006 中 6.3 的规定。

5.12 温度指数

按 IEC 60212-2:2006 中 7.1 规定的方法进行,其中诊断性能为弯曲强度,终点判定标准为起始值下降 50%。

5.13 吸水性

按 IEC 61212-2:2006 中 7.2 的规定,单位为%。

5.14 密度

按 IEC 61212-2:2006 中 7.3 的规定。

5.15 燃烧性

按 IEC 61212-2:2006 中 7.4 的规定。

5.16 局部放电

按 GB/T 7354—2003 的规定。

6 包装、标志、运输和贮存

按 IEC 61212-1:2006 中第 6 章的规定。

ICS 11.040.40
C 35

中华人民共和国国家标准

GB 23101.1—2008/ISO 13779-1:2000

外科植入物　羟基磷灰石 第1部分:羟基磷灰石陶瓷

Implants for surgery—Hydroxyapatite—Part 1:Ceramic hydroxyapatite

(ISO 13779-1:2000,IDT)

2008-12-30 发布　　2010-03-01 实施

中华人民共和国国家质量监督检验检疫总局
中国国家标准化管理委员会 发布

前　言

本部分的全部技术内容为强制性。

GB 23101《外科植入物　羟基磷灰石》分为4个部分：

——第1部分：羟基磷灰石陶瓷；

——第2部分：羟基磷灰石涂层；

——第3部分：结晶度和相纯度的化学分析和表征；

——第4部分：涂层粘结强度的测定。

本部分为GB 23101的第1部分。

本部分等同采用ISO 13779-1:2000《外科植入物　羟基磷灰石　第1部分：羟基磷灰石陶瓷》。

本部分由国家食品药品监督管理局提出。

本部分由全国外科植入物和矫形器械标准化技术委员会(SAC/TC 110)归口。

本部分起草单位：四川大学生物材料工程研究中心。

本部分主要起草人：范红松、赵汇川、张兴栋。

引　言

目前已知的外科植入材料中还没有一种被证明对人体完全无毒副作用。但是本部分所涉及的材料在长期临床应用中表明,如果应用适当,其预期的生物学反应水平是可接受的。

羟基磷灰石陶瓷的生物学反应已经长期临床应用和实验室研究所证实。参见参考文献。

外科植入物　羟基磷灰石
第1部分:羟基磷灰石陶瓷

1　范围

GB 23101的本部分规定了用作外科植入物的羟基磷灰石陶瓷的要求。

本部分不适用于羟基磷灰石涂层,非陶瓷羟基磷灰石,羟基磷灰石粉体,玻璃陶瓷,α-和β-磷酸三钙或其他形式的磷酸钙。

2　规范性引用文件

下列文件中的条款通过GB 23101的本部分的引用而成为本部分的条款。凡是注日期的引用文件,其随后所有的修改单(不包括勘误的内容)或修订版均不适用于本部分,然而,鼓励根据本部分达成协议的各方研究是否可使用这些文件的最新版本。凡是不注日期的引用文件,其最新版本适用于本部分。

GB/T 16886.17　医疗器械生物学评价　第17部分:可沥滤物允许限量的建立(GB/T 16886.17—2005,ISO 10993-17:2002,IDT)

ISO 13779-3　外科植入物　羟基磷灰石　第3部分:结晶度和相纯度的化学分析和表征

3　术语和定义

下列术语和定义适用于GB 23101的本部分。

3.1

羟基磷灰石陶瓷　ceramic hydroxyapatite

粉体中的晶粒相互融接成为凝聚的块体的羟基磷灰石。

3.2

羟基磷灰石　hydroxyapatite

具有为国际衍射数据委员会(ICDD),USA的粉末衍射卡PDF 9-432所表征的晶体结构的化学合成物。

注:化学式:$Ca_5(OH)(PO_4)_3$。

3.3

烧结　sintering

通过加热使粉体颗粒表面积和粉体整个体积显著减小而实现致密化,并继之提高力学性能的陶瓷生产过程。

4　技术要求

4.1　化学分析

羟基磷灰石陶瓷中钙和磷的含量应按ISO 13779-3规定的方法测定。其钙磷原子比,Ca/P,应该介于$1.65 \leqslant Ca/P \leqslant 1.82$。钙磷原子比按照ISO 13779-3规定的方法测定。

4.2　微量元素

羟基磷灰石陶瓷中特定微量元素的极限含量见表1。

引起不良生物学反应可允许金属总量最大值为50 mg/kg。微量元素含量的测定应按ISO 13779-3

的规定进行。

其他化学不纯物造成的危险的评价应按 GB/T 16886.17 的规定进行。

表 1 特定微量元素的极限含量

元素	最大含量/(mg/kg)
砷(As)	3
镉(Cd)	5
汞(Hg)	5
铅(Pb)	30

4.3 结晶相含量

羟基磷灰石结晶相含量应不少于 95%。其他结晶相允许的最大含量为 5%，其余为非晶相。

羟基磷灰石结晶相和其他结晶相含量的定量分析按照 ISO 13779-3 进行。

4.4 力学性能——抗压强度

烧结的羟基磷灰石陶瓷的抗压强度应不低于 1.5 MPa，并应不显示各向异性。

抗压强度的测定使用圆柱形样品轴向加载，样品的高度 h 和直径 d 符合尺寸比 $1.5 \leqslant h/d \leqslant 2.0$。

抗压强度应通过测量开始破裂瞬间记录的加载力的平均值计算。

参 考 文 献

[1] ISO 5961:1994, Water quality—Determination of cadmium by atomic absorption spectrometry.

[2] ISO 8288:1986, Water quality—Determination of cobalt, nickel, copper, zinc, cadmium and lead—Flame atomic absorption spectrometric methods.

[3] NF S 94-065, Materials for surgical implants—Determination of arsenic, mercury, cadmium and lead on coating based on phosphate of calcium.

[4] NF S 94-066, Materials for surgical implants—Quantitative determination of the Ca/P ratio of calcium phosphate.

[5] NF S 94-067, Materials for surgical implants—Qualitative and quantitative determination of the foreign phases present in calcium phosphate-based powders, deposits and ceramics.

[6] NF S 94-068, Materials for surgical implants—Determination of the crystallinity and apparent size of the apatite crystallites of hydroxyapatite-based powders, deposits and ceramics.

[7] ASTM F 1185-1988, Standard specification for composition of ceramic hydroxylapatite for surgical implants.

[8] ICDD cards 9-432, 9-348, 9-169, 25-1137, 37-1497, 9-80, 9-77, 14-1475, 5-586 X-ray diffraction standards for hydroxyapatite, α-tricalcium orthophosphate, β-tricalcium orthophosphate, tetracalcium phosphate, calciumoxide, monetite, brushite, aragonite, calcite.

[9] Hideki AOKI, Medical Applications of Hydroxyapatite, Ishiyaku EuroAmerica, Tokyo, 1994.

[10] H. DENISSEN, Dental Root Implants of Apatite Ceramics Doctoral Thesis, Vrije Universiteit Amsterdam, 1979.

[11] J. H. QUINN and J. N. KENT, Alveolar Ridge Maintenance with Solid Non-porous Hydroxyapatite Root Implants. Oral Surg., 58, pp. 511-516, 1984.

[12] K. DE GROOT, Bioceramics of Calcium Phosphate, CRC Press, Boca Raton, USA, 1983.

[13] H. OONISHI et al., Clinical Significance of Chemical Bonds between Bioactive Ceramics and Bone in Orthopaedic Surgery, in: Bioceramics 2, G Heimke (ed.), Deutsche Keramische Gesellschaft.

[14] R. Z. LEGEROS and J. P. LEGEROS, Dense Hydroxyapaptite, in An Introduction to Bioceramics, L. Hench and J. Wilson (eds.), World Scientific, 1993, pp. 199-221.

ICS 11.040.40
C 35

中华人民共和国国家标准

GB 23101.2—2008/ISO 13779-2:2000

外科植入物　羟基磷灰石
第2部分:羟基磷灰石涂层

Implants for surgery—Hydroxyapatite—Part 2:Coatings of hydroxyapatite

(ISO 13779-2:2000,IDT)

2008-12-30 发布　　　　2010-03-01 实施

中华人民共和国国家质量监督检验检疫总局
中国国家标准化管理委员会　发布

前　　言

本部分的全部技术内容为强制性。

GB 23101《外科植入物　羟基磷灰石》分为4个部分：

——第1部分：羟基磷灰石陶瓷；

——第2部分：羟基磷灰石涂层；

——第3部分：结晶度和相纯度的化学分析和表征；

——第4部分：涂层粘结强度的测定。

本部分为GB 23101的第2部分。

本部分等同采用ISO 13779-2:2000《外科植入物　羟基磷灰石　第2部分：羟基磷灰石涂层》。

本部分由国家食品药品监督管理局提出。

本部分由全国外科植入物和矫形器械标准化技术委员会(SAC/TC 110)归口。

本部分起草单位：四川大学生物材料工程研究中心。

本部分主要起草人：杨帮成、曹阳、陈继镛、张兴栋。

引　言

目前已知的外科植入材料中还没有一种被证明对人体完全无毒副作用。但是本部分所涉及的材料在长期临床应用中表明,如果应用适当,其预期的生物学反应水平是可接受的。

羟基磷灰石陶瓷的生物学反应已经长期临床应用和实验室研究所证实。参见参考文献。

外科植入物　羟基磷灰石
第2部分:羟基磷灰石涂层

1　范围

GB 23101的本部分规定了应用于金属和非金属外科植入物的羟基磷灰石陶瓷涂层的要求。

本部分不适用于用玻璃、玻璃陶瓷、α-和β-磷酸三钙或其他形式的磷酸钙制作的涂层,也不适用于羟基磷灰石以粉末状态存在的涂层。

2　规范性引用文件

下列文件中的条款通过GB 23101的本部分的引用而成为本部分的条款。凡是注日期的引用文件,其随后所有的修改单(不包括勘误的内容)或修订版均不适用于本部分,然而,鼓励根据本部分达成协议的各方研究是否可使用这些文件的最新版本。凡是不注日期的引用文件,其最新版本适用于本部分。

GB/T 16886.17　医疗器械生物学评价　第17部分:基于健康风险的评价确定加工残留物和可允许的极限(GB/T 16886.17—2005,ISO 10993-17:2002,IDT)

ISO 13779-3　外科植入物　羟基磷灰石　第3部分:结晶度和相纯度的化学分析和表征

GB 23101.4　外科植入物　羟基磷灰石　第4部分:涂层粘结强度的测定(GB 23101.4—2008,ISO 13779-4:2002,IDT)

3　术语和定义

下列术语和定义适用于GB 23101的本部分。

3.1

羟基磷灰石陶瓷　ceramic hydroxyapatite

粉体中的晶粒相互融接成为凝聚的块体的羟基磷灰石。

3.2

羟基磷灰石　hydroxyapatite

具有为国际衍射数据委员会(ICDD),USA粉末衍射卡PDF 9-432所表征的晶体结构的化学合成物。

注:化学式为$Ca_5(OH)(PO_4)_3$。

3.3

涂层　coating

通过下述任意一种方法沉积在金属或非金属基体表面的羟基磷灰石:通过热喷涂工艺产生的陶瓷型涂层,通过溶液可直接沉积羟基磷灰石或沉积后可要求热处理或其他处理将其转变成结晶态的工艺。

4　要求

4.1　化学分析

羟基磷灰石陶瓷涂层的钙和磷含量按照ISO 13779-3规定的方法测定。其钙磷原子比,Ca/P,应该介于$1.67 \leqslant Ca/P \leqslant 1.76$。钙磷原子比按照ISO 13779-3规定的方法测定。

4.2　微量元素

陶瓷羟基磷灰石中特定微量元素的极限含量见表1。

引起不良生物学反应可允许金属总量最大值为50 mg/kg。微量元素含量的测定应按ISO 13779-3的规定进行。

其他化学不纯物引起的风险评价按照GB/T 16886.17的规定进行。

表1 特定微量元素的极限含量

元素	最大含量/(mg/kg)
砷(As)	3
镉(Cd)	5
汞(Hg)	5
铅(Pb)	30

4.3 结晶相含量

羟基磷灰石结晶相含量不少于45%,其他结晶相允许的最大含量为5%,其余为非晶相。

羟基磷灰石结晶相和其他结晶相含量的定量分析按照ISO 13779-3进行。

4.4 与基体的粘结强度

与基体材料的粘结强度按照GB 23101.4描述的方法测定,其强度不低于15 MPa。

参 考 文 献

[1] ISO 5961:1985, Water quality—Determination of cadmium—Flame atomic absorption spectrometric methods.

[2] ISO 8288:1986, Water quality—Determination of cobalt, nickel, copper, zinc, cadmium and lead—Flame atomic absorption spectrometric method.

[3] ASTM C 633-79:1985, Standard test method for adhesion or cohesion strength of flame sprayed coatings.

[4] ASTM F 1609:1995, Standard specification for calcium phosphate coatings for implantable materials.

[5] ASTM F 1185:1988, Standard specification for composition of ceramic hydroxyapatite for surgical implants.

[6] ASTM F 1501:1995, Standard test method for tension testing of calcium phosphate coatings.

[7] BS 5350 Part C15:1982, Standard test method for adhesion of coatings using a compressive method.

[8] NF S 94-065, Materials for surgical implants—Determination of arsenic, mercury, cadmium and lead on coating based on phosphate of calcium.

[9] NF S 94-066, Materials for surgical implants—Quantitative determination of the Ca/P ratio of calcium phosphate.

[10] NF S 94-067, Materials for surgical implants—Qualitative and quantitative determination of the foreign phases present in calcium phosphate based powders, deposits and ceramics.

[11] NF S 94-068, Materials for surgical implants—Determination of the crystallinity and apparent size of the apatite crystallites of hydroxyapatite based powders, deposits and ceramics.

[12] NF S 94-071, Materials for surgical implants—Determination of the surface finish of coatings used for biomedical applications.

[13] NF S 94-072, Materials for surgical implants—Determination of tensile adherence of phosphocalcic materials for biomedical applications.

[14] JIS H 8666, Thermal sprayed ceramic coatings.

[15] ICDD cards 9-432, 9-348, 9-169, 25-1137, 37-1497, 9-80, 9-77, 14-1475, 5-586 X-ray diffraction standards for hydroxyapatite, α-tricalcium orthophosphate, β-tricalcium orthophosphate, tetracalcium phosphate, calcium oxide, monetite, brushite, aragonite, calcite.

[16] Hydroxyapatite Ceramic—A Decade of Experience in Hip Arthroplasty, Symposium at Royal College of Surgeons of England, London, November 1995.

[17] K. de GROOT et al., J. Biomed. Mater. Res., 21, pp. 1375ff, 1987.

[18] A. MORONI et al., Bone Ingrowth Analysis and Interface Evaluation of Hydroxyapatite Coated Versus Uncoated Titanium Porous Bone Implants, in Bioceramics, T Yamamuro, T Kokubo, T Nakamura(eds.).,Vol. 5, Kobunshi Kankokai, Kyoto, 1992 pp. 299-305.

[19] CPAT KLEIN et al., Stability of calcium phosphate ceramics and plasma-sprayed coating, in An Introduction to Bioceramics, L. Hench and J. Wilson (eds.), World Scientific, 1993 pages 199-221.

[20] S. D. COOK et al., Hydroxylapatite Coated Titanium for Orthopaedic Implant Applications,.

Clin. Orthop. Rel. Res., 232, pp. 225-243, 1988.

[21] G. W. HASTINGS et al., Hydroxyapatite coatings for biomaterials—A report of a multi-centre investigation, in Bioceramics 7, ö. H. Andersson, R. P. Happonen, A. Yli-Urpo (eds.), Butterworth-Heinemann, Oxford, 1994, pp. 207-213.

[22] A. M. TUDOR et al., The analysis of biomedical hydroxyapatite powders and hydroxyapatite coatings on metallic implants by near-IR Fourier Transform raman spectroscopy. Spectrochim, Acta, 49A, 4/6, pp. 675-680, 1993.

[23] A. MEROLLI, P. TRANQUILLI, LEALI. Crystallinity of the coating directs the in vivo response to hydroxyapatite in the rabbit, in Bioceramics 7, Ö. H. Andersson, R. P. Happonen, A. Yli-Urpo (eds.) Butterworth-Heinemann, Oxford, 1994, pp, 223-228.

[24] R. G. T. GEESINK and M. T. MANLEY (eds.). Hydroxyapatite coatings in orthopaedic surgery, Raven Press, New York 1993.

[25] Hideki AOKI, Medical Applications of Hydroxyapatite. Ishiyaku Euro America, Tokyo, 1994.

ICS 11.040.40
C 35

中华人民共和国国家标准

GB 23101.4—2008/ISO 13779-4:2002

外科植入物　羟基磷灰石 第4部分:涂层粘结强度的测定

Implants for surgery—Hydroxyapatite—Part 4:Determination of coating adhesion strength

(ISO 13779-4:2002,IDT)

2008-12-30 发布　　2010-03-01 实施

中华人民共和国国家质量监督检验检疫总局
中国国家标准化管理委员会　发布

前　言

本部分的全部技术内容为强制性。

GB 23101《外科植入物　羟基磷灰石》分为4个部分：

——第1部分：羟基磷灰石陶瓷；

——第2部分：羟基磷灰石涂层；

——第3部分：结晶度和相纯度的化学分析和表征；

——第4部分：涂层粘结强度的测定。

本部分为GB 23101的第4部分。

本部分等同采用ISO 13779-4:2002《外科植入物　羟基磷灰石　第4部分：涂层粘结强度的测定》。

本部分由国家食品药品监督管理局提出。

本部分由全国外科植入物和矫形器械标准化技术委员会(SAC/TC 110)归口。

本部分起草单位：四川大学生物材料工程研究中心、国家生物医学材料工程技术研究中心。

本部分主要起草人：曹阳、陈继镛、张兴栋。

引　言

目前已知的外科植入材料中还没有一种被证明对人体完全无毒副作用。但是本部分所涉及的材料在长期临床应用中表明，如果应用适当，其预期的生物学反应水平是可接受的。

羟基磷灰石陶瓷的生物学反应已经长期临床应用和实验室研究所证实。参见参考文献。

外科植入物　羟基磷灰石
第4部分:涂层粘结强度的测定

1　范围

GB 23101的本部分规定羟基磷灰石涂层粘结强度的测量方法。

2　规范性引用文件

下列文件中的条款通过GB 23101的本部分的引用而成为本部分的条款。凡是注日期的引用文件,其随后所有的修改单(不包括勘误的内容)或修订版均不适用于本部分,然而,鼓励根据本部分达成协议的各方研究是否可使用这些文件的最新版本。凡是不注日期的引用文件,其最新版本适用于本部分。

GB/T 16825.1—2002　静力单轴试验机的检验　第1部分:拉力和(或)压力试验机测力系统的检验与校准(ISO 7500-1:1999,IDT)

3　术语和定义

下列术语和定义适用于GB 23101的本部分。

3.1

羟基磷灰石陶瓷　ceramic hydroxyapatite

通过烧结使粉体中的晶粒融合成为凝聚的结晶块体的羟基磷灰石。

3.2

涂层　coating

通过热、汽相或液相技术在金属或非金属基体表面上沉积的明显不同的材料层。

3.3

羟基磷灰石　hydroxyapatite

具有晶体结构特征为国际衍射数据委员会(ICDD)的粉末衍射卡PDF 9-432所表征的化学合成物。

注:化学式:$Ca_5(OH)(PO_4)_3$。

3.4

烧结　sintering

通过加热使粉体颗粒表面积和粉体整个体积显著减小而实现致密化,并继之提高力学性能的陶瓷生产过程。

4　涂层粘结强度的测定方法

4.1　原理

涂层粘结强度是通过施加一个单轴拉伸载荷于一个圆柱形试验组件上测定的,试验组件由一个羟基磷灰石涂层样品粘结一个未涂层的部件构成。

4.2　测试设备

4.2.1　力学试验机

加载能力不低于30 kN,精度不低于满刻度±2%的力学试验机。所施拉伸负荷应垂直地施于涂层平面上。

(根据 GB/T 16825.1 检验和校准力学测量系统)

4.2.2 加载组件

将试验机的负荷传递给试验组件的装置。

加载组件应保证试验组件的轴与试验机轴之间的偏差≤1°和±0.1 mm,从而保证涂层测试面垂直于加载轴。偏心的加载组件所得结果无效。

图 1 为满足这些要求由轭架和销钉组合而成的加载组件实例之一。被涂层的样品和未涂层的部件每一个均由两个垂直的销钉固定,以使对轴向载荷的偏离最小。加载组件的具体尺寸如表 1 所规定,适合于预期最大粘结或内聚强度为 50 MPa 的涂层试验样品。

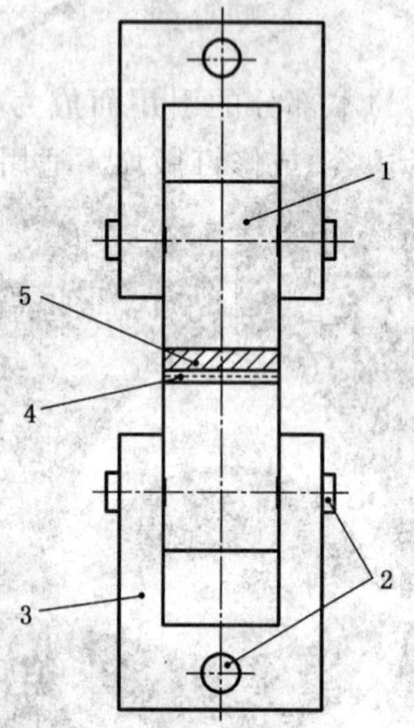

1——试验组件;

2——销钉;

3——轭架;

4——粘结剂;

5——被测试涂层。

图 1 使偏离轴向加载最小的加载组件图

4.2.3 试验组件

试验组件部分(被涂层样品和未涂层部件)用聚合物粘结剂粘结在一起。

未涂层的部件应由与涂层样品基底相同的材料制成,推荐的材料见表 1。

未涂层部件的尺寸应和涂层样品的尺寸相同,尺寸和公差见表 1。

加载和试验组件见图 2,被规定的组件尺寸适用于预期粘结或内聚强度最大为 50 MPa 的涂层试验。

注 1:这种试验方法的准确性对下列因素非常敏感:涂层样品的制备、聚合物粘结剂的使用以及涂层样品和未涂层部件的适当校直。校直不好会导致加载偏心并在试验组件上产生弯曲应力,使试验结果无效。

注 2:未涂层部件的粘结表面应粗化,以助于聚合物粘结剂粘结。

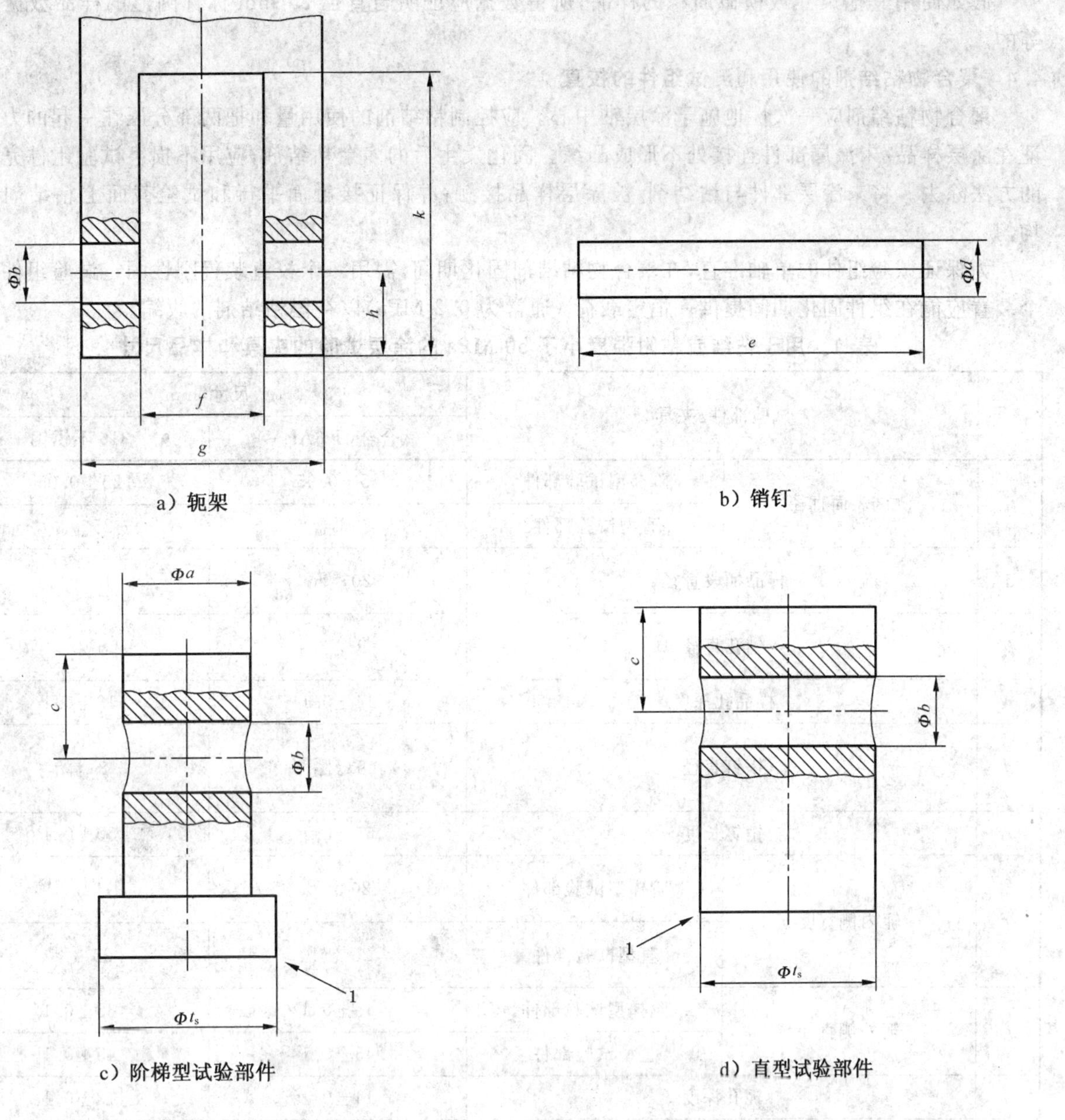

1——供沉积羟基磷灰石涂层的表面。

符号和尺寸定义参见表 1。

图 2 加载和试验部件(c、d)尺寸

4.2.4 聚合物粘结剂

聚合物粘结剂的粘结强度至少大于 30 MPa，或至少高于涂层的粘结或内聚强度 5 MPa，取其较大值。所用的聚合物粘结剂在所有测试报告中应标明。

若涂层多孔部分扩展至涂层/基底界面，应当通过仔细的操作涂层和选用足够粘性的粘结剂保证聚合物粘结剂将不穿过涂层渗透到基底。粘结剂透过涂层渗入基底将导致所测结果无效。

粘结剂的渗透作用可通过检验试片横切面评估。

4.3 涂层样品的准备

仔细准备涂层样品。在组装和试验前首先检查所有样品，剔除在试验过程中发现的无代表性的特殊涂层样品。在涂覆上羟基磷灰石涂层后，样品不要再进行机械加工。被试验的涂层面积应是标称直径为 25 mm 的圆形（公差见表 1）或具有等同的横截面积。测量并记录下横截面积和涂层样品尺寸。

假如使用其他尺寸或横截面积的样品，所得数据应证明与直径 25 mm 标称圆形的样品数据是相等的。

4.4 聚合物粘结剂的使用和测试组件的校直

聚合物粘结剂应一次性地施于涂层轴中心。应控制粘结剂的使用量和把两部分压在一起的力以保证在涂层样品/未涂层部件连接处不形成凸缘。固化发生后的多余粘结剂，应用不损害试验组件完整性的方法除去。将未涂层部件与粘结剂/被涂层样品接触，并保证接触面平行和试验截面上粘结剂厚度均匀。

为保证试验组件的单轴准直，在聚合物粘结剂固化期间，需用一个校直装置刚性固定试验组件。这个装置应能在组件固化期间提供一恒定载荷（通常为 0.2 MPa）以补偿粘结剂的收缩。

表 1 用于粘结或粘附强度小于 50 MPa 的涂层试验的夹具和样品尺寸

符号	试验部件/夹具		尺寸/mm	
			钛合金（Ti6Al4V）	316 不锈钢
t_s	测试表面直径	阶梯型试验部件	25±0.05	25±0.05
		直型试验部件	$25^{-0.02}_{-0.041}$	$25^{-0.02}_{-0.041}$
a	样品柄段直径		$20^{-0.02}_{-0.041}$	$18^{-0.02}_{-0.041}$
b	销孔直径		$9^{+0.015}_{0}$	$8^{+0.015}_{0}$
c	样品孔深度		14±0.1	12±0.1
d	销钉直径		$9^{-0.005}_{-0.041}$	$8^{-0.005}_{-0.041}$
e	销钉长度		55±0.1	50±0.1
f	轭内侧宽度	阶梯型试验部件	$20^{+0.033}_{0}$	$18^{+0.033}_{0}$
		直型试验部件	$25^{+0.033}_{0}$	$25^{+0.033}_{0}$
g	轭外侧直径	阶梯型试验部件	40±0.1	35±0.1
		直型试验部件	45±0.1	45±0.1
h	轭孔深度		14±0.1	12±0.1
k	轭内侧深度		40±0.1	40±0.1

4.5 试验过程

将测试组件放入拉伸试验机的夹具中，使其长轴方向与所施加的拉力方向一致。拉力负荷以（1.0±0.01）mm/min的恒速施加，直到整个试验组件被完全拉开。记录最大施加负荷，准确到 100 N。

应使用 10×光学放大倍数检查，以确认失败发生在涂层内部而不是涂层-粘结剂接触面。

4.6 涂层粘结强度的计算

涂层粘结或内聚强度 σ，以兆帕为单位（MPa），用下列公式计算。

$$\sigma = \frac{F}{A}$$

式中：

F——最大负荷，单位为牛（N）；

A——截面积（通常为 490.87 mm^2），计算准确到±0.5 mm^2。

5 羟基磷灰石涂层拉力试验报告

试验报告应包括下列内容：

a) 依据国家标准的本部分；

b) 标明试验组件所用材料，包括聚合物粘结剂种类和未涂层部件材料。报告用于粘结未涂层表面的各种表面处理细节和试验表面的粗糙度；

c) 试验样品数量；

d) 详述制作涂层样品所用方法及与涂层样品相关连的各种信息，如日期、批号；

e) 每个涂层样品和未涂部件的所有尺寸数据，以及粘结横截面积和羟基磷灰石涂层的厚度；

f) 所有负荷的最大值和断裂方式(例如，涂层与基底间或涂层内部断裂)；

g) 粘结强度的下列值：最大、最小、平均和标准偏差；

h) 粘结剂向基底渗透的程度；

i) 确认断裂是在涂层基底一侧而非粘结剂-基底界面。

参 考 文 献

[1] ISO 13779-1, Implants for surgery—Hydroxyapatite—Part 1: Ceramic hydroxyapatite

[2] ISO 13779-2, Implants for surgery—Hydroxyapatite—Part 2: Coatings of hydroxyapatite

[3] ASTM F 1609:1995, Standard specification for calcium phosphate coatings for implantable materials

[4] ASTM F 1185:1988, Standard specification for composition of ceramic hydroxyapatite for surgical implants

[5] ASTM C 633-79:1979, Standard test method for adhesion or cohesion strength of flame sprayed coatings

[6] BS 5350-C15:1990, Methods of test for adhesives. Adhesively bonded joints: mechanical tests. Determination of bond strength in compressive shear

[7] JIS H 8666:1994, Test methods for ceramic sprayed coatings

[8] NF S94-072, Materials for surgical implants—Determination of tensile adherence of phosphocalcic coatings for biomedical applications

ICS 11.040.40
C 35

中华人民共和国国家标准

GB 23102—2008/ISO 5832-11:1994

外科植入物 金属材料 Ti-6Al-7Nb 合金加工材

Implants for surgery—Metallic materials—Wrought titanium-6aluminium-7niobium alloy

(ISO 5832-11:1994, Implants for surgery—Metallic materials—Part 11: Wrought titanium 6-aluminium 7-niobium alloy, IDT)

2008-12-30 发布 2010-03-01 实施

中华人民共和国国家质量监督检验检疫总局
中国国家标准化管理委员会 发布

前 言

本标准的全部技术内容为强制性。

本标准等同采用 ISO 5832-11:1994《外科植入物　金属材料　第 11 部分:Ti-6Al-7Nb 合金加工材》。

为便于使用,本标准对原国际标准做了下列编辑性修改:

a) 删除了国际标准的前言;

b) 删除了国际标准的引言。

本标准的附录 A 为规范性附录。

本标准由国家食品药品监督管理局提出。

本标准由全国外科植入物和矫形器械标准化技术委员会(SAC/TC 110)归口。

本标准起草单位:有研亿金新材料股份有限公司、北京有色金属研究总院、宝鸡有色金属加工厂。

本标准主要起草人:缪卫东、袁志山、王江波、冯昭伟、刘伟、叶文君、惠松骁、米绪军、王桂生、黄永光、李献军、张平辉。

外科植入物 金属材料 Ti-6Al-7Nb合金加工材

1 范围

本标准规定了外科植入物用Ti-6Al-7Nb合金加工材的特性和相应的试验方法。

注1：取自成品的试样，其力学性能可不必遵循本标准的规定。

2 规范性引用文件

下列文件中的条款通过本标准的引用而成为本标准的条款。凡是注日期的引用文件，其随后所有的修改单(不包括勘误的内容)或修订版均不适用于本标准，然而，鼓励根据本标准达成协议的各方研究是否可使用这些文件的最新版本。凡是不注日期的引用文件，其最新版本适用于本标准。

GB/T 228 金属材料 室温拉伸试验方法(GB/T 228—2002,eqv ISO 6892:1998)

ETTC 2:1979 (α+β)两相钛合金棒材显微组织标准

3 化学成分

熔炼分析方法应满足化学成分检测的要求，产品的化学成分应符合表1的规定。除氢要在热处理和酸洗后检验外，其余元素可采用铸锭分析方法。

表1 产品的化学成分

元素	成分范围/%(质量分数)
铝(Al)	5.5～6.5
铌(Nb)	6.5～7.5
钽(Ta)	≤0.50
铁(Fe)	≤0.25
氧(O)	≤0.20
碳(C)	≤0.08
氮(N)	≤0.05
氢(H)	≤0.009
钛(Ti)	基体

4 显微组织

按表3的方法检验时，退火态横向显微组织应是α+β加工组织，按附录A评定，其组织类型应符合图A.1～图A.9。

5 力学性能

按第6章的方法检验时，合金的力学性能应符合表2的规定。

表 2 退火态力学性能

状态	抗拉强度 R_m/MPa	规定非比例延伸强度 $R_{p0.2}$/MPa	伸长率 A/%	断面收缩率 Z/%
棒材[a]	≥900	≥800	≥10	≥25

[a] 直径或厚度≤100 mm。

如有一个试样的试验结果不合格或者在标距外断裂，应从同批产品中另取两根试样进行复验。复验样品全部合格，则判整批产品合格。若复验样品仍有不合格情况，则判该批产品不合格。根据需要，生产方可重新进行热处理或者重新取样。

6 试验方法

试验方法应符合表 3 中的规定。加工的试样应符合 GB/T 228 的规定。

表 3 试验方法

检验项目	相关章条	测试方法
化学成分	3	公认的分析方法（现有的 ISO 方法或国家标准推荐的方法）
显微组织	4	ETTC 2
力学性能	5	
抗拉强度		GB/T 228
规定非比例延伸强度		GB/T 228
伸长率		GB/T 228
断面收缩率		GB/T 228

附 录 A
（规范性附录）
ETTC 2,(α+β)两相钛合金显微组织标准评级图(退火态)(图 A.1～图 A.12)

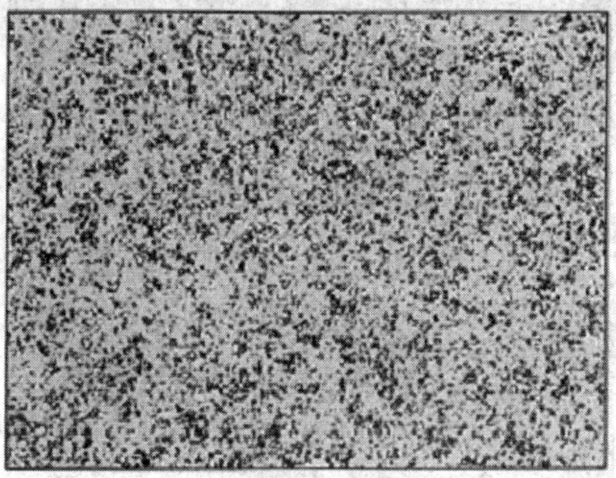

图 A.1 ×200

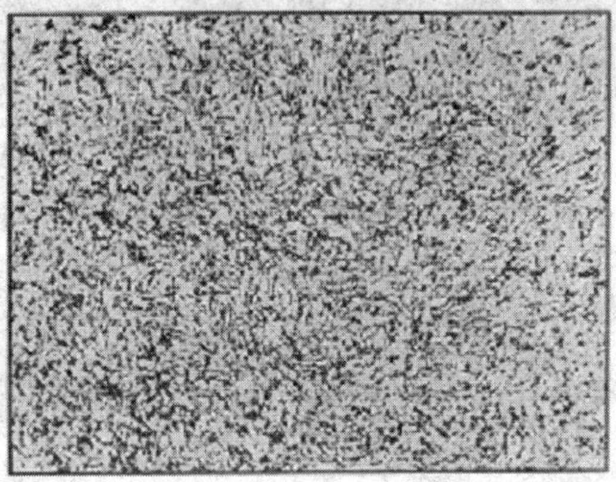

图 A.2 ×200

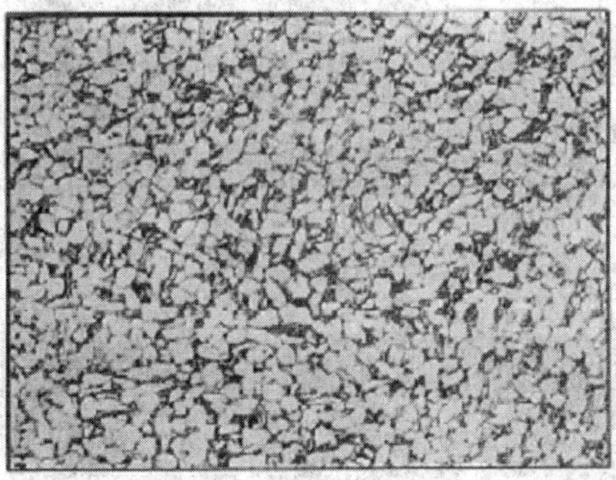

图 A.3 ×200

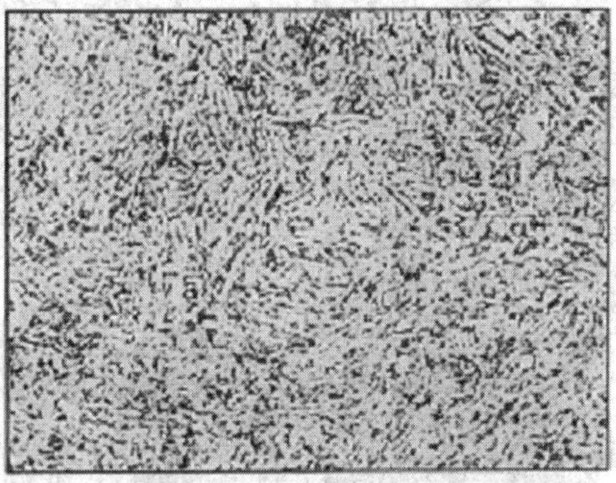

图 A.4 ×200

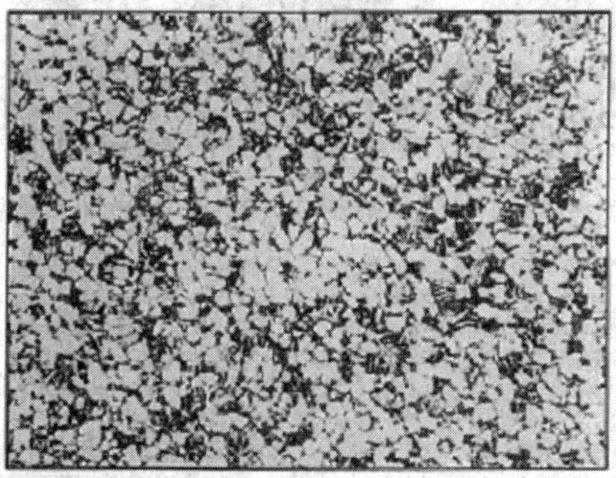

图 A.5 ×200

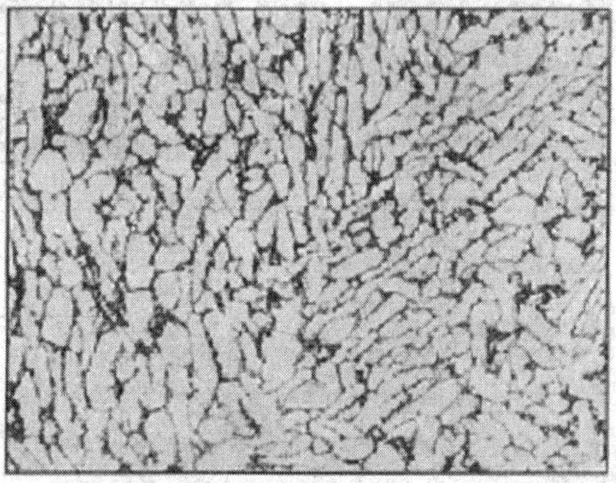

图 A.6 ×200

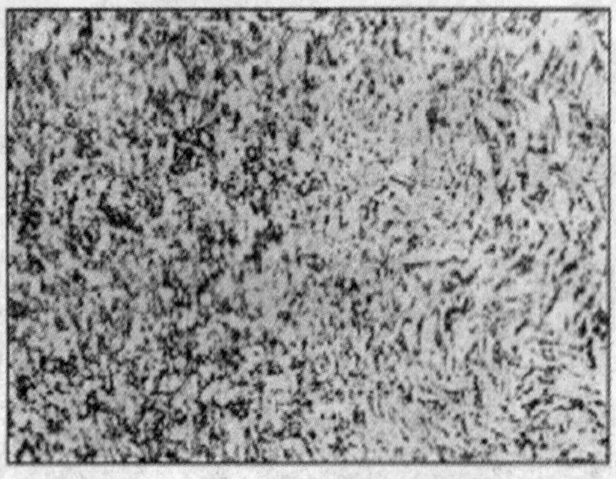

图 A.7　×200

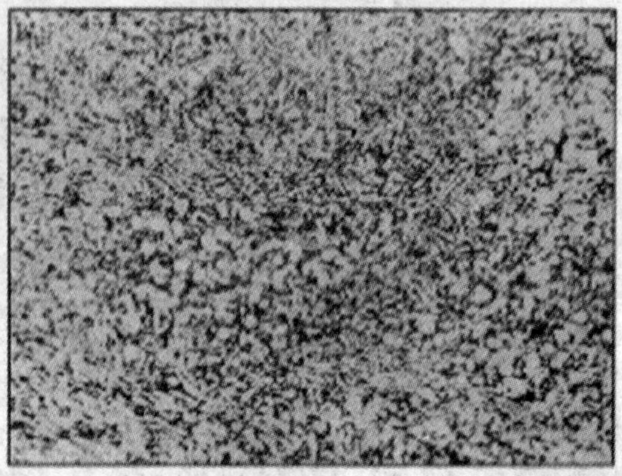

图 A.8　×200

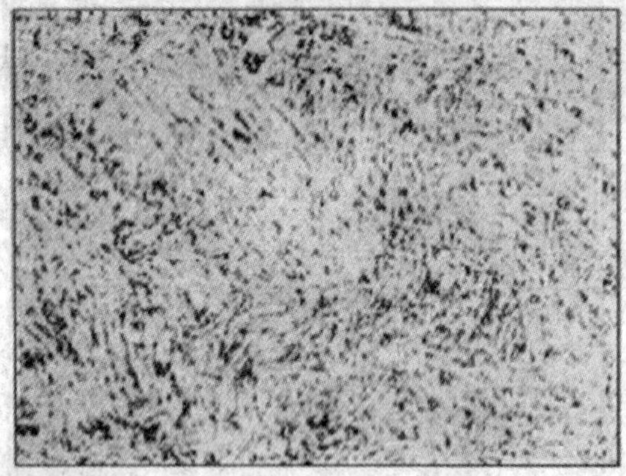

图 A.9　×200

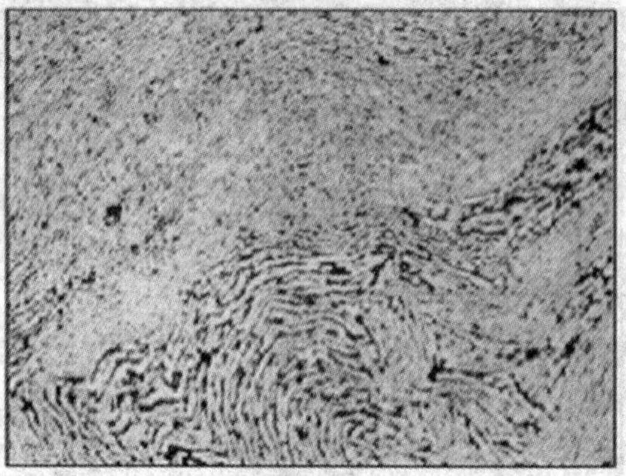

图 A.10　×200

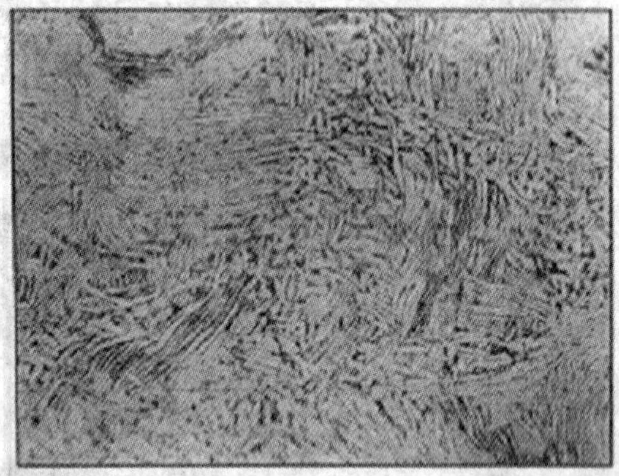

图 A.11　×200

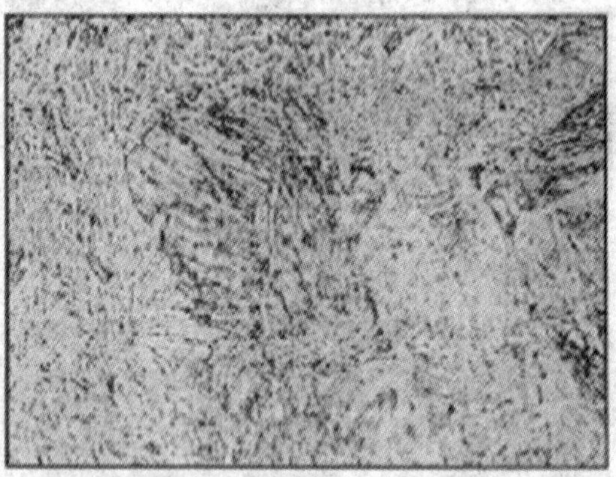

图 A.12　×200

ICS 97.180
Y 89

GB

中华人民共和国国家标准

GB/T 23103—2008

太阳伞

Beach umbrella

2008-12-30 发布　　　　2009-09-01 实施

中华人民共和国国家质量监督检验检疫总局
中国国家标准化管理委员会　发布

前　言

本标准由中国轻工业联合会提出。

本标准由全国日用杂品标准化中心归口。

本标准主要起草单位：北京市轻工产品质量监督检验一站、杭州天堂伞业集团有限公司、绍兴金鼎伞业有限公司、天外天伞业有限公司、浙江友谊菲诺伞业有限公司、泉州宏利伞业有限公司、晋江市鸿泰雨具配件有限公司、泉州梅花户外休闲用品有限公司、杭州圣山纺织品有限公司、晋江市佳乐美洋伞有限公司、太阳城（厦门）雨具有限公司、富隆（福建）洋伞有限公司。

本标准主要起草人：李传和、龚大舒、吕信苗、徐海南、吕苗芬、吕亚颜、蔡荣勇、叶志昌、杨建林、肖清江、蔡卓燐、王文笔、程小虎、王昕瑶。

太　阳　伞

1　范围

本标准规定了太阳伞的术语和定义、产品分类、要求、试验方法、检验规则及标志、包装、运输、贮存。

本标准适用于不同材料的面料和伞架制作的手开式太阳伞。

本标准不适用于机械、电动式太阳伞。

2　规范性引用文件

下列文件中的条款通过本标准的引用而成为本标准的条款。凡是注日期的引用文件，其随后所有的修改单(不包括勘误的内容)或修订版均不适用于本标准，然而，鼓励根据本标准达成协议的各方研究是否可使用这些文件的最新版本。凡是不注日期的引用文件，其最新版本适用于本标准。

GB/T 250　纺织品　色牢度试验　评定变色用灰色样卡(GB/T 250—2008,ISO 105-A02:1993,IDT)

GB/T 251　纺织品　色牢度试验　评定沾色用灰色样卡(GB/T 251—2008,ISO 105-A03:1993,IDT)

GB/T 1733　漆膜耐水性测定法

GB/T 2828.1　计数抽样检验程序　第1部分：按接收质量限(AQL)检索的逐批检验抽样计划(GB/T 2828.1—2003,ISO 2859-1:1999,IDT)

GB/T 2829　周期检验计数抽样程序及表(适用于对过程稳定性的检验)

GB/T 5713　纺织品　色牢度试验　耐水色牢度(GB/T 5713—1997,eqv ISO 105-E01:1994)

GB/T 18830　纺织品　防紫外线性能的评定

QB/T 3826　轻工产品金属镀层和化学处理层的耐腐蚀试验方法　中性盐雾试验(NSS)法

QB/T 3832　轻工产品金属镀层腐蚀试验结果的评价

3　术语和定义

下列术语和定义适用于本标准。

3.1

太阳伞　beach umbrella

在不同场所可固定使用的伞。

3.2

定向　directional

伞杆不可调节角度。

3.3

转向　direction changeable

伞杆可调节角度。

4　分类

4.1　按伞骨结构分为直骨伞、缩折伞。

4.2　按伞杆结构分为定向伞、转向伞。

5　要求

5.1　外观

5.1.1　外观清洁无污渍、锈迹。

5.1.2　电镀件、喷涂件不应有起皮、毛刺、皱褶、生锈、起泡、露底现象。

5.1.3　塑料件不应有起皮、毛刺、皱褶、起泡现象。

5.2　缝制

伞面接缝不应脱离、露边，不应有跳针、断线等缺陷，其针距密度为 50 mm 内不少于 13 针。规格不大于 1 m 的伞面上图案错位不超过 8 mm。规格大于 1 m 的伞面上图案错位不超过 12 mm。

5.3　伞面

伞面不应有破洞，纺织面料同一三角片跳纱、断经线、断纬线总和不得大于 2 处；同一把伞面跳纱、断经线、断纬线总和不得大于 5 处。

5.4　伞面粘连性

伞面不应有粘连，印花、涂层不得有脱落现象。

5.5　规格尺寸

伞的规格尺寸应明示在产品上，其偏差为±10 mm。

5.6　产品完整性

产品应完整，不允许零部件缺装、脱落（见图 1）。

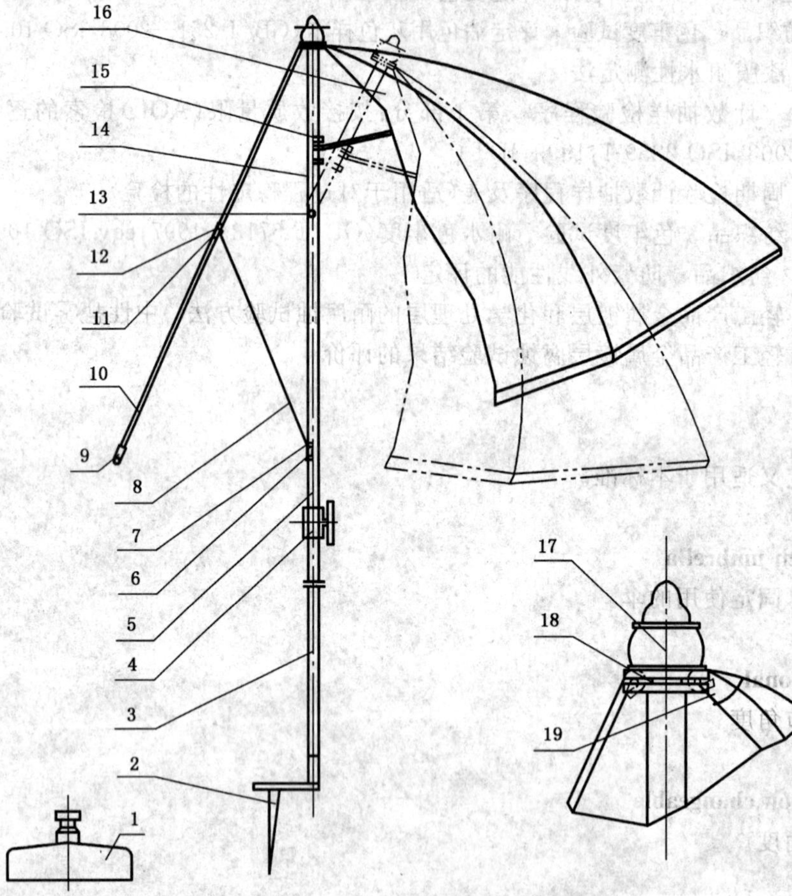

1——底座；	6——下盘；	11——夹马；	16——伞面；
2——固定插杆；	7——串盘丝；	12——铆钉；	17——伞帽；
3——下杆；	8——短骨；	13——转向器；	18——上盘；
4——连接件；	9——珠尾；	14——上杆；	19——帽花/天布。
5——中杆；	10——长骨；	15——跳簧；	

图 1　太阳伞结构示意图

5.7 使用安全

在使用过程中可接触的部位不应有伤害人体的锐角、快口、毛刺，铁丝头不应外露。

5.8 开关性能

开伞关伞安全可靠、灵活轻便；开伞后定位装置应起到定位作用，不应失控。

5.9 伞杆结合牢度

5.9.1 上杆与下杆之间均应承受 160 N 静拉力不移位。

5.9.2 伞杆与转向器之间应承受 300 N 静拉力不移位。

5.10 伞杆强度

经 6.10 规定的试验后，伞杆不应有明显变形、弯曲及影响正常使用的损坏。

5.11 无故障连续开关次数

伞开关 260 次，不应发生铆钉脱落、夹马移位、串盘丝断裂、松散、伞盘缺损失功、跳簧失灵、伞骨折断、接缝脱离、缝眼脱线、镀（涂）层剥落现象。

5.12 防雨性能

经 6.12 规定的模拟试验后，伞杆不淌水，伞面内不应有滴水与明显的雾状漏水现象。不具有防雨性能的应在产品上明示。

5.13 染色牢度

伞面耐水色牢度不低于 GB/T 250 和 GB/T 251 规定的 3 级。

5.14 塑料伞面抗拉强度

塑料伞面须经 6.14 试验后，不应断裂、破损。

5.15 伞骨

5.15.1 伞骨弹性（只限直骨伞要求）

长骨弯曲成弧状，两端间距离比长骨长度缩短 20%，卸荷后的弦高不大于 10 mm。

5.15.2 伞骨抗风强度

经 6.15.2 规定的试验后，伞骨允许翻顶，但不应有影响正常使用的损坏。

5.16 耐腐蚀

5.16.1 金属电镀件按 QB/T 3826 规定，伞杆经 4 h，其他零件经 2 h 中性盐雾试验后，耐腐蚀要求不低于 QB/T 3832 中规定的 4 级。

5.16.2 涂漆、喷塑件按 GB/T 1733 规定，经 8 h 试验后涂漆、喷塑件不起皱、不脱落、无生锈现象。

5.17 伞面防紫外线

防紫外线产品，应明示在产品上，应达到 UPF>40，且 $T(\text{UVA})_{\text{AV}}<5\%$。

6 试验方法

6.1 外观

目测。

6.2 缝制

用钢板尺 0 mm～150 mm 测量。

6.3 伞面

目测。

6.4 伞面粘连性

打开成品伞，来回抖动，目测是否符合 5.4 的要求。

6.5 规格尺寸

用钢卷尺 0 mm～2 000 mm 测量，从伞帽中心位置到伞面珠尾。

6.6 产品完整性

目测、实际检查。

6.7 使用安全

目测并以手感不刺痛为准。

6.8 开关性能

开伞后，手握伞杆来回转动 3 次，然后开关伞 5 次。

6.9 伞杆结合牢度

6.9.1 上杆与下杆：固定伞杆，在伞杆上挂重或用测力器械，沿伞杆轴向施以 160 N 拉力。

6.9.2 伞杆与转向器测试(见图 2)。

单位为毫米

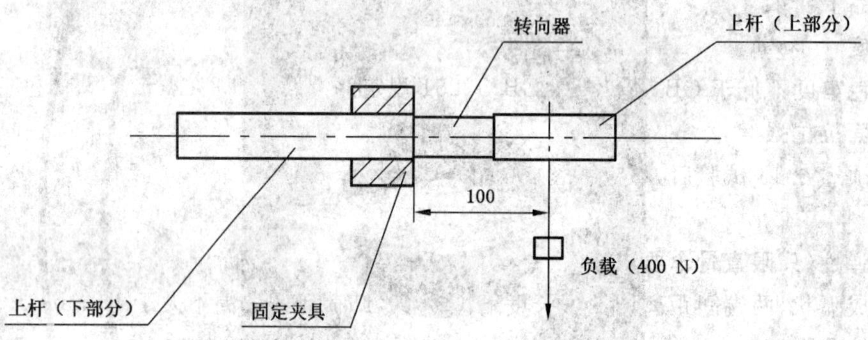

图 2 伞杆与转向器测试示意图

6.10 伞杆强度

将伞杆与地面呈水平方向放置，两端固定。然后将 24 kg 砝码分 3 个点均匀同时加载于伞杆上，每个点加载 8 kg，保持 5 min 卸载。

6.11 无故障连续开关次数

在室内手工或模拟开伞机进行开关试验，一开一关为一次。频率 1 次/min～5 次/min，以 5.11 中所列的任何一个故障出现的次数为实测值。

6.12 防雨性能

6.12.1 防雨性能装置见图 3 所示。

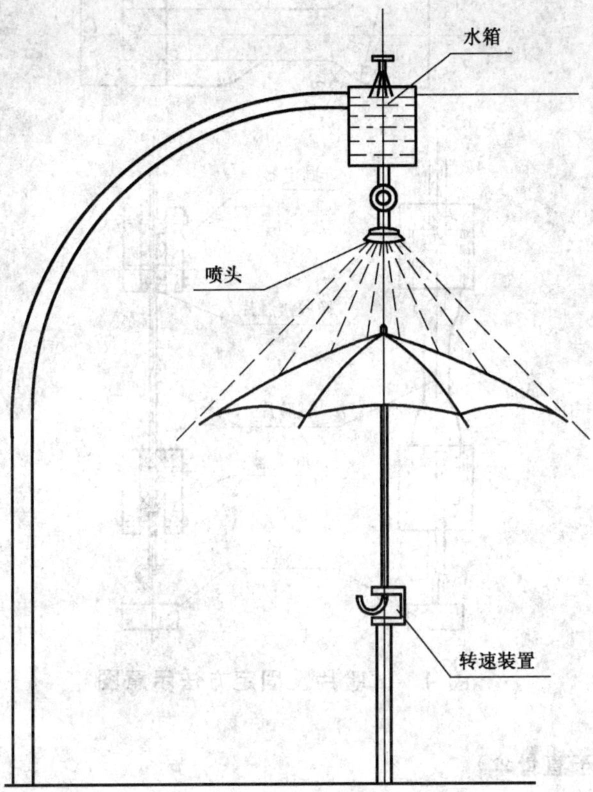

图 3 淋雨装置示意图

6.12.2 淋雨试验程序

先将伞撑开，使伞杆与地面垂直，并使伞面 5 r/min 的转速绕伞杆旋转，喷水量应达(6.0±0.5)L/min，并使整个伞面均在淋雨范围内，在 2 min 内观察伞面内情况，是否符合 5.12 的要求。若采用其他装置测试，伞面转速、喷水量、淋雨范围均应满足本标准规定。

6.13 染色牢度

按照 GB/T 5713 的方法试验，按 GB/T 250 和 GB/T 251 规定的等级判定。

6.14 塑料伞面抗拉强度

从塑料伞面上取 3 个试验片，将顶端固定，在另一端悬挂 1 kg 的砝码(包含砝码方向固定器具的质量)保持 1 min(见图 4)。

单位为毫米

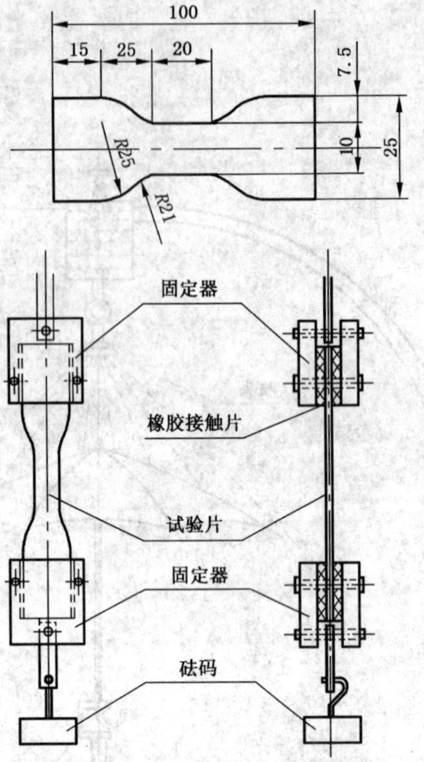

图 4 试验片及固定方法示意图

6.15 伞骨

6.15.1 伞骨弹性(只限于直骨伞)

将钢卷尺固定,以钢卷尺边为基准,使长骨弯曲,两端间距离沿钢卷尺边缩短,使缩短部分等于长骨长度的20%,30 s后卸载,即测量其弦高,取最大值(弦高测量时应减去长骨自然弯曲量)。

6.15.2 伞骨抗风强度

试验前先将抗风强度测试仪的速度用风速仪进行调整,直到风速达10 m/s为止(风速仪放置位置见图5),关闭抗风强度测试仪,然后将伞撑开,以图示的方向用夹具夹住(夹住部位见图6),此时启动抗风强度测试仪并计时30 s后停机,将伞取下,并按实际使用3次,检查是否符合规定的要求。

单位为毫米

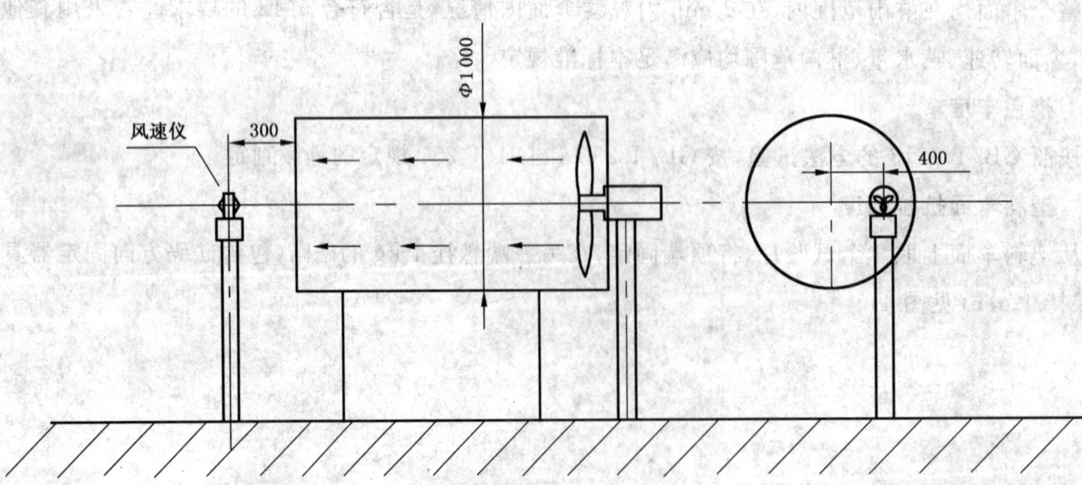

图 5 风速仪位置图

单位为毫米

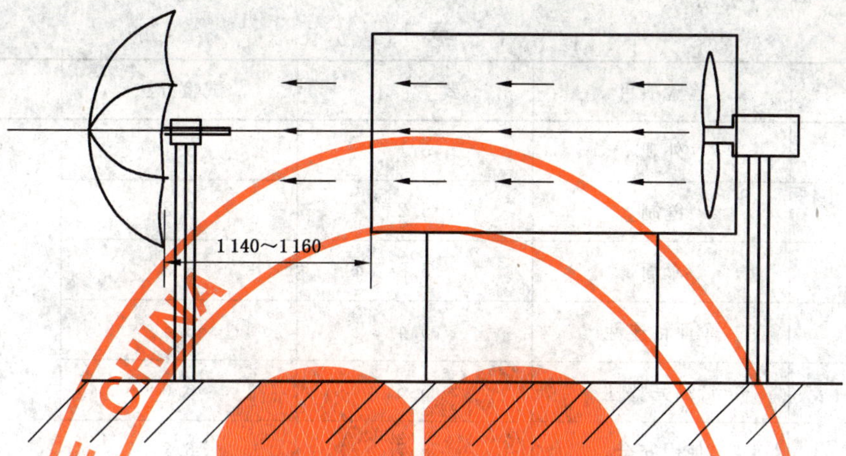

图 6 抗风强度测试仪

6.16 耐腐蚀

6.16.1 金属电镀件

6.16.1.1 金属镀层按 QB/T 3826 中性盐雾试验(NSS)法进行。

6.16.1.2 评定方法应符合 QB/T 3832 的规定,考核面规定如下:

a) 伞骨:在活动关节中心部位,单向 20 mm,双向 40 mm 的范围外为考核面,槽骨里面不考核。

b) 伞杆:圆孔和槽口周围 2 mm 范围外为考核面。

c) 伞骨:伞杆及其他零部件的考核面均需满足 0.01 m^2 方可评级。

6.16.1.3 检查腐蚀点:计算腐蚀率和评级按 QB/T 3832 规定进行。

6.16.2 涂漆、喷塑件

6.16.2.1 试验取样:在受检的成品上随机抽取 3 件同样涂漆、喷塑件金属件,长度适宜,将试样上的截口和特殊部位用 1∶1 石蜡和松香混合物封闭或用防水胶粘带封闭。

6.16.2.2 试验设备与器材应包括:

a) 恒温设备;

b) 玻璃容器;

c) 蒸馏水。

6.16.2.3 试验程序:将蒸馏水倒入玻璃容器内,利用恒温设备,使蒸馏水保持在(25±1.5)℃,然后将试样三分之二的长度浸在蒸馏水中,试样之间的间距,试样与容器壁的间距应大于 30 mm,保持 8 h 后取出试样。

6.16.2.4 评价方法:完成 6.16.2.3 的程序后,立即检查每件试样的表面,如 3 件试样中的 2 件涂漆、喷塑件有起皱,剥落及生锈现象即为不合格。

6.17 伞面防紫外线

按 GB/T 18830 中规定的方法试验。

7 检验规则

7.1 产品检验

产品应经生产厂质量检验部门按本标准检验合格后方能出厂,并附有使用说明和检验合格证。

7.2 检验分类

7.2.1 出厂检验

出厂检验采用GB/T 2828.1一般检验水平Ⅰ正常检查一次抽样方案,检验项目、要求、试验方法、接收质量限AQL值见表1。

表1

序　　号	检验项目	要　　求	试验方法	AQL
1	外观	5.1	6.1	10
2	缝制	5.2	6.2	
3	伞面	5.3	6.3	
4	伞面粘连性	5.4	6.4	
5	产品完整性	5.6	6.6	
6	使用安全	5.7	6.7	
7	开关性能	5.8	6.8	

7.2.2 型式检验

7.2.2.1 有下列情况之一时,应进行型式检验:

a) 新产品或老产品转厂生产的试制定型鉴定;

b) 正式生产后,如结构、材料、工艺有较大变动时,可能影响产品性能时;

c) 正常生产后,对批量产品进行抽样检查,每年至少一次;

d) 产品停产半年后,恢复生产时;

e) 出厂检验结果与上次型式检验有较大差异时;

f) 国家产品质量监督机构提出进行型式检验要求时。

7.2.2.2 型式检验的样本应从经过出厂检验的合格批中抽取6把分组检验,型式检验的评定以不合格把数计算。

7.2.2.3 型式检验采用GB/T 2829判别水平Ⅰ的一次抽样方案,检验项目、要求、试验方法、RQL值、样本大小、判定数组见表2。一项不合格即判定为不合格。

表2

检验项目	要求	试验方法	RQL值	样本大小	判定数组	
					Ac	Re
外观	5.1	6.1	65	3	1	2
缝制	5.2	6.2				
伞面	5.3	6.3				
伞面粘连性	5.4	6.4				
规格尺寸	5.5	6.5				
产品完整性	5.6	6.6				
使用安全	5.7	6.7				
开关性能	5.8	6.8				
伞杆结合牢度	5.9	6.9				

表 2（续）

<table>
<tr><th colspan="2" rowspan="2">检验项目</th><th rowspan="2">要求</th><th rowspan="2">试验方法</th><th rowspan="2">RQL 值</th><th rowspan="2">样本大小</th><th colspan="2">判定数组</th></tr>
<tr><th>Ac</th><th>Re</th></tr>
<tr><td colspan="2">伞杆强度</td><td>5.10</td><td>6.10</td><td rowspan="9">40</td><td rowspan="9">2</td><td rowspan="9">0</td><td rowspan="9">1</td></tr>
<tr><td colspan="2">无故障连续开关次数</td><td>5.11</td><td>6.11</td></tr>
<tr><td colspan="2">防雨性能</td><td>5.12</td><td>6.12</td></tr>
<tr><td colspan="2">染色牢度</td><td>5.13</td><td>6.13</td></tr>
<tr><td colspan="2">塑料伞面抗拉强度</td><td>5.14</td><td>6.14</td></tr>
<tr><td colspan="2">伞骨弹性</td><td>5.15.1</td><td>6.15.1</td></tr>
<tr><td colspan="2">伞骨抗风强度</td><td>5.15.2</td><td>6.15.2</td></tr>
<tr><td rowspan="2">耐腐蚀</td><td>电镀件</td><td>5.16.1</td><td>6.16.1</td></tr>
<tr><td>涂漆、喷塑件</td><td>5.16.2</td><td>6.16.2</td></tr>
<tr><td colspan="2">伞面防紫外线</td><td>5.17</td><td>6.17</td><td>50</td><td>1</td><td>0</td><td>1</td></tr>
</table>

8 标志、包装、运输、贮存

8.1 标志

8.1.1 每把伞应有如下中文内容：

a) 产品名称；

b) 制造厂名、厂址；

c) 产品质量检验合格证；

d) 产品执行标准编号；

e) 商标；

f) 规格尺寸。

8.1.2 产品包装箱应有以下中文内容：

a) 产品名称；

b) 制造厂名、厂址；

c) 商标；

d) 产品型号；

e) 规格尺寸、数量。

8.2 包装

包装应牢固，无破损、防挤压、防潮。

8.3 运输

产品搬运时应轻装轻卸，切勿重压。

8.4 贮存

存放在干燥、通风的仓库内。

ICS 97.040.20
Y 68

中华人民共和国国家标准

GB/T 23104—2008/IEC 61817:2000

家用烹饪、烧烤及类似用途的便携式电器性能测试方法

Household portable appliances for cooking, grilling and similar use—Methods for measuring performance

(IEC 61817:2000,IDT)

2008-12-30 发布　　2009-09-01 实施

中华人民共和国国家质量监督检验检疫总局
中国国家标准化管理委员会　发布

前　言

本标准等同采用IEC 61817:2000+A1:2004《家用烹饪、烧烤及类似用途的便携式电器　性能测试方法》(英文版)。

本标准等同翻译IEC 61817:2000+A1:2004。

为便于使用,本部分做了下列编辑性修改:

——用小数点“.”代替用作小数点的逗号“,”;

——删除IEC前言;

——删除7.4.1.3中的注、附录B以及附录C中相关供应商的信息;

——将7.4.2.3中的注2改为注,原文笔误。

本标准的附录A、B为规范性附录,附录C、D为资料性附录。

本标准由中国轻工业联合会提出。

本标准由全国家用电器标准化技术委员会(SAC/TC 46)归口。

本标准起草单位:慈溪中家电器科技服务有限公司、中国家用电器研究院、宁波凯波集团有限公司。

本标准主要起草人:张亚晨、叶孙孟、张迪煊、杜鑫。

家用烹饪、烧烤及类似用途的便携式电器性能测试方法

1 范围

本标准规定了家用烹饪、烧烤及类似用途的便携式电器的性能测试方法。

本标准适用于家用烹饪、烧烤及类似用途的便携式电器。

本标准定义了用户感兴趣的此类器具的主要性能特性，并规定了测试方法。

本标准不涉及产品的安全要求和性能要求。

由于时间和测试材料、成分的差异以及实验操作员主观判断的影响，当考虑精确度和可重复性时，利用标准所描述的测试方法在大致相同的时间段内，在同一实验室，由同一操作员使用相同的器具进行试验会比在不同实验室对某一台器具进行试验具有更高的可靠性。

本标准不适用于家用的微波炉、电灶、灶台、炉和烤架，也不适用于专门为商用和工业用而设计的器具。

2 规范性引用文件

下列文件中的条款通过本标准的引用而成为本标准的条款。凡是注日期的引用文件，其随后所有的修改单(不包括勘误的内容)或修订版均不适用于本标准，然而，鼓励根据本标准达成协议的各方研究是否可使用这些文件的最新版本。凡是不注日期的引用文件，其最新版本适用于本标准。

GB/T 11186(所有部分)　涂膜颜色的测量方法[eqv ISO 7724(所有部分)]

GB/T 20147—2006　CIE 标准色度观测者(ISO/CIE 10527:1991,IDT)

ISO/CIE 10526:1999　CIE 标准比色光源

CIE 15.2:1986　比色试验

3 术语和定义

下列术语和定义适用于本标准。

3.1

烧烤/接触烧烤　grilling/contact grilling

通过热辐射的方式烹饪或烤制食物。

注 1：在接触烧烤的情况下，食物的一面或两面都与加热盘直接接触。

注 2：在户外进行的烧烤/接触烧烤称为烧烤(barbecuing)。

注 3：烤架/接触烤架具有焙烤、石烤和烘烤功能。

3.2

烘烤　roasting

通过干燥热空气对流加热、热辐射或强制热空气方式烹饪或烤制肉类食物。

3.3

焙烤　toasting

通过热辐射的方式烤制面粉类食物。

3.4

烘焙　baking

通过干燥热空气对流加热、热辐射或强制热空气方式烹饪或烤制食物(典型的是面粉类食物例如蛋

糕和面包)。

注:有时食物会膨胀变硬,导致其质量/重量变化。

3.5

慢煮 simmering

将食物浸入液体中,首先煮沸,然后降温,使液体保持在沸点以下,液体有细微的流动。

注:慢煮通常用在长时间的烹饪过程中。

3.6

蒸 steaming

通过沸水产生的蒸汽烹饪食物。

3.7

浅层煎炸 shallow frying

使用少许烹饪介质,如动物油或植物油,通过热传导的方式烹饪或烤制食物。

3.8

烘制 gratinee

通过烤制完成食物的预处理,这些食物通常覆盖有面包屑或奶酪。

3.9

干燥 dehydrating

通过去除水分使食物易于保存。

注:通过干燥,食物的重量会有相当程度的减少。

3.10

煮沸 boiling

将食物放入沸腾的水溶液中烹饪,或将食物或液体加热到沸腾并保持沸腾直至完成烹饪。

3.11

溶化 melting

通过缓慢加热使固体食物,通常指脂肪、糖或巧克力,溶解为液体。

3.12

便携式器具 portable appliance

在操作中需要移动的器具或质量少于18 kg的器具。

注:便携式器具通常配有电源软线以及用来将器具与电源软线连接的插件。

3.13

灶 hob

含有一个或多个烹饪区域的器具或器具的一部分。

3.14

烹饪区域 cooking zone

灶的一部分,安装在灶表面供平底锅放置加热的区域。

3.15

炉盘 hotplate

附属于灶表面的部分,它形成了一个烹饪区域。

3.16

铸铁炉盘 solid hotplate

带有完整的加热单元和封闭表面的炉盘,其表面通常用铸铁制成。

3.17

管状炉盘 tubular hotplate

表面配有带有管状护套的水平加热单元的固定平面的炉盘。

3.18

玻璃陶瓷灶　glass ceramic hob

加热单元置于玻璃陶瓷表面之下的灶。

3.19

感应烹饪区域　induction cooking zone

通过涡流方式加热平底锅的烹饪区域。

注1：涡流通过线圈产生的电磁场在平底锅底部产生。

注2：灶表面可能由玻璃陶瓷制成。

3.20

烤架　grill

通过热辐射方式加热食物的器具的一部分。

3.21

烤箱　oven

通过辐射、自然对流、强制空气循环或组合以上加热方式加热食物的器具或一个独立的烹饪区域。

3.22

强制空气循环烤箱　oven with forced air circulation

通过循环空气向食物传送热量的烤箱。

注：强制空气循环烤箱可能也具备对流烤炉的功能，因此也要配备相应的备用装置和加热单元。

3.23

带有催化涂层的烤箱　oven with catalytic lining

通过分解特殊涂层上的沉淀物完成清洁功能的烤箱。

3.24

架子　shelf

用来支撑食物/容器，允许空气和热辐射自由流通的栅格。

3.25

烘烤板　baking sheet

金属、玻璃或其他材料的固体板。

4　测量项目

4.1　尺寸和质量

下列测量需要进行：

——整体尺寸(见6.1)；

——软线的长度(见6.2)；

——器具的质量(见6.3)；

——烤炉、烘烤板和烧烤格栅/架子的尺寸(见6.4,6.5,6.6)。

4.2　功能

下列试验需要进行：

——烧烤/接触烧烤(见7.1)；

——烘烤(见7.2)；

——焙烤(见7.3)；

——烘焙(见7.4)；

——热量分布(见7.5)；

——慢煮(见7.6)；

——蒸(见 7.7);
——浅层煎炸(见 7.8);
——烘制(见 7.9);
——干燥(见 7.10);
——煮沸(见 7.11);
——溶化(见 7.12)。

4.3 其他特性

——清洗(见 8.1);
——使用说明(见 8.2)。

5 测量的总条件

除非另有规定,否则应在以下规定的条件下进行测量:

5.1 通则

所用到的装置、配件以及配料的数量应由制造商推荐。如果没有制造商的推荐,使用规定数量。首先挑选指定的配料以保证结果的一致性和可重复性。

除非另外说明,器具按照制造商提供的说明工作。

5.2 试验房间

试验在良好通风的房间进行,房间环境温度为 20 ℃±5 ℃。

5.3 环境温度

除非另有规定,环境温度和所有用具和配料的温度均应保持在 20 ℃±5 ℃。

5.4 电压

试验电压为器具额定电压±1%。

如果器具规定了额定电压范围,则按该器具使用时的供电电压标称值进行试验。

5.5 仪器

包括热电偶在内的温度测量仪器应满足如下要求:温度范围为 0 ℃～100 ℃的仪器,其精度为 0.5 ℃;温度范围为 100 ℃～300 ℃的仪器,其精度为 2 ℃。

能量测量仪器精度应为 1%。

5.6 器具的位置

器具放置于距墙壁至少 30 cm 远的暗黑色木架上。

5.7 预热

器具初始温度与室温相同。但是,如果规定需要预热,则要按照使用说明对器具进行预热。如果没有说明,应在温度控制器首次断开后开始进行预热。

5.8 控制器的设定

控制器设定为试验规定温度。但是,如果由于控制器结构的原因不能达到此温度,则选择与规定温度最接近的温度设置。

5.9 设备

当需要混合配料时,可以使用食物搅拌器。该器具在额定电压下工作。

6 尺寸和质量

6.1 整体尺寸

器具的所有尺寸(高度、宽度和深度,如有门应关闭,包括所有的旋钮、手柄等)均应测量,并用 mm 表示。

6.2 软线的长度

应测量软线进入器具的入口处与电源插头入口处之间的长度,包括所有的软线护套,用 m 表示,误差为±0.05 m。

6.3 器具的质量

器具的质量在带有连接好的软线和插头的情况下测量，用 kg 表示，误差为±1 kg。

6.4 烤炉的内部尺寸

烤炉内部的高度、宽度和深度按图 1 所示进行测量，用 mm 表示。

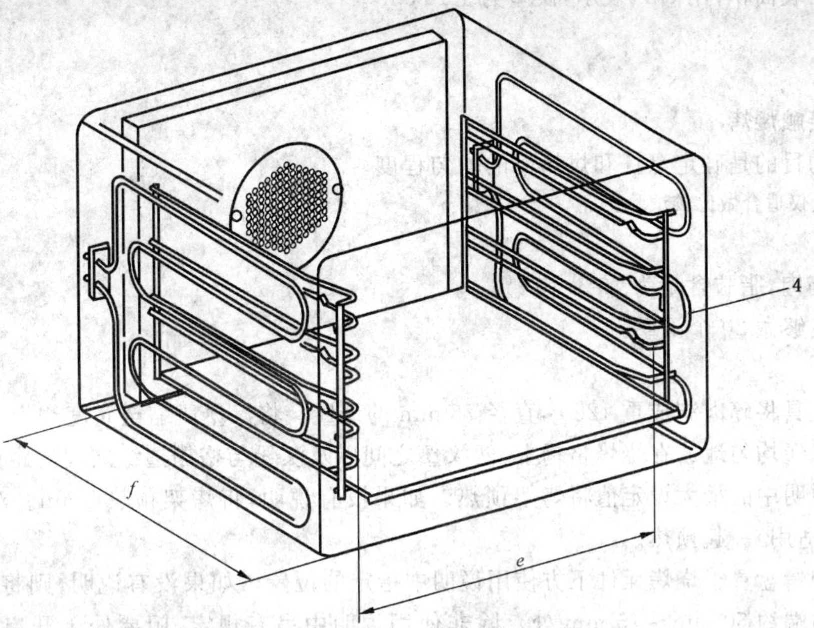

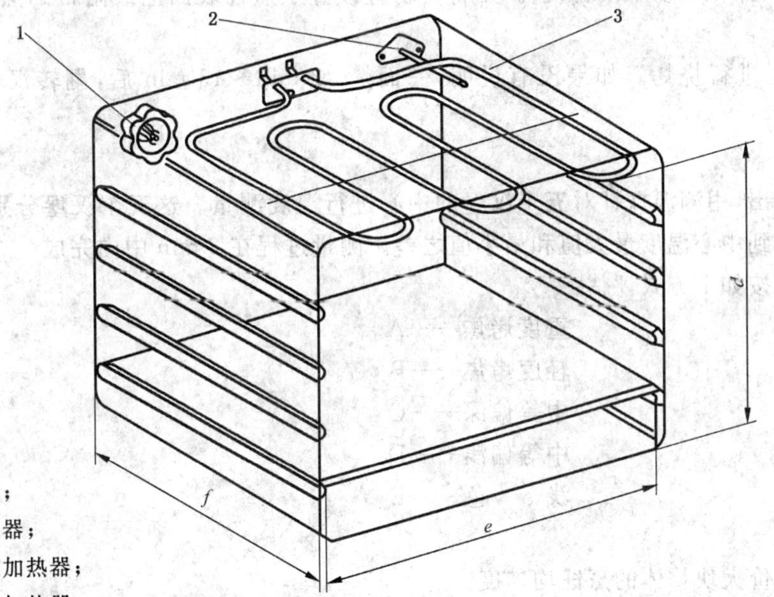

1——灯泡；

2——恒温器；

3——烤架加热器；

4——烤箱加热器；

d——上、下内表面或加热器间的可用高度；

e——支架和加热器之间的可用宽度；

f——关闭状态的门的内表面和后表面内侧之间的可用深度。

注：带有强制空气循环的烤箱，测量任何保护格，空气管道或器具后部的逆电流器之间的距离作为深度。

图 1 烤箱的内部参数

用以上三个值进行计算得出有效容积，用 L 表示。

6.5 烘烤板的尺寸

对烘烤板的有效面积进行测量。如果烘烤板不平，则在架子表面上方 5 mm 处进行测量。

计算得出表面积，用 cm^2 表示，误差为 $\pm 10\ cm^2$。

6.6 烧烤格栅/架子的尺寸

对烧烤格栅/架子的有效宽度和深度进行测量。

计算得出表面积，用 cm^2 表示，误差为 $\pm 10\ cm^2$。

7 功能测试

7.1 烧烤/接触烧烤

本试验的目的是确定烹饪和烘烤肉的均匀程度。

注：本试验仅适合做比较试验。

7.1.1 配料

2.5 kg 碎肉，脂肪含量为 10%～20%。

这些肉足够做 20 个汉堡。

7.1.2 程序

用环形模具将碎肉制成重 125 g，直径 75 mm 的汉堡。将汉堡压缩至高度约为 35 mm。

将这些汉堡均匀地放在烧烤格栅上，两汉堡之间以及汉堡与格栅边缘之间的距离约为 15 mm。

按使用说明中的最大设定值将烤架预热。如果没有说明，将烤架预热 5min。对于接触烤架，需连同密封盘(如适用)一起预热。

将烤架和烤盘置于烧烤元件下方使用说明中指定的位置。如果没有说明，则将烤架置于烧烤元件下方距汉堡顶端约 50 mm～75 mm 处。除非使用说明中另有规定，门要处于开启位置。对于其他烤架，要遵照制造商的说明操作。如果没有说明，则将食物直接置于烹饪表面上或附带的烹饪容器里，或接触烤盘附近(如适用)。

将汉堡按使用说明进行烧烤。如果没有说明，一面烤 12 min～15 min 后，翻转汉堡，另一面烤 10 min～15 min。

7.1.3 评估

将烤架从烤炉中取出，用测温探针对五个汉堡的中心进行温度测量。这五个汉堡分别处于烤架四角及中心位置。计算得到中心温度最大值和最小值之差。测量过程在 2 min 中内完成。

每个汉堡的焦黄度按如下方式评估：

重度烤焦——A
轻度烤焦——B
中等偏深——C
中等偏浅——D
浅　　色——E

7.2 烘烤

本试验的目的是评价大块物体的烹饪均匀度。

7.2.1 烘烤一块规则形状的食物——肉块

进行试验的器具应使用完全满足以下规格的长方形容器。

——长宽比例为 2∶1～2.5∶1；

——深度：75 mm±15 mm；

——所装食物的顶面积：$225\ cm^2 \pm 40\ cm^2$；

——所装食物的高度：45 mm±3 mm。

所装食物的质量通常为 900 g。如果不满足以上要求，质量可以作适当调整。

7.2.1.1　**配料**

115 g 鸡蛋，将蛋清与蛋黄搅拌均匀；

800 g 碎的精牛肉（脂肪含量不超过 20%）；

2 g 食盐；

透明膜，以盖住所装物体的上表面。

7.2.1.2　**程序**

将鸡蛋、盐和牛肉搅拌在一起。将混合物小心地封装入容器内，避免产生气泡。用另一容器将混合物的表面压平。盖上透明膜，放入冰箱内，在 5 ℃±2 ℃的条件下放置 24 h。

将冷藏的混合物放入容器中。器具通常配有烘烤容器，如果没有配备，则放入对进行试验的器具来说大小合适的容器中。

按照制造商提供的对这类食物烹饪的说明进行烹饪。如果没有此种说明，则对于强制空气循环烤炉，将温度设定为 165 ℃±10 ℃，对于自然对流烤炉，温度设定为 190 ℃±10 ℃。

当认为烹饪结束时，将食物从器具中取出。5 min 后，将食物从容器中取出，并垂直将其切为 5 等份。

注：猪肉的最终温度应为 85 ℃，牛肉的最终温度应为 74 ℃。

7.2.1.3　**评估**

作如下记录：

——烹饪时间；

——控制器设定；

——烹饪结果，包括对于过度烹饪/烹饪区域，干焦区域的主观评价。

焦黄度按如下方式评估：

重度烤焦——A

轻度烤焦——B

中等偏深——C

中等偏浅——D

浅　　色——E

7.2.2　**烘烤一块不规则形状的食物——鸡肉**

本试验的目的是评价家禽的烘烤和烹饪均匀度。

7.2.2.1　**配料**

一只重量为 1.5 kg±0.25 kg，除去内脏，已洗净并干燥过的新鲜肉鸡。

7.2.2.2　**程序**

将鸡放入冰箱内，在 5 ℃±2 ℃的条件下放置 24 h。将鸡从冰箱中取出，放入器具配有的烘烤容器中。如果没有配备，则放入对进行试验的器具来说大小合适的容器中。将准备烘烤的容器放入器具，按照制造商提供的对这类食物烹饪的说明进行操作。如果没有此种说明，则对于强制空气循环烤炉，将温度设定为 165 ℃±10 ℃，对于自然对流烤炉，温度设定为 190 ℃±10 ℃。当认为烹饪结束时，关闭加热功能。5min 后将食物从器具中取出。记录 5 个位置的温度。记录的位置见图 2。

对于带有电动旋转烤架的器具按制造商的说明操作。

注：通常，当鸡胸肉的温度为 77 ℃±2 ℃，褐色肉的温度为 83 ℃±2 ℃时，可以认为烹饪结束。

7.2.2.3　**评估**

作如下记录：

——5 个位置的温度（见图 2）；

——食物的最低温度；

——烹饪时间；

——控制器设定；

——烹饪结果，包括对于过度烹饪区域，干/焦区域的主观评价；

——外皮的颜色和脆度。

焦黄度按如下方式评估：

重度烤焦——A

轻度烤焦——B

中等偏深——C

中等偏浅——D

浅　　色——E

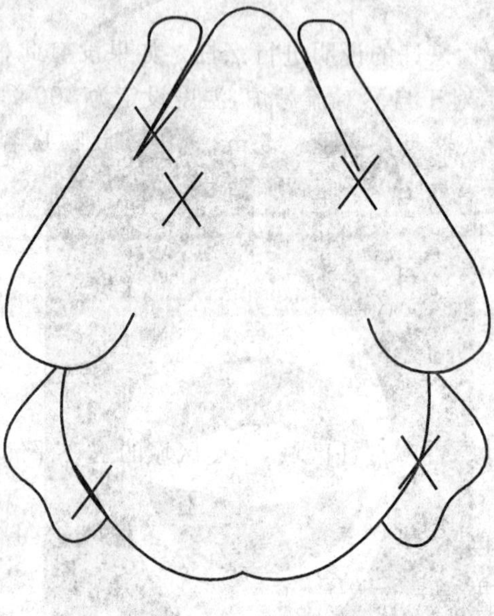

图 2　温度记录装置的位置

7.3　焙烤

此试验的目的是确定烤架的有效区域。

7.3.1　程序

采用由工厂制造的普遍适用于烘制的白面包进行试验，要注意确保准备足够多的面包片，并且这些面包是同一批生产的产品。

用于试验的去掉外皮的面包片的厚度要一致，均为 12 mm ±1 mm。烤架格栅要完全被面包覆盖。

注：有可能要减少一些面包片以适应烤架格栅。

根据使用说明将烤架调到最高设置进行预热。如果没有说明，则预热 5 min。

格栅烤架和烤架盘放在烤架发热元件下部，对应使用说明中所推荐的位置。如果没有说明，则格栅烤架放置于适于烧烤的最高位置，除非在使用说明中有指定的要求，否则门置于敞开的位置。

当一部分面包产生变色但未烤糊时将烤架格栅移开。如果面包片变小，则移动面包片使其边缘与烤架格栅边缘对齐。

7.3.2　评估

采用附录 B 中的色度表确定在 8 至 14 号色度内面包产生变色的区域，这是以 cm^2 为单位来计算的有效烧烤区域，并用烧烤格栅表面积的百分比来表示。

7.4　烘焙

该试验的目的是为依据烤箱的结构和使用说明来评价其热分布。

7.4.1　小面包

该试验的目的是为评价烤箱内部的热分布。

7.4.1.1 配料

500 g 白面粉，不含添加剂。

200 g 蓖麻糖(最大晶体粒尺寸为 0.3 mm)。

200 g 具有 80%脂肪含量的烘焙人造黄油或咸黄油。

2 个鸡蛋(每个鸡蛋含蛋壳的重量在 55 g 到 60 g 之间)。

3 g 盐。

注：对于最大容积为 15 L 的烤箱，上述数量减半。

7.4.1.2 程序

将面粉、蓖麻糖和盐混合，涂上人造黄油，打碎鸡蛋并将之加入到面粉混合物中，轻轻搅拌上述食物的混合物直至面团变得平滑。从混合用的碗中取出面团并将之做成一个面包的形状。将它封起来并在一台温度设置为 5 ℃±2 ℃的冰箱中存放至少 8 h。在做进一步的处理之前要将面包从冰箱中取出至少 1 h。

用图 3 所示的压面机的压制口将面包挤成带状。将带状面团切成适合烤箱提供的烤盘的尺寸或是制造商推荐的尺寸。将制成带状的面包用如图 4 所示的方法放置以使其与烤箱门平行。

注 1：如果食物的混合物不能搅拌在一起或不易挤压成带，则可以加入水。

注 2：烤盘上应稍微涂上一些润滑油脂。

单位为毫米

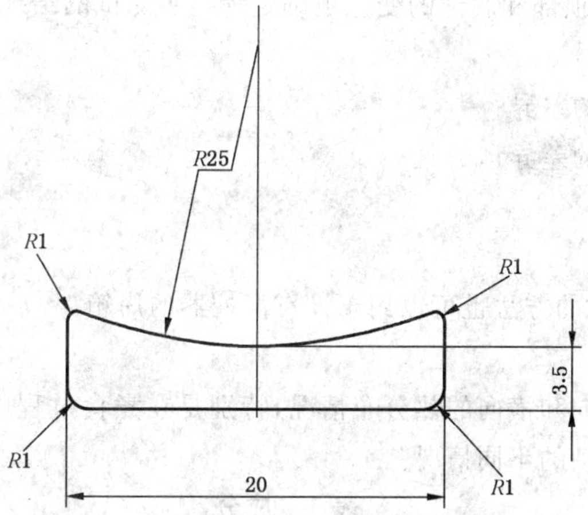

图 3 挤压面团的管口形状

单位为毫米

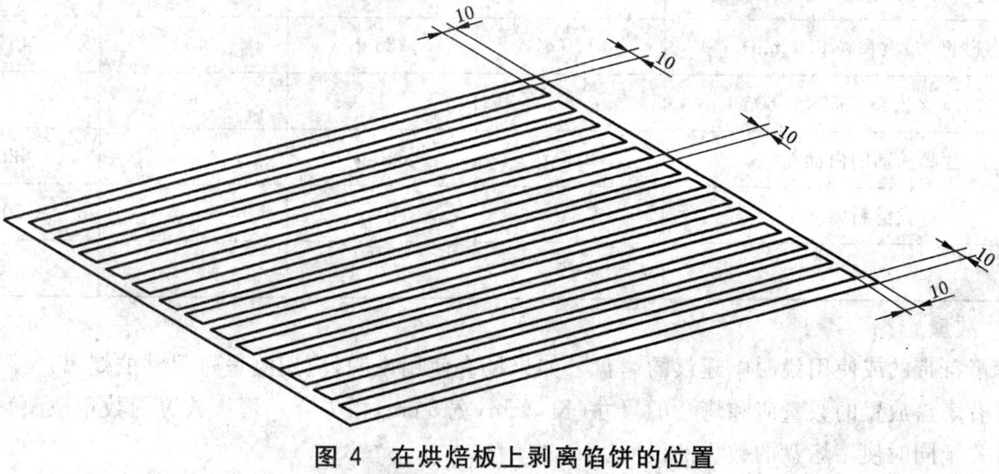

图 4 在烘焙板上剥离馅饼的位置

7.4.1.3 初步测量

初步测量是用来确定达到制定变色程度的烘焙时间的。

将控制器设置在说明书中介绍的用于此类混合物的设置状态。如果没有给出说明，则将强制空气对流的烤箱温度设置为175 ℃，将自然空气对流的烤箱温度设置为200 ℃。当首次达到恒温状态断电时，将烤盘按照使用说明放入烤箱。如果没有给出说明，则烤盘应放置在尽可能靠近烤箱中央的位置。待面包条变成金棕色时将烤盘从烤箱中取出。记录下烘焙时间。

将烤盘放在栅格上以降低其温度。顶端的变色程度用附录A中介绍的颜色辨别工具来测量。这一辨别工具从纵向上忽略每条面包条两端各20 mm的部分。测量颜色时按顺序每50 mm测量一次。平均的变色值用总变色值除以数量来计算得出。

当顶端变色与43%±5%的映射值 R_y 相关联时，烤箱的烘焙时间是令人满意的。

7.4.1.4 热分布测试

在面包条已经按照规定的时间被烘焙之后，进行本测试程序。

在面包条热着的时候把它们从烤盘上揭下来，但仍放在原处而不拿开。

如果说明书中指出可以同时烘焙一定数量的烤盘，可以增加一个使用的最大数量的烤盘来进行的试验，如果需要的话，可以增加烘焙时间。

7.4.1.5 评估

经过1 h的烘焙，面包条顶部和底部的变色被确定为初步测试的结果。

以下是计算结果和说明。

——顶部最大变色程度的差异；

——底部最大变色程度的差异；

——顶部平均变色程度；

——底部平均变色程度。

只要应用合理，这个测试的方法也可以用于没有温控器的烤箱。

7.4.2 小蛋糕

这个试验是为了评估纵向和横向的热分布情况，特别是在煮食过程中热度上升的混合物。它表明围绕一个复杂负载的空气运动的不同情况。

表1 成分

成　分	制成小蛋糕的数量			
	10～20	20～30	30～40	40～50
脂肪含量80%的人造黄油或咸黄油	170 g	225 g	340 g	450 g
精白砂糖(最大颗粒0.3 mm)	170 g	225 g	340 g	450 g
鸡蛋数量(含蛋壳重55 g～60 g)	3	4	6	8
不含膨松剂的白面粉	225 g	310 g	450 g	625 g
发酵粉	7 g	10 g	15 g	20 g
盐	0.25 g	0.25 g	0.5 g	0.5 g

7.4.2.1 数量

用烤箱自带的或使用说明中建议的烤盘。如果没有使用说明，应用测量过尺寸的烤盘。

蛋糕沿烤盘放置的数量应和烤盘的尺寸(长7 cm，宽5 cm)相吻合。蛋糕放置的数量取整数。

遵循关于同时使用烤盘的数量的说明。

7.4.2.2 程序

在食物搅拌器中将人造黄油和糖搅拌在一起，直到其混合均匀且其颜色呈灰白色。搅拌鸡蛋。缓慢地将筛选的面粉、烘焙粉和盐拌入混合物中。

在纸盒中称重 28 g 混合物，并将其均匀地放在烘烤板上。

注 1：纸盒的直径为 45 mm，其高度为 28 mm。其纸盒是由合乎标准的（39 g/m^2），涂有油脂的漂白纸制成。

按照使用说明中的指示操作烘焙蛋糕，特别要指出的是烤架放置的位置和烤箱需要预热。如果使用说明中推荐预热，则在第一次达到恒温断电后将蛋糕放入烤箱中。如果没有给出指示说明，那么烤架被放置在烤箱的中心位置。此时将烤箱预热，如处于强迫空气环流状态，其温度为 160 ℃，如处于自然对流状态，其温度为 185 ℃。

注 2：可能有必要完成初步的测试来测定烘烤的时间并且其时间不应超过 25 min。

7.4.2.3 评估

冷却后，移走纸盒，判别蛋糕产生变色并且其隆起处是均匀的。

附录 B 中的色度表用来估测变色程度。

将两个色度编号分别用来识别每个蛋糕顶部变色程度的最大值和最小值。它们被标记在表示蛋糕在烤盘上的位置和色度编号相对位置的图上。

顶部平均变色程度的计算是通过色度编号的总和除以两倍蛋糕的数量并且取整数值。

用下表说明蛋糕顶部变色程度最大值和最小值的区别不同。

表 2　16 块蛋糕的表面褐变的示例表格

12 10	12 10	12 10	12 12
10 8	8 8	8 8	8 10
10 8	8 8	8 8	8 10
10 8	8 8	8 8	8 10
平均变色程度：294/32＝9.18≈9 最大变色差值：12－8＝4			

分配给每个蛋糕底部一个单独的色度编号并标记在图上。

底部平均变色程度的计算是通过色度编号的总和除以蛋糕的数量。

表明蛋糕底部最大变色程度差异。

沿蛋糕中心切下蛋糕，并测量其高度，表明膨胀程度均匀。

注：蛋糕的最佳高度在 28 mm～41 mm。

7.5　热分布

该实验的目的是为确定当持续用油煎炸时烹调区域是否能够稳定的维持一个中高温度和均匀热分布。

注：此测试只适用于对比测试。

通过在煎锅中煎炸一组煎饼评价其热分布，详见图 5。

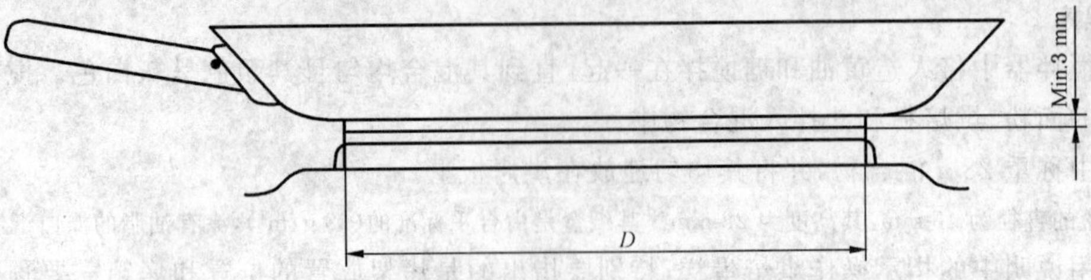

煎盘的规格：

煎盘应为铝制或不锈钢制成，不锈钢煎盘应附带有铝制的底层，至少 3 mm 厚。

煎盘内表面应附着一层 PTFE 不粘层。

底平面的直径 D 不能小于加热板或烹饪区域的直径且不能超过加热板或烹饪区域直径 20 mm。

盘体底部的凹度不能超过 $0.003D$ 且不能产生凸起。

对感应炉灶的烹饪区域，盘体底部表面应有一薄层磁性低碳钢，用于吸收感应炉灶的磁能。

图 5　煎盘

7.5.1　煎饼的烹饪方法

表 3 中给出了不同直径的烹调区域对应的配料数量和大致的烹调时间。

表 3　成分和烹饪时间

成分	烹饪区域的直径/mm		
	145	180	210/220
不含膨松剂的白面粉	140 g	140 g	140 g
含脂肪 3%～4%的鲜牛奶	270 g	270 g	400 g
鸡蛋(不含蛋壳)	110 g	110 g	160 g
盐	3 g	3 g	4 g
每个薄饼的面糊量	45 mL	55 mL	85 mL
第一面的烹饪时间	40 s～60 s	50 s～70 s	60 s～80 s

7.5.2　程序

将牛奶和鸡蛋在一起搅拌，筛取面粉和盐并加入到牛奶和鸡蛋的混合物中。

在烘烤煎饼之前将奶油面糊在室温下放置 1 h。

在煎锅中涂上大致 5 g 的植物油，给锅加热直到锅底中心的温度达到 230 ℃±5 ℃，将适量的奶油面糊倒入锅中。

用油来煎炸煎饼直到其上表面出现气泡并且面糊凝固成形(表 3 中给出了所需的大致时间)。翻转煎饼并将另一面煎至金棕色，保持煎锅和烹调区域之间的相对位置不变，煎出 8 个煎饼。

注 1：为达到所需的温度，应进行一个初步试验来确定控制设置。

注 2：只在烹制第一个煎饼时在锅中涂抹油脂。

注 3：接触探针可以用来测量锅的温度。

7.5.3　评估

用附录 B 的色度表评估每个煎饼油炸面的均匀变色程度。

测定每个象限的变色程度。每个煎饼最亮和最暗的色度不同。

测量每个煎饼的变色程度，并计算四次测量的平均值。规定平均值的最大差异。

7.6　慢煮

本试验的目的是要验证在指定时间内保持在低于沸点的某一温度的能力以及分以下两个阶段进行缓慢烹饪食物的能力：

a)　根据 7.11，食物达到沸点；

b） 温度稍微降低并保持在 92 ℃±7 ℃。

7.6.1 配料

——水，用量根据表 4；

——100 g 去皮生马铃薯，切成 2.5 cm^2；

——100 g 生肉，切成 2.5 cm^2；

——增稠剂：无增长剂的面粉，每 50 g 面粉加 1 L 饮用水。

7.6.2 程序

分出液体总量的 10%，放在一旁备用。

将水、肉、马铃薯放入平底锅内（见图 6）。盖上平底锅的盖子并将其放在烹饪区域中心。

将温度控制调至最大。使配料迅速升至沸点，按照 7.11.1 搅拌混合物。

当混合物升至沸点后，将放在一旁的备用液体与面粉混合搅拌，制作成面团。移开盖子，加入面团，一直搅拌。盖上盖子，加热至沸点。按照制造商的说明慢煮。如果没有说明，调节控制器使液体温度为 92 ℃±7 ℃。一直保持以上温度慢煮 2 h。将平底锅从加热源移开。

注 1：温度参考 The Experimental Study of Foods（见参考文献）。

注 2：7.11.1 中提到的搅拌器连有一个热电偶。

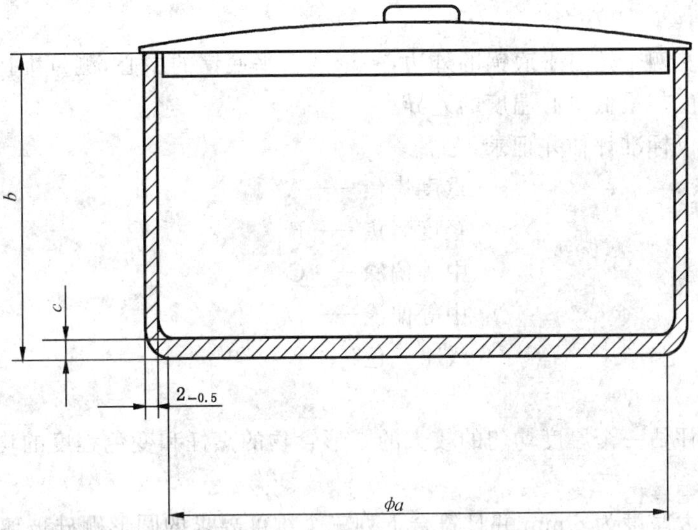

烹饪区域的直径/mm	炖锅的参数/mm		
	a	*b*	*c*
≤145	145	140	3
>145 且≤180	180	140	≥3 ≤5
>180 且≤220	220	120	≥3 ≤5

炖锅由含碳量 0.08% 的低碳钢制成，圆柱锅体上不带有金属手柄或突出物。炖锅底部平面应至少和烹饪区域同等大小。炖锅底面最大凹度不能超过 0.006*a*，其中 *a* 为炖锅底部实际使用平面的直径。

注：炖锅底部不能有凸起。

图 6 钢质炖锅

7.6.3 评估

作如下记录：

——第一次达到沸点的时间；

——沉淀物烧焦的程度；

——平底锅底被沉淀物覆盖面积的百分比。

7.7 蒸

在考虑中。

7.8 浅层煎炸

这个试验的目的是确定统一的烹饪和肉类的变色程度。

7.8.1 配料

2.5 kg 切碎的牛肉,脂肪含量在 10%～20%之间。

数量足够做 20 个牛肉汉堡。

把切碎的牛肉夹进汉堡中,每个汉堡重量 125 g,直径 75 mm。压缩汉堡使其高度大约在 25 mm。每一个汉堡的中心插入一个热电偶。初始温度应为 5 ℃±2 ℃。

7.8.2 程序

最少添加 3 mm 的植物油到平底锅,详见图 5,按照制造商的使用说明根据需要进行预热。如果没有说明,用最大档加热 3min。

在平底锅的中心放一个汉堡,把其他汉堡均匀地放在平底锅里并且保持汉堡和汉堡之间的距离大约为 15 mm,按照使用说明中的建议烹调汉堡,如果没有说明,把一面加热 8 min,翻面再把另一面加热 4 min,在开始烹调之后换低档加热 3 min。

7.8.3 评估

记录汉堡的温度。四个选自平底锅的外边,一个选自平底锅的中心,测量维持 2 min。

规定最高中心温度与最低中心温度的差异。

对每个汉堡按如下标准评估并记录:

重度烤焦——A
轻度烤焦——B
中等偏深——C
中等偏浅——D
浅　　色——E

7.9 烘制

本试验的目的是评估一个厚度均匀的较大的圆形食物的烹饪和变色程度的均一性。

7.9.1 容器

使用一个材料最大厚度为 6 mm 并且符合下列三个维度要求的圆形硼硅玻璃容器。

高度:50 mm±10 mm;

容器的外径:230 mm±10 mm;

食物负载的初始高度:15 mm±2 mm。

7.9.2 配料

750 g 去皮土豆,煮熟;

100 g 磨碎的奶酪;

50 g 鸡蛋,将蛋白与蛋黄混合;

200 g 牛奶与奶油混合物,脂肪含量为 15%～20%;

5 g 食盐。

7.9.3 程序

在煮土豆之前,先用一个厨房用切片机把它们切成大约 4 mm 厚的片。把大约一半煮熟的土豆片放入容器中并将一半磨碎的奶酪覆盖其上。加入剩余的土豆片并将剩余的磨碎的奶酪覆盖其上。将鸡蛋打碎,用食物搅拌器将之与奶油牛奶混合物和盐搅拌在一起并将混合物倒在土豆上。

将烤盘放在使用说明中规定的最高位置上,预热烧烤盘中的烧烤。如果没有给出说明,则预热 5 min。如果烤盘可直接接触烤架,则预热 5 min。

依照使用说明中指定的位置将栅格烤盘和烤盘放在烧烤器具的下部。如果没有给出说明，则放置栅格烤盘使烘制物应低于烧烤器具约 75 mm。如果在使用说明中没有其他的规定，则门应处于打开状态。其他的烧烤物按照制造商的说明来处理。如果没有说明，直接将食物放在烹饪器具表面或放在提供的烹制器皿里，如果需要的话，可以接触烧烤盘。

烘制按照使用说明中推荐的指示使用。如果没有使用指示，烘制的大约时间为 3 min～5 min，万一接触到，25 min～30 min，直到中等偏深 C 标准。

7.9.4 评估

变色的评估如下：

重度烤焦——A

轻度烤焦——B

中等偏深——C

中等偏浅——D

浅　　色——E

用附录 B 中的色度表对变色程度进行评价，对每四分之一部分进行变色的测定，取最亮和最暗的色度差值作为测试结果。

7.10 干燥

本试验的范围是去除食物中的水分。

7.10.1 配料

——500 g 去皮生胡萝卜，切成直径约 2.5 cm^2，厚 1 cm 的片；

——根据表 4，每个盘装相应量的水。

7.10.2 程序

将准备好的胡萝卜浸入冷水放置 24 h 后，将水倒掉。用吸水纸将多余的水分吸掉。将烘烤板或烤架的有效区域按以下所示分成四份：

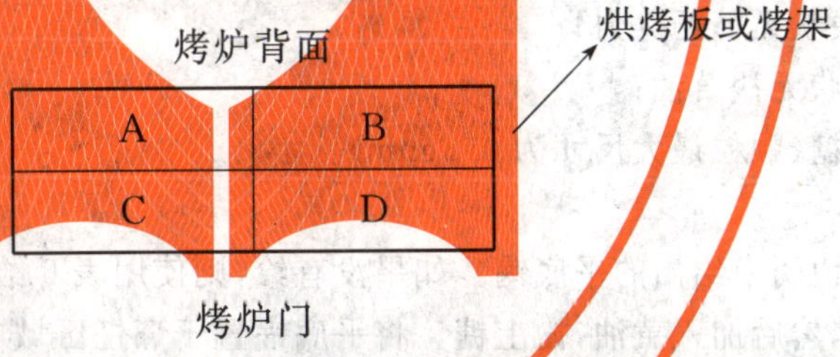

将胡萝卜片平铺满在烘烤板或烤架上。在每个区域随机选取三片胡萝卜片，干燥后对它们进行称重。记下每组的最初重量。将胡萝卜片重新放在烘烤板或烤架上的原始位置。

按照制造商的说明进行干燥。如果没有说明，将烘烤板或烤架放入烤炉中心，在 80 ℃下干燥 24 h。从烤炉中取出盘子，并立即记录下四组各三片胡萝卜片的最终重量。

注：对于多级干燥，应按照制造商的说明操作或对每一级进行以上程序的操作。同时对所有层进行干燥。

7.10.3 评估

作如下记录：

——一致性；

——四组胡萝卜片每组的脱水百分比：

$$\text{脱水百分比} = \frac{(\text{胡萝卜初始重量}) - (\text{胡萝卜最终重量})}{\text{胡萝卜初始重量}} \times 100\%$$

——总脱水量：

$$\frac{A\% + B\% + C\% + D\%}{4} = \text{总脱水量}$$

7.11 煮沸

这项测试的目的是为了评估从烹饪区域到煎盘中水的热量转移。

注：此次测试只适用于对比测试。

7.11.1 程序

将能够覆盖烹饪区域的钢制煎盘用于测试，其详细说明见图6。

注1：为了防止底部变形，用于加热水的煎盘的底部需要粘有硅胶。

注2：商业用盘应具备等同于实际使用中所需的热量和机械性能。

煎盘中倒入充足的饮用水，见表4。水的温度为15 ℃±1 ℃。该煎盘覆盖有一个盖子，其盖子是用于定位烹饪区的中心。

注3：对于非圆型烹饪区域，煎盘也可使用适当的形状。

表4 炖锅中的水量

烹饪区域的直径/mm	水量/L
≤145	1
>145 且≤180	1.5
>180 且≤220	2

当控制器设定在最大值时，烹饪区域被加热。测试期间的水需要不断地搅拌，通过非金属搅拌器作为辅助工具。水温上升超过75 K所需时间，是由相应的能源消费量估量的。将煎盘翻转90°后，实验需要再次测试。

确定两个结果的平均值。

以min、s表示时间，Wh表示能耗。

7.12 溶化

本试验的目的是通过缓慢加热将食物融化而不烧焦。

7.12.1 配料

——500 g块状无糖巧克力；

——50 g块状无盐黄油；

——50 g砂糖(颗粒最大尺寸为0.3 mm)。

7.12.2 程序

使用制造商说明中给出的平底锅。如果没有给，则使用表6给出的锅。

加入巧克力，然后加入黄油，撒上糖。将平底锅置于烹饪区域中央。将温度控制器调至最大或按照制造商的说明操作。先搅拌1 min，然后停止搅拌，静置直至所有配料完全融化。将平底锅从加热源移开。

7.12.3 评估

作如下记录：

——完全融化的时间；

——平底锅底被沉淀的烧焦物覆盖的面积占总面积的百分比。

注意混合物硬度的任何不利变化。

8 其他特性

8.1 清洁

8.1.1 程序

随着试验的进行，应尽可能使用制造商推荐的清洗方法清除变质的和烧焦的食物残渣。

考虑以下方面，通过视检检查清洁设备的难度水平(按重要性降序排列)：

——拆除(记录时间)；

——边缘锋利度；
——食物残渣区域；
——可以清洗的单一零件数目；
——各部件是否可以用清洗机清洁；
——易于用手清洗，有水或没有水，使用洗涤剂或不使用洗涤剂(记录时间)；
——制造商提供的特别清洗器；
——运行过程中零件的退色。

8.1.2 **评估**

记录以下内容：
——遵照制造商的指示说明，必须清洗的零件数目；
——零件是否为不能使用清洗机；
——退色和手动清洁的时间；
——清洗的简便性。

使用下述分类：
——非常好，满意；
——满意；
——不满意。

8.2 **使用说明**

使用说明中如有如下条款，应予以注明：
——安全预防措施；
——安装；
——器具信息；
——使用和维护；
——服务；
——处置。

使用说明的内容应让使用者充分了解。

附　录　A
（规范性附录）
颜色测量装置

颜色测量装置与 GB/T 11186 和 CIE 15.2 一致，并有下述说明：

——测量几何学：散射，垂直偏离 8°；

——测量孔径：直径 20 mm，旁边有一片石英玻璃；

——校验标准：白色，依据 GB/T 11186；

——标准光源：D65，依据 ISO/CIE 10526；

——标准观察角度：10°，依据 GB/T 20147—2006；

——赋值：反射值 R_y。

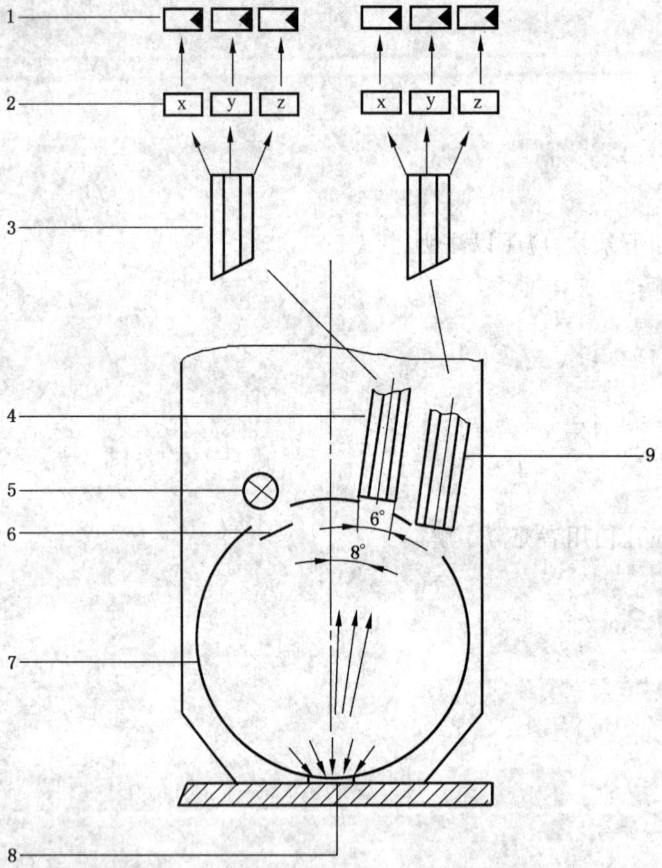

1——感光器；

2——滤光器；

3——光波传导体；

4——测量通道；

5——氙灯；

6——快门；

7——累计球（光度计的圆球）；

8——测量孔径下的样本；

9——参照通道。

图 A.1　颜色测量装置

附　录　B
（规范性附录）
色度图表

此附录指定各种颜色混合后的色度数值依照其相干红外能量和对应的蒙赛尔符号

色度值	颜色	相干红外能量数值			蒙赛尔符号
		X相干红外能量	Y相干红外能量	Y	
4	对于颜色图表，确认背面内侧的分离面	0.363	0.380	78.7	5Y 9/4
6		0.396	0.40	59.1	2.5 8/6
8		0.412	0.396	43.1	10YR 7/6
10		0.46	0.41	30.1	7.5YR 6/8
12		0.442	0.392	19.8	7.5YR 5/6
14		0.465	0.387	12.0	5YR 4/6
16		0.42	0.37	12.0	5YR 4/4
18		0.31	0.316	3.1	N2

注1：以印刷规格提供色度图表。

注2：对于电子版本，此色度图表应和IEC分开编排，使用参考号码：IEC 61817，ed.1，CHAR。

注3：可通过以下地址得到一份参照BSI色度规格的颜色规格。（略）

附　录　C
（资料性附录）
供应商地址

（略）

附　录　D
（资料性附录）
提供的销售信息

销售时需提供下述信息：

——生产商或供应商的名字和地址；

——参数/mm（见6.1）；

——额定电流；

——电线长度/m（见6.2）；

——重量/kg（见6.3）；

——烤箱体积/L（见6.4）；

——架子的数量和参数（见6.5）；

——烧烤区域（见6.6）；

——灶台的类型和数量；

——可用的功能；

——预热时间；

——加热指示灯。

注：涉及玻璃或陶瓷灶台。

参 考 文 献

［1］ IEC 60350:1999 家用电炉灶,灶台,烤箱和烤架 参考测量方法.

［2］ IEC 60705:1999 家用微波炉 参考测量方法.

［3］ 坎贝尔 A. M,潘尼菲尔德 M. P,格里斯沃尔德 R. M. 食物实验研究. 伦敦:康斯,1987［ISBN:0-09-463800-4］.

ICS 97.180
Y 69

中华人民共和国国家标准

GB/T 23105—2008

家用和类似用途电动水泵

Household and similar electrical pump

2008-12-30 发布　　2009-09-01 实施

中华人民共和国国家质量监督检验检疫总局
中国国家标准化管理委员会　发布

前　言

本标准由中国轻工业联合会提出。

本标准由全国家用电器标准化技术委员会归口(SAC/TC 46)。

本标准起草单位:中国家用电器研究院、国家家用电器质量监督检验中心、广东振华电器有限公司。

本标准主要起草人:马德军、鲁建国、朱焰、麦振强、孙鹏。

家用和类似用途电动水泵

1 范围

本标准规定了家用和类似用途电动水泵(以下简称“水泵”)的术语和定义、产品分类、技术要求、试验方法、检验规则、标志、包装、运输和贮存。

本标准适用于水温度不超过 40 ℃、额定电压 220 V、额定输入功率不超过 1 000 W,在家庭、商店、学校等场所由非专业人员使用的水泵。

2 规范性引用文件

下列文件中的条款通过本标准的引用而成为本标准的条款。凡是注日期的引用文件,其随后所有的修改单(不包括勘误的内容)或修订版均不适用于本标准,然而,鼓励根据本标准达成协议的各方研究是否可使用这些文件的最新版本。凡是不注日期的引用文件,其最新版本适用于本标准。

GB/T 1019—2008 家用和类似用途电器包装通则

GB/T 2423.17 电工电子产品环境试验 第 2 部分:试验方法 试验 Ka:盐雾(GB/T 2423.17—2008,IEC 60068-2-11:1981,IDT)

GB/T 2828.1 计数抽样检验程序 第 1 部分:按接收质量限(AQL)检索的逐批检验抽样计划(GB/T 2828.1—2003,ISO 2859-1:1999,IDT)

GB/T 2829 周期检验计数抽样程序及表(适用于对过程稳定性的检验)

GB/T 3216—2005 回转动力泵 水力性能验收试验 1 级和 2 级(ISO 9906:1999,MOD)

GB 4706.66 家用和类似用途电器的安全 泵的特殊要求(GB 4706.66—2003,IEC 60335-2-41:1996,IDT)

GB 5296.2 消费品使用说明 第 2 部分:家用和类似用途电器

GB/T 9239.1 机械振动 恒态(刚性)转子平衡品质要求 第 1 部分:规范与平衡允差的检验(GB/T 9239.1—2006,ISO 1940-1:2003,IDT)

3 术语和定义

下列术语和定义适用于本标准。

3.1

水泵 pump

用于运送液体的由机械、液压和电气部件组成的器具。

3.2

潜水泵 submersible pump

电气部件在正常工作期间完全或部分浸入液体中的泵。

注:电机绕组可以是干的,浸在油里或被泵吸入的液体里。

3.3

立式水泵 vertical pump

正常工作时电机轴线成垂直状态,且电气部件不浸入液体中的泵。

注:控制器例如水位开关可以浸入液体中。

3.4

卧式水泵 horizontal pump

正常工作时电机轴线成水平状态,且电气部件不浸入液体中的泵。

3.5

正常工作 normal operation

泵在进水口处于无压液体中且在最大和最小总水头之间工作，使其达到最大输入功率。

注：总水头在进水口和出水口之间测得。污水泵在水中工作。

3.6

体积流量 volume flow rate

体积流量为出口质量流量除以密度，见式(1)。

$$Q = \frac{q}{\rho} \qquad \cdots\cdots(1)$$

式中：

Q——体积流量，单位为立方米每秒(m^3/s)；

q——质量流量，单位为千克每秒(kg/s)；

ρ——密度，单位为千克每立方米(kg/m^3)。

3.7

水头 head

每单位质量流体的能量除以重力加速度 g。

3.8

表压 gauge pressure

相对大气压力的压力。

注1：如果压力高于大气压力，为正值；如果压力低于大气压力，为负值。

注2：标准中，除大气压力和液体的汽化压力以绝对压力表示外，所有压力均指从压力计或类似压力计的压力表上读出的压力值。

3.9

速度水头 velocity head

每单位质量流体的动能除以 g。

3.10

入口总水头 inlet total head

泵入口截面处的总水头按式(2)计算：

$$H_1 = Z_1 + \frac{P_1}{\rho g} + \frac{U_1^2}{2g} \qquad \cdots\cdots(2)$$

式中：

H_1——扬程，单位为米(m)；

P_1——压力，单位为帕(Pa)；

Z_1——相对基准面高度，单位为米(m)；

U_1——平均速度，单位为米每秒(m/s)；

g——重力加速度，单位为米每二次方秒(m/s^2)。

3.11

出口总水头 outlet total head

泵出口截面处的总水头按式(3)计算：

$$H_2 = Z_2 + \frac{P_2}{\rho g} + \frac{U_2^2}{2g} \qquad \cdots\cdots(3)$$

式中：

H_2——扬程，单位为米(m)；

P_2——压力，单位为帕(Pa)；

Z_2——相对基准面高度，单位为米(m)。

3.12

扬程　pump total head

出口总水头 H_2 与入口总水头 H_1 的代数差。

3.13

泵输入功率　pump power input

驱动电机传给泵的功率。

3.14

泵输出功率　pump power output

传递给流经泵的液体的机械功率。

3.15

驱动机输入功率　driver power input

泵驱动机吸收的功率。

3.16

最大效率　overall efficiency

泵输出功率除以驱电动机输入功率。

4　产品分类

4.1　型式

4.1.1　按自动化程度分：

a)　普通型水泵(以汉语拼音字母 P 表示)；

b)　自动型水泵(以汉语拼音字母 Q 表示)。

4.1.2　按工作方式分：

a)　潜水式水泵(以汉语拼音字母 Q 表示)；

b)　立式水泵(以汉语拼音字母 L 表示)；

c)　卧式水泵(以汉语拼音字母 W 表示)。

4.2　规格

水泵的规格在型号中以额定输入功率表示。

4.3　型号

水泵的型号及其含义如下：

□1　□2 □3　□4 - □5

- 5 —— 工厂设计序号，用阿拉伯数字或字母表示。
- 4 —— 规格代号，按 4.2 规定表示。
- 3 —— 使用方式代号按 4.1.2 规定表示。
- 2 —— 自动化程度代号，按 4.1.1 规定表示。
- 1 —— 家用水泵代号，以汉语拼音字母 JB 表示。

5　技术要求

5.1　使用环境条件

a)　环境温度为(0～40)℃，输送水温(0～40)℃，海拔 1 000 m 以下；

b)　空气的相对湿度在 95%以下(温度为 25 ℃时)。

5.2 使用电源、试运转

水泵使用的电源为单相交流，额定电压为220 V，额定频率为50 Hz，按照水泵产品使用说明书的要求操作，水泵应能起动运转，并能完成产品使用说明书所述功能（关于这些功能的技术要求，如在本标准未有规定，可执行相应的国家标准、行业标准或备案的企业产品标准规定）。

5.3 体积流量

水泵在额定电压下正常工作中体积流量波动范围应在额定值的±6%以内。

5.4 扬程

水泵在额定电压下正常工作中扬程波动范围应在额定值的±6%以内。

5.5 最大效率

水泵在额定电压下正常工作中最大效率应不小于表1规定值。

表1　最大效率限定值

驱动电机类型	不同功率范围/W的效率限值					
	>50～100	>100～150	>150～200	>200～300	>300～500	>500～1 000
永磁同步电机中间出水	10%	12%	13%	15%	18%	22%
永磁同步电机切向出水	12%	14%	15%	17%	20%	24%
电容运转电机切向出水	12%	14%	15%	17%	20%	24%

5.6 无故障运行时间

水泵在额定工作状态下，连续无故障工作时间应不小于表2的规定值。试验后应能继续正常工作。

表2　无故障运行时间

型　　式	无故障运行时间/h
潜水式水泵	2 300
立式水泵	3 000
卧式水泵	3 000

5.7 一般结构

5.7.1 水泵中的紧固件及其他零部件应符合有关的国家标准的规定，其易损件应便于更换。

5.7.2 水泵内壁及与洗涤物接触的零部件表面应光滑，正常使用时，不应夹扯和损伤洗涤物。

5.8 材料

5.8.1 钢铁制件

水泵外露钢铁制件（不锈钢除外），表面应进行防锈蚀处理，例如采用电镀、涂漆、搪瓷或其他有效的防锈蚀处理。

5.8.2 电镀件

5.8.2.1 水泵电镀件表面应光滑细密、色泽均匀、不得有剥落、露底、针孔、鼓泡、明显的花斑和划伤等缺陷。

5.8.2.2 水泵一般结构零件在边缘及棱角部位2 mm以外的镀层不应出现锈蚀点。

5.8.3 涂漆件或涂塑件

5.8.3.1 水泵涂漆件或涂塑件的涂饰层应附着力强，结合牢固，不应有明显的气泡、流痕、漏涂、底漆外露、皱纹、裂痕等现象。

5.8.3.2 水泵涂漆件或涂塑件进行耐腐蚀试验后，腐蚀宽度应不大于1 mm。

5.8.4 塑料件

水泵塑料件表面应平整光滑、色泽均匀、耐老化，不得有裂纹、气泡、缩孔等缺陷。

5.9 平衡

5.9.1 水泵的旋转零部件应做静平衡，应符合 GB/T 9239.1 相关要求。

5.9.2 水泵电动机转子应做动平衡，应符合 GB/T 9239.1 相关要求。

5.10 耐水压

水泵应能承受1.5倍允许工作压力的水压试验5 min，在试验过程中不应有渗漏和其他异常现象。

6 试验方法

6.1 试验条件

6.1.1 除对试验环境条件另作具体规定的试验外，型式试验应在环境温度为(20±5)℃，相对湿度为(60～70)%，无外界气流，无强烈阳光和其他热幅射作用的室内进行。

6.1.2 试验电源为单相交流正弦波，电压及频率波动范围不得超过额定值的±1%。

6.1.3 被测试水泵应在生产厂说明书规定的使用状态下进行试验。

6.1.4 水泵的试验应按 GB/T 3216—2005 中的2级要求规定进行。

6.2 试验用的仪器仪表

6.2.1 用于型式试验的电工测量仪表，除已具体规定的仪表外，其精度应不低于0.5级，出厂试验应不低于1.0级。

6.2.2 测量温度用的温度计，其精度应在0.5℃。

6.2.3 水量计以升(L)计，精确至0.1 L。

6.2.4 压力计以帕(Pa)计，精确至±2%。

6.3 体积流量

水泵体积流量按 GB/T 3216—2005 中第7章试验方法进行测量。

6.4 扬程

水泵扬程按 GB/T 3216—2005 中第8章试验方法进行测量。

6.5 最大效率

6.5.1 用功率计直接测量驱动电机的输入功率 P_{ar}。

6.5.2 用公式(4)计算泵的输出功率：

$$P_u = \rho Q g H \qquad (4)$$

式中：

P_u——水泵输出功率，单位为瓦(W)；

ρ——水密度，单位为千克每立方米(kg/m^3)；

g——重力加速度，单位为米每二次方秒(m/s^2)；

Q——体积流量，单位为立方米每秒(m^3/s)；

H——扬程，单位为米(m)。

注：取水密度1 050 kg/m^3，重力加速度9.8 m/s^2。

6.5.3 用公式(5)计算泵的最大效率：

$$\eta = \frac{P_u}{P_{ar}} \qquad (5)$$

式中：

η——最大效率，(%)；

P_u——水泵输出功率，单位为瓦(W)；

P_{ar}——驱动电机输入功率,单位为瓦(W)。

6.6 无故障运行时间

水泵在额定电压和频率下,按使用说明书要求运转,每天连续运行应不少于 8 h,可以使用循环水进行运转,试验过程中出现水泵不能继续运转的故障即为试验结束,计算累计运行时间。

6.7 结构及材料检查

视检水泵的结构及材料,应符合 5.7 和 5.8 的规定,必要时通过手工测试。

6.8 电镀件盐雾试验

电镀件按 GB/T 2423.17 规定的 24 h 盐雾试验后,应符合 5.8.3.2 的规定。

6.9 平衡

6.9.1 水泵按 GB/T 9239.1 规定试验方法进行静平衡试验。

6.9.2 水泵按 GB/T 9239.1 规定试验方法进行动平衡试验。

6.10 耐水压

使用常温清水进行耐水压试验,给水泵施加一个静水压,压力为 1.5 倍工作压力,在该压力下保持 5 min。试验过程中检查水泵是否有渗漏和其他异常现象。

7 检验规则

7.1 检验规则

水泵应根据本标准测试,并经检测合格后,方能批量生产。

7.2 检验说明

每台水泵须经生产厂质量部门检验合格后方能出厂,并应附有检验合格证、使用说明书和保修单。

7.3 检验分类

水泵的检验分为出厂检验和型式检验。

7.4 出厂检验

7.4.1 产品出厂检验的必检项目

产品出厂检验的必检项目见表 3 序号 1、3、8、9、12 中的内容。

表 3 出厂检验项目

序号	试验项目	技术要求	试验方法	不合格分类			致命缺陷
				A	B	C	
1	标志	8.1	视检	√			
2	包装振动试验	8.2.3	GB/T 1019	√			
3	试运转	5.2	视检		√		
4	体积流量	5.3	6.3			√	
5	扬程	5.4	6.4		√		
6	最大效率	5.5	6.5		√		
7	无故障运行时间	5.6	6.6	√			
8	结构	5.7	视检				√
9	材料	5.8	视检		√		
10	电镀件耐腐蚀	5.8	6.8		√		
11	平衡	5.9	6.9	√			
12	耐水压	5.10	6.10	√			

注 1:表中打"√"项目以不符合本标准的规定作为缺陷。

注 2:本表列出的均为主要检测或视检项目。

7.4.2 **产品出厂检验的抽检项目**

7.4.2.1 产品出厂抽检项目见表序号4、5、6、11中的内容。

7.4.2.2 产品出厂检验的抽样按GB/T 2828.1检查的批量、抽样方案、检查水平及合格质量水平，由生产厂和订货方共同商定。

7.4.3 **订货要求**

订货方在必要时可提出表3以外、标准范围之内项目进行抽检的要求。

7.4.4 **检验样品处理**

经出厂检验后，凡合格的样品可作为合格产品交付订货方，经型式检验的样品，一律不能作为合格产品交付订货方。

7.5 型式检验

7.5.1 水泵在下列情况之一则应进行型式检验。

a) 试制的新产品；

b) 间隔半年以上再生产时；

c) 连续生产的产品每年不少于1次；

d) 当产品在设计、工艺、材料等有重大改变时。

7.5.2 型式检验应包括本标准和GB 4706.66中所规定的所有试验项目。

7.5.3 型式检验采用的抽样方案按GB /T 2829判别水平Ⅰ的二次抽样方案、判别水平、样本大小，不合格质量水平见表4。安全要求均为致命缺陷，若有一项不合格即该批产品为不合格。

表4 型式试验抽样方案

判别水平	抽样方案 二次抽样	样本大小	不合格质量水平 A类 RQL=30		B类 RQL=50		C类 RQL=65	
			Ac	Re	Ac	Re	Ac	Re
判别水平Ⅰ	第一次	$n_1=4$	0	2	0	3	1	3
	第二次	$n_2=4$	1	2	3	4	4	5

注：无故障运行试验另行抽取3台。

7.5.4 型式检验的周期由生产厂自行确定，必须符合7.5的规定，型式检验的样品应从出厂检验合格的产品中随机抽取。

7.5.5 若型式检验合格，则本周期生产的该代表组的产品经验收检查合格的批次作为合格的产品可以入库或出厂，若入库超过两年再出厂，则必须重新进行交收检验。

7.5.6 本次型式检验结束前，供货方质量检验部门或订货方可参照上次型式检验结果验收产品，但必须以本次型式检验结果为准。

7.5.7 根据订货方的要求，供货方应提供一年内完整的型式检验报告。

8 标志、包装、运输和贮存

8.1 标志

水泵及包装上的标志应符合GB 5296.2相应条款的要求。

8.2 包装

8.2.1 水泵应用牢固的包装箱包装，技术要求应符合GB/T 1019的相关要求。

8.2.2 包装措施应是以保证产品在一般运输和保管条件下，不致因颠振、装卸、受潮和侵入灰尘而使水泵受到损伤。

8.2.3 包装件振动试验按下述方法之一进行：

a) 包装件应按 GB/T 1019 相关要求进行振动试验，强度按流通条件 2，试验结果符合 GB/T 1019 相关要求。如有必要，可建议对包装件按 GB/T 1019 的相关要求进行型式试验。

b) 将包装件放在模拟运输振动台上进行模拟运输试验。其功率谱主振频率：f_1 为 (2.7±0.5)Hz，f_2 为(7±0.9)Hz。试验后，拆除包装，进行整机安装牢固性检查。

8.3 运输和贮存

8.3.1 在运输和贮存过程中，不应摔撞、雨雪淋袭。

8.3.2 水泵应在不开启原包装的状态下，保管于通风良好的仓库中，周围空气中不应有腐蚀性气体存在。

参 考 文 献

[1] GB 19762—2007 清水离心泵能效限定值及节能评价值.
[2] QB/T 2910—2007 小功率密封水泵.
[3] JB/T 6663—2007 轻小型单级离心泵.
[4] JB/T 8097—1999 泵的振动测量与评价方法.
[5] JB/T 10179—2000 混流式、轴流式潜水泵.

ICS 97.170
Y 64

中华人民共和国国家标准

GB/T 23106—2008/IEC 61855:2003

家用和类似用途毛发护理器具的性能测试方法

Household and similar electrical hair care appliances—Methods for measuring performance

(IEC 61855:2003,Household electrical hair care appliances—Methods of measuring the performance,IDT)

2008-12-30 发布　　2009-09-01 实施

中华人民共和国国家质量监督检验检疫总局
中国国家标准化管理委员会　发布

前　言

本标准等同采用 IEC 61855:2003《家用毛发护理器具性能测试方法》(英文版)。

本标准等同翻译 IEC 61855:2003。

为便于使用,本部分做了下列编辑性修改:

——用小数点“.”代替用作小数点的逗号“,”。

——删除 IEC 前言和引言。

——将 6.5.2 中的注移至 6.7.4,文章内容上更加紧凑。

根据我国实际情况,在本标准 5.3 中给出了明确的数据。

——IEC 原文是“如果制造商规定了一个电压或频率范围,则器具要在其被预期使用的国家的公称电压和公称频率下供电。在这种情况下,在试验报告中应说明试验电压和频率”。此处根据我国的公称电压和公称频率对该条进行了明确,本标准改为“如果制造商规定了一个电压或频率范围,则器具要在 220 V/50 Hz 电压/频率下供电,并且在试验报告中应说明试验电压和频率为 220 V/50 Hz”。

本标准由中国轻工业联合会提出。

本标准由全国家用电器标准化技术委员会(SAC/TC 46)归口。

本标准起草单位:广州电器科学研究院、松下电工·万宝电器(广州)有限公司、飞科集团有限公司、美康雅远东有限公司。

本标准主要起草人:黄文秀、别正业、董升、黄德辉。

家用和类似用途毛发护理器具的性能测试方法

1 范围

本标准适用于家用和类似用途的毛发干燥和成型器具(包括它们的附件)。

本标准确定了用户感兴趣的主要性能特性并规定了测试这些特性的方法。

测试程序是为对比试验而开发的。

本标准没有规定性能要求。

本标准并未覆盖带有辐射加热、头盔干发器或切削装置的毛发护理器具。

注1:本标准不涉及安全要求(GB 4706.15)。

注2:由于环境条件、时间变化、试验材料产地及操作者的熟练程度的影响,当在同一时间、同一实验室及由同一操作者对多个器具进行对比试验时,这里所描述的大多数试验方法将会给出更可靠的结果。

2 规范性引用文件

下列文件中的条款通过本标准的引用而成为本标准的条款。凡是注日期的引用文件,其随后所有的修改单(不包括勘误的内容)或修订版均不适用于本标准,然而,鼓励根据本标准达成协议的各方研究是否可使用这些文件的最新版本。凡是不注日期的引用文件,其最新版本适用于本标准。

GB/T 16839.2 热电偶 第2部分:允差(GB/T 16839.2—1997,IEC 60584-2:1982,IDT)

QB/T 2532 家用电动剃须刀性能测试方法(QB/T 2532—2001,IEC 61254:1993,IDT)

IEC 60704-2-9 家用电器及类似用途电器噪声测试方法 2-9部分:毛发护理器具的特殊要求

IEC/TR 61592 家用电器 消费者试验组测试的导则

ISO 2267:1986 表面活性剂 对清洗产生的某些影响的评价 洁净对照棉布的制备和使用方法

3 术语和定义

下列术语和定义适用于本标准。

3.1

毛发成型器具 hairstyling appliance

用于将毛发成型或卷曲的器具。

注:毛发成型器具可以装有刷子和梳子。

3.2

带有暖风的毛发成型器具 hairstyling appliance with warm air

能产生暖风流用于将毛发干燥并成型的毛发成型器具。

3.3

卷发器具 curling appliance

能产生热用于将干燥的毛发成型的器具。

注:毛发可以含少量的残留水分。

3.4

卷发组件 curling set

能被加热用于将毛发成型的一组辊子。

3.5

汇流风嘴　concentrator

用于将气流汇集指向某一方向的附件。

3.6

扩散风嘴　diffuser

用于将气流分布更宽的附件。

注：对本标准而言，扩容器被认为是一个扩散风嘴。

3.7

额定电压　rated voltage

制造商给器具规定的电压。

3.8

额定频率　rated frequency

制造商给器具规定的频率。

4　测量和试验项目清单

根据器具的不同，如适用，应进行下述测量或试验：

——质量，按照6.1；

——柔性软线的长度，按照6.2；

——输入功率，按照6.3；

——加热时间，按照6.4；

——温度，按照6.5；

——手持式干发器和带暖风的毛发成型器具的气流，按照6.6；

——干燥速率，按照6.7；

——附件的连接，按照6.8；

——拆装的方便性，按照6.8.2；

——特性，按照第8章；

——使用说明书，按照第9章；

——空气传播的噪声，按照第7章；

——跌落试验，按照6.9。

5　测量的一般条件

除另有规定外，试验在5.1至5.5的条件下进行。

5.1　总则

在控制器被调到其最高设定值并且5.4的稳定状态建立时，才进行测量。

5.2　试验室

在一个基本上无通风的室内进行试验。环境温度保持在(23±2)℃。

5.3　电源

试验在额定电压±1%及额定频率±1%的偏差范围内进行。

如果制造商规定了一个电压或频率范围，则器具要在220 V/50 Hz电压/频率下供电，且在试验报告中应说明所用的试验电压和频率为220 V/50 Hz。

5.4　稳定状态

对于手持式干发器和带有暖风的毛发成型器具，稳定状态被认为是在器具接通10 min后建立的。

对于其他器具，稳定状态被认为是在器具接通20 min后建立的，或者，如果先出现温控器动作四次，则稳定状态是在温控器动作四次时建立的。

5.5 热电偶

热电偶：

——按照 GB/T 16839.2 应为Ⅰ类；

——精确度应为±1.5 K；

——其公称直径应为 0.25 mm。

6 测量

6.1 器具的质量

确定器具的质量时要包括柔性软线但不包括任何附件。

要单独测量每个附件的质量。

测量结果以 kg 表示，并精确到 0.01 kg。

6.2 柔性软线的长度

在软线或软线护套进入器具的那一点和软线进入插头的入口点之间测量柔性软线的长度。对于卷盘软线，在测量前用 10 N 的拉力将其拉直。长度用 m 表示，并修约到 0.05 m。

[参照 IEC 61254:1993 中 5.3 修改]

6.3 输入功率

按照 5.3 的条件，在额定电压、不带任何附件的条件下测量器具的输入功率。功率测量的精确度在±1%内。

输入功率用 W 表示，并修约到整数位。

6.4 加热时间

6.4.1 手持式干发器

不适用。

6.4.2 卷发器具

卷发器具的加热时间是指卷发筒的温升达到 100 K 所需要的时间，并且按 6.5.3.1 的要求进行测量。加热时间用 min 和 s 表示。

注：该温升意味着约 120 ℃的温度，它被认为是使干燥的毛发成型所需要的最低温度。

6.4.3 卷发组件

在考虑中。

6.4.4 其他毛发成型器具

在考虑中。

6.5 温度

6.5.1 总则

试验方法仅适用于对比试验，但 6.5.2 和 6.5.3.1 的试验除外，它们被认为是可复现的。

6.5.2 手持式干发器的出风温度

调节控制器获得最高出风温度，该温度是利用图 2 和图 3 所示的装置测得的。在 5.4 所述的稳定状态建立后 30 s 内测量温度。

每次测量所得到的出风温度 T_i 是具有最高温度值的五个测量点的平均值，用℃表示，并修约到一个小数位。测量的精确度在±3 K 内。

为了补偿环境温度变化，测得的出风温度 T_i 必须按照公式(1)进行修正：

$$T_{i,\mathrm{comp}} = T_i - T_{\mathrm{actamb}} + 23[℃] \qquad (1)$$

式中：

$T_{i,\mathrm{comp}}$——经过补偿的出风温度；

T_{actamb}——在接通器具前在距离器具空气入口侧 100 mm 处所测得的实际环境温度；

23——公称环境温度，℃。

测量装置与出风口之间的距离为：

——不带附件，25 mm 和 100 mm，如图 4a 所示；

——带一个汇流风嘴，100 mm，如图 4b 所示；

——带一个扩散风嘴，50 mm，如图 4c 所示。

不带附件的测量必须进行三次。这三次测量的平均值就是最终的出风温度，通过公式(2)计算得出：

$$T_{fin} = (T_{1,comp} + T_{2,comp} + T_{3,comp})/3[℃] \qquad (2)$$

如果控制器还有较低的设定值，则可以在控制器调到较低的设定值下重复该试验，但要提供冷空气。

6.5.3 毛发成型器具

6.5.3.1 卷发器具的卷筒温度

器具水平放置，与试验地板的距离至少为 100 mm。

从卷筒的顶端开始沿着纵向边缘均匀布置五个热电偶(见图 5)，并且都置于远离地板的那一侧。不要将热电偶放置在卷舌的下方。

测得温度就是具有最高温度值的三个测量点的平均值，并以℃表示。该温度应按照 6.5.2 的公式(1)进行修正。在接通器具前的瞬间，在手柄的后面 100 mm 距离处测量环境温度。

6.5.3.2 带有暖风的毛发成型器具的出风温度

将器具水平放置在热电偶格栅的上方，如图 2 和图 3。将器具对中，使其轴线平行于测量点 2 和 52 的连线，格栅和紧固刷子的卷筒表面之间的距离为 15 mm。将器具绕其水平轴旋转，找出能产生最高温度的位置。

注：刷子用于将毛发理顺和/或成型。

将控制器调整到能给出最高出风温度的位置，该温度是在稳定状态建立时测量的。

当具有最高温度的五个测量点的平均值变化范围不超过±2 K 时，认为建立了稳定状态。

出风温度是具有最高温度值的五个测量点的平均值，以℃表示。该温度应按照 6.5.2 的公式(1)进行修正。

测量的精确度要达到±3 K。

6.6 手持式干发器和带有暖风的毛发成型器具的气流

在考虑中。

6.7 干燥速率

6.7.1 总则

本试验的目的是在标准化试验条件下评价干发器的吹干能力。

试验在 5.2 的试验条件下进行。试验室的相对湿度应为(50±5)%。

注：为了实现良好的重复性和复现性，要求温度、湿度条件在规定的范围内。在试验过程中应小心避免温度、湿度发生变化。

6.7.2 试验设备

如图 6 所示，试验设备由天平、干发器支架、试验布支撑架和秒表组成。

天平的准确度为 0.02 g。

试验布是符合 ISO 2267 的对照布，用橡胶 O 圈或其他适合装置固定到铝制圆框架上。除去多余的布。

时间测量的精确度在 0.1 s 内。

注：对比试验应利用同一制造商的试验布进行。

6.7.3 测量程序

每次试验使用一块新试验布。相同试验系列所用的试验布要出自于同一批布。

用一个支架支撑不带附件的干发器，并置于天平的前面。天平上放有装有试验布的支撑架，如图 6 所示。干发器的定位要保证气流垂直于圆形试验布的平面，且气流轴线通过试验布的圆心。调节干发器前端出口与试验布之间的距离 D_d，使出风温度为 75 ℃。利用 6.5.2 试验过程中在 25 mm 和 100 mm 距离处所记录的温度值，并按公式(4)计算，确定出 D_d，并修约到整数位。这个程序如图 1 所示。

然而，最小距离 D_d 不小于 25 mm，即使出风温度降到 75 ℃以下。

$$d_x = (T_{fin25} - 75)/(T_{fin25} - T_{fin100}) \times 75[\mathrm{mm}] \qquad \cdots\cdots(3)$$

$$D_d = (T_{fin25} - 0.25T_{fin100} - 56.25)/(T_{fin25} - T_{fin100}) \times 100[\mathrm{mm}] \qquad \cdots\cdots(4)$$

式中：

T_{fin25}——25 mm 处的出风温度；

T_{fin100}——100 mm 处的出风温度；

75 ℃——干燥毛发的标准温度；

D_d——用于测量干燥速率的距离。

注 1：75 ℃被认为是干燥毛发的一个适合温度。

注 2：25 mm 处的温度 T_{fin25} 和 100 mm 处的温度 T_{fin100} 之间的曲线是非线性的，但公式(4)所带来的误差可忽略。

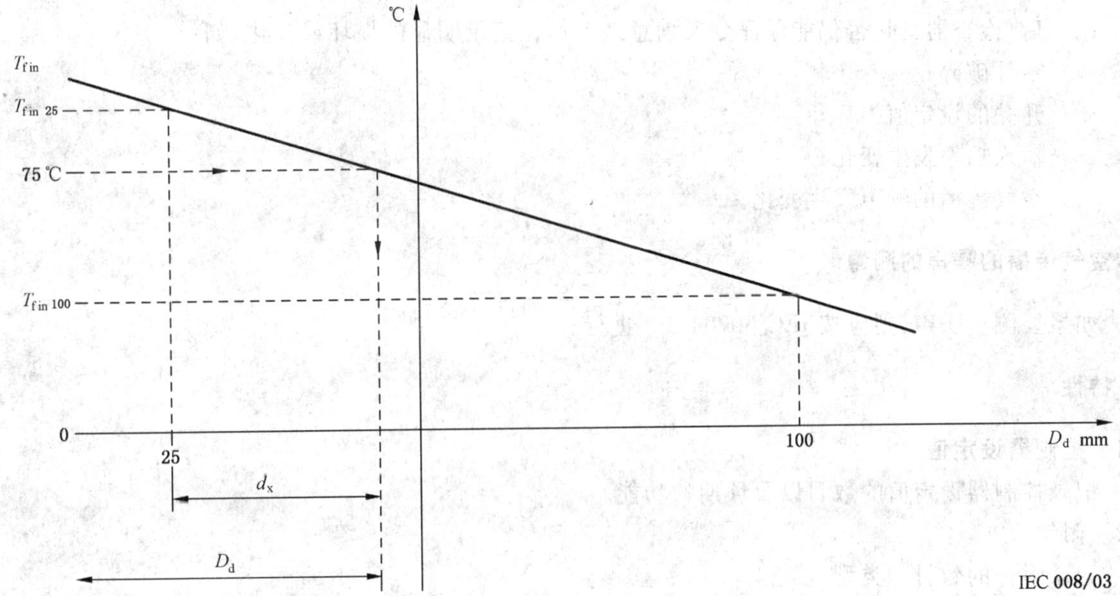

图 1 距离 D_d 的偏差曲线图

使干发器工作以获得 5.4 的稳定状态。将天平调零。用室温下的(10±0.5) g 蒸馏水喷淋试验布使其均匀湿润。从铝环上擦掉多余的水，确定水的质量(m_1)，用 g 表示，读数位数保留小数点后两位。干发器和秒表都接通 60 s，用来吹干试验布。干发器被关断 5 s(等待时间)后，确定水的残留质量(m_2)，用 g 表示，读数位数保留小数点后两位。

注：5 s 的等待时间对于稳定是必要的。

6.7.4 干燥速率的确定

利用被蒸发的水的质量以及公式(5)的计算来确定干燥速率 DR。

$$DR = (m_1 - m_2)/1\ \mathrm{min} \qquad \cdots\cdots(5)$$

式中：

m_1——吹干前测得的水的质量；

m_2——吹干 1 min 并稳定 5 s 后测得的水的质量。

测量进行三次。平均干燥速率就是这三次测量的平均值。

注：需要三次测量才能获得干燥速率足够的复现性。

干燥速率以 g/min 来表示，并修约成一位小数点。

6.8 附件的连接

6.8.1 可靠性

分别在环境温度下器具不工作和器具工作 15 min 后，进行该试验。

将附件连接到器具上，将 1 kg 的重物作用到附件前端面的中心。沿着从水平方向一直到铅垂方向的所有方向移动器具，但不要急动。

检查附件是否保持在其初始位置上。

6.8.2 拆装的方便性

本试验的目的是检查附件安装、拆卸的方便性。通过 IEC/TR 61592 的试验组测试进行试验。

6.9 跌落试验

将器具放置在高度为 90 cm 的桌面上，软线入口距离桌子边缘(30±5)cm。软线垂直于桌子边缘。将作用力作用在软线上并以(5±2)cm/s 的速度拉动器具，但不要急拉，使器具自由落到木板上。木板是未经处理的胶合板，密度为(700±75)kg/m^3，尺寸为 1 m×1 m×19 mm。

器具处于关断状态，进行三次试验。

试验后，检查器具是否仍能保证令人满意地工作。记录明显的损坏或变化，如：

——零件破碎；

——开关的设定值损坏；

——输入功率发生变化；

——空气传播的噪声发生变化。

7 空气传播的噪声的测量

如果要测量噪声，则应按 IEC 60704-2-9 进行。

8 特性

8.1 控制器设定值

记录控制器设定值的数目以及预期的功能。

8.2 附件

记录附件的数目和类型。

8.3 附加特性

记录与用户相关的特殊特性，如电压选择器、空气入口过滤器、温度传感器等。

9 使用说明书

检查使用说明书，确定它们是否含有有关以下内容的信息：

——器具及其附件(如有的话)的使用；

——保证器具实施正确的性能所需要的清洁。

单位为毫米

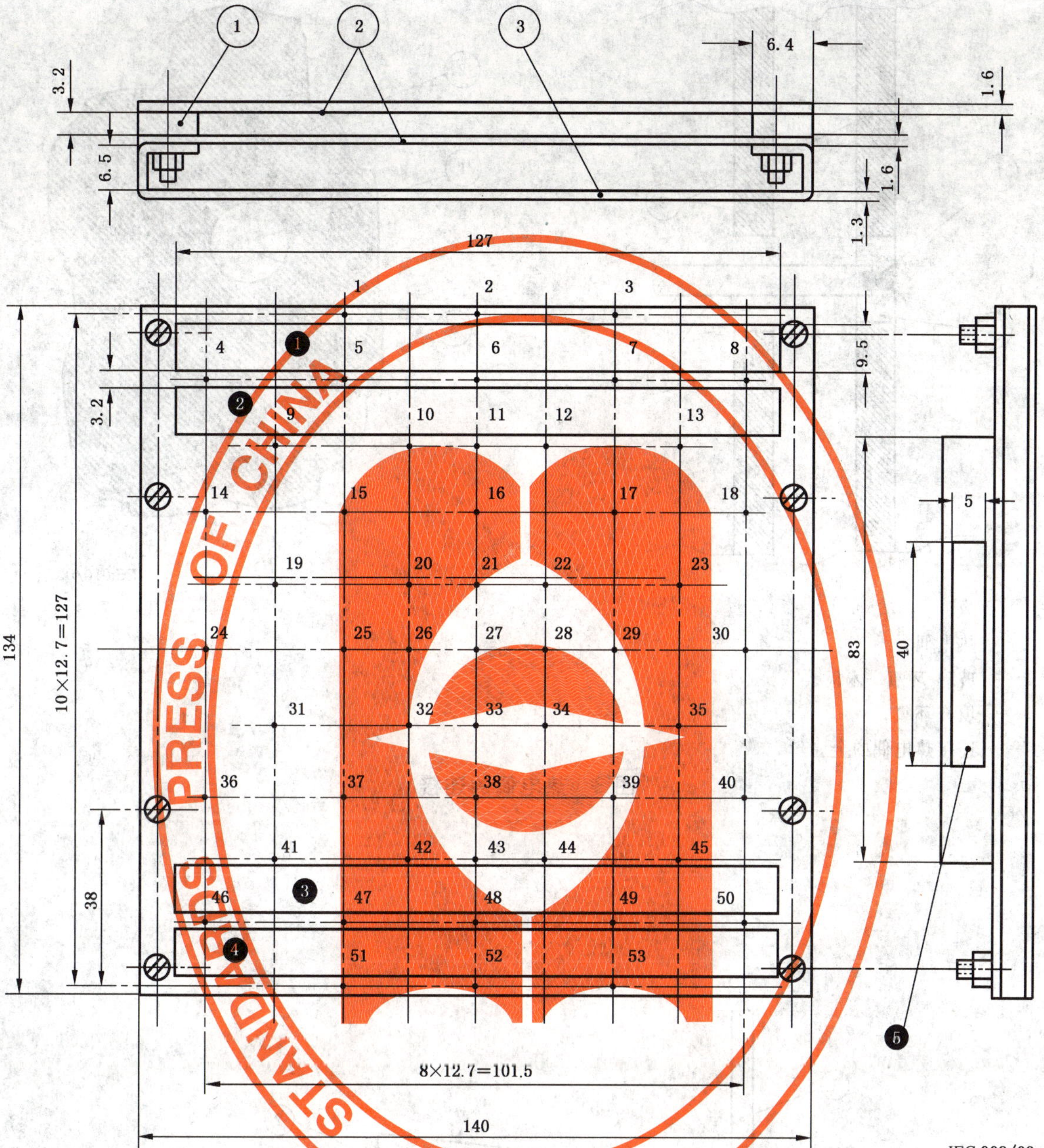

IEC 009/03

1——木板；

2——玻璃环氧；

3——铝；

①…④——开口 1…4；

⑤——热电偶的两个开口；

●53——测量点 53。

开口 1…4 要远离支撑部件

每个螺钉(沉头 M3×15)应是沉头的，以便使螺钉头与前面板处于同一水平。

对于热电偶的连接，见图 3。

图 2　温度测量装置(基于 UL859)

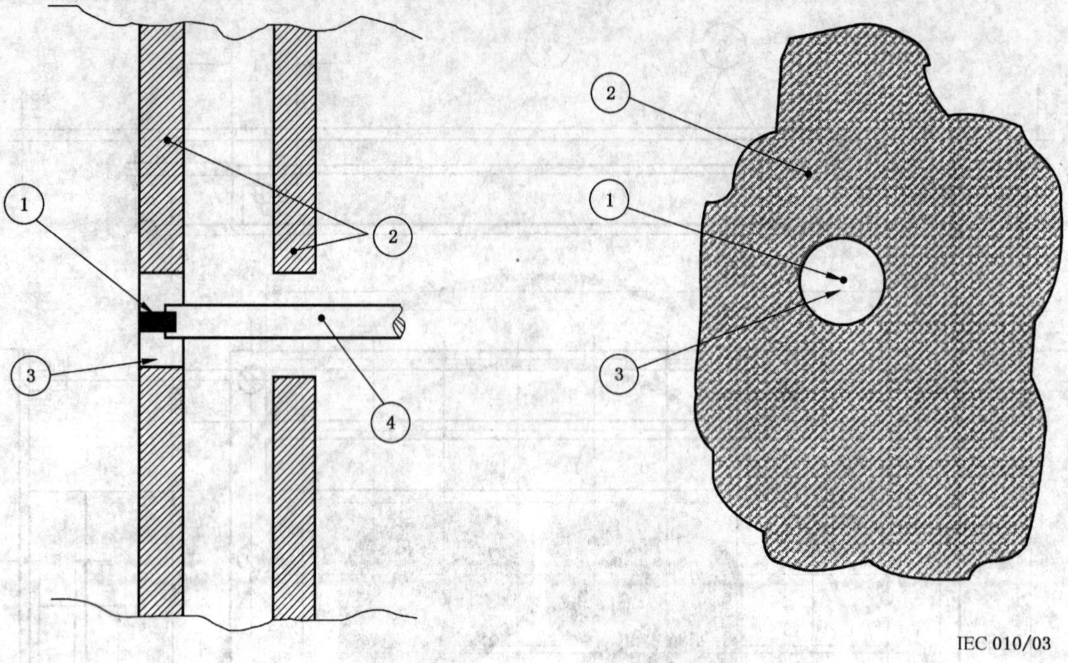

1——热电偶；
2——玻璃-环氧—木板；
3——填充环氧；
4——连接热电偶的金属丝。

图3 热电偶的连接

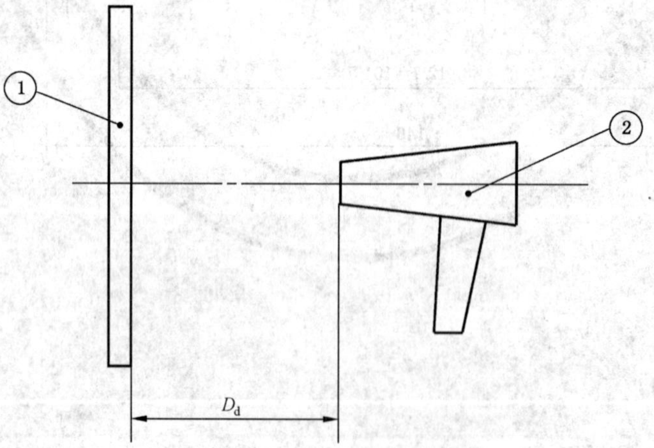

a)

图4 温度测量的距离

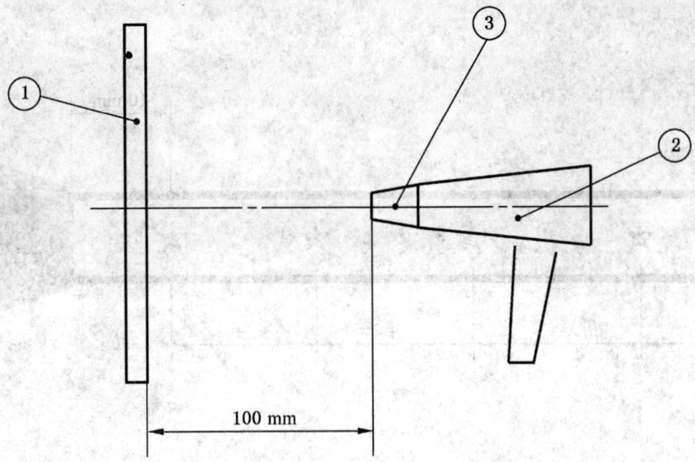

b)

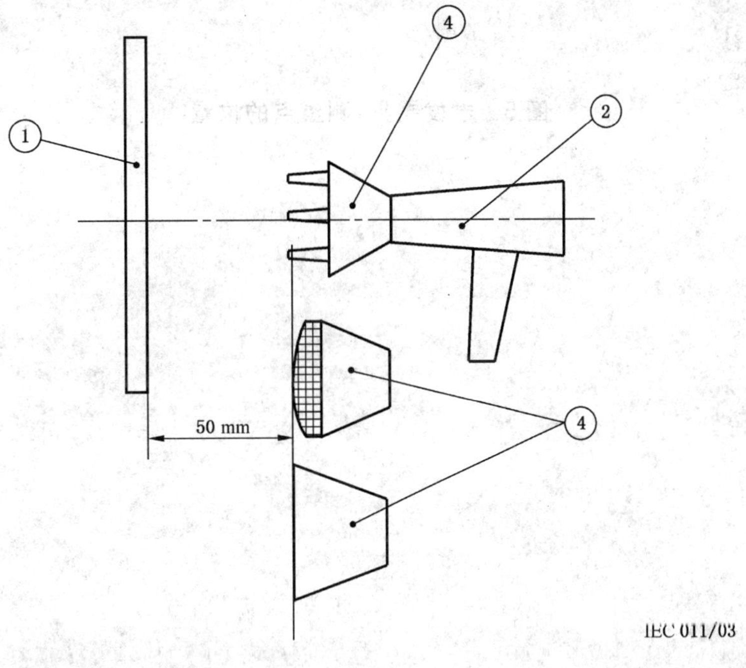

c)

1——温度测量装置；

2——干发器；

3——汇流风嘴；

4——扩散风嘴。

图 4（续）

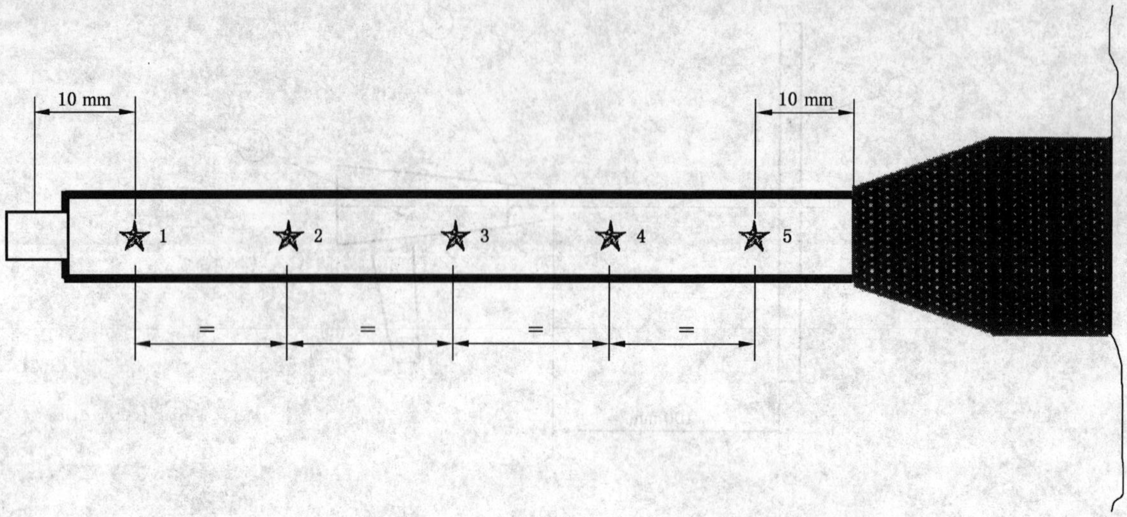

★5——测量点5；
=——各点等距。

图5 卷发器具，测量点的位置

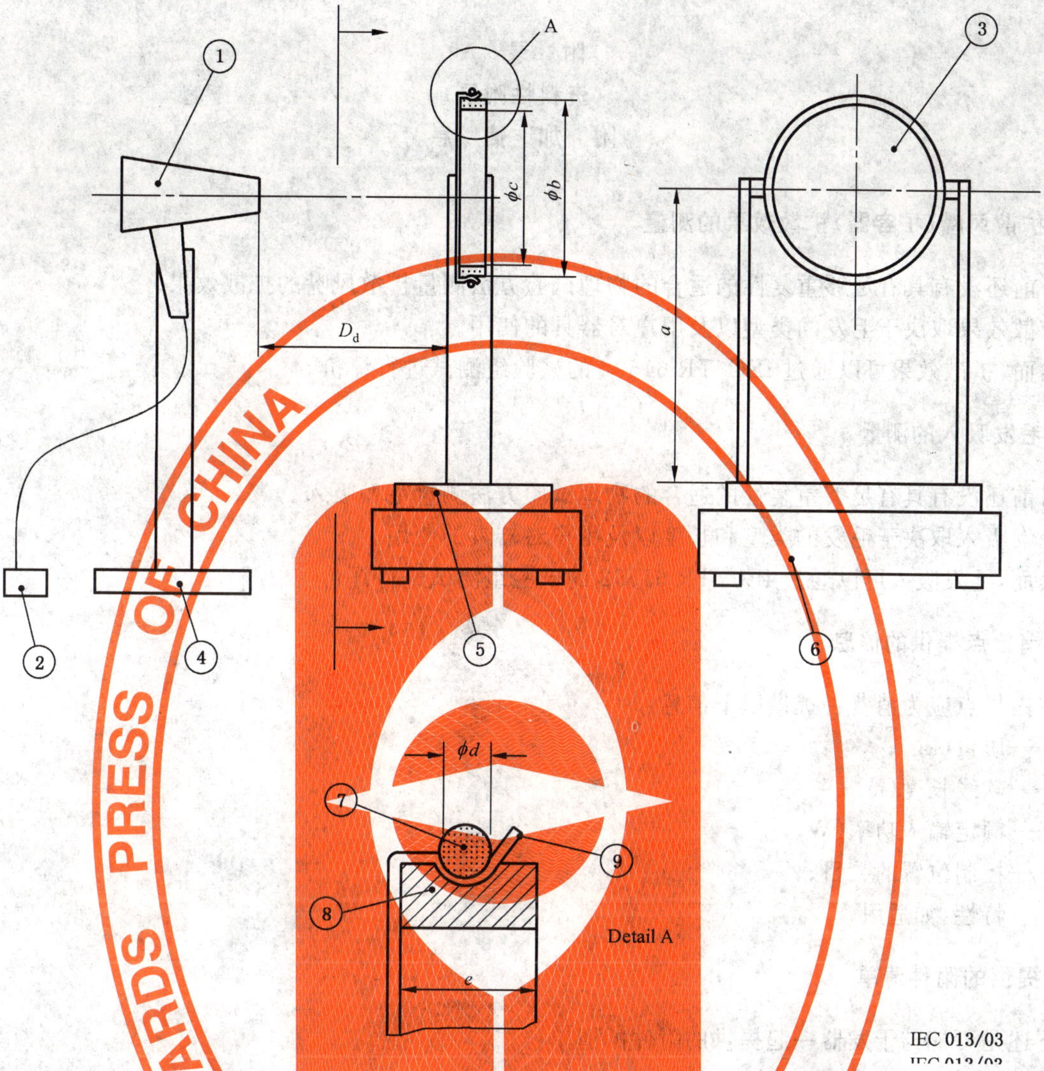

1——干发器；

2——电源开关；

3——试验布；

4——支架；

5——支撑架；

6——天平；

7——橡胶圈；

8——铝环；

9——多余的布。

$a=300\pm10$ mm；

$b=260\pm1$ mm；

$c=245\pm1$ mm；

$d=5$ mm；

$e=10$ mm。

图 6 测量干燥速率的试验设备

附 录 A
（资料性附录）
附 加 信 息

A.1 扩散风嘴（扩容器）扩散效果的测量

目前还没有具有足够重复性的适合的物理试验方法测量扩散风嘴的扩散效果。

扩散效果取决于毛发的类型以及用户对器具的使用。

然而，扩散效果可以通过 IEC/TR 61592 的试验组测试进行评价。

A.2 毛发吸入的测量

目前还没有具有足够重复性的适合的物理试验方法测量毛发吸入。

毛发吸入取决于毛发的类型和长度以及用户对器具的使用。

然而，毛发吸入可以通过 IEC/TR 61592 的试验组测试进行评价。

A.3 销售点提供的信息

在销售点应为消费者提供以下信息：

——质量(kg)；

——软线长度(m)；

——额定输入功率(W)；

——控制位置的数目；

——特性，如适用。

A.4 提供的附件清单

下述是可能与干发器一起提供的附件的清单：

——刷子；

——扩散风嘴；

——喷雾装置；

——蒸气发生装置；

——其他附件，如适用。

附 录 B
（资料性附录）
试 验 布

从以下公司可以定购到适合的试验布：

——WFK Testgewebe GmbH，Christenfeld 10，D-41379 Bruggen-Bracht，
Tel：＋49 2157871977
Fax：＋49 215790657
Type 10A

——EMPA Testmaterials，Movenstrasse 12，CH-9015 St. Gallen，
Tel：0049 71 311 80 55
Fax：0049 71 311 80 57，E-mail：testmat@empa. ch
order code：224

参 考 文 献

[1] GB 4706.15—2008/IEC 60335-2-23:2003 家用和类似用途电器的安全 皮肤及毛发护理器具的特殊要求.

[2] UL 859 家用个人护理电器.

ICS 97.100.10
Y 63

GB

中华人民共和国国家标准

GB/T 23107—2008

家用和类似用途电热毯性能测试方法

Household and similar electrical blankets—Methods for measuring performance

(IEC 60299:1994, Household electric blankets—Methods for measuring performance, MOD)

2008-12-30 发布 2009-09-01 实施

中华人民共和国国家质量监督检验检疫总局
中国国家标准化管理委员会 发布

前　言

本标准修改采用 IEC 60299:1994《家用电热毯性能测试方法》(英文版)。

本标准根据 IEC 60299:1994 重新起草。在附录 A 中列出了本标准章条编号与 IEC 60299:1994 章条编号的对照一览表。

考虑到我国国情及行业技术的发展,在采用 IEC 60299:1994 时,本标准做了一些修改。有关技术性差异已编入正文中并在它们所涉及的条款的页边空白处用垂直单线标识。在附录 B 中给出了这些技术差异及其原因的一览表以供参考。

为了便于使用,本标准还做了下列编辑性修改:

——用小数点“.”代替小数点“,”;

——删除 IEC 60299:1994 的前言。

本标准的附录 A、附录 B 均为资料性附录。

本标准由中国轻工业联合会提出。

本标准由全国家用电器标准化技术委员会(SAC/TC 46)归口。

本标准起草单位:成都彩虹电器(集团)股份有限公司、广州电器科学研究院、中国家用电器研究院、上海小绵羊电器有限公司、石家庄梦洁实业有限公司、浙江省钱江家用电器厂、遵义航天娄山电器化工有限公司、广州威凯检测技术研究所。

本标准主要起草人:林臻、徐艳容、葛丰亮、李伟铭、付鹏、张伟民、张静。

家用和类似用途电热毯性能测试方法

1 范围

本标准适用于家用电热毯。

本标准定义了电热毯的主要性能特征及测试方法。

本标准对性能特征不做评价。

注 1：本标准不适用于电热被。

注 2：本标准不涉及安全要求(GB 4706.8)。

2 规范性引用文件

下列文件中的条款通过本标准的引用而成为本标准的条款。凡是注日期的引用文件，其随后所有的修改单(不包括勘误的内容)或修订版均不适用于本标准，然而，鼓励根据本标准达成协议的各方研究是否可使用这些文件的最新版本。凡是不注日期的引用文件，其最新版本适用于本标准。

GB/T 10807　软质泡沫聚合材料　硬度的测定(压痕法)(GB/T 10807—2006，ISO 2439:1997，IDT)

3 术语和定义

下列术语和定义适用于本标准：

3.1

电热毯　blanket

指用于床上取暖、基本上平坦且柔软，构成卧具一部分的电热器具。

3.2

柔性部件　flexible part

将发热元件、温控器和所有其他载流部件包于其中，构成器具永久性外套的各层材料。

注：此柔性部件可包含在可拆卸的外罩里面。

3.3

下铺电热毯　underblanket

用于铺在卧躺于床上者身下的电热毯。

3.4

上盖电热毯　overblanket

用于盖在卧躺于床上者身上的电热毯。

3.5

均温电热毯　blanket with uniform temperature

电热毯在整个发热面积内有一个均衡的温度。

3.6

多温电热毯　blanket with non-uniform temperature

电热毯从发热面积的一端到其另一端温度逐渐增加或有两个及两个以上不同温度发热面积，而各个面积内的温度是均匀的。

3.7

控制型电热毯　blanket with ambient temperature compensation

电热毯的输入功率随环境温度的变化而进行显著的反向变化。

3.8

发热面积 heated area

在发热元件的周边线范围之内的柔性部件的面积，它也包括了周边线外面的边缘带。此边缘带的宽度等于发热元件相邻的两条平行走线间平均距离的 0.5 倍。

注 1：如果回线部分与相邻发热导线间的距离不超过发热元件相邻的两条平行走线间的平均距离，则此发热面积包括发热元件的回线部分。

注 2：如果一个电热毯由两个发热元件分别控制，则它有两个发热面积。

4 分类

4.1 依据类型

——下铺电热毯；

——上盖电热毯。

4.2 依据温度分布

——均温电热毯；

——多温电热毯。

4.3 依据温度控制方式

——控制型电热毯；

——其他电热毯。

4.4 依据供电系统

——直接连接供电电源电热毯；

——特低电压电热毯。

注：特低电压电热毯电压不超过 24 V。

4.5 依据洗涤方式

——可手洗或机洗电热毯；

——不可洗电热毯。

电热毯按以上表述分类。

5 试验项目

电热毯性能由以下测试项目确定。

——尺寸及质量(第 7 章)；

——温度均匀性(第 8 章)；

——加热时间(第 9 章)；

——温度稳定性(第 10 章)；

——洗涤效果(第 11 章)。

6 试验的一般条件

除另有规定外，测试应在下述条件中进行：

测试室：

试验在无强制对流空气且环境温度为 20 ℃±5 ℃的场所进行。

电源电压：

电源电压应在额定电压的±1%范围内。若电热毯标定了额定电压范围，测试报告则应标明测试时使用的电压值。

电热毯的放置：

任何可拆卸的外罩应装好，柔性部件被放在隔热材料之间，隔热材料尺寸要超过发热面积边缘至少 100 mm。

隔热材料由开孔聚醚组成：

——孔数：18^{+2}_{0}个/cm；

——规定质量：30 kg/m^3 $^{+10}_{0}$%；

——硬度：在按照 GB/T 10807 标准测得的压痕达 40%时为 120 N～170 N。

用一块 20 mm 厚的胶合板把隔热材料完全支撑，离地面至少 300 mm。

在电热毯下的隔热材料厚度约 72 mm，覆盖在电热毯上的隔热材料厚度。

——7.2 mm(上盖电热毯)；

——36 mm (下铺电热毯)。

注：隔热材料要求参照 GB 4706.8。

7 尺寸及质量

7.1 尺寸

7.1.1 电热毯柔性部件和发热面积尺寸的测量

注 1：为了评估洗涤效果，也应测量可洗外罩尺寸。

电热毯在无张力的情况下平铺在一个平面上，在长度和宽度上均匀分布取 5 点进行测量，分别计算出它们的算术平均值。

注 2：发热面积指固定有发热元件行道的区域，包含发热元件行道的中心位置。

注 3：如果发热元件周边 0.5 倍发热元件走线间平均距离与柔性部件边缘重叠，则全部发热面积的尺寸等同于柔性部件的尺寸。

尺寸用 mm 表示，精确到 10 mm。

7.1.2 软线长度的测量

柔性部件的电源进入端与电源插头之间。

长度用 m 表示，精确到 0.05 m。

7.2 质量

柔性部件的单位面积质量测量。

电热毯无张力状态下以额定电压通电 3 小时后测量其质量，单位面积质量通过该质量除以柔性部件的面积计算得出。

单位面积质量以 g/m^2 表示，精确到 10 g/m^2。

注：软线和其他外部元件的质量不包括在内。

8 温度均匀性

发热面积温度均匀性的测量。

发热面积的温度用热电偶测量。如果控制器可调，试验在控制器置于最大位置和最小位置时进行并计算。把用来测量电热毯表面温度的热电偶焊接到尺寸为 25 mm×25 mm×0.5 mm 的铜或黄铜片上，铜片交替放在发热元件上和发热元件之间，并采用缝合或其他合适的方法将其固定。测量时使铜片上没有感温元件的一面与器具的使用面(在正常使用中与使用者接近的那一面)相接触，测试点应布在器具发热面积内，测试点的数量不少于 16 个，在其发热面积的长度和宽度方向的测试点应均匀分布，长度上两端测点的铜片中心至发热面积边沿的距离为长度方向测试点间距的一半，测试点数应满足相邻测试点的间距不大于 200 mm(布局如图 1)。

温升在稳定状态建立后测量。

测量各点所得数值的平均值为每个发热面积的平均温升值。温升范围由最大温升和最小温升之差来确定。

一致性的计算，用温升平均值±2 K以内的发热面积的测试点的个数与发热面积内所有测量点的个数之比值的百分比来表示。

温度均匀性用温升范围和一致性表示。温升范围以K表示，精确到1 K。一致性用百分比表示，精确到1%。

注1：从发热面积的一端到其另一端温度逐渐增加的电热毯不测量其温度均匀性。

注2：除注1以外的多温电热毯，需分开计算各个发热面积的温度均匀性。

9 加热时间

电热毯加热时间测量。

测试在15 ℃±2 ℃条件下进行，电热毯在此环境下放置至少24 h。

电热毯在其控制器被设置为最大位置时通电工作，直至温升达15 K，记录所需的时间。

将第8章所述的铜板放置在发热面积中央测量温升。

加热时间用min表示，精确到1 min。

10 温度稳定性

控制型电热毯温度稳定性的测量。

若无特别指明，环境温度保持在20 ℃±1 ℃条件下，将电热毯控制器以可以整夜通电的位置设置进行加热，如果不可行，则以最小位置设置进行加热，稳定状态建立后，依据第8章测量温升，并计算发热面积的平均温度。

如果电热毯不能在此条件下工作，则降低环境温度直至电热毯能够工作。

环境温度降低10 K±1 K，当稳定状态建立后再计算其平均温度。

温度稳定性 C 依据式(1)计算：

$$C=\frac{(t_1-t_2)-(s_1-s_2)}{(t_1-t_2)}\times 100\% \qquad (1)$$

其中：

s_1 是指环温 t_1 时，发热面积平均温度；

s_2 是指环温 t_2 时，发热面积平均温度；

温度稳定性用百分比表示，精确到1%。

11 洗涤效果

可洗电热毯在尺寸方面的洗涤效果测试。

电热毯或其外罩根据制造厂的指导洗涤三次，尺寸测量参照7.1.1。

收缩率 S 按式(2)计算：

$$S=\frac{A_1-A_2}{A_1}\times 100\% \qquad (2)$$

其中：

A_1 是柔性部件或可拆卸外罩的面积；

A_2 是柔性部件或洗涤后可拆卸外罩的面积。

收缩率用百分比表示，精确到1%。

注1：如果 S 值为负数，表明电热毯伸长。

注2：如果制造厂推荐选择性的洗涤方法，其效果只针对个别的电热毯。

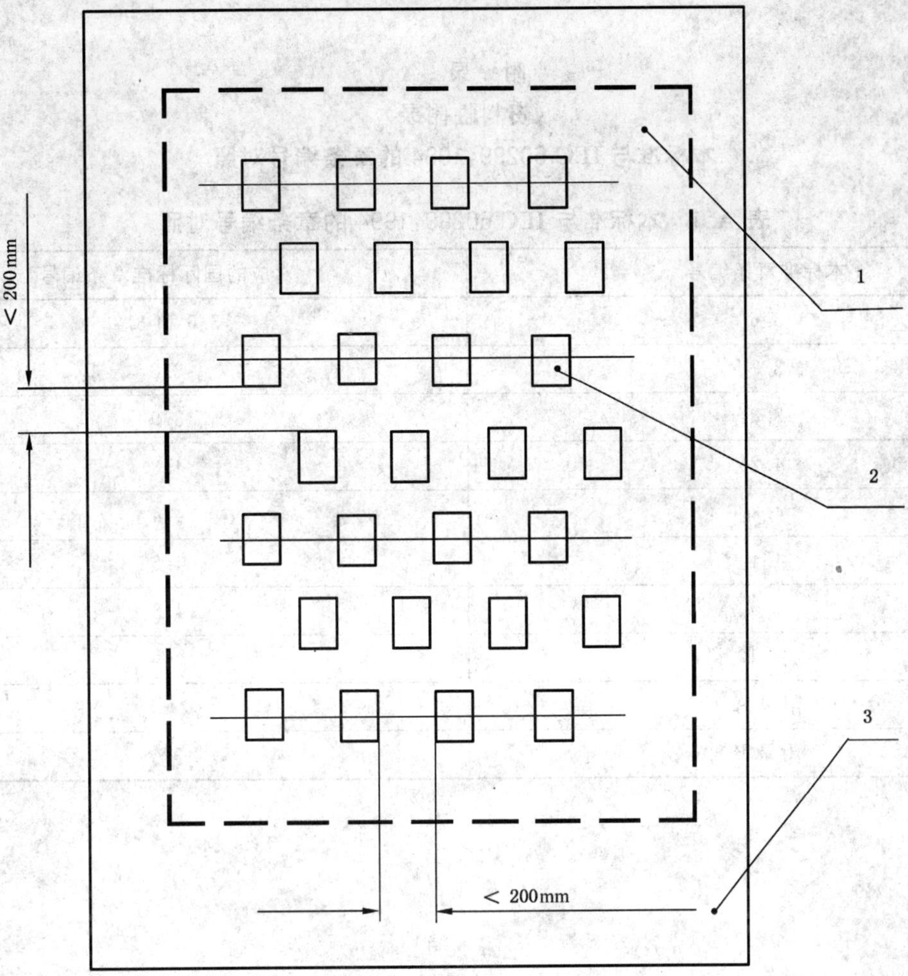

1——发热面积；

2——铜或黄铜片；

3——电热毯或电热褥垫。

图 1 感温元件分布

附 录 A
（资料性附录）
本标准与 IEC 60299:1994 的章条编号对照

表 A.1 本标准与 IEC 60299:1994 的章条编号对照

本标准章条编号	对应的国际标准章条编号
3.6	3.6 和 3.7
3.7	3.8
3.8	3.9
4.2	4.3
4.3	4.4
4.4	4.5
4.5	4.6
图 1	—
附录 A	—
附录 B	—

附 录 B
（资料性附录）
本标准与 IEC 60299:1994 的技术性差异及其原因

表 B.1 本标准与 IEC 60299:1994 的技术性差异及其原因

本标准的章节条编号	技术性差异	原　因
1	用 GB 4706.8/IEC 60335-2-17 代替 IEC 967	IEC 967 已作废，国际上现行的标准为 IEC 60335-2-17
2	用 GB/T 10807/ISO 2439 代替 ISO 2439:1980	ISO 2439:1980 已作废，国际上现行的标准为 GB/T 10807/ISO 2439:1997
3.6	用 3.6 多温电热毯　电热毯从发热区域的一端到其另一端温度逐渐增加或有两个及两个以上不同温度发热区域，而各个区域内的温度是均匀的。 代替 IEC 60299:1994 中： 3.6 多温电热毯　电热毯从发热区域的一端到另一端温度逐渐增加。 3.7 高温电热毯　电热毯在发热区域的主要部分有一个均衡温度，在一端有一个高温区	根据我国国情，电热毯只分为均温电热毯与多温电热毯，原 IEC 标准中的高温电热毯只是国内多温电热毯的一种，并且现在多温电热毯会有三个或四个温区甚至更多，因此将其归为多温电热毯一类比较合理
4	删除 IEC 60299:1994 中 4.2 依据尺寸和发热区域数量 ——单人电热毯 ——一个发热面积的双人电热毯 ——两个发热面积的双人电热毯	现今拥有两个发热区域的单人电热毯、四个发热区域的双人电热毯等已屡见不鲜，以上划分方法已明显不合理，该条款在技术上已过时
4.2	删除 IEC 60299:1994 中 4.3 依据温度分布中的 ——高温电热毯	此修改是为了对应第 3 章定义中的相应修改
4.3	用 4.4 依据温度控制方式 ——控制型电热毯； ——其他电热毯。 代替 IEC 60299:1994 中 4.4 依据温度控制方式 ——无控制电热毯 ——调温电热毯 ——按步骤设定电热毯 ——控制电热毯 ——自动减功率电热毯 注：自动减功率电热毯是在升温期后输入功率自动减少	GB 4706.8/IEC 60335-2-17 标准中只规定了控制型器具和其他器具，并且现在随着科学技术的发展电热毯控制方式层出不穷，因此参照 GB 4706.8 标准中划分方式比较合理
6	删除注 1：如果在额定电压下，电热毯的测试结果，会因国家供电电压有所偏差，电热毯也可以在相当于国家供电系统的标称电压下测试	标准中已明确规定电源电压应在额定电压的 ±1% 范围内。依据此规定在我国也不会产生歧义，因此删除注 1

表 B.1（续）

本标准的章节条编号	技术性差异	原　　因
6	用 GB/T 10807 代替 ISO 2439:1980	ISO 2439:1980 已作废，国际上现行的标准为 GB/T 10807
	用 GB 4706.8/IEC 60335-2-17 代替 IEC 967	IEC 967 已作废，国际上现行的标准为 IEC 60335-2-17
7.1.1	用“尺寸用 mm 表示，精确到 10 mm”，代替“尺寸用 cm 表示，精确到 1 cm”	现今国际上采用的公制单位均为 m 或 mm，因此本标准中采用 mm 为单位
7.1.2	用“柔性部件的电源进入端与电源插头之间” 代替“如果适用，应在下述位置之间测量： ——柔性部件的电源进入端与控制装置或变压器之间； ——控制装置或变压器与电源插头之间； ——两个控制装置之间。”	行业标准 QB/T 2994—2008 中规定软线长度的测量为“柔性部件的电源进入端与电源插头之间”，为了与国内现行有效的标准统一，采用行业标准中规定的测量方法
8	用热电偶铜板测量法代替栅格测量法。 具体为：“发热面积的温度用热电偶进行测量。如果控制器可调，试验在控制器置于最大位置和最小位置时进行并计算。把用来测量电热毯表面温度的热电偶焊接到尺寸为25 mm×25 mm×0.5 mm 的铜或黄铜片上，铜片交替放在发热元件上和发热元件之间，并采用缝合或其他合适的方法将其固定。测量时使铜片上没有感温元件的一面与器具的使用面(在正常使用中与使用者接近的那一面)相接触，测试点应布在器具发热区域内，测试点的数量不少于 16 个，在其发热面积的长度和宽度方向的测试点应均匀分布，长度上两端测点的铜片中心至发热面积边沿的距离为长度方向测试点间距的一半，测试点数应满足相邻测试点的间距不大于 200 mm(布局如图 1)。 代替：“发热面积的温升通过电阻法用栅格进行测量。栅格由多条平行排列且间距为 5 mm 至 10 mm 的导线构成。导线可以附着在如图 1 所示的支撑架上，也可以被编在织物上。支撑物对热量的影响可忽略不计。 对于上盖电热毯，栅格放在其柔性部件的下面。 第一个栅格以与电热毯轴线方向成 45°夹角放入发热区域的中心。随后放入发热面积的栅格都沿此轴向放置，相邻两栅格中心的水平和垂直距离为 100 mm，在同样与电热毯轴线方向成 45°夹角的另一条轴线上放置其他的栅格。两行栅格中心的水平和垂直距离为 400 mm，布局如图 2。 注 1：电热毯可以使用较少栅格改变测试并重复进行测试。 注 2：如果栅格任何部位超出发热区域，则该处不用栅格。”	IEC 60335-2-17:1998 中采用栅格法测量电热毯的热冲击温度，而 IEC 60335-2-17:2006 标准中已采用铜板法测量电热毯的热冲击温度，这已证明国际上也正在淘汰栅格测量法，由此看出测量的趋势正在向简单化、易操作性转化。并且我国行标 QB/T 2994—2008 中也采用的是热电偶铜板测量法，综合国际标准及国内行业标准情况，这里采用热电偶铜板测量法

表 B.1（续）

本标准的章节条编号	技术性差异	原　因
8	用　注 1：从发热面积的一端到其另一端温度逐渐增加的电热毯不测量其温度均匀性。 注 2：除注 1 以外的多温电热毯，需分开计算各个发热面积的温度均匀性。 代替：注 1：高温区电热毯，分开计算两部分发热面积。 注 2：多温电热毯不测量温度的均匀性。	EC 60299 中分为多温电热毯与高温电热毯，因为本标准中第 3 章已将其定义合并，所以本标准中此处注解依据 IEC 60299 的原文意思进行了修改
参考文献	增加了参考文献 GB 4706.8—2003/IEC 60335-2-17:1998	文中注引用了此标准

参 考 文 献

[1] GB 4706.8—2003/IEC 60335-2-17:1998 家用和类似用途电器的安全 电热毯、电热垫及类似柔性发热器具的特殊要求.

ICS 97.100.10
Y 63

中华人民共和国国家标准

GB/T 23108—2008

家用和类似用途电热垫性能测试方法

Household and similar electrical heating pads—Methods for measuring performance

(IEC 61255:1994, Household electric heating pads—Methods for measuring performance, MOD)

2008-12-30 发布　　2009-09-01 实施

中华人民共和国国家质量监督检验检疫总局
中国国家标准化管理委员会　发布

前言

本标准修改采用 IEC 61255:1994《家用电热垫性能测试方法》(英文版)。

考虑到我国国情及行业技术的发展,在采用 IEC 61255:1994 时,本标准做了一些修改。有关技术性差异已编入正文中并在它们所涉及的条款的页边空白处用垂直单线标识。在附录 A 中给出了这些技术差异及其原因的一览表以供参考。

为了便于使用,本标准还做了下列编辑性修改:

——用小数点符号“.”代替小数点符号“,”;

——删除 IEC 61255:1994 的前言。

本标准的附录 A 为资料性附录。

本标准由中国轻工业联合会提出。

本标准由全国家用电器标准化技术委员会(SAC/TC 46)归口。

本标准起草单位:成都彩虹电器(集团)股份有限公司、广州电器科学研究院、中国家用电器研究院、上海小绵羊电器有限公司、浙江省钱江家用电器厂、遵义航天娄山电器化工有限公司、广州威凯检测技术研究所。

本标准主要起草人:林臻、徐艳容、葛丰亮、李伟铭、张伟民、李光东。

家用和类似用途电热垫性能测试方法

1 范围

本标准适用于家用电热垫。

本标准定义了电热垫的主要性能特征及测试方法。

本标准对性能特征不做评价。

注1：本标准不涉及安全要求(GB 4706.8)。

注2：本标准不适用于使用时不覆盖的类似柔性发热器具。

2 规范性引用文件

下列文件中的条款通过本标准的引用而成为本标准的条款。凡是注日期的引用文件，其随后所有的修改单(不包括勘误的内容)或修订版均不适用于本标准，然而，鼓励根据本标准达成协议的各方研究是否可使用这些文件的最新版本。凡是不注日期的引用文件，其最新版本适用于本标准。

GB/T 10807 软质泡沫聚合材料 硬度的测定(压痕法)(GB/T 10807—2006，ISO 2439：1997，IDT)

3 术语和定义

下列术语和定义适用于本标准。

3.1

电热垫 heating pad

指设计用于人体局部加热，且在每面带有发热面积不超过 0.3 m^2 的一块柔性部件构成的器具。

3.2

柔性部件 flexible part

指将发热元件、温控器和所有其他载流部件包含其中，构成器具永久性外套的各层材料。

注：此柔性部件可包含在一个可拆卸的外罩里面。

3.3

发热面积 heated area

指在发热元件的周边线范围之内的柔性部件的面积，它也包括了周边线外面的边缘带。此边缘带的宽度等于发热元件相邻的两条平行走线间平均距离的 0.5 倍。

注1：如果回线部分与相邻发热导线间的距离不超过发热元件相邻的两条平行走线间的平均距离，则此发热面积包括发热元件的回线部分。

注2：如果电热垫有两个或更多发热面积，并且两个发热元件之间距离的任何地方都不超过发热元件两条相邻平行走线的平均距离的 1.5 倍，那么这两个面积之间的部分也被认为是发热面积的一部分。

4 电热垫分类

4.1 依据温度控制方式

——控制型电热垫；

——其他电热垫。

4.2 依据供电方式

——直接连接供电电源电热垫；

——特低电压电热垫。

注：特低电压电热垫电压不超过 24 V。

4.3 **依据应用方式**

——干用电热垫；

——湿用电热垫。

5 试验项目

电热垫性能由以下测试项目确定：

——尺寸及质量(第 7 章)；

——温度均匀性(第 8 章)；

——加热时间(第 9 章)；

——循环变化(第 10 章)。

6 试验的一般条件

除另有规定外，测试应在下述条件下进行：

测试室：

试验在无强制对流空气且环境温度为 20 ℃±5 ℃的场所进行。

电源电压：

电源电压应在额定电压的±1%范围内。若电热垫标定了额定电压范围的话，测试报告应标明测试时使用的电压。

电热垫的放置：

任何可拆卸的外罩应装好，柔性部件被放在隔热材料之间，隔热材料尺寸要超过发热面积边缘至少 100 mm。

隔热材料由开孔聚醚组成：

——孔数：18^{+2}_{0}个/cm；

——规定质量：30 kg/m³ $^{+10}_{0}$%；

——硬度：在按照 GB/T 10807 标准测得的压痕达 40%时为 120 N～170 N。

用一块 20 mm 厚的胶合板把隔热材料完全支撑住，离地面至少 300 mm。

在电热垫下的隔热材料厚度约 72 mm，覆盖在电热垫上隔热材料厚度约 36 mm。

注：隔热材料要求参照 GB 4706.8。

7 尺寸及质量

7.1 尺寸

7.1.1 柔性部件面积和发热面积的测量

电热垫在无张力的情况下平铺在一个平面上，在长度和宽度上均匀取 5 点测量，分别计算其算术平均值。由此计算得出柔性部件面积和发热面积。

面积用 m² 表示。

注：如果电热垫不是矩形，需表述其形状，按相关面积测试方法进行测量。

7.1.2 软线长度的测量

柔性部件的电源进入端与电源插头之间。

长度用 m 表示，精确到 0.05 m。

7.2 质量

电热垫质量的测量。

质量用 g 表示，精确到 10 g。

注：如果电热垫有可拆卸部分，则其质量应分开表述。

8 温度的均匀性

发热面积温度均匀性的测量。如果控制器可以调节，试验在最大/最小位置均要进行。

发热面积的温度由热电偶测量。把用来测量电热垫表面温度的热电偶焊接到 65 mm×65 mm×0.5 mm 的铜或黄铜片上，铜片的放置位置为其一边平行于走线的方向且尽可能覆盖住最多数量的发热元件。温度至少在六个位置上测定，在柔性部件的每个外表面上有三个点。

温度在稳定状态建立后进行测量，并计算出各点的温升值。

所有各点温升的平均值为该发热面积的平均温升值。温升范围由最大温升与最小温升之差确定。

一致性的计算，用温升平均值±2 K 以内的发热面积的测试点的个数与发热面积内所有测量点的个数之比值的百分比来表示。

温度的均匀性用温升范围和一致性表示。温升范围以 K 表示，精确到 1 K。一致性用百分比表示，精确到 1%。

9 加热时间

电热垫在第 8 章所述的情况下平均温升达 20 K 所需的时间为加热时间，加热时间精确到 1 min。

10 循环变化

按第 8 章所述任意一个测试点在一个周期内温差最大时的值为循环变化。循环变化用 K 表示，精确到 1 K。

附　录　A
（资料性附录）
本标准与 IEC 61255:1994 的技术性差异及其原因

表 A.1　本标准与 IEC 61255:1994 的技术性差异及其原因

本标准的章节条编号	技术性差异	原　因
1	用 GB 4706.8/IEC 60335-2-17 代替 IEC 967	IEC 967 已作废，国际上现行的标准为 IEC 60335-2-17
1	增加：注 2：本标准不适用于使用时不覆盖的类似柔性发热器具。	因国内生产的一种枕头包式的电热垫自身带有保温外套，使用时是不覆盖的，本标准是针对于需覆盖使用的电热垫而制定的测试方法，因此特在本标准中指明，以适应我国国情
2	用 GB/T 10807/ISO 2439 代替 ISO 2439:1980	ISO 2439:1980 已作废，国际上现行的标准为 GB/T 10807/ISO 2439:1997
4.1	用 4.1 依据温度控制方式 ——控制型电热垫； ——其他电热垫。 代替 IEC 61255:1994 的 4.1 依据温度控制方式 ——无控制电热垫； ——连续可调电热垫； ——按步骤设定的电热垫。	GB 4706.8/IEC 60335-2-17 标准中只规定了控制型器具和其他器具，并且现在随着科学技术的发展控制方式层出不穷，参照 GB 4706.8 标准划分方式比较合理
6	删除注 1：如果在额定电压下，电热垫的测试结果，会因国家供电电压有所偏差，电热垫也可以在相当于国家供电系统的标称电压下测试。	标准中已明确规定电源电压应在额定电压的±1%范围内。依据此规定在我国就不会产生歧义，因此删除注 1
6	用 GB/T 10807 / ISO 2439 代替 ISO 2439:1980	ISO 2439:1980 已作废，国际上现行的标准为 GB/T 10807/ISO 2439:1997
6	用 GB 4706.8 / IEC 60335-2-17 代替 IEC 967	IEC 967 已作废，国际上现行的标准为 IEC 60335-2-17
7.1.2	用"柔性部件的电源进入端与电源插头之间" 代替"如果适用，应在下述位置之间测量： ——柔性部件的电源进入端与控制装置或变压器之间； ——控制装置或变压器与电源插头之间。"	行业标准 QB/T 2994—2008 中规定软线长度的测量为"柔性部件的电源进入端与电源插头之间"，为了与国内现行有效的标准统一，采用行业标准的测量方法

表 A.1（续）

本标准的章节条编号	技术性差异	原　　因
8	用热电偶铜板测量法代替栅格测量法。 具体为："发热面积的温升用热电偶进行测量并计算。试验在控制器置于最大位置和最小位置的值进行试验并计算。把用来测量电热垫表面温度的热电偶焊接到 65 mm×65 mm×0.5 mm 的铜或黄铜片上，铜片的放置位置为其一边平行于走线的方向且尽可能覆盖住最多数量的发热元件。温度至少在六个位置上测定，在柔性部件的每个外表面上有三个。" 代替："发热面积的温升通过电阻法用栅格进行测量。栅格由多条平行排列的间距为 5 mm 至 10 mm 的导线构成。导线可以附着在如图 1 所示的支撑架上，也可以被编在织物上。支撑物对热量的影响可忽略不计。 栅格被放置在发热面积上，它们的轴心线与电热垫的轴心线平行，尽可能多使用栅格，它们的中心距离不小于140 mm，布局如图 2。 注 1：电热垫可以使用较少栅格测试并重复测试。 注 2：如果栅格任何部位超出发热面积，则该处不使用栅格。 如果发热面积最小边的长度小于 100 mm，则温升测试用厚度为 0.5 mm 的连接热电偶的圆铜片代替，圆片的直径小于这个边长度的一半。相邻圆心的距离是圆片直径的 1.4 倍。电热垫完全被圆铜片覆盖。布局如图 3。 试验进行并计算控制器置于最大位置处和最小位置处的值。"	IEC 60335-2-17：1998 中采用栅格法测量器具的热冲击温度，同时该标准中电热垫的温度测试方法就采用的是铜板法，与本标准中采用的热电偶铜板测量法相同，而 IEC 60335-2-17：2006 标准中已采用铜板法测量器具的热冲击温度，这已证明国际上也正在淘汰栅格测量法，并且我国行标 QB/T 2994—2008 中也采用的是热电偶铜板测量法，综合国际标准及国内行业标准情况，这里采用热电偶铜板测量法。并以国内习惯的思维方式对文字加以整理
参考文献	增加了参考文献 GB 4706.8—2003/IEC 60335-2-17：1998	文中注引用了此标准

参考文献

［1］ GB 4706.8—2003/IEC 60335-2-17:1998 家用和类似用途电器的安全 电热毯、电热垫及类似柔性发热器具的特殊要求.

ICS 97.040.30
Y 61

GB

中华人民共和国国家标准

GB/T 23109—2008

家用和类似用途电器生态设计 电冰箱的特殊要求

Eco-design of household and similar electrical appliances—Particular requirements for refrigerator

2008-12-30 发布　　2009-09-01 实施

中华人民共和国国家质量监督检验检疫总局
中国国家标准化管理委员会　发布

前　言

本标准由中国轻工业联合会提出。

本标准由全国家用电器标准化技术委员会(SAC/TC 46)归口。

本标准主要起草单位:中国家用电器研究院、合肥美菱股份有限公司。

本标准参加起草单位:广州威凯检测技术研究所、海尔集团公司、海信科龙电器股份有限公司、美的集团有限公司、上海尊贵电器有限公司、上海索伊电器有限公司、博西华家用电器有限公司、伊莱克斯(中国)电器有限公司。

本标准主要起草人:韩作樑、杨超、白连社、李云美、蔡宁、张奎、陈文朗、种衍习、周于兴、薛彬、乔金力、张琼。

家用和类似用途电器生态设计 电冰箱的特殊要求

1 范围

本标准规定了电冰箱生态设计和开发过程中的特殊要求。

本标准适用于家用和类似用途电冰箱的生态设计。本标准也适用于家用电冰柜、酒柜、展示柜等(以下称电冰箱)的生态设计。

2 规范性引用文件

下列文件中的条款通过本标准的引用而成为本标准的条款。凡是注日期的引用文件，其随后所有的修改单(不包括勘误的内容)或修订版均不适用于本标准，然而，鼓励根据本标准达成协议的各方研究是否可使用这些文件的最新版本。凡是不注日期的引用文件，其最新版本适用于本标准。

GB/T 24001 环境管理体系 要求及使用指南(GB/T 24001—2004,ISO 14001:2004,IDT)

3 术语和定义

下列术语和定义适用于本标准。

3.1

电冰箱产品设计开发过程 process of refrigerator development

电冰箱产品设计开发过程包括概念设计、计划、开发、验证、发布和生命周期管理六个阶段。

注：产品发布指新产品从开始批量生产到产品全面上市销售的过程，此过程包括新产品推广资料准备，知识培训、用户信息反馈等。

3.2

概念设计 conceptual design

概念设计是根据产品生命周期各阶段的要求进行需求分析、功能分析，确定功能工作原理、选择功能载体和组合方案等。

3.3

调整容积率 ratio of adjusted volume

电冰箱的调整容积与其外形总尺寸之比。

3.4

调整质量 adjusted quality

电冰箱的质量乘以电冰箱的能效指数与电冰箱的包装质量之和。

3.5

材料使用效率 efficiency of material use

电冰箱的调整容积与调整质量之比。

4 生态设计要求

4.1 生态设计考虑的电冰箱的生命周期阶段应包括：

a) 原材料的获取、选择和使用；

b) 产品制造；

c) 包装、运输和配送；

d） 维护和维修；

e） 产品使用；

f） 回收利用。

4.2 在生命周期的每个阶段，需评估的环境因素应包括：

a） 资源、能源的消耗；

b） 危害物的排放种类及其数量；

c） 噪声、辐射和电磁场等物理效应造成的污染；

d） 产生的废料；

e） 回收利用（再利用、再循环、能量回收等）。

4.3 电冰箱生态设计要求

4.3.1 强制性环保法律法规的要求，如：

a） CFCs物质的替代；

b） 能效标准；

c） 噪声及电磁兼容；

d） 与生产过程有关的环保法规；

e） 回收率与再利用率的限值要求。

4.3.2 非强制性环保法律法规的要求，如：

a） 材料的危害物要求；

b） 包装的危害物要求。

4.3.3 法律法规未明确规定的生态技术要求，如：

a） 尽量减少零部件数量；

b） 尽量减少材料种类与数量；

c） 标准化、通用化率高；

d） 尽量采用等寿命设计原则；

e） 便于维修与维护；

f） 便于拆卸；

g） 便于仓储与配送。

5 生态设计程序

5.1 产品开发包括概念设计、总体方案设计 、系统设计和工程设计四个部分。

进行产品概念设计前应进行产品广义需求分析，应包括以下几方面：

——外部需求分析（用户需求分析、销售商需求分析、供应商需求分析等）；

——内部需求分析；

——相关利益方需求分析。

5.2 概念设计阶段重点应在满足相应的法律法规的前提条件下进行以下目标参数的权衡和优化：

a） 产品功能：独立温区、控制方式、制冷方式、辅助功能（速冻功能、制冰功能等）；

b） 调整容积率；

c） 能源效率指数；

d） 噪声；

e） 平均无故障工作时间；

f） 成本。

5.3 总体方案设计阶段重点应在满足相应的法律法规的前提条件下进行以下目标参数的权衡和优化：

a） 材料使用效率；

b) 能源效率指数；

c) 噪声；

d) 标准化、通用化率；

e) 回收率；

f) 再利用率；

g) 平均无故障工作时间。

5.4 系统设计分为箱体、门体、制冷系统、控制系统、附件与包装系统六部分，系统设计与零部件设计应在满足相应的法律法规的前提条件下重点考虑以下因素进行权衡和优化：

a) 材料的种类和数量(包括再生料或可回收料的选择)；

b) 材料可回收性；

c) 材料可再利用性；

d) 材料有毒有害物质含量的限制；

e) 零部件标准化、通用化率；

f) 结构的可拆卸性。

5.5 工程设计阶段应在满足相应的法律法规的前提条件下重点考虑以下因素进行权衡和优化：

a) 工艺流程；

b) 加工设备、检测设备、工装、工具及模具；

c) 辅材选择及用量；

d) 辅材有毒有害物质含量的限制；

e) 制造过程能耗、噪声、污染排放等。

6 生态设计评价与改进

6.1 产品生态设计评价分为过程评价和产品生态水平评价。

6.2 过程评价按5.2～5.5确定的评价指标进行，评价采用与近期类似产品、系统或零部件进行比较，评价方法可采用雷达图方式、LCA方法等；过程评价不能满足要求，应针对性提出改进措施并重新进行评价直到符合评价指标要求。

6.3 电冰箱完成生态设计程序后，应进行最终评价，最终评价建议采取能源效率指数、调整容积率、噪声、材料使用效率、平均无故障工作时间、回收率、再利用率七个指标进行评价，评价方法推荐采用雷达图方法进行。

6.4 产品制造商应建立实施环境管理体系和危害物管理体系，环境管理体系应符合GB/T 24001，否则，产品不建议采用6.3规定的最终评价方法。

6.5 生态设计持续改进

电冰箱产品发布直到生命周期结束之前，产品制造商应不断地对产品或维修配件等进行生态设计的持续改进。

7 信息的提供与共享

7.1 搜集整理电冰箱生态设计相关的法律法规，并沿着供应链的方向进行信息沟通与交流，使相关利益方遵守相关法律法规。

7.2 产品制造商应编制电冰箱生态设计相关的企业标准、规范，并与相关利益方进行信息沟通与交流。

7.3 电冰箱生态设计完成后应与相关的利益方共享相关的产品生态设计信息。

参 考 文 献

[1] GB/T 1019—2008 家用和类似用途电器包装通则.

[2] GB 4706.1 家用和类似用途电器的安全 第1部分:通用要求.

[3] GB 4706.13 家用和类似用途电器的安全 制冷器具、冰淇淋机和制冰机的特殊要求.

[4] GB/T 8059(所有部分) 家用制冷器具.

[5] GB 12021.2 家用电冰箱耗电量限定值及能源效率等级.

[6] GB 18455 包装回收标志.

[7] GB/T 24040 环境管理 生命周期评价 原则与框架(GB/T 24040—2008,ISO 14040:2006,IDT).

[8] 2005/32/EC 关于制定耗能产品环保设计要求框架的指令.

ICS 29.140.40
K 72

中华人民共和国国家标准

GB/T 23110—2008/CIE 43—1979

投光灯具光度测试

Photometry for floodlights

(CIE 43—1979,IDT)

2008-12-30 发布　　2009-09-01 实施

中华人民共和国国家质量监督检验检疫总局
中国国家标准化管理委员会　发布

前言

本标准等同采用 CIE 43—1979《投光灯具光度测试》。

为便于使用，本标准做了下列编辑性修改：

——“本技术报告”一词改为“本标准”；

——用小数点“.”代替作为小数点的“，”；

——删除 CIE 43—1979 的前言。

本标准的附录 A、附录 B、附录 C、附录 D 均为规范性附录。

本标准由中国轻工业联合会提出。

本标准由全国照明电器标准化技术委员会(SAC/TC 224)归口。

本标准起草单位：国家灯具质量监督检验中心，国家电光源质量监督检验中心(上海)，上海时代之光照明电器检测有限公司。

本标准主要起草人：王晔、施晓红、张方钢。

引　言

本标准的主要目的是推荐采纳投光灯具的测试方法，使之能提供可接受的光度特性测量和报告。本标准打算为统一国家标准提供基础，并为工业光度实验室选择测试仪器、操作试验和表述投光灯具光度性能数据提供指导。

本标准并非 CIE 的官方意见，本标准中的任何推荐都是建议而非强制性的。

投光灯具光度测试

1 范围

1.1 这些推荐打算覆盖用于室内和室外投光灯的光度测试，投光灯使用的光源是白炽灯或放电灯管(包括管状荧光灯)或带反射器的灯。类似的方法可用于使用气体或油的投光灯。这些推荐只适用于对视觉稳定照明的灯具而不适用于闪光灯。

1.2 本标准推荐的光度测试方法不包括以发信号为目的的探照灯、道路照明灯、汽车头灯(其中一些由别的文献处理)，也不包括"成像"光学装置，虽然类似的方法已可很好地应用于这些装置的光度测量中。

1.3 本标准也不包括光强峰值和半峰值方向间的夹角小于 2°(即 2×2°，或半峰发散角为 4°的对称光束)的灯具，它们要求特殊的方法进行光度测量。这些测量的信息可参见文献，例如：

a) J. M. Waldram，"探照灯的光度测量"，Trans. 照明工程协会(伦敦)，16，187，1951

b) "关于探照灯的研讨会"，照明工程协会(伦敦)出版，1948

c) "IES 关于探照灯光度测试的指南"，照明工程，53，155，1958

d) "国家标准局：探照灯的光度测量"，NBS 技术注释 198，发表于 1963-12-17

1.4 本文中描述光度测量结果的光强值，可以用光强分布曲线、等光强图或适用于计算机计算的表格来表述。这些光强值是在距离平方反比定律成立时由照度测量推算而得。见 4.4.2。在某些情况下，测量其他光度数据可能更恰当，例如照度分布的平面离灯具相当近，就像"洗墙灯"之类的灯具。本标准不涉及这种测量，将由单独的文献来处理。

2 定义

定义 2.1、2.2、2.3 和 2.4 只适用于单一峰值且光强分布随角度增加而连续递减的情况，多于一个峰值的特殊光束形状尚在考虑之中。

2.1

(通过最大光强特定平面的)半峰发散角 one half peak divergence (in a specified FLANE through the maximum inten-sity)

在选定平面上包含所有光强极坐标曲线的矢径大于 50%峰值的光束角度范围。

2.2

(通过最大光强特定半平面的)半峰边角 half-peak side angle (in a specified HALF PLANE through the maximum inten-sity)

最大光强方向和在选定半平面上测得的 50%最大光强方向之间的角度。

注：当光强分布只有一个对称面或者不对称时，半峰边角特别重要。在图 1 所示的笛卡儿直角坐标中，平面 ab 的光强分布在半平面 a 上的半峰边角为 β_1，在半平面 b 上的半峰边角为 β_2，这时半峰发散角为($\beta_1+\beta_2$)。

4.4.3 的测试距离和 6.12 的测试角数量都由较小的那个半峰边角 β_1 决定。

实际应用时，该投光灯的半峰边角可以表述如下：

"此灯具在平面 ab 上的半峰边角为 $+\beta_1$ 和 $-\beta_2$"。

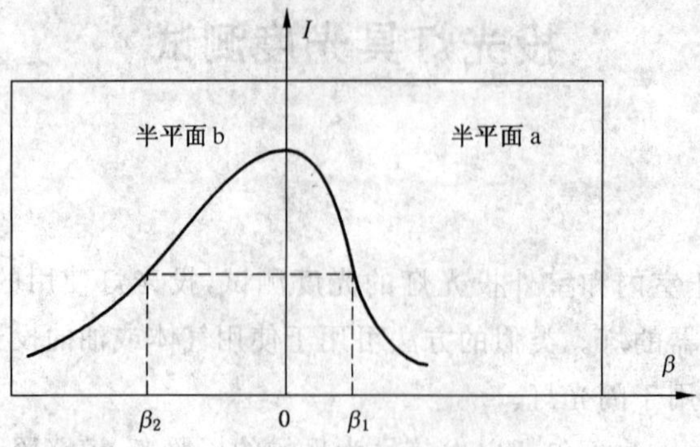

图 1

2.3

投光灯的内部光束　inner beam of a floodlight

包含所有光强值大于或等于 50％峰值光强的立体角。

2.4

投光灯的外部光束　outer beam of a floodlight

包含所有光强值大于或等于 10％峰值光强的立体角。

2.5

光输出比　light output ratio

在特定的实际使用条件下测得投光灯的光输出，与规定条件下在投光灯外测得单个光源光输出之和的比值[见国际照明词汇，CIE 17(1970)(45-50-145)]。

“规定条件”应是 5.1 中规定的标准试验条件。

注：按 5.1 规定测得的光输出比有时被称为“灯具光输出比”。

2.6

基准轴　reference axis

用于光度测量中的一根轴，作为和投光灯实际瞄准的光度性能相关的基准方向。

注：通常基准轴就是投光灯的对称轴，如果有的话。在所有情况下，基准轴应由制造厂商明确定义，若无，则由光度测试实验室定义。

2.7

光度中心　photometric light centre

基准轴和投光灯前玻璃或者前开口发光面的交点。

2.8

辅助轴　auxiliary axis

通过光度中心的一根轴，且垂直于基准轴，与投光灯相关联，由它的机械外形来定义。

注：辅助轴协同基准轴一起定义投光灯在空间的姿态。对于发光面的纵轴或横轴在水平面的矩形投光灯，辅助轴总是应与该水平轴一致。对于旋转对称的投光灯，也可以根据光源的方位选择辅助轴。

2.9

光强分布　distribution of luminous intensity

从基准轴起，所有方向上光强的变化。

光强分布可以用表格或曲线族表示。除非特别说明，光强分布定义为基准轴和辅助轴在水平面上测得的数据。

光强是基于投光灯内各光源总光通为 1 000 lm 且在标准测试条件下得到的。见第 5 章。

注 1：某些类型光源的投光灯的光强分布取决于投光灯在空间的方位。

例如，对于金属卤化物灯来说，当投光灯的空间方位改变时，其管内电弧的位移及沿电弧管亮度分布可能的变化，都会引起最大光强的方向和半峰边角的重大改变。

如果这样的投光灯设计成工作方位不在水平基准轴方位时，则应在工作方位对它测量。这种情况下制造厂商应规定测量时基准轴的方向。

注 2：对于光源与光学系统无法分离的投光灯，如封闭式灯泡，光强分布假定封闭式灯泡本身为 1 000 lm。

2.10

服务修正系数　service correction factors

修正系数用来把实验室条件下测得的光强分布换算到实际环境下的光强分布。修正系数仅适用于实际使用条件会导致光通量发生变化而与此同时光分布形状不变的情况，例如电弧的位移，沿电弧管亮度分布的变化等。

实际使用条件可以是与标准试验条件不同的方位或环境温度。见 5.2.1 和 6.14。

2.11

投光灯类型　types of floodlight

为了光度测量，投光灯按半峰边角分为两类，按光强分布对称性分为四类。

注：在应用上的分类可能会不同。

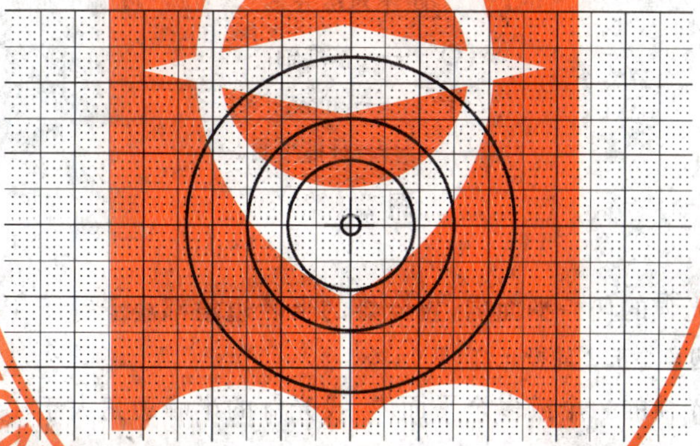

a）旋转对称分布

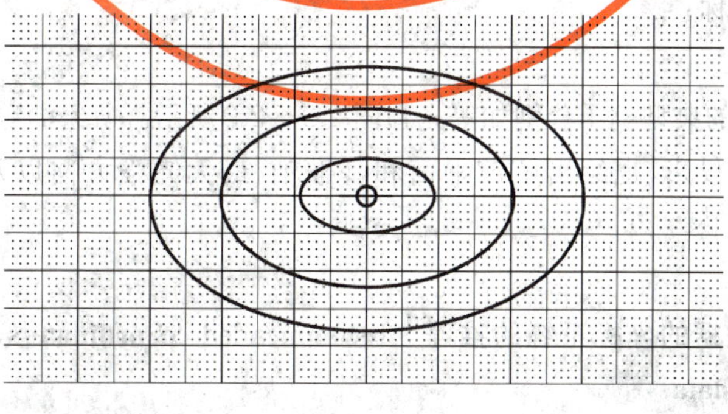

b）有二个对称平面的分布

图 2　典型的等光强图

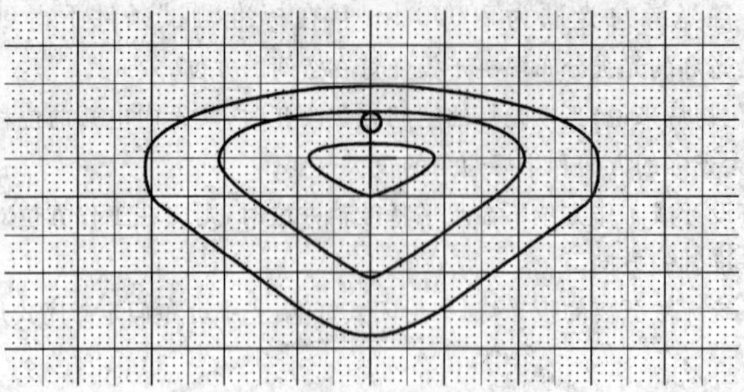

c）只有一个对称平面的分布

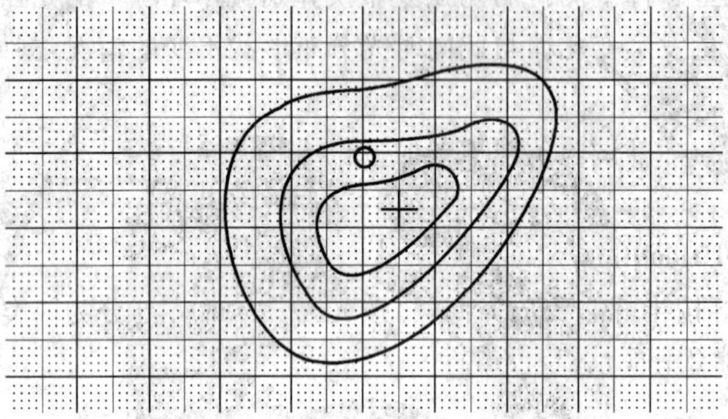

d）不对称分布

○ ——基准轴；

＋ ——I max；

－·－ ——对称平面。

图 2（续）

2.11.1　按半峰边角分类：

第一类：在包含最大光强的任一平面内，投光灯的半峰边角都小于等于 4°。

注：本标准不包括半峰边角小于 2°的投光灯，见 1.3。

第二类：在包含最大光强的一个或多个平面内，投光灯的半峰边角大于 4°。

2.11.2　按光强分布对称性分类：

a）　旋转对称；

b）　关于两个平面对称；

c）　关于一个平面对称；

d）　不对称。

按光强分布一般分类的典型例子分别如等光强图 2a)～2d)所示。所绘的等光强曲线代表光束在垂直于投光灯基准轴平面上的投影，也绘出了该平面和基准轴、最大光强方向以及对称面(如果有的话)的交点。

2.12

用以表达光强分布数据的坐标系统的推荐　recommended co-ordinate system for presenting luminous intensitydist-ributiondata

推荐的坐标系统是：选择那种当投光灯调节多种仰角时，能以简化形式计算照度的表达光强分布数据的坐标系统。此外，该系统采用一种测量方法：使用带固定垂直轴的(B 型)测角仪；然而，对某些投光灯应使用另一类测角仪(见 6.2 的注解)。

注：已考虑到的各种坐标系统和测角仪的详细情况在附录 C 中提供。

2.13

镇流器流明系数 ballast lumen factor

镇流器流明系数是基准光源用适当的目标产品镇流器工作时出射的光通量，与同一基准光源用基准镇流器工作时出射的光通量之比。

产品镇流器和基准镇流器都应工作在它们的额定电压下，都应安装在空气中，并且基准光源总是在25 ℃的环境温度下工作，其性能不应受所用镇流器的热量影响。

另一种选择是，两次光通测量使用的光源也可以不是基准光源，但要符合适当的光源标准要求。

如果光源工作时产品镇流器依靠几个分立部件，这种情况下所有这些部件都应具有目标特性。

注：此定义已由 IEC 34-C 委员会提出。

上述试验条件可查阅适当的光源标准规定的光通量测量条件。同时见 6.14.4。

在 5.1 规定的标准条件下工作时，镇流器提供光源发出的光通量为投光灯标称值，这是基于本标准规定的光度测量的照明计算的基本假定。

实际情况可能并非如此，例如出于技术或商业的原因，投光灯可能使用低等级的镇流器，这时用户得到的光通量比预期的少。这个误差可用镇流器流明系数加以修正。

所以，在光输出比和光强的所有计算中都应乘以镇流器流明系数。

3 投光灯光度测试可接受的精度

测角仪系统误差和随机误差的总结果不应超过：

对于光强测量：特定方向实际光强的±5%

或 每 1 000 lm 光源光通坎德拉的±10%两者中较大的那个。

对于角度方向测量：光束的半峰边角在：

2°与 4°间	±0.1°
4°与 8°间	±0.2°
8°以上	±0.4°

注：大于上述容差的不精确的角度测量会导致光强测量误差超过 5%。

4 实验室设备

4.1 电源和指示仪表

电源应符合下述要求：

a) 对连接的负载，电源应具有适当的载流处理量并且稳定；

b) 电压在测量钨丝灯时应能设定并维持在 0.2%内，而在测量放电灯时则应在 0.5%内；

c) 如果电源是交流电源，稳压器应是低阻抗的，并且波形的总谐波分量不超过 3%；谐波分量定义为各谐波的均方根值之总和，以基波为 100%。测量钨丝灯光源的投光灯时，此要求可放宽。

电压表、电流表和功率表应符合 IES 0.5 级仪表的要求。指示均方根值的仪表应不会因电路中的波形失真而产生误差；较合适的是电动式仪表，然而，在某些场合，动铁式仪表也可使用。

注：对钨丝灯要求电源电压保持在 0.2%内并不表示要用精度高于 0.5 级的电压表，因为用相对法测量光度时，重要的是仪表的读数精度，而不是它的绝对精度，条件是它有足够的稳定性，例如自发热误差、零漂等。

电气指示仪表应定期检查。适当时，要修正任何仪表读数由于电路上另一仪表的存在而产生的影响。

所有的电气连接和引线应是低阻抗的，适合线路电流的，尤其在测量大功率光源时。用于钨丝灯的电压表引线最好直接连接在灯座接线端子上。

4.2 试验光源

4.2.1 选择试验光源

试验选用的光源应符合相应的 IEC 标准。如果没有相应的标准，则光源应尽可能地符合制造厂商规定的标称值。光中心位置应仔细检查，特别是当光源配有预先对焦的灯头时。

对多光源的投光灯，如果打算使用同一型号、同一功率光源的话，则各光源在同一电源和镇流器电路工作时，光通量的差别应在3%范围内。那时，可用它们来定标和试验，而不必再从投光灯线路求得光通量了。

此外，光源还应符合4.2.2，4.2.3和4.2.4的规定。

4.2.2 光源泡壳的漫射质量

对管壁镀有荧光或漫射层的光源，灯泡的漫射质量应符合产品的平均水平。

注：IEC 34A 委员会正在考虑光源泡壳漫射质量的测量方法。

4.2.3 光源的老炼

所有的光源应老炼，直至光通量的连续读数达到稳定。光源应在接近其电气设计规定的情况下周期性地进行老炼，钨丝灯和管状荧光灯至少100 h，其他光源至少200 h。

建议的周期是每点燃4 h关闭15 min。

老炼时，光源的位置如下：

钨丝灯：垂直，灯头在上

卤钨灯：灯丝水平

管状荧光灯：水平

低压钠灯：水平

高压汞灯：垂直，灯头在上

汞卤化物灯：水平

高压钠灯：水平

注1：对U形管的低压钠灯，除非另有规定，包含两芯柱的平面应垂直。老炼后，金属钠分布不正常的灯应淘汰。

注2：光源上应做好标记，确保以后使用时在同一位置（包括其对长轴的方位）工作。

注3：打算水平使用或是垂直灯头在上使用的任何灯，都应在这两种位置检查其稳定性。

4.2.4 光源的稳定

在连续开关时光通量的变化不大于±1%，并且在连续点燃时平均值的变化不超过2%，此时，光源应看作是稳定的。

注：如果某些光源无法满足上述条件，则应在试验报告中记录。

4.2.5 光源稳定的测试

进行的试验可在积分球中测量光通量，也可在分布光度计中测量与灯轴线成90°方向的光强。

测量中光源不可移动。

对于管状荧光灯，此试验期间应无气流，且光源附近的空气温度应保持稳定。

4.2.6 老炼后光源的处理

老炼后的光源应小心处理。对低压钠灯尤其重要，因为无论在冷还是热的状态下，突然移动都会改变钠在电弧管内的分布。

4.3 光电池和读出设备

4.3.1 光电池的性能

光电池及其测量电路在工作时应该是稳定的，暴露在高照度时也不能疲劳。

光电池和测量电路的组合，在所有的量程范围内都应该对光，乃至可能遇到的最高照度，包括脉动光（例如放电灯）的峰值，具有线性响应。

应该用多光源求和法（类似附录A中描述的方法）来检查线性。建议定期对线性作测量检查。

注：在测量不同类型的投光灯时，以及在使用相对法进行裸光源和投光灯光度测量时，照度值都会有很大的差别。为了满足高照度值时线性的要求，一种有用的方法是采用一个已知的系数来减少落在光电池上的照度。这种衰减应均匀地影响感光面，并且是对光谱无选择性的。推荐的减光片是校正过的中性滤光片，漫射介质，金属丝网屏，或一块板，其上有一个或多个适当的孔径，这些孔径和一漫射介质把光散布到光电池接收面的整个区域。不能只用带孔径的板来减少光电池上的受照面积，而应结合漫射体一起使用。使用以上任何减光片，使之提供一系列方便的衰减系数将是有用的。

不推荐采用旋转扇形圆盘，因为在很广的照度范围内有非线性的风险，也因为频闪效应。

光电池的光谱灵敏度应遵循 CIE 的光谱光效率曲线。建议定期检查光谱响应的稳定性。用彩色滤色片检查的一种方法在附录 B 中给出。

光电池在它自身的面积上测量平均照度。如果此面积太大，在光强变化迅速的地方，特别是在窄光束投光灯的峰值光强区，测量误差就会发生；而沿着光束回缩的地方则会自我补偿，导致的误差可以忽略。光束中存在起伏的地方，有利于平均光强的变化。理想的光电池直径应与被测的光束宽度有关，对于半峰边角 4°内的窄光束，光电池面积对投光灯的张角应不大于 0.25°。

4.3.2 光电池输出的测量

光电池输出的测量应精确到±1%。如果测量光电流时采用自动记录设备，则确定设备最大的固有误差是十分重要的，例如，光电流变化时响应的延迟、对小的变化没有反应(有限的“死区”)。

和光电池一起使用的读数设备，应结合其性能来选择。例如，最好使用对光电池来说为零阻抗的电路，譬如工作放大器或电流补偿型的电路，如康贝尔-弗里斯。

4.4 测试距离

4.4.1 总则

测试距离应足够长，以确保满足第 3 章中规定的对光强测量精度的要求。

要求的测试距离取决于投光灯发光部分的尺寸，和由半峰边角确定的光束宽度。

总的来说，投光灯测试使用实验室中可利用的最长光路。可用 4.4.2 和 4.4.3 描述的方法来检查测量某特定投光灯时此距离是否够长。

4.4.2 用距离平方反比定律检查测试距离

在离投光灯不同距离上用光接收器测量最大“视在光强”，I'_{max}。每次测量距离为 R，视在光强可计算如下：

$$I'_{max}=E\cdot R^2$$

式中：

E——光接收器上的照度值(可能是以任意单位测试的)。

视在光强与测试距离 R 的关系如图 3 所示。

图 3

随着测试距离的增加，视在光强将逼近一条水平渐近线，说明距离平方反比定律已越来越接近了。

从曲线的形状可估算选择的测试距离是否够长。

然而，此方法要求光源和测量设备极其稳定，能给出可靠的结果。此外，该方法可能对某些类型的投光灯会导出错误的结论，例如那些有“完全闪亮点”的投光灯。因此，我们通常推荐用 4.4.3 的方法。

4.4.3 用半峰边角检查测试距离

4.4.3.1 规则的光束

确定 2.2 所提及的半峰边角最小值。通常用目察法确定包含此值的半平面。由于不要求很高的精度，因此很容易进行该试验性的测量。

在包含最小半峰边角的平面上测得投光灯发光部分的尺寸。要求的测试距离就可从下面公式算出：

$$R>D\frac{200}{\delta 50}$$

式中：

R——测试距离；

D——投光灯发光面的尺寸；

δ——50 为半峰边角，(°)。

这个表达式是基于以下的假设，即正常光束在有限测试距离的最大光强测量误差为几个百分点是可以接受的。在此条件下可认为光强分布趋近光束最终的形状。

4.4.3.2 特殊的光束

虽然对特殊光束的方法还在考虑之中，但确认该用多少测试距离，下面的方法认为是可以接受的。

相应于图 4 和图 5 的光强分布：

——定实际的边角 δ_{eL} 和 δ_{eR}

——最大光强 M_L 和 M_R 方向上分别测量投光灯发光面的实际尺寸 DL 和 DR

——此时计算要求的测试距离：

$$R_L=\frac{DL\cdot 200}{\delta_{eL}} \text{和} R_R=\frac{DR\cdot 200}{\delta_{eR}}$$

它们中最大的值就是应该采用的测试距离。

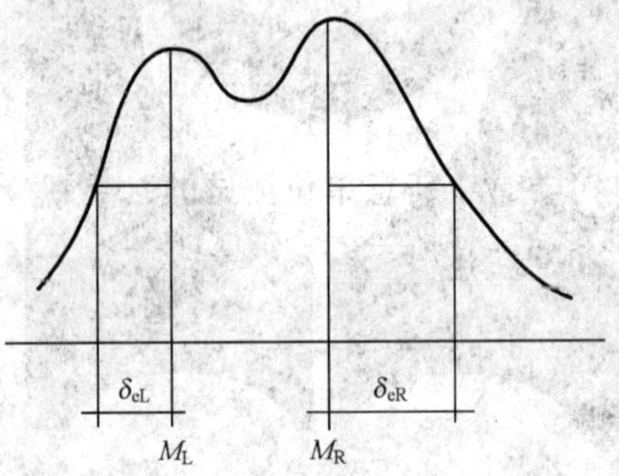

图 4

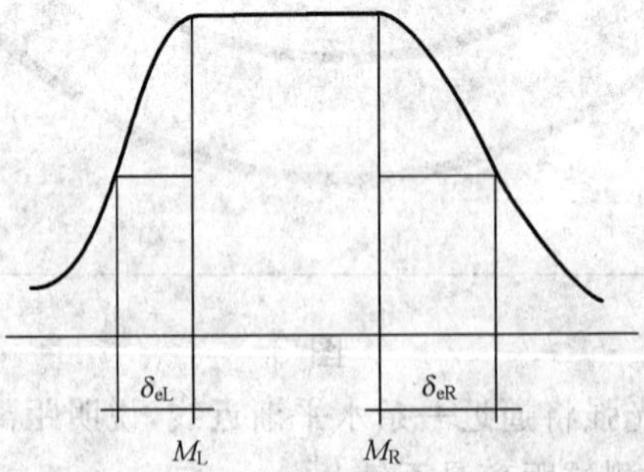

图 5

5 测量条件

5.1 标准试验条件

下列投光灯光度试验条件被标准化以提升不同实验室间测量的兼容性。测量应尽可能按照各项条件进行。如果不可能满足某给定条件,就应确定并应用测量修正系数。在某些条件下可能不允许这样做。见5.2。

5.1.1 安装姿态

在2.6和2.8中定义的投光灯的基准轴和辅助轴应设置成水平,除非制造商另有规定。

5.1.2 气流和环境温度

在投光灯或裸光源附近,空气应该静止,环境温度应是25 ℃。

5.1.3 光源方位

裸光源测量时,光源应安装成与测量标称光通时相同的方位。

5.1.4 测试用镇流器

测试投光灯和裸光源时应使用相同的镇流器。镇流器应能代表制造商的常规产品。

5.1.5 工作电压

投光灯的电源电压应按4.1测量。使用的电压应该是:

a) 放电灯(包括管状荧光灯)和卤钨灯:投光灯或光源的额定线路电压;

b) 钨丝灯(卤钨灯除外):在光源额定电压90%~100%的范围内。

注:用相对法测量时,推荐减小电压来改善光源工作的连贯性,以避免光源损坏。

用绝对法测量时,应使用额定电压。

5.2 实际试验条件

5.2.1 光度修正系数

在实用上,5.1规定的标准试验条件可能无法达到,或者因投光灯工作时的条件不同于它测量时的条件而要求附加数据。这时就应确定修正系数。修正系数有以下两类,确定的方法如6.14所述。

a) 测量修正系数:应用于测试投光灯时不可能满足实验室的所有标准条件。该系数在出具报告前确定并将测量数据修正至标准试验条件。

b) 服务修正系数:应用于服务条件不同于标准试验条件(见2.10)。该系数在实验室中确定,用户能用它来修正标准试验条件下的光度数据,使之应用于特定的服务条件。

5.2.2 修正系数使用的条件

只有当特定条件引起光源光通输出改变而光分布的形状没有变化时,才可以确定并应用测量修正系数和服务修正系数。例如,受温度影响大的光源,如管状荧光灯,在不同温度下测量仅影响光输出。而改变某些光源(如金卤灯)的方位,则会导致放电管电弧位移,从而引起光分布的变化,这样就不能使用修正系数。

6 过程

6.1 总则

投光灯的光度测试可用相对法,也可用直接法。用这两种方法获得光分布的测量过程是一样的,仅在校准方法上有所区别。

使用相对法不需要标定过的参考标准体。裸光源和投光灯用同样的任意比例单位、并且原则上在相同的距离上测量。通过计算得到一个系数,使投光灯的光强分布读数由任意比例单位转换成裸光源输出的坎德拉每1 000流明。然而,用这方法时,裸光源在光电池上的照度经常比投光灯的低得多,就会引出测量系统在大范围内光电池测量灵敏度和线性的问题,可能要用特殊测量方法解决。例如,裸光源可以在较短距离测量,在光电池上得到适宜的照度,再用照度的距离平方反比定律将结果转换成投光灯光度测试的较长距离,见6.13.3。另一种选择是4.3.1注解中概括的方法。

直接法要求投光灯使用已知光输出的光源,并且光度计要绝对定标。光度计以坎德拉校准,可使用标定过的定向光强标准灯，也可以用光电池测得的照度用距离平方反比定律转换成光强。

两种方法的选择取决于很多因素，每个实验室应选择最适合自己测试设备的方法，记住第3章要求的精度，以及要测试的投光灯类型。有些投光灯只能用直接法测量，例如光源在投光灯外点燃时其特性会很大改变的那些。

用直接法测量比用完全相对法测量快些，虽然在相对法中采用一些可选方法来标定裸光源时（见6.9和6.13.3）两者几乎没有差别。直接法要求用于投光灯的合适的光源在标定光输出的同时要标定定向光强。如果要测量许多不同类型的投光灯，这就会很昂贵，除非实验室有能力自己标定标准灯。由于用于投光灯的光源光谱能量分布可以和标定的光源区别很大，光电池的光谱灵敏度就非常重要，见4.3.1。标定过的照度计可用来替代定向光强标准灯，但设施需要周期性进行校准。

如果线性和灵敏度符合要求，相对法得到的精度应优于直接法，因为它不依赖于直接法使用的校准过的设备，校准本身就可能有误差。

以下章节是投光灯测量的详细过程。

6.2 测角仪的选择

推荐的坐标系统为V-H坐标系统，如附录C.3所示。在这种坐标系统中，测量的方向由两个角度来定义：

——H角为该方向和辅助轴（见2.8）间夹角的余角；

——V角为两半平面间的夹角，这两个半平面都通过辅助轴，且第一个包含了测量方向，第二个包含了基准轴（见2.6），以基准轴正向作为V角的起点。

在这系统中，B型测角仪通过绕一根垂直轴旋转来提供数据，该轴相对于不动的测量位置是固定的，如附录C图C.5a）所示。

也可以使用其他型式的测角仪，如果它们符合4.4关于测试距离的要求，以及发布的数据以推荐的坐标系统表示。

注：如果投光灯的光强分布因光源倾斜而改变，那么使用附录C图13的C型测角仪变换数据可能更好。见附录D。

6.3 选择试验用的投光灯

型式试验时，选择的投光灯应能代表制造厂商的常规产品。应关注影响光度性能的所有部件。光学部件应干净，所有部件应牢靠地定位于其设计位置。

如果投光灯的镇流器是一体化的，或是随灯具一起提供的，镇流器在设置（基准条件下的光源功率）和功率损耗方面应能代表制造厂商的常规产品。镇流器这个术语包括所有会影响投光灯光输出的部件，譬如电容。如果镇流器没有随灯具一起提供，那么应选择一个适合在服务中使用的典型镇流器。其设置应尽可能和基准条件下的光源功率标称值相一致。

6.4 投光灯在测角仪上的安装

投光灯在测角仪上安装时，除非制造厂商另作规定，应使其辅助轴成水平。投光灯的光度中心应和测角仪的有效旋转中心相重合。见2.7和2.8的定义。

6.5 光源在投光灯内的方位

光源在投光灯内安放时其光中心应放在设计的位置上。下面推荐的光源方位可使光束形状的畸变最小，对光束两侧的平均最具代表性。

当随灯具提供预先对焦的灯座时，光源的位置应由灯座的位置决定。当没有提供这样固定灯位置的灯座时，譬如螺口灯座，则光源应根据图6所示的原则放置。

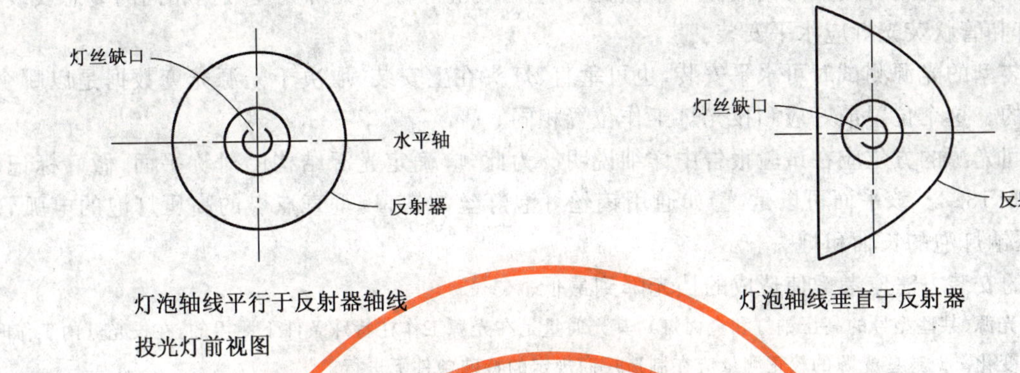

a) 透明或珍珠白泡壳白炽灯

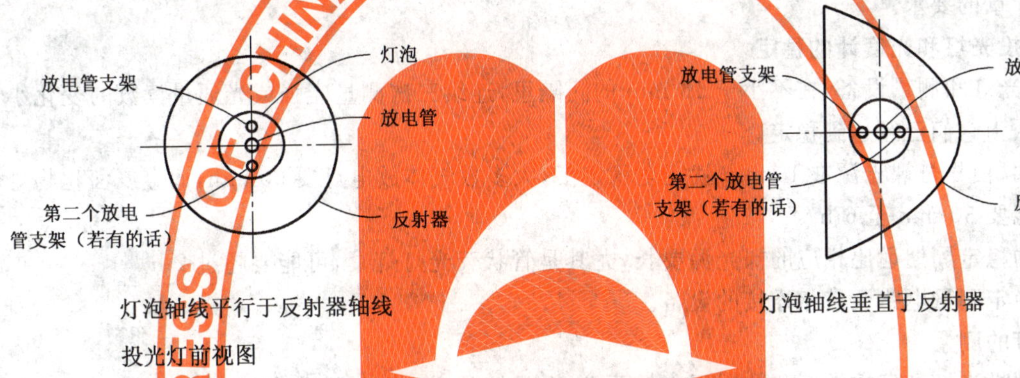

b) 单弧管放电灯

图 6　光源在投光灯中推荐的安装方位

对乳白泡或磨砂泡的白炽灯，可不考虑灯丝的缺口位置。直线形灯丝的光源，如卤钨灯，应和单弧管放电灯同样处理。电弧管弯曲成 U 形的低压钠灯，其电弧管平面的方位由制造厂商规定。

6.6　调焦

可调焦的投光灯，其光源位置应按制造厂商或客户的指令调节。并在试验报告中记录使用的光源位置。

6.7　光度接收器的位置

光度接收器应沿着测角仪测量方向的直线放在 4.4 中定义的测试距离上。对某些 C 型测角仪，可通过机械设计固定其测试距离，但应检查此距离对于被测投光灯是否足够。

6.8　屏蔽杂散光

到达光电池的杂散光应保持在最低水平。光度探头应被遮蔽，使之尽可能地只“看见”投光灯和裸光源。

使用镜子的光度探头应被遮蔽，使之只能看到镜子中投光灯的像、不能接收来自投光灯本身任何部件的直射光。任何表面，如挡屏上平行于光度头轴线或投光灯轴线的边缘，应被开槽、倒角或斜切成一个锐角，使其到达光度探头的反射光线最少。所有表面，包括光度探头看到的投光灯背景，应刷无光黑漆，包括镜子的倾斜边缘。布置挡屏时，应使来自投光灯的杂散光需经二次或更多次反射才能到达光度探头。在做不到时，应用黑色天鹅绒、黑毯将表面遮盖住。

注：许多“无光”黑漆在新的时候有一高达 4% 的反射系数，在掠入射角度方向甚至更高。当油漆表面肮脏或积聚灰尘时反射系数还会增高。

6.9　相对法中用以校正读数的裸光源的安装

可用几种方法来测量裸光源的光通量，并用它来标定光度计。见 6.13.3。

在所有这些方法中都要应用下列安装条件：

测试光强分布时用在投光灯内的同一个裸光源，应以与正常编写光源光度数据相同的姿态安装，例如，低压钠灯和管状荧光灯应水平安装。

通用安装型的光源测试时可水平安装，也可垂直、灯头在上安装，取决于光源光度数据是以哪个选定位置发布的。这个位置最好应和投光灯工作位置相同。

校准期间光源的方位应在试验报告中详细说明。为此，应确定光源结构的对称平面，做好标记，以备后用。见6.13.3。该平面可以是，譬如通用钨丝灯泡灯丝的缺口，垂直点燃的高压灯泡的电弧管支架，或是低压钠灯泡的长轴和灯头。

裸光源的安装方法应考虑使造成的挡光降到最低。

注：有些光源(某些型号的高压钠灯和金卤灯)，其光通量是在光源工作在特殊条件下测得的，在投光灯内工作时会发生变化。对这些光源的校正测量应在制造厂商规定的特殊条件下进行。

6.10 测量条件

应用第5章的要求。

6.11 光源、投光灯和光度计的稳定

光源、投光灯和测量设备，在不小于15 min的间隔里，连续三次测量光强或光通量读数的变化小于1%，则可以认为它们已经达到稳定。

经验表明，白炽灯裸光源在10 min就完全稳定了，大多数气体放电灯要30 min，而金属卤化物灯的稳定时间可能要30 min至6 h。

投光灯的稳定周期远比相应的裸光源要长，尤其是管状荧光灯灯具，可能要超过2 h。

应小心稳定测量电路及其相连接的设备。

6.12 投光灯的测量

根据待测投光灯光束的类型和数据用途的要求，在足够的方向上读取用任意比例单位表示的光强读数。例如，有限平面上的简化数据适合于图形呈示，而完整的表格数据则适合于计算机计算。如果只要图形，通常只需在每个平面上测到最大光强值的十分之一处即可；如果需要足够的数据来计算光束光通量，并要计算总的光输出，那么应在每个平面测到最大光强值的百分之一处，或截光点为止。

任一平面上测量的角度间隔取决于光强分布的形状及光强的变化率。如果是供计算机处理用的大量数据，则使用固定角度间隔的标准化表格。

应对光束形状作一个初步调查，找出光强最大变化的位置和变化率，以及不对称的程度，若有的话。

这个信息将用来决定测量光强分布时的角度间隔，并用半峰边角的值来核定测试距离是否合适，见4.4。

投光灯的测量是在一些V平面及每一平面内的一系列H方向上进行的。

下面给出的一般性指导，用来确定在推荐的坐标系统中测量常规平滑光束投光灯时的角度间隔。

注：当使用不同的坐标系统测量时，其结果可以转换成推荐的坐标系统。作为选择，也可从特定坐标系统中用于测量的角度设置导出推荐坐标系统中相应的角度方向，见附录D。

当要求适合计算机计算的完整数据时，角度设置应如表1和表2所给出的，按2.11定义的分类使用适当的角度数据。

当数据只是用于简单的图形呈示，那么只需测量较少的平面。对于旋转对称配光，只需测量两个通过基准轴且相互垂直的平面，然后平均四个半平面上的值作为结果。对于大多数不是旋转对称的投光灯，要测量两个都通过基准轴的平面，其中一个与辅助轴相交，另一个与辅助轴垂直。如果在这两个平面的任何一个平面上，光束是关于基准轴对称的，则应平均相关半平面的值。

如果投光灯的光分布在理论上是对称的，那么应用下面的初步测量来验证：在待检查的平面上，两对称方向上光强的差别应不大于10%，则投光灯在该平面上是对称的。

投光灯在每一平面上测量的角度间隔取决于该平面上的光束宽度。表1和表2给出了角度间隔，但如果只作简单的图形呈示，测试间隔可以更大些。例如，在中央最大光强区域，半峰边角如果在2°至

4°之间，则测试间隔取1°；如果在4°至8°间，则间隔取2°；如果超过8°，则间隔取5°。远离中央区域，能否采用更宽的间隔取决于光强梯度的变化率。当测量特殊投光灯时，使用的测试间隔可视需要修改。具有特殊光束类型的投光灯可能要求测试大量方向的数据，这只能由实验室在测量时决定。

任一平面上测量角度应从基准轴起直至峰值光强的十分之一处，如果需要可到峰值的百分之一。

对于等光强图，需要测量足够数量的平面，以提供充足的数据来绘制等光强曲线。通常，在每个平面绘制光强分布曲线，由此可读出角度及其对应的光强值，得到等光强图。用于计算机计算的数据，其测量时的平面间角度以及平面上的角度间隔通常如上所述。然而，可能需要附加的测量，特别是在发生急剧变化的最大光强区域四周。

注：已经使用一些技术，利用光度计在两个方向同时旋转，来记录某选定光强值的角度位置。采用该技术可自动绘制等光强曲线。然而，只有当需求的等光强图的数量很多，足以超过花费在使得光度计方便快捷运转的相配机械设计上的代价时，才会使用这些技术。

无论采用上述的哪种测量方法，找到并记录最大光强值及其方向总是十分重要的。

6.13 光度计的校准

6.13.1 总则

正如6.1中概述的那样，在测试大多数类型的投光灯时，光度计可用直接法校准，也可用相对法校准，具体方法在下面章节详述。

校准应该在测量投光灯刚开始前或紧随其后进行。其目的是得到一个校正系数，将投光灯在光度计上的读数，从任意比例单位转换成光强值，单位是裸光源输出的坎德拉每1 000流明。

6.13.2 直接法

这个方法对任何类型的投光灯都适用。用于投光灯内的光源光通量应是已知的，这样就能把结果折换成相对于光源发出1 000 lm时的数值。

光度计是用坎德拉校准的，可用标定过的定向光强标准灯来校准，也可以用标定过的照度计测得照度后用距离平方反比定律转换成光强来校准。

在采用定向光强标准灯直接替代法校准时，灯应放在测角仪的旋转光中心，使要校准的方向对准光电池。灯离光电池的距离和投光灯测试时一样，并从光度计上记录下读数 R，其单位和投光灯测试时用相同的任意比例单位。

得到的校准系数为标准灯的已知光强与光度计读数的比值，并折算到以裸光源光通输出为1 000 lm，即

$$k=\frac{I}{R}\times\frac{1\ 000}{\Phi}$$

式中：

k——校准系数（每任意单位坎德拉）；

I——标准灯的已知光强，单位为安（A）；

R——标准灯在光度计上的读数（任意单位）；

Φ——投光灯内所用光源的光通量，单位为流明(lm)。

投光灯在光度计上的读数乘以 k 就得到了相对于光源发出1 000 lm光通量时的光强值（单位：A）。

实际上，现成的标准灯由于稳定性，其光强是有限的，以至它在光电池上的照度通常比投光灯低得多，读数 R 很小。这可能会引起问题，即光度计既要有足够的灵敏度来记录低的校准照度，又要有适当的线性来正确测量投光灯的高照度。见4.3.1。

一种可解决这个问题的方法是：如果有足够的灵敏度，使用已知倍率的减光片，在测量投光灯时放在光电池前，而在测量校准照度时把它移去。光电池测量照度值的范围因此减小了。合适的减光片可参见4.3.1的注解。

另一种方法是把标定的标准灯安放在离光电池较近处，使得到的校准照度值提高。由于大多数标

准灯体积小，即使距离缩短至 2 m，距离平方反比定律照样成立。然后再把光度计在较短距离上的读数，利用距离平方反比定律，减小到标准灯离光电池的距离和投光灯相同时的数值。

在标准灯后面应使用黑色的背景，但不要离标准灯太近，避免产生太大的亮度。

这个方法还有另一个优点，即投光灯能留在测角仪上，校准可以在投光灯测量任何方便的时刻进行。

如果使用照度计校准，步骤是对于给定角度设置的投光灯，记录其光度计读数 R，再用光电池测量投光灯的照度 E，投光灯的光强可用距离平方反比定律算出，校准系数 k 由下面的公式得到：

$$k=\frac{E\times d^2}{R}\times\frac{1\ 000}{\Phi}$$

式中：

k——校准系数；

E——光电池上的照度，单位为勒克斯(lx)；

d——测试距离，单位为米(m)；

R——光度计上的读数(任意单位)；

Φ——投光灯内所用光源的光通量，单位为流明(lm)。

要定期检查标定过的照度计，校准工具应该是现有的，这是基本要求。

6.13.3 相对法

此方法不需要使用任何标定过的标准灯，光度计上所有的测量读数都是任意比例单位的。投光灯内使用的光源光通量是通过计算其光强分布的测量值(任意比例单位)得到的。投光灯的光强用相同的任意比例单位测量。

在常规的方法中，光源和投光灯都在相同的测角仪上测量，到光度计的距离也相同。从测量值计算投光灯光强的基本公式在 CIE 27 号标准中导出，如下所示：

$$I_{HV}=R_{HV}\times\frac{1\ 000}{\Phi}$$

式中：

I_{HV}——在 H，V 方向上投光灯的光强(cd/1 000 lm 光源光通量)；

R_{HV}——在 H，V 方向上光度计的读数(任意单位)；

Φ——从读数计算得到的裸光源光通量(任意单位)。

裸光源的光通量 Φ 可用适当的方法，例如在 CIE 27 号标准中描述的直接计算法、环带常数法或罗素角法，通过计算光源四周任意比例单位的光强读数得到。

然而，在实践中，通常会遇到两个难题：

a) 在测量期间，大多数投光灯测角仪会倾斜光源，从而改变它的光分布，此外，测角仪结构造成的挡光通常很大；

b) 裸光源的光强比投光灯低得多，引起 6.13.2 中提到的测量中的线性和灵敏度问题。

要解决这些问题，可选择的方法是求得裸光源的光通量，用它来校准投光灯光度计。

用 C 型分布光度计(见附录 C)在较短的测试距离上单独测量裸光源光通量，此时不必倾斜光源，在光电池上得到适当的照度。由于大多数光源在谨慎处置的情况下能维持恒定的光分布，光输出 Φ 和在选定方向上的光强 I 的比值为一常数，即 $\Phi/I=K$。

在光源上选择一个方向，通常选在略微改变方向而不会引起光强明显变化的最大光强附近，测出其光强 I，用该值可确立常数 K。在光源上做好标记，以便在以后校准投光灯光度计时光源可安放在相同的方位。

校准投光灯光度计只需裸光源选定方向上的一个读数。该读数在投光灯光度计上用任意比例单位测得。将该读数乘以常数 K 即可确定裸光源的光通量输出，单位是相同的任意比例单位。

在这个校准测量中，裸光源按其上的标记放置，使该选定方向与投光灯测角仪的测量方向一致。

由于光源较小，可放置在离光度计较近，在光电池上得到和投光灯差不多的照度，从而避免了线性和灵敏度的问题。利用距离平方反比定律，可将得到的校准读数减小到当裸光源放在离光度计的距离和投光灯相同时的值。

此时，投光灯的光强可通过下面的公式计算：

$$I_{\mathrm{HV}}=R_{\mathrm{HV}}\times\frac{1\,000}{K\times C}$$

式中：

I_{HV}——在 H，V 方向上投光灯的光强(cd/1 000 lm 裸光源光通量)；

R_{HV}——在 H，V 方向上投光灯在光度计上的读数(任意单位)；

K——裸光源光输出与选定方向上光强的比值。

$C=C'\times\frac{(d_{\mathrm{L}})^2}{(d_{\mathrm{F}})^2}$ 其中 C' 是裸光源在距离 d_{L} 上的校准读数(任意单位)，而 d_{L} 则为校准期间裸光源离光电池的距离，d_{F} 为投光灯离光电池的距离。

这方法其他的优点是，在校准时投光灯可以留在测角仪上；在测量可使用相同光源的别的投光灯时，不需要再测试光源光通量。

6.13.4 测量彩色光源投光灯的校正方法

大多数这类投光灯使用放电灯，其光谱能量分布和滤光白炽灯区别很大。因此推荐只使用相对法校准，以避免光电池无法完全修正到 CIE 光谱光效率曲线。

6.13.5 测量管状荧光灯的投光灯

测量使用管状荧光灯的投光灯时，温度、空气流动和方位会引起光源特性的变化。应遵照 CIE 24 和 27 号标准给出的关于管状荧光灯灯具测量的规定。

6.14 确定修正系数

修正系数的类型在 5.2.1 中定义，它们的使用条件在 5.2.2 中详细说明。

测量修正系数和服务修正系数都可通过如下的两个相应测量来确定：或者是测量给定方向上的光强，给定点上的照度，或者是测量总的光输出。

6.14.1 测量修正系数

在标准试验条件下做一次测量，然后对标准试验条件作个别变化再做第二次相应量的测量。

修正系数为标准试验条件下的测量值和变化条件下测量值之比。

6.14.2 服务修正系数

使用与确定测量修正系数相同的方法，只是比率颠倒了。服务修正系数是服务条件下的测量值和标准试验条件下的测量值之比。

6.14.3 使用监控光电池的方法

这是测量修正系数系列应用的一个特例，即在测量期间使用一个监控光电池。它适用于测量期间投光灯方位改变时仅引起光输出的变化，但不能用于光分布形状发生变化的情况。详细情况见 CIE 27 号标准的 4.2.3 和 6.6.3。

6.14.4 镇流器流明系数

在裸光源的标准测试条件下，基准灯依次在能代表常规产品的测试用镇流器上和标准镇流器上工作。在这两种情况下依次测量基准灯的光通量，或者与光通量成正比的量，例如光强。镇流器流明系数是测试用镇流器与标准镇流器的测量值之比。

7 结果的表述

根据数据的用途，及各实验室钟爱的特殊格式，光强分布的结果可用不同的方法表述。以下章节给出推荐的光分布数据的表述。

7.1 表格

如果是想要用于计算机计算，那么测量结果应该采用表格形式。

表格应如图 7 所示，每行的值对应一个 V 角和变化的 H 角。

类似地，每列的值对应一个 H 角和变化的 V 角。

注：对应于 H=－90°和 H=90°的列只有一个光强值。

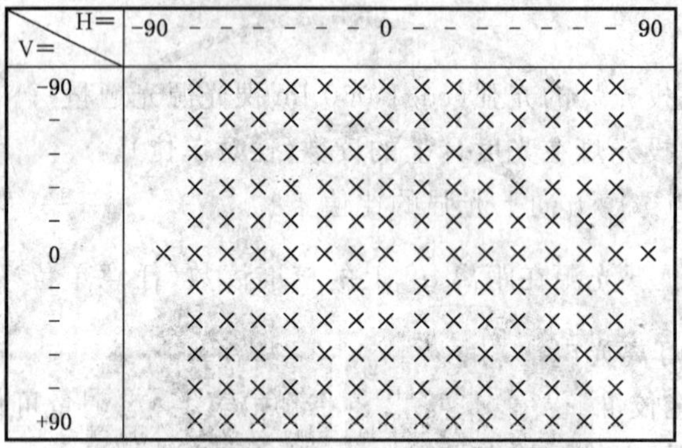

图 7 投光灯光强表的标准形式

不同类型投光灯在此表中所用的 V 角和 H 角的值见表 1 和表 2。

表 1

不对称分布				关于平面 H=0 的对称分布				关于平面 V=0 的对称分布			
光束类型[b]				光束类型[b]				光束类型[b]			
Ⅰ		Ⅱ		Ⅰ		Ⅱ		Ⅰ		Ⅱ	
V	H	V	H	V	H	V	H	V	H	V	H
－90	－90	－90	－90	－90		－90		－90	－90	－90	－90
－75	－75	－80	－80	－75		－80			－75		－80
－60	－60	－70	－70	－60		－70			－60		－70
－45	－45	－60	－60	－45		－60			－45		－60
－30	－30	－50	－50	－30		－50			－30		－50
－20	－20	－40	－40	－20		－40			－20		－40
－15	－15	－30	－30	－15		－30			－15		－30
－10	－10	－25	－25	－10		－25			－10		－25
－9	－9	－20	－20	－9		－20			－9		－20
－8	－8	－15	－15	－8		－15			－8		－15
－7	－7	－10	－10	－7		－10			－7		－10
－6	－6	－9	－9	－6		－9			－6		－9
－5	－5	－8	－8	－5		－8			－5		－8
－4	－4	－7	－7	－4		－7			－4		－7
－3	－3	－6	－6	－3		－6			－3		－6
－2.5	－2.5	－5	－5	－2.5		－5			－2.5		－5
－2.0	－2.0	－4	－4	－2.0		－4			－2.0		－4
－1.5	－1.5	－3	－3	－1.5		－3			－1.5		－3
－1.0	－1.0	－2	－2	－1.0		－2			－1.0		－2

表 1（续）

不对称分布				关于平面 H=0 的对称分布				关于平面 V=0 的对称分布			
光束类型[b]				光束类型[b]				光束类型[b]			
Ⅰ		Ⅱ		Ⅰ		Ⅱ		Ⅰ		Ⅱ	
V	H	V	H	V	H	V	H	V	H	V	H
−0.5	−0.5	−1	−1	−0.5		−1			−0.5		−1
0	0	0	0	0	0	0	0	0	0	0	0
0.5	0.5	1	1	0.5	0.5	1	1	0.5	0.5	1	1
1.0	1.0	2	2	1.0	1.0	2	2	1.0	1.0	2	2
1.5	1.5	3	3	1.5	1.5	3	3	1.5	1.5	3	3
2.0	2.0	4	4	2.0	2.0	4	4	2.0	2.0	4	4
2.5	2.5	5	5	2.5	2.5	5	5	2.5	2.5	5	5
3	3	6	6	3	3	6	6	3	3	6	6
4	4	7	7	4	4	7	7	4	4	7	7
5	5	8	8	5	5	8	8	5	5	8	8
6	6	9	9	6	6	9	9	6	6	9	9
7	7	10	10	7	7	10	10	7	7	10	10
8	8	15	15	8	8	15	15	8	8	15	15
9	9	20	20	9	9	20	20	9	9	20	20
10	10	25	25	10	10	25	25	10	10	25	25
15	15	30	30	15	15	30	30	15	15	30	30
20	20	40	40	20	20	40	40	20	20	40	40
30	30	50	50	30	30	50	50	30	30	50	50
45	45	60	60	45	45	60	60	45	45	60	60
60	60	70	70	60	60	70	70	60	60	70	70
75	75	80	80	75	75	80	80	75	75	80	80
90	90	90	90	90	90	90	90	90	90	90	90
1 601[a]	1 601[a]	1 601[a]	1 601[a]	1 601[a]	1 601[a]	1 601[a]	1 601[a]	1 601[a]	1 601[a]	1 601[a]	1 601[a]

[a] 测试点总数

[b] 参见 2.11

表 2

关于二个平面的对称分布				旋转对称分布			
光束类型[b]				光束类型[b]			
Ⅰ		Ⅱ		Ⅰ		Ⅱ	
V	H	V	H	V	H	V	H
0	0	0	0	0	0	0	0
0.5	0.5	1	1		0.5		1
1.0	1.0	2	2		1.0		2
1.5	1.5	3	3		1.5		3
2.0	2.0	4	4		2.0		4
2.5	2.5	5	5		2.5		5

表 2（续）

关于二个平面的对称分布				旋转对称分布			
光束类型[b]				光束类型[b]			
Ⅰ		Ⅱ		Ⅰ		Ⅱ	
V	H	V	H	V	H	V	H
3	3	6	6		3		6
4	4	7	7		4		7
5	5	8	8		5		8
6	6	9	9		6		9
7	7	10	10		7		10
8	8	15	15		8		15
9	9	20	20		9		20
10	10	25	25		10		25
15	15	30	30		15		30
20	20	40	40		20		40
30	30	50	50		30		50
45	45	60	60		45		60
60	60	70	70		60		70
75	75	80	80		75		80
90	90	90	90		90		90
421[a]	421[a]	421[a]	421[a]	421[a]	421[a]	421[a]	421[a]

a 测试点总数

b 参见 2.11

7.2 光强分布曲线

光强分布曲线应该在直角坐标系中绘制，以光强值为纵坐标，H 或 V 角为横坐标。

显示的曲线由光强分布的对称性决定，见 2.11。对于旋转对称分布，只需画一个半平面的曲线就够了，但要注解说明显示的曲线是四个半平面上数据的平均。对有两个平面对称的分布，则需画出这两个平面每一个平均后的半平面分布。对于其他光强分布，则需要合适的平均半平面分布或整个平面分布。

曲线应以坎德拉每千流明光源光通为单位绘制，通常只需画到光强最大值的十分之一就够了。

在所有的情况下，都要写明投光灯的方位，以及相对于投光灯的平面方向。

7.3 等光强图

不对称投光灯的光强分布可以用等光强图来表示，等光强图也可用来计划投光灯照明的设置。推荐使用以 H 角为横轴、V 角为纵轴的直角坐标系。以每千流明表示的等光强曲线光强值的间隔由详细的分布决定。这些间隔应遵循几何级数，即相邻等光强曲线的数值之比接近常数。例如，这样的一个级数在 1 至 10 范围内可取值 1—1.6—2.5—4—6.3—10。此级数数值增加的步长约为 60%，并可适当地向上或向下扩展。用此级数的值，而不用比如说 1—2—5—10，绘制的等光强图，通常能描述更有意义的等光强曲线的集合。

附 录 A
（规范性附录）
光电池线性和响应的测量方法

推荐采用类似CIE标准25号(1973)“放电灯光通量的测量及其作为工作标准定标的方法”中提到的方法去测量光电池响应的线性。

注：进行这种测量的设备的举例在下面参考文献中给出：

a) L. E. Barbrow,“一种使用势垒电池的光度测量方法”,(研究杂志,国家标准局,美国,25卷,1940年12月)

b) C. L. Sanders,“光电池线性测试仪”,(应用光学,1卷,3期,1962年5月)

c) H. Hoppmann,“检查物质辐射接收的线性表现的仪器”,(OSRAM公司的科技论文,7卷,1958,Springer出版社)

附 录 B
（规范性附录）
使用彩色滤色片的光电池光谱响应稳定性的检查方法

光电池光谱响应的稳定性，以及与之一起使用的滤色片要周期性检查。可简单地用该光电池周期性测量三个稳定色彩滤色片的光透过率。

测量应在正常照度水平下进行，光电池应避免过高的照度。对于硒光电池，照度应不超过使光电池开始显示非线性的水平。实践上，当光电池外接阻抗为零时，通常在 200 lx 的区域内。

周期性的测量应始终在相同测试条件下进行，以减少外来影响引起的误差。在每一次测量中，光源应使用白炽灯泡并在同一色温下工作，通常为 2 856 K（CIE 标准 A 光源）。

注：经光学碾磨和表面抛光并具有类似下列特性的滤色片适用于这种测量。

蓝色滤色片：Corning 型号 CS 1-62，玻璃型号 5900 或者 Schott 型号 BG 28/1 mm
另一选择 BG 23/3 mm。

绿色滤色片：Corning 型号 CS 4-64，玻璃型号 4010 或者 Schott 型号 VG 6/1 mm
另一选择 VG 9/2 mm。

红色滤色片：Corning 型号 CS H，R，2-61，玻璃型号 2412 或者 Schott 型号 RG 1/3 mm。

a） 红色滤色片对高温敏感，不应将它们靠近光源安放；

b） 没有规定 Corning 玻璃的厚度，因为厂商以“标准厚度”提供的抛光滤色片，已经校正了特殊的玻璃熔体，以提供通过色彩规格号来识别的光谱传输特性。

附 录 C
（规范性附录）
用于投光灯具光度测试及其应用的坐标系统和测角仪

C.1 用于道路照明和室内照明的灯具光度测量最常用的三种坐标系统是 A-α，B-β 和 C-γ 系统。

CIE 27"街道照明灯具的光度测量"中定义了 C-γ 系统。而 A-α，B-β 系统没有国际上认同的定义，在不同国家实行时有所区别。见 DIN 5032，4 页，IES 计算机研讨会 1971，伦敦 1972。

这些类型的灯具在光度应用中，其基准轴总是垂直指向下方的。

所有的系统都由相交于同一轴的一组平面组成，此轴有时称作"旋转轴"。

在每种系统中，空间的一个方向都用两个角度来表示：一个在两平面之间测得，而另一个在其中的一个平面上测得。

系统的区别就在于其交线轴相对于灯具轴线空间方位的不同。

测试投光灯具时，使用基准轴改成水平方向的类似系统，但系统名称在不同国家中仍不相同。

因此，在本标准中避免使用术语 A-α，B-β 和 C-γ。

C.1.1 交线轴为水平，且重合于灯具（或光源）长轴的坐标系统

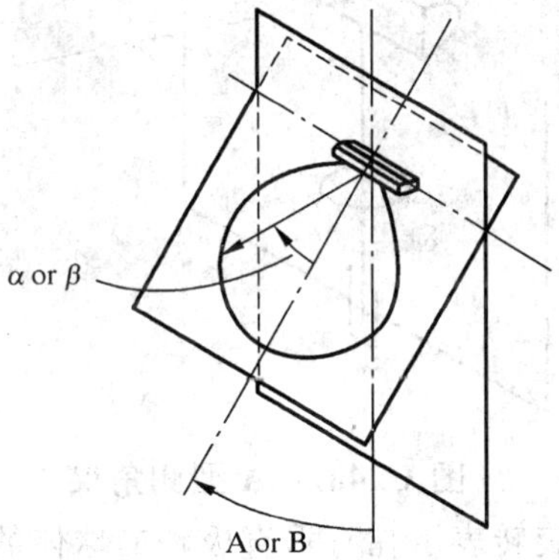

图 C.1

在一些国家（英、法）中此系统称为 A-α，而其他一些国家（德）中则称为 B-β。

C.1.2 交线轴为水平，且与灯具（或光源）长轴成直角的坐标系统

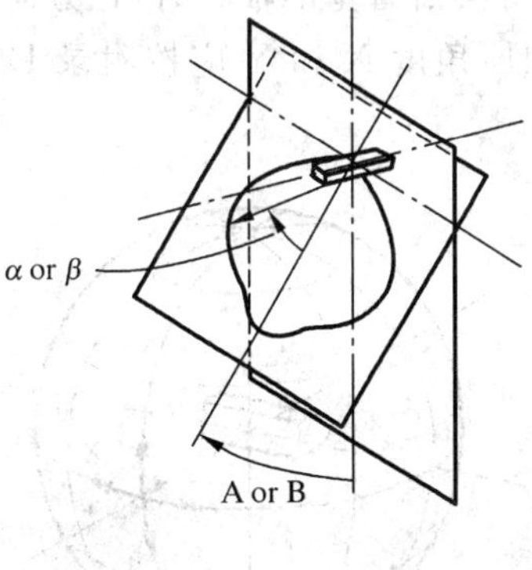

图 C.2

在有些国家（英、法）中此系统称为 B-β，而其他一些国家（德）中则称为 A-α。

C.1.3 交线轴为垂直通过灯具中心的坐标系统（C-γ 系统）

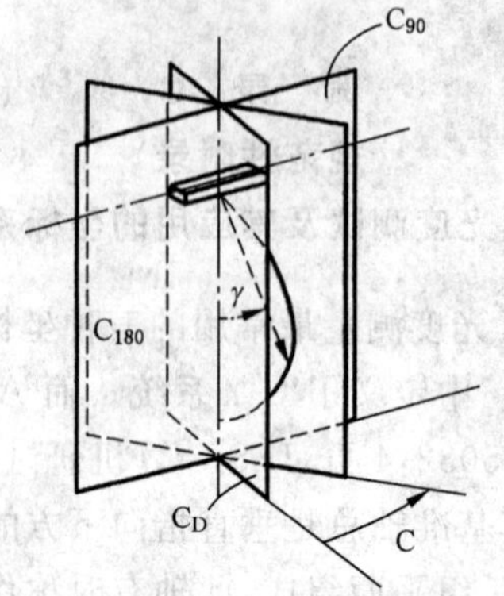

图 C.3

C.1.4 这三个坐标系统中没有一个直接适用于投光灯具光强数据的表述。

C.2 具有固定垂直轴的A型测角仪及其相应的坐标系统

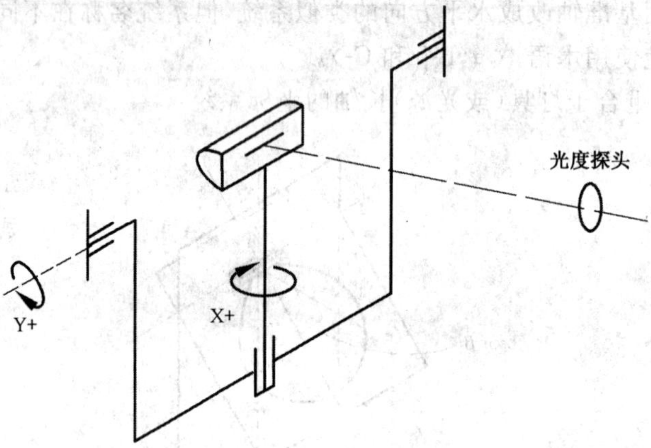

图 C.4a) A 型测角仪

这个系统中,绕固定的水平轴旋转表示在有垂直极轴的球体的大圆上进行测量;而绕可动的X轴旋转,则表示在球体的小圆上进行测量,见图C.4b)。

坐标系统如图C.4c)所示。为了避免与先前提到的A-α和B-β系统混淆,我们把平面之间的角度称为X,把平面上测得的角度称为Y。

箭头指示角度的正方向,从投光灯具沿着基准轴看时,正方向指向左方或上方。

如果用A型测角仪测量投光灯具,角度X和Y应按附录D的规定设置数值,若报告要采用7.1图7所示光强表的形式。

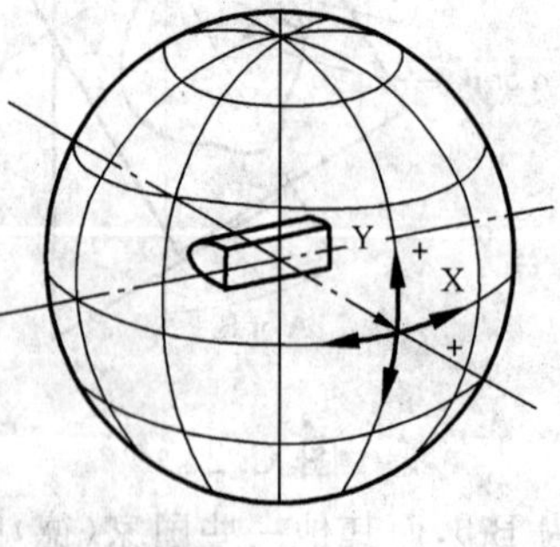

图 C.4b) 以球面表示 X-Y 坐标系统

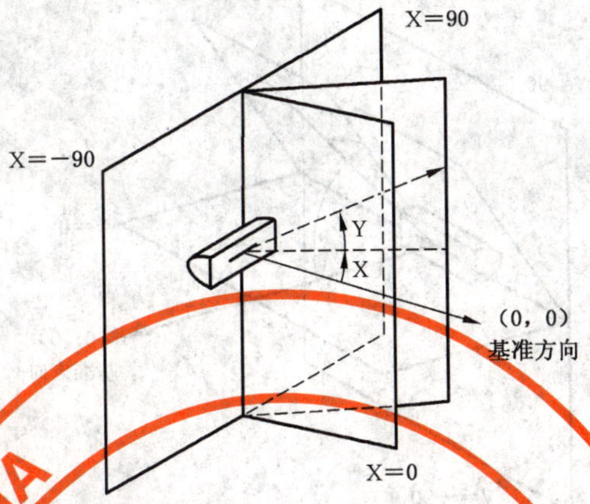

图 C.4c） X-Y 坐标系统

C.3 具有固定垂直轴的 B 型测角仪及其相应的坐标系统

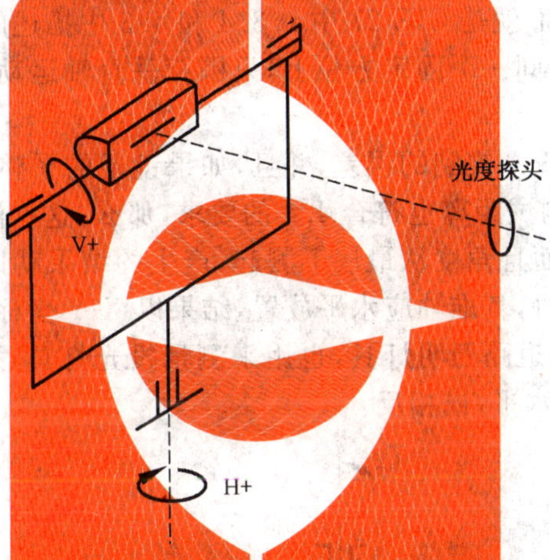

图 C.5a） B 型测角仪

绕测角仪固定垂直轴旋转表示在有水平极轴的球的大圆上进行测量；而绕水平轴旋转，则表示在球的小圆上进行测量，见图 C.5b）。

在测角仪上安装时，投光灯具的辅助轴与可动的水平轴重合，光度中心位于 H 轴和 V 轴的交点。过此交点并垂直于测角仪的固定垂直轴引出一根固定水平线，作为观察方向。测角仪绕其垂直轴旋转时给出 H 角，投光灯具绕其水平轴旋转时则给出 V 角，其结果形成一组平面，它们相交于同一水平轴，该轴与投光灯具的辅助轴重合。坐标系统如图 C.5c）所示。

箭头指示角度的正方向，从投光灯具沿着基准轴看时，正方向指向左方或上方。

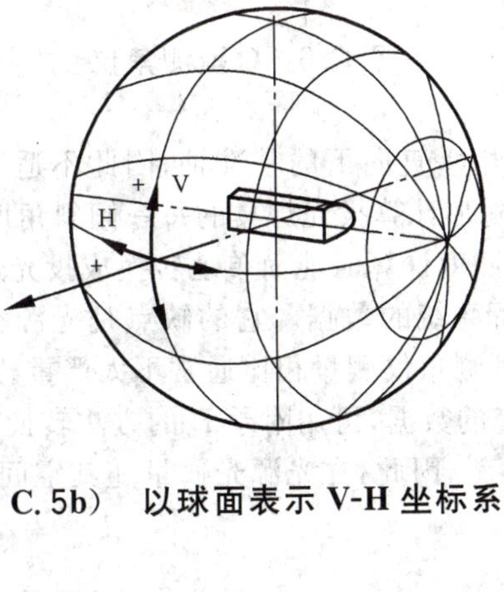

图 C.5b） 以球面表示 V-H 坐标系统

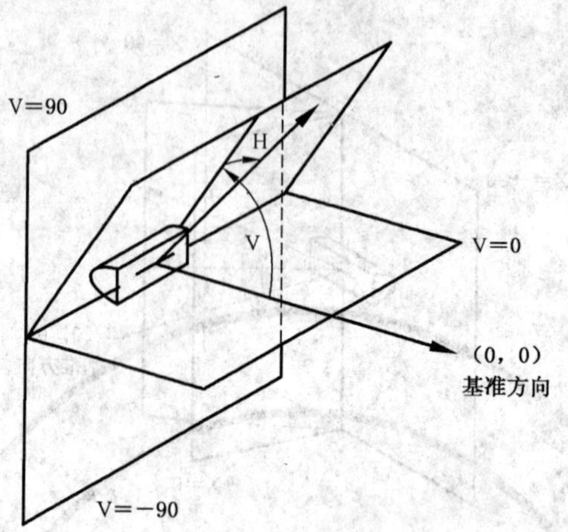

图 C.5c) V-H 坐标系统

C.4 具有围绕水平轴转动的光电池或镜子的C型测角仪

测角仪如图C.6所示，本质上就是CIE 27中1.3.4和4.3中描述的那种标准光分布的光度计。

其特点是投光灯具悬挂在空间一个固定方位上，只围绕垂直轴运动。光电池(或镜子)在垂直平面内绕投光灯具旋转。

因此，在这里没有2.9中注1中提到的误差，并且，如果镜子的平整度和角度设置的精度能符合第3章关于测量精度的要求，而且测试距离也符合4.4的要求，那么，这种测角仪能产生最可信赖的结果。假如用它来测量道路照明灯具，而且角度从最底下测起，产生的结果就以CIE 27中所规定的C-γ系统给出。然而，用它测量投光灯具时，基准轴应水平放置，结果以X-Y坐标系统给出。见图C.4c)。

如果同一测角仪既用来测量道路照明灯具，也用来测量投光灯具，那么它应要能改变角度(γ角和Y)零点的设置，即从最底下改到水平，或相反。

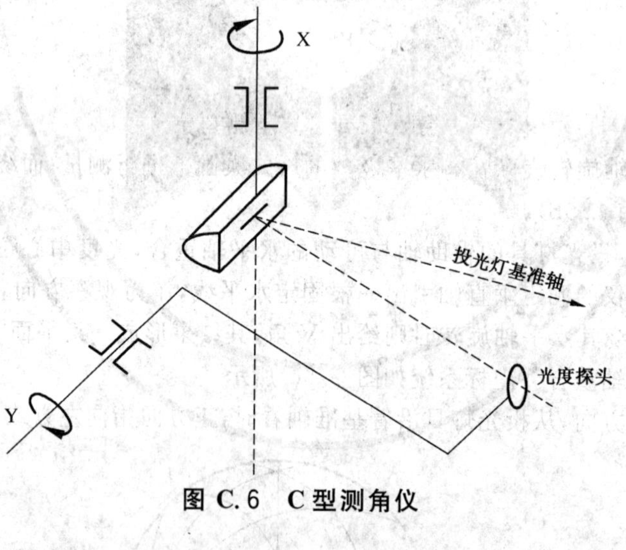

图 C.6 C型测角仪

C.5 小结

A-α，B-β和C-γ坐标系统都采用垂直向下的基准轴，因此不适用于投光灯具具。X-Y坐标系统提供的数据，在计算照度值时需要先附加计算投光灯具的每一倾斜角度。

V-H坐标系统提供的数据，在照度计算时能简单地转换成投光灯具不同的倾斜角度。

B型测角仪直接提供V-H坐标系统的数据。它的缺点是光源空间相对方位的改变会影响光通量的变化，然而，这些缺点和使用A型测角仪测量相比通常不太严重。

C型测角仪提供X-Y坐标系统的数据，可用附录D的方法转换成V-H坐标。

由于投光灯具在测试期间不倾斜，因此，在光源光通量随其空间相对方位变化时，推荐使用这种形式的测角仪。

附　录　D
（规范性附录）
结合推荐的 V-H 坐标系统使用 A 型和 C 型测角仪

如果在 A 型或 C 型测角仪上测量投光灯具的光强分布，而数据要用 V-H 坐标系统来表示，那么实用的方法是按 7.1 给出的 V、H 标准值在测角仪上设置相应的角度。

当 A 型和 C 型测角仪上的角度称为 X 和 Y（见附录 C）时，可用下面的公式得到 X 和 Y 的正确值：

$$\tan X=\frac{\tan H}{\cos V}$$

$$\sin Y=\cos H\cdot\sin V$$

也可选择使用表 D.1 和表 D.2。

表 D.1 用 A 型或 C 型测角仪得到的角度 X 和 Y 转换为角度 V 和 H 的标准值(适用于Ⅱ型光束,见 2.11)

H \ V	.0	.5	1.0	1.5	2.0	2.5	3.0	4.0	5.0	6.0	7.0	8.0	9.0	10.0	15.0	20.0	30.0	45.0	60.0	75.0	90.0
.0	X=.00	.00	.00	.00	.00	.00	.00	.00	.00	.00	.00	.00	.00	.00	.00	.00	.00	.00	.00	.00	.00
	Y=.00	.50	1.00	1.50	2.00	2.50	3.00	4.00	5.00	6.00	7.00	8.00	9.00	10.00	15.00	20.00	30.00	45.00	60.00	75.00	90.00
.5	.50	.50	.50	.50	.50	.50	.50	.50	.50	.50	.50	.50	.51	.51	.52	.53	.58	.71	1.00	1.93	90.00
	.00	.50	1.00	1.50	2.00	2.50	3.00	4.00	5.00	6.00	7.00	8.00	9.00	10.00	15.00	20.00	30.00	45.00	60.00	74.99	89.50
1.0	1.00	1.00	1.00	1.00	1.00	1.00	1.00	1.00	1.00	1.01	1.01	1.01	1.01	1.02	1.04	1.06	1.15	1.41	2.00	3.86	90.00
	.00	.50	1.00	1.50	2.00	2.50	3.00	4.00	5.00	6.00	7.00	8.00	9.00	10.00	15.00	20.00	29.99	44.99	59.98	74.97	89.00
1.5	1.50	1.50	1.50	1.50	1.50	1.50	1.50	1.50	1.51	1.51	1.51	1.51	1.52	1.52	1.55	1.60	1.73	2.12	3.00	5.78	90.00
	.00	.50	1.00	1.50	2.00	2.50	3.00	4.00	5.00	6.00	7.00	8.00	9.00	10.00	14.99	19.99	29.99	44.98	59.97	74.93	88.50
2.0	2.00	2.00	2.00	2.00	2.00	2.00	2.00	2.00	2.01	2.01	2.02	2.02	2.02	2.03	2.07	2.13	2.31	2.83	4.00	7.68	90.00
	.00	.50	1.00	1.50	2.00	2.50	3.00	4.00	5.00	6.00	7.00	8.00	8.99	9.99	14.99	19.99	29.98	44.97	59.94	74.87	88.00
2.5	2.50	2.50	2.50	2.50	2.50	2.50	2.50	2.51	2.51	2.51	2.52	2.52	2.53	2.54	2.59	2.66	2.89	3.53	4.99	9.58	90.00
	.00	.50	1.00	1.50	2.00	2.50	3.00	4.00	5.00	5.99	6.99	7.99	8.99	9.99	14.99	19.98	29.97	44.95	59.91	74.80	87.50
3.0	3.00	3.00	3.00	3.00	3.00	3.00	3.00	3.01	3.01	3.02	3.02	3.03	3.04	3.05	3.11	3.19	3.46	4.24	5.98	11.45	90.00
	.00	.50	1.00	1.50	2.00	2.50	3.00	3.99	4.99	5.99	6.99	7.99	8.99	9.99	14.98	19.97	29.95	44.92	59.86	74.71	87.00
4.0	4.00	4.00	4.00	4.00	4.00	4.00	4.01	4.01	4.02	4.02	4.03	4.04	4.05	4.06	4.14	4.26	4.62	5.65	7.96	15.12	90.00
	.00	.50	1.00	1.50	2.00	2.49	2.99	3.99	4.99	5.99	6.98	7.98	8.98	9.98	14.96	19.95	29.92	44.86	59.76	74.49	86.00
5.0	5.00	5.00	5.00	5.00	5.00	5.00	5.01	5.01	5.02	5.03	5.04	5.05	5.06	5.08	5.18	5.32	5.77	7.05	9.92	18.68	90.00
	.00	.50	1.00	1.49	1.99	2.49	2.99	3.98	4.98	5.98	6.97	7.97	8.97	9.96	14.94	19.92	29.87	44.78	59.62	74.21	85.00
6.0	6.00	6.00	6.00	6.00	6.00	6.01	6.01	6.01	6.02	6.03	6.04	6.06	6.07	6.09	6.21	6.38	6.92	8.45	11.87	22.10	90.00
	.00	.50	.99	1.49	1.99	2.49	2.98	3.98	4.97	5.97	6.96	7.96	8.95	9.94	14.92	19.89	29.82	44.69	59.46	73.87	84.00
7.0	7.00	7.00	7.00	7.00	7.00	7.01	7.01	7.02	7.03	7.04	7.05	7.07	7.09	7.11	7.24	7.44	8.07	9.85	13.80	25.38	90.00
	.00	.50	.99	1.49	1.99	2.48	2.98	3.97	4.96	5.96	6.95	7.94	8.93	9.92	14.89	19.84	29.75	44.57	59.27	73.48	83.00

表 D.1（续）

H \ V	.0	.5	1.0	1.5	2.0	2.5	3.0	4.0	5.0	6.0	7.0	8.0	9.0	10.0	15.0	20.0	30.0	45.0	60.0	75.0	90.0
8.0	8.00	8.00	8.00	8.00	8.00	8.01	8.01	8.02	8.03	8.04	8.06	8.08	8.10	8.12	8.28	8.51	9.22	11.24	15.70	28.50	90.00
	.00	.50	.99	1.49	1.98	2.48	2.97	3.96	4.95	5.94	6.93	7.92	8.91	9.90	14.85	19.80	29.68	44.45	59.05	73.04	82.00
9.0	9.00	9.00	9.00	9.00	9.01	9.01	9.01	9.02	9.03	9.05	9.07	9.09	9.11	9.14	9.31	9.57	10.36	12.63	17.58	31.46	90.00
	.00	.49	.99	1.48	1.98	2.47	2.96	3.95	4.94	5.93	6.91	7.90	8.89	9.88	14.81	19.74	29.59	44.30	58.80	72.56	81.00
10.0	10.00	10.00	10.00	10.00	10.01	10.01	10.01	10.02	10.04	10.05	10.07	10.10	10.12	10.15	10.35	10.63	11.51	14.00	19.43	34.27	90.00
	.00	.49	.98	1.48	1.97	2.46	2.95	3.94	4.92	5.91	6.89	7.88	8.86	9.85	14.77	19.68	29.50	44.14	58.53	72.04	80.00
15.0	15.00	15.00	15.00	15.00	15.01	15.01	15.02	15.03	15.05	15.08	15.11	15.14	15.18	15.22	15.50	15.92	17.19	20.75	28.19	45.99	90.00
	.00	.48	.97	1.45	1.93	2.41	2.90	3.86	4.83	5.79	6.76	7.73	8.69	9.66	14.48	19.29	28.88	43.08	56.77	68.91	75.00
20.0	20.00	20.00	20.00	20.01	20.01	20.02	20.03	20.04	20.07	20.10	20.14	20.18	20.23	20.28	20.65	21.17	22.80	27.24	36.05	54.58	90.00
	.00	.47	.94	1.41	1.88	2.35	2.82	3.76	4.70	5.64	6.58	7.51	8.45	9.39	14.08	18.75	28.02	41.64	54.47	65.19	70.00
30.0	30.00	30.00	30.00	30.01	30.02	30.02	30.03	30.06	30.09	30.14	30.19	30.24	30.31	30.38	30.87	31.57	33.69	39.23	49.11	65.85	90.00
	.00	.43	.87	1.30	1.73	2.16	2.60	3.46	4.33	5.19	6.06	6.92	7.79	8.65	12.95	17.23	25.66	37.76	48.59	56.77	60.00
45.0	45.00	45.00	45.00	45.01	45.02	45.03	45.04	45.07	45.11	45.16	45.21	45.28	45.35	45.44	45.99	46.78	49.11	54.74	63.43	75.49	90.00
	.00	.35	.71	1.06	1.41	1.77	2.12	2.83	3.53	4.24	4.94	5.65	6.35	7.05	10.55	14.00	20.70	30.00	37.76	43.08	45.00
60.0	60.00	60.00	60.00	60.01	60.02	60.02	60.03	60.06	60.09	60.14	60.19	60.24	60.31	60.38	60.85	61.52	63.43	67.79	73.90	81.50	90.00
	.00	.25	.50	.75	1.00	1.25	1.50	2.00	2.50	3.00	3.49	3.99	4.49	4.98	7.44	9.85	14.48	20.70	25.66	28.88	30.00
75.0	75.00	75.00	75.00	75.00	75.01	75.01	75.02	75.03	75.05	75.08	75.11	75.14	75.18	75.22	75.49	75.87	76.94	79.27	82.37	86.03	90.00
	.00	.13	.26	.39	.52	.65	.78	1.03	1.29	1.55	1.81	2.06	2.32	2.58	3.84	5.08	7.44	10.55	12.95	14.48	15.00
90.0	90.00	90.00	90.00	90.00	90.00	90.00	90.00	90.00	90.00	90.00	90.00	90.00	90.00	90.00	90.00	90.00	90.00	90.00	90.00	90.00	90.00
	.00	.00	.00	.00	.00	.00	.00	.00	.00	.00	.00	.00	.00	.00	.00	.00	.00	.00	.00	.00	.00

表 D.2 用 A 型或 C 型测角仪得到的角度 X 和 Y 转换为角度 V 和 H 的标准值(适用于Ⅰ型光束,见 2.11)

H \ V	.0	1.0	2.0	3.0	4.0	5.0	6.0	7.0	8.0	9.0	10.0	15.0	20.0	25.0	30.0	40.0	50.0	60.0	70.0	80.0	90.0
.0	X=.00	.00	.00	.00	.00	.00	.00	.00	.00	.00	.00	.00	.00	.00	.00	.00	.00	.00	.00	.00	.00
	Y=.00	1.00	2.00	3.00	4.00	5.00	6.00	7.00	8.00	9.00	10.00	15.00	20.00	25.00	30.00	40.00	50.00	60.00	70.00	80.00	90.00
1.0	1.00	1.00	1.00	1.00	1.00	1.00	1.01	1.01	1.01	1.01	1.02	1.04	1.06	1.10	1.15	1.31	1.56	2.00	2.92	5.74	90.00
	.00	1.00	2.00	3.00	4.00	5.00	6.00	7.00	8.00	9.00	10.00	15.00	20.00	25.00	29.99	39.99	49.99	59.98	69.98	79.95	89.00
2.0	2.00	2.00	2.00	2.00	2.00	2.01	2.01	2.02	2.02	2.02	2.03	2.07	2.13	2.21	2.31	2.61	3.11	4.00	5.83	11.37	90.00
	.00	1.00	2.00	3.00	4.00	5.00	6.00	7.00	8.00	8.99	9.99	14.99	19.99	24.98	29.98	39.97	49.96	59.94	69.90	79.80	88.00
3.0	3.00	3.00	3.00	3.00	3.01	3.01	3.02	3.02	3.03	3.04	3.05	3.11	3.19	3.31	3.46	3.91	4.66	5.98	8.71	16.79	90.00
	.00	1.00	2.00	3.00	3.99	4.99	5.99	6.99	7.99	8.99	9.99	14.98	19.97	24.96	29.95	39.93	49.91	59.86	69.79	79.56	87.00
4.0	4.00	4.00	4.00	4.01	4.01	4.02	4.02	4.03	4.04	4.05	4.06	4.14	4.26	4.41	4.62	5.22	6.21	7.96	11.56	21.93	90.00
	.00	1.00	2.00	2.99	3.99	4.99	5.99	6.98	7.98	8.98	9.98	14.96	19.95	24.93	29.92	39.88	49.83	59.76	69.62	79.24	86.00
5.0	5.00	5.00	5.00	5.01	5.01	5.02	5.03	5.04	5.05	5.05	5.08	5.18	5.32	5.51	5.77	6.52	7.75	9.92	14.35	26.74	90.00
	.00	1.00	1.99	2.99	3.98	4.98	5.98	6.97	7.97	8.97	9.96	14.94	19.92	24.90	29.87	39.82	49.74	59.62	69.41	78.83	85.00
6.0	6.00	6.00	6.00	6.01	6.01	6.02	6.03	6.04	6.06	6.07	6.09	6.21	6.33	6.62	6.92	7.81	9.29	11.87	17.08	31.19	90.00
	.00	.99	1.99	2.98	3.98	4.97	5.97	6.96	7.96	8.95	9.94	14.92	19.89	24.85	29.82	39.74	49.63	59.46	69.15	78.35	84.00
7.0	7.00	7.00	7.00	7.01	7.02	7.03	7.04	7.05	7.07	7.09	7.11	7.24	7.44	7.72	8.07	9.11	10.81	13.80	19.75	35.26	90.00
	.00	.99	1.99	2.98	3.97	4.96	5.96	6.95	7.94	8.93	9.92	14.89	19.84	24.80	29.75	39.64	49.49	59.27	68.86	77.81	83.00
8.0	8.00	8.00	8.00	8.01	8.02	8.03	8.04	8.06	8.08	8.10	8.12	8.28	8.51	8.81	9.22	10.40	12.33	15.70	22.34	38.98	90.00
	.00	.99	1.98	2.97	3.96	4.95	5.94	6.93	7.92	8.91	9.90	14.85	19.86	24.74	29.68	39.53	49.34	59.05	68.52	77.22	82.00
9.0	9.00	9.00	9.01	9.01	9.02	9.03	9.05	9.07	9.09	9.11	9.14	9.31	9.57	9.91	10.36	11.68	13.84	17.58	24.85	42.37	90.00
	.00	.99	1.98	2.96	3.95	4.94	5.93	6.91	7.90	8.89	9.88	14.81	19.74	24.67	29.59	39.41	49.17	58.80	68.14	76.58	81.00
10.0	10.00	10.00	10.01	10.01	10.02	10.04	10.05	10.07	10.10	10.12	10.15	10.35	10.63	11.01	11.51	12.96	15.34	19.43	27.27	45.44	90.00
	.00	.98	1.97	2.95	3.94	4.92	5.91	6.89	7.88	8.86	9.85	14.77	19.68	24.59	29.50	39.27	48.97	58.53	67.73	75.89	80.00

表 D.2（续）

H \ V	.0	1.0	2.0	3.0	4.0	5.0	6.0	7.0	8.0	9.0	10.0	15.0	20.0	25.0	30.0	40.0	50.0	60.0	70.0	80.0	90.0
15.0	15.00	15.00	15.01	15.02	15.03	15.05	15.08	15.11	15.14	15.18	15.22	15.50	15.92	16.47	17.19	19.28	22.63	28.19	38.08	57.05	90.00
	.00	.97	1.93	2.90	3.86	4.83	5.79	6.76	7.73	8.69	9.66	14.48	19.29	24.09	28.88	38.38	47.73	56.77	65.19	72.04	75.00
20.0	20.00	20.00	20.01	20.03	20.04	20.07	20.10	20.14	20.18	20.23	20.28	20.65	21.17	21.88	22.80	25.41	29.52	36.05	46.78	64.49	90.00
	.00	.94	1.68	2.82	3.76	4.70	5.64	6.58	7.51	8.45	9.39	14.08	18.75	23.40	28.02	37.16	46.04	54.47	62.01	67.73	70.00
25.0	25.00	25.00	25.01	25.03	25.05	25.08	25.12	25.16	25.22	25.27	25.34	25.77	26.39	27.23	28.30	31.33	35.96	43.00	53.74	69.58	90.00
	.00	.91	1.81	2.72	3.62	4.53	5.44	6.34	7.25	8.15	9.05	13.57	18.06	22.52	26.95	35.63	43.97	51.71	58.39	63.19	65.00
30.0	30.00	30.00	30.02	30.03	30.06	30.09	30.14	30.19	30.24	30.31	30.38	30.87	31.57	32.50	33.69	37.00	41.93	49.11	59.36	73.26	90.00
	.00	.87	1.73	2.60	3.46	4.33	5.19	6.06	6.92	7.79	8.65	12.95	17.23	21.47	25.66	33.83	41.56	48.59	54.47	58.53	60.00
40.0	40.00	40.00	40.02	40.04	40.07	40.11	40.16	40.21	40.28	40.35	40.43	40.98	41.76	42.79	44.10	47.61	52.55	59.21	67.82	78.31	90.00
	.00	.77	1.53	2.30	3.06	3.83	4.59	5.36	6.12	6.88	7.64	11.44	15.19	18.89	22.52	29.50	35.93	41.56	46.04	48.97	50.00
50.0	50.00	50.00	50.02	50.04	50.07	50.11	50.15	50.21	50.28	50.35	50.43	50.97	51.74	52.75	53.99	57.27	61.66	67.24	73.99	81.71	90.00
	.00	.64	1.29	1.93	2.57	3.21	3.85	4.49	5.13	5.77	6.41	9.58	12.70	15.76	18.75	24.40	29.50	33.83	37.16	39.27	40.00
60.0	60.00	60.00	60.02	60.03	60.06	60.09	60.14	60.19	60.24	60.31	60.38	60.85	61.52	62.38	63.43	66.14	69.64	73.90	78.83	84.27	90.00
	.00	.50	1.00	1.50	2.00	2.50	3.00	3.49	3.99	4.49	4.98	7.44	9.85	12.20	14.48	18.75	22.52	25.66	28.02	29.50	30.00
70.0	70.00	70.00	70.01	70.03	70.04	70.07	70.10	70.14	70.18	70.23	70.28	70.63	71.12	71.74	72.50	74.42	76.83	79.69	82.90	86.38	90.00
	.00	.34	.68	1.03	1.37	1.71	2.05	2.39	2.73	3.07	3.40	5.08	6.72	8.31	9.85	12.70	15.19	17.23	18.75	19.68	20.00
80.0	80.00	80.00	80.01	80.01	80.02	80.04	80.05	80.07	80.10	80.12	80.15	80.33	80.59	80.92	81.32	82.31	83.53	84.96	86.55	88.25	90.00
	.00	.17	.35	.52	.69	.87	1.04	1.21	1.38	1.56	1.73	2.58	3.40	4.21	4.98	6.41	7.64	8.65	9.39	9.85	10.00
90.0	90.00	90.00	90.00	90.00	90.00	90.00	90.00	90.00	90.00	90.00	90.00	90.00	90.00	90.00	90.00	90.00	90.00	90.00	90.00	90.00	90.00
	.00	.00	.00	.00	.00	.00	.00	.00	.00	.00	.00	.00	.00	.00	.00	.00	.00	.00	.00	.00	.00